한 권으로 끝내는

수학

한 권으로 끝내는

수학

ⓒ 비지블 잉크 프레스, 2020

개정판 1쇄 인쇄일 2020년 1월 15일
개정판 1쇄 발행일 2020년 1월 30일

지은이 패트리샤 반스 스바니 · 토마스 E. 스바니
옮긴이 오혜정
펴낸이 김지영   **펴낸곳** 지브레인^{Gbrain}
제작·관리 김동영   **마케팅** 조명구

출판등록 2001년 7월 3일 제2005-000022호
주소 04021 서울시 마포구 월드컵로 7길 88 2층
전화 (02)2648-7224   **팩스** (02)2654-7696

ISBN 978-89-5979-635-9 (04410)

· 책값은 뒤표지에 있습니다.
· 잘못된 책은 교환해 드립니다.

한 권으로 끝내는

수학

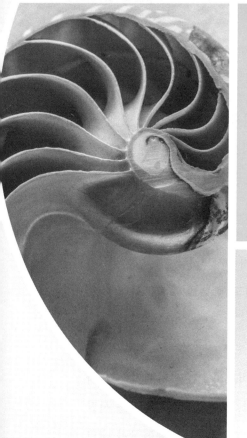

패트리샤 반스 스바니 · 토마스 E. 스바니 지음 오혜정 옮김

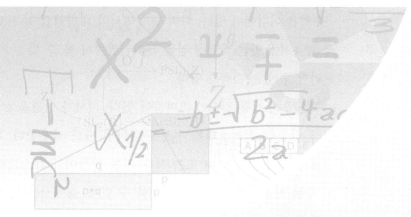

지브레인

"수학 법칙은 현실을 설명하기엔 확실치 않고,
확실한 수학 법칙은 현실과 관련이 없다."

알베르트 아인슈타인

우리는 모두 그것을 본 적이 있으며, 그것을 알지 못하면서도 여러 번 경험도 했다. 오스트리아 대성당의 중앙에 있는 아름다운 스테인드글라스 창문 디자인에도 있다. 자동차나 컴퓨터, 우주 왕복선의 크고 작은 기기에도 있다. "몇 살이야?"라고 묻는 어린아이의 담백한 질문에도 있다.

그렇다 "그것"은 수학이다.

수학은 어디에나 있다. 나비 날개에서의 대칭처럼 잘 드러나지 않는 것도 있지만, 미국 뉴욕시에 있는 국세청 건물 옥외간판에서 볼 수 있는 미국 총부채 수치들처럼 바로 확인할 수 있는 것들도 있다.

수는 우리 생활 깊숙이 스며들어 있다. 의사가 안경을 쓰도록 처방을 내리거나 혈압, 심장 박동수, 콜레스테롤 수치를 나타낼 때도 사용한다. 버스나 기차, 비행기 운행시간표에 따라 이동할 때 또는 자주 가는 상점이나 레스토랑, 도서관이 문을 여는 시간도 수를 사용하면 편리하게 이용할 수 있다. 집에서는 요리법이나 전기 배전상자 내의 배선의 볼트 수 계산, 카펫을 깔기 위해 방의 크기를 측정할 때도 수를 사용한다. 우리가 수와 가장 친숙하게 연결되어 있는 것은 아마도 일상적으로 사용하는 돈일 것이다.

가령 모닝커피로 카푸치노 한잔의 가격이 타당한지를 알아볼 때 수를 사용한다.

이 책은 수의 오랜 역사 (그리고 미래에 대한 암시)에서부터 일상생활에서 수학을 사용하는 방법에 이르기까지 수의 세계에 대해 소개하고 있다. 또 1,000개 이상의 질문과 답변 및 기초 수학적 원리에 대한 여러 예들을 설명하거나 제공할 때 도움이 되는 100개가 넘는 사진이나 70개의 삽화, 수십개의 방정식으로 책을 구성하고 있으며, 여러분은 이 단 한권의 책에서 많은 분야를 알게 될 것이다.

이 책은 총 4부로 되어 있다. 1부 '역사' 편에서는 많이 알려진(또 종종 알려지지 않은) 사람 및 장소, 중요한 수학적 대상들을 다루고 있으며, 2부 '개론' 편에서는 기초 산술에서부터 복잡한 미적분학에 이르기까지 다양한 수학 분야를 설명하고 있다. 3부 '과학과 공학 속 수학' 편에서는 수학이 건축 및 자연과학, 미술과 어떤 연관이 있는지를 설명하고 있으며, 4부 '우리 주변의 수학' 편에서는 은행 잔고 맞추기에서부터 라스베이거스에서의 슬롯머신게임에 이르는 모든 것을 포함하여 얼마나 많은 수학이 일상생활을 차지하고 있는지를 보여준다.

수학의 주제 및 수학과 관련된 것들은 헤아릴 수 없이 많다. 어쨌든 2천여 년 전 고대 그리스 수학자 유클리드는 13권으로 이루어진 기하학 및 다른 수학 분야 책《원론》을 썼다. 그중 6권에서는 기본 평면기하학을 다루었다. 오늘날에는 수학에 대하여 훨씬 더 많은 것들이 알려져 있다. 이에 대해서는 책의 16장에서 설명한 자료 목록을 보면 알게 될 것이다. 이 장에서는 권장 도서에서부터 "Dr. Math" 및 "SOS Math" 등의 선호하는 몇몇 웹 사이트에 이르기까지 모든 것을 소개하고 있다. 이렇게 이 책은 여러분에게 기초 수학을 소개하는 것은 물론, 여러분 스스로 수학으로의 여행을 지속하도록 자료를 제공하고 있다.

참고할 점은 이 여행이 매우 광범위하다는 것이다. 하지만 모든 점에서 이 여행이 만족스럽고 가치가 있는 일임을 곧 알게 될 것이다. 수학이 무엇인지에 대해 알게 될 뿐만 아니라, 매일 여러분을 둘러싸고 있는 수학적 아름다움도 인식하게 될 것이다. 이 책을 통해 여러분이 수 및 방정식, 여러 가지 다른 수학적 요소들이 계속하여 우리 주변의 세계를 어떻게 규정하고 영향을 미치는지에 대해 놀라게 될 것이라는 것을 확신한다.

매년 새 학년이 시작되어 수학교사로서 학생들과 처음 만나는 날, 그리고 학년을 마치는 마지막 수학시간에 하나의 행사처럼 매번 학생들에게 하는 질문이 있다. 수학이 얼마나 중요한지, 수학을 왜 해야 하는지를 함께 생각해보기 위해서이다.

무엇이든지 닿기만 하면 사라지는 요술지팡이를 손에 들고 있다고 생각해봐. 생각만 해도 재미있지? 자~ 지금부터 주변에서 수학과 관련이 있다고 생각되는 것들을 모두 사라지게 해봐~. 뭐가 남을까?

건물, 시계, 책, TV, 자동차, 비행기, 우주선, 기차, 미술, 음악, 의복, 등등. 아마도 거의 유인원이 살았던 시대로 돌아가지 않을까.

이렇듯 수학은 우리 주변 어디에서나 찾아볼 수 있다. 때문에 많고 다양한 수학을 간단하게 정리하는 것은 거의 불가능에 가깝다고 할 수 있다. 하지만 이것을 시도한 책이 있다. 그것도 수 십권, 수백권이 아닌 단 한 권의 책에 모든 수학을 담으려고 했다.

그렇다고 그 내용이 수박 겉핥기식으로 깊이 없이 용어만을 제시하고 있는 것도 아니다. 처음 이 책을 보고 선뜻 번역하고픈 마음이 생긴 것도 이런 느낌이 들어서였다.

이 책을 단 한마디로 표현하면 '수학 대사전!', '수학을 총망라한 책!'이라고 할 수 있지 않을까! 수학교과서에 있는 대부분의 수학 개념 및 수학적 원리뿐만 아니라, 교과서에 나오지 않지만 고대수학에서 현대수학에 이르기까지 수학과 관련된 개념 및 활용 내용, 수학의 역사를 빠짐없이 알차게 제시하고 있기 때문이다.

그동안 출판된 대부분의 책에서는 주로 과학이나 미술과 관련지어 수학의 활용 및 그 응용을 제시하는 정도였지만, 여기에서는 나아가 인문학이나 토목공학, 사회과학, 의학, 법 등과도 수학과 연관된 내용을 구체적인 예를 들어 쉽게 제시하고 있는 것도 이 책만의 큰 특징이다. 또 어느 책에서도 찾아볼 수 없는 유용한 자료를 소개하고 있기도 하다. 수학관련 도서는 물론, 자료의 인터넷 검색을 위한 웹사이트, 학회, 단체, 박물관 등의 소개는 그야말로 이 책만이 선사하고 있는 매우 유용한 팁이 아닐 수 없다. 한편, 그 양이 많아 자칫 지루하거나 딱딱할 수 있는 수학내용을 독특하게도 질문과 답변 형식으로 구성하고 있어 오히려 질문에 따른 답변을 보고 싶도록 하는 충동을 일으키기도 한다. 또 책의 곳곳에서 수학개념을 개발할 당시에 있었던 일화를 소개함으로써 색다른 재미를 주기도 한다.

이런 까닭에 이 책은 혼자서 스스로 수학공부를 하고자 하는 학생들이나 수학을 공부했던 일반인들이 한 번쯤 수학과 관련하여 주변을 살펴보고 그 중요성과 가치를 인식하기에 매우 유익한 책이 되리라 기대한다. 아무쪼록 이 책을 읽고 수학을 교과서나 학습지, 문제집 속에 가두지 말고 우리 주변의 드넓은 세상에 풀어줌으로써 보다 높은 차원의 창의성의 문을 두드리는 것은 물론, 자연이나 사회현상을 자연스럽게 이해할 수 있는 재미를 듬뿍 맛볼 수 있기를 기대한다.

오혜정

PART 1 역사

1장 수학의 역사　16

2장 역사 속 수학　66

PART 2 개론

PART 3 과학과 공학 속 수학

PART 4 우리 주변의 수학

16장 수학 자료 584

부록 612

PART
1

역사

수학의 역사

수학이란?

'mathematics'라는 단어는 어디에서 유래했을까?

대부분 자료를 보면 'mathematics'는 '수리적인mathematical'이라는 뜻을 가진 라틴어 mathmaticus와 그리스어 mathēmatikos에서 유래되었거나 '학식 있는learning'을 뜻하는 mathēma와 '배우다to learn'를 뜻하는 manthanein에서 유래되었다고 한다.

간단히 말해 수학이란?

일반적으로 수학은 양을 다루는 학문이다. 전통적으로 수학은 많은 수와 도형을 다루는 산술 그리고 기하의 두 분야로 구분되었다. 산술과 기하는 오늘날에도 여전히 중요시되지만, 현대 수학은 다양한 양을 다루는 더욱 복잡한 분야들로 그 지평을 넓혀가고 있다.

사실 단순한 형태의 수학을 누가 최초로 사용했는지는 아무도 모른다. 하지만 고대 사람들도 '하나, 둘, 많다' 등의 개념을 알고 있었기 때문에 수학과 유사한 것을 사용했다고 추측할 뿐이다. 실제로 고대인들은 사물을 활용하여 태양이나 달을 1, 눈이나 새의 날개를 2, 클로버를 3, 여우의 다리를 4 등으로 셌다.

고고학자들은 고대 부족민들의 새김 체계를 통해 투박한 형태이기는 하지만 수학이 사용된 증거를 발견하기도 했다. 그들은 나무막대나 뼛조각에 새겨진 새김 눈, 뼛조각 더미 또는 조개껍데기에 나타나 있는 선, 눈금을 매긴 막대 또는 조약돌을 사용했다. 이는 선사시대 사람 중 일부가 단순하면서도 시각적인 방법으로 덧셈과 뺄셈을 했다는 것을 나타내지만, 오늘날과 같은 수 체계를 사용한 것은 아니었다.

고대의 셈과 수

고대의 여러 문명 사람들은 다양한 방법으로 사물의 수를 기록했다. 몇몇 셈법 counting에 관한 최초의 고고학적인 증거는 대략 기원전 3만 5,000년에서 2만 년까지 거슬러 올라간다. 발굴 현장에서 발견된 몇 개의 뼈에는 일정한 간격을 두고 규칙적으로 판 새김 눈금이 있었다. 이와 같은 새김 눈금이 있는 뼈는 대부분 체코 공화국과 프랑스 등 서부 유럽에서 발견되었다. 새김 눈금의 목적은 확실치 않

고대인은 예컨대 4를 나타낼 때는 그림에 여우를 그려 넣는 등 여러 가지 이미지로 수를 표현했다.

지만, 과학자들은 몇 가지 계수법을 나타내고 있다고 믿는다. 새김 눈금은 사냥꾼이 잡은 동물의 수를 나타내거나 양이나 무기 따위의 목록을 기록한 것일 수도 있다. 또는 태양이나 달, 별의 움직임을 추적하는 방법을 표시한 정교하지 않은 달력일 수도 있다.

그 정도 시기까지는 거슬러 올라가지 않더라도 서아프리카 어느 지역의 양치기는 조개껍데기와 여러 가지 색의 가죽 끈을 사용하여 자기 부족이 소유한 가축 수를 셌다. 양치기는 양이 지나갈 때마다 흰색 끈에 양의 수만큼 조개껍데기를 9개가 될 때까지 꿰었으며, 10마리의 양이 지나가면 흰색 끈에서 조개껍데기를 없애고, 푸른색 끈에 조개껍데기 1개를 꿰었다. 또 푸른색 끈에 100마리의 양을 나타내는 10개의 조개껍데기가 꿰이면 붉은색 끈에 1개의 조개껍데기를 꿰었다. 끈의 각 색은 십진법의 다음 단위를 나타낸 것으로, 전체 양 무리를 다 셀 때까지 이러한 작업이 계속되었다. 이는 기수 10을 사용한 좋은 예라고 할 수 있다.

수를 나타낼 때 신체 부위를 사용한 문화권도 있었다. 예를 들어 구 영국령 뉴기니의 부길라이 문화권에서는 손가락 등의 신체 부위를 사용했는데, 1은 왼손 새끼손가

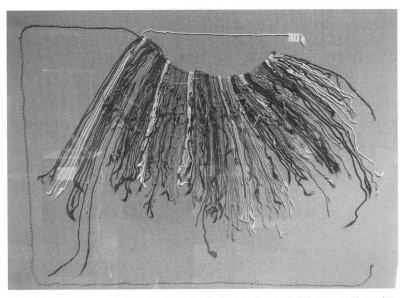

키푸: '결승문자'라고도 하며, 잉카 문화권에서 문자 대신 사용한 것이다. 끈을 묶어 그 매듭에 따라 의미를 부여했고, 이를 통해 정보를 교환했다. 댈러스 미술관에 전시된 카푸

락, 2는 왼손 넷째손가락, 3은 왼손 가운뎃손가락, 4는 왼손 집게손가락, 5는 왼손 엄지손가락, 6은 왼팔 손목, 7은 왼쪽 팔꿈치, 8은 왼쪽 어깨, 9는 왼쪽 가슴, 10은 오른쪽 가슴으로 나타냈다.

실이나 줄을 사용한 계수법도 있었다. 예를 들어 16세기 초반에 잉카족은 복잡한 형태의 매듭 끈을 사용하여 회계, 달력, 부족에 대한 정보 등을 나타냈다. 이처럼 기록을 남기기 위해 사용한 끈을 '키푸(결승문자)'라고 불렀으며, 줄에 매듭을 지어 각각의 단위를 나타냈다. 왕의 특별 관료인 키프카마욕 또는 '매듭 관리인'이 키푸를 만들거나 읽는 책임을 맡았다.

수학이 발생한 이유는?

인류가 수학을 개발한 것은 현대사회에서 살아가는 우리가 수학을 사용하는 것과 같은 이유에서였다. 사람들은 사물의 수를 세고, 계절을 계산하고, 벼를 심는 시기를 알 필요가 있었다. 또 자연 또는 천체의 현상을 기록하거나 예측할 때 종교상의 이유로 수학을 개발했을는지도 모른다. 예를 들어, 고대 이집트에서는 나일 강이 범람할 때마다 땅의 경계와 표시기들이 없어졌다. 그래서 물이 빠진 후에 사람들은 토지를 다시 계산하기 위해 땅을 측량하는 방법을 발명했다. 그리스인은 대수, 삼각법 같은 수학적 방법을 만들어냈는가 하면 이집트인에게서 측량에 대한 많은 아이디어를 받아들이기도 했다.

고대 문명에서는 큰 수를 어떻게 셌을까?

초기 셈법 중 하나인 손을 사용한 방법이 가장 일반적이라는 것은 절대 놀라운 일이 아니다. 또 대부분 문명은 계수법의 도구로 양손의 5개 손가락을 이용하여 기본수 10을 사용한 수 체계를 고안했다. 오늘날 우리는 이러한 기본수들을 '기수'라 하는데, 이 수들은 자릿값을 정한다.

그러나 모든 문명이 기수로 10을 선택한 것은 아니다. 기수 12를 선택한 문명이 있는가 하면 마야 문명, 아스테카 문명, 바스크 문명, 켈틱 문명은 10개의 발가락까지 동원하여 기수 20을 택했고, 수메르인과 바빌로니아인 등은 기수 60을 사용했다. 하지만 그 이유는 아직 밝혀지지 않았다.

10(또는 12, 20, 60)을 기수로 하는 수 체계는 최소 개수의 기호로 큰 수를 나타낼 필요가 생겼을 때 사용하기 시작했다. 이를 위해서는 특별하게 구성된 몇 개의 수가 중요한 역할을 한다. 이러한 수 체계에서의 모든 수는 구성된 수들로 나타낸다. 이 수들은 건물의 여러 층을 올라가는 각각의 계단으로 생각하면 이해하기 쉽다. 즉 1층으로 올라가는 계단들이 나타내는 수는 '첫 번째 단위'의 수이며, 2층으로 올라가는 계단들이 나타내는 수는 '두 번째 단위'의 수다. 오늘날 가장 많이 사용되는 10진법에서 첫 번째 단위의 수는 1~9까지의 수로 나타내고, 두 번째 단위의 수는 10~19까지의 수로 나타낸다.

셈과 수학 사이에는 어떤 연관성이 있을까?

일반적으로 고대의 셈법을 수학으로 인정하지는 않지만, 원래 수학은 셈에서 시작되었다. 고대인도 동물의 수, 달이나 태양의 움직임 같은 여러 가지 사물의 수를 계산하기 위해 셈을 이용하다 농업, 거래, 제조업이 시작되면서 수학이 정식으로 발전하게 되었다.

숫자란?

숫자는 수를 나타내는 표준기호다. 예를 들어, 'X'는 표준 인도 - 아라비아 수 체계에서 '10'을 나타내는 로마숫자다.

진법 체계에는 어떤 것들이 있을까?

기수 10의 수 체계를 '십진법'이라 하며, 기수 60의 수 체계는 '60진법'이라 한다. 60진법의 계수표^{counting table}는 시간을 나타내는 분이나 초처럼 60진법으로 나타낸 수를 십진법의 수로 바꿀 때 사용된다.

다음 표는 일반적으로 알려진 기수와 그에 해당하는 수 체계를 정리한 것이다.

	기수법				
2	binary	2진법	9	nonary	9진법
3	ternary	3진법	10	decimal	10진법
4	quaternary	4진법	11	undenary	11진법
5	quinary	5진법	12	duodecimal	12진법
6	senary	6진법	16	hexadecimal	16진법
7	septenary	7진법	20	vigesimal	20진법
8	octal	8진법	60	sexagesimal	60진법

숫자기호 개발에서 두 가지 기본적인 아이디어는?

숫자기호는 두 가지 기본 원리에 따라 개발되었다. 먼저 각 숫자기호는 각 단위의 정해진 표준기호를 여러 번 되풀이하여 만든 기호로 각 단위의 수를 나타낸다. 예를 들어, Ⅰ을 세 번 반복하여 만든 Ⅲ은 로마숫자에서 3을 나타낸다. 또 다른 원리는 각 수가 자신만의 독특한 기호를 가지고 있다는 것이다. 예를 들어, '7'은 표준 인도 – 아라비아 숫자에서 7개의 1의 단위를 나타내는 기호다.

메소포타미아 수와 수학

수메르인의 암산 체계 ^{oral counting system}란?

그 기원에 대해서는 여전히 논란이 있지만, 옛날 메소포타미아에 정착한 수메르인은 기본수 60을 사용하여 암산했다. 또 많은 기호를 기억해야 하는 부담을 덜기 위해 크기에 따라 나열한 여러 단위의 수 사이에 사다리 계단처럼 보조단위로 기본수 10을 사용하기도 했다. 예를 들어 1, 10, 60, 600, 3600, 36000 등의 순서로 수를 나타냈으며, 각각의 수에 특별한 명칭을 붙여 상당히 복잡한 수 체계를 만들었다.

수메르인이 큰 수를 기수로 선택한 이유에 대해서는 아직 밝혀진 바가 없다. '두 문화가 합쳐진 결과'라는 설이 있는가 하면, '1년의 일수나 무게와 측정단위에서 유래했을 것'이라는 설, '어떤 목적에 사용하기 편리해서'라는 설도 있다. 오늘날 수메르인이 사용한 수 체계는 시각을 나타내는 방식(시, 분, 초)과 원에서 각의 크기를 나타내는 방식(도, 분, 초)에서 찾아볼 수 있다.

시간이 흐르면서 수메르인의 문자 수 체계는 어떻게 변해왔을까?

기원전 3200년경, 수메르인은 문자 수 체계를 개발했다. 그들은 1, 10, 60, 600, 3600 등의 간격으로 형태와 크기가 다양한 그림기호를 만들어 각 수를 표시했다. 돌은 구하기가 어려웠고, 가죽이나 양피지, 나무 등은 보존하기가 어려웠기 때문에 수메르인은 오래가고 새기기 쉬운 진흙을 사용했다. 물기가 있는 물렁물렁한 진흙 판에 기호를 새긴 다음 햇볕에 바싹 말려서인지 오랜 세월이 흘러도 부서지지 않아, 오늘날까지 많은 점토판이 전해 내려오고 있다.

| 1 | 10 | 60 | 600 | 3600 | 36000 |

수메르인의 수 체계는 시간이 지나면서 점차 변했다. 기원전 3000년경에는 시곗바늘이 도는 방향과 반대로 90°만큼 회전시켜 숫자 기호를 나타냈으며, 기원전 2700년경에는 필기도구를 바꿔 수를 다르게 나타내기 시작했다. 한쪽 끝은 원통 모양이고 다른 쪽 끝은 뾰족한 첨필로 된 것을 납작하게 만들어 사용한 것이다. 이들은 점토판이 아니라 필기도구를 바꿈으로써 새로운 기호가 필요하게 되었는데, 새로운 방법으로 표기한 수를 '쐐기문자^{cuneiform script}'라고 했다. 이는 '쐐기'를 뜻하는 라틴어 cuneus 와 '비슷한'을 뜻하는 formis에서 유래한다.

메소포타미아인

사실 메소포타미아인에 대해 설명하기란 쉽지 않다. 그 이유는 메소포타미아인과 다른 문화권 및 종족을 구분하는 방법에 대해 역사가들의 의견이 제각기 다르기 때문이다. 여러 책에 나오는 '메소포타미아인'은 수메르인과 페르시아인 등으로 대부분 설형문자를 사용하지 않았던 사람들을 말하며, '바빌로니아인'이라고 하기도 한다. '바빌로니아인'이라는 명칭은 티그리스 강과 유프라테스 강 사이의 비옥한 평야 지대를 지배했던 주변 많은 제국의 중심이었던 도시 바빌론의 이름을 따서 만든 것이다. 그런데 이 지역도 '메소포타미아'라 불렸다. 따라서 '메소포타미아인'은 아마도 이들을 가리키는 보다 정확한 호칭이 아닐까 생각한다.

이 책에서는 메소포타미아인을 좀 더 다양하게 구분하여 수메르인, 아카디아인, 바빌로니아인 등으로 부르는데, 이는 그들이 수 체계, 즉 수학에 대한 새로운 아이디어를 많이 만들어냈기 때문이다.

아카드인^{Akkadians}

한때 메소포타미아 지역은 기원전 3500년경에 번영했던 수메르 문명의 중심지였다. 수메르인은 셈과 문자 체계를 가지고 있었을 뿐만 아니라 관개, 법률 심지어 원시적인 우편 서비스까지 지원되는 진취적인 문화를 형성하고 있었다. 그러다가 기원전 2300년경, 셈족의 한 갈래였던 아카드인이 우월한 문명을 앞세워 수메르인의 도시국가들을 정복했다. 이처럼 아카드 왕국이 수립되면서 바빌로니아의 북반부를 '아카드', 남반부를 '수메르'라고 부르게 되었다. 대부분 정복자들이 그렇듯 아카드인 역시 그 지역에서 자신들의 언어를 사용하도록 강요했고, 피정복 문화권에 자신들의 언어와 전통을 퍼뜨리기 위해 수메르인에게서 배운 쐐기문자를 사용하여 점토판에 아카드어를 쓰기도 했다.

아카드인은 낙후된 문화권을 통일국가로 만들었으며, 고대의 셈 도구인 주판을 발명했다.

기원전 2150년경, 수메르인은 아카드인의 통치에 반란을 일으켜 자신들의 제국을 되찾았지만 오래 지키지는 못했다.

기원전 2000년경, 서쪽의 아모리인과 동쪽의 엘람인의 공격을 받아 약화된 수메르인의 제국은 결국 붕괴하고 말았다. 수메르인이 사라지자 바빌론을 수도로 한 아시리아와 바빌로니아 사람들이 세운 바빌로니아 왕조가 수립되었다.

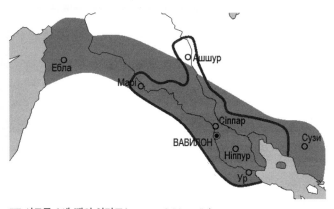

■ 사르곤 1세 때의 아카드(cc-zero O.Mustafin)

한 가지 이상의 기수법을 사용한 문화권이 있었을까?

몇몇 문화권은 60진법을 사용한 수메르인처럼 자신들만의 주된 수 체계로 특정한 기수법을 사용했을 수도 있다. 그렇다고 해서 그들이 다른 기수법의 수를 사용하지 않았다는 것은 아니다. 이를테면 수메르인, 아시리아인, 바빌로니아인 등은 측정할 때는 주로 12진법을 사용했다. 또 메소포타미아인은 하루를 12등분 했으며, 원 및 천구에서의 태양 궤도인 황도, 천구에서 황도가 통과하는 12개의 별자리인 황도십이궁을 각의 크기가 30°가 되도록 12부분으로 나누었다.

바빌로니아인이 사용한 수 체계는?

바빌로니아인은 최초로 자신들이 사용한 수 체계 내에서 나열된 기호들의 위치에 따라 각 기호의 값이 다른 위치 수 체계를 사용했다. 하지만 수메르인과 아카드인은 이러한 체계를 전혀 사용하지 않았다. 바빌로니아인은 또한 지난 4000여 년 동안 사용해온 시간을 나타내는 방법, 즉 하루를 24시간, 1시간을 60분, 1분을 60초로 나누기도 했다. 예를 들어 오늘날에는 시간, 분, 초를 6h, 20′, 15″와 같이 나타내지만, 바빌로니아인은 60진법 분수를 사용하여 6 20/60 15/3600와 같이 나타냈다.

위치기수법

우리는 인도 - 아라비아 숫자 1, 2, 3, 4, 5, 6, 7, 8, 9, 0에 적용된 위치기수법이나 자릿값에 매우 익숙해져 있다. 위치기수법은 쓰인 수에서 각 숫자의 값이 표기상의 자리 또는 위치에 따라 결정되어 붙여진 이름이다. 예를 들어, 5는 5개의 1을 나타내고, 50은 5개의 10, 500은 5개의 100을 나타낸다. 각각의 5가 나타내는 값은 표현된 수가 놓인 위치에 따라 다르다. 이러한 자릿값 개념은 중국, 인도, 마야, 메소포타미아(바빌로니아) 문화권에서 개발된 것으로 여겨지고 있다.

바빌로니아의 수 체계에는 어떤 문제점들이 있었을까?

바빌로니아 수 체계에서는 1과 10을 나타내는 2개의 숫자기호(Ⲧ, ◀)만 사용했는데, 1~59까지의 수는 이 두 기호를 각각 필요한 만큼 반복해서 쓰는 방식으로 표기했다. 예컨대 18과 50은 다음과 같이 나타냈다.

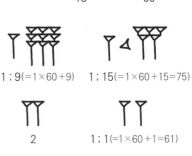

18   50

또 59를 넘어선 숫자도 같은 기호를 사용하여 표기했는데 예를 들어, 69와 75는 22쪽과 같이 나타냈다.

1 ; 9(=1×60+9)   1 ; 15(=1×60+15=75)

그러나 59를 넘어서면 숫자가 지니는 값은 표기상의 위치에 따라 달라졌다. 75의 경우 첫째 열에 '15'를, 둘째 열에 60에 해당하는 '1'의 기호를 나타내어 표기했다.

2   1 ; 1(=1×60+1=61)

이와 같은 표기법은 61의 표기가 2의 표기와 혼동될 수 있는 등 혼란을 가져왔다. 바빌로니아인은 이 문제를 해결하기 위해 수를 표기할 때 각 단위에 쓰이는 숫자기호 사이에 공간을 많이 두는 방식을 취했다. 이를 통해 혼동을 피했지만, 기호들 사이에 공간을 만들어 각 숫자를 구분한 것은 일부 서기들이 기록을 남길 때뿐이었다.

고대 바빌로니아 수 체계와 관련된 또 다른 문제점은 0을 나타내는 수가 없었다는 것이다. 당시의 수 체계에서 0의 개념은 정의되지 않았다. 매우 명석했음에도 바빌로니아인이 0 같은 기호를 발명하지 못했다는 것은 의문스럽기 그지없다. 0의 개념이 없어 고대 바빌로니아의 천문학자들과 수학자들은 계산할 때 어려운 점이 많았을 것이다.

바빌로니아인은 자신들이 만든 수들로 빈 공간을 나타낼 때 어떤 기호를 사용했을까?

수 체계에서 위치 원리를 적용하게 되면 어떤 열 단위의 부재를 나타내기 위한 특별한 기호가 필요하기 마련이다. 바빌로니아인은 처음에는 공간을 비워 단위의 부재를 나타내려고 했다. 예를 들어, 수 1 ; 0 ; 14는 오른쪽과 같이 표기했다.

1 ; 0 ; 14 (=1×60²+0×60+14))

그러나 서기들이 깜박 잊고 공간을 남기지 않으면 문제가 발생했다. 그래서 몇 세기가 흐른 후 서기들은 문서에 공백을 나타내는 기호가 아닌 계산 결과 0이 있어야 할 곳으로 생각되는 지점에 '곡식이 다 떨어졌다'와 같은 문구를 써넣었다. 분명히 바빌로니아인은 공(어떤 열 단위의 부재를 나타내는 빈자리)과 무(아무것도 없음)에 대한 개념을 이해하고 있었지만, 당시에는 이 두 가지가 동의어로 받아들여지지 않았다.

기원전 400년경, 바빌로니아인은 빈자리를 표시하기 위해 쐐기문자로 표기된 숫자 기호(◁, ◁)를 고안, 사용하기 시작했다. 하지만 흥미롭게도 그들은 이 빈자리를 수(오늘날에는 0이라고 부르는)가 아닌 단지 하나의 자리지기로 여겼다.

바빌로니아에서는 어떤 일이 일어났을까?

아모리인이 바빌론을 중심으로 바빌로니아 제국을 세운 후, 유명한 입법자이자 왕인 함무라비(기원전 1792~1750)가 다스린 함무라비 왕조 등 몇몇 왕조가 그 지역을 통치했다. 그 뒤 기원전 1594년에 카사이트 왕조로 넘어갔다가 기원전 12세기에는 아시리아인이 통치했다. 이들 왕조가 통치하는 동안에도 바빌로니아 문화는 특권적인 지위를 누리며 계속해서 영향력을 확대해 나갔다. 이는 기원전 612년, 아시리아 제국이 몰락한 후에도 기원전 539년 페르시아의 키루스에 의해 정복될 때까지 계속되었다. 하지만 결국 기원전 331년 알렉산더 대왕(기원전 356~323)에 의해 정복된 후 짧은 기간에 자취를 감추었다.

아이러니하게도 알렉산더 대왕은 열병에서 회복하지 못하고 바빌론에서 죽음을 맞이했다.

1899년, 미술가 벤저민 아이드 윌러(Benjamin Ide Wheeler)가 기원전 331년 이라크 지역에서 일어난 가우가멜라 전투에 참가한 알렉산더 대왕을 그린 것으로, 알렉산더 대왕은 페르시아 지역을 정복한 후 결국 바빌로니아 문명을 멸망시켰다. 역사적으로 문명의 탄생과 몰락은 수세기에 걸쳐 수학의 발전에 많은 영향을 미쳤다.(Library of Congress)

0을 나타내는 기호는 누가 발명했을까?

바빌로니아인은 수 체계에서 0을 나타내야 할 때 공백을 사용했으며, 0을 나타내는 기호는 가지고 있지 않았다. 고고학자들은 약 7세기경 인도에서 0을 나타내는 기호가 발명되었으며, 그보다 100여 년 앞서 마야인이 독자적으로 발명했다고 여기고 있다. 하지만 마야인은 다른 문화권과는 달리 유동적이지 못해 0을 발명했지만, 그것을 전 세계에 퍼뜨릴 수 없었다. 이 때문에 그들이 0을 나타내는 기호를 처음으로 사용했다는 것을 밝혀내는 데만도 몇 세기가 걸렸다.

바빌로니아인의 수표

고고학자들이 알아낸 바에 따르면 바빌로니아인은 기수가 크고 숫자기호의 수가 많아 계산하기 불편한 산술연산을 쉽게 하기 위해 곱셈표, 역수표, 제곱수와 세제곱수의 표, 제곱근과 세제곱근의 표 등을 만들어 사용했다. 1854년, 유프라테스 강 유역의 센케라^{Senkerah}에서 발견된 기원전 2000년 것으로 추정되는 2개의 서판에 그 증거가 남아 있다. 하나는 59까지의 수들을 제곱한 표가 들어 있고, 다른 하나는 32까지의 수를 세제곱한 수들을 정리한 표가 들어 있다.

바빌로니아인은 나눗셈을 할 때, $\frac{a}{b} = a \times \frac{1}{b}$에 따라 역수 표에서 나누는 수의 역수를 찾아 나누어지는 수에 그 수를 곱하는 방법으로 바꾸어 간단히 계산했다. 이 역수 표에는 수십억에 이르는 수의 역수가 들어 있다.

그들은 또 $x^3 + x^2 = a$ 같은 3차방정식을 풀기 위해 1~10까지의 정수 n에 대한 식 $n^3 + n^2$의 표를 만들어 사용하기도 했다. $ax^3 + bx^2 = c$ 형태의 방정식(여기서 방정식 $ax^3 + bx^2 = c$는 오늘날의 대수적 표기이며, 바빌로니아인은 자신들만의 기호를 사용하여 방정식을 나타냈다)은 각 항에 a^2을 곱하고 b^3으로 나눈 다음, 식을 $\left(\frac{ax}{b}\right)^3 + \left(\frac{ax}{b}\right)^2 = \frac{ca^2}{b^3}$으로 변형하여 풀기도 했다.

만일 $y = \frac{ax}{b}$라 하면, $y^3 + y^2 = \frac{ca^2}{b^3}$이 된다. 이제 $n^3 + n^2 = \frac{ca^2}{b^3}$을 만족하는 n의 값을 찾기 위해 $n^3 + n^2$의 표를 조사하기만 하면 된다. y에 대한 해를 구한 다음, x는 $x = \frac{by}{a}$로 구할 수 있다. 바빌로니아인은 오늘날 우리가 매우 익숙하게 사용하고 있는

대수적 지식이나 기호를 사용하지 않고도 이와 같은 계산을 완벽하게 해냈다.

바빌로니아인은 그 밖에 어떤 중요한 수학적 성질들을 만들었을까?

몇 세기에 걸쳐 바빌로니아인은 많은 수학적 성질을 구축하고 발전시켰다. 비록 '피타고라스의 정리'라는 이름은 알지 못했다고 하더라도 그들은 피타고라스의 정리에 대하여 알고 있던 최초의 사람들이기도 했다. 사실 피타고라스는 동쪽으로 여행하면서 바빌로니아인에게서 그 정리를 배웠을 수도 있다. 바빌로니아인은 그 밖에도 중요한 기하학적 성질들을 알고 있었다. 그들은 그리스인이 탈레스가 밝혀낸 것으로 생각하여 훗날 그의 이름을 본떠 만든 '탈레스의 정리'를 포함하여 평면기하학에 관련된 많은 정리를 알고 있었다. 어쩌면 그들은 그 당시 가장 뛰어난 대수학자들이었을 수도 있다. 비록 그들이 사용한 기호들과 계산 방법이 현대의 대수적 표기법, 계산 방법들과는 매우 다르더라도 말이다.

이집트의 수와 수학

이집트인

이집트인은 오늘날의 이집트 지역에서 기원전 3000년경에 통일된 왕국을 이루며 번성하기 시작했다. 하지만 그들은 이미 오래전부터 상당한 수준의 도시화를 이뤘으며, 한창 세력을 넓혀가고 있었다. 이집트 문명의 문자들과 숫자들은 메소포타미아와 거의 동시대에 이뤄졌지만, 고고학자들은 이들 두 문명이 서로의 것을 차용하여 고유의 체계를 구축했다고 생각지는 않는다. 이집트인은 이미 숫자를 표기하고 있었다. 이집트인이 사용한 기호와 문자는 대부분 나일 강 유역의 식물과 동물의 모양에서 따온 것이다. 게다가 이집트인은 1000여 년 정도 앞서서 기호를 표기하기 위한 도구들을 개발하기도 했다.

기원전 3000년경, 이집트인은 상형문자^{hieroglyphs} 또는 그림문자를 토대로 한 기록체계를 가지고 있었다. 그들의 숫자 또한 상형문자에 바탕을 두고 있었으며, 10진법에 기초한 1, 10, 100, ⋯, 1000000 등의 수들에만 특별한 기호를 부여했다.

1 │ 수직 막대기   10 ∩ 말굽형 멍에 $10^2 = 100$ 나선 $10^3 = 1000$ 연못

$10^4 = 10000$ 손가락 $10^5 = 100000$ 올챙이 $10^6 = 1000000$ 놀라는 사람

이러한 숫자체계의 결점은 수를 나타낼 때 이들 숫자기호 각각을 필요한 수만큼 반복해야 하는 것이었다.

이집트인은 파피루스에 기록하기 시작하면서 '신관문자식 숫자^{hieratic numerals}'라는 다른 수 체계를 사용했다. 상형문자로 된 숫자기호들은 모양이 너무 세밀하여 신속하게 기록할 수 없었다. 이런 이유로 서기들은 원래 숫자의 형태와 그림을 최대한 단순화시켜 매우 간소화된 흘림체 상형문자를 고안해냈다. 이것을 '신관문자^{神官文字, hieratic}'라고 하는데, 사제들이 처음 사용했기 때문에 이런 이름이 붙었다고 한다. 이 때문에 큰 수들을 보다 작은

	상형문자식 숫자	신관문자식 숫자
1		
3		
10		
100		
1000		

공간에 표기할 수 있었다. 신속하게 기록하기 위해 서기들은 다음의 수 각각에 독특한 기호를 부여하여 상당히 단순화된 수 표기체계를 만들어냈다.

1	2	3	4	5	6	7	8	9
10	20	30	40	50	60	70	80	90
100	200	300	400	500	600	700	800	900
1000	2000	3000	4000	5000	6000	7000	8000	9000

하지만 이 방식에 따라 수를 표기하기 위해서는 외워야 하는 기호들이 많아지는 문제점이 뒤따랐다. 신관문자식 숫자기호는 상형문자식 숫자기호보다 훨씬 많았다. 예를 들어 수 3577을 표기하기 위해서는 3000, 500, 70, 7에 해당하는 4개의 서로 다른 신관문자 기호가 필요했다. 반면 상형문자에서는 1000을 가리키는 숫자기호를 세 번 반복하고, 100의 숫자기호를 다섯 번, 10의 숫자기호를 일곱 번, 1의 숫자기호를 일곱 번 반복하여 자그마치 22개의 기호가 필요했다.

상형문자와 신관문자는 기원전 3000년경부터 기원전 1000년경까지 거의 2천여 년 동안 함께 사용되었다. 일반적으로 상형문자는 주로 궁전과 신전의 기둥이나 벽면, 오벨리스크, 무덤 등에 새겨졌지만, 신관문자는 훨씬 빠르고 편리하게 새길 수 있어 파피루스에 적는 기록들이나 재산목록, 개인의 서간, 수학·천문

상형문자는 고대 도시 테베 근처에 있는 카르나크 신전의 하트셉수트(Hatshepsut)의 오벨리스크 같은 이집트인의 건축물들에서 발견할수 있다

학·경제법·종교적 미신 등과 관련된 사항들을 새길 때 사용되었다.

신관문자는 상형문자를 바탕으로 고안되었기 때문에 상형문자와 거의 같은 요소로 이뤄졌지만, 점점 추상화된 모양을 띠면서 처음의 상형문자와는 상당히 다른 모습으로 변했다. 신관문자는 갈대로 만든 펜으로 기록했는데, 파피루스에 적는 것은 돌에 음각을 새기는 것과는 매우 달랐다. 그에 따라 필기도구에 맞추어 문자를 변형시킬 필요가 있었다. 또한 왕국과 왕조가 바뀔 때마다 신관문자식 숫자들도 바뀌었는데, 이 때문에 서기관들은 서로 다른 많은 기호를 기억해야 했다.

이집트인은 분수를 사용했을까?

이집트인은 수 체계에서 분수를 사용했다. 하지만 그들이 사용한 기호들은 오늘날의 표기법과 달랐다. 분수는 상형문자의 숫자기호 위에 '입' 모양의 상형문자를 그려 넣어 나타냈다. 예를 들어, $\frac{1}{5}$과 $\frac{1}{10}$은 아래 그림과 같이 나타내며, $\frac{1}{2}$을 나타낸 두 가지 기호처럼 다른 분수들 또한 특별한 기호로 나타냈다.

이집트에서 수학이 발전한 이유는 무엇일까?

이집트 수학이 발전하게 된 가장 큰 이유는 주기적으로 발생한 나일 강의 범람에서 비롯되었을 것으로 추측된다. 나일 강 계곡에서 처음 농업이 시작되었을 때, 나일 강의 범람은 중요한 역할을 했다. 논이 마르는 시기를 알 수 있었을 뿐만 아니라 비옥한 토양과 관개지에 물을 풍부하게 제공해주었다. 게다가 이집트 사회가 점점 발전해 나감에 따라 세금 계산, 재산 분배, 물건 거래, 군대를 모을 때 등 보다 복잡한 계산방법이 필요하게 되었다. 이러한 수많은 거래명세를 기록하기 위해 수의 표기체계가 발전해 가면서 셈법과 수학이 필요해졌다.

이집트인이 사용한 몇 가지 곱셈의 예

이집트인의 곱셈법은 복잡하게 기억하지 않아도 되며, 단지 2개의 곱셈표만 알면 되었다. 간단한 예를 들면, 16×12를 계산하기 위해서는 1과 12로 시작한다. 그 다음 왼쪽의 수가 16이 될 때까지 각 행의 두 수를 계속하여 2배(1×2와 12×2; 2×2와 24×2 등등)씩 만들어 나간다. 이때 16과 같은 행의 오른쪽 수 192가 계산 결과다.

1	12
2	24
4	48
8	96
16	192

또 다른 예로 19×37처럼 2의 배수가 아닌 수의 곱셈을 해보자.

1	19
2	38
4	76
8	152
16	304
32	608

먼저 1과 19로 시작하여 왼쪽의 수가 32가 될 때까지 두 수를 계속하여 2씩 곱한다. 32에 2를 곱하면 수 37보다 큰 수가 된다. 이때 37은 32보다 크므로 왼쪽의 수 중에서 32를 포함하여 더해서 37이 되는 수들(1, 4, 32)을 찾는다. 그런 다음, 오른쪽의 수 중에서 그들 수에 대응하는 수들(19, 76, 608)을 더한다. 즉, 19＋76＋608을 계산하면 그 결과는 703이 된다. 이 과정에서는 계산기가 전혀 필요하지 않다!

이집트인의 수 체계에는 어떤 문제점이 있었을까?

이집트인의 수 체계는 몇 가지 문제점을 지니고 있었다. 가장 두드러진 문제점으로는 수 체계가 산술계산을 염두에 두고 만들어지지 않았다는 것이다. 로마숫자와 마찬가지로 이집트인은 수를 사용하여 덧셈과 뺄셈을 하는 것은 전혀 어려움이 없었지만, 곱셈과 나눗셈은 간단하지 않았다.

하지만 방법이 전혀 없는 것은 아니었다. 덧셈을 바탕으로 하여 곱셈과 나눗셈법을 고안해냈기 때문이다. 상형문자를 사용해 10으로 곱하고 나누는 것은 쉽게 할 수 있었다. 곱셈의 경우에는 주어진 어떤 숫자기호를 그 다음 단위의 숫자기호로 대체하기만 하면 되었다. 그러나 다른 수를 곱하거나 나누기 위해서는 연속하여 2씩 곱해 나가는 방식 또는 2배를 되풀이하는 방식을 고안하여 사용했다.

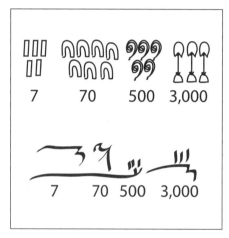

위 그림은 상형문자를 사용하여 수 3577을 나타낸 것이고, 아래 그림은 신관문자를 사용하여 나타낸 것이다. 이들 수는 오른쪽에서 왼쪽으로 읽는다.

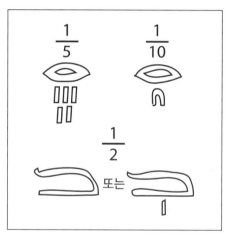

1/5, 1/10, 1/2을 나타내는 기호는 각각 상형문자를 사용한 것이다.

고대 이집트 수학의 주요 출처는?

고대 이집트 수학은 대부분 파피루스에 적혀 있는 기록들을 통해서 알 수 있다. 파피루스는 고대 이집트에서 파피루스 식물의 긴 줄기와 속으로 만든 일종의 기록용지다. 식물로 만들어져 시간이 지나면서 부서지기 쉽고 분해되어 현재 대부분의 파피루스는 남아 있지 않지만 고대 이집트 수학과 관련된 2개의 중요한 파피루스가 현존하고 있다.

스코틀랜드 출신의 이집트학자인 알렉산더 헨리 린드$^{\text{Alexander Henry Rhind, 1833~1863}}$의 이름을 딴 린드 파피루스의 길이는 대략 6m이고 폭은 $\frac{1}{3}$m다. 기원전 1650년경 이집트 서기관인 아메스^{Ahmes}에 의해 기록된 것으로, 기원전 1850년경에 기록된 200년 전의 문서를 베낀 것이라고 적어놓았다.

이 파피루스에는 87개의 수학문제가 적혀 있으며, 대부분 실용적인 문제들로 일상생활과 밀접한 관계가 있지만, 몇몇 문제는 적용하려는 의도와는 상관없이 수를 다루는 방법도 제시하고 있다. 예를 들어, 린드 파피루스의 처음 여섯 문제에서는 10명의 사람이 n개의 빵을 나누는 방법을 묻고 있는데, 문제 1에서는 $n=1$인 경우, 문제 2에서는 $n=2$인 경우, 문제 3에서는 $n=6$인 경우, 문제 4에서는 $n=7$인 경우, 문제 5에서는 $n=8$인 경우, 문제 6에서는 $n=9$인 경우를 다루고 있다. 또 87개의 문제 중 81개의 문제는 분수 계산을 다루고 있으며, 수량이나 기하학과 관련된 문제들도

이집트 문명은 수 체계를 개발했고, 피라미드를 비롯한 수많은 건축물을 세우기 위하여 건축에서 기하학을 사용하는 등 수학 발전에 크게 이바지했다.

있다. 린드 파피루스는 1858년에 이집트 룩소르에서 구입한 것으로, 현재 런던의 대영박물관에 보관되어 있다.

러시아의 도시 이름을 딴, 대략 12세기 이집트 왕조시대에 쓰인 모스크바 파피루스에 적힌 수학 내용은 문서에 기록된 이름이 없는 것으로 보아 한 사람이 쓴 것으로 여겨지지 않는다. 모스크바 파피루스에는 린드 파피루스와 비슷하게 25개의 문제가 수록되어 있다. 이 문제들은 각뿔대에 대한 공식을 비롯하여 이집트인이 기하학을 매우 잘 이해하고 있다는 것을 보여준다.

그리스와 로마 수학

그리스인은 왜 수학을 중요하게 생각했을까?

그리스인은 자신들의 수 체계와 바빌로니아인의 지식을 받아들여 수학을 더욱 진보·발전시켜 나갔다. 그리스 문화는 훨씬 이전까지 거슬러 올라가지만, 기원전 300~200년 사이에 가장 많은 발전을 이뤘다. 그리스인은 수학의 본질과 접근방법을 변화시켰으며, 수학을 가장 중요하게 생각하지는 않았지만 중요한 학과목 중의 하나로 여겼다. 그리스인의 수학적 성향에 대한 중요한 근거는 어렵지 않게 찾을 수 있다. 그리스인은 여러 가지 활동을 통해 추론하기를 좋아했다. 수학은 실험이나 관찰이 요구되는 다른 많은 과학적 노력과는 달리 추론을 바탕으로 한다.

이오니아, 고대 그리스 그리고 헬레니즘 시대의 그리스에 가장 큰 영향을 미친 수학자는?

이오니아와 고대 그리스, 헬레니즘 시대의 그리스에는 알렉산드리아의 헤론, 엘레아의 제논, 크니도스의 에우독소스, 키오스의 히포크라테스, 파푸스 같은 수학자들을 포함하여 매우 진보적인 몇몇 수학자들이 있었다. 다음은 그리스의 수학 발전에 큰 영향을 미친 수학자 중 극히 일부를 소개한 것이다.

밀레투스의 탈레스[기원전 625~550](이오니아)는 그동안 알려진 대로 철학학교 설립자이자 첫 번째로 기록된 서양철학자라는 것 외에 특히 바빌로니아 수학을 그리스 문명에 소개함으로써 그리스의 수학 발전에 크게 이바지했다. 상인이었던 그는 여행하면서 측정과 관련된 기하학을 접하게 되었다. 그것은 결국 그리스

로도스의 히파르코스는 기초 삼각법을 활용하여 달과 지구 사이의 거리를 계산했다.

에 기하학을 도입하는 데 중요한 역할을 했다. 그 안에는 막대 그림자를 이용하여 피라미드의 높이를 계산해내고, 기하학을 통해 해안에서 멀리 떨어져 있는 배까지의 거리나 일식을 예측하는 등의 문제 해결방법도 있었다.

니케아의 히파르코스로도 불린 로도스의 히파르코스[기원전 170~125](고대 그리스)는 천문학자이자 수학자로 삼각법의 일부 기초를 만든 것으로 알려져 있다. 이는 지구에서 달까지의 거리 측정을 포함하여 천문학적인 연구에 큰 도움이 되었다.

클라우디오스 프톨레마이오스(혹은 톨레미: 100~170, 헬레니즘 시대의 그리스)는 천문학 분야뿐만 아니라 기하학과 지도 제작 분야에 가장 큰 영향을 미친 그리스인 중 한 사람이었다. 그는 히파르코스의 연구를 바탕으로 행성이 지구를 중심으로 원형의 궤도로 회전한다는 주전원epicycles의 개념을 발견했다. 오늘날에는 태양계에 대한 톨레미의 설명이 틀렸다

1632년에 만들어진 판화에서 왼쪽의 아리스토텔레스, 오른쪽의 코페르니쿠스와 아이디어를 논의하고 있는 모습으로 묘사된 톨레미(가운데)는 지도 제작, 기하학, 천문학에 관한 다양한 개념을 발견했다.(Library of Congress)

는 것이 밝혀졌지만, 그의 방법은 천 년 넘게 천문학계를 지배했다.

디오판토스[210~290]는 일부 학자들에게 '대수학의 아버지'로 여겨져 왔다. 그는 자신의 논문 〈산학Arithmetica〉에서 오늘날 '디오판토스 방정식'이라 부르는 여러 개의 변수가 들어 있는 방정식을 해결했다. 또한 몇몇 방정식의 해로 음수를 계산했지만, 그 답은 잘못된 것이었다.

아르키메데스의 목욕탕에 얽힌 뒷이야기

왕과 관련된 아르키메데스의 유명한 이야기가 있다. 시실리 왕인 시라쿠사의 히에론 2세는 왕실 금 세공사가 자신의 왕관을 순금으로 만들었는지, 아니면 은을 섞은 합금으로 만들었는지 궁금했다. 왕은 아르키메데스를 불러 이 문제를 해결하도록 명령했다. 이 위대한 그리스의 수학자는 은이 금보다 밀도가 낮아 가볍다는 것을 알고 있었지만, 정육면체 모양으로 다시 만들어 무게를 재지 않는 한 불규칙한 모양인 왕관의 상대적인 밀도를 알아낼 방법은 찾지 못했다.

고민에 빠져 있던 아르키메데스는 사람들이 뭔가 기발한 아이디어를 얻으려고 할 때 주로 그러는 것처럼 목욕탕으로 향했다. 욕조에 들어갔을 때, 물 높이가 올라가는 것을 발견한 그는 욕조에서 흘러넘치는 물의 양이 자신의 몸무게와 같다는 것을 알아차렸다. 이에 흥분한 나머지 아르키메데스는 옷도 걸치지 않은 채 "유레카!"('알아냈다'는 뜻)라고 외치며 거리를 뛰어갔다는 이야기가 전해 내려오고 있다. 그는 금이 은보다 밀도가 크기 때문에 같은 무게의 은의 부피보다 금의 부피가 작아 금을 넣었을 때 넘치는 물의 양이 같은 양의 은보다 적은 양이라는 것을 알아냈다.

다음날 아르키메데스는 완성된 왕관과 원래 왕관을 만들기로 했던 것과 같은 무게의 금을 각각 물이 담긴 그릇에 넣었다. 그 결과 두 그릇의 물 높이가 다르다는 것을 확인하고, 왕관이 순금이 아닌 밀도가 낮은 합금으로 만들어진 것이라는 것을 밝혀냈다. 그는 논문 〈부체에 대하여On Floating Bodies〉에서 이 원리를 제시했고 이는 현재 '아르키메데스의 부력의 원리'로 유명하다. 금 세공사는 결국 왕의 금을 빼돌린 죄로 참수형을 당했다.

아르키메데스의 가장 큰 수학적 업적은?

역사학자들은 아르키메데스^{기원전 287~212}(헬레니즘 시대의 그리스)를 고대 그리스 수학자 중 가장 위대한 사람이라고 여기고 있다. 그는 유체 원리를 발견한 것으로 알려졌으며, 단순한 기계 역학에 대해서도 매우 뛰어난 지식을 갖고 있었다. 또한 원에 내접하는 다각형과 원둘레의 길이를 비교함으로써 '파이(π)'의 값에 가까운 극한값을 계산했다. 또 구와 원기둥의 부피를 계산하기 위해 공식을 사용했으며, 오늘날의 미적분으로 발전한 에우독소스의 실진법^{method of exhaustion}을 고안했다. 이밖에도 크기에 상관없이 임의의 자연수를 표현하는 방법을 고안해냈는데, 이는 고대 그리스 숫자들로는 해결할 수 없었다.

기하학 발전에 크게 공헌한 그리스 수학자는?

고대 그리스 수학자인 유클리드^{기원전 325~270}는 2차방정식의 산술적이고 기하학적인 이론 개발에 이바지했다. 그가 이집트 알렉산드리아에서 수학을 가르쳤다는 것을 제외하고 그의 생애에 대해서는 거의 알려진 것이 없지만, 기하학에 크게 공헌한 것은 익히 알려져 있다. 우리가 고등학교에서 배우는 기초기하학은 거의 유클리드의 기하학을 토대로 한다. 13권으로 된 《원론》은 기하학과 기타 수학을 다룬 책으로, 그 당시 최고의 작품이었다.

처음 여섯 권은 기본적인 평면기하학에 대하여 설명하고 있으며 다른 일곱 권은 수에 관한 이론은 물론, 기하학을 토대로 한 산술적인 문제들, 입체기하학에 관한 내용을 제시하고 있다. 또한 그는 점, 선 같은 기초 용어들과 관련된 공리와 공준을 정의했으며, 여러 가지 정의, 공리, 공준에서 논리적으로 추론한 수많은 명제를 정의했다.

수학에서 피타고라스를 중요시하는 이유는?

중국인과 메소포타미아인이 천 년 정도 앞서 피타고라스의 정리를 발견했다고 하더라도 대부분 사람들은 그리스 수학자이자 철학자인 사모스의 피타고라스^{기원전 582~507}

가 처음으로 증명했다고 알고 있다. 피타고라스의 정리는 직각삼각형에서 빗변의 길이(h)와 다른 두 변의 길이(a, b)와 관련된 유명한 기하학 정리다.

간단히 정리하면, 임의의 직각삼각형에 대하여 빗변 길이의 제곱이 다른 두 변 길이의 제곱의 합과 같다.

피타고라스가 수학 발전에 공헌한 또 다른 것은 무엇일까?

피타고라스의 정리가 피타고라스 혼자서 이뤄낸 결과물이 아니라는 사실은 매우 흥미롭다. 피타고라스는 최초의 순수 수학자로 여겨지고 있다. 그는 학교를 설립하여 수론, 음악, 기하학, 천문학의 네 가지 지식분야를 가르쳤다. 그중에서도 특히 수론을 가장 중요하게 여겼으며, 자연수만 다루었다. 중세시대에는 이들 과목을 '4학과'라고 불렀다. 논리학, 문법, 수사법과 함께 이들 분야에 대한 학습은 전인격을 갖춘 사람을 위한 필수 지식분야로 인정되었다.

피타고라스는 이들 과목을 직접 가르친 것은 물론, 고대 오르페우스교처럼 교단을 만들어 영혼의 윤회, 신비주의를 가르치기도 했다. 피타고라스와 그를 신처럼 숭배했던 추종자들의 생활은 비밀결사 형태로 유지되었는데, 철저하게 비밀을 지켰고 수학 학습을 신비로운 것으로 여겼다. 피타고라스학파는 만물의 근원을 '수'라고 생각했으며, 우주 만물을 수로 설명할 수 있다고 믿었다. 그들은 심지어 '정의' 같은 추상적이고 윤리적인 개념도 수로 설명할 수 있다고 주장했다. 또한 콩을 먹지 않는 등 몇몇 흥미로운 비수학적인 신념을 지키기도 했다.

피타고라스학파는 수학과 기하학 분야에 영향을 미쳤을 뿐 아니라 천문학과 의학에도 크게 공헌했으며, 지구가 정점(태양) 주위를 자전하고 있다는 것을 최초로 가르치

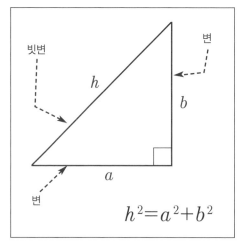

피타고라스의 정리는 직각삼각형에서 두 변의 길이가 주어졌을 때 나머지 한 변의 길이를 쉽게 구할 수 있는 방법이다.

$$h^2 = a^2 + b^2$$

기도 했다. 이러한 사실은 수백 년이 지난 후 폴란드 천문학자 니콜라우스 코페르니쿠스Nicolaus Copernicus, 1473~1543에 의해 처음으로 알려졌다.

기원전 5세기 말경, 피타고라스학파는 사회에서 추방당했다. 그들 중 대다수는 전통적인 종교적 관습에 젖어 있던 시민의 격렬한 반대에 부딪혔고, 결국 성난 군중에 의해 살해되었다.

처음으로 알려진 여성 수학자는?

최초로 알려진 여성 수학자는 알렉산드리아의 히파티아370~415다. 그녀는 수학자이자 철학자인 아버지 알렉산드리아의 테온에게서 학문을 배웠을 것으로 추측된다. 400년경, 그녀는 톨레미가 알렉산드리아에 설립한 연구 및 교육센터인 무제이온에서 수학과 철학을 가르치며 플라톤학파의 책임자가 되었다. 히파티아가 쓴 저서들은 거의 알려지지 않았지만, 그녀에 대해 전해 내려오는 이야기는 실제 사실보다 더 유명하다. 그녀는 나중에 군중에 의해 살해된 것으로 보인다.

로마숫자는 어떻게 유래되었을까?

로마숫자의 역사는 기록이 제대로 남아 있지 않아 그 유래에 대해서는 여러 가지 설이 있다. 로마숫자는 기원전 500년경에 개발된 것으로 여겨지고 있으며 일부에서는 라틴어로 통합되지 못한 초기 그리스 알파벳 기호에서 유래된 것으로 주장하기도 한다. 7개의 표준기호가 만들어지게 된 실제 근거 또한 논란이 되고 있다. 일부 학자들은 1(Ⅰ)을 나타내는 기호가 손가락에서 유래되었다고 주장한다. 5(Ⅴ)를 나타내는 기호는 손을 펼쳤을 때 엄지손가락과 집게손가락 사이의 공간에 생기는 'Ⅴ'자 모양을 본떠 만들어졌다. 10(Ⅹ)을 나타내는 기호는 2개의 Ⅴ를 뾰족한 점에서 만나도록 붙였거나 일반 사람이나 상인들이 'Ⅹ'와 비슷하게 자신의 손을 사용하여 센 방법과 관련이 있을 수도 있다. 하지만 지금까지 설명한 모든 근거는 단지 추측에 의한 것이다.

어떻게 개발되었건 간에 로마인은 놀라울 정도로 적응하여 기호들을 효율적으로 사용했다. 고대 그리스인과 달리 로마인은 추상기하학 같은 '순수' 수학에 전혀 흥미를 느끼지 못하는 대신 '응용수학'에 관심을 두고 보다 실용적인 목적으로 수학과 로마숫자를 사용하여 도로, 사원, 다리, 수도교 따위를 건설했다. 또한 상인들은 회계에 활용했으며, 군대의 군수품을 관리하는 데도 사용되었다.

로마제국이 멸망한 지 수백 년이 지난 후에도 여러 문명권에서는 로마숫자가 계속 사용되었다. 심지어 오늘날에도 여전히 사용되고 있는 기호들이 있다. 그 기호들은 시계나 공식문서에 숫자를 쓰거나 연도 형식으로 날짜를 기록할 때도 사용된다. 예를 들어, 영화나 텔레비전 프로그램의 마지막 장면이 끝난 뒤 제작에 참여한 모든 기술진과 출연 배우들의 이름을 표기한 엔드 크레디트를 보면 로마숫자로 영화의 저작권 기한을 표기한 것을 종종 볼 수 있다.

고대 그리스인의 달력이 혼동을 일으킨 이유는?

메소포타미아 문명권과 달리 고대 그리스인은 천문학에 관해서는 상대적으로 관심이 적었지만, 우주론에 관해서는 훨씬 많은 관심을 기울였다. 그들은 지구와 다른 행성들이 우주의 어디쯤에 있는지를 연구하는 데 흥미를 느꼈다. 그들이 만든 달력은 정확하지 않은 천문학적 관측에 따라 만들어져 잘 맞지 않았다. 때문에 이 달력을 사용했던 고대 그리스의 거의 대부분의 도시의 시간이 달라 큰 문제를 일으키기도 했다. 사실 고대 그리스 시대와 헬레니즘 시대에는 '4년기^{olympiads}'로 연도를 표시했다. 이것은 시간과 관련하여 또 다른 문제를 일으켰다. 이를테면 어떤 일이 열 번째 4년기(올림피아드) 동안에 일어났다면 이것은 그 사건이 4년이라는 기간 안에 일어났다는 것을 의미했다. 때문에 사학자들에게 이 표기법은 무척 골칫거리였다. 결국 역사학자들은 주요 인물의 죽음과 탄생, 다른 중요한 역사적 사건들이 일어난 연도를 추측으로 나타냈다.

로마숫자는 오른쪽 표와 같이 7개의 기본 숫자로 이뤄져 있다.

수	로마숫자
1	I
5	V
10	X
50	L
100	C
500	D
1000	M

물론 숫자를 이처럼 표기하는 방법에는 여러 가지 규칙이 있다. 예를 들어, 8000 같은 큰 숫자는 'MMMMM MMM'과 같이 나타낼 수도 있지만, 이런 표기법은 무척 번거로웠다. 따라서 그런 큰 수를 다룰 때는 하나의 숫자 위에 막대를 그어 표기함으로써 1000을 곱한 것임을 나타냈다. 따라서 8000은 인도 – 아라비아 수 8에 해당하는 기호인 Ⅷ로 나타냈다.

지혜의 집

786년경, 하룬알라시드가 아바스 왕조의 제5대 칼리프가 되었다. 하룬은 유클리드의 《원론》같은 중요한 그리스 논문을 아랍어로 번역하는 등 학문을 적극 권장했다. 그 다음 대를 이은 칼리프 알마문[786~833] 또한 학문에 많은 흥미를 느껴 이슬람 제국의 여러 학문적 중심지 중의 하나인 바그다드에 '지혜의 집House of Wisdom'을 설립했다. 이곳에서 갈렌이 쓴 의학서와 톨레미의 천문학 논문 같은 그리스의 작품들이 번역되었다. 번역작업은 수학에 문외한인 알킨디[801~873]와 무하마드 이븐 무사 알 콰리즈미 같은 과학자이자 수학자 그리고 후나인 이븐 이샤크[809~873] 같은 유명한 번역가에 의해 이뤄졌다.

기타 문화권의 고대 수학

중국인은 수학 연구에 어떻게 이바지했을까?

고대 그리스인은 수학 발전에 크게 이바지했으나, 고대 중국인은 전혀 관심이 없었다. 기원전 200년경이 되어서야 중국인은 자릿값 표기를 개발했으며, 100년쯤 지난 후에는 음수도 사용하기 시작했다. 새천년이 시작되고 몇 세기가 지난 후쯤에는 소수를 사용했는데, 심지어 '파이(π)' 값도 분수로 나타냈다. 또 처음으로 마방진^{magic} ^{squares}을 사용했다.

유럽 문화권이 쇠퇴하기 시작할 때까지$^{약\ 530\sim1000}$ 중국인은 수학분야는 물론 자기학, 기계식 시계, 물리법칙, 천문학에 이바지했다.

중국 수학책 중 가장 유명한 것은?

《구장산술》은 고대 중국에서 만들어진 가장 유명한 수학책이다. 유휘$^{160\sim227}$ 등 많은 학자가 이 책의 주석서를 썼으며, 1500년 이상 중국의 수학 발전을 이끌어왔다. 하지만 원본은 남아 있지 않고, 오늘날 전해지는 것은 유휘가 편찬한 책뿐이다. 이 책에는 246개의 문제가 들어 있으며, 공예품 제작, 곡물 교환, 조세 및 부역, 토지 측량 따위의 일상적인 문제들을 해결하는 방법을 다루고 있다.

아리아바타 1세

아리아바타 1세(476~550)는 인도의 수학자다. 499년, 그는 2차방정식과 그 밖에 다른 과학 문제들을 다룬 《아리아바티야》라는 책을 썼다. 이 책에서 그는 파이(r)의 값이 3.1416이라고 제시하기도 했다. 또한 산술의 몇 가지 규칙 및 삼각법, 대수를 발전시켰지만, 그중에는 잘못된 것도 있었다.

대략 700~1300년까지 이슬람 문화는 서양에서 가장 진보한 문화 중의 하나였다. 아라비아 학자들이 수학에 이바지한 것은 인도와 중국 등 여러 문화권과의 접촉에 의해서뿐만 아니라 이슬람 제국의 통일 후 더 강력해진 아랍 언어가 큰 도움이 되었다. 그리스의 수학을 활용하면서 아라비아인의 수학은 점차 발전해갔으며, 아라비아 숫자라고도 불린 인도 숫자를 도입한 것은 수학적 계산에 큰 도움이 되었다.

수학에서 사용되는 친숙한 아랍 용어로는 어떤 것들이 있을까?

오늘날 수학 연구에서는 아랍 용어가 많이 사용되고 있다. 그중에서도 가장 친숙한 것은 '대수학'이라는 용어일 것이다. 이 용어는 페르시아 수학자 무하마드 이븐 무사 알 콰리즈미(783~850, al-Khowarizmi 또는 al-Khwarizmi로 알려져 있기도 하다)가 쓴 책 《알 자브르 왈 무콰발라*Al jabr w'al muqabalah*》에서 유래된 것이다. 그는 인도-아라비아 수 체계에서 수학적 계산을 할 때 필요한 규칙들을 설명했다.《이항과 약분*Transposition and reduction*》이라는 제목으로 번역된 이 책은 대수학의 기초에 대해 설명하고 있으며, 다양한 종류의 2차방정식에 대한 일반화된 해법을 제시하고 있다. '알 자브르*al-jabr*'는 오늘날의 이항 개념을, '알 무콰발라*al-muquabala*'는 동류항의 정리를 뜻한다.

'알고리즘' 역시 아라비아어에서 유래된 것이다. 이것은 무하마드 이븐 무사 알 콰리즈미의 이름을 라틴어로 번역하면서 나온 말이다. 시간이 지나면서 그의 이름은 al-Khuwarizmi에서 Alchoarismi, Algorismi, Algorismus, Algorisme로 바뀌었다가 결국에는 알고리즘*Algorithm*이 되었다.

오마르 카얌

'알 카야미'로 알려진 오마르 카얌*1048~1131*은 페르시아의 수학자이자 시인이며 천문학자였다. 〈대수 문제 증명에 관한 논문*Treatise on Demonstration of Problems of Algebra*〉을 통해 그는 기하학적으로 해결할 수 있는 3차방정식을 분류해냈다. 또 3차방정식을 원뿔곡선의 교점을 작도하여 풀었다. 이 뿐만 아니라 16세기의 니콜로 타르탈리아보다 수백 년이나 앞서서 일반적인 3차방정식을 해결했다. 하지만 그의 방법은 온전히 기하학적이었기 때문에 음의 근은 고려하지 않았다. 그는 1년의 길이를 365.24219858156으로 계산해내기도 했는데, 당시로서는 상당히 정확한 결과였다. 또한 그는 대수가 기하학과 관련이 있다는 것을 증명하기도 했다.

오마르 카얌이 유명한 이유는?

오마르 카얌은 수학 분야에서 남긴 업적이 아닌 19세기 영국 시인인 에드워드 피츠제럴드가 그의 시집 《루바이야트》를 600개의 짧은 시가 들어 있는 4행 시집으로 번역하여 발간하면서 알려지게 되었다. 그러나 피츠제럴드는 원본 그대로 번역한 것이 아니었다. 학자들에 따르면 "한 잔의 포도주, 한 덩어리의 빵 그리고 그대가 a jug of wine, a loaf of bread, and Thou"라는 시구는 카얌이 쓴 것이 아니다. 사실 이 시구는 피츠제럴드가 써넣은 것이었다. 흥미로운 사실은 《루바이야트》에서 사용된 시 형식과 시구들은 카얌보다 훨씬 앞서 페르시아 문학에서 다뤄온 것이다. 카얌은 그중에서 단지 120여 개의 시구만을 직접 썼다.

중세 이후의 수학

아라비아 표기법과 0의 개념을 유럽에 처음으로 소개한 사람은?

피보나치 또는 '보나치의 아들'로 알려진 이탈리아의 수학자 피사의 레오나르도 1170~1250는 유럽에 아라비아 표기법과 0의 개념을 소개했다. 그러나 몇몇 역사학자는 피보나치와 그의 동료가 그런 이름을 사용했다는 어떤 증거도 없다고 주장하기도 한다. 그는 자신의 책 《산반서》에서 0과 아라비아 각 나라에서 배워온 산술과 대수를 소개했다. 또 다른 책 《제곱근서》는 지난 천 년 동안 수론에서 이룬 가장 중요한 저서인데, 그는 이 책에서 피보나치수열을 제시하기도 했다.

16세기 유럽에서 수학이 발전한 주된 이유는?

중세 시대가 끝날 무렵, 수학은 몇 가지 이유에서 좀 더 발전할 수 있었다. 물론 가장 큰 이유로는 르네상스 시대가 시작되었기 때문이다. 르네상스 시대는 학문에 관한 관심과 흥미가 회복된 시기다. 수학이 활기를 띠게 된 또 다른 중요한 사건은 바로 인쇄술의 발명이다. 이 때문에 많은 사람이 유용하게 사용할 수 있는 수표가 들어 있는 수학책을 많이 만들 수 있었다. 또 세련되지 않은 로마숫자를 대신하여 인도 - 아라비아 숫자를 사용하게 되면서 수학이 더욱 발전할 수 있었다.

스키피오네 델 페로

16세기에 3차방정식과 4차방정식의 대수적 해법을 연구한 수학자들이 있었다. 1515년, 3차방정식의 해를 구하기 위한 공식을 최초로 발견한 사람이 바로 스키피오네 델 페로$^{Scipione\ del\ Ferro,\ 1465~1526}$다. 그는 자신의 연구 결과를 철저하게 비밀로 하다가 죽기 직전에 제자인 안토니오 마리아 피오레$^{Antonio\ Maria\ Fiore}$에게만 알려주었다.

아담 리즈

아담 리즈$^{Adam\ Ries,\ 1492~1559}$는 처음으로 재래의 주판을 사용한 계산법과 새로운 인도식 계산법을 소개하는 여러 권의 책을 썼다. 그의 책에서는 덧셈, 뺄셈, 곱셈, 나눗셈에 대한 기본적인 원리들을 제시했다. 그 당시 라틴어로 쓰여 있어 수학자, 과학자, 공학자들만 읽을 수 있었던 다른 대부분의 책과는 달리 리즈의 책은 모국어인 독일어로 쓰여 있어 일반 대중이 쉽게 이해할 수 있었다.

3차방정식과 4차방정식을
연구한 수학자들 사이에 있었던 좋지 않은 소문

3차방정식에 대한 초기 연구는 비밀 발설에 관한 이야기와 관련이 있다. 이 이야기는 모두 이탈리아에서 일어났다. 안토니오 마리아 피오레[1526?~?]는 스승인 스키피오네 델 페로에게서 3차방정식의 해법을 비밀리에 전수받자마자 그 해법에 대해 소문을 퍼뜨리기 시작했다. 순전히 독학으로 수학을 공부하여 이탈리아의 수학 천재로 알려진 니콜로 타르탈리아[1500~1557?] 역시 여러 유형의 3차방정식 해법을 발견해가던 중이었다. 타르탈리아의 본명은 니콜라 폰타나[Nicola Fontana]로, 어린 시절 프랑스 병사의 칼에 찔려 혀에 상처를 입고 말더듬이가 되어 스스로 'tartaglia[말더듬이]'라 불렀다. 타르탈리아는 방정식 $x^3+mx^2=n$의 해법을 밝혀내기 위해 끊임없이 자신을 몰아세웠으며, 결국 해법을 발견하자 자신의 업적을 자랑삼아 떠들어댔다.

이 소식을 접한 피오레는 격분하여 타르탈리아의 3차방정식 풀이는 그의 능력이 아니라 우연히 알아낸 것에 불과하다는 것을 증명해 보이겠다고 말했다. 그러면서 그는 타르탈리아와의 공개적인 내기 경합을 요구했다. 수학자들은 두 사람이 서로에게 문제를 30개씩 내고 40~50일 내에 풀도록 했다. 각자 푼 문제에 대하여 약간의 상금을 받을 수 있으며, 누가 더 많이 문제를 푸느냐에 따라 승자를 결정하기로 했다. 문제를 받은 지 2시간 만에 타르탈리아는 피오레가 낸 $x^3+mx^2=n$ 형식의 모든 문제를 풀었다. 경합이 끝나기 8일 전, 타르탈리아는 3차방정식의 모든 유형에 대한 일반적인 해법을 알아낸 반면 피오레는 타르탈리아가 낸 문제 중 단 한 문제도 풀지 못했다.

하지만 이야기는 거기서 끝나지 않았다. 1539년경, 이탈리아의 물리학자이자 수학자인 지롤라모 카르다노[1501~1576]가 이들 사이에 끼어들었다. 타르탈리아의 능력에 감동한 카르다노는 그를 방문하고 싶다고 했다.

타르탈리아를 찾아간 그는 3차방정식의 해법을 알려달라고 간청하며, 타르탈리아가 연구결과를 출간하기 전에 어떤 일이 있어도 비밀을 누설하지 않겠다고 맹세했다.

그러나 약속을 어긴 카르다노는 책을 출간하여 타르탈리아를 당황스럽게 만들었다. 카르다노는 제자 루도비코 페라리[1522~?]에게 4차방정식의 해법을 연구하게 하여 결국 이 문제를 해결한 뒤 1545년 라틴어로 대수학에 대한 논문 〈아르스 마그나[Ars Magna]〉를 출간했다. 이 논문에서 카르다노는 타르탈리아와 페라리가 3차방정식과 4차방정식에 대해 연구한 내용을 함께 제시했다.

프랑수아 비에트

프랑스의 수학자 프랑수아 비에트$^{François, 1540~1603}$는 종종 '현대 대수학의 창시자'로 불리기도 한다. 그는 미지량을 나타낼 때는 모음, 기지량을 나타낼 때는 자음을 이용하는 예와 문자를 대수기호로 사용하는 것을 소개했다. 이에 반해 데카르트는 미지량을 나타낼 때는 알파벳 끝부분에 있는 $[x, y, \cdots]$를, 기지량을 나타낼 때는 알파벳 앞부분에 있는 $[a, b, \cdots]$의 문자들을 사용하기도 했다.

비에트는 대수학을 기하학 또는 삼각법과 연결하기도 했으며 이를 바탕으로 자신의 책 《수학 요람$^{Canon\ Mathematicus}$》(1571)에서 삼각법에 관한 내용과 삼각비 표를 실었다. 이 책은 원래 출간하지 못한 천문학 논문인 〈천체의 조화$^{Ad\ harmonicon\ coeleste}$〉에 대한 수학 개론으로 쓰인 것이었다.

수학에서 가장 위대한 혁명은 몇 세기에 일어났을까?

수학자들과 역사학자들에 따르면 17세기에 과학은 혁명기답게 눈부신 발전이 있었으며, 수학에서도 가장 주목할 만한 변화가 일어났다. 로그가 발견되고 확률 연구가 이뤄졌으며, 수학, 물리, 천문학 사이에도 상호작용이 이뤄졌다. 무엇보다 가장 중요한 것은 미적분학이 개발된 것이다.

로그의 성질$^{nature\ of\ logarithms}$을 설명한 사람은?

1594년, 스코틀랜드의 수학자인 존 네이피어$^{1550~1617}$는 로그를 처음으로 생각해냈으며, 이후 20년이 지난 1614년이 되어서야 로그의 계산법을 설명한 책 《로그 법칙에 대한 놀라운 기술$^{Mirifici\ logarithmorum\ canonis\ descripto}$》을 출간했다. 이 책에는 로그의 성질이 설명되어 있으며, 활용 방법 및 로그표가 제시되어 있다.

카테시안 좌표를 만든 사람은?

카테시안 좌표는 점의 위치를 서로 수직인 축에서의 거리로 나타낸다. 좌표계는 프랑스의 철학자이자 수학자, 과학자인 르네 데카르트[René Descartes, 1596~1650]에 의해 처음으로 제안되었다. 그는 좌표를 이용하여 공간에서의 점을 찾는 방법을 설명한 책을 처음으로 출간했다. 같은 시기에 피에르 드 페르마 역시 같은 아이디어를 독자적으로 생각해냈다. 데카르트와 페르마가 생각해낸 아이디어는 모두 오늘날 '카테시안 좌표계'로 알려졌다.

데카르트를 '해석기하학의 창시자'로 여기는 사람들도 있다. 데카르트는 음수의 근을 생각하여 우리에게 익숙한 지수 표기법을 도입했다. 또 무지개 현상과 구름의 형성에 대해 설명했으며, 심리학에 대해서도 잠깐 연구한 적이 있다. x

피에르 드 페르마

프랑스의 수학자 피에르 드 페르마[Pierre de Fermat, 1601~1665]는 미적분학에서 이용되는 여러 방법을 창안하는 등 많은 연구 성과를 남겼다. 또 현대 정수론의 창시자로 알려졌고, 좌표기하학을 확립하는 데 크게 이바지했으며, 카테시안 좌표를 도입했다. 그는 '페르마의 마지막 정리'라는 정리를 증명한 것으로 추측되고 있다. 페르마의 마지막 정리는 "2보다 큰 정수 n에 대하여 식 $x^n + y^n = z^n$을 만족하는 0이 아닌 정수해 x, y, z는 존재하지 않는다"는 것이다. 그러나 페르마가 '증명'했다는 증거가 없어 수학자들은 그가 증명했다는 소문에 대하여 의문을 갖기도 한다.

페르마의 마지막 정리를 증명한 사람은?

19세기가 끝나기 직전, 독일의 실업가이자 아마추어 수학자인 파울 볼프스켈[Paul Friedrich Wolfskehl]은 자살을 결심하고 그 전에 페르마의 마지막 정리에 대한 책을 탐구하기 시작했다. 이 정리에 매료된 그는 자신이 죽으려고 한 것조차 잊었으며, 수학이 자신을 구했다고 생각했다. 그는 페르마에게 감사의 뜻을 표하기 위해 페르마의 마지막 정리를 최초로 완벽하게 증명한 사람에게 10만 마르크(오늘날의 화폐로 2백만 달러)를 상금으로 주도록 괴팅겐 (왕립) 과학원에 기증했다. 그 뒤 볼프스켈이 죽은 후 1906년에 이 내용이 발표되자 수천 개의 증명들이 접수되었지만, 정확하게 증명된 것은 없었다.

이후에도 사람들은 계속하여 도전했지만 번번이 실패하다가 1994년, 영국의 수학자 앤드루 존 와일스[1953~]가 드디어 증명해냈다. 이 공로로 와일스는 1997년에 볼프스켈 상을 받았다. 볼프스켈이 기증한 2백만 달러는 초인플레이션 때문이 아니라 마르크의 평가절하 때문에 가치가 5000달러로 줄어들어 있었지만 와일스에게는 문제가 되지 않았다. 그에게 페르마의 마지막 정리의 증명은 어렸을 때부터의 꿈이었다.

흥미롭게도 와일스가 페르마의 마지막 정리를 완전하게 증명했다는 것을 믿지 못하는 수학자들도 있다. 와일스가 사용한 많은 수학적 기법이 최근 몇십 년 내에 개발되었거나 심지어 와일스가 개발했기 때문에 와일즈의 증명이 수학에서 매우 중요한 것이라고 하더라도 페르마가 증명한 것과 같을 수는 없다. 그래서 아직도 페르마가 정말 증명했을지 의구심을 갖는 수학자들도 있다. 페르마는 정말 증명했을까? 아니면 오류가 있는 증명을 이야기한 것이었을까? 아니면 자신의 묘비에 자신만이 알 수 있는 증명을 새긴 괴짜 천재였을까? 다른 많은 역사적인 미스터리와 마찬가지로 이 문제 역시 결코 진실을 알지 못할 수도 있다.

확률을 수학적으로 연구하기 시작한 사람은?

프랑스의 과학자이자 종교철학자인 블레즈 파스칼[1623~1662]은 확률 연구는 물론, 세무관리 공무원이었던 아버지를 돕기 위해 19세에 덧셈과 뺄셈을 할 수 있는 계산기도 발명했다. 또 유체정역학과 원추곡선 같은 많은 수학 내용을 개발하고 발전시켰다. 오늘날 그는 페르마와 함께 확률론의 창시자로 인정되고 있다.

17세기의 과학자 블레즈 파스칼은 수학적 확률의 창시자다. 또 최초로 계산기를 고안하는 등 다른 많은 업적도 남겼다.

아이작 뉴턴

아이작 뉴턴 경은 영국의 수학자이자 물리학자로, 역사상 가장 위대한 과학자 중 한 명으로 인정되고 있다. 1665년에 미분학을 개발했고, 다음 해인 1666년에는 적분학을 개발했다. 수학과 과학에 대한 그의 연구 성과는 셀 수 없을 만큼 많다. 또한 일반적인 이항정리 발견과, 무한급수에 대한 연구 외에도 광학, 화학 분야에서도 눈부신 진전을 이뤘다. 그중에서도 뉴턴이 만유인력의 법칙, 행성 궤도의 법칙, 여러 가지 다른 천문학 개념들을 개발한 것은 가장 위대한 공로로 꼽힌다.

1687년, 뉴턴은 자신의 저서 중 가장 유명한 책인 《프린키피아(또는 자연철학의 수학적 원리)$Philosophiae\ naturalis\ principia\ mathematica$》를 출판했다. 이 책은 지금까지 쓰인 책 중에서 가장 위대한 과학도서로 일컬어지기도 한다. 이 책에서 뉴턴은 운동, 중력, 역학에 대한 이론들을 제시했다. 그는 이미 미적분학을 개발했음에도 여러 물리 문제를 해결할 때 기존의 고전기하학을 사용했다.

배런 고프리드 빌헬름 라이프니츠

아이작 뉴턴과 동시대에 살았던 독일의 철학자이자 수학자인 배런 고프리드 빌헬름 라이프니츠[1646~1716]는 자신의 분야에서는 뉴턴의 업적에 비견할 만큼 위대한 수학자이지만 일반 사람들의 머릿속에는 잘 떠오르지 않는 수학자다. 그는 '기호논리학의 창시자'이며, 좌표기하학 분야에서 좌표, 가로좌표[abscissas*], 세로좌표[ordinate]라는 용어를 도입했다. 또 곱셈을 나타낼 때 점을 이용했으며, : 을 나눗셈 기호로 사용했는데 이는 지금도 널리 쓰이고 있다. 라이프니츠의 이름은 그가 처음으로 발견한 무한급수 $\frac{\pi}{4} = \frac{1}{1} - \frac{1}{3} + \frac{1}{5} - \frac{1}{7} + \cdots$ 에도 붙어 있다. 그는 뉴턴과 상관없이 독립적으로 무한소 미적분을 발견했으며, 그것을 설명하기 위해 처음으로 책을 출판하기도 했다. 이 책은

---

* 가로좌표는 2차원 좌표 (x, y)에서 x 값을 가리키는 말이다. 마찬가지로 (x, y)에서의 y는 '세로좌표'라고 부른다. 복소수는 보통 복소 평면상에 놓인 것으로 생각하기 때문에 복소수 $x + iy$의 가로좌표는 x이고, 세로좌표는 y가 된다. 특히 복소해석학이나 해석적 정수론에서 이들 용어를 사용한다.

아이작 뉴턴보다 3년 정도 앞서 출판됨에 따라 라이프니츠식 표기체계가 널리 적용되었다.

최초의 통계학자로 여겨지는 사람은?

영국의 통계학자이자 상인이었던 존 그랜트$^{John\ Graun,\ 1620\sim1674}$는 최초의 통계학자이며, 처음으로 통계학에 대한 책을 썼다. 그러나 이미 오래전에 더욱 단순한 형태의 통계학이 알려져 있던 상태였다. 잡화점 주인이었던 그랜트는 처음으로 런던 시에서 조사한 출생과 사망에 대한 방대한 주간 기록표에서 표본을 골라 결론을 이끌어내는 방법을 사용했다. 그는 자신의 저서 《사망자 표를 통한 자연적 및 정치적 제 관찰》에서 남자아이들이 여자아이들보다 더 많이 태어나며, 여성이 남성보다 더 오래 사는 경향이 있다는 등 인구현상에 관한 정치적·사회적 요소의 작용을 파악함으로써 자연적·수량적 법칙성을 다뤘다. 또한 프로이센 총인구에 대한 최초의 사망률 통계표를 포함한 몇 개의 사망률 통계표를 작성했다. 이것은 특히 보험과 건강 관련 분야에서 오늘날 우리에게 매우 친숙한 개념인 "어떤 사람이 일정한 나이 이후 얼마나 오래 살게 될 것인가?"를 보여준다.

수학에서 베르누이 일가가 중요한 이유는?

17세기와 18세기에 활약한 베르누이 일가는 수학, 과학과 동일시되고 있다. 자크 베르누이 1세$^{1654\sim1705}$는 일반 미적분학과 변분법을 개발한 사람 중 한 명으로 '적분integral'이라는 용어를 처음으로 사용했다. 또 자신이 쓴 책 《추론의 기술$^{Ars\ conjectandi}$》에서 확률론을 설명했는가 하면, 통계분야를 발전시킨 것으로 인정된다. 자신의 이름을 딴 '베르누이 수'들을 발견하기도 했는데, 이 수들은 식 $\frac{x}{1}-e^{-x}$의 거듭제곱 급수전개식의 각 계수에서 찾아볼 수 있다.

또 적분법과 지수함수의 적분법 분야에 이바지한 그의 동생 장 베르누이$^{1667\sim1748}$는 변분법의 창시자이며, 측지학, 복소수, 삼각법을 연구했다. 그의 아들 다니엘 베르누이

1세[1700~1782]의 업적도 아버지에게 뒤지지 않았다. 그는 1738년에 《유체역학》을 출판한 최초의 수리물리학자로 여겨지고 있다. 이 책에는 그의 이름을 딴 베르누이 원리가 담겨 있다. 그는 몇 년 정도 시대를 앞선 두 가지 아이디어인 에너지 보존법칙과 기체 분자운동론을 발표했다.

베르누이 일가의 업적은 거기서 끝나지 않고 계속하여 수학, 과학 분야에 크게 공헌했다. 니콜라우스 베르누이 1세[1662~1716]는 자크 베르누이와 장 베르누이의 형제로, 러시아의 과학 아카데미인 상트페테르부르크의 수학교수로 재직했으며, 니콜라우스 베르누이 2세[1695~1726]는 장 베르누이의 아들이자 다니엘 베르누이 1세의 형제로 그 또한 수학자였다. 또 장 베르누이의 아들이자 다니엘 베르누이 1세의 형제인 장 베르누이 2세[1710~1790]는 아버지의 자리를 이어받아 스위스 바젤 대학의 수학과 학장이 되었으며, 물리학에 공헌했다. 장 베르누이 2세의 아들인 장 베르누이 3세는 베를린 왕립 천문대의 천문학자였으며, 수학과 지리학도 연구했다. 마지막으로 장 베르누이 2세의 아들인 자크 베르누이 2세[1759~1789]는 상트페테르부르크에서 삼촌인 다니엘 베르누이의 뒤를 이어 수학과 물리학을 가르쳤지만, 그만 물에 빠져 요절하고 말았다.

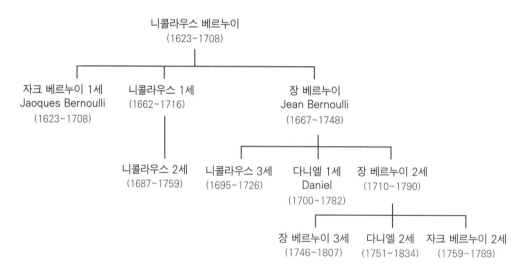

〈베르누이 일가의 가계도〉

요셉 - 루이스 라그랑주가
장 르 롱 달랑베르에게 보낸 편지 내용

이탈리아 태생의 프랑스 천문학자이자 수학자인 라그랑주 백작Comte Joseph-Louis Lagrange, 1736~1813은 수리천문학에서 중요한 발견을 했다. 그중에는 라그랑주 포인트, 라그랑주 방정식, 라그랑주 정리, 라그랑주 함수 등 자신의 이름을 딴 함수와 이론 등이 포함되어 있다. 이런 그에게 조언해주고 많은 도움을 준 사람은 프랑스의 수학자이자 물리학자, 철학자, 저술가인 달랑베르Jean le Rond d'Alembert, 1717~1783였다. 달랑베르는 뉴턴의 운동법칙을 확장하여 유체운동 분야에 공헌했으며, 지축에서의 규칙적인 변화를 설명했고, 수리물리학에서 처음으로 편미분방정식을 사용했다. 그는 1751~1772년까지 프랑스의 철학자 디드로Denis Diderot, 1713~1784와 함께 17권으로 된 과학지식 백과사전인 《대백과사전 Encyclopedié》을 편찬했다. 이 책에서 그는 서론과 수학 항목을 담당했다.

그러나 그런 수학적 계몽주의 시대에서의 생활도 문제점을 가지고 있었다. 1781년, 라그랑주는 수학 분야가 한계에 도달했다는 우려의 마음을 담아 달랑베르에게 편지를 썼다. 그 당시 라그랑주는 수학의 모든 것이 발견되고 밝혀졌으며 계산되었다고 생각했다. 그는 수학이 겨우 발달의 초기 단계에 있다는 것을 거의 인식하지 못했던 것이다.

수학자 중 가장 많은 저서를 남긴 사람은?

스위스의 수학자 레온하르트 오일러(1707~1783)는 수학자 중 가장 많은 저서를 남긴 사람으로 인정받고 있다. 사실 그가 남긴 업적은 이 책에서 전부 다루기 어려울 정도로 많다. 변분학, 해석학, 수론, 대수학, 기하학, 삼각법, 해석역학, 유체역학, 달의 운동을 계산한 달 운동론 등을 포함하여 순수수학과 응용수학에서 그가 이바지한 내용들을 정리해 70권 이상의 책을 저술했다. 오일러는 미적분학을 더욱 발전시켜 보다 폭넓은 방법을 최초로 개발한 사람이기도 했다. 그의 가장 유명한 책 《대수학 원론 Elements of Algebra》은 기초 대수학 교재로 순식간에 걸작으로 인정받았다. 또한 그는 기하학 교재도 저술했다. 예일대는 이 교과서를 사용한 최초의 미국 대학이었다.

오일러는 20대 중반에 오른쪽 눈의 시력을 잃었으며, 생애 마지막 17년 동안 모든 시력을 잃었지만 전설이라 할 만큼 탁월한 계산 능력을 갖추고 있었다. 그가 발견한 것 중에는 그의 이름을 딴 미분방정식이 있다. 이 방정식은 다면체 면의 개수, 모서리의 개수, 꼭짓점의 개수와 관련된 공식으로. 사실 오일러의 공식은 데카르트$^{\text{René Descartes}}$가 먼저 발견한 것이다. 또 수학에서 5개의 기본수인 $0, 1, i, \pi, e$로 만든 매우 유명한 방정식 $e^{\pi i} + 1 = 0$도 있다. 이 방정식은 수학자들이 가장 아름답다고 인정한 식이기도 하다. 베르누이 일가의 사람들과 마찬가지로 오일러도 러시아 상트페테르부르크의 과학 아카데미에서 일했다. 이 과학 아카데미는 피터 대제가 세운 학문의 중심지였다.

카를 프리드리히 가우스

독일의 수학자이자, 물리학자, 천문학자인 가우스$^{\text{Karl Friedrich Gauss, 1777~1855}}$는 그 당시 가장 위대한 수학자 중 한 사람으로 인정받았다. 심지어 그를 아르키메데스, 뉴턴과 비교하는 사람들도 있었다. 고등산술, 수론 분야에서 가장 큰 업적을 남긴 것으로 평가받는 그는 2차 상호관계의 법칙을 발견했고, 프랑스의 수학자 르장드르$^{\text{Adrien-Marie Legendre, 1752~1833}}$와 상관없이 독립적으로 최소제곱법을 발견했다. 또 -1의 제곱근 기호 'i'는 오일러가 먼저 사용했지만, 이 기호를 널리 알린 사람은 가우스였으며, 공간곡선과 곡면 이론에 대한 연구를 확장시키고 미분기하학에 이바지하는 등 많은 업적을 남겼다.

1801년 1월, 피아치$^{\text{Giuseppe Piazzi}}$가 소행성 케레스를 처음으로 발견했지만 궤도를 계산하지 못한 채 행성이 사라져버리자, 가우스는 자료가 부족함에도 최소제곱의 법칙을 개발하여 케레스의 궤도를 계산해냈다. 1801년 12월, 천문학자들은 가우스가 예측했던 그 위치에서 다시 행성을 발견했으며, 그는 이후 몇 년에 걸쳐 발견된 행성들의 궤도 또한 계산했다.

유클리드가 개발한 것과 다른 기하학 체계인 비유클리드 기하학은 1826년 러시아의 수학자 니콜라이 이바노비치 로바쳅스키$^{Nikolai\ Ivanovich\ Lobachevski,\ 1792\sim1856}$가 처음으로 소개했다. 이 이론은 이미 1823년 헝가리의 수학자 볼리아이$^{János\ 또는\ Johann\ Bolyai,}$ $^{1802\sim1860}$와 1816년 가우스$^{Karl\ Friedrich\ Gauss,\ 1777\sim1855}$가 각각 독립적으로 개발했지만, 이 주제에 대한 책을 처음으로 출판한 것은 로바쳅스키이다.

1854년, 독일의 수학자 게오르크 프리드리히 베른하르트 리만$^{Georg\ Friedrich\ Bernhard}$ $^{Riemann,\ 1826\sim1866}$은 리만 공간의 개념을 도입하여 리만 공간의 곡률을 정의하는 등 여러 가지 새로운 일반 기하학적 원리를 발표했다. 다른 비유클리드 기하학 형식에 대한 그의 생각은 기하학을 고찰하는 이런 새로운 방법을 확립했다. 또한 리만은 오늘날 수학에서 미해결 문제로 남아 있는 복소함수인 리만 가설(또는 제타 함수)을 제기했다.

알베르트 아인슈타인에게 비유클리드 기하학이 중요했던 이유는?

특히 비유클리드 기하학에서 이 형식은 베른하르트 리만이 처음 제안한 것으로, 알베르트 아인슈타인은 이 기하학을 바탕으로 일반상대성이론(1916)을 연구할 수 있었다. 이 연구로 공간의 실제 기하학이 비유클리드 기하학일 수도 있다는 것을 보여주었다.

영국의 수학자 조지 불$^{1815\sim1864}$은 기호를 사용하여 논리의 원리를 밝히는 기호논리학에 대한 이론을 처음으로 개발했다. 그는 논문 〈논리와 확률의 수학적 기초를 이루는 사고^{思考}의 법칙 연구$^{An\ Investigation\ of\ the\ Laws\ of\ Thought,\ on\ Which\ Are\ Founded\ the}$ $^{Mathematical\ Theories\ of\ Logic\ and\ Probabilities}$〉(1854)에서 오늘날 '불 대수'라는 기호논리학을 발표했다.

현대 수학

독일의 수학자 게오르크 페르디난트 루트비히 필리프 칸토어[1845~1918]는 초한수에 대한 연구뿐만 아니라 현대 수학의 분석에서 기초가 되는 집합론을 개발한 것으로도 유명하다. 그는 독일의 유명한 학술지인 〈수학 연보[Mathematische Annalen]〉에 논문을 게재하여 집합론의 기초를 소개했다. 오랜 기간에 걸쳐 여러 수학 분야가 발달해왔지만, 칸토어의 집합론은 그가 단독으로 고안한 것이다. 19세기 후반, 칸토어는 무한집합의 크기에 관한 가설인 연속체 가설[continuum hypothesis]을 제기하여 증명하려고 노력했으나 실패했다. 그 내용은 다음과 같다.

그는 일대일대응으로 무한집합 사이의 '크기'에 대해 생각하면서 여러 가지 서로 다른 크기의 무한이 있음을 알아내고, 서로 다른 방법으로 구성된 두 가지 특정 무한의 크기가 같다는 결론을 내렸다. 예를 들어, 자연수 집합은 유리수 집합의 부분집합임에도 서로 간에 일대일대응이 존재하므로 그 크기가 같지만, 실수의 집합과 유리수의 집합 사이에는 일대일대응이 존재하지 않아 실수 집합의 크기가 유리수 집합의 크기보다 크다는 결론을 내릴 수 있다.

1910년, 영국 웨일스의 수학자이자 논리학자인 버트런드 아서 윌리엄 러셀[1872~1970]과 영국의 수학자이자 철학자인 알프레드 노스 화이트헤드[1861~ 1947]는 《수학 원리 *Principia Mathematica*》의 전 3권 중 첫 번째 권을 출간했다. 현대 수학의 금자탑이라 일컬어지며 유클리드의 《기하학 원론》에 필적하는 것으로 인정되는 이 책은 논리를 토대로 하여 수학을 엄밀한 연역적 증명체계로 재구성하려는 시도 아래 쓰인 것으로, 논리적 원리를 수학의 기초로 발전시켰다. 이 책은 집합론의 여러 주요 이론들을 상세히 설명했으며, 유한수 산술과 초한수 산술을 조사하여 무한 개념을 더욱 풍부하게 함과 동시에 기초 측도 이론을 제시했다. 두 수학자는 세 권의 책을 출간했지만, 기하학에 대한 네 번째 권은 끝내 완성하지 못했다.

두 사람은 수학을 상당히 발전시켰는데, 러셀은 '러셀의 역설'을 발견했고 유형이론을 도입했으며 일차술어논리를 보급했다. 러셀의 논리는 두 가지 중요한 아이디어로 구성되어 있다. 그중 한 가지는 모든 수학적 사실이 논리적 사실로 환원될 수 있다는 생각으로, 수학의 표현형식이 논리학의 표현형식 일부를 구성한다는 것이다. 다른 한 가지는 수학적 증명체계의 출발점이 논리학 영역에서 제공할 수 있다고 생각하는 것으로, 수학의 여러 정리가 논리학의 여러 정리 일부를 구성한다는 것이다.

화이트헤드는 수학과 논리학에서뿐만 아니라 과학철학과 형이상학의 연구에서도 뛰어난 업적을 남겼다. 수학에서는 이미 알려진 대수적 절차의 범위를 확대했으며, 다작의 저술가이기도 했다. 한편 철학에서는 물질, 공간, 시간 사이의 직접적인 관련성을 통합하지 못하는 전통 이론들을 비판하고, 우주 자연을 현실적 존재라는 우주 자연의 최종 구성단위가 구체화되는 끊임없는 과정, 곧 과정의 흐름이라고 보는 '과정철학' 또는 '유기체철학philosophy of organism'을 주장했다.

버트런드 러셀의 '위대한 역설'

1900년대 초, 버트런드 러셀은 모든 집합에 적용되는 '위대한 역설'로 알려진 역설을 발견했다. 이 역설에 따르면, 집합은 자기 자신에 포함되거나 포함되지 않는다. 이는 만약 집합이 자기 자신에 포함된다면 그 집합은 자기 자신에 포함되지 않으며, 그 역도 성립한다. 이 역설이 중요시된 이유는 수학에 미친 영향 때문이다. 또한 그는 논리학에 근거한 수학을 연구하려는 사람들을 위한 문제들을 만들었으며, 게오르크 칸토어의 직관적인 집합론에 오류가 있음을 보여주었는데, 이는 그 당시 집합론의 주요 내용을 이루기도 했다.

약 100년 동안 버트런드 러셀을 포함한 여러 수학자는 공리적 기초 위에서 수학의 전 분야를 정의할 공리들을 제시하려고 노력했다. 오스트리아 출신의 미국 수학자이자 논리학자인 쿠르트 괴델[1906~1978]은 '괴델의 불완전성 정리'라 부르는 것을 처음으로 제안했다. 이 정리는 수학의 여러 법칙을 포함할 만큼 충분히 강력한 어떤 형식체계에 불완전하거나 모순이 있기 때문에 공리들로 모든 수학을 정의할 수 없었다.

또한 괴델은 수학의 여러 분야가 일부 명제들이 수학과 무관한 논리적(메타 수학적) 체계들에 의해 증명될 수 있다고 하더라도 체계 내의 증명할 수 없는 명제들을 바탕으로 하고 있다고 주장했다. 즉, 그 어느 것도 보이는 것만큼 간단하지 않다는 것이다. 이 이론이 더욱 흥미로운 것은 괴델의 이론이 의미하는 것에는 어떤 컴퓨터도 모든 수학적 질문에 답하도록 프로그램될 수 없다는 것이 성립되기 때문이다.

논리의 황금시대

쿠르트 괴델의 연구는 논리의 황금시대를 연 것으로 일컬어진다. 대략 1930년부터 1970년 말까지 수리논리학에서는 상당히 많은 연구가 이뤄졌다. 초기부터 수학자들은 다음과 같은 여러 측면의 논리학을 연구하는 단체로 모여들었다.

증명 이론 아리스토텔레스에 의해 시작되어 조지 불로 이어진 수학적 증명은 광범위하게 연구되었으며, 이와 같은 수학의 여러 분야는 인공지능 등의 전산 분야에 응용되었다.

모형 이론 수학자들은 군, 체 혹은 집합론의 모형 등 어떤 수학적 구조 내에서의 진리와 그 구조에 대한 명제들 사이의 관계를 조사했다.

집합론 1963년, 어떤 수학적 명제도 결정될 수 없다는 획기적인 발견이 있었다. 그것은 당시의 집합론에 대한 명백한 도전이었다. 이것은 칸토어의 연속체 가설이 집합론의 공리들과 관계가 없거나 두 가지 수학적 가능성, 즉 한 가지는 연속체 가설이 참이라는 것과 다른 한 가지는 거짓이라는 것을 보여주었다.

계산 가능성 이론 수학자들은 컴퓨터공학이 만들어낸 추상적인 이론들을 해결했다. 예를 들어, 영국의 수학자 앨런 튜링은 어떤 계산이라도 수행하도록 프로그램된 계산기계의 이론적 가능성을 확립한 추상 이론을 증명했다.

다비드 힐베르트가 제기한 것은?

1900년, 독일의 수학자 다비드 힐베르트는 새로운 세기를 위한 23개의 미해결 수학 문제를 제기했고, 이들 대부분은 단지 다른 문제들을 제기하기 위해 증명되었다. 1920년대까지 힐베르트는 형식주의자라 불린 많은 수학자를 모아 수학에 모순이 없음을 증명하려고 했지만 아이러니하게 모든 것이 수학적 문제들 때문에 원활하게 진행되지 못했다. 그리고 1931년, 쿠르트 괴델은 수학이 모순되거나 불완전하다는 불완전성 정리를 증명함으로써 형식주의자들의 노력을 좌절시켰다.

양자역학은 언제 개발되었을까?

양자역학quantum mechanics은 어느 특정한 해에 개발된 것이 아니었으며, 한 명의 과학자에 의해 아이디어가 제시된 것도 아니었다. 이 현대 물리학 이론은 약 30여 년에 걸쳐 개발되었으며, 많은 과학자가 거기에 이바지했다.

1900년 12월, 막스 플랑크Max Planck는 열복사의 실험 결과에 맞는 공식을 발표, 원자의 진동이 갖는 에너지 값은 무제한적이 아니라 어떤 '허용된 에너지 값'만을 갖는다는 양자가설을 주장했다. 여기서 수학이 작용하기 시작하는데, 각 값은 기본 최솟값의 정배수라고 했다. 플랑크는 양자 에너지 E는 플랑크 상수 $h(6.63 \times 10^{-34} joule-second)$를 곱한 빛의 진동수 ν와 정비례한다고 생각하고, 공식 $E = h\nu$(또는 $h \times nu$)를 개발했다.

그 후 이론적으로 타당한 수학을 사용하여 플랑크의 이론을 확장하거나 설명을 추가하는 학자들이 생겨났다. 예를 들어, 1905년 독일의 과학자 알베르트 아인슈타인[1879~1955]은 지금까지의 이론으로는 설명할 수 없는 현상, 즉 고체의 비열 및 광전효과를 해석하는 데 이 양자가설을 적용함으로써 눈부신 성과를 거두었다. 또 덴마크의 물리학자 네일 보어[1885~1962]는 뉴질랜드계인 영국의 물리학자 어니스트 러더퍼드[1871~1937]의 원자모형에도 적용되고 원자의 안정성과 원자가 흡수·방출하는 빛 스펙트럼선의 공식을 설명하는 이론을 만들었다. 또 파동역학을 개발한 오스트리아의 물리학자 에르빈 슈뢰딩거[1887~1961]와 불확정성 원리를 발견한 독일의 물리학자 베르너 카를 하이젠베르크에 의해 그 이론이 연구되고 확장되었다. 이 과정에서 양자역학(1920년대)과 양자통계학, 양자장론이 탄생했다.

양자역학과 아인슈타인의 상대성이론은 현대 물리학의 토대를 이루고 있다. 그리고 우주를 다루는 물리학과 수학에 대해 밝혀내는 것이 많아질수록 이들 이론은 계속 변화·개선되고 있다.

앨런 튜링

영국의 수학자 앨런 매디슨 튜링[1912~1954]은 최초로 단순한 형태의 컴퓨터에 대한 이론을 제안했다. '튜링기계'라 불리는 이 장치는 테이프 위에 표시된 기호를 읽고 쓰면서 테이프를 좌우로 움직여 한 번에 1개의 기호를 읽게 되어 있다. 이 기계의 발명을 컴퓨터 시대의 시작으로 여기기도 한다. 실제로 'computable'이라는 용어의 정의는 튜링기계로 해결할 수 있는 하나의 문제다. 튜링기계는 제2차 세계대전 당시 암호기계 에니그마를 사용하여 암호화된 독일의 메시지를 해석·해독하는 데 유용했다.

카오스이론(혼돈이론)

카오스이론chaos theory은 수학에서 '가장 최신' 아이디어 중 하나다. 20세기 하반기에 개발된 것으로, 수학뿐만 아니라 물리학, 지질학, 생물학, 기상학 등 많은 다른 분야에 영향을 미쳤다. 카오스에 관한 현대의 이론들은 여러 과학 분야의 이론가들이 고전 응용 수학에서 사용된 선형 분석에 의문을 가지면서 시작되었다.

대부분 고전 응용 수학에서는 질서정연한 주기성을 추정하지만, 자연에서는 거의 발생하지 않는다. 규칙성을 발견하기 위한 탐구조사에서 무질서에 대한 이론은 무시되었다. 이런 문제를 극복하기 위해 카오스 이론가들은 불규칙적이고 예측이 어려운 행동을 설명하는 결정론적이고 비선형 동역학 모형을 개발했다.

1961년경, 미국의 기상학자인 에드워드 노턴 로렌츠[1917~2008]는 자신의 원시적인 컴퓨터 기상 모형에서 변수들의 초깃값이 보여주는 작은 변화가 날씨 패턴을 서로 다르

카오스 이론은 온도 및 습도의 변화에서 지질 및 농업 개발의 변화에 이르는 많은 인자들이 영향을 미칠 수 있는 복잡한 세계기후체계 등 생활의 예측불가능성을 인정한다.

게 나타낸다는 것을 알아차렸다. 무질서한 행동을 가진 단순한 수학적 체계에 대한 그의 발견은 카오스이론이라는 새로운 수학 이론이 되었다.

　과학자들과 수학자들은 카오스이론을 활용하여 불규칙적이고 예측이 어려운 동역학계의 구조를 밝혀나갔다. 예를 들어 결정의 성장, 물과 공기 오염원의 확산을 조사했고, 나아가 비구름의 형성을 결정하기 위해 사용해왔다. 카오스이론이 과학과 수학의 중심이 된 이유 중 하나는 성능이 좋은 컴퓨터를 활용하여 여러 변수를 포함하는 복잡한 카오스 방정식을 만드는 등 컴퓨터 분야에서 발전되어왔기 때문이다.

파국이론catastrophe theory은 누가 발명했을까?

　소위 파국에 이르는 점차 변화하는 힘에 대해 연구하는 파국이론은 1972년 프랑스의 수학자 르네 톰René Thom, 1923~2002이 대중화시켰다. 미분학을 활용할 수 없는 어떤 상황에서 톰은 다른 수학 분야를 활용하여 불연속적인 결과를 가져오는 계속되는 행동을 다뤘다. 파국이론은 예전만큼 보편적이지는 않지만, 여전히 생물학과 광학 분야에서 자주 응용되고 있다.

브누아 만델브로

브누아 만델브로^{Benoit Mandelbrot, 1924~} 는 폴란드 출신의 프랑스 수학자로, '프랙털 기하학'이라는 수학 분야를 개척했다. 프랙털 기하학은 불규칙한 형태와 그것이 만들어지는 과정에서 질서를 발견하기 위해 디자인되었다. 만델브로는 거의 독학으로 공부한 수학자로 순수한 논리적 분석은 좋아하지 않았으며, 카오스이론의 선구자로 프랙털 기하학을 개발하고 활용했다.

규칙적인 도형과 정수 차원을 다루는 전통 기하학과는 달리 프랙털 기하학은 자연에서 발견되는 소수 차원의 도형을 다룬다. 예를 들어 (나무의) 잔가지, 나무, 강줄기, 해안선 등은 프랙털을 이용하여 설명할 수 있다. 오늘날 프랙털은 자연계뿐만 아니라 화학공업, 컴퓨터그래픽, 심지어 주식시장에서도 적용되고 있다.

프랙털이 적용되는 분야는 컴퓨터 그래픽을 비롯해 다양하다.

노벨상 중 수학 분야가 없는 이유는?

노벨상은 다이너마이트를 발명한 스웨덴의 화학공학자 알프레드 베른하르트 노벨 1833~1896의 유산을 기금으로 제정되었다. 1901년에 처음으로 화학, 물리학, 생리학 의학, 문학, 평화 부문에서 혁신적인 업적을 이룬 사람에게 수여되었고 1969년에 추가로 경제학상이 신설되었지만, 수학에 대한 상은 제정되지 않았다.

노벨상에 수학 부문이 없는 이유로 여러 가지 설이 있다. 일설에 의하면 노벨의 부인이 노르웨이의 수학자 마그누스 미탁레플러에게 반해 노벨의 곁을 떠났기 때문이라고 한다. 이 추측은 노벨이 결혼하지 않았다는 사실 때문에 설득력이 없다. 대부분의 역사학자들은 수학을 실용적인 것으로 여기지 않았던 노벨의 생각과 관련이 있다고 여기고 있다.

노벨상을 대신하여 1932년 스위스 취리히에서 개최된 국제수학연합에서 필즈상이 제정되었다. 이 상은 4년마다 수학 분야에 공헌한 40세 미만의 수학자에게만 수여할 수 있다는 규정을 가진 수학에서의 노벨상으로 인정받고 있다. 필즈상의 상금으로는 1만 5,000 캐나다달러(현재 미화로는 1만 2,000달러)를 지급한다.

2003년, 노르웨이에서는 수학 분야에 업적을 남긴 수학자에게 수여하는 아벨상을 제정했다. 아벨상은 노르웨이의 수학자 닐스 헨리크 아벨(1802~1829)의 이름을 딴 상으로, 아벨은 5차방정식의 일반해가 존재하지 않는다는 것을 증명한 수학자다. 수상자에게 주는 상금은 6백만 노르웨이 크로나, 미화로 93만 5,000달러다.

2장

역사 속 수학

0과 파이(π)의 탄생

시간이 지나면서 0의 개념은 어떻게 진화되었을까?

0의 개념은 10의 자리, 100의 자리, 1000의 자리, …의 수를 보다 편리하게 나타내기 위해 수를 표기할 때 빈자리를 채우는 기호인 자리지기의 필요성에 의해 개발되었다. 예를 들어, 4000은 4의 오른쪽 세 자리가 '비어 있다'는 것을 의미한다. 단지 1000의 자리만 어떤 하나의 값을 나타낸다. 학술적으로 0은 '아무것도 없음'을 의미하기 때문에 초기에는 수들 사이에서 '아무것도 없음'이라는 개념을 이해하는 사람이 거의 없었다. 하지만 모든 문화권에서 이런 생각을 하지 못한 것은 아니다. 예를 들어, 수학을 시(운문)로 나타낸 인도 수학자들은 '아무것도 없음'과 유사한 수냐sunya('비어 있는'이라는 뜻)와 아카사akasa('공간'이라는 뜻)라는 용어를 사용했다. 바빌로니아인은 그들의 수 체계에서 0을 수로서가 아닌 자리지기로 (灬, 彡)와 같은 기호를 처음으로 사용했다.

에카	수냐	트리
1	0	3

$$1 ; 0 ; 10$$
$$1 \times 60^2 + 0 \times 60 + 10$$

$$0 ; 1$$
$$0 + \frac{1}{60}$$

$$0 ; 0 ; 30$$
$$0 + \frac{0}{60} + \frac{30}{60^2}$$

인도와 바빌로니아에서의 0의 표현

고고학자들의 주장에 따르면 아마도 7세기경에 인도차이나 또는 인도에서 '수냐 sunya'라는 말에 해당하는 작은 동그라미를 0을 나타내기 위한 기호로 사용하기 시작했으며, 이보다 약 100년 정도 앞서 마야인 역시 20진법의 수 체계에서 반쯤 뜬 눈과 비슷한 기호를 독자적으로 개발하여 사용했다. 고립되어 살던 마야인은 0에 대한 숫자 개념을 퍼뜨리지 못했지만, 인도인은 상황이 달랐다. 650년경, 당시에 사용했던 기호가 오늘날의 0과는 다소 다르긴 하지만, 0은 인도에서 수학적으로 중요한 수가 되었다. 하지만 0에 대해 친숙한 인도 – 아라비아 숫자기호가 더욱 쉽게 받아들여지기까지는 몇 세기가 더 걸렸다.

0의 특별한 성질들

0은 여러 가지 특별한 성질을 갖고 있다. 예를 들어 0으로는 나눌 수 없다. 다른 말로 하면, 분수의 분모에는 0을 놓을 수 없다. 쉽게 말해 아무것도 없으므로 나눌 수 없는 것이다. 따라서 어떤 방정식이 0으로 나누어떨어지는 하나의 수를 가지고 있으면 그 답은 '정의되지 않는' 것으로 여긴다. 그러나 분수의 분모가 0이 아닐 때 분자가 0이 되는 것은 가능하며, 그 값은 항상 0이 된다. 또 다른 성질로는 0은 짝수로 여기며, 0으로 끝나는 수 역시 짝수로 생각한다. 어떤 수에 0을 더하면 그 합은 원래의 수가 되며, 어떤 수에서 0을 빼면 그 차 역시 원래의 수가 된다.

파이란 무엇이며, 파이가 중요한 이유는?

'파이'라고 읽으며 기호 π를 사용하여 나타내는 원주율은 원의 지름에 대한 둘레의 길이 비율을 말한다. π는 원의 넓이인 $\pi \times$(반지름의 제곱) 또는 $\pi r2$에서도 찾아볼 수 있다. 또 π의 값은 각의 크기를 나타낼 때 사용되기도 한다. 2π 라디안은 $360°$이므로 π 라디안은 $180°$이고, $\frac{1}{2}\pi$ 라디안은 $90°$다.

π를 중요시하는 이유는 무엇일까? π는 르네상스 시대에 규모가 큰 대성당을 건축할 때나 땅을 측량하여 계산하는 과정에서 사용되는 등 오랜 세월에 걸쳐 많은 수학 문제를 해결하는 데 사용했다. 오늘날에도 파이는 우리 주변의 사물들을 다루고 계산할 때 사용된다. 예를 들어 항공기, 우주선, 자동차 등의 부품을 정밀하게 만드는 등의 기하 문제들에서 활용되며, 라디오, 텔레비전, 레이더, 전화기 따위의 다른 통신장비에서 단 하나의 주파수 성분만을 포함하는 사인파 신호를 해석할 때에도 사용된다. 또 건물 구조물의 하중을 모형화하는 등 여러 분야의 공학에서도 사용되고 있다. 심지어 우주선이 날아가는 전체 경로를 결정하기 위해 사용되기도 한다. 우주선이 지구 위를 날아갈 때의 항로는 실제로 원의 호를 따라 난다.

파이의 값은 얼마일까?

π는 하나의 수로 상수이며, 소수점 아래 20자리까지 쓰면 3.1415926535 8979323846이다. 그러나 거기까지가 끝이 아니다. π는 무한소수로, 소수점의 오른쪽에 무한히 많은 수가 위치한다. 따라서 그 누구도 π의 '끝'을 알 수 없다. 수학자들은 그 끝을 알기 위해 언제까지라도 계속 시도할 것이다. 오늘날의 슈퍼컴퓨터들은 π의 값을 계속 계산하고 있으며, 지금까지 연구가들은 2천억 이상의 자리까지 계산했다.

파이의 값을 최초로 구한 사람은?

인류 전체 역사를 통해 사람들은 π에 대해 매력을 느껴왔다. 바빌로니아인과 고대 이집트인도 π를 사용했으며, 중국인은 π가 천 년을 나타낸다고 생각했다. 성경에서도 3과 같은 것으로 π의 개념을 언급하고 있다. 구약성서 열왕기상 7장 23~26절에는 다음과 같은 구절이 있다.

또 바다를 부어 만들었으니 그 직경이 십 규빗이요 그 모양이 둥글며 그 높이는 다섯 규빗이요 주위는 삼십 규빗 줄을 두를 만하며

이 구절은 기원전 960년경에 세운 솔로몬의 성전 안에 놋으로 만든 바다 내용을 기록한 역대하 4장 2~5절에서도 발견된다.

역사학자들은 오래전에 이미 π를 계산해온 것으로 믿고 있지만, 그 기원에 대해 정확히 아는 사람은 없다. 하지만 π의 발견에 관해서는 몇 가지 단서가 있다. 예를 들어, 기원전 1650년경 아메스에 의해 기록된 이집트인의 린드 파피루스에서 π를 발견할 수 있다고 주장하는 사람들이 있다. 아메스는 이집트 서기로 200년 전에 기록된 문서를 베껴 쓴 것이라 적어놓았다. 이 파피루스에는 π가 실제 값에 가까운 3.16과 같다고 기록되어 있다.

그러나 π에 대한 개념을 가장 많이 발전시킨 것은 그리스인이었다. 그들은 원의 성질, 특히 지름에 대한 원둘레의 길이 비율에 관심이 많았다. 특히 그리스의 수학자 아르키메데스[기원전 287~212]는 원에 내접한 다각형과 외접한 다각형을 비교함으로

영국 요크 민스터 성당. 유럽의 르네상스 시기에 이뤄진 건축의 발전은 수학의 발전과 π의 값을 알지 못하고서는 설명할 수 없다. 영국의 요크 지역에 있는 이 대성당은 수학의 도움을 받아 건축한 가장 훌륭한 예라 할 수 있다.

써 π에 가장 근접한 극한값을 계산했다. 그는 실진법$^{\text{method of exhaustion}}$을 적용하여 원의 넓이를 어림했으며, 이것은 π의 근삿값을 구하는 결과를 낳았다. 반복법(축차 근사의 방법)을 통해 그는 $\frac{223}{71} < \pi < \frac{22}{7}$임을 알아냈는데, 이 두 수의 평균은 3.141851로 같다.

파이 기호는 누가 맨 처음 제안했을까?

1647년 영국의 수학자 윌리엄 오트레드$^{1575\sim1660}$가 파이 기호를 가장 먼저 사용했다. 그는 '둘레' 또는 원주를 가리키는 당시의 공통용어를 설명하기 위해 π를 사용했다. 그러나 그 기호는 1개의 점, 어떤 하나의 양수, 여러 많은 것들을 표시하기도 했다. 1697년 스코틀랜드의 수학자 제임스 그레고리$^{1638\sim1675}$ 역시 π를 사용했다. 그는 원의 둘레를 기호 π로 나타내고, 반지름을 r로 나타내 반지름에 대한 원둘레의 길이 비를 $\frac{\pi}{r}$로 표시했다. π를 오늘날과 같은 의미로 사용한 것은 1706년 이후였다. 영국 웨일스의 수학자 윌리엄 존스$^{1675\sim1749}$는 자신의 책 《새 수학 입문서》에서 원둘레를 뜻하는 '$\pi\rho\tau\psi\epsilon\tau\epsilon\tau\alpha^{\text{periphery}}$'의 첫 글자인 π를 따서 원주율 기호로 처음 사용했으며, π를 '3.12159 andc. [sic] $= \pi$'로 기술했다. 그 당시에도 π의 표준기호를 사용한 사람은 아무도 없었다. 1737년, 다작의 수학자로 유명한 스위스의 수학자 레온하르트 오일러$^{1707\sim1783}$는 자신의 책 《무한해석 입문》에서 π를 표준기호로 만들어 사용했고, 그 이후 π는 수학계에 널리 퍼졌다.

파이의 값은 산술적으로 어떻게 정했을까?

영국의 수학자 존 월리스$^{\text{John Wallis, 1616~1703}}$는 최초로 π와 관련된 수학 공식을 만들었다.

$$\frac{2}{\pi} = \frac{1 \cdot 3 \cdot 3 \cdot 5 \cdot 5 \cdot 7}{2 \cdot 2 \cdot 4 \cdot 4 \cdot 6 \cdot 6}$$

다음은 π를 사용한 일반적인 수학 공식으로, 독일의 철학자이자 수학자인 배런 고트프리트 빌헬름 라이프니츠[1646~1716]가 만든 것이다. 하지만 이 식은 제임스 그레고리[1638~1675]가 구한 급수전개의 특별한 경우에 해당한다.

$$\frac{\pi}{4} = 1 - \frac{1}{3} + \frac{1}{5} - \frac{1}{7} + \cdots$$

위의 두 식은 기하학적 방법과 산술적 방법을 모두 사용하여 계산한 훌륭한 예라고 할 수 있다.

파이를 사용하여 원에서 측정할 수 있는 것은 무엇일까?

원에서 측정할 수 있는 것은 여러 가지가 있다. 원의 둘레를 '원주'라 한다. 원둘레의 길이를 계산하기 위해서는 π에 지름의 길이를 곱하거나($c = \pi d$) π에 반지름 길이의 2배를 곱한다($c = 2\pi r$). 원의 넓이 a는 π에 반지름의 제곱을 곱하여($a = \pi r^2$) 계산한다.

도량형의 발전

측정이란?

길이, 부피, 거리, 무게 또는 몇 가지 다른 양이나 치수를 알기 위해 사용하는 방법을 말한다. 측정으로 얻어진 수치인 측정치는 길이의 경우는 인치, 센티미터 등, 무게의 경우는 파운드, 킬로그램 같은 특별한 단위로 나타낸다. 여행이나 무역 등은 측정이 매우 중요하며, 날씨를 예측하고 다리를 설계하는 등 우리 생활에서 측정치는 반드시 필요한 요소다.

언제 처음으로 측정하기 시작했을까?

누가, 어디서, 언제 처음으로 측정하기 시작했는지 정확히 아는 사람은 없다. 처음에는 어떤 필요에 따라 정밀하지 않은 투박한 측정 체계가 개발되었다. 이를테면 사자의 키와 비교하거나 사람이 숨을 수 있는 풀밭의 높이와 비교하여 인간의 키를 아는 것이 아마도 직관적이면서 필수적인 최초의 측정이었을 것이다.

최초로 측정한 징후는 기원전 6000년경으로 거슬러 올라가 오늘날 시리아에서 이란에 걸친 지역에서 이뤄진 것으로 보인다. 인구가 늘어나고 야생 동물 사냥이 아닌 경작을 통해 식량을 얻게 되면서 곡물을 재배하고 저장하기 위한 새로운 계산법이 필요해졌다. 어떤 문화권에서는 풍요로울 때 각자의 신분에 따라 특별한 방법으로 식량을 분배하기도 했다. 즉 성인 남성에게 가장 많이 배분하고, 성인 여성, 어린아이, 노예 등에게는 적게 배분했다. 기근에 시달리는 시기에는 식량 부족을 예방하기 위해 최소한으로 분배하는 방법을 적용했다. 최초의 측정은 손으로 곡물을 한 줌, 두 줌 재면서 시작된 것으로 여겨진다. 예컨대 반 파인트half-pint, 즉 컵 모양으로 모은 두 손 안에 담을 수 있는 용량은 인위적으로 가공하지 않은 유일한 부피 단위다.

측정은 수학과 어떤 관련이 있을까?

측정은 수학과 분명히 깊은 관련이 있다. 수학과 연결한 최초의 측정 방법은 바로 측정한 물리량을 수치로 나타내어 설명한 것이다. 틀림없이 측정량을 더하거나 뺐을 것이며, 기초 수학을 근거로 하여 대부분 형식을 갖추지 못한 '계산'을 했을 것이다. 예를 들어, 말을 금과 바꾸기 위해 상인들은 "무게 'x'만큼의 금의 가치는 'y'마리의 말의 가치와 같다"처럼 일정량의 금의 가치를 서로 합의한 다음 말과 금을 거래했다.

인류 문명에 농업이 출현하면서 씨를 뿌리고 수확하는 시기를 더욱 정밀하게 예측하기 위해 수학 개념이 발전하게 되었다.

표준 측정단위와 그 정의는?

표준 측정단위의 목록과 다른 유형의 단위로 변환하는 체계에 대해 알아보려면 이 책의 뒤에 있는 부록 1을 참고하라.

고대 측정은 어떤 시스템을 근거로 했을까?

고대 사람들은 자신들이 정착한 장소에 따라 서로 다른 측정체계와 방법을 사용했다. 대부분 마을에서는 쉽게 구할 수 있는 재료들을 사용하여 자신들만의 측정체계를 만들었다. 이 때문에 지역과 지역 간의 물물교환이 어려웠다. 이에 따라 친숙하고 공통적인 사물을 바탕으로 측정하게 되었다. 그렇다고 해서 그 측정법이 정확했다는 뜻은 아니다. 예를 들어, 길이를 잴 때는 발 길이나 가운뎃손가락의 폭과 같이 사람의 몸 일부를 기준으로 정했다. 또 좀 더 긴 길이는 몇 걸음의 길이나 두 팔을 완전히 펼친 길이로 정하기도 했다. 그러나 사람의 키와 체격이 제각기 달라 누가 측정을 했느냐에 따라 측정치가 달랐다. 그럼에도 그들은 당시에 필요한 것들을 거의 측정했다. 훨씬 긴 길이는 익숙한 상황을 기준으로 정했다. 예를 들어, 1에이커는 두 마리의 황소가 하루에 경작할 수 있는 땅의 면적을 기준으로 정했다.

측정에서 발리콘의 역사적 의미는?

보리 한 알의 길이인 발리콘^{barleycorn}(보리 한 알의 길이, $\frac{1}{3}$인치)은 1인치나 영국에서 1푸트의 길이를 정할 때 역사적으로 중요한 역할을 했다. 영국의 전통 야드 – 파운드법에서는 상용 파운드, 트로이파운드, 약용 파운드로 분류되는 파운드를 다수의 '그레인^{grain}'으로 표현하기도 한다. 그레인은 본래 곡식의 낟알을 의미하는 단어로, 영국에서 제정된 야드 – 파운드법에서는 최소의 질량 단위다. 이를테면 보리 한 알의 무게는 1그레인과 같은 것으로 여겼고, 무게를 잴 때는 다수의 그레인을 사용했다. 이에 따라 하찮은 보리 한 알이 영국의 단위계에서는 무게와 거리 단위의 기원이라고 생각하는 연구자들도 있다.

우리 주변에서 쉽게 구할 수 있는 곡물인 보리알은 표준단위가 개발되기 전의 영국에서 사물을 측정할 때 편리하게 사용했지만, 정밀한 기준단위가 되지는 못했다.

길이를 잴 때 사용한 고대 측정단위들은 어떤 것들이 있을까?

길이는 고대부터 측정되기 시작했으며 복잡한 역사를 가지고 있다. 고대에 길이를 잴 때 사용한 단위로는 큐빗, 디지트, 인치, 야드, 마일, 펄롱, 페이스 등이 있다. 고대에 기록된 길이 단위 중의 하나가 큐빗이다. 큐빗은 기원전 3000년경 이집트인이 만들어낸 것으로, 파라오의 팔꿈치에서 가운뎃손가락 끝까지의 길이로 나타낸다. 물론, 모든 사람이 같은 신체비율을 가지고 있지 않았으므로 1큐빗은 몇 인치 정도 차이가

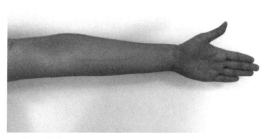
큐빗은 한때 널리 알려진 측정의 표준단위였다. 1큐빗은 사람의 손끝에서 팔꿈치까지의 길이에 해당한다. 물론, 사람들의 신체 치수가 서로 달라 1큐빗의 길이는 사람마다 달랐다.

날 수밖에 없었다. 이에 따라 보다 정밀하게 길이를 재고자 했던 이집트인은 표준 로열큐빗을 개발했다. 그들은 모든 사람이 편리하게 사용하게 하기 위해 검은 화강암으로 만든 '로열큐빗 마스터'라는 자를 만들었다.

이집트인만 큐빗을 이용한 것은 아니었다. 기원전 1700년경, 바빌로니아인은 길이를 조금 더 길게 하여 1큐빗의 길이를 바꾸었다. 이집트인의 1큐빗은 오늘날의 524mm(20.63인치)와 같고, 바빌로니아인의 1큐빗은 530mm(20.87인치)와 같다.

이름에 걸맞게 1디지트는 사람의 가운뎃손가락 폭의 길이를 말하며, 길이를 재는 가장 작은 기초단위였다. 이집트인은 디지트를 이용하여 다른 단위를 분류했다. 예를 들어, 28디지트는 1큐빗, 4디지트는 1팜, 5디지트는 1핸드와 같다. 또 그들은 3팜(또는 12디지트)을 더 작은 스팬으로 나누고, 14디지트(또는 $\frac{1}{2}$큐빗)는 큰 스팬으로 나눴으며, 24디지트는 작은 큐빗으로 나눴다. 이집트인은 분수를 사용하여 1디지트보다 짧은 길이의 측정값을 나타냈다.

시간이 지나면서 인치를 이용한 측정이 세계 곳곳에서 이뤄졌다. 예를 들어, 1인치는 한때 남자의 손가락 끝에서 첫 번째 마디까지, 즉 손가락 한 마디의 길이로 정의했다. 인도 북서부 지방인 펀자브에서 일어난 고대 하라파 문명은 '인더스 인치^{Indus inch}'를 사용했다. 이것은 오늘날에는 대략 1.32인치(3.35cm) 정도에 해당하며, 발굴 장소에서 발견된 눈금 표시를 근거로 하여 알아낸 것이다. 인치는 11세기에 영국 왕 헨리 1세의 팔 길이인 $\frac{1}{36}$로 정했으며, 에드워드 2세가 통치하던 14세기경에는 1인치를 끝과 끝을 붙여 길게 늘어놓은 3개의 보리알 길이와 같은 것으로 정했다.

유럽에서는 긴 길이를 잴 때 야드, 펄롱, 마일 같은 단위들로 나타냈다. 처음에 야드는 '거들'이라는 남성 허리띠의 길이였다. 야드는 헨리 1세의 코에서 팔을 뻗었을 때 손가락 끝까지의 길이로 정했는데, 이것이 한동안 '표준단위^{more standard}'가 되었다. '마일'이라는 용어는 로마어 밀레 파수스^{mille passus} 또는 '1000더블페이스'에서 유래한 것이다. 한 로마 군인이 걸을 때마다 두 걸음의 길이(더블페이스)가 5피트가 되는 1000 더블페이스를 재어 마일을 정했다. 따라서 1000더블페이스는 1마일 또는 5000피트(1,524m)와 같았다. 1마일을 현대의 피트 단위로 잰 것은 1595년으로, 영국의 엘리자베스 여왕 1세가 통치하던 시기였다. 그 당시는 1마일을 5280피트(1,609m)와 같은 것으로 정했는데 이는 펄롱^{furlong}이 많이 사용되고 있어 선택되었으며, 8펄롱은 5280 피트와 같았다.

마지막으로, 페이스^{pace}는 당시 로마의 마일과 관련이 있었다. 오늘날 1페이스는 성인 한 걸음의 평균 길이나 대략 2.5~3피트(0.76~0.19m)로 정의되는 일반적인 측정법이다.

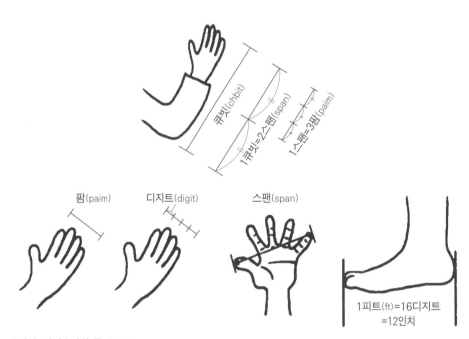

1인치=엄지손가락 폭=2.54cm
1큐빗=1.5피트=45.72cm
2큐빗=3피트=12팜=36인치=48디지트=91.44cm

무게와 측정^{measures}에서 십진법을 처음 사용한 문화권은?

기원전 2500~1700년 사이, 오늘날 파키스탄의 한 지방인 편자브에서 일어난 하라파 문명은 최초로 도량형에 사용하는 십진법을 개발했다. 그 증거가 오늘날의 편자브 지역에서 처음 발견되었는데 무게를 달았던 것으로 보이는, 크기가 다른 정육면체 모양에 가까운 저울추가 하라파 유적을 발굴할 때 발견되었다.

고고학자들은 이들 저울추가 $1:2:4:8:16:32:64$의 비율로 되어 있으며, 하라파의 표준 무게 체계로 사용된 것으로 추정한다. 작은 저울추들은 여러 곳의 정착지에서 발견되었으며, 물물교환을 하거나 세금을 거둘 때 사용되었을 것으로 짐작된다. 가장 작은 저울추는 0.8375g(0.00185파운드)로, 하라파인이 잰 무게

하라파의 저울추

는 0.8525g이었다. 가장 많이 사용된 저울추는 $1:16$의 비에 해당하는 저울추로, 실제 무게는 13.4g(0.02954파운드)이지만 하라파인이 잰 저울추의 무게는 13.64g이었다. 큰 저울추 중에는 십진법의 배수만큼 증가시킨 것이거나 가장 많이 사용되는 저울추의 100배에 해당하는 것도 있었다. 또 0.05, 0.1, 0.2, 0.5, 1, 2, 5, 10, 20, 50, 100, 200, 500의 비율에 해당하는 저울추도 있었다.

한편 하라파 문명(인더스 문명)이 시간의 길이를 잴 수 있는 가장 진보된 측정도구들을 가지고 있었다는 증거도 있다. 예를 들어, 발굴지에서 발견된 청동으로 된 자에는 정확하게 0.367인치(0.93cm) 단위로 표시되어 있었다. 그 측정자는 매우 완벽하여 도로를 계획하거나, 도시의 배수로를 만들거나, 집을 지을 때도 사용했다. 상아로 만든 저울도 한때 하라파 문명이 지배했던 지방도시 로탈에서 발견되었다. 이 저울의 눈금은 청동기 시대부터 그때까지 발견된 측정자에 표시된 눈금 중에서 가장 작게 나눠져 있었다. 각 눈금 사이의 간격은 대략 0.06709인치(0.1704cm)다.

고대에는 피트를 어떻게 정의했을까?

모든 피트(또는 푸트)가 똑같이 만들어진 것은 아니다. 측정에서 푸트^foot 용어는 오랜 역사를 가지고 있으며, 최초의 피트 기원에 대해서는 많은 설이 전해지고 있다. 사실, 시간이 흐르면서 푸트는 시기나 문명권에 따라 그 길이가 9.84~13.39인치(25~34cm) 사이의 값으로 추측되고 있다.

예를 들어, 기원전 2500~1700년까지 펀자브의 고대 하라파 문명은 1푸트를 나타내기 위해 많은 사람이 인정한 측정치를 사용했다. 그 값은 약 13.2인치(33.5cm)로 매우 큰 푸트라고 할 수 있다. 기원전 1700년경, 고대 바빌로니아인은 푸트를 바빌로니아 큐빗의 $\frac{2}{3}$로 정했다. 여러 기록물에 따르면 메소포타미아와 고대 이집트의 측정 체계에서는 1푸트를 11.0238인치(300mm)로 나타냈다. 이는 이집트 푸트로도 알려졌으며, 고대 왕조 이전부터 기원전 첫 천 년 동안 이집트에서 널리 사용되었다. 고대 그리스인의 1푸트는 약 12.1인치(30.8cm)로 오늘날의 1푸트에 가까우며, 로마의 푸트는 11.7인치(29.6cm)에 해당한다. 지역과 시기에 따라 푸트의 측정치는 계속 변했다.

표준푸트는 어떻게 정해졌을까?

어떤 설이 진실이건 간에 오늘날 우리에게 익숙한 1푸트는 12인치(30.48cm)에 해당한다. 푸트의 표준화는 미국과 영국이 '미터조약^Treaty of the Meter'을 체결한 이후인 19세기 후반에 이뤄졌다. 이 조약에서 푸트는 해외에서도 적용되는 새로운 표준미터법에 따라 공식적으로 정의되었다. 1866년 미국에서는 미터법 사용을 허용한 미터법을 제정하고, 1푸트를 1200/3937m 또는 약 30.48006096cm로 정의했다. 이 측정 단위는 지금도 미국에서 측지 측량을 할 때 사용하고 있으며, 측량푸트^survey foot라고 한다. 1959년, 미국 국립표준국은 푸트가 정확히 30.48cm 또는 약 0.999998측량푸트와 같다고 재정의했다. 1963년, 영국에서는 제정된 도량형법에 따라 이 정의가 받아들여짐에 따라 1푸트 또는 30.48cm는 국제표준푸트라고도 한다.

측정 단위인 1푸트는 누가 처음으로 생각해냈을까?

측정 단위인 푸트를 처음 개발한 사람에 대해서는 수수께끼로 남아 있다. 대부분 학자들이 믿고 있는 것은 전해 내려오는 이야기로, 푸트가 샤를마뉴[742~814]의 발 길이를 나타낸다는 것이다. 샤를 대제로 알려져 있기도 한 샤를마뉴는 프랑크족의 왕이자 신성로마제국의 황제였다. 그의 키는 6피트 4인치로, 발이 컸을 것으로 추측된다.

또 다른 이야기는 영국의 헨리 1세의 팔 길이와 관련되어 있다. 헨리 1세는 36인치인 팔 길이의 $\frac{1}{3}$을 표준푸트로 정했다. 이것이 12인치의 표준단위를 1푸트로 정하고, 1인치가 1야드의 $\frac{1}{36}$이 된 기원이 되었다. 옥스퍼드 영어사전에 따르면, 측정의 단위로서 '푸트'라는 용어를 처음으로 정의하고 사용한 것은 헨리 1세가 통치하던 시기로 되어 있다. 헨리 1세는 자신의 팔을 기리기 위해 '쇠로 된 척골Iron Ulna'을 만들도록 명령했다. 이 쇠로 만든 척골 막대는 왕국 전역에서 표준야드의 기준이 되었다.

그러나 1324년경, 영국의 에드워드 2세[1284~1327]는 표준화된 측정을 원하는 국민의 요청에 따라 표준단위를 다시 바꾸었다. 에드워드 2세는 '쇠로 된 척골' 막대가 널리 이용되지 않는다는 것을 알고, "1인치는 둥글고 마른 3개의 보리알을 늘어놓은 길이"이며, "1피트는 12인치 또는 36개의 보리알 길이에 해당한다"고 공표했다.

흥미로운 것은 신발 크기조차 에드워드 2세 또는 몇 개의 보리알들과 관련이 있다는 사실이다. 그는 신발 치수의 간격을 1개의 보리알 길이로 정했다.

무게를 측정할 때 사용한 고대의 측정단위들로는 어떤 것들이 있을까?

고대에는 그레인, 파운드, 톤 같은 무게 측정단위를 사용했다. 고대 사람들은 무게를 잴 때 돌멩이, 씨앗, 콩 등을 사용하기도 했지만, 밀이나 보리알 같은 곡물의 낟알을 가장 많이 사용했다. 실제로 그레인(약어 'gr')은 오늘날 사용되는 무게를 재는 가장 작은 단위 중 하나이기도 하다. 그레인과 파운드를 비교해보면 1파운드는 7,000그레인과 같다.

무게 단위인 전통적인 파운드는 로마 제국 전역에서 사용되었다. 그러나 시간이 지나면서 다른 많은 측정단위들과 마찬가지로 파운드 역시 1파운드를 나타내는 온스의 크기가 바뀌었다. 예를 들어, 로마인이 사용한 1파운드는 12온스이지만, 유럽의 상인들이 사용한 1파운드는 16온스였다. 나중에 1파운드는 16온스로 표준화되었다.

19세기에 들어와 영국의 무게를 재는 큰 단위들을 좋아하지 않은 미국은 100파운드를 영국의 112파운드에 해당하는 '헌드레드웨이트^{hundredweight}'라는 단위를 만들어 사용했다. 이것은 미국의 톤 단위에서 1톤은 20헌드레드웨이트(미국의 1쇼트톤은 2,000파운드 또는 907kg에 해당한다)에 해당하지만, 영국의 20헌드레드웨이트를 나타내는 1롱톤은 2,240파운드 또는 1,016kg에 해당한다. 물론 논란이 있기는 하지만, 영국인 중에는 미국의 쇼트톤을 받아들여 사용한 사람들도 있었다. 영국 상인들 역시 그것을 영국의 센탈^{cental}(영국의 헌드레드웨이트)이라 부르며 점점 선호하게 되었다. 마침내 국제시장에서도 톤을 '미터법으로 정의하여' 미터톤^{metric ton}이라 했으며, 오늘날 미터톤은 원래 영국의 롱톤에 가깝다. 미터톤은 1,000kg 또는 2,204파운드에 해당하며, 공식적으로 '톤^{tonne}'이라 부른다. 국제단위계에서는 톤을 사용하고 있지만, 미국 정부는 미터톤을 사용할 것을 권장하고 있다.

무게를 재는 단위인 트로이파운드가
역사적으로 중요한 이유는 무엇인가?

가장 오래된 영국의 무게 단위 중 하나는 12온스에 해당하는 트로이파운드다. 트로이라는 이름은 중세의 주요 견본시가 열렸던 프랑스의 트루아^{Troyes} 시에서 유래되었다. 트로이파운드는 주조화폐의 질량을 재고 금, 은 등의 귀중품을 거래할 때의 무게 단위로 사용되었다. 트로이파운드는 5,760그레인에 해당하며, 1트로이온스는 5760/12＝480그레인과 같다. 또 20페니의 무게는 1트로이온스이므로 1페니의 무게는 480/20＝24그레인과 같다. 19세기까지 트로이파운드 및 관련 무게단위는 주로 보석세공인과 약제사들이 사용했다. 트로이파운드의 1/12에 해당하는 트로이온스는 오늘날에도 제약시장에서 약품을 잴 때 사용되고 있다. 또한 금융시장에서 금, 은의 가격을 매길 때도 사용된다.

파운드(간단히 'lb.'로 나타냄)는 어디에서 시작되었을까?

파운드는 '리브라의 무게'라는 뜻의 라틴어 libra pondo에서 유래되었다. 파운드의 축약어인 lb.는 천칭저울을 뜻하는 라틴어 libra에서 유래한 것이다.

여러 가지 파운드와 온스 사이의 차이점은?

역사적으로 사람들은 온스 단위에 대해 불만을 가지고 있었던 까닭에 오랫동안 이 단위와 얽힌 복잡한 이야기들이 있어왔다. 예를 들어, 중세 시대 유럽에서는 상용 파운드를 훨씬 선호했기 때문에 영국 상인들도 트로이파운드를 선호하지 않았다. 그런 배경에서 상인들은 리브라 메르카토리아 libra mercatoria 또는 상용 파운드 mercantile pound 라는 훨씬 큰 단위의 파운드를 개발했다. 그러나 1300년경, 상용 파운드에 대한 불평이 증가했다. 그것은 15트로이온스(또는 7,200그레인)가 15와 그 약수로 나누어떨어지기 때문이다. 그러나 이것은 12트로이온스로 나눌 때만큼 편리하지는 않았다.

곧이어 16온스 상용 파운드(16 - ounce avoirdupois)라는 다른 유형의 파운드가 영국의 상업계에 등장했다. avoirdupois는 '상품의 무게'라는 뜻의 고대 프랑스어다. 13세기 후반에 널리 사용된 이탈리아 파운드 단위를 모방한 상용 파운드는 정확히 7,000그레인의 무게를 나타냈다. 이것은 판매 및 교역에 사용할 때 쉽게 나누어떨어진다. 그러나 트로이 단위와 상용 단위를 서로 변환하는 것이 어려워 곧 상용 단위를 일반적으로 사용하는 것으로 표준단위가 바뀌었다. 상용 온스는 7000/16＝437.5그레인이고, 1그레인은 1/7000 상용파운드 또는 1/5760트로이(또는 약용식)파운드에 해당한다. 또 미터법에서 트로이온

지금도 금괴는 옛날식의 트로이온스를 사용하여 무게를 잰다. 따라서 1파운드의 금은 사람들이 보편적으로 다른 물건의 무게를 재기 위해 사용하는 16온스가 아니라 12트로이온스와 같다.

스는 5760/12480그레인＝31.1035g이다.

상용 온스는 상용 파운드의 1/16 또는 28.3495g에 해당하며, 현재 미국과 영국에서 사용되고 있다. 상용 온스는 16드램(dram 또는 drachm)으로 더 잘 나누어떨어진다.

그러나 트로이온스가 사람들에게 완전히 잊힌 것은 아니다. 오늘날 트로이온스는 주로 귀금속과 약품 계량을 위한 단위로 사용되고 있으며, '약용온스'라고도 한다. 약용온스는 20그레인에 해당하는 스크루플과 60그레인에 해당하는 드램 단위로 세분하여 나타내기도 한다. 간단히 '온스'로 표현하는 상용 온스는 거의 모든 분야에서 사용되고 있다.

갤런을 비롯한 초기의 몇몇 부피 측정 단위

전통적인 부피 단위의 명칭은 표준 용기의 이름에서 유래한다. 18세기까지도 용기의 용량은 입방 ^{cubic} 단위로 정확히 잴 수 없었다. 그런 까닭에 밀이나 맥주 같은 특별한 물질의 무게를 이용하여 옮길 수 있는 표준 용기를 정의하게 되었다. 예를 들어, 영국에서 부피의 기본 단위로 쓰인 갤런은 처음에는 밀의 8파운드 부피로 정의되었다. 이 갤런을 바탕으로 서로 다른 표준화된 크기의 용기에 따라 다른 부피들도 측정했다.

그러나 대부분 도량형과 마찬가지로 시간이 지나면서 갤런도 달라졌다. 미국 식민지 시대에는 영국 상업계에서 사용한 건량과 액량의 부피 단위인 갤런 단위들을 사용했다. 건량 측정 단위로서의 갤런은 윈체스터 부셸의 $\frac{1}{8}$에 해당한다. 윈체스터 부셸은 1696년, 영국 의회에서 높이가 8in이고 밑면의 지름 길이가 18.5in인 원통 모양의 용기로 정했는데, 268.8in³의 물품을 넣을 수 있으며, 영국에서는 '콘갤런$^{corn\ gallon}$'이라고도 했다. 액량 측정 단위로서의 갤런은 전통적인 영국의 와인갤런인 앤 여왕의 와인갤런을 바탕으로 하고 있으며, 정확히 231in³의 부피다. 이 때문에 미국에서는 부피를 측정할 때 건량과 액량 측정 단위를 모두 사용하고 있다. 건량 단위는 해당 액량 단위보다 $\frac{1}{6}$만큼 더 크다.

1824년, 영국 의회는 미국식의 모든 전통적인 갤런 단위를 폐지하고 임페리얼갤런 imperial gallon을 토대로 체계를 확립했다. 277.42in³의 부피에 해당하는 임페리얼갤런은 오늘날에도 여전히 사용되고 있으며, 이 부피에 해당하는 용기에는 온도 및 압력 같은 특별한 조건을 만족하는 10파운드의 물을 담을 수 있다.

비율

비율rate은 측정할 때 사용되는 것으로, 비比와 마찬가지로 나눗셈을 이용하여 두 양을 비교하는 방법이다. 예를 들어 자동차로 매시 이동하는 마일 또는 km를 측정하여 시간별 마일 수를 각각 한 쌍으로 나타낼 때, 각 쌍의 마일 수를 시간으로 각각 나누면 그 비율은 같다. '시속 65마일의 비율'이라는 말은 매시간 일정한 속도를 유지하며 65마일을 이동하는 것을 의미한다.

측정에서 정밀도란?

측정값의 정밀도accuracy는 상대오차 및 유효숫자의 개수로 나타낼 수 있다. 상대오차는 오차가 생겼을 때 오차의 절댓값을 계산한 값으로 나눈 값, 즉 계산한 값에 대한 오차의 절댓값 비율을 말한다. 예를 들어, 어떤 사람이 커피전문점에서 매주 10달러 정도의 커피를 마시려고 했지만 실제로는 12.50달러를 지불했다면 오차의 절댓값은 12.50 − 10.00 = 2.50달러가 된다. 이때 상대오차는 2.50/10 = 0.25달러다. 또 이 값에 100을 곱하여 구한 백분율, 즉 처음에 예상한 값인 0.25 × 100 = 25를 오차율 25%라고도 한다.

측정값은 오차가 있게 마련이므로 유효숫자는 측정값에서 반올림하는 소수점 아래 자릿수와 관련이 있다. 유효숫자는 근삿값을 구할 때 반올림 등에 의하여 처리되지 않은 부분으로, 오차를 고려한다 해도 신뢰할 수 있는 숫자를 자릿수로 나타낸 것을 말한다. 일반적으로 유효숫자 부분을 따로 떼어서 정수 부분이 한 자리인 소수로 쓰고, 소수점 위치는 10의 거듭제곱으로 나타낸다. 이때 대부분 소수점의 오른쪽에 더 많은 숫자가 있다. 여기서 주의할 점은 측정에서의 정밀도가 실제 측정이 정확하다는 의미는 아니라는 것이다. 단지 유효숫자의 개수가 더 많거나 상대오차가 적을 때, 측정은 더욱 정밀하다.

오늘날 많이 활용되는 측정 체계는 어떤 것들이 있을까?

오늘날에는 여러 가지 측정 체계가 사용되고 있다. 영국식 도량형 제도는 1965년 초 미터법을 채택하기 전까지 영국에서 공식적으로 사용된 전통적인 도량형 제도로, 미국식 도량형 제도는 여기에서 파생되었다. 그런데 미국식 도량형 제도는 영국식 도량형 제도와 비슷하지만 똑같지는 않다. 이들 도량형 제도의 여러 측정 단위는 역사적 배경이 풍부하며, 스팬, 큐빗, 로드[rod] 같은 잘 알려지지 않은 단위들은 물론, 푸트, 인치, 마일, 파운드 같은 오늘날 우리에게 친숙한 단위들까지 포함되어 있다. 미국 정부는 무역과 통상에서 추천하는 도량형 제도로 공식적으로 미터제를 지정했지만, 관습적으로 사용되어온 단위들이 여전히 소비자를 대상으로 판매하는 제품과 기업의 제조 과정에서 널리 사용되고 있다.

국제도량형총회에서는 미터법과 비미터법을 따르는 모든 도량형 제도를 국제적으로 통일하기 위해 국제단위계를 결정했다. 국제단위계의 국제적인 약칭은 SI로, 프랑스어 Système International d'Unitès의 첫 두 단어의 머리글자를 딴 것이다. 이것은 1875년 5월 20일, 파리에서 국제미터협약이 체결되면서 국제 공통으로 사용하는 단위제도로 발전했다. 지금까지 총 48개 국가에서 협약에 조인한 SI는 프랑스 파리의 교외에 본부를 두고 있는 국제도량형국[BIPM, International Bureau of Weights and Measures]에 의해 유지되고 있다. 시간이 지나면서 더욱 정밀한 측정을 위해 갱신이 요구되자 국제도량형총회에서는 몇 년마다 SI를 갱신하고 있다. 가장 최근에는 2003년과 2007년에 이뤄졌다. SI는 '미터법'이라고도 하는데, 이것은 SI가 미터법을 기초로 정해진 단위계이기 때문이다. '미터'라는 단어는 거리공간[metric space] 등의 용어로 수학에서 사용되고 있으며, 컴퓨터 이용 시 각 문자의 높이나 폭, 문자 간의 공백을 조정하는 조판에 필요한 정보가 들어 있는 폰트메트릭 파일[fontmetric file]에서도 사용된다. 종종

'metrical'로 잘못 쓰이는 경우도 있다.

아드리앙 마리 르장드르

아드리앙 마리 르장드르$^{Adrien\ Marie\ Legendre,\ 1752\sim1833}$는 프랑스의 수학자이자 물리학자다. 르장드르 함수라는 타원함수와 천체역학의 연구로 유명하며, 혜성의 궤도를 연구하기도 했다. 1787년, 르장드르는 파리와 그리니치 천문대 사이의 삼각측량을 사용하여 지구의 크기를 측정했으며, 1794년에는 《기하학의 요소들$^{Éléments\ de\ géométrie}$》이라는 책을 출판 했다. 이 책은 유클리드의 《원론》을 대체할 만한 기하학에 관한 초등 교과서로, 1세기 가깝게 그 주제에 대한 주 교과서로 활용되었다. 1791년에는 프랑스 과학 아카데미 위원회의 회원으로 선출되어 도량형을 표준화하는 임무를 맡기도 했다.

SI 기본단위란?

국제단위계에는 7개의 기본단위가 정해져 있는데, 이것을 'SI 기본단위'라고 한다. 다음은 7개의 기본단위를 나타낸 것이다.

미터	m	길이
킬로그램	kg	질량, 무게와 관련되어 있다
초	s	시간
암페어	A	전류
켈빈	K	온도
몰	mol	물질량
칸델라	cd	광 도

SI의 또 다른 단위로는 유도단위가 있다. 이 단위는 대수관계에 따라 여러 기본단위의 조합으로 나타낸다. 모든 기본단위는 길이·질량·시간 단위를 각각 미터(m)·킬로그램(kg)·초(s)로 하고 이 셋을 기본단위로 삼은 MKS 단위계를 바탕으로 이뤄진다. 또 다른 미터법인 CGS 단위계는 길이·질량·시간 단위로 각각 센티미터(cm), 그램(g), 초(s)를 기본단위로 삼은 단위계다.

공식적으로 미터법을 채택하지 않은 나라들은?

지금까지 미터법을 공식적으로 받아들이지 않은 국가는 미국, 라이베리아(서부 아프리카), 미얀마(서부 아시아) 3개국뿐이다. 그 밖에 다른 국가들 및 모든 과학계는 오랜 세월 동안 미터법을 사용했거나 지난 수십 년 내에 이 도량형 체계를 적용했다. 지금은 미터법을 사용하고 있는 영국인이 만든 푸트 같은 표준 도량형을 미국이 계속 사용하면서 미터법을 채택하지 않는 것은 역사적으로 우스운 일이 아닐 수 없다.

자주 사용되는 미터법과 국제단위계의 접두어로는 어떤 것들이 있을까?

미터법과 국제단위계의 접두어는 오래전부터 사용해오던 것들이지만, 최근에 추가된 것들도 있다. 특히 과학적 현상에 국제단위계의 표준단위들을 적용하기 위하여 1991년 제19회 국제도량형총회에서 큰 측정값과 작은 측정값을 편리하게 나타낼 수 있는 요타$^{yotta-}$에서 욕토$^{yocto-}$까지 20가지의 접두어 목록을 정리했다.

다음 표는 미국식 체계에서 큰 수를 나타내는 명칭, 그리고 그에 해당하는 접두어와 10의 거듭제곱수를 비교하기 위해 함께 정리한 것이다.

미터법/국제단위계의 접두어

미국 체계 American System (한국)	미터법 접두어 / 약자	10의 거듭제곱수
1 septillion (백양)	요타 yotta- / Y-	10^{24}
1 sextillion (백자)	제타 zetta- / Z-	10^{21}
1 quintillion (백해)	엑사 exa- / E-	10^{18}
1 quadrillion (백경)	페타 peta- / P-	10^{15}
1 trillion (백조)	테라 tera- / T-	10^{12}
1 billion (백억)	기가 giga- / G-	10^{9}
1 million (백만)	메가 mega- / M-	10^{6}
1 thousand (천)	킬로 kilo- / k-	10^{3}
1 hundred (백)	헥토 hecto- / h-	10^{2}
1 ten (십)	데카 deka- / da-	10
1 tenth (10분의 일)	데시 deci- / d-	10^{-1}
1 hundredth (100분의 일)	센티 centi- / c-	10^{-2}
1 thousandth (1,000분의 일)	밀리 milli- / m-	10^{-3}
1 millionth (백만분의 일)	마이크로 micro- / μ-	10^{-6}
1 billionth (10억분의 일)	나노 nano- / n-	10^{-9}
1 trillionth (1조분의 일)	피코 pico- / p-	10^{-12}
1 quadrillionth (천조분의 일)	펨토 femto- / f-	10^{-15}
1 quintillionth (백경분의 일)	아토 atto- / a-	10^{-18}
1 sextillionth (십해분의 일)	젭토 zepto- / z-	10^{-21}
1 septillionth	욕토 yocto- / y-	10^{-24}

흥미롭게도 '데카$^{deca-}$'는 국제단위계가 권장하는 철자이지만, 미국표준기술연구소는 접두어 'deka-'를 사용한다. 이에 따라 대부분 참고 서적들에서는 어느 쪽이든 옳은 것으로 여기고 있다. 또 각 국가 사이에 다른 철자를 사용하는 것들이 있다. 예를 들어, 이탈리아에서는 hecto-를 etto-라고 쓰고, kilo-를 chilo-라고 쓴다. 하지만 그 기호들은 모든 언어에 표준화되어 있다. 미터법에서 10^{5}이나 10^{-5} 같은 다른 수들은 세트명이나 접두어가 없다.

몇몇 접두어의 경우, 그 명칭을 다르게 나타내는 이유는?

접두어가 달라지는 주요 원인은 발음 및 모음과 관련이 있다. 모음으로 시작하는 단위명에 접두어를 붙일 때 발음하기가 어려우면 접두어의 마지막 문자를 생략한다. 예를 들어, 미터법에서 면적 100아르(2.471에이커)는 1hectoare(헥토아르)가 아니라 1hectare(헥타르)로 나타내고, 백만 옴은 1megaohm(메가옴)이 아니라 1megohm(메그옴)으로 나타낸다. 하지만 예외도 있다. 접두어의 마지막 문자를 생략하고 나타낸 접두어와 단위가 잘 들린다고 하더라도 1밀리암페어^{milliampere}의 경우에는 생략하지 않고 접두어를 그대로 단위에 붙여 나타낸다. 발음하기 쉽도록 다른 문자를 추가하는 경우도 있다. 예를 들어, 백만 에르그의 경우에는 문자 'l(엘)'을 추가하여 megaerg나 megerg가 아니라 megalerg라고 한다.

미터법은 어떻게 시작되었을까?

1791년, 프랑스 대혁명이 한창 진행 중일 때, 전 유럽에서 사용되는 서로 다른 도량형을 통일할 필요가 있어 미터법이 제안되었다. 이에 따라 시간과 각의 측정단위를 제외한 모든 전통 단위들을 바꾸었다.

미터법은 1795년 프랑스 혁명정부에 의해 채택되었으며, 1799년 최초의 표준미터가 정해졌다. 그러나 모든 사람이 미터법 사용에 동의한 것은 아니었다. 유럽의 각 국가에서 미터법을 사용하기까지는 몇십 년이 걸렸다. 1820년 벨기에, 네덜란드, 룩셈부르크가 미터법을 사용하기로 했다. 미터법과 그 표준을 제안한 프랑스는 더 많은 시간이 걸렸지만, 결국 1837년에 미터법 사용을 합법화했다. 스웨덴 등 다른 나라들은 훨씬 늦은 1878년에 미터법을 받아들였으며, 전통적인 방법을 미터법으로 바꾸는 데만도 10년이 더 걸렸다.

비타민 병 같은 상품에 적힌 국제단위를 밀리그램이나 마이크로그램으로 바꿀 수 있을까?

그럴 수 없다. 국제단위International Units(줄여서 IU로 나타냄)를 밀리그램 같은 질량단위로 변환시킬 직접적인 방법은 없다. 비타민이나 미네랄 병에 적힌 IU는 매우 익숙하겠지만, 이는 무게와는 아무런 관련이 없다. IU는 약이나 비타민의 질량 또는 부피가 아니라 약효의 정도 또는 생물학적 효과를 표시하는 단위다. 국제단위로 나타내는 몇 가지 물질을 무게로 변환할 수 있다고 하더라도 일치하는 경우는 없다. 이것은 모든 재료의 무게가 같지 않고, 조제하는 방법도 다양하기 때문이다. 따라서 한 가지 방법으로 조제한 물품의 전체 무게와 다른 방법으로 조제한 물품의 전체 무게는 달라진다.

그러나 변환시킬 수 있는 물질들도 있다. 각 물질에 대하여 1IU의 용량으로 예상된 생물학적 약제의 효능을 상세히 기록하는 국제적 합의가 있기 때문이다. 예를 들어, 비타민의 경우 비타민 E의 1IU는 0.667mg이고, 비타민 C의 1IU는 0.05mg이며, 약의 경우 인슐린 표준 조제 1IU는 45.5마이크로그램(μg)을 나타내고, 페니실린 표준 조제 1IU는 0.6 마이크로그램이다.

시간이 지나면서 최초의 표준미터 측정은 어떻게 발전되었을까?

최초의 표준미터 단위는 1799년에 개발되었다. 1미터(m)는 '적도에서 북극까지 거리의 천만 분의 일'로 정의했으며, 1리터(ℓ)는 1세제곱데시미터($1dm^3$)의 부피로, 1킬로그램(kg)은 1리터의 물 무게로 정했다.

미터의 표준은 시간이 지나면서 변했다. 예를 들어, 최초의 물리적 표준미터는 자의 형태로 1m의 길이가 정의되었다.

1889년, 국제도량형국은 처음의 미터자를 바꾸었다. 새로운 자는 프랑스에서 표준이 되었음은 물론, 1875년 파리에서 체결된 미

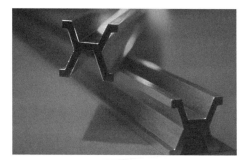
백금–이리듐 합금 1미터원기

터조약에 서명한 17개국에 이 새로운 자를 복사하여 보급했다. 1미터보다 약간 긴 이 자는 잘 구부러지지 않도록 단면을 2cm×2cm 크기의 X형으로 만들었으며, 양끝 두 곳에 각기 3개의 표선이 새겨져 있고, 얼음이 녹는 온도인 0℃일 때 중앙 표선 간의 거리를 1m로 정했다.

1960년, 국제도량형국은 정밀도를 따지는 과학계의 요청에 따라 더욱 정확한 표준을 만들기로 했다. 이로써 크립톤–86원자가 방출하는 빛의 파장을 기준으로 한 새로운 미터 표준이 채택되었다. 즉, 진공상태인 가스 방전관 안에서 크립톤–86원자에서 방출되는 특정한 주황빛 파장의 1,650,763.73배를 1m로 정의했다. 훨씬 더 정밀한 미터 측정은 1983년에 이뤄졌다. 1/299,792,458초의 시간 동안 빛이 진공상태에서 진행한 거리로 1m를 정의한 것이 현재 표준미터의 정의다.

과학적 표기법이란?

과학 분야에서 아주 큰 수나 아주 작은 수로 계산할 때 보다 간단하게 표기하고 읽으며, 공간을 덜 차지하게 하기 위해 수를 나타내는 방법이다. 과학자들은 보통 아주 큰 수나 작은 수를 $a \times 10^n (0 < a < 10)$으로 나타낸다. 예를 들어, 0.00023334522 는 2.3334522×10^{-4}처럼 더욱 간단하게 나타낼 수 있다.

온도는 어떻게 측정할까?

온도는 온도계를 사용하여 잰다. 온도계^{thermometer}에서 thermo는 '열^{heat}'을 뜻하고, meter는 '측정하다'를 뜻한다. 온도계를 발명한 사람은 갈릴레오 갈릴레이로, 그는 따뜻함이나 차가움을 측정하기 위해 '온도측정기'라는 장치를 사용했다.

온도는 여러 가지 눈금단위를 사용하여 잰다. 가장 많이 사용되는 온도단위는 섭씨, 화씨, 켈빈이다. 스웨덴의 천문학자, 수학자, 물리학자인 안데르스 셀시우스$^{1701~1744}$가 발명한 섭씨온도는 섭씨 눈금$^{centigrade\ scale}$을 사용했다. centigrade는 대문자로 쓰지 않아도 되며, '100분도의'라는 뜻을 나타낸다. 셀시우스는 물의 어는점을 섭씨 0도로 표시하고, 물의 끓는점을 섭씨 100도로 표시한 다음, 그 사이를 100등분한 온도를 1℃로 정했다. 짝수인 100도를 기준으로 함으로써 사용하기 편리하여 과학자들은 이 눈금을 많이 사용하고 있으며, 미터법과 가장 관련이 많은 눈금이기도 하다.

화씨온도는 폴란드 출신인 독일의 물리학자 다니엘 가브리엘 파렌하이트$^{1686~1736}$가 발명한 온도단위다. 파렌하이트는 길고 가느다란 관에 수소가 들어 있는 온도계를 개발했고, 이것으로 변하는 온도를 쟀다. 그는 임의로 물의 어는점을 32℃, 끓는점을 212℃로 정하고 두 점 사이를 180등분한 온도 눈금을 1℃로 정했다. 화씨온도의 단위는 °F를 사용한다.

켈빈온도는 1848년에 로드 켈빈$^{1824~1907}$이 발명했다. 켈빈은 윌리엄 톰슨 경, 켈빈 남작으로도 알려져 있다. 켈빈온도는 모든 분자가 운동을 중지하고 가장 낮은 온도인 절대영도로 알려진 점을 0℃(0°K)로 시작한다. 켈빈은 얼마나 뜨거운 것을 얻을 수 있는지는 한계가 없지만, 얼마나 차가운 것을 얻을 수 있는지는 한계가 있다고 생각했다. 켈빈의 절대영도는 −273.15℃ 또는 −459.67°F와 같다. 그 당시까지 과학자들은 우주에서 어떤 것도 그 이상 차가운 것은 얻을 수 없다고 생각했다.

역사 속 시간과 수학

수학과 시간의 연구는 어떤 관련이 있을까?

분명히 수학은 시간과 밀접한 관계가 있다. 인류는 오랫동안 인류문명에서 일어난 수많은 일련의 사건들, 특히 계절이 바뀌는 것과 같이 사람들에게 영향을 끼치는 여러 자연현상을 기록할 필요를 느껴왔다. 계절의 변화로 씨앗을 뿌리고 농작물이 성장하며, 강이 범람하는 시기, 우기나 혹독한 가뭄, 강력한 눈보라까지 날씨가 변하는 시기에 영향을 미치기 때문이다. 처음에는 하늘을 가로질러 이동하는 별, 태양, 달의 움직임에 따라 하루와 1년이 바뀌는 시간을 계산하여 기록하기 시작했다. 별, 태양, 달의 움직임은 모두 간단한 수학적 계산을 통해 파악할 수 있다.

어떤 문명에서 처음으로 시간 기록을 하게 되었는지에 대해서는 아직도 의견이 분분하다. 몇몇 역사학자와 고고학자는 2만 년 전 빙하기 때 유럽 지역의 사냥꾼들이 막대기와 뼈에 새긴 것을 그 시작점으로 믿고 있다. 이들은 연속하여 달의 모양이 새롭게 나타나는 그 사이의 일수를 기록했다. 또 다른 가설에 따르면, 시간의 측정은 몇만 년 전으로 거슬러 올라간다. 이것은 특히 씨앗을 뿌리는 가장 좋은 시기와 관련이 있는 농업의 발달과 함께 이뤄졌다. 중동과 북아프리카 부근에서 5000~6000년 전에 시간 기록을 했던 증거가 있다고 주장하는 사람들도 있다.

시작시점에 관한 여러 설 가운데 어떤 것이 사실이건 간에 대부분 연구가들은 시간 기록이 결코 정확하게 알려지지 않은 역사적 주제의 하나라는 데는 일치된 의견을 보이고 있다.

하루present day를 시간, 분, 초로 어떻게 나누었을까?

기원전 3000년경 수메르인이 처음으로 시간, 분, 초를 구분하기 시작한 것으로 보고 있다. 그들은 하루를 12개의 시간단위로 나눈 다음, 각 시간단위를 다시 30개의 더욱 작은 시간단위로 나누었다. 그로부터 약 천 년 후, 수메르 문화와 같은 지역에 있던 바빌로니아 문명은 하루를 24시간으로 나누고, 각 시간을 60분, 각 분을 60초로 나눴다.

바빌로니아인이 60으로 나누는 것을 선택한 이유에 대해서는 잘 알려지지 않았다. 여러 관련성 및 1년의 일수, 무게와 측량, 심지어는 "60진법이 사용하기 편리해서"라고 주장하는 이론가들도 있지만 그 이유가 무엇이든 수십 세기가 지난 후 그 방법이 중요하다는 것을 알게 되었다. 오늘날에도 여전히 기수 60을 사용하여 시간체계(시간, 분, 초)와 원의 측정값들(도, 분, 초)을 정의하고 있다.

시간 기록을 가장 먼저 시작한 문화권은?

대략 5000년 전, 오늘날의 이라크 지역인 티그리스 - 유프라테스 계곡에 살던 수메르인이 달력을 가지고 있었던 것으로 보인다. 그러나 사실 그들에게 시간 기록 장치가 있었는지는 알려지지 않았다. 수메르인은 30일을 한 달이 되도록 하여 1년을 나눴으며, 하루를 12개의 시간단위로 나눴고, 각 시간단위는 30개의 더 작은 시간단위로 나눴다. 여기서 12개의 각 시간단위는 오늘날의 2시간에 해당하고, 30개의 각 시간단위는 오늘날의 4분에 해당한다.

일반적으로 연구가들은 고대 이집트인이 처음으로 시간 기록을 했을 것으로 생각하고 있다. 기원전 3500년경, 이집트인은 사각기둥 모양의 높다란 오벨리스크를 세웠다. 특정 장소에 세워진 오벨리스크는 태양이 하늘에서 이동할 때 그림자를 만들어 시간을 측정하는 해시계 역할을 했다. 해시계는 정오를 중심으로 두 부분으로 나누어 시간을 측정하다가 나중에는 두 부분을 좀 더 세분하여 더 많은 시간단위로 나눴다. 또한 거대한 해시계인 오벨리스크의 그림자 길이를 기준으로 1년 중 길이가 가장 긴 날과 가장 짧은 날을 알아냈다.

시간을 측정하기 위해 사용된 고대 장치 중 하나는 무엇일까?

시간을 측정하기 위한 고대 장치 중의 하나(위에서 언급한 오벨리스크보다 작은)는 대강 만든 해시계였다. 정확하고 크기가 작은 해시계(또는 그림자시계)는 기원전 1500년경 이집트에서 개발되었다. 그것은 10부분으로 나눠져 있으며, 두 군데에 '박명'의 시간이 표시되어 있다. 그러나 그것은 단지 하루의 절반에 해당하는 시간을 알려주는 것이었으며, 정오 이후의 오후 시간을 재기 위해서는 해시계를 180도 돌려놓으면 되었다.

더욱 정밀하게 시간을 재는 장치는 좀 더 나중에 나타났다. 1년 내내 하늘을 가로지르는 태양이 진행하는 경로를 정정하기 위해서는 해시계의 그림자를 만드는 그노몬이 지평선과 이루는 각도가 해시계를 사용하는 지역의 위도와 같도록 정확히 설치해야 했다. 마침내 해시계가 완성되었고, 그 모양도 다양하게 설계되었다. 예를 들어, 기원전 27년경 로마의 건축가 마르쿠스 비트루비우스 폴리오(기원전 90~20)는《건축 10

서》에서 13가지의 다양한 해시계 모양에 대해 설명하고 있다.

해시계는 어떻게 작동할까?

해시계는 하늘을 가로질러가는 태양의 움직임을 쫓아 시간을 측정하게 되어 있다. 시간과 분을 나타내는 눈금이 그려진 원형 눈금판 위에 그림자를 만들어 시간을 잰다. 눈금판 위에 그림자를 드리우는 날카로운 모양의 그노몬은 태양이 회전하는 '자전축'을 나타낸다. 정확하게 측정하기 위해서는 그노몬이 북극성에 가까운 천체의 북극을 가리켜야 한다. 이때 그노몬이 해시계 원반과 이루는 각도는 해시계를 사용하는 사람이 서 있는 지역의 위도와 같도록 한다. 예를 들어, 뉴욕 시는 북위 약 $40.5°$에 있으므로 그 도시에서 해시계의 그노몬은 해시계의 원반과 $40.5°$의 각을 이루게 하면 된다.

그림자의 선이 뚜렷할수록, 크기가 클수록 정밀도가 높아진다. 그것은 시간을 나타내는 눈금이 시간의 더욱 작은 하위단위로 나눠지기 때문이다. 그렇다고 해시계를 마냥 크게 만들 수는 없다. 왜냐하면 그노몬 부근에서 일어나는 햇빛의 회절 때문에 그림자를 부드럽게 만들어 시간을 정확히 읽기가 어려워지기 때문이다.

태양의 움직임에 따라 만들어지는 그림자를 이용하여 시간의 경과를 표시하는 해시계는 가장 오래된 시간 기록 장치 중 하나다.

시계 ^{clocks}의 정의는?

clock은 라틴어 cloca에서 유래한 말이다. 시계는 시간을 측정하기 위해 사용하는 도구다. 실제로 시계를 정의하는 데는 두 가지 중요한 특성이 있다. 한 가지는 규칙적이고 일정해야 하며, 반복적으로 작동해야 한다는 것이다. 이러한 특성에 따라 같

세상에서 가장 유명한 시계 중 하나는 영국 런던에 있는 빅벤이다. 오늘날 디지털시계와 전자시계가 훨씬 더 정확하다고는 하지만, 여전히 오래된 아날로그시계는 매력적이다.

은 간격으로 시간이 증가하도록 눈금을 표시한다. 예를 들어, 배터리로 작동하는 아날로그시계와 디지털시계, 손목시계가 나오기 전에 오랜 세월 동안 사용했던 '시계clocks'는 양초에 일정한 길이를 등분하는 눈금을 표시하거나 특정 양의 모래를 모래시계 속에 넣어 시간을 측정했다.

또 다른 특성은 늘어난 시간을 놓치지 않고 찾아내어 편리하게 그 시간을 나타내는 방법을 가지고 있어야 한다. 이에 따라 영국 런던의 빅벤 같은 큰 시계가 개발되었다. 심지어 새해를 카운트하는 시계도 개발하기에 이르렀다. 오늘날 가장 정밀한 시계는 전자시계atomic clocks다. 전자시계는 회전계수기로 보통 상태에서는 절대 불변인 주파수를 발생시키는 장치인 원자 주파수 표준기를 사용한다.

정밀한 시계를 개발하게 된 원동력은?

16세기경, 경도를 측정하는 방법을 연구하기 시작하면서 정밀한 시계를 개발하게 되었다. 많은 나라들이 전 세계를 탐험하기 시작하면서 배의 위치를 알려주는 정확한 방법이 중요한 문제로 대두되었다. 전 세계적으로 통일된 한 가지 표준시와 그 시간을 알려주는 시계를 이용하여 경도와 배의 위치를 알 수 있게 됨에 따라 탐험이 늘어나게 되었으며, 탐험을 지원한 나라는 더욱 부유해졌다.

한때 1초는 평균 태양일의 1/86400로 정의했다. 1956년, 이 정의는 국제도량형국에 의해 기준연도를 1900년으로 하고 지구가 태양을 한 바퀴 도는 데 걸리는 시간인 태양년의 1/31,556,925.9747로 바뀌었다. 그러나 다른 도량형과 마찬가지로 1초의 정의는 1964년에 다시 바뀌었는데, 세슘133원자 상태에서 특정한 변화와 관련된 복사선의 9,192,631,770주기의 시간으로 정의했다.

흥미롭게도 1983년에 1초는 1m의 '디파이너(정의기)'가 되었다. 과학자들은 1/299,792,458초의 시간 동안 빛이 진공상태에서 진행한 거리를 1m로 정의했다. 왜냐하면 1초 동안 빛이 이동하는 거리가 이전에 정의한 표준미터보다 더 정확했기 때문이다.

기계식 시계가 처음으로 발명된 곳은?

전지를 넣지 않고 태엽을 감거나 자동으로 감겨 작동하는 기계식 시계[mechanical clock]는 중세 유럽에서 처음으로 발명되었으며, 교회와 수도원에서 가장 광범위하게 사용한 것으로 여겨진다. 주로 사람들에게 예배에 참석하도록 종을 울릴 시간을 알기 위해 사용했다. 시계는 기어와 톱니바퀴를 배치하여 만들었다. 이것들은 모두 가해진 중량에 따라 회전한다. 중력이 중량을 끌어당길 때 바퀴는 느리고 규칙적으로 회전한다. 바퀴는 회전함과 동시에 하나의 시곗바늘과 연결되어 있다. 이 시곗바늘은 시간만 나타냈고, 아직 분은 나타내지 못했다.

1500년경, 시간을 더욱 정확하게 기록하기 위한 선봉에는 독일의 자물쇠 제조공인 피터 헨라인[1480~1542]이 발명한 '태엽 감은 시계'가 있다. 하지만 태엽이 풀릴 때는 시곗바늘이 천천히 도는 문제점을 가지고 있었다. 이 시계는 크기가 작아 편리하게 휴대하거나 선반 위에 놓을 수 있어 부유한 사람들이 선호했다.

역사를 통해 본 수학과 달력

달력과 수학은 어떤 관련이 있을까?

특히 달력은 인간의 수명과 관련하여 하루하루를 주, 월, 연^年, 천년기로 편성하는 체계적인 방법을 나타내는 수 체계다. 따라서 달력을 만들기 위해서는 반드시 일, 월 등을 세고 계산하고 조직해야 하며, 이런 계산을 하기 위해서는 수학을 알아야 한다.

최초의 달력은 언제 발명되었을까?

3만 년 전쯤 달의 움직임을 근거로 동물의 뼈에 표시하여 만든 최초의 투박한 형식으로 된 달력이 만들어졌다고는 하지만, 고대 이집트인이 최초로 정확한 달력을 만들었던 것으로 인정받고 있다. 과학자들은 기원전 4500년경 이집트인에게 나일 강의 범람 시기를 계산하기 위해 그런 방법이 필요했던 것으로 추측하고 있다.

기원전 4236년경부터 별자리 중 큰개자리의 가장 밝은 별인 시리우스가 해뜨기 직전에 떠오르는 날을 1년의 시작으로 정했다. 지금으로 말하면 7월에 해당하는 시기로, 그 이후 곧바로 나일 강이 범람했다. 이것을 기점으로 이집트인의 달력이 만들어졌다. 이집트인은 1년이 365일인 태양력을 만들었지만, 그것이 그들이 사용한 유일한 달력은 아니었다. 초승달이 뜬 때부터 다음 초승달이 뜰 때까지의 시간인 태음월을 바탕으로 하여 씨를 뿌리고 농작물을 경작하는 데 사용한 달력도 있었다.

태음력이란?

태음력은 달의 궤도를 기준으로 한 달력이다. 태양과 일직선에 놓이게 되어 달을 볼 수 없을 때, 항상 태음력의 새로운 달이 시작된다. 그때부터 지구에서 보이는 달의 위상은 초승달(상현달), 반달, 만월 모양으로 나타난다. 새로운 달이 시작된 후 나타나는 이들 위상은 달이 차는 모습에 따라 초승달 같은 이름을 붙인다. 전면이 보이는 달을 '보름달'이라 하고, 그때부터 다시 달은 반대 위상이 나타나며, 달이 이지러지는 모습에 따라 그믐달 같은 이름을 붙인다. 보통 달의 공전주기는 29.530589일(1삭망월)로, 여러 고대 문화권에서 이 주기를 자연력으로 사용했다.

태음력의 문제점은?

특히 태음월의 경우에는 결점이 있다. 태음력의 가장 큰 문제점은 일수가 분수로 나타난다는 것이다. 이것으로 달의 실제 상과 맞지 않는 태음력이 만들어진다. 첫 달은 하루의 절반 정도 빨라지게 되며, 다음 달은 하루, 그 다음 달은 하루 반 등으로 빨라진다. 이 문제를 해결하기 위한 한 가지 유용한 방법은 각 달의 일수를 30일과 29일을 교대로 배치하는 것이다. 하지만 이 또한 결과적으로는 맞지 않았다.

1삭망월을 맞추기 위해 어떤 문화권에서는 자신들의 달력에서 일수를 더하거나 뺐다. 예를 들어, 천 년 이상 동안 이슬람의 태음력은 30년을 주기로 11일을 윤일로 추가했으며, 1년이 열두 달의 태음월로 이뤄져 있다. 이 달력은 2500년마다 약 하루 정도 맞지 않는다. 왜냐하면 30년 주기에서는 한 달의 평균 길이가 $(29.5 \times 360) + \frac{11}{360} = 29.530556$일이기 때문이다. 이때 11은 추가된 윤일의 수이고, 360은 30년 주기 내의 달의 수(12달×30년)이며, 29.5는 역월$^{\text{calendar month}}$의 평균 일수, 즉 $29 + \frac{30}{22}$일을 나타낸 것이다.

태양력이란?

태양력은 하늘을 가로지르는 태양의 운행을 기준으로 만든 달력이다. 2500여 년 전, 수학자들과 천문학자들은 태양년을 분점(춘분점, 추분점: 태양의 직사광선이 적도 위에 있을 때 또는 가을과 봄이 시작될 때)과 지점[하지점, 동지점: 태양의 직사광선이 남회귀선(북반구는 겨울이고 남반구는 여름) 또는 북회귀선(남반구는 겨울이고 북반구는 여름)이 표시된 위도 위에 있을 때]을 바탕으로 정했다.

태양과 달의 주기를 더욱 정확하게 측정하게 되면서 달력도 점차 정교해졌다. 그러나 최근 몇 세기까지 표준 달력이 정해지지 않아 여러 문화권에서는 독자적으로 자신들의 달력을 사용했다. 몇몇 문화권에서는 달의 주기와 태양의 주기를 결합하여 태음태양력 형태로 만들기도 했다. 오늘날에는 전 세계 대부분 국가가 한 가지 '표준 달력'을 사용하고 있지만, 여전히 어떤 문화권에서는 중국력, 유대력, 이슬람력 등 고유의 달력을 사용하고 있다.

서양 달력이 그리스도의 탄생과 함께 시작된 이유는?

오늘날 가장 많이 사용되는 달력인 서력(서양 달력)에 숨겨진 이야기는 6세기 중반으로 거슬러 올라간다. 교황 요한 1세는 다시안 수사와 학자인 디오니시우스 엑시구스470~540('작은 디오니시우스'라는 뜻임. 오늘날의 로마지역에서 태어남)에게 매년 부활절이 언제인지 그 날짜를 계산하도록 했다. 교회에서 지키는 절기들을 기록한 교회력의 발명가로 알려진 디오니시우스는 로마 황제 디오클레티아누스가 통치하기 시작한 해를 기준으로 계산하는 달력 체계를 버리고, 그 대신 종교적 신념에 따라 예수가 탄생한 해를 기준으로 한 체계로 바꾸었다. 당시 로마숫자에서는 0의 개념이 없었기 때문에 그 해를 '1년'이라고 했다.

몇몇 고대 문화권은 달력을 어떻게 개선해 나갔을까?

여러 고대 문화권은 서로 다른 여러 가지 방법에 따라 자신들의 달력을 개선했으며, 몇 가지 형식의 수학적 계산이 필요했다. 1년의 길이를 알기 위해 해시계에서 그림자를 만드는 그노몬을 사용하는 방법을 활용했는데, 하늘을 가로질러가는 태양의 운행에 따라 생기는 그림자를 이용하여 하루의 시간을 측정했고, 정오에 그노몬의 그림자 길이가 가장 짧아지는 날을 하지로 정했다. 두 번의 연속되는 하지를 측정하고 그 사이의 일수를 계산함으로써 이집트 같은 여러 고대 문화권은 더욱 상세한 달력을 개발했으며, 나아가 지점(동지, 하지)의 정확한 시기를 정하기도 했다.

기원전 135년경, 그리스의 천문학자이며 수학자인 로도스의 히파르코스^{Hipparchus, 기}^{원전 170~125}는 150년 정도 앞서서 다른 천문학자들이 춘분점을 계산한 것과 자신이 계산한 것을 비교했다. 그는 일수의 평균을 계산하여 1년이 365.24667일과 같다는 것을 계산해냈다. 이것은 지금과는 6분 16초의 오차가 있다.

로마력이란?

전해오는 이야기로는 최초의 로마력은 기원전 750년경 로마가 세워질 때 만들졌다. 사실 그 시점은 논란이 되고 있지만, 로마력은 태양과 달 주기를 결합하여 만든 달력이다. 초기의 로마력은 3월에 시작되는 10개월로 정해졌으며 1월과 2월은 달력이 개선되는 과정에서 추가되었다. 이러한 달력을 만드는 데 정치가 개입되었는데, 관리들이 임의로 일수를 추가하거나 심지어는 달들에 이름을 붙이기도 했다.

율리우스력이란?

율리우스 카이사르^{기원전 100~44} 시대에 이르자 로마력을 지키는 일은 매우 혼란스러웠다. 카이사르는 천문학자이자 수학자인 알렉산드리아의 소시게네스^{Sosigenes}(기원전 1년에 태어난 수학자. 2세기 사람인 이집트의 철학자이자 소요학파인 소시게네스와 혼동해서는 안 된다)에게 도움을 청하여 로마력을 개정하기로 했다. 그 결과 기원전 46년에는 1년의 길이가 445일에 이르러 이 해를 '혼돈의 해^{the year of confusion}'라고도 한다.

소시게네스는 기원전 45년 1월 1일을 기준으로 1년을 개정하여, 1년을 365일로 정하고 4년마다 2월에 하루(윤일)를 추가하도록 했다. 1월부터 한 달씩 건너뛰는 달들 (1월, 3월, 5월, 7월, 9월, 11월)은 31일로 하고, 나머지 달들은 30일로 했다. 율리우스력에는 4로 나누어떨어지는 해마다 윤년이 되는 규칙이 있었다.

카이사르의 뒤를 이은 허영심 강한 아우구스투스 카이사르(기원전 63~14)는 여러 가지 방법으로 율리우스력을 바꾸었다. 자신의 이름을 따 8월의 이름을 붙였으며, 필요에 따라 여러 달의 일수를 바꾸었는데, 이는 더 많은 혼란을 가져왔다.

율리우스력은 카이사르가 통치하던 지역에서 1582년까지 사용되었다. 그렇다고 율리우스력이 정확한 것은 아니었다. 이를테면 1년의 길이는 365.25일로 11분 25초만큼 더 길다. 비록 오늘날의 1년의 길이와 율리우스력의 1년의 길이 차가 크지 않다고 하더라도 율리우스력은 1000년 동안 7.8일만큼 더 길었다. 그러나 여러 번의 법령 포고에 따른 개정을 거치면서 카이사르, 소시게네스, 아우구스투스는 다음 세대에 그 문제점을 개선하도록 남겨놓았다.

그레고리력이란?

1582년, 율리우스력으로 시간 기록에서 문제점이 발생한 것은 아니지만, 교회의 각 절기 날짜에 오차가 생기기 시작했다. 강력한 힘을 가진 가톨릭교회 체제는 이것을 좋아하지 않았다. 그래서 교황 그레고리우스 13세는 몇몇 천문학자의 조언에 따라 그 당시 달력에서 누적된 10일의 오차를 없애기 위해 날을 건너뛰기로 했다. 이에 따라 1582년 10월 4일 다음 날을 1582년 10월 15일로 한다는 새 역법을 공포했다.

일수가 남는 문제를 해결하기 위해 교황은 연수가 100의 배수일 때에는 400으로 나눠지는 해, 100의 배수가 아닐 때에는 4로 나눠지는 해를 윤년으로 정했다. 그것은 400년에 세 번의 윤년을 없애 97번의 윤년을 두는 것을 의미한다. 예를 들어, 1900년은 윤년이 아니지만, 2000년은 윤년이다. (오늘날 그레고리력 '규정'에 따르면 4로 나누어떨어지는 해마다 윤년이 된다. 그러나 100으로는 나누어떨어지지만 400으로는 나누어떨어지지 않는 해는 제외된다.)

몇몇 나라에서는 10일의 누적일수를 바로잡고 그레고리력을 '새롭게' 개정했다. 그러나 모든 사람이 새로운 달력을 받아들인 것은 아니었다. 특히 가톨릭교회를 믿지 않고 싫어했던 사람들이 그랬다. 1700년경, 개정하지 않은 달력은 너무 많은 일수가 누적되는 결과를 낳았다. 결국 1752년, 영국 의회는 9월에서 11일을 뺄 것을 공포했다. 영국과 영국의 미국 식민지는 그레고리력을 따르기 시작했으며, 대부분의 다른 국가들도 바로 뒤따랐다. 이 그레고리력이 오늘날 전 세계에서 사용하는 표준 달력이다.

율리우스력과 그레고리력에서 흥미로운 사실은 어떤 것들이 있을까?

율리우스력에서 흥미로운 사실은 4년마다 윤년을 지정했다는 것이다. 이것은 기원전 238년 이집트의 프톨레마이오스 3세에 의해 처음 소개된 것을 실행에 옮긴 것이다. 그레고리력에서 흥미로운 점은 두 번의 연속되는 윤년 사이의 기간 중 가장 긴 기간이 8년이라는 것이다. 이러한 현상이 나타난 가장 최근 시기는 1896년과 1904년 사이로, 2096년과 2104년 사이에도 다시 나타나게 된다.

현대 달력의 문제점은?

현대 달력은 매년 달력이 바뀌는 문제를 해결하려고 조금씩 고치고 있다. 그러나 현대 달력의 실제적인 문제점은 인간과 관련된 요인이 아니라 자연적 요인에 있다. 지구가 태양 주위를 돌 때, 세차운동으로 인해 지구의 자전축은 기울어진 팽이처럼 회전한다. 과학자들은 행성의 움직임을 과거보다 좀 더 정확하게 측정할 수 있게 되면서 자전축의 움직임이 더 커지고 있다는 것을 알게 되었다. 이것은 태양과 달의 인력에 의해 생기는 조수가 지구의 회전을 느리게 만들기 때문이다. 또 팽이와 마찬가지로 지구의 회전이 느려지면 그 움직임이 더 커져 결국 1년의 길이는 짧아진다.

달력에서 이것은 무엇을 의미할까? 이미 현재 우리가 사용하는 달력과 1582년 달력의 1년 길이가 24초(0.00028일)만큼 차이가 난다는 것이 알려졌다. 매우 작은 차이임에도 결국 밝혀낸 것이다. 게다가 지구의 회전속도가 느려지고 있는 것을 추가하면 1년의 길이는 훨씬 더 짧아지게 된다. 사실, 1582년 이래 1년은 365.24222일에서 365.24219일 또는 약 2.5초 짧아졌다.

현재의 달력은 1년마다 만들며, 한 해의 첫날인 1월 1일의 요일이 매년 바뀌는 등 여러 가지로 달라지고 있다. 이것은 달력 출판업자에게는 기쁨을 주기도 한다. 이는 1년 365일이 1주일의 일수인 7로 정확하게 나누어떨어지지 않기 때문이다. 즉 365÷7의 정수 값은 52이고, 나머지는 1(또는 52.142857…)이다. 이것은 1년이 보통 같은 요일에 시작하고 끝난다는 것을 뜻한다. 그리고 다음 해의 1월 1일은 다른 요일이 되어 매년 새로운 달력을 만들어야 한다는 것을 의미한다. 그러나 현대의 달력은 우리의 생활 전반과 깊게 관련되어 있어 달력으로 인해 어떤 변화가 있으리라는 것은 예상할 수 없다.

물론 전혀 움직임이 없었던 것은 아니다. 그중 한 가지는 각 날짜의 요일이 같고, 휴일 또한 모두 같은 날로 지정된 세계력(또는 연말 세계휴일)이다. 세계력은 매년 1월 1일이 일요일로 시작하며, 매년 시무식은 1월 2일 월요일에 시작한다. 세계력을 'perpetual' 또는 'perennial'이라고 하는 이유는 매년 12월 30일 다음 날이 364번째 날로, 달력에 '연말 세계휴일'임을 알려주는 'W' 표시를 하기 때문이다. 윤년에는 6월 30일 다음에 하루(윤일)를 더 두도록 하고 있다. 6월에 31일이 추가되어야 한다고 주장하는 사람도 있다. 연말 세계휴일과 윤일은 국제휴일로 정할 수도 있다.

결점이자 확실한 것은 미신을 믿는 사람들에게는 이런 제안이 지지받지 못했다(그 누구도 이미 확립된 체계가 바뀌는 것을 원하는 사람은 없다). 어쨌든 세계력에는 13일의 토요일이 네 번 들어 있다.

PART 2

개론

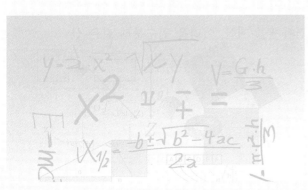

3장

수학 개론

기초 산술

산술이란?

산술^{arithmetic}은 수 계산을 다루는 수학의 한 분야로 특히 정수, 유리수, 실수, 복소수를 사용하여 계산하는 방법을 말한다. 'arithmetic'은 '계산하다'라는 뜻인 그리스어 arithmeein 또는 '수'를 뜻하는 arithmos에서 유래했다.

산술은 2개 이상의 수를 결합하는 모든 법칙을 다룬다. 대개 수학자들이 말하는 기초 산술^{elementary arithmetic}은 초등학교 과정에서 배운 내용을 말한다. 이를테면 가장 많이 사용하는 덧셈, 뺄셈, 곱셈, 나눗셈을 비롯하여 분수, 기하학과 측정, 비와 비율, 간단한 확률, 보다 고급 수준에서 다루는 대수학이 기초 산술에 해당한다. 좀 더 성취수준이 높은 학생들은 합동식 계산, 제곱근 및 거듭제곱 계산, 어려운 인수분해 같은 산술 내용을 다루기도 한다.

산술에서는 고등개념을 다룰까?

산술은 앞에서 언급한 개념들과 달리 고등개념을 다룰 수도 있다. 사실 고등 산술 higher arithmetic 은 정수(0, ±1, ±2, …)의 성질을 연구하는 수론의 고어다. 단순 산술 개념으로 디오판토스 방정식, 소수 같은 보다 어려운 산술 개념 및 리만 가설 같은 함수에 이르기까지 모든 것을 다룰 수 있다.

산술은 또 다른 고등개념인 모듈러 산술, 모형 이론, 부동 소수점 연산을 다루기도 한다. 모듈러 산술은 '합동 산술'이라고도 한다. 모형 이론은 여러 '비표준' 산술 모형의 수학적 구조를 연구하는 분야다. 그리고 부동 소수점 연산은 컴퓨터의 스프레드시트나 계산기를 활용한 계산에서 흔히 사용되는 수학의 한 분야다. 계산기의 계산 결과가 640,000,000과 0.00286일 때 '64E7'이나 '286E^{-5}' 등으로 표시되는 경우가 있는데, 이것이 바로 부동 소수점 표기법으로 표현된 것이다.

북미에서 출판된 최초의 산술책은?

1556년, 북미에서 출간된 최초의 산술책은 프란체스코 수사인 후안 디에스 프레일레 Juan Diez Freyle 형제에 의해서였다. 책명은 《*Sumario compendioso de las quentas de plata y oro que in los reynos del Piru son necessarias a los mercaderes y todo genero de tratantes:Con algunas reglas tocantes al Arithmética*》다. 이는 '페루 왕국에서 무역 상인을 포함한 모든 상인이 필요로 하는 금은 계수법의 총괄'로 번역된다. 책에는 왕국에서 사용하는 서로 다른 유형의 화폐로 금광석을 같은 가치만큼 바꾸는 것에 대해 설명되어 있으며, 비와 비율을 사용하여 해결하는 문제들이 실려 있다. 또 짧지만 대수에 대해 설명한 내용도 포함되어 있다.

북미에서 쓰인 최초의 영어판 수학책은 1729년 아이작 그린우드가 쓴 《*Arithmetik, Vulgar and Decimal*(산술과 대중, 십진법)》이다. 그린우드는 1727년에 설립된 하버드대학에서 수학과 자연철학을 가르치는 최초의 영예교수로 지명되었지만 '무절제한 생활'로 인해 1737년경에 해임되고 말았다. 전하는 바로는 술을 지나치게 많이 마셨으며, 철학적이든 그렇지 않든 간에 동료와 견해 차이가 심했다.

등차수열이란?

등차수열$^{arithmetic\ progression}$은 매우 간단한 수열의 하나로, a, $a+d$, $a+2d$, $a+3d$, …의 형태로 나타낸다. 여기서 a는 첫 번째 항이고, d는 서로 이웃하는 두 항 사이의 일정한 차를 말하며 '공차'라고 한다. 또 이 수열의 각 항을 더하면 $a+(a+d)+(a+2d)+(a+3d)+…+[a+(n-1)d]$가 된다. 예를 들어, 첫 번째 항이 2이고 공차 d가 4인 등차수열의 각 항을 더하면 $2+6+10+14+…$이다.

컴퓨터와 산술의 공통점은?

컴퓨터와 산술은 공통점이 매우 많다. 산술연산$^{arithmetical\ operations}$은 수치 데이터를 계산하는 디지털컴퓨터 연산으로 덧셈, 뺄셈, 곱셈, 나눗셈의 사칙연산을 하거나 수치 데이터를 비교하기도 한다. 산술연산 명령어는 특정 자료에 대하여 덧셈, 뺄셈, 곱셈, 나눗셈 같은 산술연산을 실행하기 위한 컴퓨터 프로그램 명령어이다. 컴퓨터에서 사칙연산과 논리연산 등 계산을 주관하는 장치를 '연산장치'라고 한다.

현재 컴퓨터는 마치 공기처럼 우리 생활의 중요한 일부가 되었다. 이런 컴퓨터 연산 뒤에 많은 수학적 개념이 숨어 있다는 것은 매우 놀라운 일이다.

수에 관하여

수란?

수^{number}는 사람이나 물건, 일정치 않은 양이나 무리 등을 포함하여 여러 가지로 정의될 수 있다. 수학에서 수 또는 숫자는 보통 특정한 양이나 순서, 위치 등을 기호로 나타낸 것을 말한다. 대다수 사람들은 1, 2, 3, 4, 5와 같은 수에 가장 익숙하다.

십진법이란?

십진법$^{decimal\ system}$은 기수 10 표기 체계를 이용하여 실수를 나타낸다. 십진법의 전개식은 십진법에서 1, 15, 359, 18.7, 3.14159 같은 수를 식으로 나타낸 것이다. 십진법의 각 수를 '십진법으로 나타낸 숫자$^{decimal\ digit}$'라고 한다. 십진법의 숫자 표기는 594년경 인도에서 처음으로 이뤄졌다. 소수점은 십진법으로 나타낸 수에서 1의 자리 오른쪽에 위치하도록 점을 찍어 나타낸다. 흥미롭게도 유럽 대륙에서는 소수점을 표기할 때 3,25와 같이 콤마를 사용한다. 이 경우에는 소수점이 아닌 '소수 콤마'라고 해야 할 것이다.

현재 가장 많이 사용되는 수 체계는?

오늘날 가장 많이 사용되는 수 체계는 인도 - 아라비아 수 체계다. 이 수 체계는 십진 위치기수법에서 10개의 숫자를 사용한다. 십진 위치기수법은 어떤 한 정수에 대하여 그 수를 구성하고 있는 각 숫자가 놓인 자리에 따라 값이 달라지는 것을 말한다.

인도 - 아라비아 숫자는 어떻게 유럽으로 전해졌을까?

종종 아라비아 숫자 또는 아라비아 수라고도 하는 인도 - 아라비아 숫자는 기원전 300년경 인도에서 만들어졌다. 아랍인과 이슬람교도들은 인도에서 스페인, 북아프리카까지 연결된 서부 무역로를 오가며 인도 숫자를 사용했다. 이는 인도 숫자를 확장하는 결과를 낳았다. 하지만 인도 숫자가 유럽으로 전파되기까지는 몇 세기가 더 걸렸다.

일상생활에서의 계산을 위해 일찍이 개발한 도구 중 가장 많이 사용된 것은 주판이었다. 주판은 15세기 후반 유럽에서도 사용되었다.

스페인 사람들은 이미 900년 후반에 일부 인도 - 아라비아 숫자기호들을 사용하고 있었지만, 이들 기호를 더욱 폭넓게 사용한 것은 1202년경이다. '피보나치'로 알려진 이탈리아의 수학자 피사의 레오나르도[1170~1250]는 자신의 책 《산반서 $Liber\ Abaci\ The\ Book\ of\ the\ Abacus$》에서 인도 - 아라비아 숫자를 소개했다. 하지만 그런 수 체계를 받아들이기는 쉽지 않았다. 이탈리아의 몇몇 지역에서는 로마 숫자를 제외한 것은 무엇이든지 사용이 금지되었다. 15세기 후반에도 대부분 유럽인은 여전히 주판과 로마 숫자를 사용했다.

그러다 16세기를 전환점으로 유럽의 무역업자들이나 측량사, 장부계원, 상인 등이 인도 - 아라비아 숫자를 널리 퍼뜨렸다. 인도 - 아라비아 숫자를 사용하여 기록하는 것이 로마 숫자를 사용하여 데이터를 기록하는 것보다 시간이 훨씬 더 짧게 걸렸기 때문이다.

인쇄기의 등장은 인도 - 아라비아 숫자를 보고 사용하는 방법을 표준화시켜 대중화를 더욱 가속했다. 18세기경에는 현재 우리가 수를 다루고 인지하는 방법의 바탕이 되는 '새로운' 수 체계가 확립되었다.

인도 - 아라비아 수들은 어떻게 진화되었을까?

인도 - 아라비아 수가 인도에서 아라비아로, 그다음에는 유럽의 순서로 진화된 것은 아니었다. 중간에 아라비아 문화권에는 '손가락 계산법', '아라비아 문자로 숫자를 표기한 60진법', '인도식 셈법' 등 적어도 서로 다른 세 가지 유형의 산술을 포함하여 서로 경쟁 관계에 있는 한 가지 이상의 수 체계가 있었다.

인도 - 아라비아 수는 계속하여 발전해가다, 몇 가지 이유에서 오늘날과 같은 모양을 갖추게 되었다. 이를테면 역사가들은 970~1082년 사이에 수 2와 3이 원래 쓰인 자리에서 90° 회전하면서 크게 바뀐 것으로 보고 있다. 이는 서기들이 책상다리를 한 채 앉아 오른쪽에서 왼쪽으로 자신의 몸을 가로질러 감겨 있는 두루마리 위에 수를 썼기 때문이라고 추측된다. 이는 보통 왼쪽에서 오른쪽으로 쓴 것이 아니라 위에서 아래로 쓴 다음 두루마리를 읽을 때는 원본을 회전시켜 읽었기 때문이다.

여러 문화권에서는 숫자기호를 만들 때 보통 다음과 같은 두 가지 방법을 이용해왔다. 한 가지는 바빌로니아 숫자, 이집트 숫자, 마야 숫자와 같이 단일 수들이나 5의 배수 또는 10의 배수를 나타내는 기호들을 반복 나열하여 새로운 숫자를 나타낸다. 또 한 가지는 인도 숫자, 인도 - 아라비아 숫자처럼 1~9까지의 각 수에 해당하는 단일 기호를 만든 다음 그 기호들을 한 자리나 여러 자리에 놓아 10의 배수, 100의 배수, … 등을 결합하여 하나의 수를 만든다.

수는 어떻게 분류될까?

자연수 집합은 '양의 정수^{integers 또는 counting numbers 또는 whole numbers}'라고 부르기도 한다. 하지만 정수는 보통 0, 음의 정수, 양의 정수로 구성된 수 집합이다. 종종 수학자들은 '정수 자연수'를 보다 세분하여 다음과 같은 전문용어나 기호를 사용하여 나타낸다.

수 집합	명칭	기호
⋯, −3, −2, −1, 0, 1, 2, 3, ⋯	정수^{integers}	Z ('수'를 뜻하는 독일어 Zahl의 첫 글자를 따서 정함)
1, 2, 3, ⋯	양의 정수^{positive integers} (자연수라고도 한다)	Z+ 또는 N
−1, −2, −3, ⋯	음의 정수^{negative integers}	Z−
0, 1, 2, 3, ⋯	음이 아닌 정수^{nonnegative integers} (0 또는 양의 정수^{whole numbers}라고도 한다)	Z*
0, −1, −2, −3, ⋯	양이 아닌 정수^{nonpositive integers}	없음

정수에는 무엇이 포함될까?

정수는 양의 정수, 음의 정수, 0으로 구성되어 있다. $\frac{3}{4}$, 5.993, 6.2, −3.2, 파이(π, 3.14⋯) 같은 수들은 정수가 아니다. 정수는 홀수와 짝수를 말할 때 사용되며, 0은 짝수로 인정한다.

자릿값이란?

자릿값 또는 '위치의 법칙'은 수에서 숫자가 놓인 자리 또는 위치에 따라 그 값이 달라지는 것을 말한다. 인도 - 아라비아 수 체계에서 숫자 1, 2, 3, 4, 5, 6, 7, 8, 9, 0은 특별한 자릿값을 가지고 있다. 자리마다 값이 다르므로 똑같은 숫자라도 어느 자리에 있는지에 따라 값이 달라진다. 예를 들어, 위치기수법에서 수 7은 7(1이 7개), 70(10이 7개), 700(100이 7개)과 같이 나타낸다. 7이 나타내는 값은 7이 놓인 자리에 따라 정해진다.

큰 수에는 어떤 것들이 있을까?

수는 끝없이 쓸 수 있다. 다른 말로 말하면 무한개의 수들이 있다. 우리에게 익숙한 큰 수로는 100만, 10억, 1조 등이 있다. 이러한 수들은 종종 외행성까지의 마일 수나 연방 예산적자와 같은 양 등에서 볼 수 있다. 이들 큰 수의 자릿값은 보통 천, 백만, 1조, … 등의 자릿값 뒤에 콤마를 찍어 구분한다. 1,384,993의 경우에는 백만, 천 자릿값 뒤에 콤마를 찍는다. 특정한 전문분야의 독자를 대상으로 하여 발행하는 신문이나 잡지에 사용되는 큰 수들은 때때로 공간을 두어 표현하기도 한다. 이를테면 11 384 443은 11,384,443과 같다.

세계 각국이 큰 수의 명칭을 정할 때 모두 같은 이름을 붙이는 것은 아니다. 예를 들어, 미국에서는 10억(1,000million 또는 American billion) 이상 되는 큰 수의 명칭은 바로 이전 수의 명칭에 1000을 곱하여 나타낸다. 예를 들어 1조는 1,000billion이고, 천 조$^{one\ quadrillion}$는 1,000trillion이다.

반면 영국에서는 1조 1,000milliards보다 큰 수의 첫 번째 명칭은 이전 수의 명칭에 1,000,000을 곱하여 나타낸다. 예를 들어, 백만 조$^{one\ trillion}$는 1,000,000billion이고, one quadrillion은 1,000,000trillion이다. 미국 체계에서 큰 수의 명칭은 초기 프랑스 체계를 기준으로 하고 있지만, 지금은 우습게도 유럽의 다른 많은 국가처럼 프랑스 체계가 아닌 영국 체계를 따르고 있다.

미국과 영국에서 사용하는 큰 수의 명칭 체계

미국식 명칭	영국식 명칭	수(10의 거듭제곱)
백억^{billion}	milliard	10^9
백조^{trillion}	billion	10^{12}
백경^{quadrillion}	–	10^{15}
백해^{quintillion}	trillion	10^{18}
백자^{sextillion}	–	10^{21}
백양^{septillion}	quadrillion	10^{24}
백구^{octillion}	–	10^{27}
백간^{nonillion}	quintillion	10^{30}
백정^{decillion}	–	10^{33}
백재^{undecillion}	sextillion	10^{36}
백극^{duodecillion}	–	10^{39}
백항하사^{tredecillion}	septillion	10^{42}
백아승기^{quattuordecillion}	–	10^{45}
백나유타^{quindecillion}	octillion	10^{48}
백불가사의^{sexdecillion}	–	10^{51}
십만불가사의^{septdecillion}	nolillion	10^{54}
십억불가사의^{octodecillion}	–	10^{57}
십조불가사의^{novemdecillion}	decillion	10^{60}
십경불가사의^{vigintillion}	–	10^{63}
–	undecillion	10^{66}
–	duodecillion	10^{72}
–	tredecillion	10^{78}
–	quattuordecillion	10^{84}
–	quindecillion	10^{90}
–	sexdecillion	10^{96}
–	septdecillion	10^{102}
–	octodecillion	10^{108}
–	novemdecillion	10^{114}
–	vigintillion	10^{120}
센틸리온^{centillion}	–	10^{303}
–	centillion	10^{600}

구골이란?

'구골'은 수학자 에드워드 캐스너$^{\text{Edward Kasner}}$의 여덟 살짜리 조카 밀턴 시로타$^{\text{Milton Sirotta}}$가 만들었다. 캐스너는 조카에게 1 다음에 0이 100개 붙은 수(10^{100})에 이름을 붙이도록 했다. 1940년, 캐스너는 제임스 뉴먼과 함께 쓴 《수학과 상상$^{\textit{Mathematics and the Imagination}}$》이라는 책에서 '구골'을 소개했다. 구골은 매우 큰 수로, 나타낼 수 있는 것이 거의 없다. 구골이 우주의 모든 소립자 수와 같이 천체를 이루는 물질들의 수를 나타낸 것으로 생각할 수 있지만, 전혀 그렇지 않다. 과학자들의 주장에 따르면 그런 입자들의 수는 대략 10^{80}개쯤 되는 것으로 추측하고 있다.

구골에 이어 구골플렉스^{googolplex}가 정의되었다. 이는 다른 수학자에 의해 붙여졌으며, $10^{구골}=10^{10^{100}}$으로 정의했다. 지금까지 그런 큰 수가 인쇄된 적은 없었다. 컴퓨터 데이터 처리능력이 2년 내에 지금보다 두 배가 된다 해도 구골플렉스로 표현되는 수를 인쇄하기에는 여전히 시기적으로 이르다. 그런 까닭에 사람들은 더욱 빠른 컴퓨터 처리기로 곧 추월당할 그런 시도를 왜 시작하는지 의아해한다. 사실, 그런 시도가 이뤄지기까지는 앞으로 500년은 더 걸릴 것으로 추측되고 있다. 그리고 $10^{구골플렉스}$인 구골플렉시안도 있다.

non-vanishing numbers와 vanishing numbers란?

non-vanishing numbers는 결코 0이 되지 않는 양을 말한다. 예를 들어, 식 x^4+1에서 x 값이 양수, 심지어 0이거나 음수일 때도 그 값은 절대 0이 되지 않는다. 그러나 식 x^2의 경우, $x=0$이면 식의 값이 0이 되므로 그 값을 'vanishing'이라고 한다.

유리수, 무리수, 실수란?

유리수나 분수는 종종 정수의 나눗셈(또는 비율)으로 간주한다. 하나의 정수를 다른 정수로 나누어 분수를 만들기 때문에 어떤 유리수는 '유한소수'가 되거나 순환소수가 된다. 예를 들어, $\frac{1}{4}$은 소수 0.25와 같고, $\frac{1}{3}$은 0.33333…과 같다. 이 두 가지는 모두 유리수다.

한편, 무리수는 순환하지 않는 무한소수로 나타내는 모든 수를 말한다. 또한 '유리수가 아닌 수'라고도 하며, 무리수에는 '$\pi(=3.141592…)$' 같은 소수가 포함된다. 마지막으로, 유리수와 무리수를 합쳐 '실수'라고 한다. 우리가 일상생활에서 사용하는 대부분 수는 실수다.

허수란?

복소수 중 실수가 아닌 수를 허수라고 한다. -1의 제곱근을 i라 할 때, 허수는 $a+bi$($a\neq0$, $b\neq0$인 실수) 꼴로 나타내는 모든 수를 말한다. 특히 i에 0이 아닌 실수를 곱한 $a+bi$($a=0$, $b\neq0$인 실수) 꼴의 모든 수를 '순허수'라고 한다.

$$i=\sqrt{-1} \Rightarrow i^2=\left(\sqrt{-1}\right)^2=-1$$

수직선 위에서 $\sqrt{-1}$에 대응하는 점이 없으므로 수직선 위의 어떤 수를 제곱해도 -1이 될 수 없다. 양수를 제곱하면 그 값은 양수가 된다. 또 음수를 제곱하더라도 역시 양수가 된다. 이런 까닭에 수학자들은 제곱하여 음수가 되는 수를 얻기 위해 허수 i를 고안했다.

1개 이상의 수 집합에 속하는 수가 존재할까?

각 수는 1개 이상의 수 집합에 속할 수 있다. 그러나 각 수가 어떤 수 집합에 속하는지를 분류하는 것이 쉬운 일은 아니다. 다음은 여러 수 집합을 쉽게 이해하기 위해 몇몇 수를 예로 들어 정리한 것이다.

- 유리수가 항상 정수인 것은 아니다. $\frac{4}{1}$는 정수이지만 $\frac{2}{3}$는 정수가 아니다. 그러나 정수는 항상 유리수인데, $\frac{2}{1}$나 $\frac{234}{1}$와 같이 분모에 1을 놓아 분수로 나타낼 수 있기 때문이다.

- 수는 유리수나 무리수 두 가지 중의 하나이며 동시에 두 가지가 될 수 없다.

- π(＝3.141592…)는 무리수(순환하지 않는 소수)임과 동시에 실수다.

- 0.25는 유리수(유한소수)임과 동시에 실수다.

- $\frac{5}{3}$는 유리수(분수)임과 동시에 실수다.

- 10은 0 또는 양의 정수, 정수, 유리수, 실수와 같이 여러 가지 용어를 사용하여 설명할 수 있다.

복소수와 허수는 어디에 활용될까?

복소수와 허수는 여러 분야에서 사용되고 있다. 가장 논리적으로 활용하는 분야는 바로 수학이다. 수학자들은 대수에서 다항식의 근을 찾기 위해 복소수를 이용한다.

공학자들과 과학자들 또한 복소수를 사용할 때가 많다. 그것은 여러 이론이 복소수의 해를 갖는 다항식 모형을 토대로 하기 때문이다. 이를테면 회로 이론은 간단한 회로를 나타내는 모형방정식 일부에서 다항식을 사용한다. 기계공학에서 결과로 나타나는 파동 또한 복소수와 관련이 있다. 또 물리학에서 양자역학은 모든 부분에서 복소수를 사용한다. 복잡한 진폭을 나타내는 입자의 파동함수는 실수 부분, 허수 부분을 사용하여 나타내며, 이들 두 가지는 계산할 때 반드시 필요하다.

음악가, 경제학자, 주식중개업자 등도 복소수를 활용한다. 조명 스위치, 확성기, 전동기 등 여러 가지 기계장치들을 다루는 사람들은 허수를 사용하여 설계하며, 이들은 간접적으로 허수를 사용하고 있다고 할 수 있다.

regular numbers와 non - regular numbers는 어떻게 다를까?

유리수는 다른 말로 regular and non-regular numbers라고도 한다. regular numbers는 유한소수로 나타내는 양의 유리수를 말한다. 예를 들어 $\frac{1}{4}$은 '5'로 끝나는 유한소수 0.25와 같다. non-regular numbers는 끝없이 이어지는 순환소수로 나타내는 유리수를 말한다. 예를 들어, $\frac{1}{3}$을 소수로 나타내면 0.33333…과 같이 3이 무한히 반복되는 순환소수가 된다.

허수는 어떻게 계산할까?

허수는 식을 간단히 나타내는 데 사용하므로 계산할 때 편리하다. 다음은 허수를 어떻게 사용하는지 몇 가지 예를 들어 나타낸 것이다.

-25의 제곱근을 간단히 나타내면 $\sqrt{-25} = \sqrt{25 \times (-1)} = \sqrt{25} \times \sqrt{-1} = 5i$

$2i+4i$를 간단히 나타내면 $2i+4i = (2+4)i = 6i$

$21i-5i$를 간단히 나타내면 $21i-5i = (21-5)i = 16i$

$(2i)(4i)$를 계산하여 간단히 나타내면

$$(2i)(4i) = (2 \times 4)(ii) = 8i^2 = 8 \times (-1) = -8$$

최초로 허수를 생각해낸 사람은?

i의 유래를 조사하는 일은 쉽지 않다. 몇몇 역사학자는 이탈리아의 물리학자이자 수학자인 지롤라모 카르다노$^{Girolamo\ Cardano,\ 1501~1576}$가 개발한 것으로 인정하고 있다. 1545년, 카르다노가 라틴어로 쓴 논문 〈아르스마그나(위대한 기법)〉에서 음수뿐만 아니라 허수를 처음으로 언급하면서 현대 수학이 시작되었다고 한다. 그러나 카르다노는 허수를 오늘날 다루고 있는 실제 수학적 대상으로 생각하지 않았다. 그에게 허수는 단지 어떤 다항식의 속성을 구분하기 위해 편리하게 나타낸 '가상의 수'였다. 그는 다항식이 여러 개의 근을 가지고 있다고 가정할 때 그 근들이 어떻게 나타나는지를 설명했다.

1777년, 스위스의 수학자 레온하르트 오일러$^{1707~1783}$가 −1의 서로 다른 2개의 제곱근으로 'i 와 '$-i$'를 사용했으며, 이 때문에 다항식을 분류할 때 기호 표시와 관련된 몇 가지 문제점을 해소할 수 있었다는 것을 대부분 수학자들이 인정하고 있다. 또 처음으로 −i 복소수를 $a+bi$로 표기한 것으로 알려졌다. 과거와 현대의 많은 수학자를 놀라게 한 것은 i와 −i를 '허수'라고 했다는 사실이다. 오일러가 살았던 당시에는 그런 수의 기능이 분명하게 이해되지 않았기 때문이다.

18세기 스위스의 수학자 레온하르트 오일러는 자신의 생애 동안 70권 이상의 수학책을 출판했다. 그는 수학 분야에서 위대한 업적을 남긴 사람 중 한 명으로, 기하학, 해석학, 삼각법, 대수학, 유체역학 등 여러 분야에서 중요한 개념들을 발견하였으며, −1의 제곱근인 허수의 개념을 만들기도 했다.

독일의 수학자이자 물리학자, 천문학자인 요한 프리드리히 카를 가우스$^{1777~1855}$가 평면상의 점을 복소수로 나타냈을 때 비로소 허수의 유용성이 명확해졌다.

복소수란?

복소수는 '$a+bi$' 꼴로 나타내며 a를 실수 부분, b를 허수 부분이라 한다. 이때 a 와 b는 모두 임의의 실수 값을 가진다. 실수는 수직선 위의 한 점에 대응시켜 나타낼 수 있지만, 복소수는 아르강(또는 극) 좌표계 위의 한 점에 대응시켜 나타낼 수 있어 종종 $x+iy$로 나타내기도 한다. 실수 부분인 x는 점의 x좌표를 나타내며, 허수 부분인 y는 y좌표를 나타낸다.

복소수의 극형식이란?

복소수 $a+bi$를 평면에 나타낸 뒤 원점과의 거리를 r, x축의 양의 방향으로부터 잰 각을 θ라고 할 때, 다음과 같은 꼴을 '복소수의 극형식'이라 한다.

$$a + bi = r(\cos\theta + i\sin\theta)$$

이때 각의 크기는 라디안으로 나타낸다.

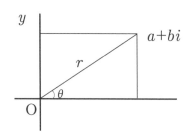

완전한 수가 있을까?

완전한 수 같은 것이 있지만, 완벽하게 완전한 것으로 생각하는 것은 아니다. 자기 자신을 제외한 양의 약수의 합이 자기 자신과 같은 자연수를 '완전수'라고 한다. 예를 들어 6은 완전수다. 6의 약수는 1, 2, 3, 6이고, $1+2+3=6$이기 때문이다. 완전수는 드물어 쉽게 볼 수가 없다. 6 다음의 완전수는 $28(1+2+4+7+14)$, 496,

전기 동력 모터 핵심부인 CAD(컴퓨터 이용설계) 위에 계산하는 이들 공학자는 자신의 일을 수행하기 위해 매일 복잡한 수학을 다룬다.

8,128, 33,550,336, 8,589,869,056, 137,438,691,328, 2,305,843,008,139,952,128, ⋯이다.

오늘날의 빠르고 성능 좋은 컴퓨터의 도움으로 더욱 큰 완전수를 계속 발견하고 있다.

일대일대응은 무엇을 의미할까?

일대일대응은 사물이나 수 등 무엇이든지 그것들의 개수가 또 다른 사물이나 수 등의 집합과 같은 것을 의미한다. 하지만 집합론에서 말하는 일대일대응은 의미가 조금 다르다. 두 집합 A, B의 원소를 서로 대응시킬 때, A의 한 원소에 B의 단 하나의 원소가 대응하고, B의 임의의 한 원소에 A의 원소가 단 하나 대응하도록 하는 대응을 말한다.

아마도 대부분은 아무 생각 없이 일대일대응을 접해왔을 것이다. 예를 들어 수 10은 양손의 손가락 수와 일대일대응이다. 한 벌의 카드를 셀 때, 각 카드는 그 카드를 나타내는 1~52까지의 각 수와 일대일대응이다. 또 두 벌의 카드를 비교하기 위해 52장의 같은 카드를 나란히 놓는 것도 일대일대응으로 생각할 수 있다.

그러나 모든 것을 그런 방법으로 셀 수 있는 것은 아니다. 예를 들어, 수학자들은 미지량의 크기를 알기 위해 미지량을 기지량과 일대일로 대응시킨다.

카드게임을 하는 사람은 모두 일대일대응을 해왔다. 대부분 그것을 일대일대응이라고 한다는 것을 알지 못하면서 말이다.

서수와 기수란?

보통 산술 용어인 기수는 양을 표현하는 수이며, 단순한 셈이나 양의 크기를 묻는 말에 답변할 때 사용된다. 기수는 명사(10까지 세어보아라), 대명사(10개가 발견되었다), 형용사(10마리의 고양이)에 사용될 수 있다. 기수는 영어로 cardinal number라고 한다. cardinal은 '계통^{stem}'이나 '요점^{hinge}'을 뜻하는 라틴어 cardin에서 유래했다. 기수는 가장 중요하고 기본이 되는 수로, 그 수에 따라 다른 수들이 정해진다. 기수는 수로 셈을 할 때나 1, 2, 3, … 등의 인도 - 아라비아 수 체계에서 흔히 볼 수 있다.

서수는 기수와는 매우 다르다. 서수는 영어로 ordinal number라고 한다. ordinal은 '순서', '줄'을 뜻하는 라틴어 ordo에서 유래했다. 서수는 첫 번째, 두 번째, 세 번째, …와 같이 어떤 사물의 수치적 위치를 나타내는 형용사다. 서수는 사물(두 번째 의자), 이름(차근월물$^{second\ month}$, 2세기) 등 일련의 연속되는 순서를 나타낼 때 사용된다.

그런데 인도 - 아라비아 수 체계에서는 기수를 서수로 읽는 경우도 있다. 이를테면 May 10은 'May tenth'와 같이 읽는다. 이런 경우는 로마숫자에서 흔히 찾아볼 수 있다. 기수(Ⅰ, Ⅱ, Ⅲ, …)에 대하여 헨리 8세$^{Henry\ Ⅷ}$는 Henry the Eighth와 같이 서수로 읽는다. 또 로마 숫자에서는 9대 왕조$^{Ⅸth\ dynasty}$와 같이 기수에 서수 접미사를 붙여 나타내는 경우도 있다.

서수, 기수, 기호

인도-아라비아 숫자기호	로마 숫자	기수명	서수명	서수 기호
0	n/a	0/naught/cipher		
1	I	일	첫 번째	1st
2	II	이	두 번째	2d/2nd
3	III	삼	세 번째	3d/3rd
4	IV	사	네 번째	4th
5	V	오	다섯 번째	5th
6	VI	육	여섯 번째	6th
7	VII	칠	일곱 번째	7th
8	VIII	팔	여덟 번째	8th
9	IX	구	아홉 번째	9th
10	X	십	열 번째	10th
11	XI	십일	열한 번째	11th
12	XII	십이	열두 번째	12th
13	XIII	십삼	열세 번째	13th
14	XIV	십사	열네 번째	14th
15	XV	십오	열다섯 번째	15th
16	XVI	십육	열여섯 번째	16th
17	XVII	십칠	열일곱 번째	17th
18	XVIII	십팔	열여덟 번째	18th
19	XIX	십구	열아홉 번째	19th
20	XX	이십	이십 번째	20th
30	XXX	삼십	삼십 번째	30th
40	XL	사십	사십 번째	40th
50	L	오십	오십 번째	50th
60	LX	육십	육십 번째	60th
70	LXX	칠십	칠십 번째	70th
80	LXXX	팔십	팔십 번째	80th
90	XC	구십	구십 번째	90th
100	C	백	백 번째	100th
400	CD	사백	사백 번째	400th
500	D	오백	오백 번째	500th
900	CM	구백	구백 번째	900th
1000	M	천	천 번째	1000th

수들은 무한히 계속될까?

대부분 무한에 대하여 생각할 때, 영원히 계속되는 우주를 상상한다. 수학에서도 종종 영원히 끝날 것 같지 않은(끝이 없는) 수들을 생각한다. 하지만 무한을 이해하기는 쉽지 않다. 그것은 우리의 삶에서 경험하는 것이 대부분 유한하기 때문이며, 그것들은 결국 끝이 난다. 따라서 무한은 매우 놀라운 개념이다.

수학적 무한은 몇 가지 규칙을 가지고 있다. 그중에서 가장 중요한 세 가지를 정리하면 다음과 같다. 첫째, 아무리 큰 수를 세더라도 그보다 더 큰 수를 셀 수 있다. 둘째, 아무리 평행선을 길게 그려도 평행선은 절대 만나지 않는다. 셋째, 주어진 선분을 절반으로 나누고, 다시 그것을 절반으로 나누는 과정을 계속하여 반복해도 절반으로 나누는 것을 결코 멈출 수 없다.

과학자들과 수학자들은 이론적으로 무한이 존재한다는 것에 대해서는 동의한다. 무한은 이해하거나 수용하기 어려운 개념이다. 우주의 소립자 수가 무한하다는 것이 사실일까? 우주는 영원히 계속되는 걸까? 평행선은 결국 한 점에서 만날까? 분자를 무한히 나누면 원자는 얼마나 작아질까? 독일의 수학자 게오르크 페르디난트 루트비히 필립 칸토어 George Ferdinand Ludwig Phillipp Cantor, 1845~1918는 상상할 수 없는 설명을 덧붙여 무한의 크기가 다를 뿐만 아니라 무한이 무수히 많다는 것을 수학적으로 설명했다.

수학에서 서수와 기수가 종종 혼동되는 이유는?

서수와 기수는 종종 혼동된다. 그것은 두 가지 모두 독특한 수학적 정의가 있기 때문이다. 수 체계에서의 기수를 집합론에서의 기수와 혼동해서는 안 된다. 어떤 기수를 사용하는 여러 가부번집합의 임의의 방식은 같은 결과가 나타난다. 마찬가지로, 산술에서의 서수 역시 집합론에서의 서수와 혼동해서는 안 된다. 간단하게 '순서수'라 부르는 수들은 정렬집합의 순서형이다. 그 수들은 유한서수와 초한순서수 두 가지로 분류된다.

또 다른 수들에 관하여

수에서 합동이란 2개의 정수를 다른 정수로 나눌 때 같은 나머지를 갖는 수의 성질을 말한다. 이 용어는 기하학에서 크기와 모양이 같은 두 도형의 기하학적 형태의 특성을 설명하기 위해 사용하기도 한다. 기하학과 달리 수론에서는 합동을 다른 방법으로 사용한다. 모듈러 산술은 합동 산술로, 비공식적으로는 흔히 '시계 산술'이라 부르기도 한다.

모듈러 산술에서 수들은 일정량^{a fixed quantity}이 되면 '순환^{wrap around}'한다. 이것을 법^{modulus}이라 하며, 'mod 12' 또는 'mod 2'와 같은 형태로 나타낸다. 이런 까닭에 모듈러 산술이라는 이름을 붙인 것이다.

이 경우에, 두 수 b(기본수)와 c(나머지)의 차인 $b-c$를 계산할 때 그 차가 m으로 나누어떨어지면 b와 c는 m을 법으로 하여 '합동'이라고 한다. 수학적으로 'b가 m을 법으로 하여 c와 합동'이라는 것은 합동 기호 ≡를 사용하여 다음과 같이 나타낸다.

$$b \equiv c \ (\mathrm{mod}\ m)$$

그러나 만약 $b-c$가 m으로 나누어떨어지지 않으면 "b가 m을 법으로 하여 c와 합동이 아니다"라고 하며, 다음과 같이 나타낸다.

$$b \not\equiv c \ (\mathrm{mod}\ m)$$

$b \not\equiv c \ (\mathrm{mod}\ m)$보다 공식적으로 모듈러 산술은 임의의 '정수환의 자명하지 않은

준동형 이미지'와 관련이 있다. 이것은 시계를 사용하여 설명할
수 있다. 이 경우에 법은 수 12(arithmetic modulo 12)가 되
며 0, 1, 2, 3, 4, 5, 6, 7, 8, 9, 10, 11의 수로 구성된 결합환
C_{12}를 토대로 한 모듈러 산술을 생각할 수 있다. 또 다른 예로
1과 2로 구성된 결합환 C_2를 토대로 하여 2를 법으로 한 모
듈러 산술을 생각할 수 있다.

'시계 산술' 또는 'modulo 12'의 개념을 쉽게 이해하려면 실
제 시계를 보면 된다. 시계는 11까지 센 다음, 시곗바늘이 12
를 가리키면 다시 0에서부터 센다. 따라서 만약 7시에 6시간
을 더하면 13시가 아닌 1시가 된다.

'시계 산술'의 몇 가지 예

앞에서 말한 대로 시계는 다음과 같은 계산이 가능한 모듈러 산술로 생각할 수 있다.
이때 앞의 식은 뒤의 식처럼 쓸 수 있으며, 등호 =은 모두 합동기호 ≡로 대체할 수
있다.

$$11+1=0 \quad \Rightarrow \quad 11+1 \equiv 0 \ (\text{mod } 12)$$
$$7+8=3 \quad \Rightarrow \quad 7+8 \equiv 3 \ (\text{mod } 12)$$
$$5 \times 7=11 \quad \Rightarrow \quad 5 \times 7 \equiv 11 \ (\text{mod } 12)$$

소수와 합성수

소수는 양의 약수가 1과 자기 자신뿐인 1보다 큰 양의 정수(자연수)를 말한다. 20보
다 작은 소수는 2, 3, 5, 7, 11, 13, 17, 19다. 소수를 제외한 1보다 큰 모든 정수를 '합
성수'라고 한다.

1은 독특한 수로, 소수나 합성수가 아니다. 정수론의 기본 정리로 모든 자연수는 소
수이거나 단 한 가지 방법의 소수 곱으로 표현할 수 있다. 이것을 '소인수분해의 일의
성'이라고 한다. 예를 들어 12는 소수가 아니지만, $2 \times 2 \times 3$ 같은 '소수 곱'으로만 나

타낼 수 있다.

백만보다 작은 소수는 기원전 240년경에 발명된 에라토스테네스의 체를 사용하여 결정할 수 있다. 이 방법은 천문학자이자 수학자인 키레네의 에라토스테네스[기원전 276~196]의 이름을 따서 만들었다. 에라토스테네스는 실제로 소수를 연구한 것보다 지구의 둘레 길이를 계산한 것으로 훨씬 유명하다.

이 방법을 이용하여 소수를 결정하기 위해서는 (1보다 큰 수) n보다 작거나 같은 모든 정수를 나열한 다음, n의 제곱근보다 작거나 같은 모든 소수의 배수를 지워나간다. 그러면 남겨진 수들은 모두 소수이다. 예를 들어, 100보다 작은 소수를 결정하기 위해 첫 번째 소수인 2에서 시작하여 3부터 100까지의 모든 홀수를 쓴다(짝수는 쓰지 않아도 된다). 첫 번째 소수로 3을 정하고 그 배수들은 사선을 긋는다. 그러면 11에 도착할 때까지 많은 수가 지워지고, 100의 제곱근보다 큰 수에 도달하게 될 것이다(11은 100의 제곱근인 10보다 크다). 따라서 지우고 남은 모든 수는 소수가 될 것이다.

처음 100개의 소수는 어떤 것들일까?

처음 100개의 소수는 다음과 같다.

2	3	5	7	11	13	17	19	23	29
31	37	41	43	47	53	59	61	67	71
73	79	83	89	97	101	103	107	109	113
127	131	137	139	149	151	157	163	167	173
179	181	191	193	197	199	211	223	227	229
233	239	241	251	257	263	269	271	277	281
283	293	307	311	313	317	331	337	347	349
353	359	367	373	379	383	389	397	401	409
419	421	431	433	439	443	449	457	461	463
467	479	487	491	499	503	509	521	523	541

그 밖에 다른 다양한 유형의 소수들도 있을까?

다음과 같은 다양한 유형의 소수들이 있다.

메르센 소수   p125의 상자 글을 참조하라.

쌍둥이 소수 p와 $p+2$ 꼴의 소수로, 차가 2인 두 소수를 말한다. 이와 같은 소수 중 1개의 소수를 발견하는 것은 두 소수를 구하는 것과 같다.

계승소수^{factorial primes/ primorial primes} $n!+1$ 꼴의 소수를 말한다. 프리모리얼 소수^{primorial primes}는 $n\#\pm1$ 꼴의 소수를 말하며, primorial은 prime과 factorial이 합쳐진 단어다. 여기서 n#은 n 이하의 모든 소수를 곱한 것이다.

소피제르맹 소수 p가 홀수인 소수이고, $2p+1$ 또한 소수인 것을 말한다. 페르마의 마지막 정리 중 지수가 이 소수로 나누어떨어지는 첫 번째 경우를 증명한 소피 제르맹의 이름을 따서 만든 소수다.

그 밖의 소수에 대한 다른 이름들은 주로 설명을 목적으로 지어졌다. 예를 들어, 1984년에 수학자 새뮤얼 예이츠^{Samuel Yates}는 최소한 1,000자리인 모든 소수를 타이타닉 소수^{titanic prime}라고 정의했다. 그가 이 소수를 정의한 이후 지난 몇십 년 동안 그런 소수들이 1,000배 넘게 발견되었다. 또한 예이츠는 1만 자리 소수에는 '자이갠틱 소수^{gigantic prime}'라는 이름을 붙였다.

그 후로도 지난 몇십 년 동안 많은 일이 일어났다. 아직 그 수에 어떤 이름을 붙일 것인지는 정해지지 않았지만, 첫 번째 천만 자리 소수를 발견하는 것은 단지 시간 문제였다.

메르센 소수에는 어떤 이야기가 숨겨져 있을까?

메르센 소수 또는 메르센 수는 소수와 관련이 있다. 메르센 소수는 $2^p - 1$의 꼴로, 이 때 p는 소수다. 달리 말하면 $2^p - 1$이 소수일 때, 이 수를 '메르센 소수'라 한다.

몇 세기 전만 해도 수학자들은 $2^p - 1$에 따른 수들은 모두 소수 p에서 소수가 된다고 믿었다. 그들은 사실 $2^n - 1$ 꼴을 사용했다. 그것은 오늘날 사용되는 $2^p - 1$과 같은 것이다. 16세기 무렵에 $2^{11} - 1 = 2047$은 소수가 아니라는 것이 밝혀졌다. 1603년, 피에트로 카탈디[1548~1626]는 $2^{17} - 1$과 $2^{19} - 1$이 소수임을 정확하게 설명하면서 $2^{23} - 1$, $2^{29} - 1$, $2^{37} - 1$도 소수일 것으로 추측했다. 그러나 1640년 프랑스의 수학자 피에르 드 페르마[1601~1665]는 카탈디가 추측한 소수 중 p가 23, 37일 때는 소수가 아니라는 것을 증명했고, 1738년 스위스의 수학자 레온하르트 오일러 역시 카탈디가 말한 소수 중 p가 29일 때도 소수가 되지 않는다는 것을 증명했다.

그 후에도 소수를 찾는 일은 계속되었다. 사실 '메르센'이라는 명칭은 프랑스의 가톨릭 사제인 마랭 메르센[1588~1648]의 이름을 붙인 것이다. 1644년, 메르센은 자신의 책 《물리 · 수학론》 서문에서 메르센 수에 대해 언급했다. 그는 p의 값이 2, 3, 5, 7, 13, 17, 19, 31, 67, 127, 257일 때 $2^p - 1$이 소수가 된다고 생각했다. 그러나 소수를 정한 초기의 시도들과 마찬가지로 메르센 소수들은 잘못되어 있었다. 메르센이 주장한 수의 범위, 즉 258보다 작은 수의 범위에서 $2^p - 1$이 소수가 되는 p의 값을 정확히 확인하는 데만도 3세기가 더 걸렸다.

1947년, p의 값이 2, 3, 5, 7, 13, 17, 19, 31, 61, 89, 107, 127일 때 $2^p - 1$이 소수가 된다는 것을 정확하게 확인했다. 흥미롭게도 메르센이 이 수 범위에 속하는 소수를 잘못 추측했음에도 그의 이름은 여전히 이 수들을 따라다니고 있다. 그는 아마도 자신이 추측한 모든 수를 확인하지 못한 것 같다.

메르센 소수	발견 연도	메르센 소수	발견 연도	메르센 소수	발견 연도
2		3,217	1957	1,398,269	1996
3		4,253	1961	2,976,221	1997
5		4,423	1961	3,021,377	1998
7		9,689	1963	6,972,593	1999
13	1456	9,941	1963	13,466,917*	2001
17	1588	11,213	1963	20,996,011*	2003
19	1588	19,937	1971	24,036,583*	2004
31	1772	21,701	1978	25,964,951*	2005
61	1883	23,209	1979	30,402,457*	2005
89	1911	44,497	1979	32,582,657*	2006
107	1914	86,243	1982	37,156,667*	2008
127	1876	110,503	1988	42,643,801*	2009
521	1952	132,049	1983	43,112,609*	2008
607	1952	216,091	1985	57,885,161*	2013
1,279	1952	756,839	1992	74,207,281*	2016
2,203	1952	859,433	1994	77,232,917*	2017
2,281	1952	1,257,787	1996	82,589,933*	2018

* 표시가 되어 있는 수들 사이에 발견되지 않은 다른 메르센 소수가 있는지는 아직 밝혀 지지 않았다.

GIMPS란?

GIMPS는 the Great Internet Mersenne Prime Search의 첫 글자를 따서 만든 말이다. 세상에서 가장 큰 새로운 메르센 소수를 발견하기 위해 1996년 1월에 시작된 이 프로그램은 필요한 계산을 하기 위해 인터넷이나 공공시설, 각 개인이 가지고 있는 수천 대의 컴퓨터 힘을 이용한다. GIMPS는 컴퓨터마다 약 8MB의 메모리 용량과 10MB의 디스크 공간이 필요하다. 그런 큰 작업을 위해 작은 공간만 제공하는 것이다. 따라서 펜티엄급 컴퓨터가 주로 이용된다. 만약 GIMPS의 회원이 되기를 원한다면 너무 서두르지 말라. 회원이 되기 전에 한 달 동안 간단한 테스트를 받아야 한다. 더 많은 소수를 찾기 위해서는 http://www.mersenne.org/prime.htm에 접속하면 된다.

피보나치수열이란?

이탈리아의 수학자인 피사의 레오나르도[1170~1250]는 인도－아라비아 숫자를 유럽에 소개한 것으로 알려져 있지만, 자신이 발견한 수열로도 유명하다. 레오나르도는 피보나치 또는 '보나치의 아들'로 알려져 있다. 하지만 피보나치나 그 당시 사람들이 그런 이름을 사용했다는 증거는 없다고 주장하는 사학자들도 있다. 이 수열은 한 쌍의 토끼가 계속 새끼를 낳을 경우 1년 동안 몇 마리가 될 것인지를 묻는 문제를 해결하는 과정에서 발견된 것으로, 수열의 각 항은 처음에 두 수로 시작하여 바로 앞의 두 항의 합으로 이루어진다. 피보나치수열은 1, 1, 2, 3, 5, 8, 13, 21, 34, 55, 89, 144, 233, 377, …이다.

$$1+1=2$$
$$2+1=3$$
$$3+2=5$$
$$5+3=8$$
$$8+5=13$$
$$13+8=21$$
$$21+13=34$$
$$34+21=55$$
$$55+34=89$$
$$89+55=144$$
$$144+89=233$$
$$233+144=377$$
$$\vdots$$

지수란?

지수는 곱셈을 간단하게 나타낼 때 사용하는 것으로, 밑의 수가 곱해지는 횟수를 말한다. 예를 들어, $9\times9=9^2$, $9\times9\times9=9^3$에서 2와 3이 지수다.

또 '거듭제곱'이라는 말이 있다. 예를 들어, 9^3은 '9를 거듭제곱한 것'이며, 지수로 나타낼 수 있는 큰 수를 쓸 때 편리하다. 예를 들어, $xxxx$는 x^4으로 쓸 수 있다.

지수를 사용하여 식을 간단히 나타내는 방법은?

다음은 밑이 같은 수식을 간단히 나타내는 방법을 설명한 것이다.

밑이 같은 두 거듭제곱의 곱셈은 지수를 더하여 나타낸다.

$$x^2 x^4 = (xx)(xxxx) = xxxxxx = x^{2+4} = x^6$$

거듭제곱한 수를 거듭제곱하면 두 지수를 곱한 것과 같다.

$$(x^3)^3 = (x^3)(x^3)(x^3) = (xxx)(xxx)(xxx) = xxxxxxxxx = x^{3 \times 3} = x^9$$

지수방정식에서 종종 저지르는 실수는?

곱셈과는 달리 덧셈에 대한 분배법칙은 성립하지 않는다. 예를 들어, $(2+5)^2$이 $2^2 + 5^2 = 4 + 25 = 29$를 뜻하는 것은 아니다. 이 경우에는 괄호 안의 수를 더한 다음, 그 수를 제곱하면 된다. 따라서 $(2+5)^2$의 값은 $(2+5)^2 = 7^2 = 49$다.

수학에서 기수란?

'기수^{base}'라는 용어는 수학 분야에서 여러 가지 의미를 지니고 있다. 집합에서 말하는 기수는 합집합이 위상공간이라는 추상적인 실체를 형성하는 열린 집합들을 말한다. 기하학에서는 다각형이나 다면체의 밑면을 나타낸다. 이등변삼각형의 경우, 밑변은 등변이 아니라 나머지 한 변을 말한다. 이에 따라 두 밑각 사이에 밑변이 있게 된다. 대수학자들은 $3^4 = 81$ 같은 거듭제곱을 만들 때 지수와 함께 사용된 수이거나 $\log_3 81 = 4$와 같이 로그를 쓸 때 아래쪽에 첨자처럼 쓰는 수를 설명하면서 밑^{base}이라는 용어를 사용하기도 한다.

수학에서 밑이라는 용어를 매우 익숙하게 사용하는 경우 중 한 가지는 수 체계를 다룰 때다. 수 체계에서 기수는 어떤 자연수의 거듭제곱을 더하여 하나의 특정한 수를 만들 때의 자연수를 말한다. 예를 들어, 기수로 10을 사용하면 수 2583.789는 다음과 같이 나타낼 수 있다.

$$(2 \times 10^3) + (5 \times 10^2) + (8 \times 10^1) + (3 \times 10^0)$$
$$+ (7 \times 10^{-1}) + (8 \times 10^{-2}) + (9 \times 10^{-3})$$

이진법을 십진법으로 어떻게 바꿀까?

십진법을 제외한 수 체계 중 가장 익숙한 것은 이진법이다. 컴퓨터에서는 이진법을 주로 사용하기 때문이다. 이진법에서는 단지 0과 1만 사용한다. 이진법을 십진법으로, 십진법을 이진법으로 전환하는 것은 매우 간단하다. 이진법으로 나타낸 수는 2의 거듭제곱이 더해진 수라는 것만 명심하면 된다.

이진법에서 첫 번째 자리는 1의 자리이고, 그다음의 각 자리는 2의 자리, 4의 자리, 8의 자리, …이다. 이때 모든 자리에는 0과 1만 놓일 수 있다. 이진법에서는 단독으로 '2'를 나타내는 숫자가 없으므로 2를 나타내기 위해서는 2의 자리에 1, 1의 자리에 0을 써넣어 1개의 2와 0개의 1을 만들면 된다. 따라서 십진법으로 나타낸 수 '2'는 2_{10} 또는 단독으로 2와 같이 나타내지만, 이진법에서는 10_2와 같이 나타낸다. 또 '3'은 십진법에서는 3_{10} 또는 단독으로 3으로 나타내지만, 이진법에서는 '1개의 2와 1개의 1' 또는 11_2와 같이 나타낸다. 4는 2×2이므로 2의 자리와 1의 자리에는 0을 놓고, 4의 자리에는 1을 놓는다. 따라서 십진법의 4_{10} 또는 4는 이진법에서 100_2와 같이 쓴다. 다음은 컴퓨터가 십진법의 수를 이진법의 수로 어떻게 '전환하는지' 알아보기 위하여 십진법의 처음 10개의 수를 이진법의 수로 전환한 것이다.

십진법	이진법	설명
0	0	0개의 1
1	1	1개의 1
2	10	1개의 2, 0개의 1
3	11	1개의 2, 1개의 1
4	100	1개의 4, 0개의 2, 0개의 1
5	101	1개의 4, 0개의 2, 1개의 1
6	110	1개의 4, 1개의 2, 0개의 1
7	111	1개의 4, 1개의 2, 1개의 1
8	1000	1개의 8, 0개의 4, 0개의 2, 0개의 1
9	1001	1개의 8, 0개의 4, 0개의 2, 1개의 1
10	1010	1개의 8, 0개의 4, 1개의 2, 0개의 1

10의 거듭제곱 표기법에서는 수들을 어떻게 나타낼까?

10의 거듭제곱 표기법에서 수는 기수(유효숫자) 곱하기 10의 거듭제곱으로 나타낸다. 이때 유효숫자는 10의 거듭제곱이 곱해진 수다. 예를 들어, 32×10^4에서 32는 $10 \times 10 \times 10 \times 10$이 곱해진 유효숫자이고, 이것은 320,000과 같다.

하나의 수를 여러 가지 방법으로 나타낼 때 10의 거듭제곱 표기법을 사용할 수 있다. 예를 들어, 지구에서 태양까지의 거리는 평균 93,000,000마일이다. 이것은 다음과 같이 나타낼 수 있다.

93,000,000

93×10^6

9.3×10^7

0.93×10^8 등

수학자들이나 과학자들이 과학적 표기법을 자주 사용하는 이유는?

과학적 표기법에서, 과학자들은 일반적으로 1과 10 사이의 수에 10의 거듭제곱을 곱하여 나타낸다. 이에 따라 큰 수와 작은 수는 공간을 적게 사용하여 더욱 편리하게 쓰거나 읽을 수 있다.

예를 들어, 지구와 태양 사이의 평균 거리의 경우 9.3×10^7은 수학적으로 임의의 큰 지수나 작은 지수보다 다루기가 훨씬 편리하다. 다음은 과학적 표기법에서 사용한 수들과 비슷한 10의 거듭제곱 표기법에서 큰 수와 작은 수의 몇 가지 예다(주의: 과학적 표기법에서 매우 작은 수들은 음수의 지수가 된다).

- $748,000 = 7.48 \times 10^5$
- $245 = 2.45 \times 10^2$
- $-45,000 = -4.5 \times 10^4$
- $0.025 = 2.5 \times 10^{-2}$
- $-0.0036 = -3.6 \times 10^{-3}$
- $0.0000409 = 4.09 \times 10^{-5}$
- $0.0000000014 = 1.4 \times 10^{0-9}$

지구에서 태양까지의 거리는 10의 거듭제곱을 사용하여 9.3×10^7과 같이 간단하게 나타낼 수 있다.(NASA)

10의 거듭제곱을 나타낼 때는 여러 가지 표준 접두어를 사용한다. 이들 대부분은 여러 단위를 표현하기 위해 자주 사용된다. 표준 접두어 중 kilo - (그리스어 chilioi 또는 'a thousand'에서 유래), milli - (라틴어 mille 또는 'thousand'에서 유래), micro - (그리스어 mikros 또는 'small'에서 유래)를 포함하여 몇 가지는 매우 익숙한 것들이다. 오른쪽 표는 10의 거듭제곱을 나타내는 몇 가지 접두어를 정의한 것이다.

10의 거듭제곱을 나타내는 접두어

10의 거듭제곱	명칭
10^{18}	엑사exa
10^{15}	페타peta
10^{12}	테라tera
10^{9}	기가giga
10^{6}	메가mega
10^{3}	킬로kilo
10^{2}	헥토hecto
10	데카deka
10^{-1}	데시deci
10^{-2}	센티centi
10^{-3}	밀리milli
10^{-6}	마이크로micro
10^{-9}	나노nano
10^{-12}	피코pico
10^{-15}	펨토femto
10^{-18}	아토atto

0의 개념

자리지기란?

자리지기placeholder는 이름이 의미하는 대로 어떤 자리를 대신하기 위해 사용하는 수다. 고대 여러 문화권에서는 아직 숫자로 사용되지 못한 빈자리를 나타내기 위해 자리지기를 사용했다. 이때 자리지기는 점이나 공간으로 나타냈으며, 이것은 오늘날의 0 대신에 사용된 것이다. 숫자 0은 자리지기일 뿐만 아니라 수 체계에서 가장 중요한 수다.

'0'과 '0이 아니다'의 정의는?

인도-아라비아 수 체계를 사용하는 사람들은 '0'의 개념과 그 중요성을 익히 알고 있었다. 기호 '0'은 중요한 자리지기를 나타낸다. 대수학에서는 덧셈에 대한 항등원이기도 하다. 즉, 어떤 수와 그 수의 역원을 더하면 0이 된다. 한편 0은 측정할 때 출발점이기도 하다. 0의 기호는 부호$^{a\ cipher}$ 또는 양의 부재를 나타내는 기호라고도 한다. 이때 사이퍼는 비밀 메시지를 보내는 것을 뜻하는 것이 아니다. 달리 말하면 0은 아무것도 없음을 의미한다. naught는 'not(na)'과 'thing(wiht)'을 뜻하는 고대 영어 nāwiht에서 유래한 말이다.

또한 수학자들은 0과 같지 않은 양을 나타내기 위해 '0이 아닌(non-zero)'이라는 단어를 사용한다. 0이 아닌 실수는 양수이거나 음수가 되어야 한다. 0이 아닌 복소수는 실수부 또는 허수부가 될 수도 있다.

부정수$^{indeterminate\ number}$란?

많은 다른 분야에서와 마찬가지로 수학도 종종 혼동되거나 중복되는 용어들이 있다. 부정수라고 부르는 $\frac{0}{0}$ 같은 수가 그 한 가지 예다. 그러나 주의해야 할 점은 이것은 정의할 수 없는 수$^{undefined\ number}$가 아니다. 만약 부정수가 어딘가에 나타난다면 그 특별한 상황에 대한 값을 알 수 없으며, 상상을 통해 임의의 수를 제시할 수 있다. 하지만 혼란스러워할 필요는 없다. 이것은 종종 뛰어난 수학자들조차 당혹케 하는 것 중 하나다.

기본 수학 연산

등호는 무엇을 나타낼까?

표준산술 용어로 등호(=)는 두 양이 같은 값이라는 것을 나타내는 기호다. 예를 들어, 7=7이고 3+4=7이다. 같지 않을 때는 2≠3, 3+7≠12와 같이 기호 ≠를 사용한다.

한 줄로 쓰인 컴퓨터 코드에서 등호는 다른 의미를 나타낼 수도 있다. 예를 들어, 명확하게 정의된 문법에 따라 코드를 기술하는 컴퓨터 언어인 자바스크립트와 같이 어떤 조건에 사용된 코드에서 1개의 등호(=)는 '오른쪽의 수식 값을 왼쪽의 변수에 할당하는 것'을 의미한다. 한편 2개의 등호(==)는 '값이 같다'는 것을 의미하며, 이것은 컴퓨터 코드를 표기할 때 사용된다. 또한 '같지 않다'는 것을 나타내는 컴퓨터 코드는 !=과 /=을 포함하여 다양하게 사용한다.

덧셈이란?

덧셈은 가수라는 두 수가 합이라는 제3의 수를 만드는 연산이다. 자연수를 더할 때에는 첫 번째 가수로 시작하여 두 번째 가수에 해당하는 수만큼 더 센다. 예를 들어, 2+4의 경우 2, 3(2 뒤의 첫 번째 수), 4(두 번째 수), 5(세 번째 수), 6(네 번째 수)을 생각하며, 그 합은 6이 된다. 하지만 모든 수가 자연수와 같은 방법으로 더해지는 것은 아니다.

등호는 언제 수학에 도입되었을까?

수학에서 등호(=)는 비교적 최근에 발명되었다. 영국의 수학자 로버트 레코드[1510~1558]가 자신의 책 《지혜의 숫돌 *The Whetstone of Witte* 》(1557)에서 처음 사용했다. 이 책은 영국에 소개된 최초의 대수학책이다. 그는 이 책에서 "어떤 2개의 사물은 평행선 이상으로 같은 것이 될 수 없기 때문에" 2개의 평행한 선분을 사용하여 등호를 나타내는 것에 근거를 제시하고 있다. 그 기호가 곧바로 널리 보급되지는 않았지만, 1575년 빌헬름 자일랜더[Wilhelm Xylander]가 사용한 2개의 평행선(‖)과 'equal'을 뜻하는 라틴어 aequalis에서 유래한 ae 또는 oe를 쓰는 등 수학자들은 계속하여 등호를 나타내려고 했다. 그러나 '같다'라는 의미를 나타내는 등호는 1600년경이 되어서야 어느 방정식에 사용되었다. 그 후 레코드가 만든 기호는 기꺼이 받아들여졌으며, 오늘날까지도 계속 사용되고 있다.

덧셈에서 받아 올림은 무엇을 의미할까?

덧셈에서 받아 올림은 큰 수가 더해질 때 적용되는 방법이다. 산술 계산에서 한 열의 수의 합이 한 자리 숫자를 초과할 때, 왼쪽의 다음 열로 한 자리 수를 뺀 초과한 수를 올려준다. 예를 들어, 십진법 수 체계에서 234+168의 경우 다음과 같이 받아 올림하여 계산하면 402가 된다.

$$
\begin{array}{r}
\scriptstyle 1 \;\; \scriptstyle 1 \\
2\;3\;4 \\
+\;1\;6\;8 \\
\hline
4\;0\;2
\end{array}
$$

오른쪽 열에서 시작하여 같은 열에 있는 수를 더한 4+8은 그 자리에 놓을 수 있는 가장 큰 수인 9보다 큰 수 12가 된다. 다음 열로 앞 수 1을 받아 올리면 2가 남는다. 이때 다음 열의 3, 6, 1에서 1은 오른쪽 열에서 받아 올림한 수로 10을 나타내며, 3+6+1을 하면 10이 되어 다시 9보다 큰 수가 된다. 마찬가지로 0을 남기고 다음 열로 앞 수인 1을 받아 올린다. 마지막으로 2+1+1(받아 올려진 수)을 계산하면 4가 되며, 계산을 마치고 나면 합은 402가 된다.

수는 어떻게 뺄까?

뺄셈은 덧셈의 '역연산'이다. 가장 간단한 형태로는 하나의 양의 정수에서 다른 양의 정수를 제거한다. 뺄셈은 얼마가 남겨지는지를 대답하는 것과 같다. 예를 들어, 123명이 있는 건물에서 23명이 떠난다면(123−23) 그 건물에는 100명이 남게 된다.

뺄셈에서 받아 내림이란?

덧셈에서 '받아 올림'을 할 때와 같이 뺄셈에서의 '받아 내림'은 한 수에서 일정한 양amounts을 취한 다음, 이웃하는 오른쪽 열의 수에 그 양을 할당하는 것을 의미한다. 뺄셈할 때 이웃하는 열의 뺄셈 값이 양수가 되게 하기 위해 왼쪽 열에서 10을 받아온다. 예를 들어, 십진법 체계에서 1234−567의 경우, 다음과 같이 받아 내림하여 계산하면 667이 된다.

$$\begin{array}{r} {\scriptstyle 1\ \ 12\ \ 1} \\ 1\ 2\ 3\ 4 \\ -\quad 5\ 6\ 7 \\ \hline 6\ 6\ 7 \end{array}$$

오른쪽 열에서부터 뺄셈을 시작할 때, 4는 7보다 작기 때문에 뺄 수 없다. 이때 왼쪽 열에서 10을 받아 내려와 4를 14가 되도록 하면 왼쪽 열은 10이 줄어듦으로써 2가 남는다. 마찬가지로 2는 작아서 6을 뺄 수 없으므로 왼쪽 열에서 10을 받아 내려와 2를 12가 되도록 한다. 왼쪽의 마지막 수는 10을 받아내려 줌으로써 11이 된다. 따라서 11에서 5를 빼면 6이 된다.

덧셈기호(+)와 뺄셈기호(−)는 어디에서 유래했을까?

덧셈기호와 뺄셈기호를 사용한 최초의 책 중 하나는 1489년 요한 비드만[1460~?]이 쓴 《상업산술 *Mercantile Arithmetic*》이다. 처음에 그는 거래할 때 대변, 차변이라는 과부족을 나타내기 위해 기호 + 와 − 를 사용했다. 하지만 몇몇 역사학자는 + 기호가 프랑스어 et 또는 '그리고(and)'에서 만들어졌다고 생각한다. 그것은 'e'와 't'가 + 기호와 닮았기 때문이다.

일반수학에서 + 와 − 기호가 이전부터 사용되었다고 하더라도 대수식을 쓸 때 + 기호와 − 기호를 최초로 사용한 것으로 알려진 사람은 1500년대 초에 살았던 네덜란드의 수학자 반데르 호이케[Vander Hoecke]다. 결정적으로 이 기호들은 로버트 레코드[1510~1558]가 쓴 《지혜의 숫돌 *The Whetstone of Witte*》이 출판되면서 영국에서 널리 사용되었다. 이 책은 처음으로 수학에 등호를 도입했다고 할 수 있다.

곱셈^{multiplication}이란?

'multiply'는 '많은'을 뜻하는 라틴어 multi와 '배^{folds}'를 뜻하는 pli에서 유래한다. 영국 시인 제프리 초서(1340?~1400)는 저서 《애스트롤래브 소고^{a treatise on the Astrolab}》 (1391)에서 이 단어를 동사로 처음 사용했다. 곱셈에서 두 자연수를 곱할 때 두 수를 '인수'라고 하며, 자주 사용하지는 않지만 '피승수', '승수'라고도 한다. 사실 곱셈은 덧셈을 반복하여 계산한 것과 같다. 예를 들어, 2×3은 $2+2+2$(또는 6)를 의미한다.

곱셈표란?

곱셈표는 이름 그대로 곱셈을 하기 위해 나타낸 표다. 행과 열에 있는 수들을 서로 곱하여 계산 결과를 얻는다. 0과 자연수로 만든 오른쪽과 같은 곱셈표가 가장 간단하다.

0	1	2	3	4	5
1	1	2	3	4	5
2	2	4	6	8	10
3	3	6	9	12	15
4	4	8	12	16	20

곱셈 기호는 어디에서 유래했을까?

17세기는 기본적인 수학 기호들이 개발된 시기라고 할 수 있다. 그런 기호들을 개발하게 된 것은 빠르고 편리하게 좁은 공간에 기록할 수 있다는 점과 인쇄과정의 편리함 때문이었다. 이들 기호가 표준화되어 모든 사람이 수학적 연산의 의미를 이해하게 되기까지는 좀 더 시간이 걸렸다.

예를 들어, 1686년에 독일의 수학자 고트프리트 빌헬름 라이프니츠^{1646~1716}는 곱셈 기호로는 ∩를 사용하고, 나눗셈 기호로는 ∪를 사용했다. 영국의 수학자이자 과학자인 토머스 해리엇^{1560~1621}은 자신의 논문 〈해석술 연습^{Artis anayticae praxis}〉(1631)에서 곱셈을 표시하기 위해 점을 사용했다. 또한 '더욱 크다'[>]는 뜻을 나타내는 기호와 '더욱 작다'[<]는 뜻을 나타내는 기호를 개발했다.

같은 해 영국의 수학자 윌리엄 오트레드^{1575~1660}는 저서 《수학의 열쇠^{Clavis Mathematicae}》에서 곱셈 기호 '×'를 사용했다. 그는 또한 플러스 - 마이너스 기호[±]를 처음 언급했다.

오늘날에도 곱셈 연산을 할 때 여러 가지 기호가 사용되고 있다. 가장 많이 사용되는 기호는 $2 \times 3, 2 * 3, 2 \cdot 3, (2)(3)$ 등에 쓰는 $\times$, $*$, $\cdot$, $( )$이다.

원장은 은행·사업체 등에서 거래 내역을 적어 결산할 때 사용된다. 대변과 차변을 더하고 빼서 이익과 지출을 계산한다.

산술 계산에서 역^{inverse}이라는 용어는 어떻게 사용될까?

역연산$^{inverse\ operations}$은 다른 계산을 '원 상태로 되돌리는' 계산이다. 특히 뺄셈은 덧셈의 역연산이다. $a+b-b=a$가 된다. 또한 나눗셈은 곱셈에 대한 역연산이다.

어떤 수의 역원$^{inverse\ of\ a\ number}$은 다음과 같이 나타낼 수 있다. 실수 또는 복소수 a의 덧셈에 대한 역원은 a에 더했을 때 0이 되는 수를 말하고, 곱셈에서 a의 곱셈에 대한 역원은 a에 곱할 때 1이 되는 수를 말한다.

0으로 나눌 수 없는 이유는?

0으로 나눈다는 것은 "아무것도 없는 것에서는 아무것도 얻을 수 없다."는 속담과 같다. 수학적으로 말하면 '아무것도 없는 것으로는' 나눌 수 없다. 사실 무엇인가를 0으로 나눌 때는 답이 정의되지 않는다.

예를 들어, 계산할 때 $a \times \dfrac{b}{a} = b$인 규칙이 있다고 가정해보자. 만약 $\dfrac{1}{0} = 5$라고 하면 $0 \times \dfrac{1}{0} = 0 \times 5 = 0$이 된다. 이것은 0으로 나눌 수 있다면 이 규칙이 적용되지 않는다는 것을 의미한다. 한편 $\dfrac{10}{2} = 2$이면 $5 \times 2 = 10$이고, $\dfrac{5}{1} = 5$이면 $5 \times 1 = 5$다. 그러나 만약 $\dfrac{5}{0}$라면 '(답)$\times 0$'이 '5'와 같다는 것을 의미한다. 하지만 (어떤 수)$\times 0$은 0과 같다. 따라서 이 상황에 대한 답은 없다. 이런 이유로 수학자들은 0으로 나눌 수 없다고 말한다.

나눗셈이란?

'divide'라는 단어는 이별을 의미하는 라틴어 vidua 또는 di에서 유래한 것이다. 이때 di는 '떨어져서'를 의미하는 dis를 축약한 접두어다. 'divide'라는 단어는 'widow(미망인)'라는 단어와 어원이 같다. 나눗셈에서 나눠지는 수는 피제수^{dividend}라하고, 나누는 수는 제수^{divisor}라고 한다. 그리고 결과를 몫^{quotient}이라 한다. 예를 들어, $\frac{20}{4} = 4$에서 20은 피제수이고, 5는 제수, 4는 몫이다.

수학에서 나눗셈은 상대적으로(대체로) 대중을 위한 새로운 개념으로, 16세기 이후에는 대학 수준에서만 가르쳤다. 독일의 수학자 아담 리즈$^{1492~1559}$는 자신의 책 《Rechenung nach der lenge, auff den Linihen vnd Feder》(간단히 《Practica》라고도 함)에서 최초로 대중에게 나눗셈을 제안했다. 이 책은 많은 사람의 마음을 움직였다. 그는 라틴어로 쓰는 대신 독일어로 수학책을 썼으며, 이 때문에 더욱 폭넓은 독자를 얻게 되었다.

나눗셈 기호는 어디에서 유래했을까?

나눗셈 기호에 숨겨진 역사는 오래되었고 매우 복잡하다. 다음은 수학에서 사용하는 중요한 기호들이 어떻게 개발되었는지를 정리한 것이다.

닫힌 괄호 24가 8로 나누어떨어진다는 것을 나타내는 '8)24'는 미하엘 슈티펠$^{Michael\ Stifel,\ 1486\ 또는\ 1487~1567}$이 쓴 《산술백과$^{Arithmetica\ integra}$》(1544)라는 책에서 사용되었다. 이 책은 16세기 독일에서 발간된 대수학 책 중 가장 높이 평가받고 있다.

(고대의 사본寫本 중 의문 나는 어구에 붙인) **의구표**^{疑句標} 1659년, 스위스의 수학자 요한 하인리히 란$^{Johann\ Heinrich\ Rahn,\ 1622~1676}$은 자신의 책 《Teutsche Algebra》에서 obelus라 부른 나눗셈 기호 ÷를 소개했다. 이 기호는 ' : '와 ' − '를 조합한 것이다. 나눗셈 기호는 란 이전의 많은 저자에 의해 마이너스 기호로 사용되었다. 1668년, 란의 책이 영국의 수학자 존 펠$^{John\ Pell,\ 1610~1685}$에 의해 영어로 번역되었

는데, 나눗셈 기호가 그대로 들어 있었다. 몇몇 학자는 란이 나눗셈 기호를 개발하는 데 펠이 크게 영향을 미쳤다고 주장하지만, 대부분 역사학자들은 둘 사이에 그런 관계는 거의 없다고 생각하고 있다.

슬래시　나눗셈의 다른 기호인 슬래시^{slash}는 2/3, 1/2과 같이 분수에서 처음 사용되었다. 이는 123/112 또는 0.112/0.334와 같이 다른 분수 또는 더 크거나 작은 분수로 확장될 수 있다. 기원에 대해서는 거의 알려지지 않았지만, 나눗셈을 표현하기 위한 표준관례가 될 때까지 이 기호는 때때로 뺄셈에서 사용된 것으로 알려졌다.

장제법 기호는 어떻게 개발했을까?

19세기의 미국 교과서에서는 36)108(3과 같이 괄호로 구분하면서 같은 선 위에 제수, 피제수, 몫을 함께 넣은 장제법을 일반적인 방법으로 제시했다. 같은 세기에 몇몇 단제법을 통해 괄선은 괄호의 아랫부분에 거의 붙여 피제수 아래까지 길게 그어 나타냈고, 몫은 다음과 같이 괄선의 아래에 써서 나타냈다.

$$5 \overline{)\, 455}$$
$$91$$

19세기 말경, 괄선은 괄호의 위쪽에 거의 붙여 그었으며, 몫은 다음과 같이 괄선의 위에 쓰는 방식으로 바뀌었다.

$$5 \overline{)\, 455}$$
위: 91

이들 기호는 우리나라의 초등교육에서 장제법을 다룰 때 볼 수 있는 것과 유사하다. 하지만 우리가 사용하는 괄선은 괄호에 붙어 있다. 흥미로운 것은 장제법에 사용된 기호(⌐)에 명칭이 없다는 것이다.

최소공배수와 최소공분모란?

2개 이상의 자연수의 공배수 중 가장 작은 공배수를 '최소공배수LCM'라고 한다. 예를 들어, 3과 8에 대하여 8의 배수는 8, 16, 24, 32, …이고, 3의 배수는 3, 6, 9, 12, 15, 18, 21, 24, 27, …이다. 따라서 3과 8의 최소공배수는 24다.

최소공분모^{LCD}는 주로 분수의 덧셈과 뺄셈을 할 때 사용된다. 이들 계산을 하기 위해 분수는 같은 분모를 가져야 한다. 계산하기 위한 가장 쉬운 방법은 분모가 될 수 있는 가장 작은 수(최소공분모라고 부르는 수)를 정하는 것이다. 이 수는 사실 두 수로 나눠지는 공약수common factor다. 예를 들어, $\frac{1}{6}$과 $\frac{1}{8}$을 더하기 위해서는 분모의 최소공배수를 찾아야 한다. 이 경우에 그 수는 24다. 분모가 24인 몇몇 수에 각 가수를 바꾸기 위해 $\frac{1}{6} \times \frac{4}{4}$와 $\frac{1}{8} \times \frac{3}{3}$을 곱한다. 또는 $\frac{1}{6} \times \frac{4}{4} = \frac{4}{24}$이고, $\frac{1}{8} \times \frac{3}{3} = \frac{3}{24}$이다. 따라서 다음과같다

$$\frac{1}{6} + \frac{1}{8} = \frac{4}{24} + \frac{3}{24} = \frac{(4+3)}{24} = \frac{7}{24}$$

수의 거듭제곱근이란?

어떤 실수 또는 복소수 x를 얼마의 지수만큼 거듭제곱하여 a가 될 때, x를 a의 거듭제곱근^{root}이라 한다.

대부분 제곱근과 세제곱근에 대해서는 잘 알고 있다. 실제로 실수의 네제곱근, 실수의 다섯제곱근 등 다른 많은 거듭제곱근들이 있으며 복소수의 거듭제곱근들도 있다. 예를 들어, 실수 16의 네제곱근은 2와 −2이고, 실수 −32의 다섯제곱근은 −2다.

제곱과 제곱근이란?

하나의 실수나 복소수를 두 번 곱하면 그 수를 제곱한 것과 같다. 수학자들은 어깨숫자 2를 사용하여 22과 같이 어떤 수의 제곱을 나타낸다. 실수의 제곱은 그 수가

$2^2(=4)$일 때나 $(-2)^2(=4$; 음수 곱하기 음수는 양의 실수가 된다$)$일 때 항상 양수다.

제곱근은 같은 수를 두 번 곱할 때 특정한 값이 되는 수를 말한다. 예를 들어, $t^2=s$이면 $t=\pm\sqrt{s}$다. 이때 t는 제곱근이고, s는 양수다. 예를 들어, $4^2=16$이고, $(-4)^2=16$이므로 16의 두 제곱근은 4와 -4다.

세제곱과 세제곱근이란?

제곱과 마찬가지로 세제곱은 하나의 실수나 복소수를 거듭하여 세 번 곱할 때 만들어지는 수다. 수학자들은 세제곱수 $2\times2\times2$를 2^3과 같이 어깨숫자 3을 사용하여 표현한다. 제곱수와 달리 세제곱수는 항상 양수가 되는 것은 아니다. 예를 들어 $-3\times-3\times-3$은 -27이 된다.

어떤 수 t를 세제곱하여 s가 될 때, t를 s의 세제곱근이라 한다. 예를 들어, 125의 세제곱근은 5이고 $\sqrt[3]{125}=5$라고 쓴다. 또 -125의 세제곱근은 -5다.

인수란 무엇이며, 인수분해란 무엇을 뜻할까?

인수(약수)는 다른 약수들과 함께 곱한 수의 일부분이다. 그런 약수들을 결정하려면 인수분해를 해야 한다. 하나의 정수를 인수분해 하는 것을 소인수분해라고 한다. 또한 다항식을 인수분해 하는 것을 다항식의 인수분해라고 한다.

소인수분해란?

대부분 소인수분해에 대해 잘 알고 있다. 소인수분해는 하나의 정수를 소수들로 분해하는 방법이다. 소인수분해의 예는 다음과 같다. 더 작은 부분들로 주어진 양을 '가장 단순하게' 표현한다. 15의 경우, 인수들은 1, 3, 5, 15가 되며, 모든 수를 반드시 15로 나눈다. 하지만 소인수분해가 항상 그렇게 쉬운 것만은 아니다. 더 큰 수들은 인수분해 하기가 어렵다. 복잡한 소수 알고리즘들은 소인수분해가 어려운 큰 수들을 위해 고안되었다.

두 양의 정수의 최대공약수 ^{greatest common factor} 또는 GCF는 두 양의 정수의 인수 중 가장 큰 수를 말한다. 예를 들어, 두 수 12와 15에 대하여 12의 약수는 1, 2, 3, 4, 6, 12이고, 15의 약수는 1, 3, 5, 15다. 그러므로 공약수는 1과 3이고, 이 경우 최대공약수는 3이다.

최대공약수를 찾기 위해 사용되는 몇 가지 방법이 있다. 각 수의 소인수들을 나열한 다음, 그 수들을 곱한다. 예를 들어, 12와 15의 소인수분해는 각각 $2 \times 2 \times 3 = 12$이고, $3 \times 5 = 15$다. 이때 공통으로 들어 있는 소수는 3이며, 이것이 바로 최대공약수다.

더 큰 수인 36과 54의 최대공약수를 찾는 예를 살펴보자. 첫 번째 방법을 적용하면 36의 약수는 1, 2, 3, 4, 6, 9, 12, 18, 36이고, 54의 약수는 1, 2, 3, 6, 9, 18, 27, 54다. 두 수의 최대공약수는 18이다. 이번에는 소인수분해를 이용하여 찾아보자. 36을 소인수분해 하면 $2 \times 2 \times 3 \times 3$이고, 54를 소인수분해 하면 $2 \times 3 \times 3 \times 3$이다. 이 두 소인수분해에 공통으로 들어 있는 것은 1개의 2와 2개의 3이다. 따라서 공통으로 들어 있는 수들을 곱한 $2 \times 3 \times 3 = 18$이 최대공약수다.

분수

'분수'는 어떤 것의 일부를 의미한다. 수학에서는 이것을 숫자로 나타내며, 그 숫자는 대부분 두 정수의 몫을 의미한다. 분수에서 위의 숫자는 '분자'라고 하며 부분의 수를 나타내고, 아래의 숫자는 '분모'라 부르며 전체가 몇 개의 부분으로 나눠지는지를 나타낸다. 분수를 쓸 때 분자와 분모는 '/'나 '一'으로 구분된다. 분수는 보통 $\frac{a}{b}$로 표기하며, 'a'와 'b'는 정수이며, 'b'는 0이 아닌 수다.

0과 1 사이의 유리수는 분수로 나타낼 수 있다. 몫이 $\frac{1}{2}$이나 $\frac{2}{5}$와 같이 1보다 작은 수는 '진분수'라 하고, $\frac{23}{7}$과 같이 분자가 분모보다 커서 몫이 1보다 큰 수를 '가분수'라 한다.

분수의 분자는 0이 될 수 있을까?

나눗셈에서 0으로 나눌 수 없다는 것을 알아보았다. 0으로 나누는 것은 정의되지 않는 수로 분류되어 있다. 그러나 분자에는 0을 놓을 수 있다. 분자가 0인 분수는 항상 0과 같게 된다. 예를 들어, $\frac{0}{5}$과 $\frac{0}{345}$은 모두 0으로 같다.

분수는 소수로, 소수는 분수로 어떻게 바꿀 수 있을까?

십진 위치기수법에서 각 십진법의 수는 각 숫자의 자리나 위치에 달라 값이 달라진다. 1보다 작은 수들은 소수로 나타낼 수 있다. 이 체계에서 소수는 소수 첫 번째 자리$\left(\frac{1}{10}\right)$, 소수 두 번째 자리$\left(\frac{1}{100}\right)$, 소수 세 번째 자리$\left(\frac{1}{1000}\right)$… 등으로 표현할 수 있다. 예를 들어, 분수 '$\frac{1}{2}$' 또는 '1을 2로 나눈 값'을 소수로 나타내면 0.5다. 반대로 소수 0.5 또는 $\frac{5}{10}$는 $\frac{1}{2}$과 같다.

모든 분수가 간단하게 소수로 바뀌는 것은 아니다. 그것은 수의 유형에 따라 좌우되는데, 특히 무리수이거나 유리수일 때 그렇다. 소수로 정확히 나타낼 때 많은 수가 무수히 쓰이는가 하면, $\frac{1}{3}=0.333\cdots$과 같이 계속하여 반복되는 소수들도 있다.

분수를 더할 때는 분모를 같게 해야 한다. 이때 주의할 점은 분모를 더해서는 안 된다. 예를 들어 분수는 분모들이 같으면 $\frac{1}{3} + \frac{1}{3} = \frac{(1+1)}{3} = \frac{2}{3}$ 와 같이 간단히 더할 수 있다. 만약 분모들이 같지 않으면 곱셈으로 공통분모를 찾는다. 예를 들어 다음과 같다.

$$\frac{1}{2} + \frac{1}{3} = \frac{3}{6} + \frac{2}{6} = \frac{3+2}{6} = \frac{5}{6}$$

분수를 뺄 때도 분모들을 같게 해야 하며, 이 경우에도 분모들을 더하거나 빼면 안 된다. 만약 분모들이 같으면 $\frac{2}{3} - \frac{1}{3} = \frac{(2-1)}{3} = \frac{1}{3}$ 과 같이 분자를 빼서 계산하고, 분모가 같지 않으면 다음과 같이 곱셈으로 공통분모를 구하면 다음과 같다.

$$\frac{1}{2} - \frac{1}{3} = \frac{3}{6} - \frac{2}{6} = \frac{3-2}{6} = \frac{1}{6}$$

분수의 곱셈은 매우 간단하다. 분자는 분자끼리, 분모는 분모끼리 곱하면 된다. 그런 다음 필요하다면 계산된 결과를 간단히 정리하면 된다.

예를 들어, $\frac{2}{5} \times \frac{4}{7} = \frac{(2 \times 4)}{(5 \times 7)} = \frac{8}{35}$ 로 이 수는 더 이상 간단히 하지 않아도 된다.

분수의 나눗셈은 한 가지 주된 규칙이 필요하다. 결과를 얻기 위해 나누는 분수를 역수로 바꾸어 곱하는 것이다. 예를 들어, 먼저 나눗셈 기호를 곱셈 기호로 바꾼 다음, 기호의 오른쪽에 있는 수를 역수로 바꾼다. 그런 다음 분자들과 분모들을 곱하여 그 결과를 쓴다. 필요하면 그 분수를 간단히 하거나 약분하면 예를 들어 다음과 같다.

$$\frac{1}{2} \div \frac{1}{4} = \frac{1}{2} \times \frac{4}{1} = \frac{4}{2}$$

이 수는 간단히 2로 나타낼 수 있다.

덧셈, 뺄셈, 곱셈, 나눗셈을 할 때 소수계산은 어떻게 할까?

소수도 정수와 마찬가지로 덧셈, 뺄셈, 곱셈, 나눗셈을 할 수 있다. $0.3+0.2$ 같은 수를 더하는 것은 간단하다. $0.3+0.2=0.5$다. 또한 정수와 소수도 더하기 쉽다. $2.4+5=7.4$다. $0.3-0.2=0.1$과 같이 이들 수를 빼는 것 또한 간단하다. 분수를 포함한 곱셈과 나눗셈은 소수점의 위치가 중요하지만, 일반적인 수들로 계산하는 것과 비슷하다. 예를 들어, 24.45와 0.002를 곱하면 $24.45 \times 0.002 = 0.0489$가 된다. 또 이들 수를 나누면 $\frac{24.45}{0.002} = 12225$가 된다. 우리의 생각과는 달리 나눗셈을 작은 수로 나누면 그 결과는 매우 큰 수가 된다.

분수는 어떻게 약분할까?

분수를 약분^{reduce}하기 위해서는 다음과 같이 일반적인 세 단계를 거쳐야 한다. 분자와 분모를 인수분해 한 다음, 공통으로 들어 있는 수를 지운다. 그러면 남아 있는 수가 약분된 분수다. 예를 들어, $\frac{16}{56}$을 약분하기 위해 분자 16을 $2 \times 2 \times 2 \times 2$와 같이 인수분해 하고, 분모 56을 $2 \times 2 \times 2 \times 7$과 같이 인수분해 한 다음 공통적으로 들어 있는 $2 \times 2 \times 2$를 소거한다.

$$\frac{16}{56} = \frac{2 \times 2 \times 2 \times 2}{2 \times 2 \times 2 \times 7}$$

약분된 분수는 $\frac{2}{7}$다.

상등인 분수는 어떻게 만들까?

'building fractions'라고도 하는 상등인 분수를 만들기 위해서는 약분 과정을 거꾸로 하면 된다. 예를 들어, 수 3을 사용하여 $\frac{1}{4}$과 같은 분수를 만들기 위해 분자와 분모에 3을 곱한다.

$$\frac{1}{4} \times \frac{3}{3} = \frac{1 \times 3}{4 \times 3} = \frac{3}{12}$$

따라서 이 경우에 같은 분수는 $\frac{1}{4} = \frac{3}{12}$이다.

단위분수란 무엇이고, 고대 이집트와 어떤 관련이 있을까?

단위분수는 $\frac{1}{2}, \frac{1}{4}, \frac{1}{43545}$과 같이 분자가 1인 분수를 말한다. 단위분수ᵃ ᵗᵃᵇˡᵉ ᵒᶠ representations of 1/n에 대한 초기 논란 중의 하나는 기원전 1650년경에 기록된 유명한 린드 파피루스(린드 수학 파피루스라고도 한다)에서 발견되었다는 것이다. 이 기록보다 200년 정도 앞선 다른 파피루스에 이집트인이 기록한 표는 5와 101 사이에 있는 'n'개의 홀수들에 대한 서로 다른 단위분수들의 합으로 표현되어 있다. 어떤 분수를 쓰기 위해 그들은 $\frac{1}{n}$의 조합들을 더했다. 예를 들어, $\frac{2}{5}$ 대신에 $\frac{1}{3} + \frac{1}{15}$이라 썼으며, $\frac{2}{29}$ 대신에 $\frac{1}{24} + \frac{1}{58} + \frac{1}{174} + \frac{1}{232}$이라고 썼다.

린드 파피루스가 발견됨에 따라 현재 단위분수들의 합은 '이집트 분수'라 부르고 있다. 이집트인이 분수를 나타낼 때 이런 방법을 선택한 이유는 모르지만 몇몇 역사학자들은 이집트 수학 역사에서는 이것이 '잘못된 전환점'이라고 생각한다. 이유가 무엇이든 간에 겉으로는 매우 그럴듯하게 이집트인은 2000년 동안이나 이 체계를 사용했다.

역수란?

어떤 수의 역수는 주어진 수가 1로 나눠질 때 얻을 수 있다. 그 결과를 '그 수의 역수'라 부른다. 예를 들어, 6의 역수는 1을 6으로 나눈 것으로 $\frac{1}{6}$이다. 역수는 주로 분수를 나눌 때 사용된다.

4장

수학 기초론

기초론과 논리학

수학 기초론이란?

특히 19세기 중엽부터 수학의 엄밀한 기초가 요구되었고, 그 결과 데데킨트[J. W. R. Dedekind]의 실수론과 칸토어[G. Cantor]의 집합론이 나왔다. 그러나 1901년 버트런드 러셀이 칸토어가 정의한 집합론에서 역설을 발견했다. 이것을 계기로 수학자들은 수학의 기초를 반성하고 비판하였으며, 이로써 수학 기초론이 생겨났다.

러셀이 제기한 역설을 해결하여 수학의 안전성을 보증하는 이론이 바로 수학 기초론이라 할 수 있다.

수학 기초론은 언어(유의미한 수학적 명제를 만들기 위해 정확한 수학적 언어를 '말해야' 한다)를 형식화하고 분석하는 방법, 공리(증명 없이 참임을 인정한 명제), 모든 수학 연구에서의 논리적인 방법 개발을 포함한다. 수학 기초론의 기본 수학 개념으로는 수, 도형, 집합, 함수, 알고리즘, 공리, 정의, 정리가 있다.

철학자들이 수학 기초론을 연구하는 이유는?

철학자들이 종종 수학 기초론을 연구하는 세 가지 근원적인 이유가 있다. 첫째, 이들 기초론은 비정상적이며 때때로 독특한 철학적 난관을 일으키는 수학적 대상의 추상적인 성질에 따라 과학적 사고의 일부가 되어왔다. 둘째, 각 주제는 높은 수준의 전문적 이론을 제공하며, 이 이론을 통해 철학자들은 모형과 패턴 사이의 관계를 알아내고, 많은 다른 학문의 토대를 제시한다. 그리고 마지막으로, 철학자들(그리고 수학자들)은 특별한 과학적 맥락에서 일반적인 철학적 주의doctrines를 수행하는 방법을 제공한다.

논리학이란?

논리학은 수학과 거의 유사하지만(그리고 때때로 수학의 토대로 사용되지만), 수학과 과학을 구별하는 지식 또는 연구 분야다. 그러나 논리학은 여전히 다양한 방법으로 두 분야에서 이용되고 있다. 간단히 말하면 논리학은 기초가 튼튼한 추론의 체계적인 학문으로, 추리과정의 형식적 특성으로도 알려진 논리적 타당성과 진실을 명확하게 구분한다. 또한 진실한 결과가 모순된 논증에 의한 것일 수도 있다는 것을 의미한다. 예를 들어, "모든 고양이는 귀엽다. 플루퍼는 고양이다. 따라서 플루퍼는 귀엽다."는 타당한 추리다. 반면, "모든 고양이는 귀엽다. 플루퍼는 귀엽다. 따라서 플루퍼는 고양이다."는 실제로 플루퍼가 고양이라고 하더라도 잘못된 추리다.

수리논리학의 역사적 배경은?

대부분 수학자는 체계를 갖춘 형식논리학이 아리스토텔레스로부터 시작한 것으로 여기고 있다. 아리스토텔레스가 제시한 내용은 그의 사후에 연구업적들을 편찬한 《오르가논Organon》에 나타나 있다. 이 책에는 삼단논법 외에 개념, 명제와 판단, 정의 등 많은 내용이 포함되어 있다. 아리스토텔레스는 논리적으로 설명하기 위해 다음과 같은 삼단논법의 일반적인 형식을 사용했다.

모든 x는 y다.

모든 y는 z다.

그러므로 모든 x는 z다.

아리스토텔레스는 모든 타당한 사유의 기초가 되는 세 가지 기본 원칙을 제시했다.

- 동일률 또는 "A는 A이다"로 표현(예를 들어, 도토리를 심으면 항상 참나무가 되며 다른 것이 되지는 않는다)
- 모순율 또는 "A는 A인 동시에 A가 아닌 것이 될 수 없다"로 표현(예를 들어, 정직한 여자는 도둑이 될 수 없다)
- 배중률 또는 둘 중 어느 한쪽 또는 "A는 A이거나 A가 아닌 것 중의 하나여야 한다"는 원칙(예를 들어, 개의 털은 갈색이거나 갈색이 아니다)

흥미롭게도, 미국의 소설가이자 철학자인 에인 랜드^{Ayn Rand, 1905~1982}는 아리스토텔레스에 대한 찬사로 이들 원리에 따라 자신의 장편소설 《아틀라스^{Atlas Shrugged}》를 세 부분으로 나눴다.

논증이란?

논리학에서 논증은 '격론'이 아니다. 비록 일부 수학자가 어떤 수학적 논증의 타당성에 관하여 논의할는지도 모르지만 말이다. 논증은 전제와 결론으로 구성되는 명제의 집합이라고 정의할 수 있다. 논증에서 결론이란 그 논증의 다른 명제들을 근거로 하여 주장되는 명제이고, 결론을 받아들이는 근거 또는 이유로 제시된 다른 명제들이 그 논증의 전제들이다. 일반적으로, 논증은 여러 전제를 결합한 것이 결론을 함축할 때 타당하다. 달리 말하면, 타당성은 모든 전제가 참이면 결론이 참이 된다는 것을 의미한다. 대부분 명제는 참, 거짓으로 판단되지만 논증은 타당함과 타당하지 않음으로 판단된다. 그러나 명심할 것은 어떤 논증이 타당하다고 해서 반드시 전제가 참인 것은 아니며, 이에 따라 결론도 참이 된다고 할 수 없다. 전제가 거짓이어도 논증 형식 자체는 타당한 경우가 있기 때문이다. 분명한 것은 전제가 참일 경우에는 결론도 참이 된다는 것이다.

수학은 항상 논리적 토대를 바탕으로 해왔을까?

모든 수학이 항상 논리적 근거를 바탕으로 하는 것은 아니다. 하지만 몇몇 고대 문명권에서는 자신들의 사상^{thought}에서 어느 정도 논리적인 면을 개발했다. 고대 그리스 문명은 수학과 철학에서 논리의 역할을 이해하고, 논리를 광범위하게 연구한 최초의 문명 중의 하나였다. 예를 들어, 고대 그리스 수학자 유클리드$^{기원전\ 325~270}$가 제안한 기하학은 논리학의 몇몇 근거를 포함하고 있었다. 고대 그리스 과학자이자 철학자인 아리스토텔레스$^{기원전\ 384~322}$는 삼단논법 규칙을 논리의 바탕으로 하였으며, 논리에 대한 최초의 체계적인 논문 〈전분석론$^{Prior\ analytics}$〉을 썼다. 논리와 관련된 그의 연구는 일상언어를 바탕으로 이뤄졌다. 하지만 이것은 어떻게 해석하느냐는 문제가 대두되면서 모호해졌다.

그러다가 미적분학이 발전하면서 대부분의 수학이 논리학을 바탕으로 하게 되었다. 17세기까지 독일의 수학자 고트프리트 윌리엄 라이프니츠$^{1646~1716}$ 같은 사람들은 논리를 표현하기 위해 더욱 규칙적이고 기호를 사용한 방법을 요구하기 시작했다.

논리학이 수학의 일부가 된 것은 19세기가 절반쯤 지날 때였다. 1847년에는 영국의 수학자 조지 불$^{1815~1864}$의 《논리학의 수학적 분석》과 영국의 수학자 아우구스투스 드 모르간$^{1806~1871}$의 《형식논리학》이 출간되었다. 이에 따라 수학자들은 기호들을 다루기 위해 엄밀한 규칙들이 적용된 기호논리학을 포함하기 시작했다.

물론, 어느 것도 완벽하지 않았다. 비록 19세기 말과 20세기 초의 수학자들이 그렇게 되기를 원했다고 하더라도 말이다. 그들은 모든 수학이 기호논리학으로 설명될 수 있다고 믿었으며, 순전히 형식적으로 만들었다.

그러나 1930년대에 오스트리아 출신인 미국의 수학자이자 논리학자인 쿠르트 괴델$^{1906~1978}$이 모든 진실이 형식적인 논리 체계에 의해 유도될 수 있는 것은 아니라는 것을 증명해 보임으로써 그런 이론에 반박했다.

아리스토텔레스의 삼단논법이란?

아리스토텔레스가 이론적 기초를 세운 삼단논법은 논리학에서 최초의 형식적인 연역 규칙의 언어 형식이다. 아리스토텔레스는 이들 표준 형식에 따라 어떤 논리적인 논증도 설명될 수 있다고 믿었다. 그는 2개의 전제, 즉 대전제("모든 다람쥐는 견과류를 먹는다")와 소전제("프레드는 다람쥐다")의 논리 규칙에 따라 도출된 결론("프레드는 견과류를 먹는다")으로 나눴다. 전통적인 삼단논법은 "모든 사람은 죽는다. 소크라테스는 사람이다. 그러므로 소크라테스는 죽는다."이다. 이러한 삼단논법식 논리학은 2000년 이상 서구 문화권의 사고를 지배했다.

고대 그리스의 철학자 아리스토텔레스에 의해 개발된 간단한 논증 방식인 삼단논법은 수학에서 볼 수 있는 논리학의 기본적인 개념을 활용한다. 또한 아리스토텔레스는 증명의 개념을 고안하여 수학에 크게 이바지했다.

아리스토텔레스의 논리에서 주어와 술어란?

아리스토텔레스의 논리에서 주어와 술어는 문법적으로 구별된다. 주어는 보통 개별 실체(1개의 물건, 집, 도시, 사람, 동물)나 실체의 집합(물건들, 여러 채의 집, 여러 도시, 여러 사람, 여러 마리의 동물)이 될 수도 있다. 술어는 주어진 주어와 함께 존재하거나 그렇지 않은 특성이나 존재 양식이다. 예를 들어, 하나의 식물(주어)은 꽃을 피울 수 있거나 그렇지 않을 수도 있다(술어). 모든 집(주어)은 이층집이거나 그렇지 않을 수도 있다(술어).

삼단논법을 분석하는 방식을 발명한 사람은?

1880년, 영국의 논리학자인 존 벤$^{John Venn1834~1923}$은 삼단논법을 분석하기 위해 오늘날 벤다이어그램으로 알려진 방법을 사용했다. 처음에 벤은 동시대 사람들, 특히 영국의 수학자 조지 불[1815~1864]과 아우구스투스 드모르간[1806~1871]이 자신들의 연구에서 그런 다이어그램을 사용하는 것에 대해 비판적이었다. 그러나 1880년, 벤은 자신의 논문 〈명제와 논리의 도식적 · 역학적 표현에 대하여$^{On the Diagrammatic and Mechanical Representation of Propositions and Reasonings}$〉에서 자신만의 다이어그램을 도입했다. 1881년,

불의 연구를 수정함과 아울러 벤은 자신의 책 《기호논리학*Symbolic Logic*》에서 다이어그램을 더욱 상세히 설명했다. 오늘날 벤다이어그램은 집합 사이의 관계를 이해하는 데 매우 유용하다.

다이어그램은 인정하지만, 벤이 삼단논법식 논리를 표현하기 위해 처음으로 그런 기하학적 방법들을 사용한 사람은 아니었다. 독일의 수학자 고트프리트 빌헬름 라이프니츠[1646~1716]는 자신의 연구에서 그런 도해식 표현을 사용했다. 그리고 스위스의 수학자 레온하르트 오일러[1707~1783]는 존 벤보다 1세기 앞서 명확하게 벤다이어그램 모양의 다이어그램들을 사용한 것으로 알려졌다.

벤다이어그램의 몇 가지 예

벤다이어그램은 논리론에서 여러 집합 사이의 관계를 나타내기 위해 사용하는 그림이다. 여러 개의 원을 겹쳐 여러 집합(또는 삼단논법식 논리에서의 주어와 술어)을 나타낸다. 다이어그램들을 표현하는 표준방식은 2개나 3개의 원에서 공통부분이 있도록 나타낸다. 몇 개의 원이 겹쳐지고, 몇 개의 영역이 칠해지는지를 토대로 다이어그램에서 그 집합들과 관련된 결론을 도출해낼 수 있다. 몇 가지 벤다이어그램의 예로 두 집합의 합집합, 두 집합의 교집합, 어떤 집합의 여집합, 두 집합의 합집합의 여집합을 들 수 있다.

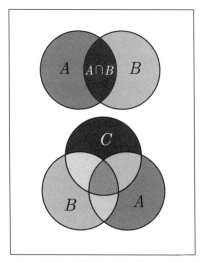

위 그림에서 위의 벤다이어그램은 2개의 원을 사용하여 나타낸 것이며, 아래 그림은 3개의 원을 사용하여 나타낸 것이다.

수리논리학과 형식논리학

수리논리학이란?

수리논리학은 수학에서의 논리가 아닌 실제로 수학적으로 모형화할 수 있는 논리학의 일부로 구성된 논리학의 수학이다. 일반적으로 20세기 초 오스트리아계 미국의 수학자이자 논리학자인 쿠르트 괴델[1906~1978]의 연구와 수학 기초론에 대한 그의 해석을 이해하고 제안하기 위해 발명되었다. 수학자들이 수학 기초론에서의 많은 이슈에 대하여 이성적이고 합리적인 논의를 하기 위해 수리논리학을 이용한다고 하더라도 모든 것에 대하여 의견을 같이한 것은 아니었다.

직관주의란?

철학과 수학 분야에서 수학의 형식주의를 거부하고 직관주의를 믿는 사람들이 있다. 직관주의는 언어와 식^{formulas}만이 정신 활동의 반성^{reflection}으로 유의미하다는 것을 말한다. 직관주의자들은 하나의 정리가 수학적이거나 논리적인 실재에 대하여 정신적으로 구성될 때에만 유의미하다고 믿는다. 이것은 어떤 실재하는 존재가 존재하지 않음을 반박함으로써 증명할 수 있다고 생각하는 고전적 접근법과는 차이가 있다. 예를 들어, 만일 직관주의자에게 "A 또는 B"라고 말하면 직관주의자는 "A이거나 B"가 증명될 수 있다고 믿는다. 그러나 "A이거나 A가 아니다"라고 말하면 이것은 인정되지 않는다. 그것은 항상 문장 A를

인간의 뇌는 탁월한 계산도구 그 이상일 뿐만 아니라 직관력도 지니고 있다. 몇몇 수학자들은 언어와 수학 개념이 모두 두뇌속에 있다는 생각을 숙고하기 위해 '직관주의'라는 개념을 만들었다.

증명하거나 반박할 수 있다는 것을 가정할 수 없기 때문이다.

수리논리학에서 명제란?

수리논리학에서 명제는 참 또는 거짓이 됨을 증명할 수 있는 문장이다. 예를 들어, 문장 "곰의 털은 검정색이다"라는 명제가 있다. 그러나 문장 "곰의 털은 x다"는 x에 대하여 특정 값이 선택될 때까지 참이 될 수도 없고 거짓이 될 수도 없다. 그러므로 이것은 명제가 아니다.

다비드 힐베르트는 수학에 어떤 공헌을 했을까?

독일의 수학자 다비드 힐베르트[1862~1943]는 수학뿐만 아니라 수리논리학에도 많은 공헌을 했다. 1890년, 그는 매우 독창적인 방법으로 수학의 불변량(회전·확장·반사 같은 기하학적 변화 기간에 바뀌지 않는 양)을 광범위하게 수정했고, 모든 불변량이 유한수로 표현된다는 불변량의 정리를 증명했다. 1897년에 출판된 대수적 수론에 관한 보고서 〈수에 관한 주해[Zahlbericht]〉에서 이 주제에 관해 이미 알려진 것들을 하나로 묶어 정리했고, 뒤이어 발전 방향을 제시했다. 이것은 현대 대수기하학을 여는 계기가 되었다. 또한 그는 수론, 수리논리학, 미분방정식, 다변수 해석학, 유클리드 기하, 나아가 수리물리학에서도 많은 업적을 남겼다.

그는 1900년 파리에서 열린 국제수학자회의에서 '힐베르트의 문제'를 제시한 것으로 유명한데, 사실 힐베르트의 문제는 23가지 미해결 수학 문제로, 국제수학자회의에서는 10 문제를 발표했다. 그는 자신이 선택한 23개의 문제가 다가오는 100년 동안 수학자들을 바쁘게 할 것이며, 미래의 수학 발전에 방향을 제시할 것으로 생각했다. 그의 생각은 정확히 맞아떨어졌다. 문제 해결을 위한 수학자들의 도전 결과, 거기에서 나온 훌륭한 성과들로 인해 20세기 수학 분야에 새로운 이론이 등장하는 등 더욱 풍성하고 알차게 수학은 계속 전진하고 있다. 그럼에도 아직 그가 제시한 문제 중에는 부분적으로 해결되었거나 미해결로 남아 있는 것들이 있다.

종래의 고전적 형식논리학이 일상적인 언어를 사용하는 데 대하여 기호논리학은 기호를 사용함으로써 언어의 모호성을 제거하고 논리의 구조를 밝혀 연역논리를 엄밀하게 체계화하려는 논리학으로 '수리논리학'이라고도 한다.

기호논리학은 주로 추리의 구조와 관계가 있다. 특별한 수학적 개념을 표현하기 위해 사용된 여러 문장의 의미와 관계를 결정하며, 여러 문장을 증명하기 위한 수단을 제공한다. 기호논리학은 분명하게 집합론에 따르고 있다. 변수들을 '~이 아니다 ^{not}' 또는 '그리고 ^{and}' 같은 연산으로 결합하며, 이 두 연산은 각각 '~'와 '&'의 기호를 사용한다.

진릿값과 진리함수란?

명제계산 $^{\text{Propositional Calculus}}$을 할 때, 명제가 참(T)이 되거나 거짓(F)이 되는 서술문장을 말한다. 수학자들은 문장의 진릿값을 T 또는 F로 표현한다. 이때 몇 개의 명제들을 결합하여 구성한 합성명제를 '진리함수'라 한다. 합성명제의 진릿값은 합성명제를 구성하는 각 명제의 진릿값들의 함수관계로 정해진다. 다음은 진리함수의 진릿값을 결정하면서 합성명제를 구성하는 각 명제를 연결해 함수관계의 기능을 하도록 하는 논리연산자들을 정리한 것이다.

부정 어떤 주어진 명제 p가 있을 때 기호 ~를 붙여서 만든 명제 ~p를 'p의 부정'이라 하고, "p가 아니다"라고 읽는다. 이때 논리연산자 ~은 하나의 명제에 관계하는 특수한 연산자다. 원래의 문장이 참일 때 그 문장의 부정은 거짓이고, 원래의 문장이 거짓이면 그 문장의 부정은 참이다.

논리곱 임의의 두 명제 p와 q 사이에 논리연산자 $\wedge$를 붙여서 만든 명제 $p \wedge q$를 'p와 q의 논리곱'이라 하고, "p이고 q이다"라고 읽는다. 두 문장의 논리곱은 두 문장이 모두 참일 경우에만 참이고, 다른 모든 경우는 거짓이다. 자연어에서는 '그리고 ^{and}'라고 한다.

논리합 임의의 두 명제 p와 q 사이에 논리연산자 ∨를 붙여서 만든 명제 $p \lor q$ 를 'p와 q의 논리합'이라 하고 "p 또는 q이다" 또는 "p이거나 q이거나"라고 읽는다. 두 문장의 논리합은 두 문장이 모두 거짓일 경우에만 거짓이고, 다른 모든 경우는 참이다.

조건문(또는 함의) 임의의 두 명제 p와 q 사이에 조건부 논리연산자 →를 붙여서 만든 합성명제 '$p \to q$'를 조건문이라 하고, "p이면 q이다" 또는 "p가 q를 함의한다"라고 읽는다. 이때 p를 조건문 $p \to q$의 가정이라고 하고, q를 결론이라고 한다. 조건문은 가정이 참이고 결론이 거짓이면 거짓이고, 다른 모든 경우는 참이다. 자연어에서는 "만약 ~이면 ~이다"라고 하거나 "함의한다"고 한다.

쌍조건문 임의의 두 명제 p, q 사이에 쌍조건부 논리연산자 ↔를 붙여서 만든 합성명제 '$p \leftrightarrow q$'를 쌍조건문이라 하고, "p이면 그리고 그때에만 q이다"라고 읽는다. 쌍조건문은 두 명제가 모두 참이거나 두 명제가 모두 거짓일 경우에만 참이다.

명제계산(명제산이라고도 한다)이란?

명제계산propositional calculus은 우리가 익히 들어본 미적분학이 아니라 많은 사람들이 기호논리학의 기초가 되는 것으로 생각하고 있다. 사실, '계산calculus'이라는 말은 계산을 다루는 수학 분야의 포괄적인 명칭임에 반해 산술arithmetic은 '수들의 계산'이라고 할 수 있다. 또한 진리함수 분석truth-functional analysis, 문장계산sentential calculus 또는 명제들의 계산calculus of propositions으로 알려진 명제계산은 몇 개의 명제가 결합한 복합명제의 진릿값을 구하기 위한 이론적인 계산을 말한다. '그리고' 또는 '~이거나' 같은 논리연산자들을 기호를 사용하여 나타내며, 식을 묶을 때는 괄호를 사용한다.

진리표란?

진리표는 진릿값들의 모든 가능한 여러 조합을 합성명제에 적용하여 논증의 타당성을 결정하면서 도출된 합성명제의 진릿값들을 2차원적으로 배열한 것이다. 이와 같은 논리학의 간단한 형식은 입력된 진릿값 및 '논리곱'이나 '논리합'으로 나타낸 합성명제에 따라 다르다.

첫 번째 세로줄은 입력된 진릿값에 해당하며, 마지막 세로줄은 계산이 끝난 값에 해당한다. 가로줄에는 참(T)이나 거짓(F)의 모든 가능한 조합과 그에 따른 출력된 값이 나열되어 있다. 다음은 논리학에서 가장 많이 사용하는 세 가지 합성명제, 즉 조건문 $s \rightarrow t$, 논리합 $s \vee t$, 논리곱 $s \wedge t$에 대한 진리표를 나타낸 것이다.

s	t	$s \rightarrow t$	$s \vee t$	$s \wedge t$
T	T	T	T	T
T	F	F	T	F
F	T	T	T	F
F	F	T	F	F

진리표에서 논리연산자란?

논리곱 '그리고[and]', 논리합 '또는[or]', 부정 '~이 아니다[not]' 등의 논리연산자[logical operators]는 진리표에서는 모두 기호로 나타낸다. 논리곱연산자 '그리고[and]'는 이항연산자라고도 한다. 가장 유용한 논리연산자 중의 하나인 논리곱연산자 'p and q'는 기호 $\wedge$ 또는 &로 나타낸다. 논리합연산자 'or'는 'p or q'와 같이 '이항연산자'이며, 기호 $\vee$와 |로 나타낸다. 부정연산자 또는 역연산자 'not'은 단항연산자이며, 기호 ~ 또는 ﹁(컴퓨터 프로그래밍에서, NOT은 종종 !로 나타낸다)로 나타낸다. 함의연산자 'implies' 또한 이항연산자로 기호 $\therefore$, $\supset$, $\tilde{A}$로 나타낸다.

그러나 모든 논리연산자 용어가 익숙한 방법을 사용하는 것이 아니라는 점에 유의해야 한다. 종종 논리연산자들은 그것들의 정확한 정의에 어긋나는 것처럼 보이기도 한다. 그러나 진리표에서의 논리연산자는 용어의 미묘한 차이 없이 그것이 가진 의미를 나타낸다.

컴퓨터에서 진리표가 중요한 이유는?

진리표는 여러 가지 면에서 컴퓨터의 디지털 논리회로와 직접적으로 관련되어 있다. 디지털 논리회로 중 조합형 논리회로의 기본요소를 '게이트'라 한다. 게이트에는 AND, OR, NAND, NOR, NOT, XOR 등이 있으며, 각 게이트에 따라 스위치를 여닫는다. 논리회로에서 입력과 출력을 나타내는 각 점에서의 값은 1(참) 또는 0(거짓)만 사용한다. 이것은 컴퓨터 이항 시스템으로도 알려져 있다. 다음은 AND 게이트의 동작을 스위치와 램프를 이용하여 설명한 것이다. 스위치 A, B는 AND 게이트의 입력을, 램프의 상태 Q는 출력을 나타낸다. 스위치가 닫힌 경우를 '1', 열린 경우를 '0', 램프가 켜진 경우를 '1', 꺼진 경우를 '0'으로 표시한다. 이 그림에서 출력이 '1', 즉 램프가 켜지기 위해서는 2개의 스위치가 모두 닫혀야 한다. 즉, AND 게이트는 모든 입력이 '1'인 경우에만 출력이 '1'이 된다.

일반적으로 참^{true}, 거짓false, '비결정^{undecided}' 값을 사용하는 삼치 논리$^{three\ valued\ logic}$도 있다. 보다 일반화시킨 퍼지논리는 '참'의 정도를 0에서 1 사이의 연속량으로 표현한다.

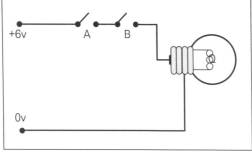

A	B	Q
0	0	0
0	1	0
1	0	0
1	1	1

식이란?

수학에서 식은 보통 어떤 규칙이나 원리, 사실 등을 수학 기호로 나타낸 것이다. 라틴어 formula의 복수형은 'formulae'이지만, 수학에서는 보통 'formulas'로 생각한다. 방정식은 보통 문자로 표현된 어떤 양들 사이의 명확하고 변하지 않는 관계를 표현하며, 대수 기호로 나타낸다. 예를 들어, 과학자 알베르트 아인슈타인의 공식 $E=mc^2$은 에너지(E)가 질량(m)과 빛의 속도(c)의 제곱을 곱한 것과 같음을 나타낸 식이다.

'식^{formula}'은 논리학에서도 사용된다. 논리학에서는 명제식 또는 문장식으로 나타내거나 명제계산에서의 식은 '그리고^{and}', '또는^{or}' 등을 사용하여 나타낸다.

술어계산이란?

일차 논리, 함수계산 또는 양화논리라고도 하는 술어계산은 "···인 어떤 개체가 존재한다" 또는 "모든 개체에 대하여 ···이다" 같은 문장을 사용하는 기호논리학 이론의 하나다. 이것은 명제계산보다 훨씬 더 강력하여 문장들을 더욱 폭넓게 상호 연결하지만, 산술, 집합론 등의 몇몇 수학 분야보다는 약하다.

술어계산에서 수량한정사란?

x 같은 변수가 포함된 하나의 문장이나 여러 문장은 수량한정사^{quantifier}를 사용함으로써 참인 명제 또는 거짓인 명제가 될 수 있다. 사실 수량한정사는 변수에 대입할 수 있는 값들에 따라 그 문장의 진릿값을 정한다. 두 가지 중요한 수량한정사는 ∃와 ∀라는 논리연산자 기호로 각각 나타내는 존재수량한정사와 전칭수량한정사다.

다른 수량한정사를 사용하는 좀 더 색다른 유형의 논리학도 있다.

술어계산의 아이디어를 확장시킨 사람은?

독일의 철학자이자 수학자인 프리드리히 루트비히 고틀로프 프레게[1848~1925]는 1879년 자신의 논문 〈개념표기법[Begriffsschrift]('Concept Script'라는 뜻의 독일어)〉에서 문장들의 논리를 더 명확하게 하고, 그 문장들이 다양한 방법으로 어떻게 연결되는지를 보여주기 위해 문장들을 재배열하는 방법을 제시했다. 프레게가 연구하기 전에 형식논리학(명제계산의 형태)은 '그리고[and]', '또는[or]' 같은 용어를 사용했다. 그러나 그 방법으로는 문장들을 더욱 작은 부분으로 분류할 수 없었다. 예를 들어, 형식논리학은 문장 "고양이는 동물이다"가 실제로 "고양이의 parts가 동물의 parts이다"를 어떻게 함의하는지를 나타낼 수 없었다.

프레게는 문장들을 재배열하기 위해 변수들과 수량한정사를 사용하면서 'all', 'some', 'none' 같은 단어를 추가해 의미상 문장을 보다 정확하게 만들었다. 그는 또한 술어논리에 대한 두 가지 중요한 수량한정사인 A의 위아래를 뒤집은 것(∀)과 E를 거꾸로 쓴 것(∃)을 개발했다.

비록 그의 연구가 몇 가지 측면에서 불완전하고 불편하더라도 프레게의 연구는 현대논리학 이론의 기초에 관한 것이다. 1910년과 1920년에 프레게의 시스템은 수정되었으며, 오늘날의 술어논리로 간소화되었다.

술어계산은 어떻게 해석할까?

술어계산은 논리학의 일반적인 체계일 수도 있지만, 다양한 단어들을 매우 정확하게 표현하며 많은 유형의 추론을 제공한다. 확실히 아리스토텔레스의 삼단논법보다 적응성이 강하며, 명제계산보다 많은 경우에 좀 더 유용하다.

술어계산에서는 소문자 a, b, c, ⋯, x, y, z를 사용하여 주어(술어논리에서는 종종 '개체'라고 하기도 한다)를 나타내고, 대문자 M, N, P, Q, R, ⋯을 사용하여 술어를 나타내며, 기호 표기 사용을 매우 중요하게 여긴다.

임의의 변수가 들어 있는 문장에서 '모든[all]' 수량한정사를 사용할 경우에는 그 변수에 대하여 문장이 참임을 증명하고, 그 문장은 항상 참이 될 것이므로 선택한 변수와 상관없이 참임을 증명해야 한다. 이런 까닭에 명제계산에서의 문장 "모든 사람은 죽는다"는 술어계산에서 "모든 사물 x에 대하여 x가 사람이면 x는 죽는다"라는 문장이 된다. 술어계산에서 이 문장은 기호로 나타낼 수도 있다. 비교하자면 명제계산에서 문장 "x는 사람이다"는 명제가 아니다. 그것은 알 수 없는 실체 x가 들어 있기 때문이다. 따라서 이 문장의 진릿값은 x가 무엇을 나타내는지를 알지 못하면 알 수 없다.

술어계산의 원자식은?

술어계산의 원자식은 1개의 술어와 특별한 경우에 해당하는 1개의 주어가 함께 쓰인 식을 말한다. 예를 들어, M이 술어 '사람이다'이고, b가 주어 '소크라테스'이면 Mb는 단순한 형태의 명제(단언) "소크라테스는 사람이다"를 나타낸다. 이 원자식은 "b는 M의 논거다"라는 문장을 표현한 것이다. 이런 까닭에 술어 M은 어떤 주어에도 갖다 붙일 수 있으며, 이때 그 주어는 M의 논거가 된다. 그러나 c가 주어 '버몬트 주Vermont'이면 Mc는 거짓 단언이 된다. 그것은 버몬트 주가 사람이 아니기 때문이다.

몇몇 술어는 1개 이상의 논거를 필요로 하는 경우도 있다. 예를 들어 "서울은 한국의 수도다"와 같이 두 개체와 두 개체 사이의 관계를 나타내는 술어가 있는 원자식은 Mxy 같은 형태로 표현할 수 있다.

술어계산에서 논리연산자는?

술어계산은 어떤 식을 표현하기 위해 보통 논리연산자라 부르는 7개의 특별한 기호를 사용한다. 이 경우에 식은 논리연산자의 반복된 적용에 의한 원자식으로 세워진 유의미한 것을 말한다. 다음 표는 그 기호들과 의미를 정리한 것이다. 이들 기호 중 몇 가지는 진리표에서 논리연산자로 사용되기도 한다.

술어계산에서의 논리연산자

기호	명칭	사용법	의미
&	논리곱	$\cdots$&$\cdots$	"$\cdots$이고 $\cdots$이다"
$\vee$	논리합	$\cdots\vee\cdots$	"$\cdots$이거나 $\cdots$이다"
~	부정	~$\cdots$	"$\cdots$이 아니다"
$\supset$	조건(함의)	$\cdots\supset\cdots$	"만약 $\cdots$이면 $\cdots$이다"
$\equiv$	쌍조건	$\cdots\equiv\cdots$	"$\cdots$이면 그리고 그때에만 $\cdots$이다"
$\forall$	전칭수량	$\forall x, \cdots$	"모든 x에 대하여 $\cdots$이다"
$\exists$	존재수량	$\exists x, \cdots$	"$\cdots$인 x가 존재한다"

단, x는 임의의 변수이다.

알고리즘이란?

'알고리즘'은 대수적 방법에 대하여 쓴 페르시아의 수학자 무하마드 이반 알 콰리즈미[783~850]의 이름에서 유래한다. 보통 알고리즘은 일련의 특별한 명령으로, 정확하게 따르면 결과를 알게 된다. 쉽게 말하면, 조리법은 알고리즘의 일례다. 예를 들어, 애플파이를 만드는 두 가지 조리법(한 가지는 신선한 사과를 깎아 파이에 들어갈 소를 만드는 것이고, 다른 한 가지는 통조림에 들어 있는 사과를 이용하는 것)이 있다고 하더라도 똑같은 애플파이가 만들어질 것이다.

수학에서 대부분 알고리즘은 반복하거나 최종 결과를 알게 되기까지 논리와 비교를 통해 결정하도록 하는 일련의 유한한 단계들로 되어 있다. 긴 나눗셈 알고리즘이 가장 좋은 예라고 할 수 있다. 일부 나눗셈의 나머지들은 다음 숫자나 숫자들로 이월된다. 예를 들어, 1347을 8로 나누는 계산에서 13을 8로 나눌 때 나머지 5는 4의 앞에 위치하며, 그런 다음 '54'를 8로 나눈다. 알고리즘이 잘 활용된 예는 메타수학이라는 일종의 논리학에서 찾아볼 수 있다.

결정문제는 알고리즘과 어떤 연관이 있을까?

결정문제는 독일어 Entscheidungsproblem에서 유래한다. 결정문제는 특정 수학적 단언을 나타내는 알고리즘이 있는지, 그리고 참, 거짓을 나타낼 수 있는 증명을 가지고 있는지에 대한 문제를 제기한다.

메타수학(초수학)이란?

메타수학은 공리에서 정리가 어떻게 도출되는지를 이해하려는 과정에서 일반적이고 추상적인 방법으로 수학적 추론을 연구하는 분야다. 그래서 종종 '증명론'이라고도 한다. 메타수학은 특별한 수학적 이론을 연구하는 것이 아니라 수학적 이론의 논리적 구조 그 자체를 연구한다. 수학적 기호의 조합과 적용을 연구하기 위하여 논리학에서도 메타수학을 이용한다. 이에 따라 종종 '메타논리학'이라고도 한다.

괴델의 불완전성 정리란?

오스트리아 출신의 미국의 수학자이자 논리학자인 쿠르트 괴델[1906~1978]은 수리논리학 연구로 잘 알려져 있다. 특히 1931년에 제안한 '불완전성 정리'는 매우 유명하다. 이 정리는 어떤 한 체계의 공리들만으로는 도출될 수 없는 수많은 명제가 수학과 무관한 메타수학적 수단들에 의해 증명될 수 있음을 보여준다. 즉, 수학에는 '예 또는 아니오'만을 답할 수 있을 뿐 증명이 불가능한 문제들이 매우 많다. 불완전성 정리는 그런 문제들이 항상 존재하리라는 것을 시사한다.

수리논리학에서 가장 최근의 철학에는 어떤 것들이 있을까?

20세기 말과 21세기 초, 술어계산과 디지털컴퓨터의 발전은 수학적 지식과 수리논리학에 큰 영향을 미쳤다. 수십 세기 동안 수학과 논리학의 기본원리를 언급하는 대신 이런 생각들을 바탕으로 세 가지 수학적 사고에 대한 최신의 철학 사조가 생겼다.

사람이 모든 지식을 소유한 가운데 태어난다는 고대 그리스 철학자 플라톤의 관념은 무한 집합 개념을 다루는 집합론적 플라톤주의라는 수리철학을 태동시켰다.

형식주의는 수학이 확실하게 형식적이라고 생각한다. 따라서 기호의 알고리즘적 조작에만 관심이 있다. 형식주의에서 술어계산은 수학적 대상들이 전혀 존재하지 않는다는 것을 뜻하는 술어를 나타내는 것이 아니다. 이것은 명확하게 오늘날 컴퓨터 세계, 특히 인공지능 분야에 적합하다. 그러나 이 철학은 인간의 수학적 이해를 고려하지 않으며, 철학과 공학에서 수학적 응용을 언급하지도 않는다.

21세기 전환기에 탄생한 구성주의는 '주변을 맴도는' 운동이었다. 구성주의자들은 모든 수학적 대상이 수학자의 생각 내에서만 존재함에 따라 수학적 지식이 순수하게 일련의 인지적 구성으로 획득된다고 믿는다. 구성주의는 외부세계의 측면과 역할을 거의 도외시하므로 극단으로 치달을 때 한 가지 생각에서 다른 생각으로 전달할 수 없다는 것을 의미한다.

이 철학은 논리학의 기본 규칙들을 무시하기도 한다. 예를 들어, 만일 '예' 또는 '아니오'만으로 대답할 수 있는 수학문제인데도 답을 알지 못하면 수학자는 '예'도 '아니오'도 생각하지 못한다. 이것은 논리합이 적절한 수학적 가정이 되지 못하므로 아리스토텔레스의 배중률 같은 아이디어들은 생각하지 않는다는 것을 의미한다. 그렇다고 해서 많은 현대 수학자들이 수백 년에 걸친 논리학을 거부하려는 것은 아니다.

집합론적 플라톤주의(집합론적 실재론)는 마치 수학자들이 플라톤 시대로 후퇴한 것처럼 여겨진다. 실제로 이 철학은 회상에 대한 여러 플라톤주의에 근거를 두고 있는데, 이 철학에서는 인간이 모든 지식을 가지고 태어나며, 내재한 지식을 발견함으로써 그 지식을 알게 된다는 것이다. 집합론적 플라톤주의에서 무한집합은 순전히 비물질적인 수학 영역에 존재한다. 이 영역에 대한 직관적인 이해를 확대함으로써 괴델의 불완전성 정리로 접하게 된 문제 등을 처리할 수 있다. 그러나 다른 철학들과 마찬가지로 이 철학 역시 겉으로는 많은 허점을 가지고 있는 것처럼 보인다. 특히 무한집합에 대한 이론이 유한한 세계에 어떻게 적용될 수 있는지에 대한 문제에서 그렇다.

이들 철학이 현대 수학과 논리학 상황에 대해 말하고 있는 것은 무엇일까? 여러 추상적이고 복합적인 연구들과 마찬가지로 철학 역시 나타났다 사라졌다 한다. 훌륭한 것이 있는가 하면 표면상 수학적 기초지식을 토대로 하는 것들도 있다. 한편으로는 특히 수학적 지식과 물리적 현실에서 수학의 응용을 결합할 때 현재 수학과 논리학의 기초를 정확하게 정의하는 철학이 단 하나도 없음을 보여주고 있기도 하다.

공리계

공리와 공준이란?

이 두 용어는 종종 동일시되기도 한다. 실제로 공리라는 용어를 공준의 약간 고풍스러운 유사어로 생각하는 수학자들도 있다. 두 가지 모두 증명 없이 참으로 인정한 명제이지만, 미묘한 차이가 있다.

수학에서 공리는 증명이 필요 없는 참인 일반적인 명제를 말하며, 종종 "동일한 것과 같은 두 가지는 서로 같다"와 같은 동일성과 관련이 있으며, 그들 공리는 연산과도 관련이 있다. 또 공리는 무모순적이어야 한다. 즉, 공리와 서로 모순된 진술을 연역해낼 수 있으면 안 된다.

공준 또한 증명이 필요 없는 참인 명제(문장)이지만, 기하학적 도형의 성질 같은 특별한 소재를 다룬다. 따라서 공리에 비해 일반적이지 않다. 예를 들어, 유클리드 기하는 유클리드 공준으로 알려진 5개의 공준을 바탕으로 한다.

공리계란?

공리계는 한정된 일련의 공리들을 포함하는 논리체계다. 이들 공리에서 정리들이 도출될 수 있다. 각 공리계에서는 제한된 몇몇 공리나 공준을 바탕으로 명제들을 증명한다. 이때 이들 공리나 공준은 모두 몇 개의 무정의 용어를 포함한다. 몇몇 무정의 용어를 토대로 다른 용어를 정의하기도 한다. 최초의 공리계 중 하나는 유클리드 기했다.

일반적으로 공리계에는 몇 가지 기본적인 구성요소가 있다. (1) 무정의 용어 (2) 논리식 또는 공리계 내에서 정의된 용어라는 몇몇 허용된 규칙에 따라 기호를 나타내는 방법 (3) 공리 또는 공리계에서 '자명하게 참인 것들'로 알려진 것 (4) 정리 또는 공리들이나 다른 증명된 정리들을 바탕으로 증명되는 명제 (5) 추론규칙 또는 어떤 식에서 다른 식으로 추이를 허용하는 규칙

추가로 공리계를 정의할 수 있는 것은?

추가로 공리계를 정의하는 몇 가지 용어가 있다. 그 용어들은 모두 공리계에 따라 약간씩 뒤얽혀 있다.

그중 한 가지는 무모순성 또는 명제와 그 부정이 모두 참임을 증명하는 것으로, '일관성'으로도 알려져 있다. 또 한 가지는 '독립성'으로 공리계에서 꼭 필요한 것은 아니지만, 일관성은 반드시 필요하다. 공리계에서 일관성의 반대는 모순^{inconsistency}이다.

공리계에서 그 계에 있는 다른 공리에서 도출되는 공리가 전혀 없을 때, 그 공리계는 '독립적'이라고 한다. 즉, 완전한 공리계에서는 공리계의 모든 기본 공리가 독립적일 때 독립성이 있다고 한다. 공리계의 독립성은 항상 일관성을 확인한 뒤 알아본다. 종속인 공리계에는 몇몇 중첩되는 공리가 있다. 이를 '중첩성'이라고도 한다.

종속적이거나 모순적인 새로운 공리계를 만들지 않고 공리계에 어떤 특별한 공리도 추가할 수 없을 때 그 공리계는 '완전하다'고 한다. 즉, 공리계의 공리들만으로 그 객체들에 관한 어떤 명제든지 증명하거나 반증을 드는 것을 목표로 한다.

완전한 공리계에서는 정의된 용어와 무정의 용어에 대한 모든 참인 명제를 공리들로 증명할 수 있다. '그리고^{and}'와 '또는^{or}', '~이 아니다^{not}'로 결합한 참이거나 거짓인 명제들을 바탕으로 한 논리를 포함한 공리계는 완전하다. 수량형용사를 포함하는 경우에도 마찬가지다. 집합론과 같은 보다 복잡한 공리계는 완전한 것으로 여기지 않는다.

잘 알려진 공리계로는 어떤 것들이 있을까?

가장 잘 알려진 공리계 중 하나는 그리스의 수학자 유클리드[기원전 325~270]에 의해 개발되었다. 그는 기하학과 다른 수학 내용을 13권으로 구성하여 《원론》이라는 책을 내놓았다. 이 책에는 점, 선, 원, 각에 관한 5개의 공준과 동일성에 관한 4개의 공리, "전체는 부분보다 크다"는 1개의 공리에서 도출한 기하학과 수들에 대한 정리들이 들어 있다. 보다 현대적인 공리계는 8개의 공리와 3개의 무정의 용어를 바탕으로 한 공리적 집합론이다.

무정의 용어란?

공리계에서 무정의 용어는 '원시 용어'라고도 한다. 거짓말처럼 들릴 수도 있지만, 사실 이들 원시 용어는 대상의 명칭들이다. 그러나 이름을 붙인 그 대상들은 정의를 내리지 않고 사용한다. 공리는 공리계에서 원시 용어에 해당하는 명제다. 원시 용어에 어떤 의미를 부여할 때 그것을 '해석'이라고 한다.

공리계와 기하학이 결합한 영역에서도 무정의 용어를 찾아볼 수 있다. 이 영역에서 새로운 단어를 설명하기 위해서는 이미 알려진 여러 개의 단어나 용어를 사용한다. 기하학에서 점, 선, 면은 공식적으로 정의되지 않은 용어들이다. 이 세 용어는 정의되지 않은 다른 용어들을 사용하지 않고서는 설명할 수 없다. 이들 용어는 원, 삼각형 같은 훨씬 복잡한 대상들을 설명하는 데 필요하며, 기하학 연구에서 매우 중요하다.

정리, 따름정리, 보조정리란?

수학과 논리학에서 정리[theorem]는 누구나 인정하는 수학적 연산과 논증을 통해 참임을 증명한 명제다. 일반적으로, 정리는 보다 큰 이론의 일부인 몇몇 일반적인 원리를 토대로 하며, 공리와 다른 점은 그 정리를 받아들이기 위한 증명이 필요하다는 것이다. 잘 알려진 몇몇 정리 중에는 발견자의 이름을 따서 붙인 피타고라스의 정리와 페르마의 마지막 정리 등이 있다. 20세기 가장 뛰어난 물리학자 중 한 명인 리처드 파인만[Richard Feynman, 1918~1988]이 "우선 증명이 얼마나 어려운지와는 상관없이 어떤 정리라도 일단 증명에 성공한 수학자들은 그것을 '대수롭지 않은 것'으로 본다"고 말했다는 사실은 매우 흥미롭다. 파인만에 따르면, 그다지 대수롭지 않은 정리와 아직 증명되지 않은 정리라는 두 가지 유형의 수학적 대상이 존재한다.

따름정리[corollary]는 확증된 정리에서 단지 몇 단계만으로 증명된 정리이거나 다른 정리나 공리에서 바로 유도된 정리를 말한다. 마지막으로 보조정리[lemma]는 다른 보다 기본적인 정리의 증명에서 준비단계 또는 중간단계 증명된 정리이거나 보다 큰 정리를 증명하기 위해 사용된 간단한 정리다.

존재정리란?

존재정리는 문제의 풀이가 존재하기 위한 조건들을 "…이 존재한다" 또는 보다 일반적으로 "모든 x, y에 대하여 …이 존재한다" 같은 형식으로 제시한 정리를 말한다. 존재정리는 해와 관련된 정확한 공식을 제시하며, 여러 증명이 반복되는 과정에서 문제 해결 방법을 설명하고, 해를 결정하는 방법에 관하여 어떤 방법을 제시하는 것이 아니라 해를 간단하게 추론하는 등 여러 가지 방법으로 제시된다.

수학자들은 실체가 구성될 수 없는 정리는 어떤 것이라도 쓸모없다고 하면서 존재정리를 믿지 않는다. 몇몇 수학자들은 그런 정리들의 존재에 대해 언급하기는 하지만, 특정하게 증명된 방법을 제공하는 유효한 정리들을 선호한다.

증명이란?

증명은 간단히 어떤 정리가 참임을 보여주는 과정을 말한다. 종종 그 과정이 간단하지 않은 것들도 있다. 이들 수학적 논증은 상당히 엄밀하며, 주어진 명제가 참임을 증명하는 데 사용된다. 증명된 명제의 결과가 정리다.

흥미롭게도 오늘날 증명을 자동화하기 위해 개발된 몇몇 컴퓨터 시스템이 있다. 그러나 수학자(대부분 순수 수학자) 중에는 이들 컴퓨터에 의한 증명들이 타당하다고 믿지 않는 수학자들도 있다. 그들은 인간만이 미묘한 차이를 이해할 수 있으며, 어떤 정리를 증명하는 데 필요한 직관을 갖고 있다고 생각한다. 컴퓨터 시스템을 이용하여 증명을 자동화한 좋은 예로 '4색 정리'가 있다. 이 정리의 증명은 직접 확인할 수 없이 많은 각각의 경우에 대하여 컴퓨터 검증을 통해 매우 신중하게 이뤄진다.

서로 다른 유형의 증명법들이 있을까?

수리논리학에는 여러 가지 유형의 서로 다른 증명법들이 있다. 직접증명법direct proofs은 2개의 명제를 사용하여 1개의 참인 새로운 명제가 유도되는 규칙을 바탕으로 한다. 직접증명법은 어떤 주어진 문장이 몇몇 수학적 조작이 포함된 정리나 포함되지 않은 기존의 정리들을 사용하여 참임을 증명한다. 예를 들어, 정리 "이등변삼각형의 꼭지각의 이등분선에 의해 만들어지는 두 삼각형은 서로 합동이다"의 직접증명법은 다른 2개의 꼭짓점에서의 각의 크기가 같다는 것을 보여준다.

논리학에서 간접증명법indirect proofs은 '모순에 의한 증명법'이라고도 하며, 라틴어로 reductio ad absurdum('불합리하게 되도록 하는'이라는 뜻)으로 알려져 있다. 이 증명법은 먼저 증명하려고 하는 것의 부정이 참임을 가정하며, 이 가정에서 여러 가지 결론이 유도될 수 있다. 이때 그중에서 주어지거나 알려진 정보와 모순됨으로써 거짓인 결론을 찾는다. 때때로 주어진 정보 조각이 모순되는 경우도 있다. 이것은 곧 그 가정이 거짓인 결론을 유도하므로 그 가정이 거짓이 되어야 함을 나타낸다. 증명하려고 하는 결론의 부정이 거짓이면 그 결론이 참이 되어야 한다는 것은 알고 있다. 따라서 이 모든 것은 '간접적으로' 증명해 보인 것이다.

마지막으로, 반증a disproof은 어떤 명제와 모순되는 한 예를 말한다. 예를 들어, "모든 소수는 홀수이다"의 반증은 참인 명제 "수 2는 소수이며 홀수가 아니다"이다. 어떤 명제에 대한 반증이 존재하면 그 명제는 거짓이다.

논리학에서 연역^{deduction}은 전제와 삼단논법에서 새로운 명제를 결론으로 이끌어내는 것을 말한다. 이 경우 연역은 전제가 참일 때 결론이 참이 되는 추리 또는 추론의 한 형식으로 일반적인 원리, 특히 도출된 여러 가지 사실과 관계들을 바탕으로 한다. 연역적 논리는 공리계에서 참인 명제(정리)를 증명하는 과정을 의미하기도 한다. 공리계가 타당할 때 도출된 모든 정리를 타당한 것으로 인정하는데, 가령 모든 개가 4개의 다리를 가지고 있고 스팟이 개라고 하면 논리적으로 스팟이 4개의 다리를 가지고 있음을 추론할 수 있다.

연역적 추론의 다른 예로는 아리스토텔레스의 삼단논법이 있다.

귀납^{induction}은 보통 확률과 관련하여 사용되는 용어다. 이 경우에는 전제가 참일 때조차 결론은 거짓이 될 수 있다. 연역과 달리 전제가 결론에 대한 근거를 제공하지만, 그것을 꼭 필요로 하는 것은 아니다. 귀납 논리는 개별적인 특수한 사실이나 현상에서 그러한 사례들이 포함되는 일반적인 결론을 이끌어내는 추리 방법이다. 그러나 주의할 점은 모든 귀납 논리가 개연적이거나 '불확실한' 여러 논증을 타당하게 만드는 올바른 일반화를 이끌어내는 것은 아니라는 사실이다.

과학계, 특히 일반적인 원리가 어떤 사실들로부터 추리되는 과학적인 방법에서 이 두 가지가 어떻게 적용되는지를 볼 수 있다. 예를 들어, 각 사건을 관찰함으로써(귀납) 이미 개발된 원리들에서(연역) 새로운 가설들을 형식화한다. 이때 각 가설은 적용을 통해 검증한다. 그리고 각 결과가 가설의 조건을 만족할 때 귀납에 의해 법칙이 개발된다. 이때 미래의 법칙들이 개발되면 그들 중 많은 것이 연역에 의해 결정된다.

개 스팟을 통해 연역의 한 가지 예를 설명할 수 있다. 스팟이 개이고 모든 개가 4개의 다리를 가지고 있다면 스팟은 4개의 다리를 가지고 있음이 틀림없다.(cc-by-sa-3.0 Dernico)

긍정논법^{modus ponens}이란?

라틴어 modus ponens는 '긍정하는 양식^{mode that affirms}'을 의미한다. 또 논리의 경우, 추론식 또는 분리규칙이라고도 한다. 추론규칙으로도 알려진 이 규칙은 "만약 …이면 …이다"라는 문장과 관련이 있으며, "만일 p이면 q이다" 또는 "p가 참일 때 결론 q가 참이 된다"와 같은 형식을 토대로 증명한다. 이것은 종종 다음과 같이 나타내기도 한다.

만일 p이면 q이다.

p이다.

따라서 q이다.

이것을 다른 방법으로 나타내면 다음과 같다.

$p \Rightarrow q$: "비가 오면 하늘에 구름이 낀다."

p : "비가 오고 있다."

q : "하늘에 구름이 끼어 있다."

긍정논법을 분석하기 위한 여러 가지 방법이 있다. 논증 형식에는 2개의 전제가 포함된다. 즉, (1) '만약(if) – 그러면(then)'(또는 조건문) 또는 p가 q를 함의한다, (2) "p가 참이다"가 그것이다. 이 두 전제를 통해 논리적으로 q도 참이 되어야 한다는 결론을 내릴 수 있다. 이때 p를 조건문의 '전건'이라 하고, q를 '후건'이라고 한다. 즉, 조건문의 전건이 참이면 후건도 참이 되어야 한다.

결론은 전제들에 일련의 논리규칙(삼단논법)을 적용하여 알아낸 문장(명제)을 말한다. 그리고 어떤 증명의 마지막 문장을 그 증명의 '결론'이라고 한다. 예를 들어, "만약 … 이면 …이다"를 포함한 문장에서 '…이면' 뒤에 이어지는 결과가 결론이다.

역사적으로 역설의 예로는 어떤 것들이 있을까?

가장 오래된 역설은 기원전 6세기경에 살았던 고대 그리스의 시인 에피메네데스 Epimenides기원전 500년경가 말한 "모든 크레타인은 거짓말쟁이다."라는 역설이다. 물론 에피메네데스 자신도 크레타인이었다. 만일 이 주장이 참이면 이 말을 한 에피메네데스 자신도 거짓말을 했으므로 결국 그 주장은 거짓이다. 즉 에피메네데스가 주장한 것은 "모든 크레타인은 참말만 한다"이다. 그러면 자신도 참말을 했으므로 크레타인은 거짓말쟁이가 된다. 도무지 갈피를 잡을 수 없다. 이것을 '거짓말쟁이의 역설'이라고도 한다.

그 이후 많은 역설이 만들어졌다. 많이 알려진 역설 중에는 엘레아의 제논Zeno of Elea기원전 490~425이 제시한 여러 개의 역설이 포함되어 있다. 이것들은 제논의 이름을 따 '제논의 역설'이라 부르는데, 그중 가장 유명한 것이 바로 '아킬레스와 거북의 역설'이다. 고대 그리스의 철학자 파르메니데스는 제논의 스승으로, "일원론적인 철학사상을 토대로 하여 참되고 진실한 실재는 하나밖에 없으며, 이는 변화하지 않는 존재"라고 주장했다. 그는 존재만을 하나의 참된 것으로 보고 이것이 공간을 가득 메우고 있다고 생각했기 때문에 이와 대립하는 비어 있는 공간을 인정하지 않았다. 즉, 한곳에서 다른 비어 있는 공간으로 물질이 이동하는 '운동' 개념을 받아들이지 않았다. 그는 운동처럼 우리가 당연한 것으로 여기는 많은 것이 단지 인간의 감각으로 인해 생긴 거짓된 착각이라고 생각했다.

그러나 파르메니데스의 철학은 일반적인 상식에 맞지 않았으며, 그 자체도 여러 가지 문제점을 지니고 있었기 때문에 많은 논쟁을 불러일으켰다. 이에 제논은 파르메니데스의 사상을 옹호하기 위해 '역설'이라는 논증방식을 개발했다. 지금까지도 제논의 역설은 대부분 현대 수학자들과 철학자들의 논쟁 대상이 되고 있으며, 또 다른 역설인 "역사를 통틀어 변하는 것은 없다. 그렇지 않으면 변하는가?"를 증명했다.

오류란?

오류fallacy는 올바르지 않은 결과를 말하는 것으로, 어떤 논리적 주장을 검증할 때 잘못된 추리에 의해 도달한다. 논리학에서 많이 범하는 오류 중 한 가지는 "p이면 q이다"가 참이면 "q이면 p이다"도 참이라고 잘못 생각하는 것이다. 그런 타당하지 않은 논증에 대한 개념은 과거에도 잘 알려져 있었다.

고대 그리스의 수학자 아리스토텔레스의 삼단논법에 따르면 모든 법칙을 지키는 논증은 타당한 것이었으며, 단 1개의 법칙이라도 어기면 거짓이 되었다. 다른 고대 그리스의 수학자 유클리드는 기하학에서의 오류를 담은 《오류론》을 쓴 것으로 알려졌지만, 그 책은 분실되어 현재 남아 있지 않다.

패러독스란?

논리학에서 역설은 자기 모순적이거나 예상에 반대되는 것처럼 보이는 주장을 말한다. 이들 주장은 어떤 명제와 그것의 반대되는 명제 두 가지를 의미한다. 가장 유명한 역설 중 하나는 1901년 영국의 논리학자 버트런드 러셀의 집합에 관한 주장이다.

"어떤 집합이 자기 자신에 속하지 않는 집합들의 집합이면 이 집합은 자기 자신에 속하는가?"

공간과 시간을 다루는 역설에는 어떤 것들이 있을까?

연속적인 공간이나 시간과 관련하여 반직관적인 측면을 다루는 역설들이 많다. 가장 잘 알려진 것 중의 하나는 '이분의 역설'이다. 어떤 물체가 거리 d인 경로를 이동하기 위해서는 먼저 그 거리의 '절반에 해당하는 지점'을 지나가야 한다. 이를테면 경주장에서 어떤 사람이 경주로의 도착지점까지 가기 위해서는 먼저 중간지점에 도착한 다음 남은 경주로 1/2의 중간지점, 다시 남은 경주로 1/4의 중간지점, 그다음에도 다시 남은 경주로 1/8의 중간지점, …과 같이 무한히 많은 지점을 지나야 한다. 따라서 경주로의 도착지점에는 결코 도달하지 못하게 된다.

아킬레스와 거북의 역설은 유명한 우화인 〈거북과 토끼〉 이야기를 각색한 것으로, 이 우화와는 다르게 해결한다. 이 역설에 따르면 아킬레스는 느린 거북을 먼저 출발하도록 한다. 아킬레스는 거북이 A지점에 도착할 때 출발한다. 하지만 아킬레스가 A지점까지 오면 거북은 이미 그 지점을 지나 B지점까지 가게 된다. 아킬레스가 B지점에 도착하면 거북은 C지점에 도착하는 과정을 무한히 반복한다. 이 과정이 계속 반복되면서 아킬레스는 영원히 거북을 따라잡을 수 없다.

또 다른 역설로는 '화살의 역설'이 있다. 화살이 날아가고 있다고 할 때 시간이 지남에 따라 화살은 어느 지점을 지날 것이다. 이때 이 화살은 같은 위치에서 정지해 있는 화살과 다를 바 없다. 즉, 한순간 화살은 어떤 한 점에 머물러 있으며, 그다음 순간에도 화살은 또 다른 한 점에 머물러 있을 것이다. 따라서 화살이 이동하고 있다는 것을 어떻게 알 수 있겠는가?

마지막으로, 가장 흥미롭고 통찰력 있는 역설 중의 하나는 소크라테스와 연관이 있다. 이것을 '소크라테스의 역설'이라 한다. 그것은 "내가 아는 것은 내가 아무것도 모른다는 것이다"라는 소크라테스의 주장을 토대로 하고 있다.

말과 기수가 경주로를 한 바퀴 돌 때, 계속하여 도착지점까지의 거리의 절반지점을 지나게 된다. 이분의 역설에 따르면, 이 경우 말은 경주를 끝내지 못하며 도착지점까지의 거리를 점점 더 좁혀가기만 한다.

집합론

집합론은 집합에 대한 수학 이론이며 논리학과도 연관이 있다. 즉, 집합론은 집합(어떤 대상들의 모임이나 실제 대상이나 인지개념이 될 수 있는 실체들의 모임)과 그 특성들을 연구한다. 형식적 집합론에서는 세 가지 무정의 용어 S(집합), I(상등), E(원소)를 사용한다. 이때 식 Sx는 'x는 집합이다'를 의미하고, 식 Ixy는 'x는 y와 같다'를 의미하며, 식 Exy는 'x는 y의 원소다'를 의미한다.

일반적으로 집합론은 모든 수학을 통일하고, 그 토대가 되는 하나의 공식 이론을 찾으려는 논리적 연구 목적과도 잘 맞는다. 알다시피 집합들은 직접 모든 현대 수학을 둘러싼 많은 양의 데이터가 되기도 한다.

각각 자신만의 규칙과 공리들을 지닌 서로 다른 많은 집합론이 있지만 어떤 것이든 집합론은 수학과 논리학뿐만 아니라 컴퓨터공학, 원자핵물리학 같은 다른 분야에서도 중요하다.

소박한 집합론과 공리적 집합론이란?

칸토어가 이뤄놓은 집합론에서는 집합을 단순히 대상들을 모아서 만드는 자명한 개념으로 여기고 최소한의 독자적인 공리를 사용하여 집합의 특성을 형식화했다. 1907년, 러셀의 역설에 의해 칸토어의 집합론이 모순임이 밝혀졌지만, 수학 분야에 미친 영향이 크기 때문에 칸토어의 집합론을 '소박한 집합론'이라 했다. 소박한 집합론의 모순을 해결하기 위해 수학자들은 집합들과 관련된 공리들을 규정함으로써 집합을 간접적으로 정의하는 '공리적 집합론'을 등장시켰다. 공리적 집합론에서는 '집합'과 '원소'를 정의하는 대신, 몇 가지 공리를 설정하여 우리가 직관적으로 받아들이는 집합의 성질들을 정당화시킴과 동시에 여러 가지 집합에 관한 논리들을 전개해나간다.

러셀의 역설은 가장 유명한 집합론의 패러독스 중 하나로, 소박한 집합론을 연구하면서 처음 등장했다. R을 자기 자신의 원소가 되지 않는 집합들의 집합이라 할 때, R은 자기 자신에 속하지도 속하지 않는 것도 아니다. R이 자기 자신에 속하면 R의 정의에 따라 R은 자기 자신에 속하지 않는다. 또 R이 자기 자신에 속하지 않으면 R의 정의에 따라 R은 자기 자신에 속한다.

1901년, 웨일스의 수학자이자 논리학자인 버트런드 아서 윌리엄 러셀[1872~1970]이 발견한 이 패러독스는 논리학, 집합론, 특히 철학과 수학 기초론에서 많은 연구와 논쟁을 불러일으키는 계기가 되었다. 러셀의 역설이 중요시된 이유는 수학에서의 효과 때문이었다. 러셀의 역설은 논리학을 바탕으로 수학을 연구하는 사람들에게 몇 가지 문제를 남겼으며, 게오르크 칸토어의 직관적인 집합론이 틀렸음을 지적하기도 했다.

집합론은 누가 개발했을까?

독일의 수학자 게오르크 페르디난트 루트비히 칸토어[1845~1918]는 집합론을 개발한 것으로 잘 알려져 있다. 그가 쓴 책《*Mathematicsche Annalen*》은 집합론의 기초 입문으로, 무한집합의 기수에 따라 무한집합의 체계를 세웠다. 특히, 일대일대응을 이용하여 실수 집합이 유리수 집합보다 더 큰 기수를 가지고 있다는 것을 증명했다.

대부분의 수학적 주제들과는 달리 칸토어의 집합론은 그가 독자적으로 창시한 것이다. 그러나 역사적으로 훌륭하고 혁신적인 다른 수많은 사상가와 마찬가지로 그의 이론은 동시대 수학자들의 거센 반대에 부딪혔다. 이 때문에 그는 생애 마지막 33년을 신경쇠약으로 고통 받다가 정신병에 걸려 비참하게 숨을 거두었다.

집합이란?

간단히 말해서, 집합은 대상물들이나 실재물들의 모임을 말하며, 이때 그 대상물들이나 실재물들을 그 집합의 '원소'라고 한다. 집합의 원소 개수는 크거나 작으며, 유한하거나 무한하다. 집합은 종종 비공식적으로 괄호 안에 원소를 넣어 $x = \{y, z, \cdots\}$와 같이 나타낼 때도 있으며, "집합 x가 원소 y, x, $\cdots$ 등으로 이뤄져 있다"고 말한다. 그러나 보통은 "a가 집합 A의 원소다"와 같이 집합은 대문자로 나타내고, 원소는 소문자로 나타낸다.

집합은 어떻게 해석할까?

집합을 고찰하는 데는 여러 가지 방법이 있다. 두 집합이 같아지는 필요충분조건은 두 집합의 원소가 같은 경우다. 이것을 '외연성의 원리'라 한다. 예를 들어, 집합 $\{a, b, c\}$와 집합 $\{a, b, c\}$는 원소들이 같으므로 서로 같은 집합이다. 두 집합 $\{a, b, c\}$, $\{c, b, a\}$와 같이 원소의 순서가 다르게 배열되어 있더라도 두 집합은 같은 집합으로 인정한다.

집합은 다른 집합의 원소일 때 보다 복잡해진다. 이 경우에는 괄호 위치를 파악하는 것이 중요하다. 예를 들어, 집합 $\{\{a, b\}, c\}$는 집합 $\{a, b, c\}$와는 다르다. 이때 집합 $\{a, b\}$는 집합 $\{\{a, b\}, c\}$의 원소로, 바깥쪽 괄호 사이에 들어 있는 하나의 집합이다.

집합이 어떻게 설명되는지를 보여주는 또 다른 예는 다음과 같다. 방정식 $x^2 = 9$의 해집합을 B라고 할 때 집합 B는 $B = \{x : x^2 = 9\}$와 같이 쓴다. 또 B가 $x^2 = 9$를 만족하는 모든 x의 값들로 이뤄진 집합이므로 $\{3, -3\}$과 같이 나타내기도 한다.

개집합과 폐집합이란?

개집합은 그 집합에 속하는 임의의 점에 매우 가까운 근방이 그 집합에 속하거나 그 집합의 모든 점이 경계점을 포함하지 않을 때 그러한 점들의 집합을 말한다. 폐집합은 그 집합의 경계점을 포함하거나 몇 개의 점들의 근방이 그 집합에 포함되지 않는 집합을 말한다.

공집합이란?

공집합은 원소를 하나도 포함하지 않는 집합을 말하며, 다른 모든 집합의 부분집합으로 여긴다. 논리적으로 공집합의 반대는 공집합이 아니며, 공집합은 ( )가 아닌 기호 { } 와 Ø 를 사용하여 나타낸다. 공집합은 흥미롭게도 항상 개집합임과 동시에 폐집합이다.

집합론에서는 수를 어떻게 정의할까?

칸토어는 집합이 얼마나 많은 원소를 가질 수 있는지 세는 방법을 고안했는데, 그 방법이란 이미 크기를 알고 있는 어떤 표준 집합의 원소들과 일대일대응으로 세는 것이다. 집합론에서는 이렇게 센 집합의 원소 수로 음이 아닌 정수 0, 1, 2, 3, …를 정의했다.

수학자들은 이들 수를 정의하기 위해 표준 집합을 만들 필요가 있음을 깨닫고 괄호로 나타내는 공집합, 공집합을 원소로 갖는 집합, 또 앞의 두 집합을 원소로 갖는 집합, …을 생각해냈다. 예를 들어, { } 은 0으로 정의하고, {{ }} 은 1, {{ }, {{ }}} 은 2, {{ }, {{ }}, {{ }}}} 은 3, …로 정의했다.

집합을 계산할 때 사용하는 기본기호에는 어떤 것이 있을까?

집합론의 창시자 게오르크 칸토어는 집합에 대한 여러 가지 기호를 개발하는 과정에서 순서 외에 아무런 구조가 없는 집합의 순서형을 나타내기 위해 집합의 이름 위에 1개의 가로 막대를 그어 사용하였으며, 그 집합에서 순서를 고려하지 않은 집합의 크기인 기수를 나타내기 위해 집합의 이름 위에 2개의 가로 막대를 그어 사용했다.

다음은 오늘날 집합론에서 많이 사용되는 기호들을 정리한 것이다.

집합을 계산할 때 사용하는 기호

기호	의미
∩	'그리고' 또는 교집합(두 집합의 공통부분)
∪	'또는' 또는 합집합(두 집합의 합집합)
∈	원소(a가 집합 S의 원소일 때 $a \in S$와 같이 나타낸다) 부분집합(A의 모든 원소가 B의 원소가 될 때 $A \in B$와 같이 나타낸다)
∄	원소가 아니다(a가 S의 원소가 아닐 때 $a \not\in S$와 같이 나타낸다) 이 기호는 원소를 나타내는 기호보다 크고 두껍다
∅	공집합(원소가 없는 집합)
{}	괄호(집합의 원소들을 둘러싸기 위해 사용하며, 안이 비어 있는 괄호는 '공집합'이라고도 한다)
|	~라는 조건을 만족하는("x는 유리수다'라는 조건을 만족하는 x로 이뤄진 집합"을 {x | x는 유리수다}와 같이 나타낸다)
:	~라는 조건을 만족하는
∉	원소가 아니다
⊆	부분집합
⊂	진부분집합
⊄	진부분집합이 아니다
A'	A의 여집합

집합의 연산법칙에는 어떤 것이 있을까?

집합은 여러 가지 방법에 따라 계산한다. 다음은 집합에 대한 여러 연산법칙을 정리한 것이다. 이때 E, F, G는 집합이다.

$$E \cap F = F \cap E \qquad \text{교집합에 대한 교환법칙}$$

$$E \cup F = F \cup E \qquad \text{합집합에 대한 교환법칙}$$

$$(E \cap F) \cap G = E \cap (F \cap G) \qquad \text{교집합에 대한 결합법칙}$$

$$(E \cup F) \cup G = E \cup (F \cup G) \qquad \text{합집합에 대한 결합법칙}$$

$$(E \cap F) \cup G = (E \cup G) \cap (F \cup G)$$

$$(E \cup F) \cap G = (E \cap G) \cup (F \cap G) \qquad \text{집합의 연산에 대한 분배법칙}$$

기본적인 집합 연산에는 어떤 것이 있을까?

몇 가지 기본적인 집합 연산 중 가장 많이 사용되는 것은 교집합, 합집합, 여집합이다. 다음은 이들 연산에 대하여 정리한 것이다. 이때 처음 두 연산에서는 교환법칙과 결합법칙이 성립하며, 두 연산을 함께 사용한 경우에는 분배법칙에 따라 계산한다.

교집합 두 집합의 교집합은 두 집합에 공통으로 들어 있는 원소들로 이뤄진 집합을 말한다. 예를 들어, 두 집합 A, B의 교집합은 두 집합 A와 B에 공통으로 들어 있는 원소들의 집합으로, 보통 $A \cap B$로 나타낸다. 따라서 $A = \{1, 2, 3, 4\}$, $B = \{3, 4, 5\}$일 때 A와 B의 교집합은 $\{3, 4\}$다.

합집합 집합들의 합집합은 그 집합들의 원소들을 결합하여 만든 집합을 말한다. 예를 들어, 두 집합 A, B의 합집합은 집합 A와 B의 원소들을 결합하여 만든 집합으로, 보통 $A \cup B$로 나타낸다. 따라서 $A = \{1, 2, 3, 4\}$, $B = \{3, 4, 5\}$일 때, A와 B의 합집합은 $\{1, 2, 3, 4, 5\}$다.

여집합 고려되는 모든 원소를 포함하는 집합을 전체집합이라 한다. 전체집합이 $U = \{1, 2, 3, 4, 5\}$이고 $A = \{1, 2, 3\}$일 때, A의 여집합은 전체집합에서 A에 들어 있지 않은 모든 원소로 만든 집합 $\{4, 5\}$를 말하며, 보통 A' 또는 Ac로 나타낸다. 따라서 한 집합과 그 여집합의 교집합은 공집합이고, 한 집합과 그 여집합의 합집합은 전체집합이다.

집합론에서 기수와 서수, 유한집합이란?

기수와 서수는 수와 관련하여 사용되는 것으로, 서수는 첫 번째, 두 번째, 세 번째, …와 같이 어떤 순서로 나열되어 있는 사물의 위치를 설명하기 위해 사용되며, 기수는 자연수 또는 0, 1, 2, 3, …을 말한다.

그러나 집합론에서 사용되는 기수는 집합의 크기를 표현하는 것으로, 원소들의 개수를 말한다. 나아가 서수와 기수는 무한집합을 설명할 때도 사용된다. 무한집합들을 비교해보면 그들이 모두 무한이라 해도 크기가 다르다. 예를 들어 자연수, 유리수, 실수의 집합들은 모두 무한이지만, 각 집합은 그다음 집합의 부분집합이다. 무한집합의 크기를 나타내는 기수는 히브리 문자 알레프^{aleph}($\aleph$) 밑에 첨자를 붙여 표시한다. $\aleph_0$은 자연수와 대응하는 집합의 기수를 나타내고, $\aleph_1$은 실수와 대응하는 집합을 나타낸다. 무한집합의 기수를 '초한기수'라 하며, $\aleph_0$은 '최소 초한기수'다. 기수는 아무런 구조를 갖지 않은 집합에 대해서도 생각할 수 있지만, 서수는 무한히 감소하는 수열이 아니면서 임의의 두 원소의 크기를 비교할 수 있는 순서인 정렬순서가 주어진 집합에 대해서만 정의할 수 있다. 임의의 두 원소의 크기를 비교할 수 있는 순서집합에서 가장 작은 원소를 0, 그다음 원소를 1, …이라는 식으로 그 집합의 원소들을 서수를 이용해 순서를 매길 수 있다. 따라서 가장 작은 서수는 0이고, 그다음 서수는 1, 2, 3, …이된다. 이때 이러한 집합의 길이를 '순서형$^{order\ type}$'이라 하며, 집합의 원소에 대응되지 않는 가장 작은 서수로 정의한다. 예를 들어 집합 $\{0, 1, 2, \cdots, 19\}$의 순서형은 서수 20이다.

유한집합은 무한집합이 아닌 집합이다. 유한집합의 원소 개수는 양의 정수 n에 대하여 $1 \sim n$까지 수의 값을 갖는다. 이때 수 n을 그 집합의 '기수'라고 하며, 집합 A에 대한 기수는 $\mathrm{card}(A)$로 나타낸다. 기수와 유한집합에 대해서는 여러 규칙이 있다. 예를 들어, 두 집합이 2개의 집합으로 등분되면 두 집합은 같은 기수를 갖는다고 말한다. 공집합은 유한집합으로 간주하므로 기수는 0이다.

전체집합이란?

전체집합은 일반적인 것이 아니라 여러 개의 수나 문자들로 구성된 집합들처럼 특정한 형태의 것들에서 선택하여 구성한 집합을 말한다. 따라서 집합론 문제에서는 모든 원소로 구성된 집합을 '전체집합'이라 한다. 그러나 사실상 '모든 사물의 집합'은 존재하지 않는다. 그것은 '가장 큰' 또는 '모든 것'을 포함하는 집합은 없기 때문이다. 따라서 진정한 전체집합은 표준 집합론에서 인정되지 않는다.

간단히 말하면 부분집합은 집합의 일부분이다. 집합 B가 집합 A의 부분집합이 되려면 집합 B의 모든 원소가 집합 A의 원소일 때다. 따라서 A와 B가 같으면 두 집합은 서로의 부분집합이 되고, 공집합도 모든 다른 집합의 부분집합으로 간주한다. 진부분집합은 자기 자신의 집합이 아닌 부분집합을 말한다.

초집합이란?

초집합은 보다 작은 집합의 모든 원소를 포함하는 집합이다. 예를 들어, B가 A의 부분집합이면 A는 B의 초집합이다. 즉, B의 모든 원소가 A에 들어 있으면 A는 B의 초집합이다. 진부분집합과 마찬가지로 진초집합 또는 전체집합이 아닌 초집합도 존재한다.

가산집합이란?

가산집합은 보통 유한집합이지만, 무한집합만 가리킬 때도 있다. 가산집합은 이 집합의 원소들이 모든 자연수 또는 자연수의 부분집합 원소들과 일대일대응이 되는 집합을 말한다. "A와 B가 일대일대응이다"는 "A와 B는 전단사다"라고 말하기도 한다.

집합론에서 자연수와 정수의 부분집합들은 모두 가산집합이므로 모든 유한집합은 가산집합으로 간주한다. 그러나 실수, 직선 위의 많은 점, 복소수 따위의 집합들은 가산집합이 아니다.

체르멜로의 선택공리란?

그리스 식당 메뉴에서나 찾아볼 수 있는 것처럼 느껴지겠지만, 체르멜로의 선택공리는 사실 집합론의 기본 공리다. 공집합을 포함하지 않는 집합족(집합의 집합)에 대하여 이에 속하는 각 집합에서 각기 원소 1개씩을 동시에 선택하여 1개 이상의 집합을 만들 수 있음을 의미한다.

이것은 사실 당대 수학자들이 해결해야 했던 다비드 힐베르트가 제시한 문제 중의 하나였다. 독일의 수학자 어니스트 프리드리히 페르디난트 체르멜로[1871~1953]는 이를 과제로 택하여 연구한 결과, 1904년에 이 선택공리를 사용하여 정렬정리를 증명했다. 정렬정리란 모든 집합이 그것에 적당한 순서를 정의하면 정렬집합이 된다는 말이다.

이 때문에 체르멜로는 유명해졌지만, 집합론의 공리화와 관련된 논란으로 수학자들에게는 받아들여지지 않았다. 나중에 집합론을 공리화하고 자신의 정리를 개선했지만, 공리계에서의 일관성을 밝히지 못해 그의 논리는 여전히 논란이 되었다.

1923년, 독일의 수학자 아돌프 아브라함 할레비 프랑켈[1891~1965]과 노르웨이의 수학자 알베르트 토랄프 스콜름[1887~1963]은 독자적으로 체르멜로의 공리계를 개선하여 오늘날의 '체르멜로 – 프랑켈 공리'라는 공리계를 만들었다. 이 정리에 스콜름의 이름은 포함되지 않았지만, 그의 이름을 붙인 다른 정리가 있다. 이 공리는 오늘날 수학자들이 가장 보편적으로 사용하는 공리적 집합론이다.

조합론이란?

일반적으로 조합수학이라 부르는 조합론은 수학의 한 분야다. 조합론은 집합들의 나열, 조합, 순열과 이들 특성에 관한 수학적 관계를 연구한다.

나열 집합은 그 원소들을 나열, 즉 주어진 문제의 해집합을 구하거나 특정 조건을 만족하는 대상의 수를 세어 확인할 수 있다.

조합 여러 가지 방법으로 주어진 집합의 일부 원소를 선택하여 부분집합을 만드는 것을 말한다. 예를 들어 4개의 원소를 가진 집합 $\{A, B, C, D\}$에서 2개의 원소를 선택하여 부분집합을 만드는 조합은 $\{A, B\}$, $\{A, C\}$, $\{A, D\}$, $\{B, C\}$, $\{B, D\}$, $\{C, D\}$다.

순열 집합의 일부 원소를 특별한 순서에 따라 재배열하는 것을 말한다. n개의 원소를 가진 집합에서 n개의 원소를 나열하는 순열의 수는 $n!$과 같이 나타낸다. 예를 들어, 4개의 원소를 가진 집합의 경우 순열의 수는 첫 번째 자리에 놓을 원소를 선택하는 방법 네 가지, 두 번째 자리에 놓을 원소를 선택하는 방법 세 가지, 세 번째 자리에 놓을 원소를 선택하는 방법 두 가지, 마지막 자리에 놓을 원소를 선택하는 방법이 한 가지이므로 $4 \times 3 \times 2 \times 1 = 4! = 24$가지다.

순서쌍이란?

순서쌍은 의미 있는 순서를 생각해서 짝지어 놓은 두 가지 양을 말하는 것으로, 보통 (a, b)와 같이 나타낸다. 이때 (a, b)는 (b, a)와 같지 않다. 순서쌍은 어떤 함수의 각 값들을 정의하기 위해 집합론에서 사용된다.

순서쌍은 일차방정식의 그래프를 그릴 때 중요하다. 순서쌍 (x, y)에서 첫 번째 수는 x좌표이고, 두 번째 수는 y좌표다. 이 순서쌍은 평면상의 점 위치를 나타낼 때 사용한다.

함수와 집합은 어떤 관련이 있을까?

집합에서의 함수는 정의역과 치역이라는 두 집합 사이의 대응과 관계가 있다. 정의역의 각 원소는 치역의 1개의 원소에만 대응되며, 이것을 종종 다대일(또는 종종 일대일) 관계라고 한다. 예를 들어, $f = \{(1, 2), (3, 6), (4, -2), (8, 0), (9, 6)\}$은 정의역과 치역이 수로 이뤄져 있으며, 이 수들로 순서쌍을 나타낸 함수이다. 이것은 집합 $\{1, 3, 4, 8, 9\}$의 각각의 수가 집합 $\{2, 6, -2, 0, 6\}$의 1개의 값에만 대응한다. 이 함수에는 같은 x 값에 대하여 y 값이 서로 다른 2개의 순서쌍이 존재하지 않는다. 이 경우, 정의역은 $\{1, 3, 4, 8, 9\}$이고, 치역은 $\{2, 6, -2, 0, 6\}$이다.

한편 $f = \{\,(1,8),\,(4,2),\,(3,5),\,(1,3),\,(6,11)\,\}$은 함수가 아니다. 정의역의 각각의 수에 대하여 치역의 값이 1개씩 대응하지 않기 때문이다. 즉, $x=1$이 $y=8$과 $y=3$에 대응함으로써 같은 x 값에 대하여 y 값이 서로 다른 2개의 순서쌍 $(1,8)$과 $(1,3)$이 들어 있다.

함수라는 말은 어떻게 다르게 사용될까?

다른 수학 용어와 마찬가지로 '함수' 또한 여러 가지 의미로 사용된다. 예를 들어, 위의 정의와는 반대로 함수는 정의역의 각 점들이 치역의 여러 개의 점들과 대응되는 관계, 즉 다가함수로서의 역할을 하기도 하는데, 주로 복소함수론에서 사용된다. 더욱 혼동되는 것은 다가함수가 아닌 함수들도 있다는 점이다.

무한대 기호는 어디에서 유래했을까?

무한대 기호 ∞는 무한한 수를 표시하기 위해 1655년 존 월리스$^{\text{John Wallis}}$가 자신의 논문 〈원뿔곡선에 대하여$^{\text{De sectionibus conicus}}$〉에서 처음 도입했다. 수학자들은 고전학자였던 그가 '1,000'을 나타내는 후기 로마의 기호에서 이 기호를 채택한 것으로 추측하고 있다. 그 근원이야 어떻든 간에 사람들은 하나같이 무한대 기호를 '옆으로 누운 8자 모양'으로 설명한다.

우주는 무한히 큰 것처럼 보이지만, 수학에서 무한 개념은 우주 너머까지 상상할 수 없는 큰 수가 펼쳐지는 것을 말한다.

5장

대수학

대수학의 기초

'대수학algebra' 용어의 기원은?

'algebra'는 페르시아의 수학자 무하마드 이븐 무사 알 콰리즈미[783~850]가 쓴 《알 자브르 왈 무카발라 *Al jabr w'al muqabalah*》라는 책 제목에 그 기원을 두고 있다. 이 책에서 그는 대수적 방법들의 근거에 대해 설명하고 있으며, 책의 제목은 '이항과 약분'으로 번역되기도 한다.

대수적 방법과 개념들의 사용을 고안한 고대 수학자는?

헬레니즘 시대의 그리스 수학자 디오판토스[210~290]를 '대수학의 아버지'로 인정하는 학자들이 많이 있다. 그 이유는 디오판토스가 자신만의 대수적 표기법을 개발했기 때문이다. 그가 만든 여러 가지 용어는 아랍인에 의해 기록되고 보전되어오다가 16세기에 라틴어로 번역함으로써 많은 대수적 발전을 이루는 발판을 마련했다. 근대 프랑스의 수학자 프랑수아 비에트[1540~1603]는 종종 '현대 대수학의 창시자'로 거론되고 있다.

대수학이란?

대수학 용어는 학생 또는 전문 수학자에 따라 다음 두 가지 중 하나의 의미를 가진다. 학교 대수school algebra는 중학교와 고등학교에서 배우는 대수를 말하는 것으로 '산술'이라고도 한다. 또 하나는 1개 이상의 변수를 가진 다항방정식을 푸는 것을 의미한다. 이때 다항방정식의 해는 종종 덧셈,

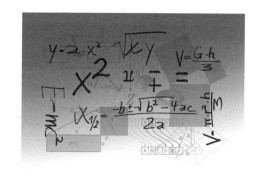

뺄셈, 곱셈, 나눗셈의 연산 및 거듭제곱, 근의 공식에 의해 구해진다. 이것은 함수와 그래프의 성질을 정하는 것과도 관련이 있다.

그러나 수학자들은 군, 환, 불변량 이론과 같이 수 체계 및 그 체계 내에서의 연산에 대한 추상적 연구와 관련하여 '대수학' 용어를 자주 사용한다.

대수학 용어가 다른 곳에서도 사용될까?

대수학은 보통 산술과 추상대수로 정의되지만 다른 의미도 있다. 이들 대수는 벡터와 행렬, 실수, 복소수, 4원수(하나의 벡터를 다른 벡터로 바꾸는 연산 또는 인자)의 대수와도 관련이 있다. 또 수학자들이 '창안한' 대수가 있는데, 창안자를 제외하고는 대다수가 이해하기 어렵다. 보통 이 경우에 새롭게 정의된 것들에는 창안자의 이름을 따서 붙인다.

대수학 설명

수학에서 식은 수나 변수 또는 두 가지 모두를 사용하여 나타낸 것을 말한다. 예를 들어, 수식은 다음과 같이 나타낸다.

$$y$$
$$4$$
$$6-4$$
$$5 \times x - 7$$
$$4 + 5 \times (3-2)$$
$$x + 4 \times (7-x)$$

수학적 문장제를 식으로 나타내기 위해서는 그 문장을 해석해야 한다. 예를 들어, 어떤 사람의 몸무게가 100파운드하고도 y파운드만큼 더 나간다고 할 때 그 사람의 몸무게는 식 $100+y$로 나타낸다.

대부분의 사람들은 '대수학'을 생각할 때, 학교에서 배운 다항방정식을 떠올린다. 그러나 수학자들은 '추상대수'의 개념을 포함하여 보다 광범위하게 그 용어를 정의한다.

방정식이란?

방정식은 간단히 두 식 사이에 등호를 넣어 나타낸다. 이때 양변에 있는 두 식은 서로 같다. 이런 형식의 방정식은 간단한 수학 문제에서 쉽게 찾아볼 수 있다. 예를 들어, 학생들이 학교에서 덧셈을 처음 배울 때는 주로 _____$+5=7$에서 비어 있는 곳을 채우는 형식의 방정식을 다룬다. 이 문제는 방정식 $x+5=7$로 간단히 나타낼 수 있으며, x가 2일 때 방정식이 해결된다. 사실 대부분의 사람들은 스스로 인식하지 못하는 가운데 일상생활에서 방정식을 해결해왔다. 다음의 경우도 모두 방정식이다.

$$6=6$$
$$x=8$$
$$y+8=14$$
$$x-4=15-x$$
$$5xy=8xy^2+4$$

알아두면 좋은 방정식의 몇 가지 기본 성질이 있다.

- $a=b$이면 $b=a$이다.
- $a=b$이면 a는 b로 대체될 수 있다.
- $a=b$이고 c가 어떤 수이면 $a+c=b+c$이다.
- $a=b$이고 c가 어떤 수이면 $a\times c=b\times c$이다.

대수방정식이란?

위에서 정의한 방정식과 마찬가지로 대수방정식 역시 2개의 수나 문자, 식이 같은 것을 말한다. 그러나 대수방정식은 방정식에 들어 있는 여러 수와 1개 또는 1개 이상의 변수를 간단히 하여 해를 구한다. 대수방정식은 변수나 상수를 덧셈, 뺄셈, 곱셈, 나눗셈(0으로 나누는 경우는 제외)에 의해 결합한 것으로 정의할 수도 있다. 이런 유형의 대수방정식을 '다항방정식'이라고도 한다.

일반적인 대수방정식을 나타내고 해결한 최초의 수학자는?

프랑스 수학자 프랑수아 비에트[1540~1603]는 '현대 대수학의 창시자'라 일컬어지기도 한다. 그는 전문 수학자가 아님에도 현대 기호대수학을 이해하고 보급하는 데 크게 공헌했다. 그의 연구물 중 일부는 고대 수학의 전통적인 가치를 입증한 것이었지만, 일종의 '새로운 수학'을 창안하기도 했다. 이 수학은 전통의 기하학적 시각표상에 바탕을 둔 것이 아니라 추상적인 공식과 일반적인 규칙으로 나타냈다. 또 비에트는 대수학을 그리스 수학에서 부분적으로 도출한 서로 다른 분야, 즉 문제를 방정식으로 나타내기[zetetics], 방정식을 통해 정리 증명하기[poristics], 방정식 해결하기[exegetics]로 나눴다. 그는 처음으로 대수학을 기하학, 삼각법과 결합했다.

대수방정식에서 변수란?

변수는 미지수를 나타낸 대수방정식에서 사용되는 기호로, 보통 x 또는 y 같은 문자를 사용한다. 변수는 방정식이 해결될 때까지 미지수로 남아 있다. 이때 변수는 대수방정식에서 종종 '미지수'라고 말하기도 한다.

항상 변수를 붙이는 것이 쉬운 일은 아니다. 그러나 많은 수학적이고 과학적인 문장에서는 관례에 따라 사용하는 몇 가지 변수가 있다. 그것들은 다음과 같다.

n은 자연수 또는 정수를 나타낸다.

x는 실수를 나타낸다.

z는 복소수를 나타낸다.

대수방정식을 다룰 때 사용하는 다른 용어로는 어떤 것이 있을까?

대수에는 방정식을 다루는 것을 포함하여 많은 용어가 있다. 다음은 많이 사용되는 몇 가지 용어를 정리한 것이다.

등식과 부등식 등식은 두 양이 같음을 보여주는 수학적 문장이다. 예를 들어, a와 b가 같으면 등식 $a=b$로 쓴다. 부등식은 그 반대인 'a는 b와 같지 않다($a \neq b$)'이다.

공식 방정식, 등식, 항등식, 부등식을 포함하여 수학적 기호로 나타낸 규칙 또는 원리다. 라틴어로 formula의 복수형은 'formulae'이지만 'formulas'로 더 많이 받아들여졌다.

항등원 1개의 양을 달라 보이는 다른 양과 같게 만드는 수학적 관계를 말한다. 또한 피타고라스의 정리와 같이 항상 참이 되는 것이 방정식을 의미하기도 한다.

문장제는 방정식으로 어떻게 나타낼까?

세상에는 많은 문장제들이 있다. 초등학교나 고등학교에서는 그런 문장제에 대해 평가하기도 한다! 대부분 문장제의 공통점 중의 하나는 모두 기지의 양과 미지의 양을 포함한 하나의 방정식으로 표현될 수 있다는 것이다. 거의 모든 경우, 수나 미지수뿐만 아니라 방정식을 풀기 위해 어떤 연산을 사용할 것인지를 유도하는 주요 용어들이 있다. 다음은 간단한 주요 용어들과 그에 대응하는 연산을 정리한 것이다.

문장제에 사용되는 일반적인 주요 용어

주요 용어	연산	예시
합, 합계, 이상	덧셈	• 내 몸무게에 10을 합하면 130이 된다($y+10=130$). • 한 가게에서 산 식료품의 가격이 3달러이고, 두 가게에서 산 식료품의 총 가격은 4달러다($y+3=4$). • 그 가격보다 7달러 많으면 126달러다($y+7=126$).
차, 모순(불일치)	뺄셈	• 그녀의 나이와 30세인 여동생의 나이 차는 10이다 $(y-30=10)$.
배, ~으로 곱하다	곱셈	• 동생 나이의 3배는 6이다($3 \times y=6$). • 그녀의 몸무게에 8을 곱하면 96이 된다($y \times 8=96$). • 그의 몸무게에 6을 곱하면 36이 된다($y \times 6=36$).

대수에서 독립변수와 종속변수란?

변수는 독립변수와 종속변수로 분류된다. 독립변수는 증가하거나 감소하는 양 또는 같은 식에서 무수히 많은 값을 가진 양이다. 예를 들어, 식 $x^2+y^2=r^2$에서 x와 y는 변수다. 종속변수는 변하지만 독립변수에서의 변화에 따라 생성되는 양이다. 즉, 종속변수의 값은 독립변수에 좌우된다. 예를 들어, 식 $y=f(x)$에서 x는 독립변수이고 y는 종속변수다(y가 x의 값에 의존하기 때문이다).

대수방정식에서 미지의 양과 이미 알고 있는 양을 표현하는 기호는 어떻게 발전되어왔을까?

1591년, 프랑수아 비에트는 문자를 조직적으로 사용하여 대수기호를 도입했으며, 이를 이용하여 일반 대수방정식을 나타내고 해결했다. 그는 미지의 양을 표현할 때 알파벳 모음 a, e, i, o, u를 사용했고, 계수나 이미 알고 있는 양을 표현할 때는 나머지 알파벳인 자음을 사용했다.

한편, 르네 데카르트는 자신의 책 《기하학》에서 알파벳 문자를 새로운 방법으로 사용하고 이를 소개했다. 그는 미지의 양을 표현할 때 알파벳의 뒤쪽 문자 x, y, …를, 이미 알고 있는 양은 알파벳의 앞쪽 문자 a, b, …를 사용하여 나타냈다. 이들 문자는 이탤릭체로 쓰는 경우가 많으며, 오늘날 대수학에서도 여전히 사용되고 있다.

독립변수와 종속변수에 대하여 수학과 통계학 사이에 차이가 있을까?

이 두 변수에 대하여 수학과 통계학에서 약간의 차이가 있다. 수학에서 독립변수는 그 값이 다른 변수의 값을 결정하는 변수를 말하고, 통계학에서 독립변수는 실험이나 연구에서 어떤 것의 원인이 되는 변수로, '원인변수'라고도 한다. 이때 독립변수의 존재 및 차수에 따라 종속변수에서의 변화가 결정된다.

수학에서 종속변수는 그 값이 어떤 한 독립변수에 의해 결정되는 변수를 말하며, 통계학에서의 종속변수는 실험이나 연구에서 영향을 받는 변수로 '결과변수'라고도 한다. 이때 1개 이상인 독립변수의 존재 또는 차수에 따라 종속변수에서의 변화가 정해진다.

해란?

1개의 변수를 가지고 있는 방정식에서 미지수에 대입했을 때 방정식이 참이 되게 하는 수를 '해'라고 한다. 예를 들어, 방정식 $(5 \times y) + 2 = 12$에서 y는 2가 되며 '2' 가 방정식이 참이 되게 하는 해다. y에 2를 대입하여 계산해보면 $(5 \times 2) + 2 = 12$다. 이때 어떤 방정식에 대하여 해를 구할 때는 괄호, 거듭제곱, 곱셈, 나눗셈, 덧셈, 뺄셈 순서에 따라 계산해야 한다.

대수방정식은 간단히 어떻게 나타낼까?

방정식을 간단히 나타내는 가장 좋은 방법은 동류항끼리 묶어 계산하는 것이다. 동류항끼리 계산하는 것처럼 여러 상수도 묶어서 계산할 수 있다.

동류항들은 더하거나 빼서 계산할 수 있다. 0이 아닌 수를 양변에 곱하거나 나누는 방법으로 방정식을 간단히 하기 위해 곱셈과 나눗셈을 이용할 수 있다. 다음은 방정식을 간단히 나타내는 과정을 보여주는 몇 가지 예를 정리한 것이다.

- 방정식 $4x + 3x = 14$는 동류항을 더하여 $7x = 14$와 같이 간단히 나타낸다.
- 방정식 $4 + 8x + 10 - 4x - 2 = 20$을 동류항끼리 묶어 간단히 나타내면 $12 + 4x = 20$이 된다.
- 상황에 따라 덧셈, 뺄셈, 곱셈, 나눗셈을 혼합하여 계산할 수도 있다. 예를 들어, 방정식 $2x - 2 = 4x + 3$은 양변에 2를 더하여 $2x = 4x + 5$로 간단히 나타낸 다음, 양변에서 $2x$를 빼면 $0 = 2x + 5$와 같이 더욱 간단히 나타낼 수 있다. 이때 주의할 점은 양변에서 같은 수를 빼는 것은 양변에 같은 음수를 더하는

것과 같다. 이렇게 뺄셈 대신 음수를 더하여 계산하는 것이 종종 유용할 때도 있다. 마지막으로 양변에서 5를 빼고($2x = -5$) 2로 나누면 $x = -\left(\dfrac{5}{2}\right)$가 된다.

거듭제곱이 들어 있는 식을 간단히 하기 위해서는 어떤 규칙들에 따라야 한다. 예를 들어, 식 $(x+3)^2 - 4x$의 경우, 먼저 $(x+3)2$ 또는 $(x+3)(x+3)$을 계산하면 $x^2 + 3x + 3x + 9$가 된다. 그러므로 식 $x^2 + 6x + 9 - 4x$에서 동류항끼리 계산하면 $x^2 + 2x + 9$가 된다.

르네 데카르트는 카테시안 좌표계의 개념을 개발했으며, 문자를 사용하여 미지수가 포함된 방정식을 쓰는 방법을 고안한 사람으로 알려져 있다.(Library of Congress)

대수방정식을 풀이하는 몇 가지 예

다음은 몇몇 주어진 대수방정식을 해결하는 과정을 정리하여 나타낸 것이다.

방정식 $4x - 4 = 12$를 풀기 위한 방법

양변에 4를 더한다: $4x = 16$

양변을 4로 나눈다: $x = \dfrac{16}{4}$

x에 관하여 푼다: $x = 4$

방정식 $(x+3)^2 - 4x = (x-1)^2 + 3$을 풀기 위한 방법

먼저 괄호가 있는 부분을 계산하여 양변을 전개한다: $x^2 + 2x + 9 = x^2 - 2x + 4$

양변에 $-x^2$을 더한다: $2x + 9 = -2x + 4$

양변에 $2x$를 더한다: $4x + 9 = 4$

양변에 -9를 더한다: $4x = -5$

양변을 $\dfrac{1}{4}$로 곱한다(4로 나눈다): $x = -\dfrac{5}{4}$

함수란?

함수는 변수들 사이의 관계를 나타내는 수식을 말하며, 대수적 연산만을 포함한다. 어떤 함수가 1개의 독립변수를 가지고 있으면 종속변수는 그 함수에 따라 정해진다. 함수는 $y=f(x)$로 나타내며 'y는 (x)와 같다'라고 한다. 또 $f(x)=2x+1$과 같이 함수를 x에 관한 식으로도 나타내며, 방정식 형태의 함수들도 많이 사용한다. 예를 들어, 방정식 $-x^2+y=3$에서, y는 x의 함수를 나타낸다. 이 방정식은 $y=3+x^2$으로도 쓸 수 있다.

함수를 항상 $f(x)$라고만 쓸 수 있는 것은 아니며, 방정식에 따라 $g(x)$라고 쓸 수도 있다. 그러나 방정식 $x^2+y^2=9$는 함수가 아니라는 점에 주의해야 한다. 이때 x와 y는 모두 독립변수다.

계수란?

대수방정식에서 계수는 곱의 인수로서, 대개의 경우 방정식에서 수 부분을 말한다. 그래서 '수계수'라고도 한다. 예를 들어, $3x = 6$에서 계수는 3이고, $-3x = 6$에서 계수는 -3이다. 이때 계수는 연산 부호 역할도 한다. xy 항은 수계수를 가지고 있지 않는 것처럼 보일 수도 있지만, 계수는 1이다. 계수가 없을 때는 1로 가정한다.

계수는 반드시 수가 아니어도 된다. 방정식 $5x^3y$에서 x^3y의 계수는 5이지만 x^3의 계수는 $5y$이고, y의 계수는 $5x^3$이다. 또한 계수는 함수에서도 볼 수 있다. 예를 들어, 함수 $f(x) = 2x$에서 2는 계수다.

서로 다른 함수들이 있을까?

'함수'라는 주제만으로도 한 권의 책을 쓸 수 있을 만큼 서로 다른 유형의 함수들이 많다. 특히 대수함수는 다항함수와 유리함수를 포함한다. 예를 들어, 다항함수는 $f(x) = 2x$와 같은 일차함수, $f(x) = x^2$과 같은 이차함수를 포함한다.

그러나 '대수함수'와 '다항함수'는 '함수'라는 용어만 사용하는 것은 아니다. 그렇다고 혼동되는 것도 아니다. 지수함수와 지수함수의 역함수인 로그함수의 비대수함수들도 있다. 집합론에서도 함수의 사용을 강조하며, 사인함수, 코사인함수, 탄젠트함수의 관계를 다루는 삼각함수도 있다. 또 연속함수, 불연속함수, 초월함수, 실함수, 복소함수들도 있다. 이 모든 함수가 대수와 관련되거나 그렇지 않을 수도 있다. 계속 함수들이 추가되고 있지만, 수학자들이 '함수'라는 용어를 선호한다는 것을 알아보는 것은 간단하다.

변수를 바탕으로 함수를 어떻게 정의할 수 있을까?

1개의 변수를 가지고 있는 함수를 '1변수함수'라 하고, 2개의 변수를 가지고 있는 함수는 '2변수함수', 3개 이상의 변수를 가지고 있는 함수는 '다변수함수'라 한다. 2개의 변수를 가지고 있는 함수를 다변수함수라 여기는 학자들도 있다.

일차방정식이란?

단어 그대로 일차(선형)방정식은 직선과 관계가 있다. 일차방정식은 그래프가 직선인 방정식(또는 함수)을 뜻한다. 좀 더 구체적으로, 대수에서 일차방정식은 변수를 포함하고 있으면서 가장 간단한 형태의 방정식 중의 하나다. 예를 들어, 1개의 변수를 가진 일차방정식은 하나의 문자로 표현된 미지수를 가지고 있으며, 보통 이 문자는 지수가 1인 x를 사용한다. 이것은 곧 일차방정식에는 x^2이나 x^3 항이 없다는 것을 뜻한다.

예를 들어, $x+3=9$는 간단한 일차방정식이다. 이와 같은 방정식을 풀기 위해서는 혼합계산 순서에 따라 방정식의 양변에 수나 변수를 더하거나 빼거나 곱하거나 나누어 해를 구한다. 이때 해는 등호를 중심으로 한쪽에는 1개의 변수를 놓고, 다른 쪽에는 1개의 수가 놓이도록 구성한다. 이 경우에 일차방정식 $x+3=9$의 해는 $x=6$이다.

마지막으로, 일차방정식을 더 나누어 분류할 수 있다. 예를 들어, 일차방정식 $ax+by+cz+dw=h$(단, a, b, c, d는 주어진 수이고, x, y, z, w는 미지수다)에서 $h=0$일 때 이 방정식을 '일차동차방정식'이라고 한다.

디오판토스 방정식이란?

디오판토스 방정식을 처음으로 언급한 사람은 헬레니즘 시대의 그리스 수학자 디오판토스[210~290]다. 그는 자신의 논문 〈산술〉에서 오늘날 '디오판토스 방정식'이라고 부르는 여러 개의 변수를 가진 방정식의 모든 해를 구하는 문제를 풀었다. 디오판토스 방정식은 x, y 같은 2개 이상의 변수를 가진 방정식으로 나타내며, 해는 정수해를 구한다. 디오판토스 방정식의 해는 없거나 있어도 무한개이거나 유한개다. 디오판토스 해석[Diophantine analysis]은 그런 대수방정식의 정수해를 구하는 방법을 가리키는 수학 용어다.

어떤 실수의 절댓값은 양의 부호와 음의 부호를 뗀 수를 말한다. 그러므로 어떤 수의 절댓값은 0보다 크거나 같다. 공식적으로 절댓값은 수직선 위에서 0에서 어떤 수까지의 거리를 말한다. '절댓값'의 기호는 2개의 평행한 수직선분 | |을 사용하며, 선분 사이에 수를 넣어 나타낸다. 예를 들어, x의 절댓값은 $|x|$로 나타낸다. 절댓값 기호 안의 수가 음수이더라도 그 수의 절댓값은 자동으로 양수가 된다. 수를 사용하여 나타낼 경우, $|3|$은 3과 같고, $|-3|$ 역시 3과 같다.

복소수에서 절댓값은 실수 부분과 허수 부분의 수들을 제곱한 다음 그 값들의 합의 제곱근을 말한다. 즉, 복소수의 일반적인 형태인 $z = a + bi$에 대하여 z의 절댓값은 $|z| = \sqrt{a^2 + b^2}$이다. 예를 들어, $z = 3 - 4i$에 대하여 $|z| = \sqrt{3^2 + 4^2}$이므로 $|z| = 5$다.

연립방정식이란?

연립방정식[a system of equations]은 미지수가 2개 이상인 방정식들을 2개 이상 묶어 그 방정식들을 동시에 만족하는 해를 구하는 방정식들의 쌍을 말한다. 연립방정식을 이루는 각 방정식은 같은 미지수를 가진 식으로 나타내며, 모두 공통의 해를 가지고 있다. 여러 개의 일차방정식으로 구성된 연립방정식을 '일차연립방정식'이라 하고, 일차동차방정식들로 이뤄진 연립방정식은 '일차동차연립방정식'이라 한다. 방정식들의 개수는 유한하므로 그 해들도 수십억 개의 해를 갖는 것처럼 무한히 계속되지는 않는다. 주의할 점은 몇몇 문제에서는 수백 개의 방정식으로 구성한 연립방정식을 사용하는 경우도 있다. 이 경우에 변수의 수는 연립방정식을 이루는 방정식의 수와 같다.

대수적 연산

연산은 일정한 법칙에 따라 수와 문자들을 계산함으로써 1개 또는 여러 개의 양을 1개의 양으로 만드는 방법을 말한다. 연산으로는 우리에게 매우 익숙한 기초연산인 덧셈, 뺄셈, 곱셈, 나눗셈, 세제곱, 제곱, 정수근 추출 등이 있다.

이항연산을 포함하여 수없이 많은 유형의 다른 연산들이 있다. 이항연산은 두 양 또는 식 x와 y 사이에 이뤄지는 셈을 말한다.

대수에서 '역원'은 연산의 결과가 '자기 자신이 되게 하는' 수를 만드는 수를 말한다. 예를 들어, 4에 그 역원인 $\frac{1}{4}$을 곱하면 그 값은 1이 된다. 따라서 0이 아닌 수 x에 대하여 $\frac{x \times 1}{x} = 1$이므로 $\frac{1}{x}$을 'x의 곱셈에 대한 역원'이라 한다. 덧셈에서는 -4에 4를 더하면 0이 된다. 따라서 $x + (-x) = 0$이므로 $-x$를 'x의 덧셈에 대한 역원'이라 한다.

항등식과 조건방정식은 미지수를 포함한 등식이 참이 되도록 하는 미지수의 값에 따라 분류된다. 어떤 등식의 변수에 어떤 값을 대입하여도 항상 성립할 때, 그 등식을 '항등식'이라 하고, I 또는 E로 나타낸다. 여기서 E는 '일치'를 뜻하는 독일어 Einheit에서 따온 것이다. 예를 들어, $3x = 3x$에서 x에는 항상 같은 수를 대입하므로 이 등식은 항등식이다. 임의의 수에 0을 더하면 그 값이 변하지 않으므로$(x + 0 = x)$ 0을 '덧셈에 대한 항등원'이라 한다. 마찬가지로 임의의 수에 1을 곱하면 그 값이 변하지 않으므로$(x \times 0 = x)$ 1을 '곱셈에 대한 항등원'이라 한다.

하나의 등식이 적어도 1개의 값에 대하여 거짓일 때, 그 등식을 '조건방정식'이라 한다. 예를 들어, $6x = 12$는 $x = 3$(그리고 2와 다른 임의의 수)일 때 거짓이므로 조건방정식이다. 즉, 1개의 값이라도 방정식이 거짓이면(또는 우변과 좌변이 같지 않으면) 그 등식을 조건방정식이라 한다.

연산의 성질에는 어떤 것이 있을까?

일반적으로 수학에서, 수들이 서로 결합하는 방법을 결정하는 연산의 성질이 있다. '닫혀 있다^{closure}'는 것은 수들이 서로 어떻게 결합하는지를 보여주는 연산의 성질이다. 특히 음의 두 정수를 더할 때 그 합은 음이 아닌 정수가 된다. 곱셈에 대한 성질로서의 '닫혀 있다'는 음이 아닌 두 정수를 곱할 때 그 결과가 음이 아닌 정수가 되는 것을 말한다.

결합법칙은 3개의 양을 주어진 연산에 대하여 계산할 때 2개의 양을 먼저 결합하여 계산할 경우 처음에 결합하는 2개의 양을 임의로 선택하는 것을 말한다. 예를 들어 3, 4, 5를 더할 때, $(3+4)+5 = 12$ 또는 $3+(4+5) = 12$와 같이 결합하여 계산할 수 있다는 것을 의미한다. 곱셈에 대하여 같은 논리를 따르면, 결합법칙은 $(a \times b) \times c = a \times (b \times c)$임을 말한다. 사실 결합법칙에서 어떤 양들을 먼저 결합하여 계산할 것인지를 나타내는 괄호는 생략해도 된다. 예를 들어, 덧셈에 대한 결합법칙의 경우는 $3+4+5 = 12$와 같이 나타낼 수 있고, 곱셈에 대한 결합법칙의 경우는 $2 \times 3 \times 4 = 24$와 같이 나타낼 수 있다. 그러나 결합법칙이 모든 연산에서 성립하는 것은 아니다. 나눗셈이 그 좋은 예로, 앞에서 더하거나 곱한 것과 같은 방법으로 나눌 수 없다. 가령, 세 수의 나눗셈에서 두 수를 서로 다르게 묶어 먼저 계산하면 그 결과가 달라진다. 즉 $(96 \div 12) \div 4 = 2$는 $96 \div (12 \div 4) = 32$와 같지 않다.

결합법칙과 마찬가지로 교환법칙도 수들을 계산할 때 결합하는 방법의 하나다. 특히 이 법칙은 주어진 연산에 대하여 두 양을 결합할 때, 두 양의 순서를 서로 바꾸어도 계산 결과는 같다. 예를 들어, 4와 5를 더하여 계산할 때, $4+5 = 9$ 또는 $5+4 = 9$ 중 어느 것을 써도 된다. 이것은 $a+b=b+a$로 나타낸다. 곱셈 계산에서도 $a×b=b×a$ 같은 규칙을 적용한다. 교환법칙 역시 모든 연산에서 성립하는 것은 아니다. 예를 들어, 뺄셈에서는 교환법칙이 성립하지 않는다. $6-3=3$은 $3-6=-3$과 같지 않다. 나눗셈 또한 교환법칙이 성립하지 않는다. 예를 들어 $6÷3=2$는 $3÷6=\frac{1}{2}$과 같지 않다.

연산에 대한 마지막 성질은 분배법칙이다. 이 법칙에서는 임의의 두 연산에 대하여 첫 번째 연산이 두 번째 연산에 대하여 분배된다. 예를 들어, 곱셈이 덧셈에 분배되는 경우, 임의의 수 a, b, c에 대하여 $a×(b+c)=(a×b)+(a×c)$다. 2, 3, 4에 대하여 $2×(3+4)$ 또는 $(2×3)+(2×4)=14$가 된다. 형식에 따라 좌분배법칙과 우분배법칙이 있으며, 위에서 설명한 분배법칙은 좌분배법칙이다. 우분배법칙은 $(a+b)×c=(a×c)+(b×c)$를 말한다. 대부분의 경우, 두 가지 모두 분배법칙이라 한다. 분배법칙 역시 모든 연산에서 성립하는 것은 아니다. 예를 들어, $a+(b×c)≠(a+b)×(a+c)$와 같이 곱셈에 대한 덧셈의 분배법칙은 성립하지 않는다.

반복실행^{iteration}이란?

iteration은 반복을 뜻하며, 이것은 수학에서도 같은 의미로 쓰인다. 수에서 iteration은 계산한 값을 바탕으로 계산과정을 반복하는 것을 의미한다. 실제로 몇 번이고 되풀이하여 반복되는 경우들이 있다. 예를 들어, $\sqrt{39}$의 값을 구하기 위해 반복실행을 이용할 수 있다. 39에 가까운 제곱수는 36이므로 구하려는 값이 36의 제곱근인 6과 가까운 수임이 틀림없다는 생각 아래, 39를 6으로 나누어 6.5를 얻는다. 그다음에는 6과 6.5의 평균을 구하여 6.25를 얻고, 다시 반복하여 39를 6.25로 나눔으로써 $\frac{39}{6.25}=6.24$를 얻는다. 사실 39의 제곱근 값은 6.244997…이다.

반복실행은 계산기나 컴퓨터에서 자주 사용된다. 가령, 위의 예에서와 같이 39의 제곱근을 구하려고 할 때, 계산기나 컴퓨터는 소수점 아래 어떤 자리까지의 값을 구하기 위해 자동으로 반복실행을 이용한다. 어떤 계산과정에서 다루는 수들이 많으면 많을수록 반복실행을 더 많이 하게 된다. 이것이 바로 슈퍼컴퓨터에 의한 연산이 수학에서뿐만 아니라 다른 많은 과학 분야에서 큰 자산이 되고 있는 이유다.

계승(팩토리얼)은 음이 아닌 정수에 대하여 1부터 어떤 자연수 n까지의 연속되는 자연수를 모두 곱하는 것으로 'n계승'이라 한다. 계승의 기호는 !(느낌표)를 사용하며, $n!$과 같이 나타낸다. 예를 들어, 4계승(4!)은 $1 \times 2 \times 3 \times 4 = 24$이다. 수 체계에서 연속되는 계승을 나타내면 다음과 같다.

$1(1! = 1)$

$2(2! = 1 \times 2)$

$6(3! = 1 \times 2 \times 3)$

$24(4! = 1 \times 2 \times 3 \times 4)$

$120(5! = 1 \times 2 \times 3 \times 4 \times 5)$

$720(6! = 1 \times 2 \times 3 \times 4 \times 5 \times 6)$

$5040(7! = 1 \times 2 \times 3 \times 4 \times 5 \times 6 \times 7)$

$40320(8! = 1 \times 2 \times 3 \times 4 \times 5 \times 6 \times 7 \times 8)$

$362880(9! = 1 \times 2 \times 3 \times 4 \times 5 \times 6 \times 7 \times 8 \times 9), \cdots$

계승에는 두 가지 규칙이 있다. 0계승(0!)은 1로 정하고, 음의 정수 계승은 정의하지 않는다. 계승은 수를 세거나 통계(특히 확률 계산), 해석학, 물리학 등에서 자주 사용된다.

지수와 로그

대수에서 지수란?

지수는 3^4과 같이 어떤 실수의 오른쪽 어깨 위에 붙여 거듭제곱을 나타내는 숫자를 말한다. 3^4은 '3의 4제곱'이라고 읽는다. 지수는 어떤 수가 곱해지는 횟수를 나타낸다. 예를 들어, 34은 '3×3×3×3'을 뜻하며 81과 같다. 지수는 양의 정수나 음의 정수, 실수, 심지어 복소수가 될 수도 있다. 또 밑수를 b로 하고, 지수를 e로 하여 거듭제곱을 나타낼 수도 있다(컴퓨터 관련 책에서는 이것을 $b \wedge e$로 표현한다).

지수는 대수방정식에 포함되므로 대수에서 매우 중요하다. 거듭제곱을 구하는 계산법을 멱법(누승법)이라 한다. 지수는 함수와도 관련이 있다. 예를 들어, 함수 $f(x) = x^2$에서 2는 지수다.

대수에서 밑이란?

밑은 지수와 관련하여 대수에서 사용된다. 정확하게는 '거듭제곱의 밑'이라 한다. 밑은 제시된 횟수만큼 곱해지는 인수로 사용되는 수를 말한다. 34의 경우, 3이 밑이다. 밑은 3^4에서의 3과 같이 거듭제곱을 나타낼 때 지수와 함께 사용되는 수이거나 로그에서 $\log_a x$와 같이 나타낼 때 첨자 a에 해당하는 수다.

지수에 대한 몇 가지 간단한 규칙으로는 어떤 것이 있을까?

지수에 관한 다음과 같은 몇 가지 간단한 규칙이 있다.

- $x^1 = x$
  지수가 1인 수는 자기 자신의 수를 나타내며, 이것을 '1의 규칙'이라 한다.
- $x^0 = 1$
  $x = 0$인 경우를 제외하고, 이것은 정의되지 않는 것으로 여긴다. 이것을 '0의 규칙'이라 한다.
- $20 = 20^1$에서와 같이 지수가 없는 수의 지수는 1이다.
- 지수가 음수인 수는 곱하는 것이 아닌 절댓값이 같은 양수 지수를 가진 수로, 1을 나누는 것을 나타낸다. 예를 들어, 3^{-3}은 $\dfrac{1}{3^3}$ 또는 $\dfrac{1}{27}$과 같다. 따라

서 0이 아닌 x에 대하여 $x^{-n}=\frac{1}{x^n}$이다. 이때 x가 0이면 x^{-n}은 정의되지 않는다.

지수를 결합하는 규칙에는 어떤 것이 있을까?

다음은 지수를 결합하는 규칙들로 '지수법칙'이라고 한다.

- 밑이 같은 두 수의 곱셈에서는 $3^2 \times 3^3 = 3^5$과 같이 지수를 더한다.
- 지수가 같은 두 수의 곱셈에서는 $10^2 \times 2^2 = (10 \times 2)^2 = 400$과 같이 밑을 곱한다.
- 밑이 같은 두 수의 나눗셈에서는 $\frac{10^3}{10} = 10^{3-1} = 10^2 = 100$과 같이 지수끼리 뺀다. 여기서 분모 10은 지수가 1이다.

로그와 대수 사이에는 어떤 관련이 있을까?

a가 1이 아닌 양수일 때, x, y 사이에 $x=ay$의 관계가 있으면 y는 a를 밑으로 하는 x의 로그라 하고, $\log_a x$로 나타낸다. 따라서 로그는 어떤 정해진 양수를 얻기 위해 밑이 거듭 곱해지는 거듭제곱의 수를 말한다. 예를 들어, 밑이 10인 100의 로그는 2 또는 $\log_{10} 100 = 2$다. $10^2 = 100$이기 때문이다. 상용로그는 10을 밑으로 사용하는 양수의 값으로, $\log x$와 같이 나타낸다. 기호 e가 나타내는 수를 밑으로 하는 로그는 '자연로그'라고 한다. 어떤 수 x의 자연로그는 $\ln x$와 같이 나타낸다.

스피커의 소리를 높이는 단순한 작동에서도 수학이 관련되어 있다. 확성기와 증폭기는 로그 개념을 적용하여 데시벨 크기를 나타낸다.

사실 로그는 지수이기 때문에 로그는 모든 지수법칙을 만족한다. 따라서 곱셈과 나눗셈을 포함하는 계산과 같이 긴 대수계산은 해당하는 로그를 더하거나 빼는 보다 단순한 과정으로 대체될 수 있다. 계산기, 컴퓨터, 인터넷이 종종 이런 표를 대신한다고 하더라도 일반적으로 로그표는 이런 목적으로 사용된다.

로그는 어떻게 발전되어왔을까?

로그는 스코틀랜드의 수학자 존 네이피어[1550~1617]가 시작하여 오랜 과정을 거쳐 개선되었다. 네이피어는 1594년 로그에 대한 아이디어를 처음으로 제안했지만 실제로 발명하고 발표한 것은 20년이 더 걸렸다. 1614년, 네이피어는 《경이로운 로그법칙의 기술》이라는 책을 펴냈는데, 이 책에서 로그표와 그 성질들을 제시했다.

이후 오래지 않아, 1617년 영국의 수학자 헨리 브리그스[Henry Briggs, 1561~1630]는 《*Logarithmorum chilias prima*(Logarithms of Numbers from 1 to 1000)》를 출판하고, 이 책에서 10을 밑으로 하는 로그인 상용로그의 개념을 소개했다. 마지막으로 브리그스, 네이피어와는 별개로 1620년 스위스의 수학자 요스트 뷔르기[Joost Bürgi, 1552~1632]는 로그의 발견에 대해 독일어로 쓴 《역로그표[逆對數表, *Arithmetische und geometrische Progress-tabulen*]》를 발간했다.

이들은 여러 가지 측면에서 서로 달랐다. 네이피어의 방법은 대수적이지만 뷔르기의 방법은 기하학적이다. 오늘날 사용하고 있는 상용로그와 자연로그 사이에도 차이가 있다. 또 네이피어와 뷔르기는 브리그스가 제안한 로그의 밑에 대해서는 언급하지 않았다.

1624년, 브리그스는 자신의 책 《로그산술》에 1~20,000까지, 90,000~100,000까지의 상용로그표를 실었다.

네이피어의 막대를 토대로 만든 계산자와 계산기는 오늘날 배터리로 작동하는 간편한 계산기와 태양광 계산기가 발명되기 몇 세기 정도 앞서 사용되었다.

로그에 대한 연구는 네이피어, 브리그스, 뷔르기로 끝나지 않았다. 네이피어의 독창적인 연구로 자연로그가 개발되기에 이르렀다. 영국의 수학자 존 월리스^{John Wallis, 1616~1703}는 로그를 지수로 정의했으며, 1685년 자신의 책 《대수학 논문^{De algebra tractatusTreatise of Algebra}》에서 그것을 제시했다.

네이피어가 발명한 것으로 알려진 또 다른 것들은 무엇이 있을까?

스코틀랜드의 수학자 존 네이피어는 로그의 발전에 크게 기여함은 물론, 네이피어의 막대^{Napier's rods 또는 Napiers's bones}라는 도구를 발명했다. 이것은 길고 가느다란 동물 뼈나 나뭇조각에 곱셈표를 새겨 넣은 것이다. 빌헬름 시카드^{Wilhelm Schickard}는 네이피어의 막대를 바탕으로 최초의 계산 기계를 조립했다. 이 장치는 덧셈, 뺄셈뿐만 아니라 곱셈이나 나눗셈도 할 수 있다.

네이피어는 또 다른 발견의 '유발자'였다. 1621년, 영국의 수학자이자 성직자인 윌리엄 오트레드^{William Oughtred, 1575~1660}는 계산자를 만드는 데 네이피어의 로그를 활용했다. 계산자는 자와 비슷한 도구로, 손바닥만 한 크기의 계산기가 등장하기 훨씬 이전에 사용되었다. 오트레드는 직선으로 된 표준 계산자를 발명했을 뿐만 아니라 원형 계산자도 발명했다. 원형 계산자는 300년이 넘게 매우 유용한 도구였다.

1623년에 개발된 시카드의 기계식 계산기.

로그의 성질에는 어떤 것이 있을까?

로그에는 몇 가지 성질이 있다. 다음은 가장 많이 활용되는 몇몇 성질을 정리한 것이다(이 규칙들은 밑이 양수인 경우에 적용된다).

- $\log_a 1 = 0$이다. 그것은 $a^0 = 1$이기 때문이다. 예를 들어, 방정식 $14^0 = 1$에서 밑은 14이고 지수는 0이다. 로그는 지수이므로 그 방정식을 로그방정식 또는 $\log_{14} 1 = 0$과 같이 쓸 수 있다는 것을 뜻한다.

- $\log_a a = 1$이다. 그것은 $a^1 = a$이기 때문이다. 예를 들어, 방정식 $3^1 = 3$에서 밑은 3이고 지수는 1이다. 따라서 그 결과는 3으로, 로그방정식은 $\log_3 3 = 1$이 된다.

- $\log_a a^x = x$이다. 그것은 $a^x = a^x$이기 때문이다. 예를 들어, 3을 밑으로 하는 $3^4 = 3^4$이다. 따라서 로그방정식은 $\log_3 3^4 = 4$가 된다.

로그의 활용 예들은 어떤 것이 있을까?

로그는 과학 및 여러 공학 분야에서 활용되고 있다. 특히 양이 크게 변하는 분야에서 활용된다. 예를 들어, 소리의 크기를 나타내는 데시벨 수치와 별의 밝기를 나타내는 천문학적 눈금은 모두 로그 값이다.

지수함수란?

a를 양의 상수, x를 모든 실수 값을 취하는 변수라 할 때 $y = ax$로 주어지는 함수를 말한다. 예를 들어, 함수 $f(x) = 2x$는 지수함수다.

로그와 관련하여 지수함수는 $exp(x)$ 또는 e^x와 같이 쓴다. 이때 e를 '자연로그의 밑'이라 한다. 지수함수 $y = e^x$ 역시 그래프로 나타낼 수 있으며, 실변수 x의 함수로서 그래프는 항상 양수이고, 왼쪽에서 오른쪽으로 증가한다. 이때 그래프는 x축과 만나지 않지만, x축에 점점 접근해간다.

로그에서 e는 무엇을 나타낼까?

숫자 $e(No\ e)$는 제임스 본드의 〈007〉 영화에 나오는 암호명이 아니다. 로그에서 e는 자연로그의 밑을 의미한다. π 같은 또 다른 무리수이며, 초월수로서 여러 개의 이름으로 불린다. 즉 로그 상수, 네이피어의 수, 오일러 상수, 자연로그의 밑 등으로 불렸다. 한편 e를 정의하는 가장 좋은 방법은 식 $(1+x)^{\frac{1}{x}}$을 이용하는 것이다. x의 값이 작아질수록 이 식은 e 가까이 접근해간다. 이는 x에 값들을 대입하여 알아보면 쉽게 이해할 수 있다. 만약 $x=1$이면 그 값은 2이고, $x=0.5$이면 값은 2.25다. $x=0.25$이면 값은 $2.4414\cdots$이고, $x=0.125$이면 $2.56578\cdots$이고, $x=0.0625$이면 값은 $2.63792\cdots$가 된다. 이것이 바로 e를 사용한 방정식을 해결할 때 종종 근삿값을 사용하는 이유다.

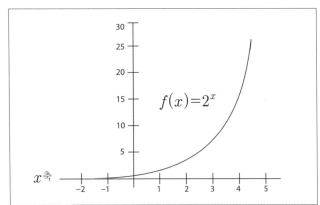

지수함수에 대한 이와 같은 예에서, 지수함수 $y=2x$를 나타내는 그래프는 항상 x축 위에 놓이게 된다.

로그를 결합하는 규칙들에는 어떤 것이 있을까?

다음은 로그를 결합하는 몇 가지 규칙을 정리한 것이다. 이때 $a>0$, $a\neq 1$, $u>0$, $v>0$, n은 실수다.

로그 법칙 1　$\log_a uv = \log_a u + \log_a v$

로그 법칙 2　$\log_a \dfrac{u}{v} = \log_a u - \log_a v$

로그 법칙 3　$\log_a u^n = n\log_a u$

다시 말하면, 법칙 1은 로그에서 진수의 곱셈을 각 로그 값들의 덧셈으로 바꿀 수 있으며 그 역도 성립한다는 것을 말한다. 법칙 2는 로그에서 진수의 나눗셈을 각 로그 값들의 뺄셈으로 바꿀 수 있으며 그 역도 성립한다는 것을 말한다. 법칙 3은 로그에서 거듭제곱 꼴의 진수는 지수를 승수처럼 로그의 앞으로 이동시킬 수 있으며 그 역도 성립한다는 것을 의미한다. 그러나 명심해야 할 것은 이들 규칙은 밑이 같을 경우에만 성립한다는 것이다. 예를 들어, 만약 밑이 $\log_a u + \log_a v$와 같이 다르면 이 식은 간단히 나타낼 수 없다.

로그는 어떻게 전개할까?

대수식과 마찬가지로, 식을 분해하는 방법으로 로그를 전개할 수 있다. 다음은 로그식을 전개하는 두 가지 예를 나타낸 것이다.

- $\log_2 3x = \log_2 3 + \log_2 x$

- $\log_2 \dfrac{12}{x} = \log_2 12 - \log_2 x$

로그를 간단하게 나타낼 수 있을까?

로그방정식처럼 로그를 여러 가지 방법으로 간단히 나타낼 수 있다. 다음은 몇 가지 예를 나타낸 것이다.

- $\log_3 x + \log_3 y = \log_3 xy$

- $\log_3 6 - \log_3 4 = \log_3 \dfrac{6}{4}$

- $2\log_3 x = \log_3 x^2$

로그의 밑은 어떻게 변환시킬 수 있을까?

로그의 밑은 10이나 e가 아닌 어떤 수를 10이나 e를 밑으로 하는 같은 로그로 바꿀 수 있다. 다음은 a, b, x가 양의 실수일 때, 그런 변환을 나타내는 식이다(단, a와 b 어느 것도 1과 같지 않으며, x는 0보다 크다).

$\log_a x$를 밑을 b로 하는 식 $\dfrac{\log_b x}{\log_b a}$를 사용하여 변환한다.

로그표의 예란?

로그표의 한 가지 예는 이 책의 뒤에 실린 부록 2에서 찾아볼 수 있다.

지수방정식과 로그방정식은 어떻게 풀까?

지수방정식을 해결하기 위한 방법은 매우 간단하다. 방정식의 양변에 로그를 취한 다음, 변수의 값을 구한다. 예를 들어, 방정식 ex＝60에서 x에 대하여 풀려면 다음과 같은 방법을 이용한다.

1. 양변에 자연로그를 취한다: $\ln e^x = \ln 60$

2. 좌변에 규칙 3을 적용하여 간단히 정리한다: $x\ln e = ln60$

3. $\ln e = 1$이므로 식을 다시 한 번 간단히 정리한다: $x = \ln 60 = 4.094344562$

4. 마지막으로, 원래의 방정식 $e^x = 60$에서 로그표를 사용하거나 계산기를 사용하여 답을 검토한다: $e^{4.094344562} = 60$은 명확히 참이다.

로그방정식을 해결하기 위한 방법 역시 간단하다. 지수 형태로 된 방정식을 고쳐 쓴 다음, 변수의 값을 구한다. 예를 들어, 방정식 lnx＝11에서 x의 값을 구하려면 다음과 같은 방법을 이용한다.

1. 양변을 밑 e의 지수가 되도록 바꾼다: $e^{\ln x} = e^{11}$

2. 지수와 로그의 밑이 같을 때, 방정식의 좌변은 x가 된다. 따라서 위의 식은

$x = e^{11}$과 같이 쓸 수 있다.

3. x 값을 구하기 위해 e^{11}의 해를 정한다. x는 약 59,874.14172다.

4. 원래의 방정식 $\ln x = 11$에서 표를 이용하거나 계산기를 사용하여 답을 검토한다: $\ln 59874.14172 = 11$은 명확히 참이다.

다항방정식

다항방정식이란?

다항방정식은 1개 이상의 미지수가 있는 거듭제곱들의 합을 포함한 방정식이다. 이 방정식에서 등호를 기준으로 양변에 있는 미지수와 수들은 다항식이다. 식 $(x-2)^3$을 전개하면 $(x-2)^3 = x^3 - 6x^2 + 12x - 8$이 되며, 이 식은 다항방정식이다.

다항식을 다르게 설명할 수 있을까?

다항식은 여러 가지 방법으로 설명할 수 있다. 특히 1개의 변수로 된 다항식을 '단일변수다항식'이라 한다. 다변수다항식은 1개 이상의 변수를 가진 다항식이다.

다음을 포함하여, 다항식을 정의하기 위한 여러 가지 용어가 있다.

단항식 1개의 항으로 이뤄진 다항식이다. 예를 들어, $3x$는 단항식이다.

이항식 2개의 항으로 이뤄진 다항식이다. 예를 들어, $3x^2 - 10$은 이항식이다.

삼항식 3개의 항으로 이뤄진 다항식이다. 예를 들어, $4x^3 + 3x + 6$은 삼항식이다.

다항방정식의 차수란?

1개의 문자를 사용한 다항식에서는 각 항의 차수 중에서 가장 높은 것을 그 다항식의 차수라고 한다. 또 여러 개의 미지수를 사용한 다항식의 경우에는 각 항을 이루는 여러 문자의 지수들을 더한 것 중에서 가장 큰 것을 다항식의 차수라고도 한다. 다항식에서 'order'는 다른 의미를 나타내므로 흔히 'degree'가 자주 사용된다.

단항방정식, 이항방정식, 삼항방정식에 대해서도 차수를 말할 수 있다. 단항방정식의 차수는 미지수 차수들의 합을 말하며, 또 다른 다항방정식의 차수는 방정식을 간단히 한 후 각 항의 차수 중에서 가장 큰 것을 말한다. 예를 들어, $x^3 - 3x - 2 = 0$은 차수가 삼차인 삼항방정식이다.

사차방정식이란?

사차방정식은 각 항에 있는 미지수의 가장 높은 차수가 4인 다항방정식이다. 달리 말하면, 사차방정식은 가장 큰 지수(차수)가 4인 대수방정식이다. 이때 주의할 점은 사차 quartic 방정식이 이차 quadratic 방정식과 같지 않다는 것이다. 그러므로 두 방정식을 혼동해서는 안 된다.

차수가 다른 다항방정식의 명칭에는 어떤 것이 있을까?

다음은 다항방정식의 차수에 따른 명칭을 나타낸 것이다.

일차 방정식	linear	**사차 방정식**	quartic
이차 방정식	quadratic	**오차 방정식**	quintic
삼차 방정식	cubic	**육차 방정식**	sextic

다항방정식은 어떻게 곱할까?

2개의 단항식을 곱하려면 먼저 계수들을 곱한 다음 문자를 곱한다. 이때 같은 문자의 곱셈에서는 지수를 더하여 나타낸다. 다음은 여러 다항식의 곱셈 예를 나타낸 것이다.

단항식의 곱셈

$$5x \times 6x^2$$
$$= (5 \times 6)\, x^{2+1} (\text{수들은 곱하고 지수끼리는 더한다})$$
$$= 30x^3$$

단항식과 다항식(이항식)의 곱셈

$$4y(2y - 8)$$
$$= 4y \times 2y - 4y \times 8 (\text{각 항에 } 4y \text{를 곱한다})$$
$$= 8y^2 - 32y$$

다항식의 곱셈

$$6y^3(8y^6 + 5y^4 - 3y^3)$$
$$= 6y^3 \times 8y^6 + 6y^3 \times 5y^4 - 6y^3 \times 3y^3$$
$$= 48y^9 + 30y^7 - 18y^6$$

다항식은 어떻게 나눌까?

다항식을 단항식으로 나눌 때는 분수 꼴로 고친 후 다음과 같이 다항식의 각 항을 단항식으로 나눈다. 이때 먼저 각 항의 계수끼리 계산한 다음, 같은 문자의 나눗셈에서는 지수를 빼서 계산한다.

$$\frac{(A + B + C)}{M} = \frac{A}{M} + \frac{B}{M} + \frac{C}{M}$$

예를 들어, $10x^5$은 다음과 같이 $2x^3$으로 나눈다.

$$\frac{10x^5}{2x^3} = \frac{10}{2}x^{5-3} = 5x^2$$

다항식의 인수분해는 무엇을 의미할까?

어떤 다항식을 2개 이상의 다항식의 곱으로 나타낼 때, 그 다항식을 인수분해 한다고 한다. 이것은 복잡한 다항식을 보다 다루기 쉽고 낮은 차수의 다항식들로 분해하는 것으로, 방정식을 좀 더 쉽게 풀 수 있도록 한다. 1개의 다항식을 인수분해 하는 것은 다항식들을 곱하는 반대과정이다.

1개의 다항식을 인수분해 하기 위한 가장 기본적인 방법 중 하나는 소인수분해와 유사하다. 1개의 수를 소인수분해 하면 그 수는 소인수들의 곱으로 나타낼 수 있다. 예를 들어, $6 = 2 \times 3$이나 $12 = 2 \times 2 \times 3$으로 나타낼 수 있다. 다항식의 경우 인수분해를 하기 위해서는 먼저 '공통인수를 묶어낸다'. 다항식의 2개 이상의 항에 공통으로 포함된 인수를 '공통인수'라고 한다. 공통인수가 포함된 다항식을 인수분해 할 때는 전체 항에서 공통인수를 모두 묶어낸 다음, 묶어낸 공통인수와 전체 남아 있는 식을 곱하여 인수분해 한다.

예를 들어, 식 $2x^2 + 8x$에 대하여 첫 번째 항은 인수 2와 x를 가지고 있고, 두 번째 항은 인수 $2, 4, x$를 가지고 있으므로 공통인수는 2와 x이고, 전체 공통인수는 $2x$이다. 따라서 이 식을 $2x(x+4)$와 같이 인수분해 할 수 있다. 그러므로 어떤 다항식이 인수분해 된다는 것은 이 다항식이 보다 간단한 다항식들의 곱으로 나타낼 수 있음을 알 수 있다.

제곱의 차 공식이란?

제곱의 차 공식은 [어떤 것]^2 − [어떤 것]^2 꼴의 식을 인수분해 하는 방법을 나타낸 식을 말한다. $a^2x^2-b^2$ 꼴의 식이 바로 제곱의 차이며, $(ax+b)(ax-b)$로 인수분해 된다. 이때 두 인수 $ax+b$, $ax-b$는 가운데 부호를 제외한 나머지 부분이 같다. 역으로 $(ax+b)(ax-b)$를 전개하면 $(ax)(ax)-abx+abx-b^2$이 되며, 가운데 두 항 $-abx$와 abx가 소거되어 $a^2x^2-b^2$이 된다. 이에 따라 $a^2x^2-b^2$을 $(ax+b)(ax-b)$로 인수분해 하는 것을 '제곱의 차 공식'이라 한다. 예를 들어, 식 $16-s^2$의 경우 $a^2x^2-b^2=(ax+b)(ax-b)$이므로 이 식에 $a=1$, $x^2=16$, $b=s$를 대입하여 $16-s^2=(4+s)(4-s)$와 같이 인수분해 할 수 있다.

완전제곱식이란?

완전제곱식으로 인수분해 되는 식이 많이 있다. $x^2+2ax+a^2$ 꼴의 식은 어떤 것이라도 [어떤 것]2으로 표현되며, 이것을 '완전제곱식'이라 한다. 어떤 식이 완전제곱식인지를 알아보기 위해서는 먼저 상수항이 제곱수인지를 확인한다. 여기서 제곱수란 그 수의 제곱근이 정수가 되는 수를 말한다. 그다음에는 상수의 제곱근에 2를 곱한 것이 일차 항 (x항)의 계수인지를 확인한다. x^2의 계수가 1인 식이 위의 두 가지를 만족할 때 이 식은 완전제곱식으로 인수분해 된다.

예를 들어, 식 $x^2+8x+16$에서 16의 제곱근은 4이므로 상수항 16은 이미 제곱수이며, $2 \times 4=8$이므로 처음의 식은 완전제곱식으로 나타낼 수 있다. 따라서 완전제곱식 $x^2+2ax+a^2=(x+a)^2$이므로 이 식에 $a=4$를 대입하여 $x^2+8x+16=(x+4)^2$과 같이 인수분해 할 수 있다.

삼차식의 차 공식과 삼차식의 합 공식이란?

이차식의 경우와 마찬가지로 삼차식의 차와 합의 형태인 식을 인수분해 할 수 있다. 삼차식의 차는 a^3-b^3 꼴의 식으로 $(a-b)(a^2+ab+b^2)$으로 인수분해 된다. 따라서 어떤 식이 a^3-b^3과 유사한 형태로 표현되면 $a-b$가 하나의 인수이므로 장제법을 사용하여 나머지 다른 인수를 찾는다.

삼차식의 합은 $a^3 + b^3$ 꼴의 식으로 $(a+b)(a^2-ab+b^2)$으로 인수분해 된다. 따라서 어떤 식이 $a^3 + b^3$과 유사한 형태로 표현되면 $a+b$는 하나의 인수이므로 마찬가지로 장제법을 사용하여 나머지 다른 인수를 찾는다.

완전제곱식을 이용하여 이차방정식의 근을 구하는 방법은?

완전제곱식을 이용하여 이차방정식의 해를 구하는 것은 이차방정식을 푸는 한 가지 방법이다. 다음은 완전제곱식을 이용하여 이차방정식 $3x^2 - 4x + 1 = 0$을 푸는 방법을 나타낸 것이다.

1. $3x^2 - 4x + 1 = 0$

2. $\frac{1}{3}(3x^2 - 4x + 1) = \frac{1}{3} \times 0$

   (양변에 $\frac{1}{3}$을 곱하여 이차 항의 계수를 1로 만든다)

3. $x^2 - \frac{4}{3}x + \frac{1}{3} = 0$

4. $\left(x^2 - \frac{4}{3}x\right) + \frac{1}{3} = 0$ (이차 항과 일차 항을 괄호로 묶는다)

5. $\left\{x^2 - \frac{4}{3}x + \left(-\frac{2}{3}\right)^2\right\} - \left(-\frac{2}{3}\right)^2 + \frac{1}{3} = 0$

   (일차 항의 계수를 2로 나눈 다음 제곱한 값을 한 번씩 더하고 뺀다)

6. $\left(x - \frac{2}{3}\right)^2 - \frac{4}{9} + \frac{1}{3} = 0$

7. $\left(x - \frac{2}{3}\right)^2 - \frac{1}{9} = 0$ (분모를 9로 통분하여 $-\frac{4}{9} + \frac{1}{3}$을 계산한다)

8. $\left(x - \frac{2}{3}\right)^2 = \frac{1}{9}$ (좌변의 $\frac{1}{9}$을 우변으로 이항한다)

9. $x - \frac{2}{3} = \frac{1}{3}$ 또는 $x - \frac{2}{3} = -\frac{1}{3}$

따라서 $x=1$ 또는 $x=\dfrac{1}{3}$이 이차방정식 $3x^2-4x+1=0$의 근이다. 이때 두 값이 방정식의 근임을 확인하기 위해서는 이차방정식의 x에 각각 1과 $\dfrac{1}{3}$을 대입해본다.

1개의 근을 갖는 방정식과 실수의 근이 없는 방정식의 예

다음은 1개의 근을 갖는 방정식의 예다.

$$x^2+6x+9=0$$

$$\left\{x^2+6x+\left(\frac{6}{2}\right)^2\right\}-\left(\frac{6}{2}\right)^2+9=0$$

$$(x+3)^2-9+9=0$$

$$(x+3)^2=0$$

$$x+3=0$$

$$x=-3$$

따라서 이차방정식 $x^2+6x+9=0$은 1개의 근 $x=-3$을 갖는다.

한편, 모든 방정식이 실수의 근을 갖는 것은 아니다. 다음은 실수의 근이 없는 방정식의 예다.

$$2x^2-6x+8=0$$

$$\frac{1}{2}(2x^2-6x+8)=\frac{1}{2}\times 0$$

$$x^2-3x+4=0$$

$$\left\{x^2-3x+\left(-\frac{3}{2}\right)^2\right\}-\left(-\frac{3}{2}\right)^2+4=0$$

$$\left(x-\frac{3}{2}\right)^2-\frac{9}{4}+4=0$$

$$\left(x-\frac{3}{2}\right)^2+\frac{7}{4}=0$$

$$\left(x-\frac{3}{2}\right)^2=-\frac{7}{4}$$

실수를 제곱하면 0보다 크거나 같으므로 $\left(x-\dfrac{3}{2}\right)^2$ 역시 항상 0보다 크거나 같다. 따라서 $\left(x-\dfrac{3}{2}\right)^2$ 은 $-\dfrac{7}{4}$ 이 될 수 없으므로 이차방정식 $2x^2-6x+8=0$은 실수의 근이 없다.

이차방정식이란?

이차방정식은 이차 다항방정식으로, 실수 또는 복소수의 두 근을 갖는다. 보통 이차방정식은 $ax^2+bx+c=0$(단 $a\neq0$)의 꼴로 나타낸다.

이차방정식의 근은 인수분해를 하거나 완전제곱식을 이용하여 구할 수 있다. 예를 들어, 인수분해를 이용하여 이차방정식 $x^2-3x=4$를 풀기 위해서는 먼저 이차방정식의 표준 형태인 $x^2-3x-4=0$으로 나타낸 다음 $(x-4)(x+1)=0$과 같이 인수분해 한다.

이때 $(x-4)(x+1)=0$은 $x-4=0$ 또는 $x+1=0$, 즉 $x=4$ 또는 $x=-1$과 같다. 따라서 이차방정식 $x^2-3x=4$의 해는 4 또는 -1이다.

대수학의 기본정리란?

대수학의 기본정리$^{\text{Fundamental Theorem of Algebra}}$, FTA는 수학자 카를 프리드리히 가우스$^{1777~1855}$가 처음 증명한 정리로, 가우스가 증명하기 전에 발표되었으나 증명이 불충분한 상태로 남아 있었다.

계수가 실수 또는 복소수인 n차 대수방정식 $a_nx^n+a_{n-1}x^{n-1}+\cdots+a_1x^1+a_0=0$ 은 복소수 범위에서 적어도 하나의 근을 갖는다(단 $n\geq1$이고 $a_n\neq0$).

위 정리의 증명은 이 책의 영역을 넘어서는 것으로, 여러 페이지를 할애해야 한다. 이 정리를 요약하면 다항방정식은 적어도 하나의 복소수 해를 갖는다는 것이다. 이 정리로부터 어떤 다항식이 완전히 인수분해 되는 경우를 알 수 있다.

모든 이차방정식을 인수분해로 풀 수 있을까?

굳이 시간을 낭비할 필요는 없다. 단적으로 말해서 모든 이차방정식을 인수분해로 풀 수는 없다. 예를 들어, 이차방정식 $x^2 - 3x = 3$은 인수분해로 풀리지 않는다. 이차방정식을 푸는 한 가지 방법은 완전제곱식을 이용하는 것이다. 또 다른 방법은 해를 그래프로 나타내는 것이다. 이차함수의 그래프는 포물선으로 그려진다. 그러나 가장 잘 알려진 방법 중의 하나는 다음과 같은 근의 공식을 사용하는 것이다.

$$\frac{-b + \sqrt{b^2 - 4ac}}{2a} \text{와} \quad \frac{-b - \sqrt{b^2 - 4ac}}{2a}$$

예를 들어, 방정식 $x^2 + 2x - 7 = 0$의 근을 구하려면 먼저 a, b, c에 '대응하는' 수를 찾아야 한다. 위의 두 식에 $a = 1$, $b = 2$, $c = -7$을 대입하여 다음과 같이 해를 구할 수 있다.

$$\frac{-2 + \sqrt{2^2 - 4 \times 1 \times (-7)}}{2 \times 1}, \quad \frac{-2 - \sqrt{2^2 - 4 \times 1 \times (-7)}}{2 \times 1}$$

이것은 간단히 $\dfrac{-2 \pm \sqrt{32}}{2}$ 와 같이 나타낼 수 있다.

이차방정식의 판별식이란?

이차방정식 $ax^2 + bx + c = 0$에서 $b^2 - 4ac$를 '판별식'이라 한다. 이 식은 근의 공식에서 제곱근 기호 안의 식과 같다. 이것은 사실 x에 관한 n차 다항방정식에서 n개의 근들 사이에 있는 차의 제곱의 곱을 말한다. 즉, 판별식은 그 값의 부호에 따라 x에 관한 n차 다항방정식에서 그 근의 성질을 판별한다. 판별식은 종종 행렬, 모듈, 이차곡선, 다항방정식 등 여러 가지 수학 개념으로 사용된다.

기타 대수학

배열^{array}이란?

수학적 배열은 어떤 대상들을 직사각형 모양으로 나열한 것을 말한다. 동일한 성질을 가진 대상들이 있을 때 배열을 사용하면 편리하다. 배열은 행과 열을 이용해 대상들을 순서대로 배열하는 것으로, 보통 대상들은 수인 경우가 많다. 예를 들어, 가장 흔하게 사용되는 배열은 다음과 같이 어떤 일정한 크기의 행과 열로 나타낸 2차원 배열이다.

$$\begin{vmatrix} 3 & 0 & 1 \\ -2 & 4 & 0 \end{vmatrix}$$

이것은 2×3 배열로, 앞의 수는 행의 개수를 나타내고, 뒤의 수는 열의 개수를 나타낸다. 행렬에서처럼 배열에서도 수들의 순서가 중요하지만 항상 그렇지는 않다.

행렬이란?

행렬은 일차변환을 나타내고 다루는 간편한 방법으로, 사용자가 어떤 수학적 연산을 할 수 있도록 수나 문자를 직사각형 모양으로 배열한 것이다. 보통 행렬 기호로는 수나 문자의 배열을 둘러싸는 큰 괄호나 2개의 긴 수직 선분을 사용한다. 이때 이 수들은 덧셈, 뺄셈, 곱셈 또는 다른 연산규칙에 따라 서로 다른 많은 문자나 수를 포함한 연립방정식이나 문제를 해결할 때 다뤄진다. 주어진 행렬의 각 행과 열에는 같은 개수의 수들이 배치되어야 한다.

우리 주변에서 가격, 등급, 인구수, 점의 좌표, 생산량 표 등과 관련하여 특별한 순서로 수들을 나열하고 수로 이뤄진 표를 쉽게 볼 수 있는데, 이것이 바로 행렬이다. 행렬은 기하학적 도형의 변환이나 일차연립방정식의 해를 구할 때 처음 개발되었다. 역사적으로 초기에는 행렬이 아닌 행렬식에 초점을 맞춰 개발되었지만, 오늘날에는 특히 선형대수학에서 가장 먼저 행렬이 다뤄진다.

행렬은 누가 발명했을까?

마야인(다른 문화권에서도)이 단순한 형식의 행렬을 처음 사용한 것으로 추측되지만, 수학적으로 행렬을 이용한 것은 1850년경 영국의 수학자이자 시인, 음악가인 제임스 실베스터[1814~1897]에 의해 처음으로 공식화되었다. 1850년에 발표한 논문에서 실베스터는 "이런 목적으로 우리는 정사각형이 아닌 m개의 행과 n개의 열을 이용하여 항목들을 직사각형 형태로 구성했다. 이것은 본래 행렬식을 나타내는 것이 아니라, 말하자면 p행 q열의 행렬 안에 포함되는 p차 정사각 배열들로부터 다양한 행렬식들에 이르게 하는 것이다." 라고 말했다. 실베스터는 종래의 사용방법이나 '어떤 다른 것이 생성되는 장소'를 설명하기 위해 행렬이라는 용어를 사용했다.

하지만 행렬 이야기는 실베스터에게만 한정되지 않는다. 1845년, 실베스터의 동료이자 영국의 수학자안 아서 케일리[1821~1895]는 자신의 연구논문 〈선형변환에 관련된 이론On the Theory of Linear Transformations〉에서 행렬 형식을 사용했으며, 1855년과 1858년에는 현대 수학적 의미로 '행렬'이라는 용어를 사용하기 시작했다. 실베스터가 15년 가까이 변호사 업무에 열중하는 동안, 케일리는 200편의 수학 관련 논문을 발표했다. 또한 그는 다른 수학적 업적과 더불어 대수학 분야에 많은 업적을 남겼으며, n차원 공간의 해석기하학을 창시했고, 불변식론을 개척했다.

실베스터는 1878년에는 〈아메리카 수학 잡지〉를 창간하는 등 수학계에 공헌했으며, 71세라는 고령에 불변식론을 고안하기도 하는 등 생애 내내 훌륭한 업적을 남겼다.

행렬의 차수는 행과 열의 수를 말한다. 행을 먼저 쓰고, 열을 그다음에 쓴다. 다음은 차수가 서로 다른 간단한 행렬의 몇 가지 예를 든 것이다.

3 X 2 행렬:	2 X 3 행렬:	4 X 4 행렬:
$\begin{bmatrix} 1 & 2 \\ 3 & 4 \\ 5 & 6 \end{bmatrix}$	$\begin{bmatrix} 1 & 2 & 3 \\ 4 & 5 & 6 \end{bmatrix}$	$\begin{bmatrix} 1 & 2 & 3 & 4 \\ 5 & 6 & 7 & 8 \\ 9 & 1 & 2 & 3 \\ 4 & 5 & 6 & 7 \end{bmatrix}$

특히 행과 열의 개수가 같은 행렬을 '정사각행렬'이라 한다.

고대 마야인은 행렬에 대해 알고 있었을까?

행렬이 수학의 한 분야로 자리 잡기 오래전에 마야인이 행렬에 대해 생각했다고 믿는 과학자들이 있다. 마야인은 열과 행에 여러 '수'를 배치하는 방법을 발견했으며, 미지의 양을 포함한 '여러 방정식'을 풀기 위해 대각선을 따라 더하고 빼는 방법 같은 여러 가지 계산을 한 것으로 여겨지고 있다. 그들은 이런 계산을 하기 위해 일련의 점들을 행렬 형태로 배열했고, 이것을 이용하여 곱셈, 나눗셈, 제곱근, 세제곱근 등을 계산했을는지도 모른다. 실제로 마야의 고위 관리들이 썼던 관모나 성직자들이 남긴 유물을 비롯하여 무덤이나 그림, 의복 등에서 정사각형 형태로 배열한 흔적을 찾아볼 수 있다. 그러나 모든 사람이 그런 생각에 동의한 것은 아니다. 일부 과학자는 마야인이 사용한 격자 모양의 배열이 거북의 등딱지와 같이 단지 자연 속의 어떤 대상들을 모방한 것에 불과하다고 생각하기도 한다.

한때 크게 융성했던 마야 문명의 유적은 멕시코의 유카탄 반도에서 볼 수 있다. 마야인은 행렬을 사용하는 등 수학에서 큰 진전을 보인 진보된 문화를 소유한 사람들이었다.(cc-by-sa-3.0 Manuel de Corselas)

행렬은 어떻게 더할까?

두 행렬이 같은 꼴일 때, 두 행렬의 덧셈은 대응하는 각 성분을 더하여 계산한다. 예를 들어, 두 행렬 $(1\ \ 2)$, $(-1\ \ -2)$에 대하여 $(1\ \ 2)+(-1\ \ -2)=(1-1,\ 2-2)=(0,0)$이다.

단위행렬이란?

단위행렬은 주대각선(왼쪽 위에서 오른쪽 아래로 가는 대각선)의 모든 성분이 1로 되어 있고, 나머지 성분은 0으로 이뤄진 $n \times n$ 정사각행렬이다. 다음은 3×3 단위행렬이다.

$$\begin{bmatrix} 1 & 0 & 0 \\ 0 & 1 & 0 \\ 0 & 0 & 1 \end{bmatrix}$$

보다 형식적이고 일반적인 형태의 단위행렬은 다음과 같다.

$$\begin{bmatrix} 1 & 0 & \cdots & 0 \\ 0 & 1 & \cdots & 0 \\ \vdots & \vdots & \ddots & \vdots \\ 0 & 0 & \cdots & 1 \end{bmatrix}$$

어떤 행렬에 단위행렬을 곱하면 어떤 일이 일어날까?

임의의 $n \times n$ 행렬에 단위행렬을 곱하면 같은 행렬이 된다. 따라서 $n \times n$ 단위행렬을 I, 임의의 다른 $n \times n$ 행렬을 A라 할 때, $A \times I = A$, $I \times A = A$가 된다. 이것은 $x \times 1 = x$, $1 \times x = x$와 같이 실수를 계산할 때와 같다.

행렬은 어떻게 사용될까?

행렬은 수학, 과학 그리고 인문학 등 많은 분야에서 사용되고 있다. 예를 들어, 행렬은 물리학에서 고체구조물의 평형(강체비김^{rigid bodies의 equilibrium})을 정하기 위해 사용된다. 그래프 이론, 프랙털, 수학에서 연립방정식의 풀이, 산림 경영, 컴퓨터그래픽, 암호 작성, 심지어 전기회로망에도 사용된다.

추상대수학

추상대수학이란?

추상대수학은 일반적인 수 체계라기보다는 대수적 구조를 다루는 여러 수학적 대상을 연구하는 분야다. 이들 대수적 구조들로는 군, 환, 체가 있으며, 이들 대상을 다루는 각 영역에는 가환대수와 호몰로지대수가 포함된다. 또 선형대수와 기초 수론을 추상대수학에 포함하기도 한다.

대수적 구조란?

대수적 구조는 1개 이상의 연산이 주어진 집합으로, 어떤 공리들을 만족하는 집합을 말한다. 대수적 구조는 연산과 공리에 따라 그 명칭이 정해진다. 예를 들어, 대수적 구조에는 군, 환, 체 및 루프, 모노이드, 아군, 반군, 유사군 같은 특이한 이름을 가진 많은 구조가 포함된다.

체란?

체는 유리수, 실수, 복소수에 대하여 덧셈, 뺄셈, 곱셈, 나눗셈(0으로 나누는 것은 제외) 같은 사칙연산의 여러 가지 규칙들을 만족하는 대수적 구조를 말한다. 그러나 정수는 체가 아니다. 체는 두 가지 연산이 주어져야 하고, 최소한 2개의 원소들을 가진 집합으로 교환법칙, 분배법칙, 결합법칙이 성립해야 한다. 원래 '유리수 변역'이라 불린 체^{field}는 프랑스어 corps와 독일어 Körper에 해당하는 것으로, '몸^{body}'을 의미한다. 한편, 유한개의 원소들로 이뤄진 체는 '갈로아체' 또는 '유한체'라고 한다. 체는 벡터, 행렬 같은 개념을 정의하는 데 유용하다.

추상대수학에서 군이란?

보통 G로 나타내는 군은 이항연산이 주어진 유한집합 또는 무한집합으로 네 가지 기본 성질, 즉 그 이항연산이 닫혀 있고, 항등원과 역원이 존재하며, 결합법칙을 만족한다. 덧셈연산에 대해 닫혀 있는 정수, 유리수, 실수, 복소수와 곱셈연산에 대해 닫혀 있는 0이 아닌 유리수, 실수, 복소수 그리고 곱셈연산에 대해 닫혀 있는 비특이행렬(역행렬을 갖는 행렬) 같은 익숙한 수 체계를 포함하여 수학에서 연구되는 많은 대상이 군이 되는 것으로 밝혀졌다. 군을 연구하는 수학 분야를 '군론'이라 하며 군론은 수학의 중요한 분야로, 입자이론 같은 수리물리학에 많이 응용되고 있다.

모든 사람이 공리를 인정할까?

누구나 모든 공리를 인정하는 것은 아니다. 공리는 어떤 지식이 기초가 되어 다른 지식이 세워지는 자명한 진리를 말한다. 예를 들어 지식의 본질, 근거, 한계를 다루는 인식론철학자들이 모두 임의의 공리들이 존재하는 데 동의하는 것은 아니다. 그러나 수학에서는 공리적 추론이 폭넓게 받아들여지고 있으며, 공리를 가정으로 하고 추리 규칙에 따라 연역적으로 증명한다.

공리(또는 공준)의 영어 단어 axiom은 '가치가 있거나 적당한 것으로 간주하는' 또는 '그 자체로 명백한 것으로 간주하는'을 뜻하는 그리스어 axioma에서 유래한다. 고대 그리스의 철학자들은 증명이 필요 없는 참인 주장을 '공리'라는 단어로 사용했다. 현대 수학에서 공리는 자명한 명제가 아니라 단순히 어떤 논리적 체계에서의 출발점을 의미한다. 예를 들어, 몇몇 환에서 곱셈연산은 가환적이다.

환이란?

환은 2개의 이항연산자(덧셈과 곱셈)가 덧셈에 대한 결합법칙과 교환법칙이 성립하고, 항등원과 역원이 존재하며, 곱셈에 대한 결합법칙 및 좌우분배법칙을 만족하는 대수적 구조를 말한다. 즉, 덧셈연산에 대해서 환은 교환법칙이 성립하는 군이 되며, 곱셈연산에 대해서는 결합법칙이 성립한다. 특히 연산에 대해 교환법칙이 성립하는 군을 '아벨군'이라 한다. 또 이 두 연산은 덧셈에 대한 곱셈의 분배법칙을 성립시키며, 환의 임의의 세 원소 a, b, c에 대하여 다음과 같이 나타낼 수 있다.

$$a \times (b+c) = (a \times b) + (a \times c), \ (b+c) \times a = (b \times a) + (c \times a)$$

환은 보통 연구자 중의 한 명이나 여러 명의 이름을 따 붙인다. 그러나 그런 상황은

환을 연구하는 다른 수학자에게 관련된 환의 특성들을 이해하는 데 어려움을 주는 원인이 되기도 한다.

수학자들이 초월수에 관심을 갖는 이유는?

초월수는 임의의 정수 계수 다항방정식의 근이 아닌 수나 임의의 차수의 대수적 수가 아닌 수를 말한다. 그러므로 모든 초월수는 무리수다. 한편 유리수는 차수가 1차인 대수적 수다. 초월수의 중요성은 2000년이 넘는 세월 동안 꾸준히 거론되고 있다.

원주율이 초월수라는 사실을 통해 고대의 수학자들을 괴롭힌 그리스 3대 기하학 문제 중의 하나인 "자와 컴퍼스를 사용하여 원과 같은 넓이를 갖는 정사각형을 작도할 수 없다"는 문제가 유한한 대수적 방법으로는 불가능하다는 것을 증명했다.

선형대수학이란?

선형대수학은 벡터공간 및 일차변환에 관한 이론을 연구하는 수학의 한 분야로, 그것들의 변환 특성들을 포함하여 공간에서 회전의 해석, 최소제곱법 및 수학, 물리학, 공학에서의 다른 많은 문제를 다룬다.

불대수란?

불대수는 집합들 사이의 관계를 표현하기 위해 사용된 추상수학 체계로, 정보이론, 확률론, 집합의 기하학 연구에서 중요하다. 전기회로에서 불 기호법은 스위칭이론의 개발과 컴퓨터 최종 설계에 도움이 되었다.

논리명제의 대수적 조작을 증명하고 명제가 참, 거짓임을 증명하는가 하면, 명제가 통합적인 의미를 변화시키지 않고 보다 간단하면서도 편리한 형태로 어떻게 만들어질 수 있는지를 보여주면서 이런 유형의 논리를 처음으로 개발한 사람은 영국의 수학자 조지 불[1815~1864]이었다. 오늘날, 논리학을 고찰하는 이러한 방법을 '불대수'라 한다.

불대수는 거기서 끝이 아니었다. 1881년, 영국의 논리학자이자 수학자인 존 벤[1834~1923]은 불의 연구를 해석했으며, 논문 〈기호논리학〉에서 불의 기수법記數法을 그림으로 나타내는 새로운 방법을 도입했다. 이것은 나중에 《이상한 나라의 앨리스》의 저자(필명은 루이스 캐럴)로 알려진 영국의 수학자 찰스 도지슨[1832~1898]에 의해 다듬어졌다.

오늘날, 우리는 집합을 연구할 때 이 방법을 불, 캐럴, 도지슨 그램이 아닌 '벤다이어그램'이라고 한다.

찰스 도지슨은 루이스 캐럴을 필명으로 한 《이상한 나라의 앨리스》의 저자로 더 많이 알려져 있지만, 훌륭한 수학자이기도 했다. 다른 업적으로는 불대수 표기를 세밀하게 구분 짓는 방법들을 고안했다.

불 기호법은 각각의 집합 자체에 무엇이 있는지, 두 집합에 공통으로 들어 있는 것이 무엇인지 그리고 어느 집합에도 들어 있지 않은 것은 어떻게 나타내는지를 표시하는 등 집합들 사이의 관계를 보여준다.

6장

기하학과 삼각법

기하학의 시초

기하학이란?

기하학은 공간에 있는 도형이나 대상들의 치수와 모양을 연구하며, 점, 선, 면, 공간, 대상들의 입체적인 성질과 측정에 초점을 맞춘다. 영어 단어 geometry는 '땅'과 '측정하다'를 뜻하는 그리스어 단어 geometria에서 유래한 것으로, geometria는 gē와 metreein을 합성한 것이다. 기하학을 연구하는 사람을 기하학자라고 한다.

기하학은 어떻게 분류될까?

기하학 분야는 다음과 같은 여러 가지 부문으로 나눠진다.

평면기하학 원, 선, 삼각형, 다각형 같은 도형을 주로 다룬다.

입체기하학　원, 선은 물론 다면체 같은 도형을 다룬다.

구면기하학　구면 삼각형과 구면 다각형 같은 도형을 다룬다.

해석기하학　좌표기하학이라고도 하며, 도형의 위치, 형태, 분류에 관해 연구한다.

사영기하학과 비유클리드기하학 등 다른 종류의 기하학들도 있다. 대부분 이들 기하학은 특별한 근거를 바탕으로 활용되는 보다 복잡한 형태의 기하학이다.

기하학은 언제부터 시작되었을까?

기하학 분야는 수천 년에 걸쳐 여러 문화권에서 발전되었지만, 일반적이고 기본적인 형태에 한정되었다. 기하학을 실제로 연구한 최초의 사람들은 기원전 3500년경 메소포타미아 지역(특히 바빌로니아 사람들) 문화권이었다. 그들은 오늘날의 피타고라스의 정리를 알고 있던 최초의 사람들이었다. 사실 고대 그리스 수학자이자 철학자인 사모스의 피타고라스[기원전 582~507]가 동쪽으로 여행하면서 이 정리를 배웠을 수도 있다. 또한 그들은 탈레스가 정리한 것으로 추측되는 고대 그리스의 평면기하학에 대한 모든 정리를 이미 알고 있었다.

그다음으로는 이집트인이 거대 유적을 건설하기 위해 기하학적 방법을 주로 사용했다. 여기에는 많은 피라미드와 그 지역의 유적들이 포함된다. 이 중 몇 가지는 기하학적 기법을 사용한 설계자들 덕분에 오늘날까지도 남아 있다.

고대 그리스인은 기하학과 관련이 있을까?

고대 그리스인은 기하학에 대한 폭넓은 지식을 가지고 있어 많은 위대한 기하학자를 배출한 것으로 알려졌다. 수학에서 이런 업적과 더불어 고대 그리스인은 전체 수학 분야의 접근법과 특성을 바꾸었다. 밀레투스의 탈레스[기원전 625~550]는 고대 그리스에 기하학을 처음으로 소개한 사람으로 인정받고 있다. 상인이며 여행가인 탈레스는 바빌로니아인의 측정개념을 접한 뒤 피라미드의 높이와 해안선에서 배까지의 거리 같은 여러 가지 문제를 해결하기 위해 기하학적 지식을 사용했다.

고대 그리스의 기하학자 키오스의 히포크라테스$^{기원전\ 470~410}$는 처음으로 기하학의 공리적 접근을 제안한 사람으로, 유클리드보다 1세기 정도 앞서 원론에 대해 처음으로 연구했다. 히포크라테스는 기하학 및 원 같은 넓이의 정사각형의 작도 문제에 대해 연구했지만, 상식이 부족하여 많은 사람에게 속임을 당했다.

엘레아의 제논$^{기원전\ 490~425}$은 많은 역설을 포함하여 선, 점, 수에 대한 문제들을 제기했다. 크니도스의 에우독소스$^{기원전\ 408~355}$는 넓이와 부피를 구하는 이론 및 기하학적 비율에 대하여 연구했다.

이들 기하학자의 뒤를 이어 헬레니즘 시대의 아르키메데스$^{기원전\ 287~212}$는 역학에 대한 연구는 물론 처음으로 적분에 대한 연구를 하기 시작했다. 페르가의 아폴로니우스$^{기원전\ 262~190}$는 '위대한 기하학자'로 불리며, 자신의 책 《원추곡선론》에서 처음으로 원추곡선에 대한 이론을 제안했다. 또 알렉산드리아의 파푸스$^{290~350}$는 현대 사영기하학의 토대를 제공했다.

《원론》을 쓴 고대 그리스 수학자는?

그리스의 수학자이자 기하학자인 유클리드$^{기원전\ 325~270}$는 당대의 기하학에서 매우 큰 진전을 이뤘다. 그의 업적 중에는 기하학과 기타 수학에 대한 쓴 13권으로 된 《원론(그리스어로는 *Stoicheion*)》의 편찬도 있다. 이 책은 기하학에 대해 전 세계적으로 가장 완성도 높은 책이라 평가받기도 한다.

처음 여섯 권은 삼각형, 사각형, 원, 다각형, 비율, 닮음을 전개한 초등 평면기하학으로 구성되어 있고, 나머지 일곱 권은 수론(7~10권), 입체기하, 각뿔, 플라톤 입체의 기타 수학으로 이뤄져 있다. 이 책은 서유럽에서 수십 세기 동안 사용되었다. 사실, 오늘날 고등학교에서 배우는 초등기하의 주제는 대부분 유클리드의 개념을 바탕으로 하고 있다.

유클리드의 다섯 가지 공준은?

유클리드는 증명 없이 참이라 가정한 명제, 즉 공리로 많이 알려진 수학자로, 기하학적 도형의 성질 같은 특별한 주제를 연구했다. 유클리드는 자신이 편찬한 책 《원론^{Elements}》 앞부분에서 정의와 함께 다음과 같은 다섯 가지 공준에 대해 다뤘다.

· 임의의 한 점에서 임의의 다른 점으로 직선을 그을 수 있다.
· 유한한 선분이 있다면 그것은 얼마든지 길게 늘일 수 있다.
· 임의의 한 점을 중심으로 하고, 임의의 길이를 반지름으로 하는 원을 그릴 수 있다.
· 직각은 모두 같다.
· 한 선분에 서로 다른 두 직선이 교차할 때 두 내각의 크기의 합이 180°보다 작으면, 이 두 직선을 무한히 연장하면 두 내각의 크기의 합이 180°보다 작은 쪽에서 교차한다.

수학자들은 마지막 공준이 처음 4개의 공준으로 유도될 수 있다고 믿었지만, 오늘날의 수학자들은 다른 것들과 별개의 것으로 생각하고 있다. 사실 이 공준으로 인해 유클리드 기하학이 확립되었으며, 이 다섯 번째 공준의 가정을 바꾸어 만든 여러 비유클리드 기하학이 발생하는 계기가 되기도 했다.

수학을 설명하려는 초기의 많은 시도와 마찬가지로 이들 모든 공준이 전체 기하학을 설명해주는 것은 아니다. 여전히 많은 의견 차이가 있지만, 이 중 몇 가지는 시간이 흐르면서 점차 좁혀지고 있다.

유클리드 기하학이란?

유클리드 기하학은 그리스의 수학자 유클리드의 이름을 따서 붙인 것이다. 주로 유클리드의 제5공리(평행선 공리)를 바탕으로 한 것이며, 종종 '포물선기하학'이라고도 한다. 평면기하학은 2차원 유클리

현대 그래픽 디자이너와 공학자들은 2차원 스크린 위에 3차원 형상을 만들어내기 위해 컴퓨터 애니메이션 프로그램을 사용한다. 이처럼 현대의 컴퓨터 기술에서도 유클리드 기하 개념을 결합하고 있다.

드 기하학이라고 하는 반면, 3차원 유클리드 기하학은 입체기하학으로 알려져 있다.

프랑수아 비에트가 기하학에 기여한 것은?

흔히 라틴어 이름인 비에타라고 불리는 프랑스의 수학자 프랑수아 비에트[1540~1603]는 '현대 대수학의 창시자'로 인정되고 있으며, 대수학과 기하학, 삼각법 사이의 관계를 제시했다. 비에트는 자신의 저서 《수학 요람》(1571)에 삼각비 표를 싣기도 했다.

가스파르 몽주Gaspard Monge는 기하학과 어떤 관련이 있을까?

프랑스의 수학자이자 물리학자, 공무원이었던 가스파르 몽주[1746~1818]는 현대 화법기하학 개념을 처음으로 제안했다. 화법기하학은 기계공학이나 건축공학과 관련된 그림을 그릴 때 쓰이는 분야다. 미분기하학의 창시자로 불리는 가스파르 몽주는 프랑스 공과대학인 에콜 폴리테크니크 창시자 중 한 사람으로, 화법기하학 교수로 재직했으며, 1800년경 자신의 강의를 바탕으로 첫 번째 저서 《화법기하학 *Géométrie descriptive*》을 출간했다. '화법기하학'이라는 시스템은 현재는 '정사영'으로 알려져 있다. 정사영은 현대 기계공학과 관련된 그림을 그릴 때 사용되는 도식법이다.

기하학의 기초

수학적 공간이란?

일부 사람에게는 우주 공간이 '최후의 미개척 영역'이 될 수도 있지만, 수학에서는 많은 유형의 공간이 있다. 대개 수학적 공간은 점, 집합 또는 벡터로 구성되어 있다. 각 공간과 그 공간의 성분들은 어떤 수학적 성질을 따른다. 대부분 공간은 유클리드 공간, 민코프스키 공간 등 주 연구가의 이름을 따서 붙인다. 가장 일반적인 유형의 수학적 공간 중의 하나가 바로 위상공간이다.

일상생활에서는 차원을 어떻게 해석할까?

비록 차원dimensions에 대해서는 잘 모른다고 하더라도 누구나 주변의 차원과 친숙하다. 대부분 사람들은 종이 위의 그림 같은 2차원 물건, 3차원 공간에 존재하는 사과나 자동차 따위의 평범한 3차원 사물들의 개념에 익숙하지만, 다른 차원들도 있다.

0차원은 공간에서 한 점으로 생각할 수 있으며, 1차원은 직선이나 곡선으로 보이는 것을 말한다. 1차원을 이해하는 또 다른 방법은 시간이다. 시간은 '현재', '이전', '이후'로만 구성된 것으로 생각한다. 길거나 짧은 것과는 상관없이 '이전'과 '이후'가 연장된 것이므로 시간은 연대표에서의 직선과 비슷해 보이거나 1차원 객체로 보인다.

2차원은 사각형 같은 공간에서 2개의 좌표로 정의된다. 우리 주변에서 볼 수 있는 가장 분명한 2차원 사물은 그림과 사진이다. 비록 그것들이 3차원 사물을 표현하고 있지만 말이다. 지금 여러분이 읽고 있는 이 페이지도 2차원 사물로 여겨질 수 있다. 하지만 정확히 말하면, 종이의 두께는 종이가 3차원임을 말해준다. 3차원은 우리가 몸담고 있는 공간이다. 3차원은 주변의 모든 것에 깊이를 포함한다. 우리는 양안시이기 때문에 깊이를 볼 수 있는데, 이것은 한 눈으로 세상을 볼 때 모든 것이 '평평한' 또는 '2차원적인 것'이 되는 이유이기도 하다.

4차원 또는 그 이상의 차원은 간단한 예가 거의 없다. 대부분 고차원 측면들은 주로 수학자, 과학자들, 경제학자들이 사용한다. 그들은 날씨 패턴을 모형화하고, 주식시장에서의 상승과 하락 같은 복잡한 수학을 위해 그런 차원 분석을 필요로 한다.

수학에서 차원은 어떻게 설명할까?

수학에서 차원은 수학적 대상 또는 원래 기하학적 대상이 나타내는 점이나 그 대상 위에 있는 점들을 설명하기 위해 필요한 좌표(독립변수)의 수를 말한다. 대상의 차원은

증권시장의 상승과 하락은 종종 2차원 선그래프를 사용하여 설명한다. 하지만 때때로 경제학자들은 훨씬 더 복잡한 4차원 모형을 사용하여 설명하기도 한다.

종종 그것의 차원수로 말하기도 한다.

각 차원은 1개의 점에서 여러 개의 점들까지 공간에 있는 점들을 나타낸다. 차원 개념은 수학에서 기하학적 대상을 개념적 또는 시각적으로 정의할 때 중요하다. 사실 차원에 대한 개념은 직접적으로 시각화할 수 없는 추상적 대상들에 적용할 수도 있다. 보통 1차원 상의 점은 실수 x로 표현하고, 2차원 상의 점은 두 실수 x, y 또는 순서쌍 (x, y)로 표현하고, 3차원 상의 점은 세 실수 x, y, z 또는 순서쌍 (x, y, z)로 나타낸다.

3차원 대상들과 유사한 4차원(그리고 고차원) 대상들은 hypercube(하이퍼큐브)나 hyperplane(초평면)과 같이 종종 접두어 'hyper-'를 붙인다. 고차원 기하학의 기본적인 기하학 구조인 선, 면, 공간, 초공간은 모두 특별한 방법으로 배열된 무한히 많은 점으로 구성되어 있다.

유클리드 공간이란?

유클리드 공간은 '카테시안 공간'이라고도 하며, 좀 더 간단히 $n-$space라고 한다.

n차원 공간으로 구성되어 있으며, 각 점이 n개의 성분을 포함한 좌표로 표시되는 점들의 집합이기도 하다. 아인슈타인과 다른 과학자들은 상대론적 물리학에 대한 개념을 사용하지 않는 2차원, 3차원이 포함된 공간을 유클리드 공간으로 인정한다.

유클리드 공간에서 서로 같은 점이 아닌 두 점 사이의 거리는 양수다. 점 A에서 B까지의 거리는 점 B에서 A까지의 거리와 같다. 또 점 사이의 거리는 점들이 한 방향으로 그대로 이동하면 변하지 않는다. 점들의 이런 이동을 '평행이동'이라 한다. 또한 피타고라스의 정리는 직각삼각형의 꼭짓점인 세 점에 대하여 적용된다.

기하학에서 곡선은 어떻게 정의될까?

곡선은 1차원 공간에서 n차원 공간까지 점이 각 공간 내부를 연속적으로 움직일 때 생기는 선이다. 주의할 점은 평소 '곡선curve'이라는 말을 사용할 때는 그것이 직선을 의미하는 것이 아니라는 사실이다. 그러나 수학에서 직선이나 삼각형은 종종 곡선으로 일컬어지기도 한다.

다른 형태의 기하학에서는 곡선을 다양한 방법으로 정의하고 있다. 해석기하학에서는 방정식이나 함수의 그래프인 원, 타원, 쌍곡선, 포물선 같은 평면 곡선들을 사용한다. 이들 곡선은 대수방정식으로 나타낼 수 있는 대수곡선에서 방정식의 차수나 대수방정식이 아닌 방정식에 의한 초월곡선 같은 특정 함수에 따라 달라진다. 훨씬 복잡한 곡선은 공간곡선으로, 특별한 계산법이 필요한 이들 곡선은 모두 미분기하에서만 사용된다.

기하학의 기본 '요소'로는 어떤 것이 있을까?

기하학에는 몇 가지 기본 '요소'가 있다. 이것들은 모두 기하학에서 볼 수 있는 대상들과 관련이 있다. n개의 좌표를 사용하는 n차원 공간에 있는 0차원 도형을 '점point'이라 한다. 일반 사람들에게 점의 개념은 분명하지만, 수학자들에게는 점을 설명하고 다루는 것이 간단한 문제는 아니다. 이를테면 유클리드는 한때 점을 '부분이 없는 것'으로 모호하게 정의하기도 했다. 또 '폭이 없는 길'을 선이라 했으며, '그 위에 점이 평평하게 놓여 있는' 선을 직선이라고 정의하기도 했다.

현대 수학자들은 선이 고차원 공간의 일부일 수도 있지만, 1차원 도형으로 정의하고 있다. 수학적으로 선은 점이 이동하는 이론적 통로로, 길이 이외에 다른 치수는 갖지 않는 것으로 정의한다. 선은 종종 '직선'이라 부르기도 하며, 선의 어디에도 굽은 곳이 없다는 것을 강조하기 위해 '곧은 선'이라 부르기도 한다.

한편 공리계에서 기하학을 사용할 때 선을 무정의 용어로 여긴다는 사실은 매우 흥미롭다. 해석기하학에서 선은 일차방정식 $ax+by=c$로 정의된다. 이때 a, b, c는 임의의 수로, a와 b는 동시에 0이 아니다.

선분은 서로 다른 두 점을 잇는 가장 짧은 선으로, 무한직선의 한정된 일부분이기도 하다. 선분의 양끝 점을 A, B라 할 때, A, B를 양끝으로 하는 선분을 선분 AB라 하고 $\overline{AB}$로 나타낸다.

거리는 두 점 사이의 경로의 길이 또는 A, B를 양끝으로 선분 AB의 길이를 말한다. 수직선 위의 임의의 실수와 대응되는 두 점 A, B 사이의 거리는 $|B-A|$로 나타낸다.

또 다른 기본 요소로는 반직선이 있다. 반직선은 광선이라고도 생각할 수 있다. 반직선은 한 점을 기준으로 한쪽 방향으로 끝없이 뻗어나가는 직선을 말한다. 반직선은 한쪽 끝이 점으로 된 직선의 일부로 정의되며, 이때 그 점은 반직선에 포함된다. 점 A에서 시작하여 점 B를 지나는 반직선은 $\overrightarrow{AB}$와 같이 나타낸다. 이때 $\overrightarrow{AB}$와 $\overrightarrow{BA}$는 시작점과 방향이 다르므로 서로 다른 반직선임에 주의해야 한다. 시작점이 포함되는 반직선을 '반직선half line'이라 한다. 기하학에서 반직선은 보통 두 점 A, B 중 하나가 무한대에 있는 반무한 직선half-infinite line으로 생각한다.

기하학에서 '평행'은 무엇을 의미할까?

기하학에서 평행은 2차원 유클리드 공간에서 두 선이 서로 만나지 않는 것을 의미하거나 같은 평면에 있는 두 직선이 모든 점에서 서로 같은 거리를 유지하면서 만나지 않는 것을 말한다. 마찬가지로 3차원 유클리드 공간에서 두 직선의 평행은 두 직

우리 생활 주변에서는 농작물을 심기 위해 서로 일정한 간격을 두고 고랑을 파는 것과 같이 평행선을 쉽게 찾아볼 수 있다.

선 위의 점 중 서로 가장 가까운 점 사이에 일정한 거리가 유지되면서 만나지 않는 것을 말한다. 해석기하학에서는 직선들의 기울기가 같을 때 평행하다고 하며, 다른 곡선들에 대해서도 모든 x 값에 대하여 접선의 기울기가 각각 같을 때 평행하다고 한다. 직선 a와 직선 b가 평행할 때 기호 $/\!/$를 사용하여 $a/\!/b$와 같이 나타낸다.

각이란?

각은 기하학과 삼각법에서 모두 중요한 개념으로, 같은 점에서 시작하는 두 반직선에 의해 만들어진다. 평각은 같은 직선 위에 놓여 있는 두 반직선에 의해 만들어지는 각을 말한다. 두 평면이 만나서 생기는 것으로 정의할 수도 있다.

각은 여러 가지 방법으로 나타낸다. 오른쪽 그림에서 두 반직선의 교점인 B를 사용하여 ∠B와 같이 나타내거나 각의 크기를 나타내는 소문자나 수를 사용하여 나타내기도 한다. 또 교점과 두 반직선 위의 두 점을 나타내는 문자

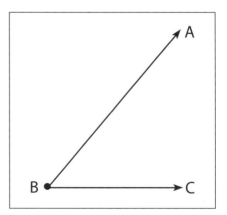

각 ABC는 점 B에서 만나는 두 반직선 BA와 BC에 의해 만들어진다.

를 사용하여 ∠ABC 또는 ∠CBA와 같이 나타내기도 한다. 이때 각을 이루는 두 반직선 BA, BC를 각의 '변'이라 한다.

각은 어떻게 측정할까?

각은 도와 라디안 두 가지로 나타낸다. 온도계에서의 도와 유사하게 수학에서 각의 크기를 나타낼 때 도는 기호 °를 사용하여 표시한다. 보통 $1°$는 60분으로 나누고, 1분은 60초로 나눈다. 도를 나타낼 때 60의 거듭제곱을 사용하는 것은 바빌로니아의 60진법 수 체계와 관련이 있는 것으로 여겨지고 있다. 바빌로니아인은 1년을 360일, 한 달이 30일인 12개의 달이 있는 것으로 생각했다. 각의 꼭짓점과 각의 두 변 중 한 변을 고정시키고 다른 한 변을 꼭짓점에 대하여 정확하게 1회전시키면 360도 원이 만들어진다. 이것은 1회전한 각이 360도임을 의미한다.

rad로 나타내는 라디안은 각의 크기를 나타내는 것으로 실수다. 1라디안은 반지름과 길이가 같은 호의 중심각 크기를 말하며, 약 57.28579도다. 또 반원의 중심각 크기는 π라디안이므로 1라디안은 $\dfrac{180}{\pi}$도와 같다. 따라서 $\dfrac{\pi}{6}$는 30도$\left(\dfrac{\pi}{6} \times \dfrac{180}{\pi} = 30°\right)$와 같다. 도를 단위로 하여 각도를 나타내는 것을 '60분법'이라 하고, 라디안을 단위로 하여 각도를 나타내는 것을 '호도법'이라 한다. 라디안은 확률과 통계에서 자주 사용되며, 삼각함수의 도함수를 구하기 위해 미적분학에서도 자주 사용된다.

각은 간단히 어떻게 분류할까?

각은 보통 '회전'으로 나타낸다. 1회전은 360도와 같고, 1회전의 절반을 '평각', 1회전의 $\dfrac{1}{4}$을 '직각(90도)'이라 한다. 직각보다 작은 각을 '예각'이라 하고, 직각보다 큰 각을 '둔각'이라 한다.

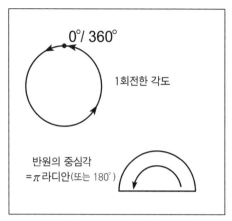

일반적으로 원 위에서 각은 도나 라디안(rad)으로 측정한다. 원은 360도 또는 $2\pi \times 1$라디안이다.

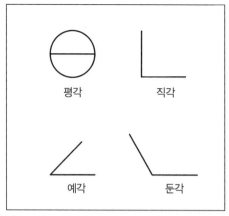

각은 평각, 예각, 둔각, 직각의 네 가지 종류로 나눈다.

또 다른 종류의 각에는 어떤 것이 있을까?

각은 다음과 같이 여러 가지로 나누어 생각한다.

인접각(이웃각)　꼭짓점과 하나의 반직선을 공통으로 갖는 두 각을 말한다. 공통인 반직선이 다른 변들 사이에 있을 때 각은 서로 이웃한다.

맞꼭지각　교차하는 두 직선이 한 점에서 만날 때 생기는 교각 중 서로 이웃하지 않는 한 쌍의 교각을 말한다. 따라서 맞꼭지각은 서로 공통인 변이 없으며 마주 보고 있다. 맞꼭지각은 평면을 정의하는 서로 만나는 직선을 포함하므로 항상 같은 평면상에 있다.

합동인 각　크기와 모양이 같은 각을 말한다. 맞꼭지각은 합동인 각이다.

외각, 내각　내각은 삼각형 같은 다각형의 내부에 있는 각을 말하며, 외각은 한 꼭짓점에서 연장선을 그을 때 만들어지는 다각형의 바깥쪽 각을 말한다.

엇각, 동위각　서로 반대편에 놓여 있고, 횡단선(같은 평면에 있는 2개 이상의 직선이 자르는 한 직선)의 반대편 끝에 있는 한 쌍의 각을 '엇각'이라고 한다. 이때 횡단선에 의해 잘리는 선들이 서로 평행하면 엇각의 크기는 같다. 그림과 같이 엇각은 안쪽 엇각과 바깥쪽 엇각으로 나누며, 두 평행선에 대하여 안쪽 엇각과 바깥쪽 엇각의 크기는 같다. 동위각은 서로 같은 방향의 같은 위치에 있는 두 각을 말한다.

이면각 서로 평행하지 않는 두 평면이 만날 때 만들어지는 네 각 중 하나다.

여각 더해서 90도가 되는 두 각을 말한다. 예를 들어, 직각삼각형에서 2개의 예각은 그 합이 90도이므로 항상 여각이다.

보각 더해서 180도가 되는 두 각을 말한다. 만일 각이 보각과 크기가 같으면 두 각은 합동이다.

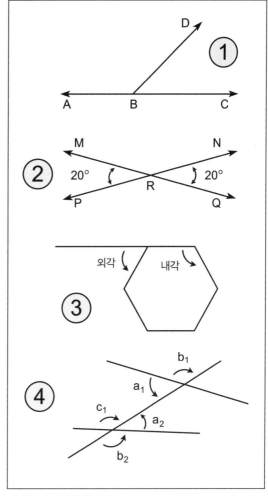

각에는 여러 종류가 있다.
① 인접각 ② 맞꼭지각 ③ 내각, 외각
④ a_1과 a_2: 안쪽 엇각, b_1과 b_2: 바깥쪽 엇각, b_1과 c_1: 동위각

수직선, 법선, 접선이란?

여러 선이 이루는 각의 크기에 따라 선을 분류하기도 한다. 수직선$^{perpendicular\ lines}$은 90도를 이루며 만나는 두 직선이나 선분, 반직선을 말한다. 서로 직각으로 만나는 직선들을 수직선이라고 말하기도 한다. 그러나 이 용어는 주로 함수, 변환, 벡터에서 사용된다. 법선$^{normal\ line}$은 어떤 곡선이나 직선 또는 평면이나 곡면에 수직인 직선을 말

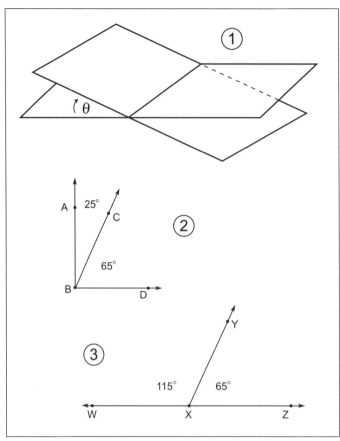

위의 그림에서 그림 ①은 이면각을 나타낸 것이고, 그림 ②는 여각, 그림 ③은 보각을 나타낸 것이다.

한다. 원과 한 점에서만 만나는 직선을 그 원의 '접선'이라 하며, 접선이 원과 만나는 점을 '접점'이라 한다.

이등분선이란?

기하학에서 '이등분'이라는 말은 매우 중요하다. 주로 선이나 2차원 도형, 각을 절반으로 나누는 것을 말한다. 선분을 이등분한다는 것은 평면, 선, 점이 놓이는 선분의 중점을 찾는 것을 뜻한다. 선분의 중점을 지나는 직선이나 선분을 선분의 이등분선이라고 한다. 각의 이등분선은 같은 크기의 각을 이루는 각 내부에 있는 반직선을 말한

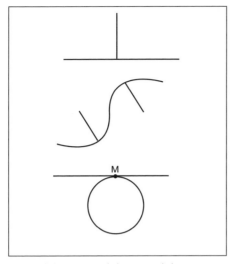

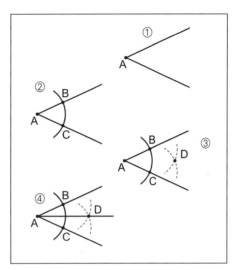

(위) 수직선, (가운데) 법선, (아래) 접선(이때 점 M이 접점이다)

각의 이등분선 작도하기

다. 먼저 각 반직선 위에 꼭짓점에서 같은 거리에 있는 점을 찍는다. 그런 다음 처음 두 반직선의 각각으로부터 같은 거리에 있는 세 번째 점을 찍는다. 세 번째 점과 꼭짓점을 지나는 반직선이 바로 각의 이등분선이다.

다음 순서에 따라 각의 이등분선을 그릴 수 있다.

① 일정한 크기의 각을 그리고 꼭짓점을 A라 한다.

② 각의 꼭짓점 A를 중심으로 하고 각의 반직선과 만나도록 호를 그려 만나는 점을 B, C라 한다.

③ 점 B와 C에서 반지름의 길이가 같은 호를 그려 만나는 점을 D라 한다.

④ 꼭짓점 A와 점 D를 잇는 반직선을 그린다. 이것이 바로 각의 이등분선이다.

기하학적 공리란?

다른 수학 분야와 마찬가지로 증명 없이 참으로 인정하는 많은 기하학적 공리 또는 명제가 있다. 이들 공리를 통해 다른 유형의 수학적 명제인 여러 정리를 증명할 수 있다. 또 정리는 정의나 이미 증명된 정리를 이용하여 증명하기도 한다. 기하학에서 공리의 예를 들면, "임의의 두 점을 지나는 직선은 오직 1개뿐이다", "두 점이 한 평면 위에 있으면 이들 두 점을 포함하는 직선들은 모두 그 평면 위에 있다" 등이 있다.

간접증명법이란?

직접증명법은 참인 명제로 시작하여 결론이 참이 되도록 증명을 전개하는 방법을 말한다. 한편 간접추론이 이뤄지는 곳에서는 간접증명이라는 증명법을 이용하기도 한다. 간접증명법은 가정에서 차례로 결론을 이끌어내는 것이 아니라 명제의 결론을 부정함으로써 가정 또는 공리 등이 모순됨을 보여 간접적으로 그 결론이 참이라는 것을 증명하는 방법을 말한다. 간접증명법의 한 예로 귀류법이 있다.

기하학에서 증명과 정리란?

증명은 기하학에서 매우 중요하다. 다른 수학 분야와 마찬가지로 증명은 공리, 가정, 참으로 확인된 일련의 명제들을 전개하여 '만약^{if} – 그러면^{then}'이라는 조건부 명제의 타당성을 밝히는 것을 말한다.

보통 다음의 다섯 단계에 따라 증명하는 것이 적절하다. (1) 증명할 정리를 말한다. (2) 이용될 수 있는 정보를 정리한다. (3) 그림을 그려 정보를 나타낸다. (4) 무엇을 증명해야 하는지를 말한다. (5) 특히 참이 되는 것으로 인정된 명제를 모아 연역적 추리 체계를 전개한다. 참인 명제들은 물론, 임의의 필요한 무정의 용어를 추가한다.

기하학에서는 정의, 성질, 규칙, 무정의 용어, 공준, 기타 정리 등을 사용하여 정리를 증명한다. 또 하이퍼링크를 통해 인터넷과 다른 내용을 연결하는 것처럼 기하학의 전체 분야에서 또 다른 새롭고 더욱 어려운 정리를 증명할 때 그런 정리들을 활용할 수 있다.

평면기하학

평면기하학은 평면에 있는 2차원 도형들을 연구하는 기하학의 한 분과다. 대부분 수학자들은 평면기하학을 유클리드 기하학으로 정의하며, 원, 선, 다각형 같은 대상들을 다룬다.

'면'이라는 말은 수학에서 어떻게 사용될까?

대부분 사람들은 '면surface'을 생각할 때 종종 우리가 사는 세상, 즉 걷거나 일상생활을 하는 흙과 돌로 되어 있는 얇은 지표면을 상상한다. 한편 공학에서는 신체의 바깥 부분 또는 두께가 없는 피부를 의미하며, 과학에서는 지질학적인 구조에서 마이크로미터 크기의 입자들에 이르기까지 수많은 대상에 적용할 수 있다.

수학에서 '면'은 많은 의미를 가지고 있다. 가장 흔하게는 2차원 위상공간이나 3차원 유클리드 공간을 나타내며, 프랙털에서와 같이 복합적이고 복잡한 것일 수도 있고, 평면처럼 매우 간단한 것일 수도 있다.

기하학에서 '평면'이란?

기하학 또는 임의의 다른 수학 분야에서 평면plane은 두 점을 지나는 직선이 포함되는 면을 뜻한다. 보통 평면은 2차원으로 생각하며, 고차원에서의 평면은 '초평면'이라 한다. 대부분의 수학적 논의에서 평면은 모든 방향으로 무한대까지 뻗어 있는 2차원 점들의 모임으로 생각할 수 있다.

다각형이란?

영어 단어 polygon은 '많은 각'을 뜻하는 것으로, '많은'을 뜻하는 그리스어 poly 와 '각'을 뜻하는 gonis가 합쳐진 것이다. 평면에 있는 닫힌 도형은 꼭짓점에서만 교 차하는 선분으로 이뤄져 있다. 즉, 어떤 변도 끝점 외의 다른 곳에서 만나지 않는다. 다각형은 꼭짓점과 같은 개수의 변을 가지고 있다.

다각형은 어떻게 분류할까?

다각형은 크게 두 가지로 분류할 수 있다. 정다 각형은 변의 길이가 같은 볼록다각형을 말한다. 따라서 모든 변의 길이와 내각의 크기가 같다. 정다각형의 예로 오른쪽 그림처럼 도로에서 흔 히 볼 수 있는 도로표지판을 들 수 있다. 이 도로 표지판은 정팔각형 모양의 정지 표지판이다. 정 팔각형은 길이가 같은 8개의 변으로 이뤄진 닫 혀 있는 다각형이다. 다각형을 달리 부를 수도

있다. 예를 들어, 정삼각형 등의 다각형은 '등변삼각형'이라고도 한다. 정사변형^{regular} quadrilateral이라 부르는 다각형은 '정사각형'이라 부르기도 한다. 변의 길이와 각의 크기 가 다른 다각형을 '부정^{irregular} 다각형'이라 한다. 따라서 다각형의 모든 변의 길이가 같지 않고 각의 크기가 같지 않으면 그 다각형은 불규칙하다고 한다.

그러나 육각형, 구각형, 오각형과 같이 변의 개수에 따라 다각형의 명칭을 정하는 방 법이 정다각형에만 적용되는 것은 아니다. 그 명칭이 말하는 수만큼의 변을 가진 닫혀 있는 2차원 다각형이면 어떤 것이라도 적용된다. 예를 들어, 다음 페이지의 도형 A, B는 모두 육각형으로, A는 정육각형이고 B는 부정 육각형이다.

또한 다각형은 다른 방법으로도 분류할 수 있다. 볼록다각형은 다각형 내의 임의의 두 점을 이은 모든 선이 그 도형 내에 완전하게 놓이는 다각형이다. 볼록다각형의 반 대는 오목다각형이다. 오목다각형은 몇 개의 변이 안쪽으로 굽어 움푹 들어간 다각형

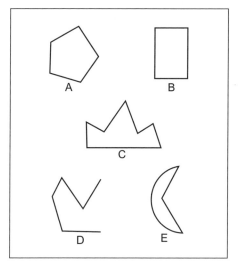

A, B, C는 다각형이지만, D와 E는 다각형이 아니다.

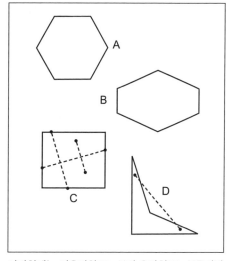

다각형에는 정육각형(A), 부정 육각형(B), 볼록다각형(C), 오목다각형(D) 등이 있다.

이다. 만약 오목다각형 내부의 두 점을 연결하여 선을 그리면 그 선이 도형의 바깥을 지나갈 수도 있다. 또 다른 종류로는 별다각형$^{star\ polygon}$이 있다. 별다각형은 한 원 위의 거리가 같은 점들을 연결하여 별 모양의 다각형을 그린 것이다.

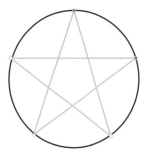

정다각형의 명칭으로는 어떤 것이 있을까?

다각형은 변의 수에 따라 이름을 붙인다. n개의 변을 가지고 있는 다각형은 n각형이라 한다. 다음은 변의 개수에 따라 다각형의 이름을 나타낸 것이다. 또한 이름이 알려져 있지 않은 경우는 14 - gon, 20 - gon과 같이 'n - gon'의 형태로 간단히 나타낼 수도 있다.

정다각형의 명칭

변의 수	다각형 명칭
3	삼각형 trigon 또는 triangle
4	사각형 quadrilateral 또는 tetragon
5	오각형 pentagon
6	육각형 hexagon
7	칠각형 heptagon
8	팔각형 octagon
9	구각형 nonagon 또는 enneagon
10	10각형 decagon
11	11각형 hendecagon 또는 undecagon even less frequently as unidecagon
12	12각형 dodecagon
13	13각형 tridecagon 또는 triskaidecagon
14	14각형 tetradecagon 또는 tetrakaidecagon
15	15각형 pentadecagon 또는 pentakaidecagon
16	16각형 hexadecagon 또는 hexakaidecagon
17	17각형 heptadecagon 또는 heptakaidecagon
18	18각형 octadecagon 또는 octakaidecagon
19	19각형 enneadecagon 또는 enneakaidecagon
20	20각형 icosagon
30	30각형 triacontagon
40	40각형 tetracontagon
50	50각형 pentacontagon
60	60각형 hexacontagon
70	70각형 heptacontagon
80	80각형 octacontagon
90	90각형 enneacontagon
100	100각형 hectogon
10,000	10,000각형 myriagon

몇몇 교과서에서는 2개의 변을 가진 polygon을 'digon'이라 하기도 하지만, 이것은 이론수학에서만 의미가 있다.

삼각형이란 무엇이며, 삼각형의 종류에는 어떤 것이 있을까?

삼각형은 3개의 변을 가진 다각형이다. 삼각형의 세 선분(변)은 3개의 꼭짓점을 서로 연결한 것이다. 모든 삼각형에 대하여 삼각형의 세 내각 크기의 합은 180도다.

삼각형은 변의 길이 또는 흔히 각의 크기로 분류한다. 모든 삼각형은 적어도 2개의 예각을 가지고 있으므로 세 번째 각의 크기에 따라 예각삼각형, 직각삼각형, 둔각삼각형으로 분류한다.

직각삼각형　한 각의 크기가 90도인 삼각형

예각삼각형　세 각이 모두 90도보다 작은 예각인 삼각형

둔각삼각형　한 각의 크기가 90도보다 큰 둔각인 삼각형

정삼각형　각의 크기가 모두 같은 예각삼각형

삼각형을 변의 형태에 따라 분류하면 다음과 같다.

부등변삼각형　길이가 같은 변이 없는 삼각형. 따라서 크기가 같은 각이 하나도 없다.

이등변삼각형　2개의 변의 길이가 같은 삼각형. 따라서 밑각의 크기가 같다.

정삼각형　세 변의 길이가 같은 삼각형

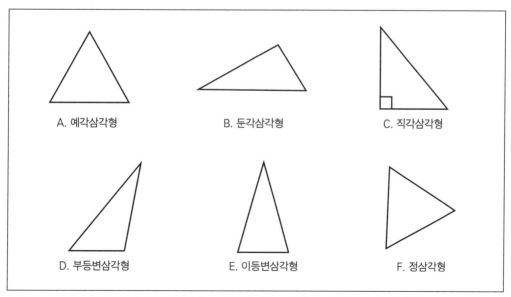

기본적인 삼각형은 예각삼각형(A), 둔각삼각형(B), 직각삼각형(C), 부등변삼각형(D), 이등변삼각형(E), 정삼각형(F)이다.

직각삼각형과 이등변삼각형의 각 부분의 명칭은?

직각삼각형의 여섯 가지 요소 중에서 특별한 이름을 가진 것들이 있다. 90도인 각의 대변을 '빗변'이라 하는데, 그 변은 항상 삼각형의 변 중에서 가장 긴 변이다. 빗변이 아닌 두 변은 직각을 낀 두 변이라 한다.

직각삼각형과 마찬가지로 이등변삼각형의 여섯 가지 요소 중에서도 특별한 이름을 가진 것들이 있다. 길이가 같은 두 변을 '등변'이라 하고, 두 등변으로 이뤄진 각을 '꼭지각'이라 한다. 꼭지각의 대변을 '밑변'이라 하고, 밑변과 두 등변에 의해 만들어지는 두 각을 이등변삼각형의 '밑각'이라 한다.

피타고라스의 정리는 직각삼각형과 어떤 관련이 있을까?

피타고라스의 정리는 직각삼각형을 다룬다. 간단히 말하면, 직각을 낀 두 변 길이의 제곱의 합은 빗변 길이의 제곱과 같다. 피타고라스의 정리의 역도 참이다. 즉, 삼각형의 두 변 길이의 제곱의 합이 가장 긴 변 길이의 제곱과 같으면 그 삼각형은 직각삼각형이다.

사각형에는 어떤 것이 있을까?

4개의 변을 가진 다각형인 사각형에도 여러 종류가 있다. 흥미롭게도 다른 사각형들의 정의를 조합하여 정의한 사각형도 있다. 예를 들어, 정사각형은 마름모이면서 직사각형인 사각형을 말한다. 다음은 자주 사용되는 사각형들을 정리한 것이다.

정사각형　4개의 변 길이와 각 크기가 모두 같은 사각형이다.

직사각형　4개의 직각을 가지고 있다. 두 쌍의 대변이 각각 평행하고, 길이가 같으며, 대각이 서로 같은 사각형이다.

평행사변형　두 쌍의 대변이 각각 평행한 사각형이다. 따라서 대변의 길이와 대각의 크기가 각각 같다.

마름모 네 변의 길이가 같은 평행사변형이다.

사다리꼴 한 쌍의 대변만 평행한 사각형이다. 종종 '적어도 한 쌍의 대변이 평행한 사각형'으로 정의하는 경우도 있지만, 두 번째 정의는 종종 수학자들 사이에서 논란이 되기도 한다. 사다리꼴에서 특히 평행한 변들을 '밑변'이라 한다.

등변사다리꼴 평행하지 않은 두 변의 길이가 같은 사다리꼴이나 두 밑각의 크기가 같은 사다리꼴이다.

원이란?

기하학에서 원은 기본 도형 중 하나로, 흔히 볼 수 있는 모양이기도 하다. 원은 평면 상의 한 점(중심)에서 일정한 거리만큼 떨어져 있는 점들의 모임을 말한다. 사실 원은 무한히 많은 변을 가진 다각형이라고 할 수 있다.

원의 중심에서 원 위의 점까지 선분의 길이 또는 원 위의 임의의 점과 원의 중심을 양 끝점으로 하는 선분의 길이를 '반지름'이라 한다. 원 위의 한 끝점에서 반지름을 통

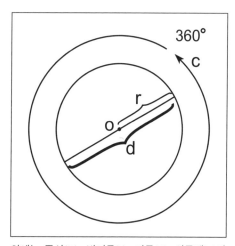

원에는 중심(O), 반지름(r), 지름(d), 원둘레(c)가 있다.

과하여 정확히 반대편의 다른 끝점을 잇는 선분을 '지름'이라 하며 원의 지름은 반지름의 2배다. 원의 외곽 경계선은 '원둘레'라고 한다. 현은 양 끝점이 원 위에 있는 선분을 말하며, 동심원은 같은 평면 위에 있으면서 중심이 같지만 반지름의 길이가 각각 다른 2개 이상의 원을 말한다. 길이가 같은 반지름을 가진 원들을 서로 같은 원이라 한다.

원에서 각은 원의 중심에 꼭짓점이 위치하므로 원의 중심각이라 한다. 한 원에서 모든 중심각을 더하면 360도가 된다. 모든 중심각은 원을 2개의 호로 나눈다. 이때 중심각이 180도보다 작은 호를 '열호', 180도보다 큰 호를 '우호'라 한다. 열호의 길이는 중심각의 크기와 비례하지만, 우호의 길이는 360도에서 중심각의 크기를 뺀 각의 크기와 비례한다. 호의 길이는 원 위를 따라 호의 양 끝점 사이의 거리를 말한다. 길이가 같은 호를 서로 같은 호, 원의 지름에 의해 2개의 같은 호로 나눠진 원을 '반원'이라 한다.

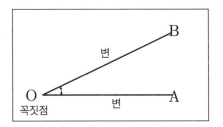

입체기하학

입체기하학은 3차원 유클리드 공간에 있는 도형을 연구하는 기하학이다. 2차원 도형을 다루는 평면기하학과 달리 다면체, 구, 원뿔, 원기둥 같은 입체를 다룬다.

기하학에서의 입체는 닫혀 있는 3차원 도형 또는 면으로 둘러싸인 경계가 정해진 공간의 한정된 일부분으로 정의한다. 이 입체는 우리 주변에서 보고 인식하는 입체와는 약간 차이가 있다. 우리가 인식하는 실제적인 입체는 면으로 둘러싸인 3차원 형상이다. 기하학적 입체는 면과 일부 공간을 조합한 것으로, 보기에 따라 2차원 공간에 또 다른 차원을 추가한 것이라 할 수 있다.

영어 단어 polyhedron은 '많은'을 뜻하는 그리스어 poly와 '바닥'을 뜻하는 인도

－유럽어 hedron에서 유래한 말이다. 기하학에서의 다면체는 보통 틈이 없이 다각형의 변을 붙인 여러 개의 다각형을 조합한 3차원 입체를 말한다.

다면체는 볼록다면체와 오목다면체로 분류한다. 다면체의 어느 면을 연장해도 그 평면이 다면체의 내부를 자르지 않는 다면체를 '볼록다면체'라고 하며, 각뿔과 정육면체가 여기에 속한다. 오목다면체는 어느 면을 연장할 경우 그 평면이 다면체의 내부를 자르게 된다. polyhedron의 복수형은 'polyhedrons'가 아니라 'polyhedra'이다.

다면체에는 어떤 것이 있을까?

보통 다면체는 다음과 같이 면의 개수에 따라 이름을 붙인다.

다면체의 종류

변의 수	다면체의 명칭
4	사면체 tetrahedron
5	오면체 pentahedron
6	육면체 hexahedron
7	칠면체 heptahedron
8	팔면체 octahedron
9	구면체 nonahedron
10	10면체 decahedron
11	11면체 undecahedron
12	12면체 dodecahedron
14	14면체 tetradecahedron
20	20면체 icosahedron
24	24면체 icositetrahedron
30	30면체 triacontahedron
32	32면체 icosididecahedron
60	60면체 hexecontahedron
90	90면체 enneacontahedron

플라톤 입체도형이란?

플라톤 입체도형은 정다면체 또는 '우주의 형상'이라고도 한다. 이들 입체도형은 여러 개의 합동인 볼록 정다각형 면으로 구성된 볼록다면체다.

플라톤 입체도형은 정사면체, 정육면체, 정팔면체, 정12면체, 정20면체의 다섯 가지만 존재한다. 그리스의 수학자 플라톤[기원전 428~348]은 자신의 책 《티마이오스[Timaeus]》에서 이들 입체도형에 관하여 설명했다. 이것이 정다면체를 '플라톤의 입체도형'이라 부르는 이유다. 정다면체에 대한 플라톤의 정의는 오늘날의 정의에 비해 다소 기묘하고 공상에 가깝다. 플라톤는 이 세상을 구성하는 주요 '원소'인 물, 불, 흙, 공기는 다면체 같은 형태의 원자들로 이뤄져 있다고 생각했다. 가장 가볍고 날카로운 원소인 불

그리스의 철학자 플라톤은 자신의 책에서 처음으로 '플라톤 다면체'로 알려진 5개의 정다면체를 설명했다.(Library of Congress)

은 정사면체, 가장 안정된 원소인 흙은 정육면체, 가장 활동적이고 유동적인 원소인 물은 가장 쉽게 구를 수 있는 정20면체, 자유롭게 움직일 수 있어 불안정한 공기는 정팔면체, 12개의 별자리(황도)가 있는 우주 전체는 정12면체 형태를 띠어야 한다고 생각했다. 정다면체가 다섯 가지밖에 존재하지 않는다는 정리에 대한 증명은 그리스의 수학자이자 기하학자인 유클리드[기원전 325~270]가 《원론》의 마지막 권에서 다뤘다.

여러 가지 입체도형은 어떻게 정의될까?

다음은 입체기하학에서 정의되는 도형 중 자주 사용되는 몇 가지를 정리한 것이다.

원뿔 곡면일 수도 있고 입체가 될 수도 있다. 입체로서의 원뿔은 하나의 원과 원의 평면 위에 있지 않은 한 정점이 주어졌을 때, 정점과 원둘레 위의 각 점을 선분으로 이어서 만들어진 곡면과 처음의 원으로 둘러싸인 도형을 말한다. 2개의 꼭짓점끼리 맞붙인 입체는 원뿔곡선을 정의하는 데 유용하다. 꼭짓점과 밑면의 중

심을 잇는 직선이 밑면에 직교하는 원뿔을 '직원뿔'이라 하고, 그렇지 않은 원뿔을 '빗원뿔'이라고 한다. 보통 원뿔이라고 할 때는 직원뿔을 말한다.

각뿔 1개의 면은 다각형이고, 다른 모든 면은 하나의 꼭짓점을 공통의 꼭짓점으로 하는 여러 개의 삼각형으로 이뤄진 다면체다. 삼각뿔, 사각뿔 등 각뿔의 이름은 밑면인 다각형에 따라 붙인다. 가장 유명한 '입체각뿔'의 예로는 사암으로 만들어진 이집트의 피라미드가 있다. 각뿔은 실제로 다각형의 밑면이 정사각형이고 꼭짓점에서 밑면에 내린 수선이 밑면의 중심과 만나므로 '직정사각뿔'이라고도 한다.

원기둥 곡면일 수도 있고 입체일 수도 있다. 입체도형으로서의 원기둥은 밑면이 원이고, 축인 고정선과 항상 평행인 직선의 회전으로 생긴 입체를 말한다. 모선이 밑면에 수직인 원기둥을 '직원기둥'이라 하고, 그렇지 않은 원기둥을 '빗원기둥'이라 한다. 가장 흔한 원기둥은 우리의 일상생활에서 흔히 볼 수 있는 컵이다. 컵은 원기둥 모양을 하고 있으며, 두 밑면은 합동인 원으로 되어 있다.

각기둥 두 밑면이 서로 평행하고 합동인 다면체를 말한다. 옆면은 평행사변형으로 이뤄져 있으며, 특히 옆면이 직사각형으로 이뤄진 각기둥을 '직각기둥'이라 한다.

평행육면체 모든 면이 평행사변형으로 이뤄진 다면체다. 즉, 두 밑면이 평행사변형인 각기둥을 말한다. 가장 친숙한 평행육면체는 6개의 면이 모두 직사각형인 상자다. 이것을 '직육면체$^{\text{rectangular parallelepiped}}$'라고도 한다.

구란?

  3차원 유클리드 공간의 한 정점에서 같은 거리에 있는 점들의 모임을 '구면'이라 하고, 이 구면을 경계로 하는 입체를 '구'라 한다. 간단히 말해 구는 3차원의 둥근 입체도형이다. '구'라는 말은 다른 차원으로 확장할 수도 있다. 예를 들어 2차원에서의 구는 '원'이라고 한다.

구면기하학은 구면 위의 도형을 연구하는 기하학이다. 이것은 평면이나 입체기하학에서 연구하는 기하학의 유형과는 차이가 있다. 구면기하학에는 평행선이 없으며, 대원大圓을 직선이라 한다. 따라서 모든 서로 다른 두 직선은 두 점에서 만난다. 또 두 대원이 만나는 각도를 두 직선의 각도라 한다.

한편 구의 부피 중심을 지나는 세 평면이 구면을 통과할 때 만들어지는 삼각형을 '구면삼각형(또는 오일러삼각형)'이라 한다. 이때 이웃하는 두 변이 이루는 각을 구면삼각형의 각이라 하고, 각 변의 길이는 구의 반지름의 길이가 1일 때 변에 대한 구의 중심으로 나타낼 수 있다. 구면 위에서 3개 이상의 대원의 호로 둘러싸인 구면다각형도 있다.

측정과 변환

2차원 도형의 둘레는 도형의 '가장자리' 또는 경계의 길이를 말한다. 보통 둘레는 각 변의 길이를 모두 더해서 계산한다. 단순한 폐곡선의 둘레는 그 길이로 측정한다.

2차원 도형의 넓이는 도형에 따라 다르다. 단순한 2차원 도형(정사각형, 직사각형, 평행사변형)의 넓이는 도형 내부에 포함된 길이가 1인 정사각형의 넓이를 단위로 하여 구할 수 있다. 그러나 그 과정이 복잡하고 시간이 많이 걸리므로 간단히 높이(h)×밑변(b)으로 계산한다. 직사각형의 경우에는 가로×높이 또는 가로×세로가 된다.

2차원 다각형의 넓이는 어떻게 구할까?

다각형의 넓이를 구하는 것은 직사각형이나 정사각형의 넓이를 구하는 것처럼 간단하지 않다. 다각형의 넓이를 구하기 위해서는 간단한 공식을 적용할 수 있는 보다 작은 도형 조각으로 쪼갠 다음 각 조각의 넓이를 더하여 계산한다. 보통 여러 다각형의 넓이를 구하는 공식은 직사각형의 넓이를 구하는 공식인 높이(h)×밑변(b)을 이용한다. 예를 들어, 삼각형의 넓이 공식은 밑변×높이의 절반 [$\frac{1}{2}bh$]으로 나타낼 수 있다. 또 사다리꼴은 2개의 삼각형으로 나눌 수 있으므로 그 넓이는 $\frac{1}{2}$×(두 밑변의 합)×높이 또는 $\frac{1}{2}(B+b)h$ 로 구할 수 있다.

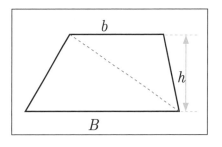

삼각형의 넓이 공식 또한 다른 정다각형의 넓이를 구할 때 사용되기도 한다. 어떤 정다각형의 넓이를 구할 때는 정다각형의 중심에서 한 변에 내린 수선의 길이인 변심거리가 필요하다. 이것은 정다각형 내부의 합동인 삼각형 중 하나의 높이다. 따라서 정다각형의 넓이는 1개의 삼각형 넓이를 구한 다음 그 값에 변의 개수를 곱하면 된다. 예를 들어, 정육각형의 넓이를 구할 때는 먼저 그 정육각형을 6개의 삼각형으로 나눈다. 이때 각 삼각형에는 높이 또는 변심거리 l이 있다. l은 육각형의 내부에서 잴 수 있는 가장 작은 치수인 w의 절반이다. 따라서 육각형의 넓이는 $\frac{\sqrt{3}}{2}w^2$이 된다.

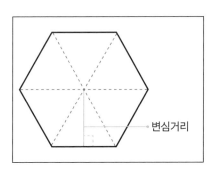

변심거리

그 밖에 피타고라스의 정리를 사용하여 다각형의 넓이를 구하는 방법도 있다. 이 두 가지 방법으로 구한 넓이는 모두 같다. 예를 들어, 가장 작은 내부 치수인 w를 사용하여 구한 정육각형의 넓이는 $0.866 \times w^2$이고, 피타고라스의 정리를 이용하여 구한 정육각형의 넓이는 $2.598 \times a^2$(a: 정육각형의 한 변의 길이)이다. 이 두 가지 방법은 정육각형의 넓이를 구하는 서로 다른 공식이지만, 측정을 통해 얻은 넓이와 같다.

기하학에서 '표면적'이라는 말은 어떻게 사용될까?

논리적으로 표면적은 입체도형의 표면 전체의 넓이를 말한다. 기하학에서 표면적은 여러 가지로 해석될 수 있다. 이를테면 넓이는 2차원 평면 위에서 도형 면이 차지하는 영역의 넓이를 의미한다. 비록 차이는 있지만, 종종 '옆넓이'로 불리는 3차원 도형의 표면적 공식은 다소 복잡하다. 육면체에서 구에 걸친 모든 표면적은 도형을 둘러싸고 있는 여러 면을 더하여 구한다.

보통 3차원에서 표면적은 S로 나타내며, 2차원 평면에서의 넓이는 A로 나타낸다. 이때 3차원 도형의 표면적과 부피를 혼동해서는 안 된다.

원에서의 측정값에는 어떤 것이 있을까?

원에서 잴 수 있는 치수는 여러 가지가 있다. 원의 경계선 길이인 둘레 길이는 $\pi \times d$(지름)나 $\pi \times 2r$(r: 반 지름)로 계산하며, 원의 넓이는 πr^2으로 계산한다.

처음 원의 넓이는 어떻게 구했을까?

역사적으로 원의 넓이를 구하는 문제 또는 그 해결법과 관련하여 많은 설이 있다. 최

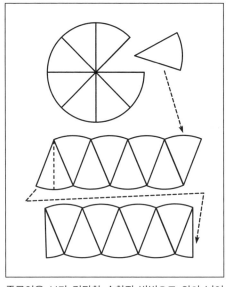

중국인은 보다 간단한 수학적 방법으로 원의 넓이를 계산하기 위해 원을 파이 조각으로 나눈 다음 직사각형 모양으로 재배열하는 방법을 고안했다.

초의 계산법 중 하나는 중국인이 개발한 것이다. 이 방법은 원을 n개의 합동인 작은 부채꼴 조각으로 쪼갠다. 이때 각 조각의 중심각은 $\dfrac{360}{n}$도이다. 쪼갠 각 조각의 뾰족한 부분을 번갈아가며 위아래로 놓아 n개의 조각을 모두 배치한다. n이 무한히 커질수록 부채꼴의 합체 도형은 직사각형에 가까워진다. 이때 직사각형의 밑변 길이는 원주의 $\dfrac{1}{2}$이고, 세로 길이가 원의 반지름과 같으므로 원의 넓이는 직사각형의 넓이를 구하는 공식인 가로×세로에서 가로에 πr, 세로에 r을 대입하여 계산하면 πr^2이 된다.

아르키메데스는 원의 넓이를 구하기 위해 어떤 방법을 사용했을까?

헬레니즘 시대의 수학자 아르키메데스는 중국인의 방법과 매우 유사한 방법으로 원의 넓이를 계산하는 방법을 자신의 책 《원의 측정에 대하여 *Measurement of a circle*》(기원전 225)에 기록해놓았다. 그도 원의 넓이를 구하기 위해 작게 쪼갠 부채꼴 조각을 연달아 나열하는 방법을 사용했는데 이때 작은 부채꼴 조각의 개수를 무한히 증가시키면 부채꼴 조각(삼각형)은 무한히 얇아지게 된다. 얇아진 작은 삼각형에서 원둘레에 닿는 선분의 길이를 b라 하면 b에 $\dfrac{1}{2}r$을 곱하여 무한히 작아진 삼각형의 넓이를 계산할 수 있다. 각 삼각형 조각의 높이가 모두 같으므로 원의 넓이는 $\dfrac{1}{2}r \times (b$를 합한 것$) = \dfrac{1}{2}rc$가 된다. 여기서 c는 원둘레이며 $2\pi r$로 나타낼 수 있으므로 원의 넓이는 결국 πr^2이 된다.

3차원 기하학적 도형의 겉넓이와 부피는 어떻게 계산할까?

3차원 기하학적 도형의 겉넓이는 입체도형 표면의 전체 넓이를 말한다. 겉넓이의 단위는 거리나 길이 단위를 제곱한 것을 사용한다. 한 변의 길이가 a인 정육면체의 겉넓이는 6개의 면이 모두 합동이므로 6개의 정사각형(a^2)의 넓이를 더한 $6a^2$이 된다.

여러 입체도형에서 겉넓이는 2개의 밑넓이와 옆넓이를 더한 것과 같다. 예를 들어, 각기둥이나 원기둥의 겉넓이는 옆넓이와 2개의 밑넓이를 더하여 계산한다. 각기둥과 원기둥은 두 밑면이 합동이므로 2개의 밑넓이는 1개의 밑넓이에 2를 곱하면 된다. 각뿔이나 원뿔의 겉넓이는 1개의 밑넓이와 옆넓이를 더하여 계산한다.

3차원 기하학적 도형의 부피는 입체가 차지하고 있는 공간 부분의 크기를 말한다. 각입체 부피의 단위는 길이 단위의 세제곱을 사용한다. 예를 들어, 직육면체의 부피는 가로×세로×높이 또는 $l \times w \times h$다. 정육면체의 부피는 한 변의 길이 a를 세제곱한 a^3이 된다.

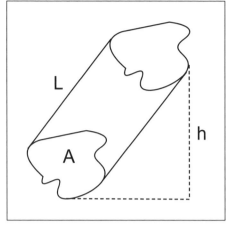

불규칙한 모양의 기둥에서, 옆넓이는 도형 A의 둘레 길이에 L을 곱한 것과 같다. 겉넓이는 옆넓이와 도형 A의 넓이를 2배 한 것을 더한 것과 같다.

옆넓이란?

많은 수학 관련 책에서 옆넓이는 겉넓이와 함께 또는 겉넓이 대신 제시되기도 한다. 옆넓이는 3차원 입체도형에서 밑넓이를 제외한 겉넓이를 말한다. 즉, 옆넓이는 입체도형의 옆면(또는 표면)이거나 밑면이 아닌 면의 넓이다.

구의 겉넓이, 부피를 구하는 식은?

구는 중심에서 같은 거리만큼 떨어진 점들의 모임이다. 2차원에서 구는 원이다. 구의 경우, 옆넓이와 겉넓이는 같다. 따라서 반지름이 r인 구의 겉넓이는 $4\pi r^2$이며, 부피는 $\frac{4}{3}\pi r^3$이다.

기하학적 변환이란?

기하학적 변환은 두 도형에 있는 두 점들의 집합 사이에 일대일 대응이 존재한다는 것을 나타내는 규칙을 말한다. 기하학적 변환은 평면이나 3차원 공간을 바꾼다. 각 변환은 '선택된' 각 점에 대하여 '그 점의 상이 되는' 점을 생각하는 것으로 정의할 수 있다.

변환은 도형을 확대하거나 축소, 이동시켜 새로운 도형을 얻는 것으로 상상할 수 있다. 변환에 따라 상은 원래 이미지와 같거나 유사한 모양 또는 완전히 다른 모양이 되기도 한다.

기하학에는 어떤 변환이 있을까?

도형의 모양과 크기는 그대로 유지하면서 그것을 새로운 위치로 이동시키는 변환을 '합동변환^{isometry}'이라고 한다. 이런 변환 중 많이 사용되는 몇 가지 유형의 변환이 있다. 확대변환^{dilatation}은 같은 모양을 만들지 못하는 유일한 변환이다. 이 변환은 어떤 도형을 확대하거나 축소시키지만, 같은 비율을 유지한다. 원에서의 확대변환은 동심원으로 알려진 중심이 같은 다른 원을 만든다.

대칭변환^{reflection}은 초등학교 수학에서 '뒤집기^{flip}'라고 부르는 것과 유사하다. 대칭변환의 간단한 예로는 거울에 비친 모습을 생각할 수 있다. 원래의 '형상'과 거울에 비친 상이 선(대칭축)을 기준으로 서로 반대편에 놓여 있다. 두 평행선에 대하여 두 번 대칭변환 하면 이동변환^{translation}과 같게 된다. 서로 만나는 두 직선에 대하여 두 번 대칭변환 한 것을 '회전변환^{rotation}'이라 한다.

또 다른 변환인 회전변환은 초등학교 수학에서 '회전시킨다'고 하는 것으로 간단히 이해할 수 있다. 이때 평면 위의 한 점은 변하지 않지만, 같은 평면 위의 다른 점 사이의 거리는 모두 똑같이 유지된다. 마지막으로, 평행 이동변환^{translation} 또는 미끄럼변환은 초등학교 수학에서 '미끄러져 움직인다'라고 부르는 것과 유사하다. 평면 내의 모든 점이 같은 방향으로 같은 거리만큼 이동하거나 도형이 한 방향으로 이동한다. 평행 이동변환은 2개의 평행선을 열십자로 교차하여 두 번 대칭변환을 한 것으로 생각하기도 한다.

해석기하학

해석기하학은 여러 개의 수로 이뤄진 순서쌍(또는 좌표)을 기하학적으로 나타내는 방법인 좌표기하학 또는 카테시안 기하학을 달리 부르는 이름이다. n개의 수를 사용하여 나타낸 n-순서쌍의 수를 미지수로 하는 방정식의 형태로 도형의 성질을 설명한다. 이때 2차원 좌표계 평면에서는 $n=2$이고, 3차원 좌표계 공간에서는 $n=3$이다. 일반적으로 수학자들은 해석기하학에서 방정식을 대수적으로 나타내어 다룸으로써 도형의 위치 및 형태를 결정하거나 분류한다.

영어 단어 graph는 수학에서 여러 가지 의미를 가지고 있다. 막대그래프, 원그래프, 선그래프 등을 통해 수들을 해석한다. 예를 들어, 원그래프는 전체에 대한 부분의 비율을 원 모양으로 나타낸 것으로, 종종 특정 연도에 여러 정부기관에서 사용한 세금의 양을 세밀하게 분석할 때와 같이 백분율을 나타내기 위해 사용한다.

해석기하학에서는 기하학적 도형을 방정식 같은 대수적인 식으로 표현하고, 이를 그래프로 나타낸다. 이때 그래프는 기하학적 도형을 설명하거나 방정식을 풀기 위해 점, 선, 곡선, 입체도형을 시각적으로 표현하는 방법이다. 예를 들어, 미지수가 1개인 방정식과 미지수가 2개(보통 x, y를 사용)인 방정식을 풀 때 그래프는 직선이나 곡선이 된다. 보통 x, y, z라는 3개의 미지수를 가진 방정식은 면이 된다.

좌표계는 1개의 수 또는 여러 개의 수로 이뤄진 좌표를 사용하여 수직선이나 평면

위 또는 공간에 있는 점을 나타내는 체계다. 그래프 위에서 볼 수 있는 이들 점의 경우, 2차원 도형을 이루는 점들은 2개의 수로 조합한 좌표로 나타내며, 3차원 도형을 이루는 점들은 3개의 수로 조합한 좌표로 나타낸다.

해석기하학을 발전시킨 사람은?

해석기하학은 프랑스의 철학자이자 수학자, 과학자인 르네 데카르트[1596~1650]가 좌표를 사용하여 공간에 있는 점들을 알아내는 방법을 설명한 책을 출간하면서 시작되었다고 할 수 있다. 데카르트는 처음으로 그래프를 그려 수학적 함수를 기하학적으로 해석했다. 오늘날의 카테시안 좌표는 데카르트의 라틴어 이름인 '레나투스 카르테시우스'에서 유래한 것이다. 거의 같은 시기에 프랑스의 수학자 피에르 드 페르마[1601~1665]도 독자적으로 좌표 기하학에 대한 아이디어를 확립해가고 있었다. 그러나 데카르트와 달리 페르마는 자신이 연구한 것을 발표하지 않았다. 오늘날의 카테시안 좌표는 데카르트와 페르마, 두 수학자의 연구로 완성된 것이라 할 수 있다.

2차원 카테시안 좌표는 어떻게 나타낼까?

2차원 카테시안 좌표(또는 직교좌표)를 나타내는 2개의 수로 된 순서쌍은 서로 수직인 2개의 축을 사용하여 정한다. 점 P의 좌표는 x축에 내린 수선의 눈금이 a, y축에 내린 수선의 눈금이 b일 때 순서쌍 (a, b)로 나타낸다. 이때 a를 점 P의 x좌표 또는 가로좌표라 하고, b를 y좌표 또는 세로좌표라 한다. 예를 들어, 다음 페이지의 2차원 좌표계의 설명에서 점 P의 좌표는 순서쌍 $(7, 8)$로 나타낸다.

사분면이란?

카테시안 좌표계의 좌표평면은 좌표축에 의해 4개의 영역으로 나눠지는데, 이때 4

개의 영역을 사분면이라 한다. 제1사분면은 x, y 부호가 모두 양수인 영역, 제2사분면은 x 부호는 음수이지만 y 부호는 양수인 영역, 제3사분면은 x, y 부호가 모두 음수인 영역, 제4사분면은 x 부호는 양수이지만 y 부호는 음수인 영역이다. 일반적으로 좌표축은 사분면에서 제외하고 생각한다.

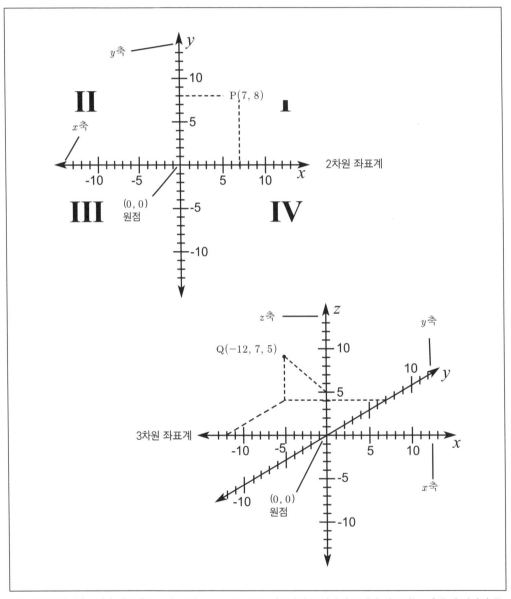

2차원 좌표계에서 4개의 사분면은 로마 숫자 Ⅰ, Ⅱ, Ⅲ, Ⅳ를 사용하여 표시하며, 3차원 좌표계는 z축을 추가하여 공간에서의 점들을 그림의 점 Q(-12, 7, 5)와 같이 나타낸다.

3차원 카테시안 좌표는 어떻게 정할까?

3차원 좌표계는 2차원 좌표계에서 2개의 축에 1개의 축을 추가한 3개의 축(3개의 평면)으로 입체도형 또는 3차원 도형을 표현하는 좌표계다. 보통 좌표는 3개를 한 쌍으로 하는 (x, y, z)로 나타낸다.

카테시안 좌표계와 그래프에서 사용되는 용어들에는 어떤 것이 있을까?

카테시안 좌표계에는 여러 가지 용어가 사용되는데 이미 언급한 것 외에도 다음 용어가 많이 사용된다.

절편은 원점에서 곡선이나 면이 축과 만나는 점까지의 거리를 말한다. 어떤 그래프에서 x절편과 y절편은 직선이 각각 x축, y축의 어느 부분을 자르고 지나가는지를 보여주는 두 가지 중요한 요소다. 원점은 측정이 시작되는 고정된 점을 말한다. 대개의 경우, 간단한 2차원 카테시안 좌표계에서 원점은 0을 나타내는 점을 의미한다. 원점은 보통 $(0, 0)$으로 표현하며, x축과 y축이 만나는 점을 말한다. 3차원 좌표계에서 원점의 좌표는 $(0, 0, 0)$으로 표시한다.

카테시안 평면 또는 좌표평면은 원점과 x축, y축을 관련시킴으로써 인지할 수 있는 2차원 공간을 말한다. 축은 어떤 그래프 또는 카테시안 좌표계 같은 좌표계에서 사용되는 기준선을 말한다. 예를 들어, x축과 y축은 2차원 좌표계에서 서로 수직이다. 3

차원 좌표계에서는 x축, y축, z축이 있다.

동일선상의 점들은 한 직선 위에 놓인 점들을 말한다. 직선이 두 점을 지나므로 임의의 두 점은 동일선상에 있는 것으로 여긴다. 해석기하학에서 여러 과정은 방정식의 해를 나타내는 좌표를 표현하는 동일선상의 점들을 구하는 것과 관련이 있다. 논리적으로 같은 직선 위에 놓여 있지 않은 점들은 동일선상의 점들이 아니다.

방정식을 풀 때는 그래프를 어떻게 이용할까?

미지수가 2개인 방정식이 나타내는 도형은 2차원 좌표계에서 직선이나 곡선이 된다. 예를 들어, 미지수가 2개인 일차방정식 $3x + 4y = 8$을 '일차함수'라고도 한다. 왜냐하면 방정식의 해를 모두 좌표평면 위에 나타내면 직선이 되기 때문이다. 미지수가 3개인 방정식의 그래프도 생각할 수 있다. 미지수가 3개인 일차방정식의 해는 3차원 공간상의 평면이 되거나 3차원 도형의 2차원 '표면'을 나타낸다.

직선의 기울기와 y절편은 어떻게 구할까?

일차함수 그래프에서 기울기는 x 값의 증가량에 대한 y 값의 증가량의 비율을 말한다. 일차함수 $y = mx + b$에서 직선의 기울기와 y절편을 바로 알 수 있다. x의 계수인 m이 직선의 기울기이고, b가 y절편이다. y절편은 $x = 0$일 때 y 값으로 직선이 y축과 만나는 점의 y좌표를 말한다.

예를 들어, 일차함수 $y = -2x + 4$에서 기울기는 -2이고, 식 $y = -2x + 4$에 $x = 0$을 대입하면 $y = -2 \times 0 + 4 = 4$이므로 y절편은 4다.

기울기가 주어지고 한 점을 지나는 직선의 식은?

기울기가 주어지고 한 점을 지나는 직선의 방정식은 카테시안 좌표와 관련이 있다. 즉, 기울기가 m이고 한 점 $(x_1,\ y_1)$을 지나는 직선의 방정식은 $y-y_1=m(x-x_1)$ 이다. 이 식은 직선의 식을 구할 때 자주 사용된다.

해석기하학에서 함수가 중요한 이유는?

함수와 그래프는 해석기하학의 기초에 해당한다. 이에 따라 함수의 복잡한 내용들도 중요하다. 이것은 복소방정식이나 1변수 이상의 방정식을 풀 때 더욱 분명해진다.

예를 들어, 미지수가 2개인 $3x+4y=8$ 같은 방정식을 풀 때, 이 방정식을 참이 되게 하는 $x,\ y$ 값 또는 그 순서쌍 $(x,\ y)$의 집합을 해집합이라고 한다. 또 변수 x와 y 사이에 x 값이 정해짐에 따라 y 값이 정해진다는 관계가 있을 때 'y는 x의 함수' 라고 한다.

일대일함수란?

일대일함수는 각 입력 값이 정확하게 1개의 출력 값을 갖는 함수를 말한다. 그런 경우에 함수는 하나의 수평선이 그래프와 한 번만 만나는지를 보여주는 '수평선 테스트'를 통과해야 한다. 예를 들어, 함수 $f(x)=x^2$은 $x \geq 0$의 범위에서 일대일함수다. 그러나 x 값의 범위를 제한하지 않으면 이 함수는 일대일함수가 아니다. 왜냐하면 x 값이 2와 -2인 경우에 함숫값은 모두 4가 되기 때문이다.

원뿔곡선이란?

고대 그리스인에 의해 발견된 원뿔곡선은 원뿔과 만나는('절단하는') 여러 개의 평면으로 만들어진다. 이때 원뿔의 축과 원뿔의 꼭짓점을 지나지 않는 평면 사이의 각 크기에 따라 만들어지는 곡선의 모양이 결정된다. 원뿔을 자르는 각 평면은 '단

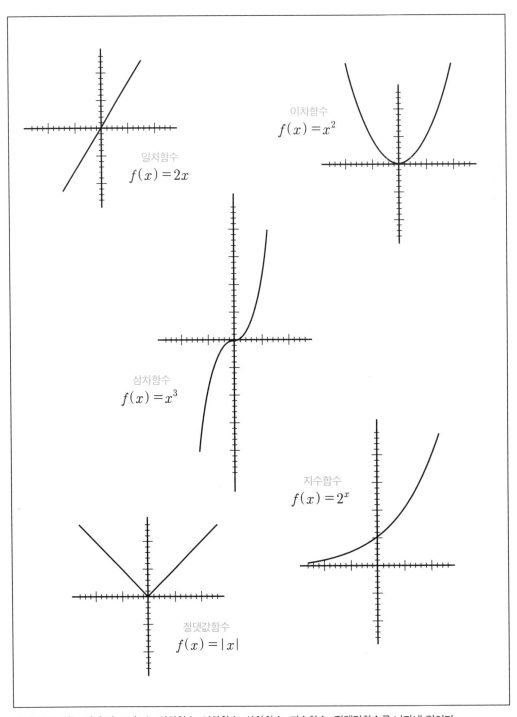

일차함수
$f(x) = 2x$

이차함수
$f(x) = x^2$

삼차함수
$f(x) = x^3$

지수함수
$f(x) = 2^x$

절댓값함수
$f(x) = |x|$

흔히 볼 수 있는 위의 각 그래프는 일차함수, 이차함수, 삼차함수, 지수함수, 절댓값함수를 나타낸 것이다.

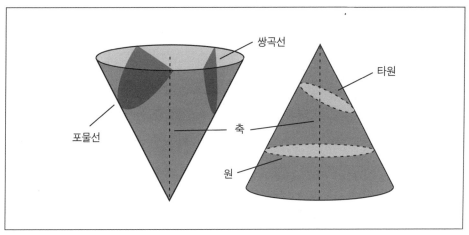

평면이 원뿔과 만나는 방법에 따라 서로 다른 모양의 곡선이 만들어진다.

면'이라는 2차원 도형을 만드는데, 이때 나타나는 곡선을 '원뿔곡선'이라고 한다. 보통 나타나는 곡선은 **원**(축과 수직인 평면으로 자를 때), **타원**(평면과 축이 이루는 각이 원뿔곡선 모선의 기울기와 축이 이루는 각보다 클 때), **포물선**(평면과 축이 이루는 각, 원뿔곡선 모선의 기울기와 축이 이루는 각이 같을 때), **쌍곡선**(평면과 축이 이루는 각, 원뿔곡선 모선의 기울기와 축이 이루는 각보다 작을 때)이 된다.

극좌표란?

극좌표계는 카테시안 좌표계와는 다른 좌표계다. 2차원에서는 '원점'에서의 거리 r

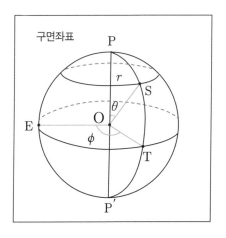

과 편각 θ를 이용하여 평면 위의 점을 표시한다. 이때 sin, cos 같은 삼각함수를 사용한다. '구면좌표'라고도 하는 3차원 공간에서의 극좌표는 r과 원점에서 그 점으로 방향을 가리키는 2개의 편각 θ, ϕ를 사용한다. 3차원 극좌표계는 여러 가지 방법으로 카테시안 좌표계와 부분적으로 겹친다. 예를 들어, θ는 원점을 잇는 직선과 카테시안

$(x,\ y,\ z)$ 좌표계에서의 z축이 이루는 각을 말하고, ϕ는 $(x,\ y)$ 평면 위에 투영된 그 직선의 사영과 x축 사이의 각을 말한다. 각의 크기는 시곗바늘 반대방향으로 잰다.

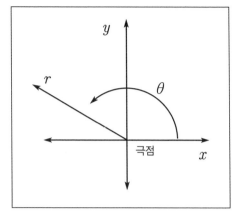

위의 그림에서 $x = r\cos\theta$, $y = r\sin\theta$, $r^2 = x^2 + y^2$, $\theta = \tan{-1}\left(\dfrac{y}{x}\right)(x \neq 0)$이다.

아르강 도표란?

아르강 도표는 $z = x + iy$(단, x, y, z는 3차원 공간에서의 좌표를 말하며, i는 허수단위다)로 쓰이며, 복소수를 나타내는 도표를 말한다. 이 도표의 실제 발견자는 알려지지 않았지만, 스위스의 수학자 장 로베르트 아르강[1768~1822]이 창안한 것으로 여겨지고 있다. 또 덴마크의 수학자 카스퍼 베셀[1745~1818]과 1832년에 독일의 수학자이자 물리학자인 카를 프리드리히 가우스가 독자적으로 발견한 것으로 인정받는데 그중 가우스가 훨씬 먼저 정한 것으로 추측되며, 그런 이유에서 '가우스 평면'이라고도 한다.

점근선이란?

어떤 곡선에 가깝게 접근하지만 결코 만나지 않는 직선을 '점근선'이라 한다. 제논의 한 가지 역설과 유사한 예를 들면, 상자에서 1야드 떨어진 곳에 있는 새끼고양이가 매시 그 상자까지 거리의 절반을 걸어갈 경우, 이론적으로 새끼고양이는 절대 상자에 닿지 못한다. 그것은 새끼고양이가 매시 이동하는 거리가 상자까지의 남아 있는 거리의 절반보다 멀지 않기 때문이다. 이 문제를 식으로 나타내면 결코 해결하지 못한다. 좀 더 수학적인 예로는 지수함수 $y = 2^x$을 들 수 있다. 이 함수는 x축에 접근하지만 결코 닿지 않는다.

삼각법

삼각법이란?

삼각법은 삼각형의 변과 각 사이의 관계를 연구한다. 각은 항상 원점을 중심으로 하고 x축, y축 위를 지나는 원에서 측정한다. 이 사실로 대수에서처럼 각과 다른 단위를 구하는 공식을 만들 수 있다. 삼각법은 대수학과 기하학을 결합한 것이므로 종종 '원 위에서 대수학을 구하는 기법'으로 여겨지기도 한다. 삼각법은 기하학의 한 분야라고 하지만, 천문학, 측량, 항해술과 항공술, 공학 같은 분야에서 많이 응용되고 있다.

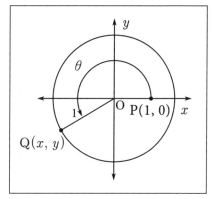

삼각법을 사용하여 측정된 각의 예에서 $x^2+y^2=1$이다.

삼각법에서 각은 어떻게 측정할까?

삼각법에서 각은 원점을 중심으로 하고 x축, y축 위에 놓인 원을 이용하여 측정한다. 그래서 종종 삼각법을 '원 삼각법'이라고도 한다. 각의 크기를 나타내는 라디안은 임의의 실수 θ로 나타낸다. 각을 재기 위해서는 먼저 θ가 0보다 크거나 같은 한 가지 경우를 생각한다. 실의 한쪽 끝은 원점에 고정시키고, 다른 쪽 끝은 x축 위의 1인 점 P$(1, 0)$에 오도록 한다. 이때 실은 원의 반지름으로 생각할 수 있다. 이제 실을 시곗바늘 반대방향으로 점 Q(x, y)에 오도록 회전시킨다. 이것을 각 θ로 나타낸다. 이때 각 θ는 꼭짓점 O를 포함하며, 두 점 P와 Q를 지난다. 실의 길이가 1이므로 점 Q에서 꼭짓점 O까지의 거리 역시 1이다. 각 θ는 도로 나타내며, 원이 나타내는 각 크기의 일부로 정의한다. 도는 라디안으로 바꾸어 나타낼 수 있다.

도와 라디안은 서로 어떻게 변환할까?

하나의 원 위에서 각의 크기를 잴 때, 삼각법에서는 라디안이라는 단위가 자주 사용된다. 원은 360도로 이뤄져 있으며, 1도는 60분(60′)으로 나눠지고, 1분은 다시 60초(60″)로 나눠진다. 이것을 'DMS$^{Degree - Minute - Second}$ 표기법'이라고도 한다. 원둘레를 1회전할 때 각의 크기를 2π 라디안으로 나타내기도 한다. 따라서 $360° = 2\pi$ 라디안, $180° = \pi$ 라디안이 된다. 이때 라디안을 도로 바꾸기 위해서는 $\frac{180}{\pi}$ 을 곱하고, 도를 라디안으로 바꾸기 위해서는 $\frac{\pi}{180}$ 를 곱하면 된다. 다음은 도와 라디안을 변환하는 방법을 나타낸 것이다.

1. $236.345°$ 에서 소수점 아래 부분을 분과 초로 나누어 DMS 표기법으로 나타낸다.

$$236.345° = 236° + 0.345° \times \frac{60'}{1°}$$
$$= 236 + 20.7'$$
$$= 236° + 20' + 0.7' \times \frac{60''}{1'}$$
$$= 236° + 20' + 42''$$
$$= 236° \, 20' \, 42''$$

2. $236.345°$ 를 라디안으로 바꾼다. 이때 $180° = \pi$ 라디안이므로 1과 값이 같은 $\frac{\pi \text{라디안}}{180°}$ 을 곱하여 각의 전체 크기를 라디안으로 바꾼다.

$$236.345° = 236.345° \times \frac{\pi \text{라디안}}{180°}$$
$$= \frac{(236.345 \times 3.141592) \text{라디안}}{180°}$$
$$= 4.124998 \text{라디안}$$

3. 반대로 4.124998라디안을 도로 바꾼다.

$$4.124998 \text{라디안} \times \frac{180°}{3.141592} = 236.345°$$

각의 크기 및 삼각형의 변 길이를 구할 때 사용되는 여섯 가지 삼각함수가 있다. 아래에서 제시한 것과 같이 여섯 가지 θ에 대한 삼각함수는 모두 점 $Q(x,\ y)$의 좌표로 다음과 같이 나타낼 수 있다.

$$\sin\theta = y$$

$$\cos\theta = x$$

$$\tan\theta = \frac{y}{x}\,(x \neq 0)$$

$$\sec\theta = \frac{1}{x}\,(x \neq 0)$$

$$\csc\theta = \frac{1}{y}\,(y \neq 0)$$

$$\cot\theta = \frac{x}{y}\,(y \neq 0)$$

각 함수의 정확한 명칭은 다음과 같다.

$\sin \Leftrightarrow \sin e$ 사인	$\cos \Leftrightarrow \cos sine$ 코사인	$\tan \Leftrightarrow \tan gent$ 탄젠트
$\sec \Leftrightarrow \sec ant$ 시컨트	$\csc \Leftrightarrow \cos e cant$ 코시컨트	$\cot \Leftrightarrow \cot angent$ 코탄젠트

삼각함수는 다음 페이지의 직각삼각형 그림을 이용하여 설명할 수 있다. θ는 각 a와 b가 직각을 낀 두 변, c가 빗변을 나타내면 다음과 같은 식이 성립한다.

$$\sin\theta = \frac{b}{c}$$

$$\cos\theta = \frac{a}{c}$$

$$\tan\theta = \frac{b}{a}$$

$$\sec\theta = \frac{c}{a}$$

$$\csc\theta = \frac{c}{b}$$

$$\cot\theta = \frac{a}{b}$$

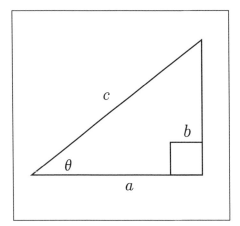

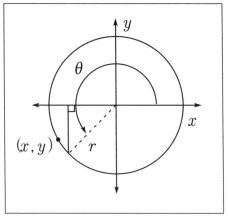

삼각함수는 직각삼각형을 설명할 때 사용할 수 있다.

원 위의 삼각함수

원을 사용하는 같은 함수에는 어떤 것이 있을까?

마찬가지로 다음은 원을 사용하여 위의 삼각형을 연구하는 방법을 보여준다.

$$\sin\theta = \frac{y}{r} \qquad \sec\theta = \frac{r}{x}$$

$$\cos\theta = \frac{x}{r} \qquad \csc\theta = \frac{r}{y}$$

$$\tan\theta = \frac{y}{x} \qquad \cot\theta = \frac{x}{y}$$

삼각함수를 구하는 예

$\theta = 60°$에 대한 삼각함수를 구해보자. 먼저 길이가 2인 실을 이용하여 원을 그린 다음, 점 O를 꼭짓점으로 하여 60°를 잰다. 이때 원과 만나는 점을 Q라 한다. 점 Q에서 시초선에 수선을 내린 다음, 90°의 각 표시를 한다. 그러면 남은 세 번째 각은 30°가 된다. 만들어진 삼각형은 빗변의 길이가 2이고, 밑변의 길이가 1인 직각삼각형이

므로 남은 한 변인 높이를 구하기 위해서는 피타고라스의 정리식 $a^2+b^2=c^2$을 이용한다.

$$1^2+b^2=2^2$$
$$1^2+b^2=4$$
$$b^2=3$$
$$b=\sqrt{3}$$

따라서 원 위의 점 Q의 좌표는 $\left(\dfrac{1}{2},\ \dfrac{\sqrt{3}}{2}\right)$이 된다. 이를 이용하여 다른 삼각함수도 구할 수 있다.

$$\sin\theta=\frac{\sqrt{3}}{2}\qquad(y)$$
$$\cos\theta=\frac{1}{2}\qquad(x)$$
$$\tan\theta=\sqrt{3}\qquad\left(\frac{\sqrt{3}}{1}\ \text{또는}\ \frac{y}{x}\right)$$

$$\sec\theta=2\qquad\left(\frac{1}{\frac{1}{2}}\ \text{또는}\ \frac{1}{x}\right)$$
$$\csc\theta=\frac{2}{\sqrt{3}}\qquad\left(\frac{1}{y}\right)$$
$$\cot\theta=\frac{1}{\sqrt{3}}\qquad\left(\frac{x}{y}\right)$$

삼각함수에서 주로 사용되는 항등식에는 어떤 것이 있을까?

삼각함수를 토대로 한 많은 항등식이 있다. 항등식이란 임의의 변수에 어떤 값들을 대입해도 참인 등식을 말한다. 삼각함수들끼리는 서로 관련되어 있으므로 항등식은 식을 간단히 나타내거나 보다 많은 정보를 얻기 위해 식을 다시 쓸 때 사용된다. 항등식으로는 역수관계를 나타낸 식, 비를 나타낸 식, 주기를 포함한 식, 피타고라스의 정리식, 홀수 – 짝수의 관계를 나타낸 식, 합 – 차식, 배각 공식, 반각 공식 등이 있다. 그 중 몇 가지를 정리하면 다음과 같다.

피타고라스의 정리

- $\cos^2\theta + \sin^2\theta = 1$
- $\tan^2\theta + 1 = \sec^2\theta$
- $\cot^2\theta + 1 = \csc^2\theta$

역수관계를 나타낸 식

- $\sin\theta = \dfrac{1}{\csc\theta}$

- $\cos\theta = \dfrac{1}{\sec\theta}$

- $\tan\theta = \dfrac{1}{\cot\theta}$

- $\sec\theta = \dfrac{1}{\cos\theta}$

- $\csc\theta = \dfrac{1}{\sin\theta}$

- $\cot\theta = \dfrac{1}{\tan\theta}$

비를 나타낸 식

- $\tan\theta = \dfrac{\sin\theta}{\cos\theta}$

- $\cot\theta = \dfrac{\cos\theta}{\sin\theta}$

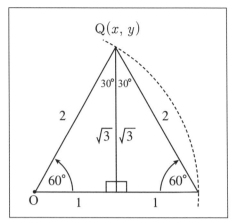

이 예에서 60도에 대한 삼각함수를 구하기 위해 반지름의 길이가 2인 원의 중심 O를 한 꼭짓점으로 하는 삼각형을 그린 다음, 점 Q에서 밑변에 수선을 긋고, 피타고라스의 정리를 이용하여 수선의 길이를 구한다. 이때 이들 각 치수를 사용하여 삼각함수를 계산한다.

가장 중요한 항등식은?

위에서 제시한 몇 가지 함수를 주의 깊게 살펴보면 사인함수와 코사인함수는 단위원 위에 있는 점의 좌표임을 알 수 있다. 이것은 삼각법에서 가장 중요한 공식이 다음에 제시하는 식임을 의미한다. 몇몇 수학자는 이 공식을 '마법의 항등식'이라고도 표현하지만, 흔히 피타고라스의 정리를 나타내는 식 중의 하나로 알려져 있다.

$$\cos^2 i + \sin^2 i = 1 \text{(단, } i \text{는 임의의 실수)}$$

이 항등식은 다음의 예를 증명하는 과정에서 사용된다.

$$\tan^2 i + 1 = \sec^2 i \text{임을 보여라.}$$

역수관계를 나타낸 식 $\sec\theta = \dfrac{1}{\cos\theta}$ 과 비를 나타낸 식 $\tan\theta = \dfrac{\sin\theta}{\cos\theta}$ 에 의해 다음 식이 성립한다.

$$\tan^2\theta + 1 = \left(\frac{\sin\theta}{\cos\theta}\right)^2 + 1 = \frac{\sin^2\theta}{\cos^2\theta} + 1 = \frac{\sin^2\theta + \cos^2\theta}{\cos^2\theta}$$

이때 피타고라스의 정리식과 역수관계를 나타낸 식에 의해 다음 식이 성립한다.

$$\frac{1}{\cos^2} + 1 = \sec^2\theta$$

그러므로 $\tan^2 i + 1 = \sec^2 i$ 이다.

주기함수란?

주기함수는 규칙적인 구간에서 같은 값이 반복되는 함수를 말한다. 즉, 함수 $f(x)$ 가 상수 w에 대하여 $f(x) = f(x+w)$ 인 관계를 만족할 때 $f(x)$는 'w를 주기로 하는 함수'라고 한다. 삼각함수에서 사인, 코사인, 시컨트, 코시컨트 함수의 주기(또는 반복된 값의 구간)는 $360°$ 또는 2π이고, 코탄젠트, 탄젠트 함수의 주기는 $180°$ 또는 π

라디안이다.

쌍곡선함수 또는 쌍곡선함수 항등식이란?

수학에서 쌍곡선함수는 일반적인 삼각함수와 유사한 성질을 가진 함수다. 삼각함수가 단위원 그래프를 매개변수로 표시할 때 나오는 것처럼 쌍곡선함수는 표준쌍곡선을 매개변수로 표시할 때 나온다. 위에서 소개한 다른 종류의 함수 및 항등식에서와 마찬가지로 쌍곡선함수 또는 쌍곡선함수 항등식도 더욱 편리하게 방정식의 해를 구할 때 사용된다. 실제로 삼각함수 항등식에 대응하는 쌍곡선함수 항등식들이 있다. 예를 들어, 가장 많이 사용되는 삼각함수 항등식 $\cos^2\theta + \sin^2\theta = 1$은 다음의 쌍곡선함수 항등식과 대응한다.

$$\cosh^2 x - \sinh^2 x = 1$$

이 식은 삼각함수 항등식에서의 덧셈부호 대신 뺄셈부호가 사용되었으며, 'cos'과 'sin' 대신 'cosh'와 'sinh'이 사용되었다. 또 기호 'θ'는 x로 바꾸어 사용한다. 왜냐하면 많은 삼각함수가 각을 독립변수로 사용하는 반면, 일반적으로 쌍곡선함수는 그렇지 않기 때문이다.

쌍곡선함수 항등식의 경우, 삼각함수 항등식의 $\sin^2$ 대신 $-\sinh^2$을 사용했다. 실제로 오스본 법칙에 따라 어떤 삼각함수 항등식이라도 쌍곡선함수 항등식으로 변환할 수 있다.

기타 기하학

사영기하학이란?

사영기하학은 사영에 의해 바뀌지 않는 기하학적 도형의 특성을 다루는 기하학의 한 분야다. 이전에는 'higher' 또는 '화법기하학'이라고 했다. 사영은 한 평면에 있는 점과 직선들의 다른 평면상으로의 변환을 포함하며, 상을 '원래 도형의 사영'이라 한다. 평행사영은 두 평면 위의 서로 대응하는 점들이 평행한 사영직선을 통해 연결된 경우를 말한다. 이는 사람에게 빛을 비추어 바로 옆 벽면 위에 그림자를 만드는 것과 유사하다. 벽면에 생긴 그림자의 각 점은 그 사람의 '사영'이다.

비유클리드 기하학이란?

비유클리드 기하학은 유클리드 공간이 아닌 공간에서 다루는 모든 기하학을 총체적으로 가리키는 말이다. 비유클리드 기하학은 유클리드의 다섯 번째 공리, 즉 직선 밖의 한 점을 지나면서 그 직선과 교차하지 않는 직선은 단 하나밖에 존재하지 않는다는 '평행선 공리'를 부정한 공리를 취한 기하학 이론체계다. 이 공리를 부정해도 이론적으로 유클리드 기하학의 그 밖의 다른 공리와는 아무 모순이 없다. 비유클리드 기하학에서는 이 공리가 성립하지 않는 공간을 다루며, 쌍곡기하학, 타원기하학, 절대기하학, 택시기하학 등이 이에 해당한다.

쌍곡기하학과 타원기하학이란?

쌍곡기하학과 타원기하학은 위에서 언급한 비유클리드 기하학이다. 쌍곡기하학은 한 점을 지나면서 이 직선과 교차하지 않는 직선이 둘 이상 존재하는 것을 인정한다. 이것은 직선 L과 만나지 않는 점 P에서 뻗어나가는 두 반직선을 연구한다. 이때 그

두 반직선은 L에 평행한 것으로 생각한다. 이것은 삼각형의 내각 합이 180도보다 작다는 정리를 증명하는 데 도움이 되기도 한다. 쌍곡면 위에 있는 한 직선이 무한대에서 2개의 점을 가지고 있어 '쌍곡기하학'이라 한다. 이것은 2개의 점근선을 가지고 있는 쌍곡선을 그리는 것과 유사하다.

타원기하학에서는 한 직선이 있고 그 위에 있지 않은 점 P를 지나면서 그 직선 L과 만나지 않는 직선은 존재하지 않는다. 게다가 삼각형의 내각 합은 180도보다 크다. 때때로 '리만(이 생각을 좀 더 발전시킨 사람) 기하학'이라고도 하며, 이 기하학의 평면에 있는 직선이 무한대에서 점(여러 평행선이 점과 교차하는)을 가지고 있기 때문에 보통 '타원기하학'이라고 한다. 이는 어떤 점근선도 갖지 않는 타원과 비슷하다.

적당한 위상구조의 예로는 어떤 것이 있을까?

위상구조의 적당한 예로는 '꼬인 원기둥'이라고도 하는 뫼비우스의 띠를 들 수 있다. 1858년 9월, 독일의 수학자이자 천문학자인 아우구스트 페르디난트 뫼비우스[1790~1868]가 발명한 것으로, 그는 1865년까지도 이것을 발표하지 않았다. 뫼비우스의 띠는 1858년 7월, 독일의 수학자 요한 베네딕트 리스팅[1808~1882]이 독자적으로 개발했다. 1861년, 리스팅은 자신이 발견한 것을 발표했지만 띠에는 뫼비우스의 이름이 붙었다.

뫼비우스 띠는 한쪽 면이 보이도록 기다란 종이 띠를 반 바퀴 또는 180도만큼 비튼 다음 양끝을 붙여 만든다. 이 띠를 두 가지 색으로 칠할 수 없다는 사실에서 이 띠가 한 면만으로 이뤄져 있다는 것을 확인할 수 있다. 실제로 개미가 뫼비우스 띠의 면 위를 기어간다면 무한정 계속하여 기어가게 된다. 개미가 기어가는 방향에는 끝이 없기 때문이다. 한편 이 띠의 중앙선 부분을 자르면 절반씩 두 번 뒤틀린 고리를 얻을 수 있지만, 이 고리는 더 이상 뫼비우스의 띠가 아니다. 그 고리에는 서로 다른 안쪽 면과 바깥쪽 면이 있기 때문이다. 하지만 전체 폭의 $\frac{1}{3}$이 되는 지점을 따라 자르면 1개는 뫼비우스의 띠이고, 다른 1개는 절반씩 두 번 꼬인 고리, 즉 2개의 서로 맞물린 고리가 만들어진다.

유클리드 기하학의 두 가지 대안은 누가 발전시켰을까?

쌍곡기하학은 1826년 러시아의 수학자 니콜라이 이바노비치 로바쳅스키[1792~1856]가 처음으로 제안했다. 그는 주어진 직선 밖의 한 점을 지나고, 그 직선에 평행한 직선은 오직 하나밖에 없다는 유클리드의 다섯 번째 공리를 부정했다. 그 대신 고정된 한 점을 지나는 직선에 평행한 평행선이 1개 이상 있을 수 있다는 '흠 있는' 공리로 대체함으로써 자기모순이 없는 기하학 체계를 개발했다.

이런 생각은 이미 1823년에 헝가리의 수학자 야노스 볼리아이[1802~1860], 그리고 독일의 수학자이자 물리학자, 천문학자인 카를 프리드리히 가우스[1777~1855]가 1816년에 독자적으로 개발했다. 볼리아이는 유클리드의 평행선 공리를 증명하기 위한 몇 번의 시도 끝에 "기하학은 평행선 공리 없이도 구성될 수 있다"고 가정함으로써 자신의 체계를 개발했다. 그러나 과학과 수학 분야에서는 처음으로 아이디어를 공개한 사람이 명예를 안는다. 이 경우에는 로바쳅스키가 처음 공개해 영애를 안았다.

위상수학이란?

일반적으로 위상수학은 크기와 상관없이 그 위치 및 연결 상태를 바탕으로 기하 도형의 패턴을 연구하는 현대 수학의 한 분야다. 위상수학에서 다루는 대상들은 연속적인 변환(또는 위상변환, 위상동형이라고도 한다)하에 있으므로 '고무판'기하학이라고도 한다. 그 도형들은 찢거나 잘라 모양이 바뀌지 않는 한 자유롭게 여러 가지 방법으로 늘이고, 구부리고, 비틀어도 된다. 예를 들어, 원의 양끝을 늘여 타원을 만들 수 있으므로 원을 위상적으로 타원과 같은 것으로 생각하며, 구 또한 타원면과 같은 것으로 생각한다. 왜냐하면 일대일 대응을 바탕으로 도형을 변화시키기 때문이다.

비유클리드 기하학에 대한 개념을 더욱 발전시킨 사람은?

1854년, 독일의 수학자 게오르크 프리드리히 베른하르트 리만[1826~1866]은 여러 가지 새로운 일반적인 기하학적 원리를 제안했으며, 타원기하학 또는 리만 기하학이라고도 하는 비유클리드 기하학 체계의 기초를 마련했다. 리만은 타원 공간을 표현했고, 독일의 수학자 카를 프리드리히 가우스의 미분기하학 연구내용을 일반화시켰다. 결과적으로 이것은 일반상대성이론의 수식을 나타내는 데 기초적인 도구 역할을 했다.

7장

수학적 해석학

해석학 기초

수학적 해석학이란?

수학적 해석학은 미적분학 분야에 공통인 개념과 계산법들을 사용하는 수학 분야다. 해석학의 핵심은 무한과정을 사용한다는 것이다. 또한 극한을 구하는 과정이나 기초 미적분학 분야와 관련이 있다. 예를 들어, 원의 넓이는 원에 내접하는 정다각형에 대하여 그 다각형의 변 개수를 무한히 증가시킬 때 정다각형 넓이의 극한값으로 생각할 수 있다. 미적분학을 하는 이유는 간단하다. 수학에서뿐만 아니라 실질적으로 모든 과학 분야에서 가장 강력하고 융통성 있는 도구이기 때문이다.

미적분학에는 어떤 종류가 있을까?

위에서 언급한 대로 미적분학은 극한을 구하는 과정을 포함하는 여러 무한과정을 사용한다. 그리고 이런 미적분 함수들을 해결하기 위해 변하는 양들에 적용되는 여러 형식적인 수학적 규칙들을 포함한다.

수학자들은 미적분학을 두 분야로 분류한다. 첫 번째 분야는 적분학으로, 다각형 모양을 근사시킴으로써 극한값으로 길이, 넓이, 부피 외에 다른 양을 측정하는 일반적인 문제들을 다룬다. 적분학은 어떤 양의 변화율을 알고 있을 때 그 양을 구한다. 두 번째 분야는 어떤 곡선 위의 특정 점에서의 접선을 구하는 문제를 다루는 미분학이다. 이 경우에 미적분학은 양의 변화율을 구한다.

미적분을 하는 방법에 따라 벡터 해석학, 텐서 해석학, 미분기하학, 복소변수 해석학 같은 여러 종류의 수학적 해석학이 있다.

수학적 해석학을 처음으로 개발한 문화권은?

수학적 해석학, 미적분학의 개념이 발전하기까지는 수세기가 걸렸다. 아마도 그 분야에서 일부 실질적인 개념을 최초로 제시한 사람은 '실진법'이라는 가장 중요한 공헌을 한 그리스 수학자들일 것이다. 실진법이란 곡선으로 둘러싸인 도형의 내부에 쉽게 넓이를 구할 수 있는 삼각형이나 직사각형의 수를 계속 늘려가며 그 도형의 넓이를 구하는 것을 말한다.

예를 들어, 엘레아의 제논[기원전 490~425]은 무한에 대한 많은 문제를 바탕으로 했다. 밀레토스의 레우키포스[기원전 435~420], 압데라의 데모크리토스[기원전 460~370], 안티폰[기원전 479~411]은 모두 실진법에 이바지했다. 이 중 데모크리토스는 레우키포스의 제자로 우주가 어떻게 형성되었는지에 대한 초기 이론을 제안하기도 했으며, 안티폰이 원의 면적 같은 정사각형을 작도하는 문제를 해결하기 위해 실진법을 고안한 것으로 믿는 일부 학자들도 있다. 헬레니즘 시대에 들어와서 크니도스의 에우독소스[기원전 287~212]는 학문적 토대 위에서 그 방법을 최초로 사용했다. 가장 위대한 고대 그리스 수학자 중의 하나로 여겨지는 헬레니즘 시대의 아르키메데스[기원전 287~212]는 수학적 해석학을 한 단계 더 발전시켰다. 그는 나중에 적분학의 토대가 된 에우독소스가 제시한 이론을 더욱 완벽하게 발전시켰다.

수학적 해석학에 대한 개념은 고대 그리스 이후 긴 휴지기를 거치다가 역학 문제를 조사해야 할 필요성이 대두된 16세기가 되어서야 다시 발전하기 시작했다. 예를 들어, 독일의 천문학자이자 수학자인 요하네스 케플러[1571~1630]는 행성의 운동을 이해하기 위해 타원 궤도 안의 일부 넓이를 계산할 필요가 있다고 생각했다. 흥미롭게도 케플러는 적분의 초기형식이라 할 수 있는 선들의 합으로 넓이를 생각했다. 비록 그는 자신의 연구 내용에서 두 가지 오류를 범했지만, 이 오류를 해결하여 정확한 수를 구했다.

17세기경이 되자 많은 수학자가 수학적 해석학 분야에 공헌하기 시작했다. 예를 들어, 프랑스의 수학자 피에르 드 페르마[1601~1665]는 나중에 미분학의 토대가 되는 연구업적을 남겼다. 보나벤투라 카발리에리[Bonaventura Cavalieri]는 불가분량법[Method of indivisibles]을 제안했는데, 이 방법은 케플러의 적분 연구를 조사한 후에 개발됐다. 영국의 수학자 아이작 배로[Isaac Barrow, 1630~1677]는 미적분학에 대한 뉴턴의 연구에 중요한 토대를 형성한 접선 결정법에 대하여 연구했다. 이탈리아의 수학자 에반젤리스타 토리첼리[Evangelista Torricelli, 1608~1647]는 미분학과 수학적 해석학의 많은 다른 내용을 추가했다. 실제로 새로운 미적분학의 부적절한 사용으로 인해 발생한 많은 역설이 그의 인쇄되지 않은 원고에서 발견되었다. 불행하게도 토리첼리는 장티푸스에 걸려 젊은 나이에 죽고 말았다. 미적분과 가장 관계가 깊은 또 한 사람인 아이작 뉴턴은 17세기 동안 자신의 훌륭한 연구들을 발전시켰다.

영국의 수학자 아이작 배로의 접선에 대한 연구는 미적분학에 대한 아이작 뉴턴의 연구에 중요한 토대가 되었다.(Library of Congress)

아르키메데스가 수학에 남긴 가장 의미 있는 연구업적은?

비록 모든 수학자가 '가장 의미 있는'이라는 표현에 동의하는 것은 아니지만, 아르키메데스는 수학에서 많은 의미 있는 업적을 남겼다. 그는 여러 구획으로 분할된 포물선과 직선으로 둘러싸인 넓이가 그와 동일한 밑변과 동일한 높이의 내접 삼각형의 $\frac{4}{3}$ 배이며, 포물선을 둘러싸고 있는 평행사변형 넓이의 $\frac{2}{3}$ 배임을 증명함으로써 미적분학 분야를 발전시키는 데 공헌했다.

아르키메데스는 이것을 계산하기 위해 먼저 포물선에 내접 삼각형을 그리고, 삼각형의 짧은 두 변을 밑변으로 하는 또 다른 내접 삼각형을 그려나가는 방식으로 무수히 많은 삼각형을 그린 다음 포물선을 이루고 있는 각 삼각형의 넓이를 구했다. 최초의 내접 삼각형의 넓이를 A라고 할 때, 삼각형이 추가될 때마다 그 넓이는 다음과 같다.

$$A, \; A+\frac{A}{4}, \; A+\frac{A}{4}+\frac{A}{16}, \; A+\frac{A}{4}+\frac{A}{16}+\frac{A}{64}, \; \cdots$$

계속 반복함으로써 그는 다음과 같이 포물선의 넓이를 구했다. 처음에는 누구든지 무한급수의 합을 구했다.

$$A\left(1+\frac{1}{4}+\frac{1}{4^2}+\frac{1}{4^3}+\cdots\right)=A\left(\frac{4}{3}\right)$$

아르키메데스는 여기에 원의 넓이를 구하는 실진법을 적용하여 원주율 π의 근삿값을 구했다. 또한 적분을 이용해 구나 원뿔, 타원의 겉넓이, 기타 많은 입체의 부피와 겉넓이를 구했다. 이러한 연구업적은 바로 적분의 시작으로 여겨지며, 적분학을 안내하는 역할을 했다.

아이작 뉴턴은 수학적 해석학에 어떻게 이바지했을까?

영국의 수학자이자 자연철학자인 아이작 뉴턴(1642~1727)은 역사상 가장 위대한 과학자 중 한 명이다. 일반적으로 그는 운동의 세 가지 유명한 법칙의 발견 같은 물리학,

유체역학, 중력의 원리를 사용한 지구역학과 천체역학의 결합연구에 이바지했으며, 지구역학과 천체역학을 결합함으로써 케플러의 행성운동에 대한 법칙들을 설명했다. 또한 우주 중력의 원리에 대해서도 설명했다.

1665년, 뉴턴은 미분학에 대한 연구를 시작했을 뿐만 아니라 그의 가장 위대한 과학적 연구업적 중의 하나인 《*Philosophiae naturalis principia mathematica*(자연철학의 수학적 원리)》를 출간했다. 이 책은 종종 간단히 줄여 《프린키피아》라고도 한다. 이 책에서 그는 운동, 중력, 역학에 대한 이론을 제시하고 있으며, 혜성의 불규

운동 법칙에 대한 이론으로 유명한 아이작 뉴턴 경은 유체역학과 천체역학 같은 영역에서 중요한 공헌을 했다.(Library of Congress)

칙한 궤도, 조수간만의 차, 세차운동이라는 지구 축의 운동, 달의 운동을 설명했다. 미적분학을 사용하여 과학적 연구결과를 발견했지만, 뉴턴은 이 책에서 이전의 기하학 방법을 사용하여 그 연구결과들을 설명하기도 했다. 어쨌든 미적분학은 매우 새로운 것이었다. 어쩌면 그는 자신이 제안한 것을 모든 사람이 확실하게 이해하도록 한 최초의 과학자 겸 저술가였을 것이다.

미적분학에서 고트프리트 빌헬름 라이프니츠가 중요한 이유는?

독일의 철학자이자 수학자인 배런 고트프리트 빌헬름 라이프니츠[1646~1716]는 아이작 뉴턴과 동시대인이었다. 뉴턴에 가려 빛을 보지는 못했지만 수학에 이바지한 공헌만큼은 매우 중요하다. 라이프니츠는 다른 많은 연구업적과 더불어 뉴턴과 독자적으로 무한소 개념을 이용하여 미적분을 만들고 발전시켰으며, 책으로 출판하여 최초로 설명했다. 라이프니츠는 미적분학에 대한 연구결과를 아이작 뉴턴보다 3년 앞서 출판함으로써 적분 기호를 포함한 그의 표기체계가 널리 적용되었다.

1684년, 뉴턴은 미적분학에 관한 논문 〈극대·극소를 위한 새로운 방법[Nova methodus

pro maximis et minimis, itemque tangentibus, itemque tangentibus⟩을 발표했다. 이 논문에는 거듭제곱과 함수의 곱, 나눗셈의 도함수를 계산하는 규칙을 포함하여 미분법을 상세히 설명하고 있으며, 익숙한 기호인 $\frac{d}{dx}$를 사용하고 있다.

현대 미적분학의 종류에는 어떤 것들이 있을까?

현대 미적분학은 많은 유형으로 분류된다. 다음은 현대 미적분학의 몇 가지 종류를 정리한 것이다.

기초 미적분학 극한 및 함수의 미분과 적분에 관한 수학 분야다. 증명을 강조하는 응용 미적분학도 있는데, 이것은 미적분학을 훨씬 더 복잡한 것으로 만든다.

미분학 독립변수의 변화에 관한 함수의 변분을 다루며, 도함수와 미분을 구한다.

적분학 미분 방정식을 풀기 위해 적분과 그 활용을 다룬다. 또한 넓이와 부피를 구할 때도 사용된다.

기타 여러 해석학 벡터 · 텐서 · 복소 해석학, 미분기하학 같은 여러 유형의 해석학이 있다.

영어 단어 'calculus'는 계산을 다루는 임의의 수학 분야를 총괄하는 명칭이라는 사실을 명심하라. 따라서 산술은 '수의 계산법calculus of numbers'이라고 할 수 있다. 또 이 장의 다른 곳에서 소개되지 않은 형태의 미적분학을 의미하는 것이 아님은 바로 허수 기호를 사용하여 실수 또는 허수의 양들과 대수에서 여러 양 사이의 관계를 조사하는 방법인 허수 미적분 같은 용어들이 존재하는 이유이기도 하다.

수열과 급수

수열이란?

수열은 실수들을 자연수의 순서대로 어떤 규칙에 따라 나열한 것을 말한다. 이때 나열된 각 수를 그 수열의 '항'이라고 하고, 콤마로 각 항을 구별한다. 수열은 보통 괄호 { }에 넣어 n번째 항을 나타내기도 한다. 예를 들어, 어떤 과학자가 며칠 동안 매일의 날씨 데이터를 수집할 경우, 첫날의 날씨 데이터를 x_1, 두 번째 날의 날씨 데이터를 x_2, $\cdots$, 마지막 n번째 날의 날씨 데이터를 x_n이라 쓰고 $\{x_1, x_2\}_{n \geq 1}$과 같이 나타낼 수 있다. 보통 x_n이 n번째 수인 수열은 다음과 같이 나타내기도 한다.

$$\{x_n\}_{n \geq 1}$$

각 항의 값들이 점점 커지거나 점점 작아지는 수열이 있다. 예를 들어, 수열 $\{2n\}_{n \geq 1}$에서 각 항을 써서 나타내면 $2 \leq 4 \leq 8 \leq 16 \leq 32 \leq \cdots$으로 각 항의 값들이 점점 커진다. 반면 수열 $\left\{\dfrac{1}{n}\right\}_{n \geq 1}$은 $1 \geq 1/2 \geq 1/3 \geq 1/4 \geq 1/5 \cdots$로 수들이 점점 작아진다. 이것은 모든 수열의 각 항의 값이 점점 작아지거나 점점 커진다는 것을 의미하는 것은 아니다. 두 가지를 혼합한 수열이 있을 수도 있다.

수열의 치역^{range}이란?

수열의 치역은 수열을 정의하는 집합이다. 보통 치역은 $\{x_1\}$, $\{x_2\}$, $\{x_3\}$, $\cdots$와 같이 나타내며, $\{x_n; n=1, 2, 3, \cdots\}$와 같이 나타내기도 한다. 예를 들어, 위의 날씨 실험에서 과학자가 정리한 매일의 데이터는 치역이다. 다른 예로 수열 $\{(-1)^n\}_{n \geq 1}$의 치역은 2개의 원소를 가진 집합 $\{-1, 1\}$이다.

수열 $\{x_n\}_{n \geq 1}$이 다음 성질 중 한 가지를 만족할 때 이 수열을 '단조수열'이라고 한다. $n \geq 1$인 모든 n에 대하여 $x_n < x_{n+1}$이면 수열 $\{x_n\}_{n \geq 1}$은 증가한다고 하고, $n \geq 1$인 모든 n에 대하여 $x_n > x_{n+1}$이면 수열 $\{x_n\}_{n \geq 1}$은 감소한다고 한다. 증가하는 수열과 감소하는 수열을 각각 '증가수열', '감소수열'이라고 한다.

예를 들어, 수열 $\{2^n\}_{n \geq 1}$이 증가수열임을 확인하기 위해 $n \geq 1$이라고 가정하자. 이때 $2^{n+1} = 2^n \cdot 2$이고, 2가 1보다 크므로 $1 \times 2^n < 2 \times 2^n$이 된다. 따라서 $2^n < 2^{n+1}$이므로 수열 $\{2^n\}_{n \geq 1}$은 증가수열임을 알 수 있다.

계산기로는 수열의 극한을 어떻게 구할까?

계산기를 사용하여 수열의 극한에 대해 구하는 멋진 방법이 있다. 사인, 코사인, 탄젠트 함수 같은 기하학적 함수를 다루는 공학용 계산기에서는 극한을 쉽게 구할 수 있다. $x_1 = \cos(1)$을 구한 다음 $x_2 = \cos(2)$, …를 구해보자. 계산기를 '라디안' 형식으로 놓은 다음 '1'을 입력하고 '코사인' 키를 반복하여 누른다. 이때 수는 0.54032305에서 시작하여 0.857553215 등으로 계속 바뀐다. 20회 정도만큼 가까워지면 화면에 나타나는 양은 '$0.73\cdots$'으로 시작하는 수로 점점 가까워져간다. 이것이 바로 가까워져가는 수열의 극한을 나타낸 것이라 할 수 있다.

수열의 유계란?

다시 한 번 수열 $\{x_n\}_{n \geq 1}$을 생각해보자. $x_n \leq M$을 만족하는 실수 M이 존재하면 수열 $\{xn\}_{n \geq 1}$은 '위로 유계$^{\text{bounded above}}$'라 하고, M을 '상계$^{\text{upper-bound}}$'라 한다. 또 $x_n \geq m$을 만족하는 실수 m이 존재하면 수열 $\{x_n\}_{n \geq 1}$은 '아래로 유계$^{\text{bounded below}}$'라 하고, m을 '하계$^{\text{lower-bound}}$'라 한다.

위로 유계, 아래로 유계인 수열을 통틀어서 '유계수열'이라 한다. 예를 들어, 조화수열 $\left\{ 1, \frac{1}{2}, \frac{1}{3}, \frac{1}{4}, \cdots \right\}$은 어떤 항의 값도 1보다 크고 0보다 적은 값이 없기 때문에 유계수열이며, 각각 상계와 하계가 존재한다.

수열의 극한이란?

수열의 극한은 수열에서 일종의 균형에 도달한 것을 나타내는 수다. 또 "가능한 한 매우 가깝게 접근한다."라는 말로도 표현된다. 극한은 함수와 관련하여 미적분학에서 사용되는 용어이기도 하다.

수열의 수렴과 발산의 개념

수렴하는 수열과 발산하는 수열은 수열의 극한을 토대로 한다. 미적분학에서 흔히 다루는 수렴하는 수열은 항 번호가 한없이 커짐에 따라 각 항의 값이 일정한 값(극한)에 가까워지는 수열을 말한다. 수렴은 곡선, 함수 또는 급수에 적용할 수도 있다. 이것은 어떤 곡선이 x축이나 y축에 접근하지만 결코 만나지 않는 그래프 등에서 확인할 수 있다. 한편 수열 $\{x_n\}_{n \geq 1}$에 대하여, 미적분학에서 종종 각 항의 값들이 하나의 수 L에 한없이 가까워 질때 $x_n \approx L$로 나타낸다. 만약 각 항의 값들이 점점 더 L에 가까워지면 그 수열은 수렴하며, 'L을 수열 $\{x_n\}$의 극한값'이라고 한다. 반대로 그 수열이 수렴하지 않으면 '발산한다'고 한다.

대부분 수학자들과 과학자들은 수열이 어떻게 수렴하는지(또는 발산하는지)뿐만 아니라 얼마나 빨리 수렴하는지에 대한 수렴 속도에도 관심을 갖는다. 수열의 극한에는 몇 가지 기본 성질이 있다. 수렴하는 수열의 극한은 오직 하나이며, 모든 수렴하는 수열은 유계이고, 임의의 유계인 증가수열 또는 감소수열은 수렴한다.

수렴하는 수열과 발산하는 수열의 극한은 다음과 같이 나타낸다. 옆으로 누운 8자 그림은 무한을 나타내는 기호다.

$$\lim_{n \to \infty} x_n = L \text{ 또는 } n \to \infty \text{일 때 } x_n \to L$$

급수는 수열의 각 항을 차례로 더한 것을 말한다. 무한수열 $\{x_n\}$에 대하여 각 항을 차례로 더한 식 $x_1 + x_2 + \cdots + x_n + \cdots$을 무한급수 또는 간단히 급수라 한다. 예를 들어, $2+4+6+8+10+12$는 6개의 항을 가진 유한급수이고,

$$\frac{1}{2^n}(n \geq 1) \text{ 또는 } \frac{1}{2} + \frac{1}{4} + \frac{1}{8} + \cdots \text{ 은 무한급수이다.}$$

무한수열 수열 $\{x_n\}$에서 $S_1 = x_1$, $S_2 = x_1 + x_2$, $S_3 = x_1 + x_2 + x_3$, $\cdots S_n = x_1 + x_2 + \cdots + x_n$라 할 때 S_1, S_2, $S_3 \cdots S_n$을 부분합이라 하고, 이 부분합들로 만든 새로운 수열 $\{S_n\}$을 부분합의 수열이라 한다.

수열에서 합을 다루거나 급수를 표현할 때 매우 중요한 도구가 있다. 합의 기호 $\sum$ (시그마)가 그것이다. 특히 $\sum$는 더해야 할 수들이 무수히 많을 때 간단하게 원하는 합을 표현할 수 있다. 수열 $\{x_n\}$에 대하여 다음과 같이 간단히 나타낼 수 있다.

급수를 조사할 때, 더하는 것과 더하지 않는 것을 구별해야 한다. 수열 또는 급수의 덧셈에서 사용하는 공통 기호는 합을 나타내는 기호인 $\sum$이다. 급수에서 이 기호는 수들의 합을 의미할 때 사용된다. 수열 $\{x_n\}$에 대하여 급수는 다음과 같이 나타낸다.

$$x_1 + x_2 + x_3 + \cdots + x_n = \sum_{k=1}^{n} x_k$$

$$x_1 + x_2 + x_3 + \cdots + x_n + \cdots = \sum_{n=1}^{\infty} x_n$$

등차급수와 등차수열

'산술급수'라고도 하는 등차급수는 수학에서는 단순한 유형의 급수 중 하나다. 등차급수의 각 항은 바로 앞항의 값에 어떤 주어진 값을 더하여 만들며, 흔히 $a + (a+d) + (a+2d) + (a+3d) + \cdots + [a + (n-1)d]$와 같이 나타낸다. 등차급수의 한 예로 $2 + 6 + 10 + 14 + \cdots$를 들 수 있다. 이때 d는 4다. 첫째 항은 급수에서 맨 처음의 항을 말하며, 각 항의 차 d를 '공차'라고 한다.

등차수열은 흔히 수학에서 a, $a+d$, $a+2d$, $a+3d$, $\cdots$와 같이 나타낸다. 이때 a는 첫째 항이고 d는 공차, 즉 이웃하는 두 항 사이의 일정한 차를 말한다. 등차수열의 한 예로는 1, 4, 7, 10, 13, $\cdots$을 들 수 있으며, 이 수열의 공차는 3이다. 등차수열은 다음과 같이 간단히 나타낼 수도 있다.

$$a_{n+1} = a_n + d$$

급수가 수렴한다는 것은 무엇을 의미할까?

급수의 수렴은 수열의 수렴과 서로 연관이 있지만 부분합의 수열 $\{S_n\}$의 수렴은 수열 $\{x_n\}$의 수렴과는 매우 다르다. 무한급수 $\sum x_n$이 수렴하기 위한 필요충분조건은 수열 $\{S_n\}$이 수렴하는 것이다. 수열 $\{S_n\}$이 일정한 수 S에 수렴하면 무한급수 $\sum x_n$이 S에 수렴한다고 하고, 이때의 S를 무한급수의 합이라 한다.

$$\lim_{n \to \infty} S_n = \sum_{n=1}^{n=\infty} x_n = S$$

등비수열(기하수열)

등비수열은 서로 이웃하는 두 항 사이의 비가 상수인 유한수열 또는 무한수열을 말한다. 이때 상수를 '공비'라 하고, r로 나타낸다. 등비수열의 각 항은 바로 앞항의 값에 주어진 일정한 수를 곱하여 만든다. 등비수열의 n번째 항은 첫째 항 $a1$과 공비 r을 사용하여 다음과 같이 나타낸다.

$$a_n = a_1 r^{n-1}$$

이때 항의 개수는 n으로 나타낸다. 예를 들어, 등비수열 2, 6, 18, 54, 162에 대하여 $a1=2$, $r=3$, $n=5$이므로 다섯 번째 항은 다음과 같다.

$$2 \times 3^{5-1} = 162$$

등비급수(기하급수)

등비급수는 등비수열의 각 항들을 더한 것이다. 등비급수란 각 항이 바로 앞항의 공비를 곱하여 만들어진 것을 말하며, 각 항 사이에 일정한 비가 존재한다. 예를 들어, $1 + \frac{1}{2} + \frac{1}{4} + \frac{1}{8} + \cdots$은 각 항이 바로 앞항에 $\frac{1}{2}$을 곱하여 만들어지기 때문에 등비급수다. 일반적으로 항의 개수가 n인 등비급수는 다음의 식에 따라 구한다. 이때 a는 첫째 항, r은 공비다.

$$(\text{등비수열의 합}) = (\text{등비급수}) = \frac{a(r^n - 1)}{r-1} \ \text{또는} \ \frac{a(1-r^n)}{1-r}$$

예를 들어, 6개의 항으로 이뤄진 등비급수 $2 + 6 + 18 + 54 + 162 + 486$을 구하기 위해 먼저 $a=2$, $r=3$, $n=6$이라 하자. 각 값을 위의 식에 대입하여 구하면 다음과 같다.

$$(\text{등비급수}) = \frac{2(3^6 - 1)}{3 - 1} = 729 - 1 = 728$$

미적분학 기초

미적분학이란?

미적분학은 함수를 다루는 수학의 한 분야로, 다른 명칭은 '무한소 해석학'이다. 미적분학은 속도, 가속도 같은 일정하게 변하는 양들의 값을 구한다. 이때 그 값들은 곡선의 기울기로 해석한다. 또 넓이, 부피, 길이 등은 곡선으로 제한된다. 여기서 '곡선'은 직선을 의미할 수도 있다. 또 극한을 구하는 과정을 유도하는 무한과정 또는 궁극점(일반적으로 구하는 값)에 접근해가는 것과 관련이 있다. 미적분학의 도구는 미분법(미분학 또는 도함수 구하기)과 적분법(적분학 또는 부정적분 구하기)이 있다. 이 두 가지 방법은 수학적 해석학의 토대가 되고 있다.

미적분학에서 극한이란?

극한은 미적분학의 기본 개념이다. 수열이나 급수에서의 극한과는 달리, 미적분학에서 함수의 극한은 약간 다른 의미를 가지고 있다. 특히 함수의 극한은 다음과 같이 설명할 수 있다. 함수 $f(x)$가 점 c 주변에서 정의되고(그러나 점 c에서 정의되지 않을 수도 있다), x가 c에 한없이 가까워짐에 따라 함숫값 $f(x)$가 일정한 값 L에 한없이 가까워질 때, 이것은 기호를 사용하여 다음과 같이 나타낼 수 있다.

$$\lim_{x \to c} f(x) = L \text{ 또는 } x \to c \text{일 때 } f(x) \to L$$

이때 수 L을 $f(x)$의 '극한' 또는 '극한값'이라 한다.

좌극한, 우극한이란?

어떤 함수가 점 c 주변에서 정의되지 않고, 점 c의 왼쪽이나 오른쪽에서만 정의될 때 그 극한을 '좌극한' 또는 '우극한'이라 한다. 좌극한과 우극한은 다음과 같이 나타낸다.

$$\text{좌극한: } \lim_{x \to c-} f(x) = L \text{ 또는 } x \to c- \text{일 때 } f(x) \to L$$

$$\text{우극한: } \lim_{x \to c+} f(x) = L \text{ 또는 } x \to c+ \text{일 때 } f(x) \to L$$

보통 함수의 극한값이 존재하면 좌극한 값과 우극한 값이 존재하고, 그 값은 같으며, 그 역도 성립한다. 그러나 좌극한 값 또는 우극한 값이 존재하지 않거나, 좌극한 값과 우극한 값이 존재하지만 그 값이 다르면 $f(x)$의 극한값은 존재하지 않는다.

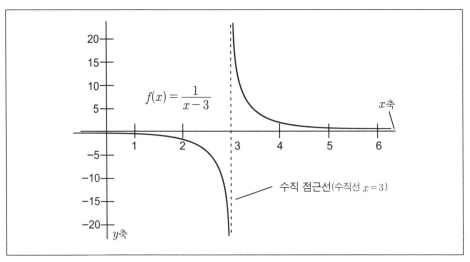

무한대로 뻗어가는 함수의 그래프는 직선 $x=3$에 의해 제한된다.

극한에 대하여 무한대는 어떻게 다룰까?

무한대를 정의하는 것은 특히 극한과 '음'의 무한대, '양'의 무한대에 대하여 설명할 때 다뤄져야 하는 미적분학의 일부분이다. 작은 수의 역수를 다룰 때는 항상 큰 수가 제시되며, 그 역도 마찬가지다. 미적분학에서는 이것을 다음과 같이 나타낸다.

$$\frac{1}{0} = \pm\infty$$

그러나 $\pm\infty$가 $\infty + 1 = \infty$, $\infty - 1 = \infty$, $2 \times \infty = \infty$, …와 같이 일반적인 산술 규칙을 따르지 않으므로 $\pm\infty$는 일반적인 수가 아니다. 따라서 미적분학에서는 극한과 무한

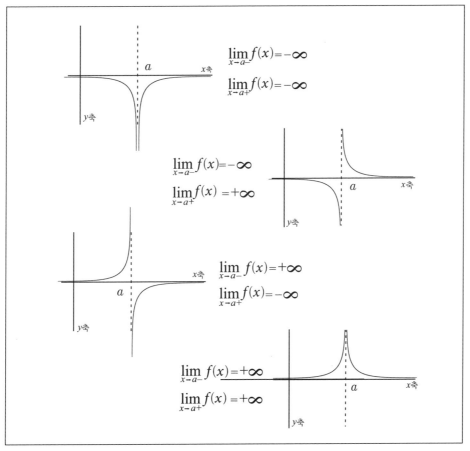

위의 4개의 그래프는 x축의 수직 점근선에 의해 제한된다.

대를 다르게 다룬다. 예를 들어, 함수 $f(x) = \dfrac{1}{x-3}$ 에 대하여 $x \to 3$일 때 $x-3 \to 0$ 이므로 함수 $f(x) = \dfrac{1}{x-3}$ 의 극한은 다음과 같다.

$$\lim_{x \to 3-} f(x) = \frac{1}{0-} = -\infty$$

$$\lim_{x \to 3+} f(x) = \frac{1}{0+} = +\infty$$

이 예는 300쪽의 그림에서 확인할 수 있다.

극한과 관련된 수직 점근선이란?

300쪽 그림 예를 활용하여 x가 3에 한없이 가까워짐에 따라 그래프 위의 점들은 수직선 $x = 3$에 점점 가까워져 간다. 이러한 수직선을 '수직 점근선'이라 한다. 301쪽 의 4개의 그림은 주어진 함수에 대하여 수직 점근선과 극한을 기호로 나타낸 것이다.

극한과 관련된 수평 점근선이란?

수평 점근선은 수직 점근선과 유사하지만, y축에 수직인 직선이다.

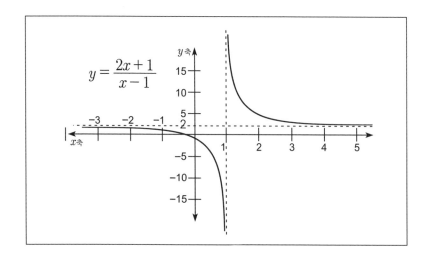

위의 그래프는 수평 점근선 $y = 2$에 의해 제한된다.

예를 들어, 함수 $f(x) = \dfrac{2x+1}{x-1}$ 은 다음과 같이 나타낼 수 있다.

$$f(x) = \frac{2x+1}{x-1} = \frac{2 + \dfrac{1}{x}}{1 - \dfrac{1}{x}}$$

이때 $\displaystyle\lim_{x \to -\infty} \dfrac{1}{x} = 0$, $\displaystyle\lim_{x \to +\infty} \dfrac{1}{x} = 0$이므로 함수 $f(x)$의 극한을 구하면 다음과 같다.

$$\lim_{x \to \pm\infty} f(x) = \frac{2+0}{1-0} = 2$$

따라서 x가 점점 커지거나 작아짐에 따라(또는 $\pm\infty$에 가까워짐에 따라) 그래프 위의 점들은 수평선 $y = 2$에 가까워진다. 이러한 직선을 '수평 점근선'이라 한다.

무한소 미적분학이란?

무한소는 사전적으로 극히 작은 것을 의미하거나 원자보다 작은 미립자를 말한다. 또한 산술을 연구하는 사람들에게 무한소는 그 수의 절댓값이 0보다 크고 임의의 양의 실수보다는 작은 수를 의미할 수도 있다.

한편 미적분학을 연구하는 사람들에게 무한소는 고트프리트 라이프니츠가 개척한 수학 분야다. 그는 무한소 개념을 바탕으로 미적분을 생각했다. 이는 극한의 개념에 기초한 아이작 뉴턴의 미적분과는 반대되는 것이었다. 역사적으로 큰 비중을 가진 것은 순간에 불과했지만, 현대의 무한소 미적분학은 사실 무한히 작은 양들과는 거의 관계가 없다.

미적분학에서 기호 'iff'는 무엇을 의미할까?

기호 또는 '영어 단어' iff는 'if and only if'의 약자다. 수학뿐만 아니라 철학, 논리학, 여러 공학 분야에서는 iff의 영향을 많이 받는다. 보통 이탤릭체로 쓰며, 문장 "P는 Q이기 위한 필요충분조건이다"는 'P iff Q'로 나타내기도 한다. 'if and only if'에 해당하는 논리 기호는 ↔와 ≡이다.

미적분학에서 연속과 불연속은 무엇을 의미할까?

임의의 실수 $x = a$에서 정의되는 다항함수 $P(x)$는 다음 식이 성립한다.

$$\lim_{x \to a} P(x) = P(a)$$

여기서 a는 모든 실수를 나타내며, 함수 $f(x)$가 모든 실수에 대하여 '연속'이라고 한다.

그러나 $x = a$에서 정의되는 함수 $f(x)$에 대하여 $f(x)$가 $x = a$에서 연속이기 위한 필요충분조건은 다음과 같다.

$$\lim_{x \to a} f(x) = f(a)$$

위의 조건을 만족시키지 않을 때, $f(x)$가 $x = a$에서 '불연속'이라고 한다.

유계의 개념

수열과 마찬가지로 미적분학에서 유계^{bounds}는 '상계'와 '하계'로 나눈다. 상계는 어떤 수집합에 속하는 모든 다른 수보다 크거나 같은 수 또는 어떤 수열의 모든 부분합보다 크거나 같은 수를 말한다. 반대로 하계는 어떤 수집합에 속하는 모든 다른 수보다 작거나 같은 수를 말한다. 무한대 기호 ∞는 유계가 없는 수집합을 나타낼 때 또는 '무한대로' 증가하거나 감소하는 수집합을 나타낼 때 사용한다. 특히 미적분학에서는 가장 큰 하계와 가장 작은 상계가 중요하며, 이들 수를 집합 내에서 찾을 수 있거나 그렇지 못할 수도 있다.

미분학

미분법이란?

미분학은 도함수를 다루는 미적분학의 일부분이다. 미분학은 x, y를 변수로 하고, $\frac{\Delta y}{\Delta x}$로 나타내는 몫에 대하여 분모 Δx가 0에 가까워져갈 때의 극한의 연구를 다룬다.

함수의 도함수란?

현대수학과 미적분학에서 가장 중요한 핵심 개념 중의 하나가 바로 함수의 도함수다. 도함수는 $\frac{\Delta y}{\Delta x}$의 극한으로 나타내며, '$x$에 대한 y의 도함수'라고 말한다. 사실 도함수는 원래 함수의 변화율 또는 그래프 상의 기울기를 나타낸 것으로, 함수 내에 포함된 매개변수에 관한 무한소의 변화를 나타낸다. 특히, 함수 $y=f(x)$의 도함수를 구하는 과정을 '미분법'이라 한다.

도함수는 주로 $\frac{dy}{dx}$라고 쓰며, $f'(x)$(x에 관한 함수 f의 도함수라고 말한다), y', $Df(x)$, $df(x)$, Dxy로도 나타낸다. 여기서 주의해야 할 점은 $\frac{dy}{dx}$로 나타내는 미분은 하나의 기호를 나타낸 것으로, 두 기호의 곱을 나타낸 것이 아니라는 사실이다. 함수의 모든 값에 대하여 도함수가 모두 존재하는 것은 아니다. 그래프의 꼭짓점에서는 기울기를 하나로 명확히 정할 수 없어 도함수가 존재하지 않는다.

미분계수의 표준 표기법

다음은 $f(x)$의 미분계수 정의를 기호로 나타낸 것이다. 이때 극한이 존재하기 위해서는 $\lim_{h \to 0+}$와 $\lim_{h \to 0-}$가 존재하고 값이 같아야 한다. 따라서 함수 $f(x)$는 연속이다.

점 $x0$에서 $f(x)$의 미분계수는 다음과 같이 나타낸다.

$$\frac{df}{dx}(x_0) = f'(x_0) = \lim_{x \to x_0} \frac{f(x) - f(x_0)}{x - x_0} = \lim_{h \to 0} \frac{f(x_0 + h) - f(x_0)}{h}$$

또 $x = a$에서 $f(x)$의 미분계수는 다음과 같이 나타낸다.

$$f'(a) = \lim_{x \to a} \frac{f(x) - f(a)}{x - a} = \lim_{h \to 0} \frac{f(a + h) - f(a)}{h}$$

도함수의 역함수식

역함수의 도함수는 다음과 같이 $y(x)$의 역함수를 나타낸다.

$$\frac{dy}{dx} = \frac{1}{\frac{dx}{dy}}$$

도함수를 설명하는 두 가지 방법은?

도함수를 설명하는 두 가지 방법은 기하학적 방법(또는 곡선의 기울기)과 물리적 방법(변화율)이다. 역사적으로 도함수는 곡선 위의 한 점에서 접선을 찾는 데서 발전하여 x와 y에서의 변화량을 나타낸 몫$\left(\frac{\Delta y}{\Delta x}\right)$의 극한을 연구하게 되었다. 하지만 수학자들 사이에서는 이것이 도함수를 설명하기 위한 가장 유용하고 좋은 방법인지에 대해 여전히 논란이 되고 있다.

기하학적으로 함수의 그래프 위에서 두 점을 지나는 직선의 기울기를 구한 다음 x에서의 변화량을 0으로 접근시키는 극한을 구하면 $\dfrac{\Delta y}{\Delta x}$ 는 미분계수 $\dfrac{dy}{dx}$ 가 된다. 이것은 한 점에서 곡선에 접하는 접선의 기울기를 나타낸다.

물리적으로 x에 관한 y의 도함수는 x의 변화량에 대한 y의 변화량의 비율로 설명한다. 이때 독립변수는 종종 시간을 나타내기도 한다. 예를 들어 속도는 이동한 거리 s와 경과된 시간 t에 관한 식으로 나타낸다. 평균속도는 $\dfrac{\Delta s}{\Delta t}$ 로 나타내며, 순간속도는 Δt가 점점 작아짐에 따라 $\dfrac{\Delta s}{\Delta t}$ 의 극한으로 나타낸다. 즉 점 B에서의 순간속도는 다음과 같다.

$$\lim_{\Delta t \to 0} \frac{\Delta s}{\Delta t}$$

몇몇 '간단한' 함수의 도함수의 예

다음은 몇몇 '간단한' 함수의 도함수를 나타낸 것이다.

$$\frac{d}{dx}x^n = nx^{n-1}$$

$$\frac{d}{dx}\ln|x| = \frac{1}{x}$$

변수 x를 갖는 몇몇 간단한 함수의 도함수로는 어떤 것들이 있을까?

다음은 변수 x를 갖는 몇몇 함수의 간단한 도함수를 나타낸 것이다. 이때 u와 v는 변수 x의 함수이고, c는 상수다.

$$\frac{d}{dx}(c) = 0$$

$$\frac{d}{dx}(x) = 1$$

$$\frac{d}{dx}(x^n) = nx^{n-1}$$

$$\frac{d}{dx}(u \pm v) = \frac{du}{dx} + \frac{dv}{dx}$$

$$\frac{d}{dx}(cu) = c\frac{du}{dx}$$

$$\frac{d}{dx}(xu) = u\frac{dv}{dx} + v\frac{du}{dx}$$

$$\frac{d}{dx}\left(\frac{u}{v}\right) = \frac{v\dfrac{du}{dx} - u\dfrac{dv}{dx}}{v^2}$$

도함수 계산의 예

다음은 함수 $f(x) = x^2$에 대하여 도함수의 정의에 따라 $x = a$에서의 도함수를 구한 것이다.

$$\frac{f(a+h) - f(a)}{h} = \frac{(a+h)^2 - a^2}{h} = \frac{2ah + h^2}{h} = 2a + h$$

$$\lim_{h \to 0}\frac{f(a+h) - f(a)}{h} \, 2a$$

함수의 고계도함수가 있을까?

함수에는 '고계도함수'라는 고차 도함수들이 있다. '최초의' 도함수는 종종 $f'(x)$로 쓰며, 대부분의 경우에는 ' ' '가 사용된다. 두 번째 도함수는 '이계도함수'라고 하고 대개 $f''(x)$라고 쓰며, 세 번째 도함수는 '삼계도함수'라고 하고 $f'''(x)$라고 쓴다. 네 번째 도함수인 '사계도함수'는 $f^4(x)$로 나타낸다. 이와 같은 방법으로 'n계 도함수'는 다음과 같이 나타낼 수 있다.

$$\frac{d}{dx}\left(\frac{d^{n-1}y}{dx^{n-1}}\right)$$

$$=\frac{d^{n}y}{dx^{n}}$$

$$=f^{(x)}(x)$$

$$=y^{(n)}$$

이 식은 $D^{n}(y)=\dfrac{d^{n}y}{dx^{n}}$로도 나타낼 수 있다.

이계도함수의 예

사실 이계도함수는 어떤 함수의 도함수의 도함수다. 즉 함수의 도함수는 이계도함수 또는 2차 도함수라는 자신만의 도함수를 가질 수 있다. $y=f(x)$라 할 때, 이계도함수는 $\dfrac{d}{dx}\left(\dfrac{dy}{dx}\right)$가 된다. 이것은 $\dfrac{d^2y}{dx^2}$와 같으며, $f''(x)$ 또는 y''로 나타내기도 한다. 이계도함수의 가장 좋은 예는 가속도다. 실제로 가속도는 거리의 변화에 대한 이계도함수다. 즉 1차 도함수를 이용하여 순간속도를 구할 수 있으며, 2차 도함수를 이용하여 가속도를 구할 수 있다.

편도함수란?

편도함수는 여러 변수를 포함하는 함수의 도함수로, 미분을 하는 동안 관련되는 변수 외의 모든 변수를 상수로 본다. 따라서 함수 $f(x,\ y,\ \cdots)$에 대하여 1개 또는 그 이상의 변수에 관한 도함수를 설명할 때 편도함수를 사용할 수도 있다. 두 변수 x, y를 갖는 함수의 경우, 함수 $z=f(x, y)$에서 y를 상수로 보고 x만의 함수로 생각하여 x에 대해 미분할 수 있다. 이렇게 하는 것을 $f(x, y)$를 x에 대해 편미분한다고 하며, 그 도함수를 $f(x, y)$의 x에 대한 편도함수라 하고, 다음과 같이 나타낸다.

$$\frac{\partial z}{\partial x}, \ \frac{\partial}{\partial x} f(x, y), \ f_x(x, y)$$

또 1개 이상의 변수에 관한 편도함수는 '혼합편도함수^{mixed partial derivatives}'라 하며, 편도함수에 관하여 1개 또는 그 이상의 양을 표현하는 미분방정식을 '편미분방정식^{partial differential equation}'이라 한다. 이들 방정식은 물리학과 공학 분야에서 잘 알려져 있으며, 대부분 해결하기 어려운 것으로 유명하다.

도함수의 곱, 몫, 거듭제곱, 연쇄법칙

곱, 몫, 거듭제곱, 연쇄법칙^{chain rules}을 포함하여 여러 함수가 결합한 함수의 도함수를 구하는 많은 규칙이 있다. 다음은 각 규칙을 기호를 사용하여 정리한 것이다.

함수 $y=f(x)g(x)$의 도함수는 다음과 같다.

$$\frac{d}{dx}\left[f(x)g(x)\right] = f(x)g'(x) + f'(x)g(x)$$

이때 f'는 x에 관한 f의 도함수이고, g'는 x에 관한 g의 도함수다.

함수 $y=\dfrac{f(x)}{g(x)}$의 도함수는 다음과 같다.

$$\frac{d}{dx}\left[\frac{f(x)}{g(x)}\right] = \frac{g(x)f'(x) - f(x)g'(x)}{\left[g(x)\right]^2}$$

함수 $y=x^n$의 도함수는 다음과 같다.

$$\frac{d}{dx}(x^n) = nx^{n-1}$$

또 연쇄법칙은 다음과 같다.

$$\frac{dy}{dx} = \frac{dy}{du} \cdot \frac{du}{dx} \ \ \text{또는} \ \ \frac{dz}{dt} = \frac{\partial z}{\partial x}\frac{dx}{dt} + \frac{\partial z}{\partial y}\frac{dy}{dt}$$

이때 $\frac{\partial z}{\partial x}$ 는 편도함수이다.

삼각함수의 도함수란?

6개의 삼각함수 sine, cosine, tangent, cotangent, cosecant, secant의 도함수를 식으로 나타내면 다음과 같다.

$$\frac{d}{dx}\big(\sin(u)\big) = \cos(u)\frac{du}{dx}$$

$$\frac{d}{dx}\big(\cos(u)\big) = -\sin(u)\frac{du}{dx}$$

$$\frac{d}{dx}\big(\tan(u)\big) = -\sec^2(u)\frac{du}{dx}$$

$$\frac{d}{dx}\big(\cot(u)\big) = -\csc^2(u)\frac{du}{dx}$$

$$\frac{d}{dx}\big(\sec(u)\big) = \sec(u)\tan(u)\frac{du}{dx}$$

$$\frac{d}{dx}\big(\csc(u)\big) = -\csc(u)\cot(u)\frac{du}{dx}$$

$$\frac{d}{dx}\big(\sin^{-1}(u)\big) = \frac{1}{\sqrt{1-u^2}}\frac{du}{dx}$$

$$\frac{d}{dx}\big(\cos^{-1}(u)\big) = \frac{1}{\sqrt{1-u^2}}\frac{du}{dx}$$

$$\frac{d}{dx}\big(\tan^{-1}(u)\big) = \frac{1}{1-u^2}\frac{du}{dx}$$

$$\frac{d}{dx}\big(\cot^{-1}(u)\big) = \frac{1}{1-u^2}\frac{du}{dx}$$

$$\frac{d}{dx}\big(\sec^{-1}(u)\big) = \frac{1}{|u|\sqrt{u^2-1}}\frac{du}{dx}$$

$$\frac{d}{dx}\big(\csc^{-1}(u)\big) = \frac{1}{|u|\sqrt{u^2-1}}\frac{du}{dx}$$

평균값 정리란?

평균값 정리는 변화와 전혀 관계가 없다. 하지만 미분법에서 가장 중요한 이론적 도구 중 하나다. 평균값의 정리는 다음과 같이 정의한다.

함수 $f(x)$가 구간 $[a, b]$에서 정의되고 연속이며, 구간 (a, b)에서 미분이 가능하면

$$f'(c) = \frac{f(b) - f(a)}{b - a}$$

인 c가 구간 (a, b)에 적어도 하나는 존재한다.

$f(a) = f(b)$일 때 이 정리는 '롤의 정리$^{\text{Roll's Theorem}}$'라는 특별한 경우가 되며, $f'(c)$는 0이 된다. 롤의 정리를 해석하면, 구간 (a, b)에서 접선의 기울기가 0인 점이 1개 존재한다는 것을 말한다.

사실 평균값의 정리는 기울기로 설명할 수 있다. 식 $\frac{f(b) - f(a)}{b - a}$는 두 점 $[a, f(a)]$, $[b, f(b)]$를 지나는 직선의 기울기를 나타낸다. 따라서 이 정리는 접선이 그래프 위의 두 점을 지나는 직선과 평행한 점 $c \in (a, b)$가 적어도 1개 존재한다는 것을 말한다.

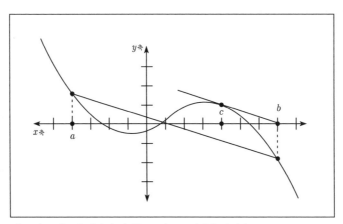

위 그림은 평균값 정리의 개념을 그래프로 나타낸 것이다.

적분학

적분학은 적분을 다루는 미적분학의 일부분으로, 합의 극한으로서 적분과 함수의 역도함수로서의 적분을 다룬다. 일반적으로 적분학은 원소들의 합의 극한으로, 원소의 개수는 무한히 증가하는 반면 원소의 크기는 점점 작아진다. 이는 미적분학에서 두 번째로 중요한 극한으로 여겨지고 있다. 가장 중요한 것은 도함수와 관련된 극한이다. 원래 적분학은 여러 다각형을 사용하여 원 같은 기하학적인 모양을 가진 대상들의 넓이를 근사시키는 방법으로 구하기 위해 고안되었다.

미적분학에서 많이 사용되는 적분은 어떤 것들이 있을까?

미적분학에서 사용되는 많은 표준 적분이 있다. 다음은 많이 사용되는 몇 가지 적분을 나타낸 것이다.

$$\int adx = ax$$

$$\int af(x)dx = a\int f(x)dx$$

$$\int (u \pm v \pm w \pm \cdots)dx = \int udx \pm \int vdx \pm \int wdx \pm \cdots$$

$$\int udv = uv - \int vdu$$

$$\int f(ax)dx = \frac{1}{a}\int f(u)du$$

$$\int F\{f(x)\}dx = \int F(u)\frac{dx}{du}du = \int \frac{F(u)}{f'(x)}du$$

그래프에서 적분을 이용하여 곡선 아래에 있는 넓이의 근삿값을 구하는 방법은 쉽게 알아볼 수 있다. 이것은 모두 직사각형과 관계가 있다. 기본 개념은 곡선의 양 끝점에서 x축에 수선을 긋는다. 곡선에 따라 y축에 수선을 그을 수도 있다. 곡선 아래의 전체 넓이를 Ω라 하고, 곡선 아래의 넓이를 폭이 같은 여러 개의 영역으로 나누기 위해 곡선에서 x축에 수선을 긋는다. 이때 각 수선이 x축과 만나는 분점을 각각 x_0, x_1, x_2, …라 하고, 나눠진 폭이 같은 각 영역을 Ω_1, Ω_2, Ω_3, …라고 한다. 그런 다음 곡선의 위와 아래의 각 영역을 자르고 붙여 직사각형으로 만든 다음 각 직사각형의 넓이를 구하여 더한다.

이들 직사각형은 나눠진 각 영역에서 곡선 양 끝점의 오른쪽 점과 왼쪽 점이 나타내는 수선의 길이를 높이로 하여 만든 것이다. 이때 곡선 아래의 넓이는 폭의 길이를 더 짧게 하여 더 많은 직사각형으로 세분하면 Ω에 근사한 넓이를 구할 수 있다. 오른쪽 그림은 넓이의 근삿값을 구하는 과정을 그림으로 나타낸 것이다.

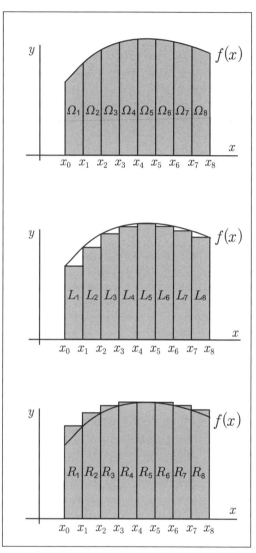

곡선 아래의 넓이를 계산하려면(맨 위) 그 넓이를 곡선 아래(가운데)와 위(맨 아래)에서 폭이 같은 여러 개의 직사각형으로 나눈다. 직사각형에 의해 잘리는 곡선의 폭을 조절하면 실제 넓이에 거의 근사한 넓이를 어림할 수 있다.

정적분이란?

실제로 넓이는 극한을 이용하여 구한다. 함수 $f(x)$에서 n의 값이 커질수록 두 유형의 넓이를 나타내는 수는 실제의 넓이 Ω에 더 가까워진다. 이것은 다음과 같이 기호를 사용하여 나타낼 수 있다.

$$\text{넓이}(\Omega) = \lim_{n \to \infty} \text{좌합}(n) = \lim_{n \to \infty} \text{우합}(n)$$

따라서 미적분학 용어로 위 그림 영역의 넓이는 a에서 b까지 $f(x)$의 '정적분'이라고 하며, 다음과 같이 기호로 나타낸다.

$$\int_a^b f(x)dx$$

이때 변수 x는 임의의 다른 변수로 대체할 수 있다. 이와 같이 적분 구간이 구체적으로 정해질 때를 '정적분'이라고 하며, 그 범위에서의 넓이 또는 넓이를 일반화시킨 것으로 해석할 수 있다.

정적분에는 어떤 성질들이 있을까?

정적분에는 몇 가지 유용한 성질이 있다. $f(x)$와 $g(x)$가 유한 개의 점을 제외한 구간 $[a, b]$에서 정의되고 연속이면 다음 식이 성립한다.

$$\int_a^b \big(f(x) + g(x)\big)dx = \int_a^b f(x)dx + \int_a^b g(x)dx$$

$$\int_a^b \alpha f(x)dx = \alpha \int_a^b f(x)dx$$

또 $f(x)$가 유한 개의 점을 제외한 구간 $[a, b]$에서 정의되고 연속이면 임의의 수 a, b와 $c \in [a, b]$에 대하여 다음 식이 성립한다.

$$\int_c^c f(x)dx = 0$$

$$\int_a^b f(x)dx = \int_a^c f(x)dx + \int_c^b f(x)dx$$

$$\int_b^a f(x)dx = -\int_a^b f(x)dx$$

부정적분이란?

앞에서 적분의 구간이 구체적으로 정해지는 것을 '정적분'이라고 한다는 것에 대해 살펴보았다. 그와는 반대로 구간이 구체적으로 정해지지 않을 때를 '부정적분'이라고 한다. 따라서 부정적분은 흔히 몇몇 정해지지 않은 점에서 다른 임의의 점까지 함수의 곡선 아래의 넓이를 나타내는 함수를 말한다. 처음의 점이 정해지지 않기 때문에 항상 부정적분의 일부가 되는 임의의 상수가 생기게 되며, 이 상수는 보통 C로 나타낸다.

미적분학의 기본정리란?

미적분학의 기본정리는 적분과 도함수를 연결(보다 정확하게는 다리 역할)한 것이라고 할 수 있다. 즉, 적분을 구하여 곡선 아래의 넓이를 구하는 또 다른 방법이라고 할 수 있다. 특히 $F(x)$의 도함수가 $f(x)$인 함수이면 두 점 a와 b 사이에 있는 $y = f(x)$의 그래프 아래의 넓이는 $F(b) - F(a)$와 같다. 이것을 기호로 나타내면 다음과 같다.

$$\int_a^b f(x)dx = F(b) - F(a)$$

이때 $F(b) - F(a)$는 다음과 같이 나타내기도 한다.

$$\left[F(x) \right]_a^b \ \ \text{또는} \ \ \left. F(x) \right|_a^b$$

따라서 $\int_a^b f(x)dx = \left[F(x) \right]_a^b$ 이다.

역도함수와 역미분

역도함수는 흔히 부정적분과 같은 것으로 해석되기도 하지만, 실제로는 정의가 다르다. 미적분학의 기본정리를 설명하면서 사용한 $F(x)$를 $f(x)$의 '역도함수'라고 하며, $f(x)$의 적분과 같은 것으로 나타내기도 한다. $f(x)$에서 $F(x)$를 찾는 과정을 '적분' 또는 '역미분'이라고 한다.

이상적분이란?

앞에서 살펴본 대로 적분은 함수 $f(x)$가 실수 a, b에 대하여 구간 $[a, b]$에서 유계가 되어야 하며, 그 구간 역시 유계여야 한다는 것을 의미한다. 그러나 이상적분은 함수 $f(x)$가 유계가 아니거나 구간 $[a, b]$가 유계가 아닌 적분을 말한다. 즉 구간의 길이가 무한하거나 그 구간에서 함수가 발산하는 경우 등 일반적인 정적분의 정의로는 정의되지 않는 경우의 정적분을 말한다. 아래 식의 경우에 적분은 다음과 같이 나타낸다.

$$\int_a^\infty f(x)dx = \lim_{c \to \infty} \int_a^c f(x)dx$$

$$\int_{-\infty}^b f(x)dx = \lim_{c \to \infty} \int_b^c f(x)dx$$

이중적분, 삼중적분도 있을까?

이중적분, 삼중적분, 심지어 다중적분도 있다. 예를 들어, xyz 공간에서 3차원 영역 R을 나타내는 세 변수 x, y, z에 대한 함수 $w=f(x, y, z)$의 적분을 '삼중적분'이라 하며, 다음과 같이 기호로 나타낸다.

$$\iiint_R f(x, y, z)dV$$

반복되는 적분을 계산하기 위하여 먼저 z에 관하여 적분한 다음 y, x의 순으로 각 변수에 관하여 적분을 한다. 또 한 변수에 관하여 적분할 때 다른 변수들은 모두 상수로 간주한다.

미분방정식

미분방정식과 상미분방정식이란?

미분방정식은 어떤 미지 함수의 도함수를 포함한 방정식으로, 이들 방정식은 어떤 함수와 그 함수의 일계 또는 그 이상의 편미분방정식 사이의 관계를 나타낸다. 좀 더 자세히 설명하면, 미분방정식은 독립변수에 관한 도함수와 종속변수를 포함한다. 그런 방정식을 푼다는 것은 도함수와 함께 그 방정식을 만족하는 독립변수의 연속함수를 구하는 것을 의미한다. 상미분방정식은 단지 1개의 독립변수를 포함한 방정식이다.

미분방정식의 계수와 차수는 무엇을 뜻할까?

방정식에 나타난 차수가 가장 높은 도함수를 '미분방정식의 계수'라 하고, 차수가 가장 높은 도함수를 포함한 항의 차수를 '미분방정식의 차수'라 한다.

음함수미분방정식과 양함수미분방정식이란?

앞에서 살펴본 대로 상미분방정식은 x, y, y', y'' 등을 포함하는 방정식이다. 그다음으로는 차수가 가장 높은 도함수의 계수가 n이라는 것을 추가한다. 이때 만약 계수가 n인 미분방정식의 꼴이 $F(x,\ y,\ y',\ y'',\ \cdots,\ y^n)=0$일 때를 '음함수미분방정식

implicit differential equation'이라 하고, $F(x,\ y,\ y',\ y'',\ \cdots,\ y^{n-1}) = y^n$일 때를 '양함수미분방정식explicit differential equation'이라 한다.

일계미분방정식은 어떤 것들이 있을까?

일계미분방정식은 미지함수 y, 그 도함수 y', 변수 x를 포함하는 방정식이다. 앞에서 살펴본대로 이런 유형의 방정식들은 보통 '양함수미분방정식'으로 나타낸다.

변수분리형미분방정식, 베르누이미분방정식, 선형미분방정식, 동차미분방정식을 포함하여 여러 가지 유형의 일계미분방정식이 있다. 일계미분방정식은 다음과 같은 형식으로 나타낸다.

$$\frac{dy}{dx} = f(x,\ y)$$

미분방정식의 예

독립변수 t에 대한 몇몇 함수를 y라 할 때, 이와 관련된 미분방정식의 예를 하나 들면 다음과 같다. y를 그것의 일계 또는 그 이상의 도함수와 관련시키는 미분방정식은 다음과 같다.

$$\frac{\partial}{\partial t} y(t) = t^2 y(t)$$

이 방정식에서 함수 y의 일계도함수는 t^2과 함수 y를 곱한 것과 같다. 이것은 정해진 관계가 그 함수와 일계도함수는 모든 t에 대해서만 정의된다는 것을 의미한다.

선형미분방정식이란?

선형미분방정식은 종속변수와 그 도함수들의 곱셈을 포함하지 않는 일계미분방정식이다. 이것은 계수가 독립변수의 함수로 이루어져 있다는 것을 의미한다. 이러한 미분방정식과 관련된 또 다른 용어로는 비선형미분방정식과 준선형미분방정식이 있다.

비선형미분방정식은 종속변수와 그 도함수들의 곱셈이 포함된 미분방정식을 말하고, 준선형미분방정식은 가장 높은 차수의 도함수가 포함된 항에 모든 종속변수와 그 도함수들의 곱셈이 들어 있지 않은 비선형미분방정식을 말한다.

미분방정식과 관련된 '해'란?

미분방정식에는 세 가지 유형의 '해'가 있다.

일반해 미분방정식의 적분으로 얻은 해를 포함한다. 특히 n계상미분방정식의 일반해는 n회의 적분을 통해 구한 n개의 임의의 상수를 가지고 있다.

특이해 일반해로 나타낼 수 없는 해를 말한다.

특수해 일반해에서 임의의 상수에 특정 값을 대입하여 얻는 해를 말한다.

미분방정식에서 '조건'이란?

일반적으로 미분방정식에는 두 가지 '조건'이 있다. 초기조건은 (보통 시간과 관련된) 미분방정식에서 해를 구하기 위해 정하는 상수 값으로, 계산 초기의 변수 값을 말한다. 이와 관련된 문제를 '초기 값 문제'라고 한다. 다른 하나는 경계조건으로, (보통 공간과 관련된) 미분방정식의 일반해에 포함되는 임의의 상수 또는 임의의 함수를 정하는 데 필요한 영역의 경계에 부과하는 조건을 말한다. 미분방정식을 적당한 경계조건하에서 푸는 문제를 '경계 값 문제'라고 한다.

일계동차 선형미분방정식과 비동차 선형미분방정식이란?

이들 미분방정식은 길게 나타낸 식일 수도 있지만, 사실 일계미분방정식의 형태를 띤다. 일계동차 선형미분방정식은 다음과 같이 나타낼 수 있다.

$$\left[\frac{\partial}{\partial t}y(t)\right] + a(t)y(t) = 0$$

일계동차 선형미분방정식은 방정식의 좌변에 미지함수와 그 도함수를 포함한 모든 항을 배치하고, 우변에는 모든 t에 대하여 0을 배치하는 방정식을 말한다.

비동차 선형미분방정식은 방정식의 좌변에 (t)와 위 식의 큰 괄호 안에 있는 편미분방정식을 포함하는 일차 항들을 분리한 후, 우변을 0 같은 것으로 배치하지 않는 방정식을 말한다. 아래 식에서처럼 보통 우변은 $b(t)$ 같은 1개의 함수로 나타낸다.

$$\left[\frac{\partial}{\partial t}y(t)\right] + a(t)y(t) = b(t)$$

일계미분방정식을 구할 때는 어떤 계산법이 사용될까?

일계미분방정식은 보통 세 가지 방법으로 해결하는데, 해석적 방법과 정성적 방법, 수치적 방법이 있다. 해석적 방법은 앞에서 언급한 선형미분방정식과 변수분리형미분방정식 같은 예들을 포함한다. 정성적 방법은 어떤 미분방정식의 체의 기울기를 나타내는 방법 등을 포함한다. 마지막으로 수치적 방법은 두 수의 최대공약수를 찾는 오일러의 방법과 매우 유사하다고 볼 수 있다.

오일러의 방법이란?

스위스의 수학자 레온하르트 오일러[1707~1783]는 역사상 가장 많은 책을 출판한 수학자 중 한 사람이다. 그는 두 수의 최대공약수를 구하는 방법인 오일러의 방법을 개발했다. 예를 들어, 두 수 6975와 525의 최대공약수를 구하고자 할 때, 1개는 큰 수이고 다른 1개는 작은 수를 생각하자. 이때 두 수의 1의 자리는 모두 5이므로 두 수가 0과 5로 나누어떨어진다는 것을 알 수 있다. 하지만 두 수가 큰 공약수를 가지고 있는지는 어떻게 정할 것인가? 만약 그렇다면 그 수는 무엇일까?

$$\begin{array}{r} 13 \\ 525\overline{)6975} \\ -525 \\ \hline 1725 \\ -1575 \\ \hline 150 \end{array}$$

핵심은 나머지가 0이 될 때까지 장제법의 나머지를 찾는 것이다. 이 경우에는 먼저 6975를 525로 나눈다. 이때 몫은 13이고 나머지는 150이다.

이번에는 525를 150으로 나눈다. 이 경우에는 나머지가 75가 된다. 다시 150을 75로 나누면 나머지가 0이 된다.

큰 수	작은 수	나머지
6975	525	150
525	150	75
150	75	0

이때 나머지가 0이 되기 직전에 나눈 수 75가 두 수 6975와 525의 최대공약수다.

미분방정식계란?

일상생활에서 접하는 여러 가지 양과 그 양들의 변화율은 1개 이상의 변수에 따라 달라진다. 예를 들어, 토끼의 전체 개체 수가 한 자리 수라고 하더라도 토끼를 잡아먹는 포식자들의 개체 수와 식량의 유용성에 따라 달라진다. 그런 복잡한 문제를 나타내고 연구하기 위해서는 1개 이상의 독립변수와 1개 이상의 방정식을 사용해야 한다. 이때 미분방정식계가 유용한 도구가 된다. 선형미분방정식에서와 마찬가지로 그것을 연구하는 방법은 해석적 방법, 정성적 방법, 수치적 방법이다.

비선형미분방정식

지금까지 살펴본 내용을 통해 선형방정식은 몇 가지 특별한 규칙을 가지고 있음을 알 수 있다. 이를테면 미지함수 y, y', y'' 등은 1보다 큰 지수로 거듭제곱 하지 않으며, 분수의 분모에 배치하지 않고, $y \times y'$가 허용되지 않는다. 어떤 의미에서 곱해진 두 미지함수가 미지함수를 제곱한 것으로 생각할 수 있기 때문이다. 또 미지함수들이 사인함수 같은 다른 함수 내에 존재하지 않는다.

그러나 비선형미분방정식은 많은 부분에서 다르다. 비선형미분방정식은 미지함수에 대하여 지수가 2인 거듭제곱($y' = y^2$)과 $y \times y' = x$를 허용하며, 심지어 $y' = x \sin y$와 같이 다른 함수 내에 놓이는 경우도 허용한다. 따라서 비선형미분방정식은 선형미분방정식만큼 해결하기가 쉽지 않다. 그렇다고 해서 중요하지 않다는 것을 의미하는 것은 아니다. 사실 비선형미분방정식은 실생활 문제를 설명할 때 매우 현실적이어서 많은 분야에서 수학자와 과학자들의 관심을 받고 있으며, 여러 가지 문제 해결에 도전하고 있다.

토끼의 개체 수는 출생률뿐만 아니라 포식자, 질병, 유용한 식량공급에 영향을 받는다. 미분방정식계는 이들 모든 요소를 고려하여 실제 개체 수를 추정하는 데 사용한다.

벡터와 기타 해석학

벡터란?

벡터는 선형 공간 또는 벡터 공간의 원소다. 벡터는 공간에 있는 점의 물리적인 위치를 나타내는 것이 아니라 두 점 사이의 이동으로 나타내는 것으로, 점과는 다르다. 또한 벡터는 방향을 정의하지만, 점은 방향을 정의하지 않는다. 보통 벡터는 좌표평면 위에서 특정 방향을 갖는 선분으로 나타내는데, 이때 선분의 한쪽 끝은 화살표 모양이고, 다른 쪽 끝은 선분으로 되어 있다. 벡터는 몇 가지 방법으로 나타낼 수 있다. 방정식에서 A, B와 같이 굵은 문자로 나타내는 경우도 있고, 벡터 위에 화살표를 그려 $\vec{x}$와 같이 나타내기도 한다.

벡터의 성분이란?

벡터의 성분은 어떤 순서로 나열된 n개의 수 각각을 말한다. 보통 $\vec{x} = (x_1, x_2, \cdots, x_n)$과 같이 나열된 벡터에 대하여 괄호 안의 수들을 벡터 $\vec{x}$의 '성분'이라고 한다.

논리적으로 무수히 많은 벡터가 같은 성분을 가질 수도 있다. 예를 들어, 성분이 [3, 4]이면 평면에서 그 차가 각각 3과 4인 x좌표와 y좌표를 갖는 점의 좌표들이 무수히 많다는 것을 나타낸다. 이들 모든 벡터는 서로 평행하고 같으며, 같은 크기와 방향을 나타낸다. 그러므로 성분이 a와 b인 임의의 벡터는 벡터 [a, b]와 같다고 할 수 있다.

벡터의 크기는 어떻게 나타낼까?

벡터의 크기는 벡터의 길이와 같으며, 절댓값 기호와 마찬가지로 벡터 좌우에 2개의 수직선을 그려 나타낸다. 벡터 V에 대하여 그 크기는 $|V|$다.

벡터는 로켓이 발사 지점에서 현재의 지점까지 이동한 거리 및 방향과 같이 공간에서 두 지점 사이의 이동을 나타낼 때 사용된다.

열벡터, 행벡터란?

벡터는 세로와 가로로 나타낼 수 있다. 예를 들어, 2차원, 3차원 벡터는 보통 수들을 1개의 열에 나열하여 나타낸다. 다음은 2차원, 3차원에서 벡터의 각 성분을 열로 나타낸 것이다. 이와 같은 꼴로 나타낸 벡터를 '열벡터'라고 한다.

$$V = \begin{vmatrix} x \\ y \end{vmatrix} \qquad V = \begin{vmatrix} x \\ y \\ z \end{vmatrix}$$

또 다음과 같이 벡터의 각 성분을 한 행에 나열하여 나타내기도 한다. 이와 같은 꼴로 나타낸 벡터를 '행벡터'라고 한다.

$$V = (x,\ y) \quad V = (x,\ y,\ z)$$

행벡터는 보통 어떤 문제를 설명할 때 $V = (x,\ y,\ z)$로 벡터를 표현하는 문제를 해결하는 과정에서 사용된다. 그러나 행벡터가 실제로 모든 수학적 설명을 할 때 사용되지는 않는다는 것에 주의해야 한다.

벡터는 어떻게 사용될까?

여러 가지 물리량, 특히 수학과 관련된 물리량은 힘, 속도, 운동량 같은 벡터로 나타낼 수 있다. 이들 양을 설명할 때, 크기는 물론 작동하는 방향을 함께 설명해야 한다. 훨씬 더 복잡한 물리량인 상대성이론, 대기에서의 바람의 속력, 전자기장을 결정하는 문제들을 해결할 때는 다차원 벡터를 사용한다.

벡터의 길이는 어떻게 계산할까?

벡터의 길이는 각 좌표의 제곱의 합의 제곱근으로 계산한다. 예를 들어, 벡터 $(x,\ y,\ z)$에 대하여 벡터의 길이 L은 다음과 같이 계산한다.

$$L = \sqrt{x^2 + y^2 + z^2}$$

표준벡터란?

표준(또는 단위)벡터는 모든 좌표의 제곱의 합이 1과 같은 벡터다. 예를 들어, 벡터 $(2, 2, 0)$은 표준벡터가 아니지만, 벡터 $(0.707, 0.707, 0.0)$과 $(1.0, 0.0, 0.0)$은 표준벡터다. 외향법선벡터는 표준벡터의 또 다른 명칭이다. 외향법선벡터의 방향은 다각형 면 위의 한 점을 지나고, 그 점에서 접평면에 수직이거나 정점에서의 접선에 수직이다. 표준(또는 단위)벡터는 종종 $\vec{a}$로 나타내지만, 보다 일반적으로는 $\hat{a}$로 나타낸다. $\hat{a}$는 'hat a'라고 읽는다.

벡터는 해당 벡터의 크기 또는 길이를 계산한 다음 그 값으로 각 좌표를 나누어 표준화시킨다. 예를 들어, 다음 벡터를 생각해보자.

$$V = \begin{vmatrix} 3.0 \\ 4.0 \\ 0.0 \end{vmatrix}$$

이 벡터의 길이는 5.0이므로 $|V| = 5.0$이다. 따라서 표준벡터의 값은 다음과 같이 구한다.

$$\frac{V}{|V|} = \begin{vmatrix} 3.0 \\ 4.0 \\ 0.0 \end{vmatrix} \cdot \frac{1}{5} = \begin{vmatrix} 0.6 \\ 0.8 \\ 0.0 \end{vmatrix}$$

이때 $0.6 = 0.36$이고, $0.8 = 0.64$이므로 두 수의 합은 1이 된다. 만일 이 벡터가 이미 표준화되어 있으면 $|V|$의 값은 1과 같다. 따라서 이 벡터를 $|V|$로 나누면 원래의 것과 같은 벡터가 된다.

여러 차원의 공간에서 벡터는 어떻게 나타낼까?

벡터는 2차원, 3차원 또는 다차원 공간에서 찾아볼 수 있다. 2차원 벡터는 평면 위에서 두 점을 잇는 화살표로 나타낸다. 좌표계에서 2차원 벡터는 화살표의 길이와 x, y축이 이루는 각에 의해 측정된 방향으로 정의하며, 두 성분을 가진 (x, y)로 나타낸다.

3차원 공간에서 화살표가 원점에서 출발하는 벡터는 3개의 성분을 가진 (x, y, z)으로 나타낸다. 좀 더 복잡한 벡터는 여러 개의 성분을 가진 벡터로, n개의 서로 다른 수로 이뤄진 순서쌍이 하나의 벡터를 나타낸다. 예를 들어 4개의 수로 이뤄진 순서쌍 $(4, 1, -2, 0)$은 4차원 공간에서의 한 벡터를 나타낸다.

극좌표계란?

요컨대 극좌표계는 2차원 (유클리드) 좌표계로 구면을 '둘러싼' 것이라 할 수 있다. 극좌표계에서 단위길이의 반지름을 가진 구 위의 점은 그 위치와 방향에 의해 정의 되기 때문에 이 점을 찾는다. 구의 중심을 원점으로 하고, 점의 좌표는 구의 중심에서 점까지의 거리 r을 첫 번째 좌표로 하고, 그 점의 경도 θ와 위도 φ를 마지막 두 좌표로 하여 (r, θ, φ)와 같이 나타낸다. 이것을 '구면좌표'라고도 한다. 지구 위에서라고 가정하면 이해하기 쉬울 것이다. 이때 위도 θ는 $-90 \sim +90$ 사이의 수로 나타내며, 경도 φ는 $-180 \sim +180$ 사이의 수로 나타낸다. 또 r은 0에서 무한대까지의 수로 나타내며, 음수 값을 취하지 않는다. 북극의 좌표는 $(+r, +90, 0)$이고, 남극의 좌표는 $(+r, -90, 0)$이며, 적도에 있는 점의 좌표는 $(r, 0, 0)$이다.

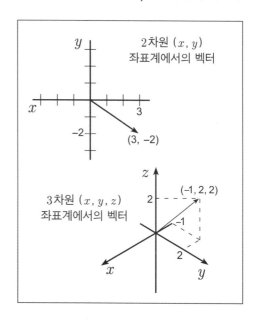

벡터는 어떻게 더할까?

벡터를 결합하기 위한 한 가지 방법은 덧셈을 하는 것이다. 이것은 대수적 또는 기하학적으로 해결할 수 있다. 두 벡터 $U[-3, 1]$, $V[5, 2]$에 대하여 대응하는 각 성분을 더하여 U와 V의 덧셈을 하면 $R[-3+5, 1+2] = R[2, 3]$이 된다. 또 좌표평면 위에

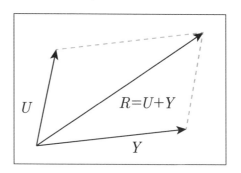

서 두 벡터 U와 V의 덧셈은 U와 V를 서로 이웃하는 변으로 하는 평행사변형에 대하여 U와 V의 교점을 지나는 평행사변형의 대각선 R로 나타낸다.

두 벡터의 곱은 어떻게 구할까?

두 벡터의 곱셈에는 두 가지 다른 방법이 있다. 스칼라곱$^{scalar\ product}$과 벡터곱^{vector} ^{product}이 그것이다. 종종 '내적$^{inner\ product}$'과 '외적$^{outer\ product}$'이라고도 하며, 텐터곱에 관해서는 주로 내적, 외적이라고 한다. 두 벡터의 스칼라곱은 계산 결과가 크기만 있고 방향이 없으므로 벡터가 아니다. 각각의 크기가 A, B인 벡터 A, B에 대하여 스칼라곱은 다음과 같다.

$$A \cdot B = AB cos\theta \ (\text{단, } \theta \text{는 두 벡터 사이의 각이다})$$

스칼라곱은 벡터의 도트곱$^{dot\ product}$이라고도 하며, 대수학의 교환법칙과 분배법칙을 따른다. 따라서 A · B＝B · A, A(B+C)＝A · B＋A · C가 성립한다. 만일 A가 B에 수직이면 $cos90° ＝0$이므로 A · B＝0이 된다.

두 벡터 A, B의 벡터(또는 크로스 또는 스큐)곱 $A \times B$는 $C=AB sin\theta$를 길이로 하고, A와 B에 의해 만들어진 평면에 수직인 방향을 그 방향으로 한다. 이때 벡터곱은 교환법칙이 성립하지 않는다. 즉 $Z \times B = -B \times A$이다.

벡터해석학이란?

벡터해석학은 벡터를 변수로 갖는 함수의 미적분학으로, 미적분학의 일부는 이 함수의 도함수 식과 적분 식으로 알려져 있다. 벡터의 성분이 항상 상수로 이뤄지는 것은 아니다. x, y, z 성분이 모두 시간 함수로 이뤄진 벡터에 의해 표현되는 공간을 이동하는 물체의 위치를 나타내는 것 같은 변수를 가진 함수 및 여러 변수가 성분이 될 수 있다. 이 경우에 미적분학이 그런 벡터함수 문제를 해결하는 데 사용되므로 이것을 '벡터해석학'이라 한다.

텐서란?

텐서는 벡터의 개념을 확장한 기하학적인 양으로, 여러 벡터 변수에 따라 선형적으로 달라지는 양을 말한다. 텐서는 n차원 공간 내의 임의의 점을 나타내는 좌표의 함수가 되는 n개의 성분으로 이뤄진 집합으로 구성된다. 텐서는 탄성이론(응력과 변형)과 수리물리학, 특히 상대성이론을 연구하는 물리학 같은 여러 수학 분야에서 사용된다.

일차결합이란?

일차결합은 선형공간의 원소 중 2개 또는 그 이상의 원소에 각각 적당한 수들을 곱한 다음 결합 또는 더하여 얻은 식을 말한다. 이때 곱하는 수들은 0이 되어서는 안 된다. 벡터, 방정식, 함수의 일차결합도 많이 쓰인다. 예를 들어 x, y가 벡터이고 a, b가 수일 때, $ax+by$가 일차결합이다.

다른 유형의 해석학으로는 어떤 것들이 있을까?

수학과 과학 분야에서는 벡터해석학 외에도 기타 여러 가지 해석학이 있다. 일찍이 텐서에 대한 연구는 절대미분학으로 알려져 있었지만, 오늘날은 단지 '텐서해석학 tensor analysis'이라 한다. 텐서는 원래 벡터의 확장으로 고안되었다. 텐서해석학은 양을 나타내기 위해 사용되는 좌표계와 상관없이 타당한 관계나 법칙들과 관련된 수학 분야다.

복소해석학Complex Analysis 또는 복소변수해석학은 복소변수함수와 그 도함수, 수학적 계산 및 기타 성질을 연구하는 수학 분야다. 복소해석학은 해석함수 holomorphic functions 또는 복소평면에서 발견되는 함수 문제를 해결할 때 주로 사용된다. 또 복소수 값을 사용하며, 복소함수로 미분이 가능하다. 복소다변수해석학은 미분방정식과 복소수를 통합하여 복소변수함수의 미적분학을 다룬다. 일반적으로 복소함수는 독립변수와 종속변수가 모두 복소수인 함수를 말한다. 즉 복소함수는 정의역과 치역이 복소평면의 부분집합인 함수다.

복소함수의 독립변수와 종속변수는 실수부와 허수부로 나눌 수 있다. 예를 들어, $z = x + iy$ (단, x와 y는 실수, $i = \sqrt{-1}$)에 대하여 복소함수 $w = f(z) = u(x, y) + iv(x, y)$ [단, $u(x, y)$, $v(x, y)$]와 같이 실수부를 나타내는 함수 $u(x, y)$와 허수부를 나타내는 함수 $v(x, y)$로 나눌 수 있으며, 이 두 함수는 모두 x와 y를 독립변수로 갖는다. 복소해석학은 수론, 응용수학을 비롯한 수학의 여러 분야뿐만 아니라 전자기학 같은 응용 분야에서 많이 사용된다.

함수해석학Functional Analysis 무한차원 벡터 공간 및 그것들 사이의 사상과 관계가 있으며, 함수 공간을 연구하는 해석학의 한 분야다.

미분기하학differential geometry 미분법을 응용하여 공간의 성질을 연구하는 기하학의 한 분야이지만 곡선, 면, 기타 기하학적 대상들에 적용된 해석학 개념을 포함하기도 한다. 원래 미분기하학은 좌표기하학을 이용하는 것을 포함하며, 좀 더 최근에는 사영기하학 같은 다른 기하학 영역에도 적용되고 있다. 특히 유클리드 공간과 유사하지만 같지는 않은 위상공간인 다양체의 기하학적 성질을 정하기 위해 미분기하학의 계산 기법을 사용한다.

8장

응용수학

기초 응용수학

응용수학이란?

응용수학은 엄밀한 수학적 방법을 사용하는 것은 물론, 그런 방법들을 응용하는 것도 포함한다. 이에는 생물학, 컴퓨터과학, 사회학, 공학, 신체과학, 다른 많은 분야, 특히 실험학문의 폭넓은 연구 분야를 수반한다. 각각의 경우에 응용수학은 특별한 응용 또는 물리적 현상을 연구자가 보다 철저하게 이해하도록 하는 데 사용된다. 응용수학은 수치해석, 선형 프로그래밍, 수학적 모델링과 시뮬레이션, 공학수학, 수학적 생물학, 게임이론, 확률이론, 수학적 통계, 금융수학 그리고 암호 제작에 이르기까지 다양하게 활용되고 있다.

응용수학은 어떻게 발전해왔는가?

역사적으로 응용수학은 물리학, 화학, 약학, 공학, 신체과학, 공업기술, 생물학 등에서 제기된 문제를 해결하기 위하여 수학을 사용하는 과정에서 활용되었다. 실제로 응용수학은 순수수학보다 더 오래된 것이라 할 수 있다. 역학, 유체역학, 광학 등 초기 물리학 연구의 핵심 분야에서 활용되었고, 수학적 도구들이 점차 강력해짐에 따라 이들 물리학 분야는 좀 더 수학을 토대로 하여 연구가 이뤄졌다. 과학, 공학과 관련된 이러한 수학적 해석학은 역사적으로 항상 중요한 위치를 차지해왔으며, 가장 위대한 몇몇 발견을 이끌었다.

지난 몇십 년 동안 응용수학은 어떻게 발전해왔는가?

지난 몇십 년 동안 응용수학은 우리가 사는 세계를 설명함에 있어 엄청난 발전을 해왔다. 특히 네트워크를 통하여 여러 대의 컴퓨터를 연결하는 데서부터 슈퍼컴퓨터에 이르기까지 더욱 강력해진 컴퓨터는 물론 수학 위주의 소프트웨어 출현 등 응용수학을 활용하는 많은 분야에서 큰 발전을 해왔다. 예를 들어, 몇십 년 전까지만 하더라도 바람(강풍)이 비행기에 어떤 영향을 주는지 조사하려면 커다란 풍동을 사용해야 했지만, 지금은 컴퓨터 시뮬레이션으로 대체되었다. 현재 항공기의 설계 및 시험은 이들 시뮬레이션에 의해 이뤄지고 있다. 지금은 그저 새롭게 설계한 것들을 시험하기 위해 컴퓨터상

기술자들은 수학과 컴퓨터를 사용하여 공장 로봇 같은 진전(과학기술의 발전)을 이룰 수 있었다.

에서 항공기를 수학적으로 '그리는' 문제에 불과하기 때문에 지난날의 것[a thing]을 물질적인 원형을 만드는 데 비용을 들이면서 말이다.

각종 전문 분야에서는 응용수학을 어떻게 활용하는가?

분야에 따라 연구가들은 다양한 방법으로 응용수학을 이용한다. 그중 어떤 분야는 순수수학에 크게 의존하기도 한다. 예를 들어 응용수학의 한 형태인 수치해석은 편미분방정식과 변분법을 풀기 위해 순수수학을 사용한다.

다른 연구 분야와 일부 겹치는 응용수학 분야들도 있다. 물질의 구조, 특히 아원자의 운동을 연구하기 위해 응용수학을 이용하는 수학자들이 있는데, 이 분야는 아원자 물리학자들이 하는 같은 유형의 여러 연구와 중복되기도 한다.

수학적 분석법과 컴퓨터의 결합이 중요한 이유는?

수학적 해석학과 컴퓨터의 결합은 특히 공학, 공업기술, 과학과 매우 밀접하게 관련되어 있다. 지난 몇십 년 동안 연구가들은 날씨를 예측하고, 태양의 핵융합을 자세하게 설명하는가 하면, 지하수가 있는 지층인 대수층에서의 물의 흐름(유체역학)과 태양계 주변의 천체 운동(궤도역학)을 이해하기 위해 이 결합을 활용해왔다. 또한 비선형계의 예측할 수 없는 움직임을 연구하는 카오스에 관한 연구들과 원자, 분자, 소립자 등 미시적 대상에 적용되는 양자역학은 반드시 응용수학과 컴퓨터를 사용해야 한다.

게다가, 공학기술를 비롯한 대부분의 응용과학에서 수학적 분석법과 컴퓨터의 결합으로 인해 인간 사회의 빠른 변화와 발전에 많은 도움이 되었다. 이것은 비행기나 교량건설 계획에서부터 광섬유케이블과 이동통신 송신탑 설계에 이르기까지 교통과 통신 등 생활에 익숙한 분야뿐만 아니라 로봇공학, 항공우주공학, 의생물 연구 분야 등 여러 분야에서 사용되는 제어시스템을 어떻게 설계하는지와도 관련이 있다.

영상처리 분야는 지난 수십 년에 걸쳐 급격하게 성장해왔다. 특히 멀티미디어, 생물학, 의학 분야에서 전자현미경과 자기공명영상검사의 영상 질의 향상은 효율적인 처리를 위해 크게 요구되고 있다. 또한 더 많은 정보를 저장하기 위한 방법, 특히 컴퓨터와 네트워크에서 사용되는 정보를 전송하고 처리하는 방법의 개발

수학의 실제적인 응용 중 하나는 영상처리와 관련이 있다. 보다 상세한 시각적인 정보를 만들어내기 위해 전자현미경 같은 도구의 성능을 향상시킨다.

은 계속 발전해나가고 있는데 이 모든 일들이 유지 · 발전하기 위해서는 다양한 수학 기법의 활용 및 응용수학의 활용이 필요하다.

확률론

사건과 확률

확률은 어떤 '사건'이 일어날 '가능성'을 측정하여 하나의 수로 나타내는 수학 분야다. 이때 사건은 어떤 실험의 결과로서 나타난 것들을 말한다. 어떤 사건이 일어날 것으로 예상되는 것을 양으로 표현하는 것으로, 보통 0~1까지의 수로 나타낸다. 예를 들어, 매우 흔하게 일어나는 사건은 거의 1에 가까운 확률을 가지며, 거의 일어나지 않는 사건은 0에 가까운 확률을 갖는다. 또한 'probability'는 어떤 특정 사건이 일어날 가능성을 의미한다. 가능성은 0~100% 사이의 백분율로 표현된다.

확률을 구하는 훨씬 더 정밀한 방법은 주어진 사건이 일어날 수 있는 결과와 함께

그 결과의 상대적인 가능성 및 분배와 관련이 있다.

어떤 실험을 하건 결과가 발생한다. 모든 가능한 결과들의 집합을 그 실험의 '표본 공간'이라고 하고, 흔히 문자 'S'로 표기한다. 각각의 가능한 결과는 표본공간에서 1 과 한 점으로 나타낸다. 표본공간의 각 원소에 대한 확률은 0과 1 사이의 수로 나타 내며, 표본공간에서 나타낸 모든 확률의 합은 1과 같다.

비는 두 수나 두 양을 비교하는 것으로, 비교하는 두 수를 구별하기 위해 흔히 $\frac{3}{4}$ 또는 3 : 4와 같이 분수 또는 ' : '을 사용하여 나타낸다. 예를 들어, 보호소에 수용되어 있는 24마리의 동물에 대한 개의 비(비율)를 알기 위해서는 먼저 개의 마리수를 알아야 한다. 24마리 중 개가 10마리이면 보호소에 있는 동물들에 대한 개의 비는 $\frac{10}{24}$ 또는 10 : 24가 된다. 이때 비로 나타내는 두 수의 순서를 바꾸어서는 안 된다. 비 7 : 1은 1 : 7과 같지 않다.

비례는 쌍방 측에 대한 비와 같으며, 2개의 비가 같은 것을 말한다. 예를 들어 $\frac{1}{2}$ = $\frac{4}{8}$ 또는 $\frac{1}{2}$은 $\frac{4}{8}$와 비례한다. 어떤 비례식에서 4개의 수 중 하나가 미지수인 '비례문제를 해결'할 때는 미지수를 구할 때 외적$^{cross\ product}$을 사용해야 한다. 예를 들어, $\frac{1}{4} = \frac{x}{8}$라는 식에서 x를 구하기 위해서는 $4x = 1 \times 8$을 풀면 된다. 따라서 $x = 2$다.

어떤 사건에 대한 확률은 일반적으로 동일한 조건에서 특정 결과^{outcomes}가 나오는 가지수에 대한 비율로 정의된다. 우리에게 익숙한 확률 사건들에 대해 많은 단순 실례들이 있다. 확률에 대해 알아보는 가장 단순한 예 중 하나는 두 가지 결과인 앞면 또는 뒷면만으로 구성된 표본공간을 갖는 동전을 던지는 것이다. 동전이 완전한 대칭을 이룰 경우에 앞면과 뒷면이 나올 확률은 각각 0.5가 된다. 하지만 우리 모두 알고 있는 대로 꼭 그렇게 나타나는 것은 아니다. 그것은 동전들이 완전한 균형을 이루지 않는다는 것을 뜻할 수도 있다.

또 다른 예로 기상 데이터를 들 수 있다. 기상청에서는 대부분 수년간 날씨를 추적한다. 그러나 만일 누군가가 기상청을 통해 30년 동안 매년 5월 10일의 기상 데이터를 수집했다면 몇 가지 단순 확률 사건에 대한 값들을 얻을 수 있다. 예를 들어, 어떤 지역에서 지난 30년 동안 5월 10일에 구름이 낀 날들을 (가공의) 표본추출해보자. 30년 중 5월 10일에 구름이 낀 날이 열흘이라고 할 때, 5월 10일에 구름이 낄 사건의 확률은 $\frac{10}{30}$이 된다.

한편 보험표들도 이와 유사한 방법으로 계산된다. 예를 들어, 만일 1990년에 25세가 되는 1,000명 중 150명이 65세까지 산다고 할 때 25세인 어떤 사람이 65세까지 살게 될 확률은 비율 $\frac{150}{1000}$, 65세까지 살지 못하는 사람의 확률은 $\frac{850}{1000}$이다. 이는 두 확률의 합이 1과 같아야 하기 때문이다. 사실 이 확률의 성질은 단지 인원을 알 수 있는 사람들의 모임에 대해 유효하며, 보험회사에서는 매우 큰 표본을 사용하는 까닭에 새로운 자료를 수집하는 대로 계산 값을 수정함으로써 이 성질에 맞추려고 한다. 많은 사람들은 그런 '대강의' 결과의 타당성에 대해 의문을 갖지만, 보험회사에서는 확률상으로 자신들이 사용하는 값들이 대부분의 큰 그룹의 사람들과 대부분의 생활조건하에서 유효하다고 믿는다.

복사건compound events의 확률은 어떻게 정해질까?

간단한 사건들에 대한 확률 외에 복사건의 확률들도 계산할 수 있다. 만일 x와 y가 2개의 독립사건이면 x와 y가 일어날 확률은 그들 각각의 확률의 곱으로 계산하며, 두 사건 중 하나가 일어날 확률은 두 사건 각각의 확률의 합에서 두 사건이 동시에 일어날 확률을 빼서 계산한다. 예를 들어, 만일 어떤 사람이 70세까지 살 확률이 0.5이고, 그의 부인이 70세까지 살 확률이 0.6이면 두 사람이 동시에 70세까지 살 확률은

$0.5 \times 0.6 = 0.3$이고, 두 사람 중 한 사람이 70세까지 살 확률은 $0.5 + 0.6 - 0.3 = 0.8$이다.

주관적 확률이란?

말 그대로 주관적 확률은 각 개인의 믿음 정도로, 어떤 특별한 사건이 일어날 것으로 여기는 것을 말한다. 종종 어떤 정확한 계산을 근거로 하는 것이 아닌 지식이나 정보, 경험 등을 가진 사람의 주관적 요소에 의해 무엇이 일어날 것인지를 판단하며 이것은 보통 0~1까지의 수나 %로 나타낸다. 예를 들어, 만약 어떤 야구팀이 연승을 하고 있다면 그 팀은 그 해의 리그 선수권대회에서 자신들의 팀이 승리할 확률을 0.9라고 믿고 승리 가능성이 90%라고 말할 것이다. 이것은 어떤 수학적 공식에 의해서가 아닌 그 팀이 그 해 내내 보여준 우승 기록에 의한 것이다.

chance의 뜻은?

chance는 여러 가지로 정의된다. '기회' 또는 무엇인가를 할 '가능성' 또는 '순전히 우연히' 몇 년 동안 보지 못했던 누군가를 만나는 것 같은 '운'이나 '행운' 또는 '우연'을 의미하기도 한다. 또 '위험을 무릅쓰다', '모험하다'라는 의미도 있다.

수학적으로 chance는 어떤 사건이 얼마나 일어날 것인지, 즉 확률 값을 말한다. 예를 들어, 기상학자들이 어떤 경로를 따라 이동 중인 허리케인이 대략 10회 중에 4회 정도 플로리다 해안을 강타했다고 말하면 그 비는 4 : 10이 되며, 이것은 같은 조건에서 강타할 확률이 40%가 된다는 것을 의미한다.

확률에서 무작위^{random}는 실험 결과 일어날 가능성이 같은 경우를 의미한다. 따라서 실험 결과는 무작위표집이 된다.

무작위는 보통 stochastic과 동의어로 여기기도 한다. stochastic은 '우연에 관하여^{pertaining to chance}'라는 뜻을 가진 그리스어에서 유래한 말이다. 무작위는 어떤 특별한 실험대상을 무작위성의 관점으로 본 것을 가리킬 때 사용된다. 확률적^{stochastic}은 무작위적인 현상들이 포함되어 있지 않다는 것을 의미하는 용어인 '결정론적인^{deterministic}'의 반의어로 여겨진다. 모형을 만들 때, 확률적 모형^{stochastic models}은 무작위적인 시행을 토대로 하는 반면, 결정론적 모형은 제시된 초기 조건에 대하여 항상 같은 결과가 나타나도록 한다.

52장의 카드로 카드놀이를 할 때, 다이아몬드 카드 또는 에이스 카드를 뽑을 확률은?

52장의 카드 중 다이아몬드 카드를 뽑을 확률은 쉽게 결정된다. 한 벌의 카드 중 다이아몬드 카드가 13장 있으므로 확률은 $\frac{13}{52} = \frac{1}{4} = 0.25$다.

52장의 카드 중 에이스 카드를 뽑을 확률 또한 쉽게 알 수 있다. 한 벌의 카드 중 에이스 카드는 4장 있으므로 확률은 $\frac{4}{52} = \frac{1}{13} = 0.076923$이다. 이것은 앞의 예에서 설명한 특별한 한 벌의 카드에서 한 장의 카드를 뽑는 것보다 훨씬 더 낮은 확률을 나타낸다.

일반적으로 컴퓨터를 이용하여 생성하는 난수는 '무작위적'인 것이라 여길 수 있다. 그러나 실제로 컴퓨터는 임의의 프로그램상의 일련의 규칙들에 의해 작동하므로 생성된 수들이 확실히 무작위적인 것은 아니다. 어떤 수열이나 특정한 수들이 확실히 무작위적이 되려면 난수는 어떤 유형의 규칙도 따라서는 안 된다. 이것은 여러분이 컴퓨터로 생성하는 '난수' 복권을 구입할 때 고려해야 할 사항이기도 하다.

복권에 돈을 거는 갬블러들은 난수 및 확률에 대한 개념을 잘 알고 있다.

상대도수란?

사실 상대도수는 '비율'의 또 다른 용어다. 어떤 사건이 일어날 횟수를 그 실험을 하는 전체 횟수로 나누어 구한다. 확률에서는 종종 $rfn(E) = \frac{r}{n}$ 로 나타낸다. 이때 E 는 사건, n은 그 실험이 반복된 횟수, r은 사건 E가 일어난 횟수를 말한다. 예를 들어, 양면이 대칭인 동전 1개를 50번(n) 던져서 뒷면이 몇 번이나 나오는지(E)를 알아볼 수 있다. 실험 결과, 뒷면이 20번(r), 앞면이 30번 나오면 뒷면이 나오는 경우에 대한 상대도수는 $\frac{20}{50}$ 또는 $\frac{2}{5} = 0.4$ 다. 만일 이 실험을 계속 반복하면 상대도수는 0.5에 근접하게 된다. 이것이 양면이 대칭적인 동전을 던질 때 나타나는 실제 상대도수다.

결과, 표본공간, 사건은 어떤 관련이 있을까?

이들 세 용어는 서로 관련이 있다. 결과^{outcome}는 불확실성을 내포하는 어떤 실험이나 다른 유형의 상황에 따른 관측 값을 말하며, 표본공간은 모든 가능한 결과를 원소로 갖는 집합을 말한다. 또 다른 중요한 용어로 '사건'이 있다. 사건은 표본공간에서 임의의 부분집합을 말하거나 어떤 실험에 의한 결과들을 모아놓은 것을 말한다. 단 하나의 결과를 원소로 갖는 표본공간을 '근원사건'이라 하며, 1개 이상의 결과를 원소로 갖는 사건을 '복사건'이라 한다.

조건부 확률이란?

조건부 확률은 흔히 "사건 B가 일어났다는 전제하에 사건 A가 일어날 확률"을 말하며, 기호 $P(A|B)$로 나타낸다.

항상 개선의 여지는 있는 법이고, 확률에서 조건부 확률은 정보를 한 번 더 이용한다는 생각을 통합시킨 것이므로 정보를 더 이용한 후의 결과에 대한 확률은 달라질 수 있다. 예를 들어, 만일 어떤 사람이 매번 3,000마일을 달린 후에 자동차 오일을 교환한다고 할 때, 2시간 내에 오일 교환을 마칠 확률은 0.9로 계산될 수도 있다. 그러나 안전벨트 결함으로 인한 자동차 회수 기간에 오일 교환을 한다고 할 때, 2시간 내에 오일 교환을 마칠 확률은 0.6으로 줄어들 수도 있다. 이 0.6이 바로 자동차가 회수될 때 2시간 내에 오일 교환을 마칠 조건부 확률이다.

확률에서 독립사건이란?

확률론에서 두 사건이 동시에 일어날 확률이 두 사건이 각각 일어날 확률의 곱과 같을 때 두 사건은 '서로 독립'이라고 한다. 흔히 '통계적 독립'이라고도 한다. 단, 두 사건에 대하여 각각의 사건이 일어날 때 다른 사건이 일어날지, 일어나지 않을지에 대한 어떤 정보도 제공하지 않는다. 즉 두 사건은 서로 아무런 영향을 미치지 않는다.

예를 들어, 두 사건 A, B가 동시에 일어날 확률 $P(A \cap B)$가 두 사건이 각각 일어날 확률의 곱 $P(A) \cdot P(B)$와 같을 때 두 사건 A, B는 '독립'이라고 한다. 카드게임에서 만일 두 사람이 각각 다이아몬드 킹을 뽑을(2개의 독립사건) 확률을 구하고자 할 때, 두 사람 중 한 사람이 다이아몬드 킹을 뽑을 확률을 $P(A) = \frac{1}{52}$, 첫 번째 사람이 뽑은 카드를 한 벌의 카드에 다시 넣는다고 할 때 다른 사람이 다이아몬드 킹을 뽑을 확률은 $P(B) = \frac{1}{52}$로 정의된다. 이 두 확률을 곱하여 계산하면 $\frac{1}{52} \cdot \frac{1}{52} = 0.00037$이 되며, 이는 두 사람이 한 벌의 카드에서 다이아몬드 킹을 뽑을 확률이다.

어떤 한 사건의 조건부 확률을 새롭게 하는 데 사용되는 새로운 정보에 의한 하나의 결과를 말한다. 이 정리는 영국의 수학자 토머스 베이즈[Thomas Bayes, 1702~1761]가 처음 정리한 것으로, 확률이 직접 계산될 수 없는 상황에서 확률 개념을 사용하기 위해 개발했다. 이 정리는 모든 가능한 자료들의 값들을 사용함으로써 한 사건이 관측 자료가 된 확률을 제공한다. 베이즈의 정리는 다음과 같이 간단히 나타낼 수 있다.

$$P(A \mid B) = \frac{P(A \cap B)}{P(B)} = \frac{P(A \mid B) \cdot P(A)}{P(B)}$$

집합론은 사건들 사이의 관계를 나타내기 위해 어떻게 사용될까?

통계학자들은 흔히 사건들 사이의 관계를 나타내기 위해 집합론을 사용한다. A와 B가 표본공간 S의 두 사건일 때, 보통 다음과 같은 기호로 나타낸다.

- A∪B "사건 A 또는 사건 B 두 가지 중 한 가지가 일어나거나 두 가지가 모두 일어나는 사건"
  집합론에서 'A 합집합 B'라고 말한다.

- A∩B "사건 A와 B가 동시에 일어나는 사건"
  집합론에서 'A 교집합 B'라고 말한다.

- A⊂B "사건 A가 일어나면 사건 B가 일어난다"
  집합론에서 'A는 B의 부분집합'이라고 말한다.

- A′ "사건 A가 일어나지 않는다."

배반사건이란?

2개의 사건 A, B가 동시에 일어날 수 없을 때, 즉 한쪽이 일어나면 다른 쪽이 일어나지 않을 때의 두 사건을 말한다. 예를 들어, 남성과 여성에 대한 연구에서 어떤 주제는 남성과 여성을 동시에 연구할 수 없다. 남성은 남성이고, 여성은 여성이다. 이때 그 연구가 무엇에 대한 연구인가에 따라 두 '사건'은 서로 배반사건이 된다. 예를 들어, 어떤 고등학교에서 대학에 진학하는 학생 중 남학생 대 여학생의 비를 연구하는 것이 이에 해당한다.

확률의 덧셈 법칙이란?

확률론에서 덧셈 법칙은 사건 A 또는 B가 일어날 확률을 정할 때 사용되며, 기호로는 $P(A \cup B) = P(A) + P(B) - P(A \cap B)$와 같이 나타낸다. 이때 $P(A)$는 사건 A가 일어날 확률이고, $P(B)$는 사건 B가 일어날 확률, $P(A \cup B)$는 사건 A 또는 사건 B가 일어날 확률로 해석된다. 예를 들어, 만일 한 벌의 카드에서 한 장의 카드를 뽑을 때 퀸(A) 또는 다이아몬드(B)를 뽑을 확률을 구하려면 한 벌의 카드 52장 중 퀸이 4장이고 다이아몬드는 13장 있으므로 사건 A 또는 사건 B가 일어날 확률은 $\frac{4}{52} + \frac{13}{52} - \frac{1}{52} = \frac{16}{52}$ 이다.

그러나 서로 배반사건이면서 독립사건인 덧셈 법칙도 있다. 서로 배반인 사건들 또는 함께 일어날 수 없는 사건들에 대하여 덧셈 법칙은 $P(A \cup B) = P(A) + P(B)$와 같이 간단히 나타낸다. 독립사건들에 대한 덧셈 법칙은 $P(A \cup B) = P(A) + P(B) - P(A) \cdot P(B)$로 나타낸다.

확률의 곱셈 법칙이란?

확률론에서 곱셈 법칙은 두 사건 A, B가 동시에 일어날 확률을 구할 때 사용된다. 덧셈 법칙과 마찬가지로 확률의 곱셈 법칙은 $P(A \cap B) = P(A|B) \cdot P(B)$ 또는 $P(A \cap B) = P(B|A) \cdot P(A)$와 같이 나타낸다. 이때 $P(A)$는 사건 A가 일어날 확

률이고, P(B)는 사건 B가 일어날 확률이며, P(A∩B)는 사건 A, B가 동시에 일어날 확률로 해석된다. 또 P(A|B)는 사건 B가 일어났다는 전제하에 사건 A가 일어날 조건부 확률이고, P(B|A)는 사건 A가 일어났다는 전제하에 사건 B가 일어날 조건부 확률이다. 덧셈 법칙과 마찬가지로 만약 독립사건들이 있으면 P(A∩B) = P(A) · P(B)와 같이 나타낸다.

숙달된 카드 게이머들은 숱한 경험을 바탕으로 상대방이 쥐고 있을 카드의 확률을 추측하는 데 유용한 수학적 방법을 개발해왔다.

전체 확률의 법칙이란?

전체 확률의 법칙은 사건 A가 일어날 확률 P(A), 사건 A와 B가 동시에 일어날 확률, 사건 A와 사건 B′가 동시에 일어날 확률(또는 사건 A가 일어나고 사건 B가 일어나지 않을 확률)을 더한 것과 같다. 이것은 곱셈 법칙을 사용하여 다음과 같이 나타낼 수 있다.

$$P(A) = P(A|B) \cdot P(B) + P(A|B') \cdot P(B')$$

'도박꾼의 파산Gambler's Ruin'이란?

도박꾼의 파산은 네덜란드의 수학자이자 천문학자인 크리스티안 하위헌스Christian Huygens, 1629~1695)가 처음 제안한 전체 확률 법칙을 응용한 것이라 할 수 있다. 하위헌스에 앞서 천문학자 갈릴레오 갈릴레이(1564~1642)를 포함하여 많은 사람이 같은 확률 문제를 내놓았지만, 각기 달리 표현했다.

네덜란드의 수학자이자 천문학자인 크리스티안 하위헌스는 '도박꾼의 파산' 개념(notion)을 고안했다.

천문학자로서 큰 업적을 남긴 갈릴레오 갈릴레이는 나중에 크리스티안 하위헌스에 의해 새롭게 진술된 '도박꾼의 파산' 확률을 이미 오래전에 개발했다.

1654년, 하위헌스는 프랑스의 과학자이자 종교철학자인 블레즈 파스칼[1623~ 1662]과 프랑스의 수학자 피에르 드 페르마[1601~1665]가 주고받은 서신을 바탕으로 15페이지 길이의 논문을 썼는데 그 안에 제시한 14개의 문제 중 마지막 5개의 문제가 '도박꾼의 파산' 문제로 알려지게 되었다. 그것이 바로 1656년경, 알려진 〈Van Rekeningh in Spelen van Geluck(확률 게임의 계산법On the reckoning at Games of Chance)〉이라는 미완성 논문이다.

이 논문에서 특히 하위헌스(와 다른 사람들)는 도박꾼이 파산할 확률을 구하고자 했다. 이러한 확률을 구하는 일반적인 방법은 승리할 확률이 q, 실패할 확률이 $1-q$인 게임을 2명이 한다고 가정할 때, 승리하면 1달러를 받고 실패하면 1달러를 잃는 게임을 통해서 찾았다. 이때 만약 한 사람이 10달러를 가지고 시작하여 다 잃거나 20달러가 될 때까지 반복하여 게임을 하려고 한다면 다음과 같은 질문이 주어진다. "그가 다 잃을 확률은 얼마일까?" 그에 대한 답변은 확률계산과 약간의 관련이 있다.

순열, 조합, 중복순열이란?

확률 문제를 해결하기 위해서는 특별한 계산법이 사용되어야 한다. 이 기법들은 순열의 수, 조합의 수, 중복순열 및 중복조합의 수를 구하는 것과 관련이 있다. 각 용어를 설명하면 다음과 같다. 편의상 선반 위에 5마리의 고양이 a, b, c, d, e가 있다고 하자. 이때 5마리의 고양이를 일렬로 세울 수 있는 방법의 수는 $5 \times 4 \times 3 \times 2 \times 1 = 120$가지가 있으며, 5!(5 팩토리얼)로 나타낸다.

순열^{permutations}의 수는 고양이 중 특정한 몇 마리를 일렬로 세울 수 있는 서로 다른 방법의 수를 말한다. 순열의 경우는 자리(위치)가 중요하다. 예를 들어, 자리가 중요할 경우 5마리의 고양이에 대하여 선반 위 3개의 자리에 배치할 수 있는 방법은 몇 가지일까? 답은 ade, aed, dea, dae, ead, eda, abc, acb, bca, bac, …의 60가지가 있다.

이 경우 그 수는 $_5P_3 = \dfrac{5!}{(5-3)!} = \dfrac{5 \times 4 \times 3 \times 2 \times 1}{2 \times 1} = 5 \times 4 \times 3 = 60$으로 나타내며, 여기서 P는 permutations의 첫 글자를 따서 나타낸 것이다.

조합combinations은 5마리 중 특정한 몇 마리를 묶는 서로 다른 방법의 수를 말하며, 이 경우에 자리는 문제가 되지 않는다. 그렇다면 만약 자리가 문제되지 않을 때 3마리를 묶는 방법은 몇 가지가 있을까? 답은 abc, abd, abe, acd, ace, ade다. cba는 다른 조합 abc와 같기 때문에 허용하지 않는다.

이것은 $_5C_3 = \dfrac{5!}{(5-3)! \times 3!} = \dfrac{5 \times 4 \times 3 \times 2 \times 1}{2 \times 1 \times 3 \times 2 \times 1} = 5 \times 2 = 10$으로 나타내며, 여기서 C는 combinations의 첫 글자를 따서 나타낸 것이다.

중복순열의 경우도 자리가 중요하다. 하지만 이 경우 누군가가 5마리의 고양이를 가지고 있고, 각각에 대하여 복제고양이들이 많이 있다고 할 때, 그 고양이들을 3개의 자리에 놓을 수 있는 방법은 몇 가지일까? 답은 aaa, bbb, ccc, ddd, eee, eec, cee 등을 포함하여 모두 125가지가 있다. 이것은 $_5R_3 = 5^3 = 125$로 나타내며, 여기서 R은 repeatables의 첫 글자를 딴 것이다.

원래 뜻은 누군가가 이전에 가본 적이 없는 도시의 어딘가로 무작정 가게 되는 경우로 앞으로의 방향을 예측할 수 없는 움직임을 말하는데, 확률론에서 말하는 랜덤워크는 그 의미가 완전히 다르다. 랜덤워크는 정해진 길이만큼 자유자재로 움직임을 만드는 모든 무작위 과정을 말한다. 예를 들어, 물리학에서 기체 분자의 충돌은 확산을 위한 랜덤워크로 여겨진다.

확률이 활용된 몇 가지 예

확률이 활용된 예들은 수천 가지가 있다. 우리에게 친숙한 것들이 있는가 하면 인생의 감추어진 부분에 기인하는 것들도 있다. 예를 들어, 누구나 한 번쯤은 동전 던지기 놀이를 한 경험을 갖고 있다. 두께가 없는 원형의 동전 같은 이상적인 동전이 없다고 하더라도 대부분의 동전 던지기는 두 면 중 한 면이 위로 오는 유효한 동전을 사용한다('앞면' 또는 '뒷면', 또는 'heads up/down' 또는 'tails up/down'). 또한 주사위 게임에서 일반적으로 사용하는 정육면체 대신 동전을 2면으로 된 주사위로 생각할 수 있다. 만약 동전을 회전시켜 던지면 앞면은 H, 뒷면은 T와 같이 두 가지 결과로 나타낼 수 있다. 1개의 동전을 N번 던져서 앞면이 N(H)회, 뒷면이 N(T)회 나올 때 N(H)/N과 N(T)/N은 각각 앞면 또는 뒷면이 나올 확률로 생각할 수 있다. P(H)와 P(T)는 앞면과 뒷면이 나올 확률을 나타낼 때 가장 많이 쓰이는 표기법이다. 동전을 던지는 횟수가 많아지면 그 결과는 0.5에 가까워질 것이다. 물론 앞면과

동전 던지기, 주사위 굴리기 따위의 게임은 확률의 성질을 따르는 예에 해당한다.

뒷면이 나올 가능성에 내기를 하면 아무리 많은 게임을 하더라도 많이 이길 수 없으며, 게임의 수가 작을수록 이기기 위해서는 행운이 따라야 한다.

차카락$^{\text{Chuck - A - Luck}}$ 게임은 오랫동안 축제 등에서 즐겨온 갬블링 게임이다. 주사위 3개를 주사위 흔들개 속에 넣고 흔든 다음 1~6까지의 번호 중 주사위 3개가 나타내는 번호에 따라 당첨을 결정한다. 만약 선택한 수가 나타나면 갬블러는 건 돈과 똑같은 액수의 동전을 얻으며, 만약 그 수 중 하나의 수가 두 번 나오면 갬블러는 낸 돈의 2 - 1만큼을 받으며, 원했던 수가 세 번 나타나면 갬블러는 낸 돈의 3 - 1만큼을 받는다. 그러나 계산을 해보면 이 게임의 예상 확률은 다른 확률 테이블 게임에 비해 훨씬 낮다는 것을 알게 될 것이다. 이 게임에서 얻은 수익은 종종 자선기금으로 사용되는데, 자신이 처음에 건 돈보다 더 많은 돈을 가지고 자리를 뜰 확률은 매우 낮다.

또한 확률은 '러시안 룰렛'이라는 잔인하도록 무서운 확률 '게임'과도 연관이 있다. 회전식 연발권총(대개 6연발권총)의 1개 또는 그 이상의 약실에 총알을 넣고 총알의 위치를 알 수 없도록 탄창을 돌린 후, 참가자들이 각자의 머리에 총을 겨누고 방아쇠를 당기는 무모하기 짝이 없는 게임이다.

자신의 담력을 자랑하거나 모험을 즐기는 사람이 총알이 들어 있을 것이라 생각되는 약실에 '돈을 건다'. 만약 총알이 발사되면 그는 내기에 건 돈뿐만 아니라 목숨도 잃게 된다.

어이없게도 러시안 룰렛의 개정판을 생각해낸 사람이 있다. 단 한 발의 총알을 넣고 두 명의 결투자가 번갈아가며 한 사람이 죽을 때까지 총을 머리에 대고 방아쇠를 당긴다. 이때 처음에 방아쇠를 당긴 결투자가 죽을 확률은 $\dfrac{6}{11}$이다.

통계

통계란?

확률로 사건들을 분석하는 것을 '통계학'이라 한다. 통계에서는 몇 가지 사실들을 조직적인 방법으로 수집한 후 분류한다. 이런 이유로 통계학은 과학, 재정, 사회조사, 보험, 공학, 기타 여러 분야에서 매우 중요시되고 있다. 일반적으로 자료는 상대적 수relative number에 따라 분류group되며, 그 집단의 특징을 바탕으로 어떤 다른 값들이 결정된다. 통계 이론의 가장 중요한 부분은 표본추출이다. 표본추출을 하는 대부분의 경우, 통계학자는 표본의 특징은 물론, 몇몇 매우 큰 모집단의 특징에 관심을 갖는다.

통계에서 모집단이 중요한 이유는?

모집단은 사람, 동물, 식물에서부터 도로 번호 및 임의의 크기를 가진 여러 다른 사물들에 이르기까지 여러 항목들을 모두 모아놓은 것을 말하며, 통계학자는 이들 모집단에서 자료를 수집한다. 대부분의 경우 통계학자는 '표적모집단target population'이라고도 하는 모집단에 대하여 설명하거나 결론을 이끌어내는 것에 관심이 있기 때문에 이들 자료는 특별한 관심을 끈다. 예를 들어, 어떤 모집단이 10마리의 고양이로 이뤄져 있다고 하자. 10마리 중 똑같이 생긴 것은 한 마리도 없지만, 고양이들 사이에 색깔,

털 길이, 무게 등과 같은 어떤 공통적인 특징을 찾아낼 수 있다. 10마리 고양이 가운데 털 길이 같은 공통된 특징 중 한 가지에 대하여 수집된 자료는 모집단으로 정의된다.

표본은 모집단에서 선택된 모집단 구성단위의 일부로 '모집단의 부분집합'이라고도 하며, 표본을 이용하여 모집단을 유추하고 일반화시킨다. 표본은 모집단을 대표하는 것으로 간주하며, 이와 관련한 연구들을 살펴보면 표본들이 많이 있음을 볼 수 있다. 표본 중에는 쌍둥이의 IQ와 같이 둘 또는 그 이상의 비교집단(또는 실험집단)의 동등성을 유지하기 위해 표본을 추출하는 과정에서, 종속변인에 관계되거나 영향을 줄 수 있다고 생각하는 변인들에서 실험집단이 동등하도록 추출한 결합표본 등 여러 유형이 있다. 모집단에서 표본을 추출하는 데는 이유가 있다. 원칙적으로는 모집단의 구성 원소 전체를 조사하는 것이 이상적이지만, 너무 방대하여 노력 · 시간 · 경비 등이 많이 소요되기 때문이다.

결합 표집은 통계에서 사용되는 일종의 표본 추출법이다. 예를 들어, 사람들의 IQ를 연구할 때, 일란성 쌍둥이는 한사람으로 생각하여 지능을 측정하고 비교할 수도 있다.

위에서 예로 든 10마리의 고양이로 구성된 모집단에 대하여 '보다 크기가 작은' 표본을 추출해보자. 10마리 중 똑같이 생긴 것은 한 마리도 없지만, 각 고양이들은 색깔, 털 길이, 무게 등 어떤 공통된 특징들을 찾을 수 있다. 만일 고양이 10마리의 털 길이를 수집하여 긴 털을 가진 고양이를 선택하면 그것이 표본추출이 된다. 또 다른 예로는 1970년대 미국에서 태어난 모든 아이들의 신체 조건에 대한 연구에서 모집단은 1970년대 미국에서 태어난 모든 아이들로 구성된 집합을 말하며, 이 아이들 중 1970년대 임의의 해 7월 5일에 태어난 모든 아이들로 표본을 구성할 수 있다.

모집단과 표본의 주된 차이점은?

모집단은 그것의 어떤 특징들을 확인하기 위해 조사한다. 표본은 그 표본이 추출된 모집단의 특징에 대하여 추론하기 위하여 추출한다.

모집단에서 표본은 어떻게 추출할까?

표본추출은 조사 대상인 모집단으로부터 표본을 추출하는 것을 말하며, 표본을 구성하는 원소들의 수를 '표본의 크기'라 한다. 다른 많은 수학 개념과 마찬가지로 표본추출법에도 여러 가지 유형이 있다.

무작위 표본추출법 모집단 전체의 경향을 정확하게 나타낼 수 있도록 완전히 무작위(임의)로 표본을 추출하는 방법을 말하며, 어느 한쪽으로 치우칠 가능성을 감소시킨 추출법이다. 무작위추출법에서는 조사하고자 하는 대상 전체가 추첨처럼 우연에 의해 결정되도록 선택한다.

단순무작위 표본추출법 모집단에 속하는 각 원소를 대상으로 표본추출을 할 때 미리 어떤 층 또는 부류로 개체를 나눈 다음 추출하는 것이 아니라 모든 개체가 동질이라고 여겨질 때 그 개체에 동등한 확률을 부여하여 추출하는 방법을 말한다. 실제로 표본추출을 할 때 모집단의 각 구성 원소는 표본추출 과정의 어떤 단계에서든지 동등한 확률로 선택된다.

독립 표본추출법 같은(또는 서로 다른) 모집단에서 추출한 표본들이 서로 아무런 영향을 미치지 않도록 표본을 추출하는 방법을 말한다. 즉, 표본들 사이에 상관관계가 없다.

층화 표본추출법 한 모집단을 동질적인 소집단들로 층화시키고 그 집단의 크기에 따라 단순무작위 표본추출법을 사용하여 표본을 추출하는 방법을 말한다. 이 방법은 종종 단순무작위 표본추출법보다 적절한 표본추출법으로 여겨지기도 한다. 예를 들어 한 목양업자가 자신의 목장에서 키우는 세 종류의 양들에게서 깎은 양털의 평균무게를 구하려고 할 때, 양들을 3개의 소집단으로 나누고 각 소집단에서 표본을 추출할 수 있다.

군집 표본추출법 최종 표본을 바로 추출하는 것이 아니라 최종 표본을 포함하는 자연적 또는 인위적 구성의 상위집단을 먼저 추출한 다음, 그 상위집단에서 무작위로 표본을 추출하는 방법을 말한다. 이 방법으로 모집단을 구성하는 원소들의 전체 목록을 살펴볼 수 없지만, 추출된 상위집단을 구성하는 원소들의 경우에는 그 목록을 수집할 수 있을 때 사용한다.

통계량^{statistic}과 표본통계량^{a sample statistic}이란?

통계량은 무작위로 추출한 표본의 특성치를 수치로 나타낸 것을 말한다. 일반적으로 사용되는 통계량은 평균^{Average}, 중앙값^{Median}, 최빈수^{Mode}, 분산^{Variance}, 표준편차^{Standard deviation}가 있다. 표본통계량은 표본을 요약할 때 사용하는 통계량으로, 어떤 특정한 모집단의 특징(또는 모수)에 대한 정보를 제공한다. 예를 들어, 만약 여러 개의 데이터에 대한 표본평균이 확보되면 그것은 전체 모집단 평균에 대한 정보를 제공한다.

여론조사에서 종종 사용되는 표본추출 기법이란?

주요 선거 기간에는 종종 여론조사가 행해진다. 대부분 투표소에서 이뤄지는 통계적 표본추출 기법을 '할당 표본추출^{quota sampling}'이라 한다. 이 방법은 표본을 추출할 때 비례배분에 의해 배정된 표본의 개체 수만큼 표본을 추출하는 방법이다. 예를 들어, 대통령선거에서 20세 이상의 성인 중 10명의 남자와 10명의 여자, 18~19세의 10대 투표자에게 의견을 묻는 것은 표본추출에 포함된다. 그러나 누구나 알고 있는 것처럼 이러한 유형의 여론조사는 표본이 무작위로 추출한 것이 아니므로 정확하지 않다.

기술통계학과 추측통계학의 차이점은?

기술통계학은 통계 데이터를 확보하고 그 데이터를 여러 가지 방법으로 요약함으로써 주어진 모집단의 특징을 기술하는 통계적 방법을 말한다. 추측통계학은 말 그대로 모집단의 일부에서 무작위로 추출된 표본의 데이터를 분석하여 모집단의 특성치를 추정하고 검정하는 통계적 방법이다.

통계에서 사용되는 양적 변수와 질적 변수란?

변인은 통계 이론에서 결론을 내릴 때 사용하는 값들로, 양적 변수와 질적 변수가 있다. 양적 변수는 세 가지 유형으로 나누어 생각할 수 있다.

서열변수는 서열척도에 따라 측정하며, 측정 대상 간의 크고 작음, 높고 낮음 등의 순서를 부여하는 변수로 석차, 선호도 등이 이에 속한다. 큰 수일수록 큰 값을 나타내지만, 수들 사이의 간격이 같을 필요는 없다. 예를 들어, 5점 평정척도로 공기오염을 줄이기 위한 태도를 측정할 때, 2점과 3점 사이의 차^{difference}는 4점과 5점 사이의 차와 같지 않을 수도 있다.

등간변수는 동일한 측정 단위 간격마다 동일한 차이를 부여하는 동간척도에 따라 측정하며, 측정 대상의 순서뿐만 아니라 순서 사이의 간격을 알 수 있는 변수로 온도, 지능지수, 대학 학년 등의 변수를 말한다. 예를 들어, 화씨온도는 등간척도로 되어 있으며, 이 척도에서의 같은 차는 온도의 같은 차를 나타낸다. 그러나 30℃의 온도가 5℃의 온도보다 2배 더 덥다는 것을 나타내는 것은 아니다.

세 번째 변수는 비율척도변수다. 이 변수는 등간척도와 유사하지만 절대영점을 갖고 있다. 다른 척도들은 성질의 제한성 때문에 계산에 한계가 있으나, 비율척도는 모두 절대영점에서 시작하기 때문에 가감승제의 모든 수학적·통계적 처리가 가능하다. 예를 들어, 켈빈온도 척도는 절대영점을 가지고 있으므로 비율척도다. 따라서 300켈빈온도는 150켈빈온도보다 2배 더 높다.

질적 변수는 사물을 구분하기 위해 이름을 부여하는 명목척도에 의해 측정된 변수로, 그룹이나 부류를 분류하거나 구분하기 위하여 숫자를 부여한다. 이때 숫자는 크기를 갖는 것이 아니라 단순히 구분기호로 사용된다. 이들 변수들의 경우에는 양적 정보가 없어 양적이라기보다는 질적이다. 종교, 종족, 성별 등이 명목척도의 예다.

통계에서 자주 사용되는 또 다른 변수에는 어떤 것들이 있는가?

어떤 실험이 진행될 때, 실험에 영향을 주어 실험자에 의해 조작되는 변수를 독립변수(또는 독립인자)라 하며, 그 실험 대상에서 관측되는 또 다른 변수로 독립변수에 대한 반응이나 예측된 결과를 나타내는 변수를 종속변수라 한다. 예를 들어, 수면 부족이 반응시간에 미치는 효과를 알아보는 가설을 설정한 실험을 생각해보자. 실험 대상자는 계속 깨어 있는 경우, 24시간마다 2시간씩 수면을 취하는 경우, 24시간마다 5시간씩 수면을 취하는 경우, 24시간마다 8시간씩 수면을 취하는 경우로 분류하여 반응시간을 검사한다고 할 때, 독립변수는 각 실험 대상자가 수면을 취한 시간이며, 종속변수는 반응시간이 된다.

변수 값인 측정치가 연속되는 값으로 나타나는 것을 '연속변수'라 한다. 예를 들어 어떤 식당에서 점심 식사를 하는 시간은 연속변수가 될 수 있다. 식사를 마치기까지 몇 분 또는 몇 시간이 걸릴 수 있기 때문이다. 반면에 이산변수는 변수가 취할 수 있는 값들의 개수를 셀 수 있는 변수를 말한다. 예를 들어, 변수가 1~10점까지의 시험점수를 나타낼 때, 변수는 이들 10개의 값만을 취한다.

중심 경향 측도란?

전체집단을 대표하는 하나의 수를 가리켜 '중심 경향 측도'라고 하며 중앙값, 최빈값, 평균(산술평균), 기하평균이 있다.

산술평균과 기하평균이란?

일반적으로 평균은 수로 이뤄진 여러 측정값들의 평균값이나 산술평균값을 말한다.

보통 평균은 모집단의 중심이 되는 위치에 해당한다. 평균은 자료 전체의 합을 자료의 개수로 나눈 값과 같다. 예를 들어, 3, 7, 10, 15, 25의 총합은 60이므로 평균은 60을 5로 나눈 값인 12다. 기하평균은 다른 유형의 평균으로, 2개의 양수에 대하여 이 두 수의 곱의 제곱근 값을 말한다. n개의 양수가 있을 때는 이들 수의 곱의 n제곱근 값이 기하평균이 된다.

중앙값median과 최빈값mode이란?

중앙값은 중앙에 가장 가까운 두 수의 합의 절반을 말한다. 즉, 값들을 크기순으로 나열했을 때, 중앙값은 중간지점에 있는 값을 말한다. 단, 자료의 수가 홀수일 때는 정중앙에 있는 값이 중앙값이지만, 짝수일 때는 정중앙 값이 없다는 점에 유의해야 한다.

최빈값은 주어진 값 중에서 가장 자주 나오는 것을 말한다. 최빈값은 그 수가 나오는 횟수가 아닌 그 수 자체를 말한다. 종종 2개 또는 그 이상의 값들이 같은 횟수만큼 나올 경우에 최빈값은 1개 이상이 될 수도 있다.

수 집합의 범위range란?

한 표본(또는 값들의 집합)의 범위는 모집단의 측정치들이 흩어져 있는 정도를 나타내는 데 사용되며, 최댓값과 최솟값 사이의 거리로 나타낸다. 통계학에서는 종종 '통계범위'라고도 하며, (최댓값) − (최솟값)으로 나타낸다. 예를 들어, 자료 34, 84, 48, 65, 92, 22에 대한 범위는 92 − 22 = 70이다.

평균편차average deviation란?

평균편차는 모집단의 측정치들이 흩어져 있는 정도를 나타내는 것으로, 측정치들이 산술평균보다 크거나 작은 것과는 상관없이 각 측정치와 산술평균까지의 거리의 평균으로 계산한다. 다음은 평균편차를 구하는 식을 나타낸 것이다.

$$\frac{\sum |x - \mu|}{N}$$

이때 x는 자료가 나타내는 값들이고, μ는 모집단의 평균, N은 표본의 수다(절댓값을 나타내는 2개의 수직 막대는 분자에 음수가 없다는 것을 의미한다).

예를 들어, 만일 6명의 몸무게가 166, 134, 189, 141, 178, 150일 때, 이것을 식으로 나타내면 다음과 같다.

$$\mu = \frac{166 + 134 + 189 + 141 + 178 + 150}{6} = \frac{958}{6} = 159.67$$

$$\frac{\sum |x - \mu|}{N}$$

$$= \frac{|166 - 159.67| + |134 - 159.67| + \cdots + |178 - 159.67| + |150 - 159.67|}{6} = 18$$

따라서 평균편차는 18이다.

분산 variance 이란?

분산은 측정값들의 편차들의 제곱의 평균을 말하는 것으로, 모집단의 측정치들이 흩어져 있는 정도를 수치로 나타낸 것이다. 분산을 구하기 위해서는 먼저 측정값의 평균을 계산하고 그 평균에서 각각 편차를 구한 다음, 각 편차의 제곱의 평균을 구하면 된다. 표준편차는 분산의 제곱근을 말한다. 분산을 보다 쉽게 구하기 위해 먼저 각 측정치를 제곱하는 방법도 있다.

수 3, 5, 8, 9에 대한 평균은 6.25로, 분산을 구하려면 각 수와 평균 6.25와의 편차 (3.25, 1.25, 1.75, 2.75)를 구하고 각 편차를 제곱(10.5625, 1.5625, 3.0625, 7.5625)한 다음, 평균$\left(\frac{22.75}{4} = 5.6875\right)$을 구하면 된다. 분산을 보다 쉽게 구하기 위해 먼저 각 수의 제곱 (9, 25, 64, 81)의 평균$\left(\frac{9 + 25 + 64 + 82}{4} = 44.75\right)$을 구한 다음, 평균의 제곱$(6.252 = 39.0625)$

을 빼면 된다. 즉, 분산은 $44.75 - 39.0625 = 5.6875$다.

카이자승 검정이란?

다소 복잡한 통계검정인 카이자승 검정은 표본의 빈도분포가 모집단의 기대분포와 얼마나 차이가 나는지를 판단하는 방법으로, 사건의 기대치와 표본의 관측치 간에 큰 차이가 없음을 검정하고자 할 때 사용한다. 특히 우연에 의해 반응치들이 기대반응치들과 유의미한 차이가 나는지를 결정할 때 사용하기도 한다. 피어슨의 카이자승 검정 같은 이런 유형의 검정을 실행하는 데도 다양한 방법들이 있다.

표준편차 standard deviation 란?

통계 분야에서 표준편차를 두 번째로 중요한 통계치라고 생각하는 사람들이 있다. 이는 각 관측치들이 평균에 대하여 얼마나 흩어져 있는지를 나타내는 척도다. 일반적으로 값들이 많이 퍼져 있을수록 표준편차가 커진다. 예를 들어, 지질학 수업을 듣는 50명의 학생이 치른 두 번의 시험 결과, 처음에 치른 시험 점수는 30~98%에 걸쳐 있고 두 번째 치른 시험 점수는 78~95%에 걸쳐 있을 때, 처음에 치른 시험 점수의 표준편차가 더 크다. 표준편차는 분산의 제곱근으로 계산하며, 분산을 $V(x)$라 할 때 표준편차는 $\sqrt{V(x)} = s.d$로 나타내거나 간단히 s로 나타낸다.

정규분포란?

정규분포는 세상의 수많은 현상을 이상적으로 나타낸 것으로, 친숙한 좌우대칭의 '종 모양 곡선'으로 표현된다. 보통 무게, 시험 성적, 키와 같이 크기에 따라 나열되는 많은 양의 측정치들을 기초로 한다. 정규분포에서 측정치의 $\frac{2}{3}$ 이상은 그래프의 가

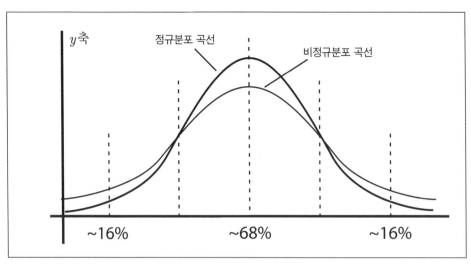

'정규'분포 곡선은 대부분 표본통계량이 일정 중심 영역 안에 위치한 종 모양으로 나타난다.

운뎃부분에 위치하며, 약 $\frac{1}{6}$ 은 양쪽 끝부분에 위치한다. 일반적으로 학생들이 최소한 곡선의 가운뎃부분에 놓이기를 바라는 종 모양 곡선을 이루는 표준화된 학교 시험 성적에 따른 정규분포를 떠올리면 된다.

누적분포란?

누적분포는 어떤 구간 안이나 아래에 위치하는 측정치들의 개수를 나타낸 것이다. 흔히 누적분포는 표준화된 검사에서 점수들이 어디에 위치하는지를 판단하기 위해 사용된다. 예를 들어, 353쪽의 막대그래프에서 x축은 점수들의 구간(35라고 쓰인 구간은 32.5~37.5까지의 점수를 나타낸다)을 나타내고, y축은 각 구간 내 또는 아래에 해당하는 점수를 얻은 학생들의 수를 나타낸다. 이것은 학생들이 그 시험에서 얼마나 잘했는지를 다른 학생들과 비교하는 것을 그림으로 나타낸 것이다.

비대칭도[skewness(왜도)]과 대칭도[symmetry]란?

비대칭도는 같은 데이터 값들의 분포에서 비대칭이 있을 때를 말한다. 이 경우, 분포

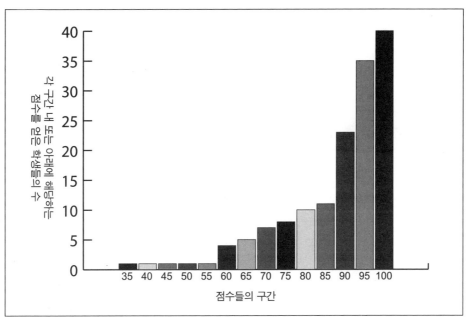

이 누적분포 그래프를 보면 대부분의 학생은 최고점수 100점 안에 위치하며, 이 시험에서 낮은 점수 내에는 적은 인원의 학생들이 위치한다.

의 한쪽 값들은 다른 쪽에 위치한 값들보다 '가운데' 범위에서 멀리 떨어져 있다. 대칭은 본래 균형을 의미하며, 데이터 값들이 표본의 중앙 위와 아래(또는 양쪽)에 같은 방법으로 분포될 때를 말한다.

통계적 검정이란?

통계적 검정은 모집단에서 얻은 값들의 특성에 대한 주장이 참인지 또는 거짓인지를 판단하기 위해 사용되는 방법이다. 이때의 주장을 '가설'이라고 한다. 이들 검정은 모집단에서 무작위로 표본을 추출한 다음 선택한 각 값들의 특성에 대한 통계치를 계산한다. 통계학자는 보통 그 결과를 가지고 가설이 참인지, 거짓인지, 거의 일어나지 않는지, 흔히 일어나는 것인지 또는 그 중간쯤인지를 결정할 수 있다. 일반적으로 어떤 통계적 검정이 유효하도록 하기 위해서는 어떤 통계치를 사용해야 하는지, 표본의 크기를 얼마로 해야 하는지, 검정된 가설의 기각 또는 채택을 위하여 어떤 기준을 사용해야 하는지를 선택해야 한다.

'통계적으로 유의미하다'라는 용어는 무엇을 의미할까?

일반적으로 '유의미한'이라는 말은 중요하다는 것을 의미한다. 통계학에서는 우연으로 인한 것이 아닌 진실을 의미하지만, 반드시 중요하다는 것을 뜻하는 것은 아니다. 특히 통계학에서 유의 수준은 우연으로 인해 어떤 결과가 나타났을 확률을 보여준다. 가장 일반적인 수준은 0.95로, 이것은 그 결과가 참일 가능성이 95%라는 것을 의미한다.

그러나 이것은 잘못 생각한 것일 수도 있다. 대부분의 통계 보고서에 따르면 결론에서 95%나 0.95라고 나타내지 않으며, 대신 0.05라는 수를 사용한다. 통계학자들은 결과가 참이 되지 않을 가능성이 5%라고 말하는 것이다. 유의 수준을 구하기 위해서는 1에서 그 수를 빼면 된다. 0.05는 결과가 참이 될 가능성이 95$(1-0.05=0.95)$%라는 것을 뜻하며, 0.01은 참이 될 확률이 99$(1-0.01-0.99)$%임을 의미한다.

통계 자료[대비]는 어떻게 표현될까?

통계 자료를 나타내는 데는 여러 가지 방법이 있다. 이 방법들은 모두 통계적 검정 결과를 해석하기 위해 그래프를 사용한다. 히스토그램은 여러 개의 직사각형을 사용하여 확률분포함수를 그래프로 나타낸 것이다. 직사각형의 폭은 보통 측정치의 범위를 몇 개의 구간으로 나눈 각 구간들을 나타내며, 직사각형의 높이는 각 구간에서 일어난 측정 개수를 나타낸다. 히스토그램의 형태는 선택한 구간들의 크기에 따라 달라진다.

히스토그램과 유사한 막대그래프는 각 직사각형이 약간의 거리를 두고 서로 분리되어 있다. 막대그래프는 보통 질적인 변인들에 사용된다. 원그래프도 그림을 이용하여 자료를 나타내는 또 다른 방법이다. 이 경우, 원을 여러 개의 조각 또는 '파이' 조각들로 나눈다. 각 조각은 영역을 나타내거나 전체 자료에 대한 그 영역의 비율을 나타낸다. 또 다른 그래프 유형은 선그래프로 하나의 양적 변동에 대한 다른 양의 변화 상태를 나타내는 그래프이며, 꺾은선 또는 곡선으로 나타낸다. 선그래프는 수집된 단순 통계 자료에 대해 가장 흔하게 볼 수 있는 그래프 중의 하나다.

도수분포표란?

도수분포표는 점수나 사람 수 등과 같은 통계 자료를 정리할 때 자료의 전체적인 윤곽을 파악하기 위해 관찰치들을 적절한 계급으로 묶어 정리한 표를 말한다. 각 계급의 도수는 각 구간에 해당하는 변량의 실제 개수를 나타내며, 각 구간의 변량에 대한 백분율도 나타낸다. 예를 들어, 다음은 어떤 건물에 있는 10개의 사무실에서 근무하는 사람들의 수를 조사한 결과를 정리한 것이다.

각 사무실에서 근무하는 사람들의 수

3	1	4	1	3	2	4	1	1	2

이 자료는 다음과 같이 각 사무실에서 1, 2, 3, 4명이 근무하는 사무실은 얼마나 되는지를 나타내어 정리할 수도 있다. 이것은 변량 각각의 도수를 구하는 것으로 알려져 있다. 그런 도수분포표의 예는 오른쪽과 같다.

사람 수	0	1	2	3	4
도수	0	4	2	2	2

이러한 간단한 방법은 사람의 수에 따라 변량들이 어떻게 분포되는지를 보여준다. 이 표를 통해 사무실에 근무하는 사람들에 대하여 가장 '보편적인' 경우의 사람 수('최빈계급'이라고도 한다)를 알 수 있다. 이 경우에는 한 사람이 근무하는 사무실이다. 이와 같은 자료는 막대그래프, 히스토그램, 원그래프를 사용함으로써 좀 더 시각적으로 파악할 수 있다.

도수분포표에서는 자료를 조사할 수 있는 다양한 방법들이 있으며, 이 표를 백분율로 설명할 수도 있다. 이를테면 여러 사무실 중 40%는 한 사람이 사용하고, 20%는 두 사람이 사용하며, 20%는 세 사람이, 나머지 20%는 네 사람이 사용한다고 말할 수 있다.

%라는 기호를 사용하는 백분율은 다른 수에 대한 어떤 수의 비율을 말한다. 백분율은 양과 관련된 용어로, 어떤 수의 $n\%$ 는 그 수의 $n \times \dfrac{1}{100}$ 을 의미한다. 백분율은 보통 전체의 수량을 100으로 놓고 생각하는 수량이 그중 얼마나 되는지를 가리키는 수다. 예를 들어, 50에 대한 25의 비율은 수 25가 50의 50%임을 뜻한다. 백분율은 실제 수가 아니므로 덧셈, 곱셈 같은 계산에서 사용할 수 없다. 그러나 25%라는 백분율을 0.25 또는 $\dfrac{1}{4}$ 과 같이 비율이나 분수로 표현되면 연산을 수행할 수 있다.

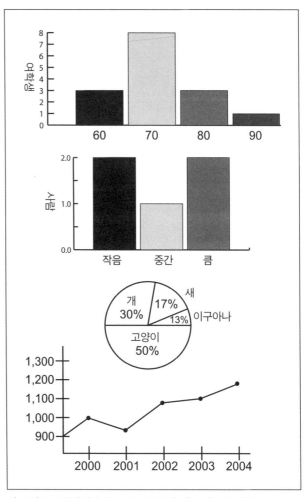

위 그림은 통계학에서 사용되는 네 가지 서로 다른 유형의 표다. 히스토그램, 막대그래프, 원그래프, 선그래프. (여기에서의 통계자료는 실제 자료를 토대로 구성한 것은 아니다.)

모형화^{modeling}와 모의실험^{simulation}

수학적 모형^{model}이란?

수학적 모형은 방정식(수학적 언어)을 사용하여 어떤 상황에서 다음 상황으로 체계가 어떻게 변화하는지 그리고(또는) 어떤 변수가 다른 변수 값이나 상황에 따라 어떻게 달라지는지를 판단하기 위해 체계를 분석하는 방법을 말한다. 방정식을 사용하는 방법이 항상 간단한 것은 아니지만, 수학적 모형화 과정은 데이터와 정보의 입력, 정보 처리방법, 결과 출력과 관련이 있다.

수학적 모형으로 생물학, 경제학, 사회과학, 전기공학, 기계공학, 열역학 분야 등에서의 체계들을 포함한 많은 체계의 행동을 설명할 수 있다. 예를 들어, 과학에서 모형화는 보통 물리학적 현상을 쉽게 이해하기 위해 활용되며, 각각의 현상은 그것을 설명하는 여러 방정식들로 나타낸다. 그러나 모형의 모든 결과가 실세계를 나타낸다고 생각하면 안 된다. 사실 어떤 현상을 완전히 설명할 수 없으므로 모형은 단지 우리가 주변의 실세계 체계를 쉽게 이해하도록 하기 위한 인위적인 구조물로 생각해야 한다.

수학적 모형에는 어떤 유형들이 있을까?

수학적 모형은 변수, 매개변수, 상수들 사이의 관계를 자세히 측정하여 실제 세계의 문제나 과정을 수학적으로 표현한 일련의 모형으로, 흔히 수치모형과 분석모형으로 나눈다. 수치모형은 체계를 수학적으로 해석하여 수식의 형태로 표현한 것으로, 시간이 경과함에 따라 모형의 움직임을 계산하기 위해 몇 가지 유형의 시간경과에 따른 수치적 절차를 활용하는 모형을 말한다. 그 답은 체계의 특성을 나타내며, 보통 표나 그래프로 표현한다. 분석모형은 어떠한 대상을 수학적으로 분석하기 위해 만든 모형으로, 보통 닫혀 있는 해의 범위를 갖는다. 바꾸어 말하면, 체계의 변화를 설명하기 위해 사용된 방정식의 해는 수치분석함수로 표현될 수 있다. 또 수치모형은 몇 가지 주어진 초기 조건들에 대하여 항상 같은 방법을 수행하는 확정적 모형과 우연성이 내포된 확률적 모형으로 분류할 수 있다.

물리적 구조물을 세우는 것과 마찬가지로 수학적 모형을 세우는 데도 기본 단계가 있다. 첫 번째 단계는 가설을 간단히 나타내거나 분석되는 양들 사이의 관계를 이해하기 쉽게 말하는 등 모형의 토대가 될 가설들을 명료하게 기술한다. 두 번째 단계는 모형에서 사용되는 모든 변수와 모수들을 설명하고, 모형의 초기 조건들을 확인한다. 마지막으로, 1단계의 가설들과 2단계의 모수와 변수를 사용하여 수학 방정식을 유도한다.

수학적 모형이 매우 복합적이 될 수도 있을까?

그렇다. 많은 이유에서 매우 복합적인 수학적 모형을 만들 수 있다. 예를 들어, 허리케인이 발달하는 것을 모형으로 나타내려고 할 때는 수증기, 기압, 온도 같은 폭풍 형성의 데이터를 수집한 다음 이들 데이터를 모형에 통합시키는 방법을 활용하며, 허리케인 체계의 화이트박스 모형에 근접한 것으로 개발한다.

그러나 사실 계산비용은 말할 것도 없고, 방대한 양의 데이터 수집은 그런 날씨 모형을 효율적으로 활용하는 데 방해요소가 된다. 허리케인의 발달은 지나치게 복잡한 시스템으로, 어떤 허리케인을 구성하는 각 부분과 그것의 발달이 모형에 얼마간의 변화를 야기함으로써 불확실성도 존재한다. 이를테면 허리케인의 발달에 대한 상세한 정보를 알아야 할 뿐만 아니라 허리케인의 원인인 해양 상호작용 변인들, 태양복사의 변동성, 엘니뇨 등 주기적으로 발생하는 사건들이 그 허리케인에 어떻게 영향을 미치는지와 같은 다른 요소들도 작용한다. 이에 따라 기상학자들은 일반적으로 좀 더 다루기 쉬운 수학적 모형을 만들기 위해 근사치를 사용한다. 이것은 허리케인이 지나가는 장소와 비바람, 토네이도를 얼마나 발생시킬 것인지를 예측하지 못하는 이유가 되기도 한다.

허리케인에 대한 컴퓨터 모형을 구성할 때는 기압, 기온, 습도 등 여러 유형의 데이터가 고려되어야 한다.

수학적 모형화의 흔한 예로는 어떤 것들이 있을까?

수학적 모형의 가장 흔한 예 중 하나는 인간이나 동물 등의 개체 수 증가와 관련이 있다. 과학에서는 이런 유형의 수학적 모형화를 통해 종종 폭발적인 증가에서 멸종에 이르기까지 어떤 집단의 과거와 미래에 대한 가설들을 세우기도 한다.

수학적 모형화에서 '사전의[a priori]'라는 말은 무엇을 의미할까?

단어 'a priori'는 어떤 한 시스템에서 이용할 수 있는 정보 양을 말한다. 수학적 모형화 문제는 종종 사전a priori 정보 양을 토대로 필요한 모든 정보를 이용할 수 있는 시스템인 화이트박스 모형이나 이용할 수 있는 사전 정보가 전혀 없는 시스템인 블랙박스 모형으로 나눈다. 실제로 모든 시스템은 화이트박스 모형과 블랙박스 모형 사이의 어딘가에 해당한다. 따라서 이 개념은 단지 수학 문제의 해법에 대한 직관적인 안내요소로서만 작용한다.

수학적 모형의 정확도^{accuracy}는 어떻게 결정될까?

수학적 모형의 정확도를 결정하기 위한 좋은 방법이 있다. 일단 몇 개의 방정식을 세우고 해결할 때 그 방정식에 의해 생성된 데이터가 그 시스템에서 수집한 실제 데이터와 일치하거나 근접한가에 따라 그 정확도를 결정할 수 있다. 사실, 방정식과 모형 세트는 두 세트의 데이터가 근접할 때에만 '유효'하다. 만일 어떤 모형이 실세계의 시나리오와 근접하지 않다는 결론을 내리게 되면 방정식들을 수정하여 가능한 한 불일치를 교정한다.

예를 들어, 기상학자들은 기상 예보를 할 때 기상체계의 장기간 예측을 위해 다양한 수치모형을 활용한다. 기상학자들이 미국 및 전 세계 어떤 지점에서의 날씨를 예측하기 위해 여러 개의 날씨 모형을 결합한 것을 어떻게 활용하는지를 보는 것은 흥미롭다. 왜냐하면 어떤 날씨 예측 모형도 정답을 갖고 있지 않기 때문이다. 연구가들은 날마다 날씨를 조금이라도 잘 이해하기 위해 수집한 데이터를 토대로 각각의 날씨 모형을 조절한다.

모의실험(시뮬레이션)이란?

시뮬레이션은 몇몇 실제 사건이나 장치를 모방한 것이다. 종종 '모형화'라는 단어를 사용하기도 한다. 시뮬레이션은 현상, 환경, 경험에 대한 기본적인 컴퓨터 모형을 토대로 복잡한 물리적 체계의 특성을 나타낸다.

또한 시뮬레이션은 인체 같은 자연계^{natural systems}의 모델링처럼 실세계, 실제 시스템의 작용을 이해하기 위해 활용된다. 이는 새로운 유형의 비행기 같은 어떤 유형의 공학^{technology}을 시뮬레이트하거나 지진이 일어나는 동안에 건물의 안정성^{stability} 같은 엔지니어링 관계를 설계^{model}하는 데 활용될 수 있다. 현실의 모의실험^{simulate}을 통해 상호작용하는 물리적 장치인 모의실험장치^{simulators} 또한 시뮬레이션의 일부다. 예를 들어, 우주왕복선 모의 장치는 우주왕복선을 비행하는 것과 관련된 여러 가지 상황과 다양한 시나리오를 이해하는 데 도움을 주기 위해 활용된다.

응용수학의 다른 분야

수치해석^{numerical analysis}이란?

수치해석은 수학 문제를 해결하는 데 있어 어떤 특별한 기법을 연구하는 응용수학의 한 분야다. 수학적 공리, 정리, 증명들을 사용하며, 새로운 방법을 보다 세밀하게 분석하거나 시험하기 위해 종종 경험적 결과들을 활용한다.

수치해석 방법의 몇 가지 특징은?

수치해석법의 특징은 **정확도**(근삿값은 가능한 한 정확해야 한다), **견고성**(알고리즘은 특이값에 영향을 받지 않으면서 많은 문제를 해결할 수 있어야 한다), **신속성**(계산이 빠를수록 그 방법이 더 좋다)이다.

수치해석을 다루는 분야에는 어떤 것들이 있을까?

수치해석을 다루는 분야는 함숫값을 계산하고, 방정식을 풀며, 함수를 활용하고, 적분을 계산하며, 미분방정식을 푸는 것과 관련이 있다.

운영 연구^{operations research}란?

일반적으로 '최적화이론'이라 불리는 운영 연구는 응용수학의 하나로, 의사결정을 할 때 수학적 모형, 통계, 알고리즘을 사용하여 무엇인가를 하기 위한 가장 효율적인 방법을 결정하기 위해 설계되었다. 변분법, 제어이론, 결정이론, 게임이론, 선형프로그래밍 등 그 밖의 많은 이론을 포함하여 최적화·최소화의 많은 다양한 영역들을 수반하는 수학의 한 분야다. 운영 연구는 실행의 개선이나 최적화를 강조하면서 복잡한 실세계 시스템들을 분석하는 데 자주 사용된다.

몬테카를로법이란?

몬테카를로법은 특정한 통계적 표본추출을 이용하여 실험할 때 해석적으로 해결할 수 없는 많은 문제들의 근사 해를 얻는 방법을 말한다. 이 방법에 대한 형식들은 이미 널리 알려져 있었지만, 컴퓨터로 계산이 이뤄지기 시작한 초기에는 통계적 물리 문제에서의 수치적분을 위해 그러한 형식들이 개발되었다. 명칭은 (카지노 게임인 룰렛에 사용하던 단순한 난수 생성기를 바탕으로) 모나코공국의 도시 이름을 따서 만들었다는 설과, 이 방법의 고안자가 도박 성향을 가진 어떤 사람을 기리기 위해 붙였다는 설 등이 있다(몬테카를로는 프랑스와 이탈리아 국경 사이에 있는 작은 나라인 모나코공국의 수도다).

그러나 몬테카를로법에는 계산을 다루는 방법만이 아닌 또 다른 몬테카를로법도 있다. 예를 들어, 마코프 체인 몬테카를로법은 물리, 통계, 컴퓨터과학, 구조생물학 같은 다양한 분야에서 중요한 역할을 하고 있으며, 계속 응용되고 있다. 1990년대 말부터 최근에 걸쳐 연구가들과 통계학자들은 예측과 관련하여 몬테카를로법의 유용성과 효과를 인식하기 시작했다.

최적화란?

최적화는 일반적으로 목적에 따라 가장 좋은 결과가 얻어지도록 여러 방면으로 연구하는 것을 말한다. 최적화 문제는 주어진 함수가 최솟값(또는 최댓값)을 갖는 점을 다룬다. 종종 최솟값을 갖는 점을 만족시키는 목적함수$^{objective\ function}$의 형식과 제약조건에 따라 몇 가지 하위분야로 나눈다.

운영 연구는 비용을 줄이거나 효율성을 높이기 위해 폭넓은 분야에서 활용되고 있다. 몇 가지 예를 들면 다음과 같다. 높은 수요 또는 손해를 입은 후 적은 비용과 높은 효율성으로 전자 통신망을 구축하거나, 보다 적은 수의 수송수단이 필요할 때, 학교버스의 운행경로를 정하거나, 제조기간을 줄이는 컴퓨터 칩을 디자인할 때 등.

운영 연구에 숨겨진 역사는?

영국에서는 운영 연구가 작전 연구operational research로 알려져 있다. 영어를 사용하는 다른 국가들은 대부분 'operations researchOR'라는 용어를 사용한다. 운영 연구에 대한 개념은 제2차 세계대전 중 미국과 영국의 군사작전 입안자들이 물류 분야와 훈련 일정에 대하여 보다 효율적인 결정을 내리기 위한 방법을 찾는 과정에서 시작되었다. 하지만 오늘날의 운영 연구는 전통적인 의미와 그다지 관련 없이 활용되어 요즘에는 물류, 작업 일정 및 기업에서의 각종 의사결정에서 적용되고 있다.

정보이론이란?

정보이론은 확률론과 통계학을 이용하는 수학의 한 분야로, 정보의 개념을 수량화한다. 정보이론은 정보와 통신에서 나타나는 양상들과 문제를 설명하기 위해 '정보이론의 아버지'라고도 불리는 미국의 과학자 클로드 엘우드 섀넌Claude Elwood Shannon에 의해 처음으로 만들어졌다. 특히 통신체계의 기술적 요구사항(과 제한적 조건)처럼 정보를 효율적이고 정확하게 저장 · 전송 · 표현하는 것과 관련이 있다. 주목할 점은 정보이론이 도서관이나 정보학 또는 정보통신기술과는 관계가 없다는 점이다.

정보이론에서 'information'은 전통적인 의미로 사용되지 않고 어떤 메시지가 모든 가능한 메시지 중에서 선택될 때 선택의 자유에 따른 값을 의미하는 데 사용된다. 여러 개의 무의미한 단어와 1개의 의미 있는 문장은 정보 내용에 관하여 같을 수 있으므로 이런 의미에서의 'information'은 다른 뜻을 갖게 된다.

게임이론이란?

게임이론은 게임을 분석하거나 이익이 충돌하는 그룹이 포함된 상황을 분석할 때 사용되는 수학 및 논리학과 관련이 있다. 어떤 게임을 관찰하는 또 다른 방법은 공식적인 여러 규칙을 따르는 2명 이상의 관련자 사이에 형성되는 득실과 관련된 갈등 상황이다.

특히, 게임이론가들은 게임에서 사용되는 최적화 전략뿐만 아니라 특정 게임에서 각 개인의 예견된 행동과 실제 행동을 연구한다. 게임이론의 원리는 카드, 체커, 체스 같은 게임에 적용될 수 있으며, 경제학, 정치, 심리학, 나아가 전투에서의 실제 문제들에 적용될 수도 있다. 예를 들어, 게임이론은 대통령 후보가 최적의 정책을 선택하거나 주요 리그 야구선수의 연봉 협상을 분석할 때 사용된다.

PART
3

과학과
공학 속 수학

9장

물리학 속 수학

물리와 수학

수학을 많이 활용하는 과학 분야는?

흔히 수학을 '매우 많이 활용하는' 과학은 물리학, 화학, 지질학, 천문학을 포함한 물리 관련 과학 분야다. 이들 과학 분야는 종종 자연과학 또는 생명과학과 대비된다. 물리 관련 과학 분야는 에너지와 무생물의 본질 및 특성을 분석하며, 수학을 이용하여 상호작용하는 복잡한 관계를 결정한다.

물리학이란?

물리학은 물질과 에너지 사이를 상호작용하는 과학으로 설명된다. 물리학은 하위 분야로 원자구조, 열, 전기, 자기, 광학, 기타 많은 현상을 포함한다.

전통적으로 물리학은 고전물리와 현대물리로 분류한다. 두 물리학의 일부가 겹치는 부분도 있으며, 모두 수학에 많은 영향을 받는다. 고전물리학에는 뉴턴역학, 열역학, 음향학, 광학, 전기학, 자기학이 포함되는 반면, 현대물리학에는 양자장이론, 상대론적 역학 등의 분야가 포함된다.

물리학은 흔히 실험물리학과 이론물리학으로도 분류한다. 이론물리학자들은 수학을 이용하여 물리적 세계를 설명하고 어떻게 작용할 것인지를 예측한다. 또 실험결과에 따라 이론들을 조사하고 이해하며, 바꾸거나 없애기도 한다. 실험물리학자들은 실제 실험에서 가끔 수학을 사용하여 자신들의 예측을 검증한다.

수학 비중이 매우 높은 물리학 분야로는 어떤 것들이 있을까?

거의 모든 물리학(특히 현대물리학) 분야는 수학을 매우 비중 있게 다룬다. 예를 들어, 가속도, 속도, 중력을 이해하기 위해서는 수학이 꼭 필요하다. 통계역학 또한 수학을 상당히 많이 활용하며, 고급 수학지식 없이는 양자역학을 이해할 수도 없다. 사실, 양자장이론에서 다루는 주제는 수학적으로 가장 엄밀하고 추상적인 물리 관련 과학 분야 중 하나다.

수리물리학이란?

수리물리학은 물리학에서 다루는 여러 가지 구체적인 문제에 대하여 수학적인 해석을 하는 분야로, 통계역학과 양자장이론의 개념을 활용하지만 이론물리학과 같은 것은 아니다. 수리물리학은 좀 더 추상적이고 엄밀한 수준에서 물리학을 연구한다. 이론물리학은 수리물리학에 비해 수학을 그다지 많이 필요로 하지 않으며, 실험물리학과 더 많이 관련되어 있다. 그러나 수리물리학을 정의하는 것이 다른 많은 과학 분야처럼 그리 간단한 것은 아니다. 현대 수리물리학의 또 다른 정의에서는 고전 수리물리학과는 달리 모든 수학 분야를 다루게 되어 있다.

고전물리학과 수학

물리학에서는 운동^{motion}을 설명하기 위해 수학을 어떻게 사용할까?

지구의 자전에서 원자 내의 미립자에 이르기까지 우주에 있는 모든 것들은 운동을 한다. 속도, 속력, 가속도, 운동량, 힘(정지하고 있거나 움직이는 물체의 상태를 변화시키는 작용을 하는 물리량), 토크(물체에 작용하여 회전점을 중심으로 물체를 회전시키는 원인이 되는 물리량), 관성(물체가 외부 힘을 받아 움직이게 될 때까지 정지한 물체는 정지해 있으려고 하고, 움직이는 물체는 계속 움직이려고 하는 성질) 등을 포함하여 물리학에서의 운동은 주로 수학을 통해 설명한다.

대부분 사람들이 생각하는 것과는 달리 속력과 속도는 같지 않다. 속력은 단위시간 동안 물체가 이동한 거리를 말하며, 속도는 어떤 방향에서의 속력을 말한다. 속력은 이동방향을 갖지 않는 스칼라량으로, 속력$=\dfrac{거리}{시간}$라는 식으로 나타낸다. 예를 들어, 여러분이 2시간 동안 일정한 속력으로 운전하여 200마일을 이동했다면 평균속력은 $\dfrac{200}{2}$ 또는 시간당 100마일이 된다. 반면 속도는 속력과 같이 크기를 지닐 뿐만 아니라 방향성도 지니는 벡터량으로, 속도벡터를 통해 가속도를 정의할 수 있다. 가속도는 속도벡터가 단위시간 동안 얼마나 변했는지를 나타내는 벡터량이다.

어떤 물체의 속도가 변할 때, "물체가 가속한다."고 말한다. 가속도는 속도 v가 시간 t에 의해 변화하는 비율 $a=\dfrac{\Delta v}{\Delta t}$와 같이 나타낸다. 이 방정식에서 a는 가속도이고, Δv는 물체의 속도 변화량[기호 Δ(델타)는 변화를 나타낸다], Δt는 그 속력에 도달하기까지 필요한 시간의 변화량을 나타낸다. 예를 들어, 가속도가 일정하고, 어떤 사람이 서 있는 곳에서 운전하기 시작하여 시간당 60마일의 속도로 5초 동안 이동해 가면 가속도는 $(60\mathrm{mile/hour})/5\sec=17.6\mathrm{ft/sec}^2$이 된다.

$$\frac{60\mathrm{mile/hour}}{5\sec}=\frac{60\times 5280\mathrm{ft}}{3600\sec\times 5\sec}=17.6\mathrm{ft/sec}^2$$

달 표면에 서 있거나 지표면에 서 있을 때도 여러분의 질량은 항상 같다. 그러나 달에서는 몸무게가 덜 나간다. 그것은 몸에 미치는 중력이 달에서 더 작기 때문이다.(NASA)

운동량은 움직이는 물체에 의해 보존되는 에너지양과 관계가 있으며, "이동하는 물체를 정지시키는 데 필요한 힘"으로 정의한다. 운동하고 있는 물체를 정지시킬 때 물체의 질량 m이 클수록 또는 속도 v가 클수록 멈추기 어렵다. 따라서 운동량은 물체의 질량과 속도에 따라 달라지며, $M = mv$와 같이 나타낸다. 이때 M은 운동량이고, m은 물체의 질량, v는 물체의 속도를 나타낸다.

무게 weight와 질량 mass은 수학적으로 어떻게 구분할까?

무게와 질량은 확실하게 다르다. 무게는 중력이 물체를 끌어당기는 힘의 크기를 말하며, 질량은 물체에 포함된 물질의 양을 말한다. 무게(W)는 질량(m)과 중력(g)을 이용하여 $W = mg$라는 식으로 간단하게 나타낼 수 있다. 따라서 몸무게를 줄이고 싶다면 지구에서 최대한 멀어지거나 달에서 살면 된다. 두 경우 모두 중력이 작아지기 때문이다. 하지만 여러분이 우주의 어디를 여행하든 상관없이 다이어트를 하지 않는 한 항상 같은 질량을 갖게 될 것이다!

뉴턴의 세 가지 법칙은 모두 수식에 근거하고 있지만, 방정식들이 너무 복잡하여 이 책에서는 다루기 어렵다. 세 가지 법칙 중 '관성의 법칙'이라 불리는 뉴턴의 제1법칙은 운동하던 물체에 힘이 가해지지 않는 한 일정한 속도를 계속 유지하려는 것을 말한다. 즉 무엇인가가 물체의 속력이나 방향을 바꾸기 위해 물체를 밀기 전까지는 등속 직선운동을 계속하려고 한다. 전혀 움직이지 않고 서 있거나 직선운동을 정지시키도록 하는 단 한 가지 힘이 바로 중력이다. 이것은 공중으로 야구공을 던져보면 쉽게 확인할 수 있다. 던져진 공은 한 방향으로 계속하여 똑바로 날아가지 않는다. 왜냐하면 지구의 중력이 지표면을 향해 아래쪽으로 공을 끌어당기기 때문이다.

'가속도의 법칙'이라 불리는 뉴턴의 제2법칙은 어떤 물체에 힘을 가할 경우 그 물체가 힘이 작용하는 방향으로 힘의 세기에 비례하여 가속하는 것을 말한다. 힘을 F, 질량을 m, 가속도를 a라 할 때, $F=ma$와 같이 나타낼 수 있다. 사실 뉴턴은 이것을 미적분으로 나타냈다. 미적분은 뉴턴이 이들 물리 법칙들을 설명하기 위해 고안한 수학의 한 방식으로, 이 방정식을 다음과 같이 나타냈다.

$$F = m\frac{\Delta v}{\Delta t}$$

여기서 m은 질량, Δv는 속도의 변화량, Δt는 시간의 변화량을 가리킨다. 순간가속도가 시간 내의 어느 한 순간에 속도의 순간적인 변화와 같기 때문에 이러한 식이 성립한다.

'운동량 보존의 법칙'으로 불리는 뉴턴의 제3법칙에 따르면 어떤 물체에 미치는 힘은 항상 상호적이다. 즉 물체에 어떤 힘이 가해지면 그 물체 또한 크기가 같고 방향이 반대인 힘을 가한다. 간단히 말하면, 물체는 서로에 대하여 크기는 같지만 방향이 반대인 힘을 가한다. 이것은 종종 "모든 작용에는 크기가 같고 방향이 반대인 반작용이 항상 존재한다."라는 말로 쉽게 설명할 수 있다. 이들 힘에 대한 수학 방정식은 너무 복잡하여 이 책에서는 다루지 않는다.

물리학에서도 일과 에너지를 설명하기 위해 수학을 사용할까?

일과 에너지를 설명할 때 수학 방정식들을 사용할 수 있다. 에너지는 여러 가지 형태로 나타나지만, 그 기본적인 정의는 일과 관련이 있다. 물체에 힘을 가하여 그 힘의 방향으로 이동했을 때 '일을 했다'고 하며, 식 $W=Fd$로 나타낸다. 이때 W는 일, F는 힘, d는 이동한 거리다. 힘의 방향과 물체의 이동방향이 θ의 각을 이룰 때의 일, 즉 $W=F \cdot \cos\theta$로 나타낸다. 따라서 힘의 방향과 물체의 이동방향이 평행할 때 일은 최대가 되고, 직각을 이룰 때 일은 0이 된다.

뉴턴의 만유인력의 법칙이란?

이해하기 어렵긴 하지만, 우주에서 거의 모든 것은 다른 모든 물체는 끌어당긴다. 이러한 물리 법칙은 가장 잘 알려져 있으며, 가장 중요한 것이기도 하다. 뉴턴의 법칙에서 질량이 각각 m, M인 두 물체 사이의 중력은 두 물체의 질량의 곱에 비례하고, 두 물체의 질점 사이의 거리(r)의 제곱에 반비례한다. 이것을 식으로 나타내면 다음과 같다.

$$F = G \times \frac{m \times M}{r^2}$$

이때 G는 '만유인력상수' 또는 '우주상수'라고 하며, 중력이 얼마나 강한지를 나타낸다. 달리 말하면, 물체들이 서로 멀리 떨어져 있을수록 두 물체 사이에 끌어당기는 힘이 약해진다.

통계역학 statistical mechanics 이란?

통계역학은 물체 간에 작용하는 힘과 운동의 관계를 연구하는 학문인 역학 분야에 통계학을 응용한 것이다. 즉 통계역학은 액체, 고체, 기체 같은 단일 원자와 분자 등의 미시적 역학에 입각하여 통계적으로 일상용품 같은 거시적 세계의 법칙을 이끌어내는 이론을 말한다. 통계역학은 수학적으로 거대한 수의 미시적 입자들 사이의 상호작용을 이해하는 데 유용하여 광범위한 분야에서 활용되고 있다. 보기에 따라서는 거시적 또는 광범위한 관점으로 같은 유형의 체계에 접근하는 열역학과는 '정반대'라고 할 수 있다.

전기와 자기를 설명하는 수학 방정식을 개발한 사람은?

스코틀랜드의 물리학자 제임스 클러크 맥스웰^{James Clerk Maxwell}이 쓴 전기와 자기에 대한 주요 초기 저서 중의 하나는 1873년에 발표한 《전자기학^{A Treatise on Electricity and Magnetism}》이다. 이 책에는 수학을 바탕으로 한 전자기장의 이론이 담겨 있다. 오늘날 '맥스웰의 방정식'으로 알려져 있는 이 방정식은 전기와 자기장의 통일 및 빛의 전자기적 설명과 궁극적으로 알베르트 아인슈타인의 상대성이론에 대한 토대를 제공한 4개의 편미분 방정식으로 되어 있다. 대부분 사람들은 고전물리학에서 역학에 대한 뉴턴의 연구업적은 잘 알고 있지만, 전자기파의 개념과 관련된 맥스웰의 전자기 이론을 기억하는 사람은 거의 없다. 하지만 맥스웰의 이론은 무선전파와 마이크로파를 포함하여 오늘날 우리가 당연하다고 여기는 많은 것들을 만들어내는 데 지대한 역할을 했다.

옴의 법칙이란?

옴의 법칙은 전기와 관련된 연구 분야에서 매우 중요하다. 옴의 법칙은 전기회로 내의 전류, 전압, 저항 사이의 관계를 나타내는 매우 중요한 법칙으로, 전도체에 흐르는 직류는 양끝 사이의 전위차에 비례한다는 것을 말한다. 독일의 물리학자 게오르크 시몬 옴^{1789~1854}이 처음 발표한 것으로, 전압의 크기를 V, 전류의 세기를 I, 전도체의 전기저항을 R이라 할 때 일반적으로 다음 관계가 성립한다.

$$V = IR \text{ 또는 } I = \frac{V}{R}$$

이것은 '전압=전류×저항'과 같이 전기량으로 나타낼 수 있는가 하면, 'volts= amps×ohms'와 같이 측정단위로 나타낼 수도 있다.

현대물리학과 수학

현대물리학이란?

중복되는 주제도 있지만, 고전물리학과 달리 현대물리학은 상대론적 역학, 원자물리학, 핵물리학, 입자물리학, 양자물리학을 포함한다.

알베르트 아인슈타인은 수학을 어떻게 활용했을까?

독일 출신의 미국 이론물리학자 알베르트 아인슈타인[1879~1955]은 역대 가장 위대한 물리학자 중 한 사람으로 인정받고 있지만, 유명한 수학자이기도 하다. 1905년, 아인슈타인은 특수상대성이론을 개발했다. 이 이론은 서로를 향해 엄청난 속도로 이동하는 두 관측자는 서로 다른 시간 간격을 경험하고 길이를 다르게 재는 것은 물론, 빛의 속도는 질량을 가지고 있는 모든 물체에 대하여 '제한속도'이며 질량과 에너지가 같다는 것을 수학적으로 보여준다.

1915년경에는 중력을 '휘어진 시공간의 곡률로 설명할 수 있다.'는 놀라운 발견과 함께 일반상대성이론에 대한 수학 공식을 완성했다. 나아가 아인슈타인은 중력과 전자기력, 일련의 규칙을 따르는 아원자 현상을 통합한 통일장이론을 만들기 위해 많은 연구를 했으나, 아직까지 어느 누구도 그 이론을 완성해내지 못하고 있다.

상대성은 어떤 물체의 속도가 단지 관측자에 의해 결정될 수 있다는 것을 말한다. 예를 들어, 만일 파리가 시간당 약 1마일의 속도로 달리는 자동차 안을 날아다닐 때, 그 자동차와 같은 조건을 가진 곳에 있는 파리는 시간당 1마일로 날아다닌다. 그러나 자동차가 시간당 65마일로 여러분을 지나쳐갈 때, 파리는 시간당 1마일이 아닌 시간당 66마일의 속도로 날고 있는 것처럼 보일 것이다. 달리 말하면, 이것은 모두 관성의 문제이며, 여러분의 관점에 대하여 '상대적'이다.

아인슈타인(과 다른 연구가들)의 상대성이론 연구를 통해 발전한 새로운 아이디어들은 어떤 것들이 있을까? 아인슈타인은 공간과 시간을 각각 독립된 실재물로 보지 않고, '시공간'이라는 4차원 연속체를 형성하는 것이라고 주장했다. 아인슈타인 이론의 복잡한 내용들을 말로 설명하는 것은 쉽지 않다. 그의 연구를 해석하기 위한 가장 좋은 방법은 텐서 미적분학 같은 수학 분야에서의 공식들을 사용하는 것이다. 그러나 그런 복잡한 방정식들은 이 책에서 다루기 어렵다.

아인슈타인의 유명한 공식 $E=mc^2$은 무엇을 의미할까?

아인슈타인이 이룩한 또 다른 연구업적 중 하나는 질량과 에너지가 서로 연결되어 있다는 것을 수학적으로 설명한 것이다. 즉 에너지는 질량을 가지고 있고, 질량은 에너지를 나타낸다는 것이다. '에너지-질량 관계식'이라 불리는 이 방정식은 $E=mc^2$로 표현하며, 이때 E는 에너지, m은 질량, c는 빛의 속도를 나타낸다. c는 매우 큰 수이므로 매우 작은 양의 질량으로도 거대한 양의 에너지를 나타낼 수 있다.

아인슈타인의 이론은 차원의 개념을 어떻게 바꾸어놓았는가?

아인슈타인의 이론들로 인해 이들 이론들을 정립할 때 포함시킨 수학은 말할 것도 없고, 차원에 대한 인식이 급속하게 변했다. 특히 사건들을 설명할 때 구성요소인 시간과 공간을 구별하지 않는다. 그 대신 시간과 공간을 4차원 또는 시공으로 유명한 4차원 다양체에 결합시킨다.

공상과학 드라마 〈스타트렉〉에 나오는 그 어떤 것처럼 들릴 수도 있지만, 시공에서 우주의 사건들은 4차원 연속체로 설명할 수 있다. 간단히 말하면, 각 관측자는 3개의 공간좌표와 1개의 시간좌표에 따라 사건을 위치시킨다. 시공간에서 시간좌표의 선택은 유일하지 않다. 그러므로 시간은 절대적인 것이 아니라 관측자에 대하여 상대적이다. 일반적으로 한 명의 관측자에 대하여 동시에 발생하는 다른 위치의 사건들이 다른 관측자에게는 서로 다른 순간에 일어나는 것처럼 보일 수도 있다.

양자이론에서 막스 플랑크가 중요한 이유는?

양자이론(또는 양자물리학)은 물질에 의한 에너지의 발산과 흡수, 질점입자의 운동을 다룬다. 이는 원자 단위 혹은 그 이하의 미시적인 것들과 관련된 특별한 현상을 설명하는 이론으로, 상대성이론과 함께 현대물리학의 이론적 토대를 형성하고 있다.

양자이론에서 가장 중요한 양상 중 하나는 양자다. 1900년, 독일의 물리학자 막스 플랑크$^{\text{Max Karl Ernst Ludwig Plank, 1858~1947}}$는 "빛이나 열 같은 모든 형태의 복사는 양자라는 덩어리들로 나타난다."고 주장했다. 이들 덩어리들은 연속적이지 않은 최소단위 상태로 방출하거나 흡수되며, 이로 인해 물질의 입자들과 같은 상황으로 움직인다. 이를 바탕으로 플랑크가 발견한 공식은 $E=h\nu$다. 이때 E는 단일 입자의 에너지양, ν는 전자기파의 진동수, h는 현재 '플랑크상수'로 알려져 있는 상수다.

흥미롭게도 플랑크의 발견을 활용하여 물리학을 분류하는 사람들이 있다. 그들은 종종 고전물리학을 '플랑크 이전 물리학$^{\text{before Planck}}$', 현대물리학을 '플랑크 이후 물

물리학자 막스 플랑크는 에너지가 '양자'라는 덩어리들로 존재한다는 생각을 처음으로 주장했다. 나중에 그의 이론들은 양자역학과 현대물리학의 발전을 이끌었다.

리학$^{after\ Planck}$'이라고 말하기도 한다.

양자역학이란?

고전역학과는 달리 양자물리학에서는 자연현상을 확률적으로 해석한다. 양자역학은 어떤 사건이 일어날 확률을 간단하게 결정하는 양자론의 한 분야다. 비록 그것을 증명하기 위한 수학적 계산이 매우 엄밀하고 복잡하다고 하더라도 말이다. 흔히 양자역학을 '양자론의 최종 수학 공식'이라고도 한다.

1920년대에 발전한 양자역학은 원자 수준의 물질을 설명하며 통계역학의 확장으로 여겨지고 있지만, 어디까지나 양자론을 근거로 한다. 양자역학에서 한 가지 중요한 부분은 슈뢰딩거의 방정식에 기초한 양자역학을 확장시킨 파동역학이다. 이 이론은 더 이상 분해할 수 없는 최소단위의 사건인 여러 원자 사건들이 입자와 파동 사이의 상호작용으로 설명될 수 있다고 주장한다.

파울리의 배타원리$^{Pauli\ exclusion\ principle}$란?

또한 양자론은 파울리의 배타원리를 바탕으로 한다. 오스트리아 출신의 스위스 물리학자 볼프강 에른스트 파울리$^{1900\sim1958}$가 발전시킨 이 원리에 따르면 전자, 중성자, 양성자 등이 속한 페르미온의 어떤 2개의 입자도 동일한 에너지 상태로 있을 수 없다. 예를 들어, 같은 양자수를 갖는 2개의 전자는 같은 원자 안에 있을 수 없다.

하이젠베르크의 불확정성 원리란?

독일의 물리학자 베르너 카를 하이젠베르크$^{Werner\ Karl\ Heisenberg,\ 1901\sim1976}$는 빛의 파동 양자론에 영향을 주었으며, 불확정성 원리를 개발했다. 이 원리에 따르면, 어떤 입자의 에너지와 속력은 동시에 잴 수 없다.

물리학에서 수학을 활용하는 예들은 수없이 많다. 몇 가지 예를 들면 다음과 같다.

유체역학 공기, 물 등 유체의 운동을 다루는 연구 분야다. 난류, 파동 전파 등의 수학과 관련이 있다.

지구물리학 정량적인 물리학적 방법을 응용하여 지구 및 지구를 둘러싼 대기의 물 현상을 연구하는 학문이다. 이 분야의 많은 부분은 지진, 화산활동, 지하의 용암 등 유체역학 같은 큰 규모 물질의 운동에 대하여 수학을 비중 있게 다룬다.

광학 대부분 광선의 회절, 경로 같은 전자기파의 전파 및 진화에 대해 수학적으로 연구한다. 광학은 복잡한 방정식은 말할 것도 없고, 기하학과 삼각법에 대하여 많은 지식을 필요로 한다.

양자물리학자들은 빛의 파동을 어떻게 간주할까?

프랑스의 물리학자 루이 빅토르 피에르 레이몽 드브로이[1892~1987]는 자신이 개발한 아이디어를 수학적으로 풍부한 양자이론에 결합시켰다. 드브로이는 전자와 일반 입자들이 파동의 성질을 지닌다는 것을 발견했으며, 열의 운동론을 수학적으로 설명하기도 했다. 그는 빛의 파동이 종종 입자 같은 특성들을 보일 뿐만 아니라 입자들 또한 파동 같은 특성들을 보인다는 결론을 내렸다.

이것은 여러 가지 양자 관련 문제들을 야기해 양자역학에 대한 2개의 다른 공식이 개발되었다. 첫 번째 공식은 오스트리아의 물리학자 에르빈 슈뢰딩거[Erwin Schrodinger, 1887~1961]의 '파동역학'이다. 슈뢰딩거는 수학적 실재[파동함수]를 사용하여 공간의 한 점에서 어떤 입자를 발견할 확률을 규정했다. 또한 전통적인 닐스 보어 모형과 다른 원자 모형을 개발했다. 두 번째 공식임과 동시에 슈뢰딩거의 이론과 수학적으로 같은 공식은 독일의 물리학자 베르너 하이젠베르크[Werner Karl Heisenberg, 1901~1976]의 '행렬역학'이다.

화학과 수학

화학이란?

화학은 물질을 다루는 과학으로 물질의 조성, 구조, 성질 및 반응, 변화를 연구한다. 화학은 우주의 모든 물질을 포함시켜 연구하므로 여러 은하계에 있는 가스의 화학적 성분에서부터 살아 있는 세포 내에서의 화학적 반응에 이르기까지 많은 것을 연구하는 데 유용하다. 또한 화학적 성분들을 결정하고 화학제품들 사이의 관계를 이해하는 등 다양한 방식으로 수학을 다루기도 한다.

원소의 원자수와 질량

원자수는 원자핵에 들어 있는 양성자 수를 말하며 '원자번호'라고도 한다. 어떤 한 원자의 원자 질량은 일반적으로 원자 질량 단위로 측정되며, 그 원자의 총질량이나 양성자와 중성자가 결합된 질량을 말한다. 이때 전자의 질량은 무시해도 될 만큼 작다. 원자수와 질량의 중요성은 사실 매우 단순하다. 즉 각 원소의 원자들은 특별한 원자번호와 질량을 가지고 있다. 각각은 그 원자 내에 있는 전자들과 중성자를 '더하거나 빼서' 결정한다.

이온이란?

원자들은 전자를 얻거나 잃으면 음전하 또는 양전하를 띠게 된다. 음전하와 양전하는 양성자수와 전자수를 빼서 정한다. 이를테면 4개의 양성자와 6개의 전자가 있을 때 '원자가'라고도 불리는 순전하는 −2다. 이온은 순전하 상태의 원자 또는 원자단으로, 양전하를 띤 이온을 '양이온', 음전하를 띤 이온을 '음이온'이라 한다. 전자를 잃거나 얻는 '수학'을 바탕으로 하여 이온이 형성되거나 파괴된다. 이것이 바로 화학에서 수학이 유용하게 쓰이는 한 예다.

옹스트롬^{angstrom}이란?

옹스트롬(Å)은 길이 단위로, 화학에서 빛의 파장이나 물질 내의 원자간 거리 등을 나타낼 때 쓴다. 예를 들어, 분자의 평균 지름은 0.5~2.5옹스트롬이다. 1옹스트롬은 대략 3.937×10^{-9}인치 또는 $10-8$cm와 같다. 1868년, 스웨덴의 물리학자 A. 옹스트뢰은 태양의 흡수선을 측정하여 그 파장을 기록하는 데 이용했다.

밀도란?

보통 밀도는 d 또는 r로 간단히 나타내며, 어떤 물체의 질량과 부피 사이의 비율을 설명하기 위해 사용된 수학적 개념이다. (밀도) × (부피)라는 실제 공식은 어떤 물체의 질량과 같다. 즉 $d \times v = m$으로 나타낸다. 미국의 표준 측정체계에서 밀도는 평방피트당 파운드로 측정한다. 그러나 일반적으로 과학에서는 미터법이 사용되며, 밀도는 평방센티미터당 그램 또는 밀리리터당 그램으로 측정된다. 예를 들어 물의 밀도는 $1g/cm^3$, 납은 $11.3g/cm^3$, 금은 $19.32g/cm^3$다. 대부분의 경우, 지구에서는 밀도가 높을수록 더 무겁게 느껴진다.

화학식과 화학방정식

화학에서 다루는 식^{formulas}과 방정식^{equations}이 수학에서의 식과 방정식을 뜻하는 것은 아니다. 화학에서 식은 원소기호와 원자수를 나타내는 첨자를 사용하여 화학적 혼합물을 표현한다. 예를 들어, 물을 나타내는 화학식은 H_2O다. 이것은 2개의 수소(H) 원자와 1개의 산소(O) 원자가 서로 붙어 있다는 것을 의미한다. 첨자 2는 그 분자에 2개의 수소 원자가 있다는 것을 말한다. 산소 O와 같이 첨자가 없을 경우에는 첨자 1을 생략하여 나타낸 것이다. 그러나 모든 혼합물은 분자로 되어 있지 않다는 점을 명심해야 한다. 예를 들어 NaCl 또는 염화나트륨은 '이온 혼합물'이라 한다. 이 경우 식은 혼합물을 만드는 각 원소의 원자 비율을 나타낸다. 화학에서는 다른 유형의 식들도 있는데, 이것이 가장 많이 알려져 있다.

화학방정식도 수학에서의 방정식과 다르다. 화학방정식은 화학반응 결과와 더불어 2개 이상의 화학 혼합물 사이의 반응관계를 나타낸다. 예를 들어, 화학방정식 $2H_2 + O_2 \rightarrow 2H_2O$는 물을 만들기 위한 수소와 산소의 반응을 나타낸다. 화살표는 결과가 나타나는 반응의 방향을 가리킨다. 이때 반응물질은 수소와 산소다. 화학방정식을 쓸 때는 먼저 반응물질과 결과를 구한 다음, 각 물질에 대한 식을 구하여 방정식을 세운다.

아보가드로수란?

'아보가드로의 상수'라고도 하는 아보가드로수는 이탈리아의 물리학자 로렌초 로마노 아메데오 카를로 아보가드로 디 콰레그나 에 디 세레토(이탈리아어: Lorenzo Romano Amedeo Carlo Avogadro di Quarequa e di Cerreto, 1776~1856)가 정했다. 또한 그는 화학에서 최초로 '분자'라는 용어를 사용한 사람이기도 하다. 아보가드로수는 원자, 분자, 화학식 단위와 같이 1 mol(몰)의 임의의 화학적 물질(분자, 원자, 전자, 이온, 유리기 등)에 들어 있는 기초단위체의 수를 나타낸다. 여기서 1몰은 원자나 분자, 이온과 같은 입자 $6.02214179 \times 1^{023}$개의 묶음을 말한다. 이것은 가장 최근에 미국 표준기술연구소에서 정한 수다. 더 나아가 몰은 그램으로 나타내는 어떤 물질의 분자 무게이고, 1몰은 아보가드로수만큼을 포함하는 물질의 양이므로 바꾸어 쓸 수 있다. 즉 1몰의 개수인 $6.02214199 \times 10^{23}$을 '아보가드로수'라고 한다. 물질량의 기본단위인 몰^{mole}은 아보가드로수를 기준으로 2019년 5월부터 재정의되었다.

'pH' 척도는 용액의 산성도를 가늠하는 척도로서, 수소이온농도의 역수에 상용로그를 취한 값이다. 간단히 말하면 pH는 어떤 용액의 수소이온농도를 지수로 나타낸 것이다. pH 수치의 범위는 0~14로 7보다 작을 때는 '산성', 7보다 클 때는 '알칼리성'이라고 한다. pH7은 순수한 물을 가리키는 '중성'을 나타낸다.

수학적으로는 일단 수소이온농도가 화학적으로 정해지면 pH 수치는 수소이온농도의 역수에 상용로그를 취한 값이므로 흔히 $pH = -\log_{10}[H+]$로 나타낸다. 예를 들어, 만일 어떤 용액의 수소이온농도가 리터당 10^{-4}몰이면, pH는 4다.

대부분 고등학교 때 배운 pH 척도에 익숙하다. 특히 pH를 조사할 때는 리트머스 종이라는 특수한 흰 종이를 사용하여 잰다. 리트머스 종이는 각종 지의류, 특히 리트머스이끼·바리올라리아·레카노라 등을 분쇄하여 추출한 분말을 넣은 수용액으로 만들며, 용액의 산성·염기성을 판단하는 데 쓰인다. 산성 용액에 넣으면 붉은색으로 변하고, 염기성 용액에 넣으면 푸른색으로 변하며, 중성 용액에 넣으면 종이 색이 변하지 않는다. 산성 또는 염기성이 강할수록 붉은색이나 푸른색이 더 진해진다.

pH는 화학시간에만 사용하는 것은 아니다. 예를 들어, 식물을 재배하는 사람들에게도 중요하다. 식물이 생육하기 위해서는 어느 정도의 토양산도(pH)가 요구된다. 따라서 대부분 정원사들과 농부들은 작물이 잘 성장하도록 하기 위해 토양의 산성도나 알칼리도를 파악한다.

기체법칙은 기체의 열역학적 온도(T)·압력(P)·부피(V) 사이의 관계를 설명하기 위한 법칙으로, '보편기체상수' 또는 '완벽기체법칙'이라고도 하며, 방정식 $PV = nRT$로 나타낸다. 이때 P는 압력, V는 부피, n은 기체의 몰수, R은 기체상수, T는 켈빈 온도를 가르킨다. 이를 완벽히 만족하는 기체를 '이상 기체'라고 부른다.

방사성 붕괴$^{radioactive\ decay}$란?

수학이 때로는 암석에서 발견된 방사성 물질에 활용되기도 한다. 방사성 붕괴란 방사성 물질을 붕괴시키고 알파 또는 베타 입자, 감마선 같은 전리방사선을 방출시키는 것을 말한다. 간단히 말해서, 암석이 형성될 때 암석 내의 광물질은 종종 특정 비율로 붕괴되는 어느 정도의 방사성 원자들을 함유하고 있다는 것이다.

방사성 붕괴는 특히 방사성연대측정을 할 때 중요하다. 처음의 방사성 원소와 붕괴된 방사성 원소는 암석의 나이를 알아내는 데 사용된다. 왜냐하면 어떤 방사성 원소들이 특정 시간 동안에 절반만큼 붕괴하여 처음 원소의 절반과 다른 원소(또는 동위원소)의 절반을 혼합한 것으로 변하기 때문이다. 예를 들어, 어떤 암석의 우라늄 238의 '절반'은 7억 4백만 년에 붕괴하여 납－207로 변한다. 이때 우라늄 238의 반감기는 7억 4백만 년이라고 말한다. 통계학적으로 이런 변화는 원소의 각 동위원소에 대하여 특별한 붕괴함수를 따르며, 붕괴곡선은 지수함수의 그래프를 따른다. 또 이들 지수함수 각각에 대하여 함숫값이 절반까지 감소하는 시간은 일정하기 때문에 어떤 암석의 나이를 구할 때 완벽한 방사성연대측정을 가능하게 한다.

칼로리란?

대부분 사람들은 칼로리를 초콜릿 케이크 조각과 관련지어 생각한다. 그러나 이 경우, '영양사의 칼로리' 또는 '에너지 생산 포텐셜 단위'라 불리기도 하는 칼로리는 음식에 함유되어 있어 신체의 산화로 방출되는 열량과 같다. 신체는 에너지로 사용하기 위해 우리가 먹는 음식에 함유된 칼로리를 필요로 한다. 이는 종종 영양과 체중조절 관련 책에 몸무게가 140파운드의 사람이 한 시간 동안 적당한 속도로 걸을 때 222칼로리를 태운다는 항목이 들어 있는 이유이기도 하다.

화학에서 1칼로리는 에너지의 단위로 쓰이기도 한다. 화학실험에서 1칼로리는 1기압의 압력(해수면)에서 1g의 물 온도를 1표준초기온도에서 1℃만큼 올리는 데 필요한 열량이다. 에너지의 단위는 줄^{joule}이며, 1칼로리는 4.184줄과 같다. 그래서 1줄은

2,000g을 10cm의 거리만큼 들어 올리는 데 필요한 에너지로 해석된다.

천문학과 수학

천문학과 천체물리학

천문학은 지구 밖의 천체나 물질을 연구하는 학문으로, 보통 물리학의 한 분야로 여긴다. 그러나 천문학은 별 표면에서 우주 끝에 대한 연구까지 천문학적 개수에 해당할 만큼의 엄청난 주제들을 다루고 있어 종종 그 자체를 한 분야로 여기기도 한다.

천체물리학은 천체와 우주의 구조나 진화를 물리학적 방법으로 연구하는 학문으로, 천문학의 한 분야다. 별과 은하의 구조, 분포, 진화, 상호작용에서 지구 근접 소행성의 궤도역학에 이르기까지 다양한 영역의 문제들을 다룬다.

유명한 천문학자 니콜라우스 코페르니쿠스는 최초로 지동설을 제창한 것으로 간주되고 있지만, 실제로는 아리스타쿠스가 그보다 몇세기 앞서 그 사실을 추측했었다.

히파르코스

로도스의 히파르코스는 고대 그리스의 위대한 천문학자 중의 한 명으로, 현재 터키의 니케아에서 태어나 '니케아의 히파르코스'라고도 한다. 히파르코스는 춘분점이 황도黃道 12궁의 별자리 위를 72년에 1°씩 이동하는 춘분점의 세차운동을 처음으로 발견했으며, 별의 밝기를 '등급'으로 나타내어 별들을 구분했는가 하면, 1년의 길이를 현재의 것과 6.5분밖에 차이가 나지 않을 정도로 아주 정확하게 계산했다. 그의 행성 모형은 수학적으로 역학적이지 않지만, 최초로 삼각법을 체계적으로 사용했다.

지구에서 태양, 달까지의 거리를 처음으로 계산한 사람은 누구인가?

기원전 290년경, 천문학자이자 수학자인 사모스의 아리스타쿠스(기원전 310~기원전 230)는 기하학적 방법을 활용하여 달과 태양까지의 거리와 크기를 계산해냈다. 그는 자신의 관찰과 계산을 토대로 지구에서 태양까지의 거리는 지구에서 달까지 거리의 약 20배(실제로는 390배 정도다)일 것이라고 주장했다. 또 달의 반지름이 지구 반지름의 0.5배(실제로는 0.28배다)라고 하기도 했다. 그 수들이 현재와 차이가 나는 것은 아리스타쿠스에게 기하학적 지식이 없어서가 아니라 그 당시에 사용했던 측정도구가 정밀하지 못했기 때문이다.

아리스타쿠스는 또한 니콜라우스 코페르니쿠스보다 몇 세기나 먼저 지구가 태양의 둘레를 돈다고 주장하기도 했다. 그 당시에 이 개념은 매우 획기적인 것이었다. 그 때문에 아리스타쿠스는 지구가 우주의 중심에 고정되어 있어 모든 물체가 지구의 둘레를 돈다는 천동설적 종교 신념 및 아리스토텔레스주의와 갈등을 빚었다.

《천체의 회전에 관하여》란 어떤 책인가?

천문학자 니콜라우스 코페르니쿠스[1473~1543]는 죽음을 맞이한 그해에 《천체의 회전에 관하여De revolutionibus orbium coelestium》란 책을 출간했다. 코페르니쿠스는 태양계(또는 우주)의 중심에 지구가 아닌 태양이 있다는 자신의 모든 이론을 이 책에 담았다. 이 이론이 새로운 것은 아니었지만, 자신의 생각을 수학적으로 설명한 것이었다. 오늘날 '코페르니쿠스 체계'로 알려진 천체에 대한 지동설적인 그의 관점은 현대천문학의 토대를 이루고 있다.

케플러의 행성 운동 법칙이란?

케플러의 행성 운동 공식에는 수학적인 내용이 많이 들어 있다. 이들 법칙은 독일의 천문학자이자 수학자인 요하네스 케플러(덴마크의 천문학자 티코 브라헤의 조수)에 의해 정립되었다. 그는 1609년에 자신의 책《신천문학*Astronomia nova*》에 제1법칙과 제2법칙을 제시했으며, 제3법칙은 1619년에 출판한 책《우주의 조화*Harmonice Mundi*》에 실었다. 세 가지 법칙은 다음과 같다.

케플러의 제1법칙(또는 타원궤도의 법칙) 행성은 태양을 하나의 초점으로 타원궤도를 그리며 공전한다.

케플러의 제2법칙(또는 면적의 법칙) 행성과 태양을 연결하는 가상의 직선은 같은 시간에 같은 넓이를 휩쓸며 지난다.

케플러의 제3법칙(또는 조화의 법칙) 행성의 공전주기의 제곱은 공전궤도의 긴 반지름의 세제곱에 비례한다.

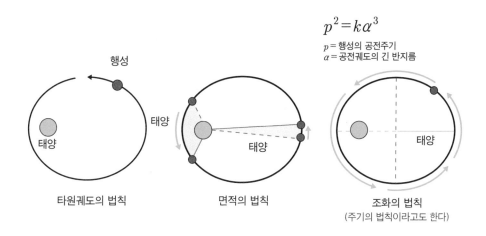

$$p^2 = k\alpha^3$$

p = 행성의 공전주기
α = 공전궤도의 긴 반지름

타원궤도의 법칙   면적의 법칙   조화의 법칙
(주기의 법칙이라고도 한다)

피에르 시몽 드 라플라스는 수학을 천문학에 어떻게 적용했나?

프랑스의 수학자이자 천문학자, 물리학자인 피에르 시몽 드 라플라스[1749~1827] 후작은 수학을 사용하여 태양계의 중력역학을 처음으로 연구한 사람 중의 하나였다. 라플라스는 자신의 책《천체역학*Mécanique céleste*》(총 5권)에서 아이작 뉴턴에 의해 사용된 역학의 기하학적 연구를 해석학을 토대로 해석했다. 또한 그는 태양계의 안정성을 증명하기도 했는데, 단지 단시간 규모에 대해서였다. 라플라스는 행성의 형성 과정에 대한 이론으로도 유명하다. 그는 같은 원시성간물질에서 태양과 행성들이 발생했다고 믿었다. 이것은 현재 라플라스의 '성운설$^{nebular\ hypothesis}$'로 알려져 있다. 그의 다른 주요 업적으로는 미분방정식론, 확률론 등의 연구가 있다.

1758년 12월 25일에 일어난 수학적 의미를 가진 천문학적 사건은?

1758년 12월 25일, 현재 우리가 '핼리 혜성'이라 부르는 혜성이 하늘에 나타났다. 이 혜성의 출현은 유명한 천문학자의 예견을 증명한 것이었다. 하지만 불행하게도 그해는 그가 죽은 지 16년이 지난 후였다. 1695년, 에드먼드 핼리$^{1656~1742}$는 포물선궤도로 도는 혜성을 집중적으로 연구했다. 그러나 그는 몇몇 혜성은 타원궤도를 갖고 있다고 믿었으며, 1682년에 나타난 혜성(현재의 핼리 혜성)이 1305, 1380, 1456, 1531, 1607년에 나타난 혜성과 같은 것임을 이론적으로 제시했다.

1705년, 핼리는 그 혜성이 76년 뒤인 1758년에 다시 나타날 것이라고 예측했는데, 그의 예언은 적중했다. 그런 계산을 해냈다는 것은 그 당시로서는 엄청난 업적이었다. 심지어 핼리는 목성에 의해 혜성이 궤도를 벗어난다는 것을 계산에 참작하기도 했다.

오늘날에도 핼리 혜성은 76년 주기로 돌고 있다. 최근 핼리 혜성은 1986년에 나타났고, 2062년에 다시 나타날 것이다.

천문단위와 광년

천문단위^{AU}는 천문학에서 사용되는 매우 보편적인 양 중의 하나다. 1천문단위는 지구에서 태양까지의 평균 거리와 같은 거리로, 92,960,116마일(149,597,870km)이다. 흔히 93,000,000마일(149,598,770km)로 반올림하며, 멀리 떨어진 천체 사이의 거리를 나타낼 때 쓴다. 예를 들어, 지구는 태양으로부터 1AU만큼 떨어져 있으며, 금성은 태양으로부터 0.7AU만큼 떨어져 있다. 화성은 1.5AU, 토성은 9.5AU, 명왕성은 태양으로부터 39.5AU만큼 떨어져 있다.

에드먼드 핼리의 이름을 따서 붙인 핼리 혜성은 1986년에 마지막으로 지구 가까이에 나타났으며, 2062년이 되면 다시 지구의 밤하늘에 모습을 나타낼 것이다.

1광년은 훨씬 긴 거리를 나타낼 때 쓰는 단위다. 빛이 진공 속에서 1년 동안 진행한 거리로, 약 $5.88 \times 1,012$마일$(9.45 \times 1,012\text{km})$ 정도 된다. 대부분의 경우 광년은 지구에서 먼 우주공간의 물체들 사이의 거리를 나타낼 때 쓴다.

허블상수란?

천문학자들은 우주의 나이와 우주공간의 여러 물체들의 속도에 관심을 가져왔다. 허블상수는 미국의 천문학자 에드윈 허블[1889~1953]에 의해 고안되었다. 은하들이 속한 우주는 계속해서 팽창하고 있으므로 관찰자로부터 외부은하에 이르는 거리까지의 후퇴속도 비율로 공간에서 우주의 팽창률을 측정한다. 즉 대표적인 은하가 지구로부터 후퇴하는 속력을 그 은하에서 지구까지의 거리로 나눈다.

허블상수를 이용하면 우주의 나이를 예측할 수 있는데, 우주가 같은 속도로 팽창한다고 가정했을 때 현재의 팽창속도(V)로 은하간 거리(r)를 나누면 은하가 처음 있던 장소에서 그 지점까지 멀어지는 데 걸린 시간(t), 곧 우주의 나이를 구할 수 있게 된다. $t = \dfrac{r}{V} = \dfrac{1}{H}$, 즉 허블상수의 역수로 표시되며, km/s$10^6$광년으로 나타낸다. 만일 그 수가 크면 우주는 매우 젊다는 것을 의미하며, 그 수가 작으면 우주는 아주 오래되었다는 것을 의미한다. 우주의 나이를 측정하는 여러 가지 이론이 있지만, 우주의 실제 나이는 보통 120~200억 년 사이로 간주된다.

가장 최근에 알려진 우주팽창률은 약 20km/sec/10^6광년이다. 이 팽창률에 따라 우주의 나이를 계산하면 약 150억 년이 된다.

햇빛이 지구까지 도달하는 데 얼마나 걸릴까?

태양이 지구에서 평균 93,000,000마일(149,598,770km)이고, 빛의 속도가 약 186,000mile/sec이므로 수학을 사용하여 태양빛이 지구까지 도달하는 데 걸리는 대략적인 시간(t)를 쉽게 구할 수 있다.

$$t = \frac{93,000,000 \text{miles}}{186,000 \text{miles/sencond}} \text{(miles cancel each other out)}$$

$$= 500 \text{seconds}$$

$$= 8.3(\text{분})$$

티티우스 - 보데 법칙이란?

티티우스 - 보데 법칙은 독일의 천문학자 요한 다니엘 티티우스[1729~1796]가 발견했지만, 독일의 천문학자 요한 엘레르트 보데[1747~1826]가 1772년에 공식적으로 발표했다. 이 법칙은 방정식 $a = 0.4 + 0.3 \times 2^n$을 사용하여 태양에서 행성까지의 거리(또는 '반장축'이라고도 한다)를 구하는 간단한 수학적 법칙을 나타낸다. 이때

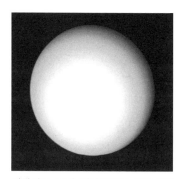

천왕성은 우리 태양계에서 유일하게 티티우스 - 보데 법칙의 적합한 모형에 들어맞지 않는 행성이다.(NASA)

n은 정수, a의 단위는 AU(천문단위)다. 흥미롭게도 태양계에서 해왕성을 제외한 대부분의 행성은 이 법칙에 따른다. 심지어는 소행성대에 있는 소행성들까지 이 법칙에 들어맞는다.

태양에서 행성까지의 거리(단위: AU)

행성	n	티티우스-보데 법칙*	실제 반장축**
수성	$-\infty$	0.4	0.39
금성	0	0.7	0.72
지구	1	1	1
화성	2	1.6	1.52
소행성대	3	2.8	2.8
목성	4	5.2	5.2
토성	5	10	9.54
천왕성	6	19.6	19.2
해왕성	–	–	30.1
명왕성***	7	38.8	39.4

* 처음에는 $a = \frac{n+4}{10}$ 라는 식을 사용했다. 이때 n은 0, 3, 6, 12, 24, 48, …이고, a는 태양에서 행성까지의 평균거리다.

** 이 값들은 공식 $a = 0.4 + 0.3 \times 2n$에 근거한 것으로, $n = -\infty$, 0, 1, 2, 3, 4, 5, 6, 7이다. 계산된 값들은 식 $a = 0.4 + 3 \times n$을 사용하여 구할 수도 있다. 이때 $n = 0, 1, 2, 4, 8, 16, 32, 64, 128$이다. 두 공식 모두 티티우스 - 보데 법칙의 '현대판'이라고 할 수 있다.

*** 명왕성은 오늘날 추가된 것으로, 보데와 티티우스가 살았던 당시에는 명왕성이 발견되지 않았다.

헤르츠스프룽 - 러셀도 Hertzsprung - Russell diagram란?

헤르츠스프룽 - 러셀도는 별들의 절대등급, 광도, 항성 분류, 표면 온도의 수학적 관계를 나타낸 '2차원' 그래프다. 이 그래프는 1911년 덴마크의 천문학자 에즈나 헤르츠스프룽[1873~1967]이 점을 찍어 나타냈으며, 1913년에는 미국의 천문학자 헨리 노리스 러셀[1877~1957]에 의해 독자적으로 만들어졌다. H-R 도표는 별의 종류를 정의하는 데 사용되며, 컴퓨터 모델을 사용한 항성 진화의 이론적 예측을 실제 별의 관측과 비교할 때 사용하기도 한다.

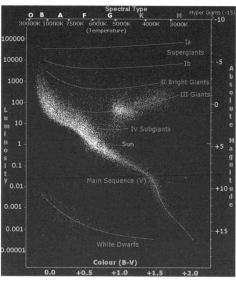

별의 밝기(수직)와 색(수평)의 관계를 보여주는 헤르츠스프룽-러셀도.(cc-by-2.5 Richard Powell)

천문학자들은 다른 행성들까지의 거리를 어떻게 정할까?

물론 천문학자들은 우리 태양계의 행성과 위성까지의 거리를 구하기 위해 수학을 필요로 한다. 니콜라우스 코페르니쿠스는 이와 같은 연구를 한 최초의 천문학자로, 간단한 행성의 위치 관측을 통해 거리를 구했다.

거리를 구하는 초기 방법 중의 하나는 어떤 행성의 공전주기를 사용하는 것이었다. 이것은 태양으로부터 거리의 세제곱의 제곱근에 따라 달라지며, 식 $T=k \times r^{\frac{3}{2}}$으로 나타낼 수 있다. 이때 T는 행성이 태양을 한 바퀴 도는 데 걸리는 시간, r은 태양 중심과 행성 사이의 거리, k는 상수다.

천문학자들은 지구에서 별까지의 거리를 어떻게 구했을까?

태양계 너머 상대적으로 가까이 있는 천체들은 지구가 공전궤도의 한 지점에서 반대지점으로 이동할 때 보다 먼 거리에 있는 천체에 비해 그 위치가 변하는 것처럼 보인다. 이와 같이 관측자가 어떤 천체를 동시에 두 지점에서 보았을 때 생기는 방향의 차를 '시차'라 한다. 별들이 지구와 수십 광년 떨어져 있을 때는 시차를 활용하여 별까지의 거리를 구할 수 있다. 하늘에서 더 멀리 떨어져 있는 천체들은 지구가 공전궤도의 한 지점에서 반대지점으로 이동할 때 그 위치가 거의 변화하지 않기 때문이다.

시차를 활용하여 별까지의 거리를 구하려면 먼저 하늘에서 별의 위치를 알아낸 다음 지구가 공전궤도의 반대편에 놓이게 되는 6개월 후에 다시 별의 위치를 잰다. 만일 태양에서 지구까지의 거리 a와 각 θ가 주어지면 삼각법을 사용하여 지구에서 별까지의 거리 c는 $\dfrac{a}{\cos\theta}$ 로 구할 수 있다.

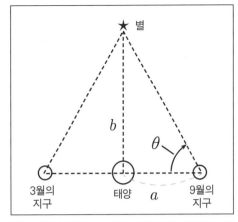

지구가 태양 둘레를 돌 때의 시차를 활용함으로써 별의 위치가 달라지는 것을 측정하여 별까지의 거리를 구한다.

먼 곳에 있는 물체의 크기를 쉽게 계산할 수 있는가?

물체가 실제로 지나치게 작지 않은 한 멀리 떨어져 있는 물체의 크기도 계산할 수 있다. 이 문제의 핵심은 그 물체까지의 거리를 알고 있을 때다. 예를 들어, 누군가가 팔 길이만큼 떨어진 곳에 있는 동전을 집어 들어 200야드 떨어진 곳에서 들고 있으면 동전은 좀 더 작게 보이겠지만, 실제로 크기는 변하지 않았다. 이와 반대로 어떤 물체가 얼마나 커 보이는지, 얼마나 멀리 있는지를 알고 있으면 그 물체의 실제 크기를 알아내기 위한 연구를 진행할 수 있다. 간단히 말해서 이것이 바로 천문학자들이 우주공간에서 먼 거리에 있는 천체의 크기를 알아낸 방법이다.

우주선이 화성에 도착했을 때 한 차례 발생한 '수학적 측정' 오류는?

항공기 제작회사 록히드마틴과 나사 NASA의 제트추진연구소 JPL가 협력하여 만든 화성기후궤도선이 1999년 9월 23일 화성 궤도에 진입을 시도했으나, 대기와 마찰을 일으켜 파괴되고 말았다. 검토위원회는 정밀한 조사를 거친 후 이 사고에 대하여 당황스럽기 이를 데 없는 결론을 내렸다. 프로젝트 팀들이 비행 명령에 서로 다른 측정단위를 사용한 탓이었다. 나사는 미터법 단위를 사용한 반면 록히드마틴은 영국의 표준단위인 야드파운드법을 사용했는데, 아무도 이것을 알아차리지 못했다.

지금까지도 과학자들은 화성 대기의 기후와 날씨 패턴을 연구하기 위해 보낸 그 탐사선에 무슨 일이 일어났는지에 관해서 단지 추측만 할 뿐이다. 탐사선이 화성에서 예정 궤도보다 약 62마일(100km) 못 미치는 36마일(60km) 아래로 떨어져 대기와의 마찰로 추진기가 과열되어 파괴되었다고 주장하는 사람들이 있는가 하면, 탐사선이 대기를 통과(또는 대기를 살핀 다음)한 뒤 다시 우주로 나와 아마도 인공 위성처럼 태양 주위를 돌고 있을 것이라고도 한다.

태양계 밖의 행성들을 발견하는 데는 수학이 어떻게 활용될까?

천문학자들은 항상 태양계 밖의 다른 행성들이나 '외계 행성'을 탐사하는 꿈을 꾸어왔다. 1994년, 폴란드의 천문학자 알렉산데르 볼스찬$^{Alekzander\ Wolszczan,\ 1946~}$은 태양계 밖에 있는 행성들을 처음 발견했다고 발표했다. 이는 처녀자리에 있는 펄서 PSR B1257+12 중성자별을 선회하는 2개의 행성으로, 각각 지구 질량의 3.4배와 2.8배 크기다. 펄서는 지구에서 탐지된 빛의 주기적인 펄스를 보낸다. 볼스찬은 펄스 도착시간으로 주기 변화를 측정하여 행성을 발견했다.

외계 행성계를 탐색할 때 사용되는 몇 가지 주요 방법이 있다. 이 방법들은 모두 수학을 활용한다. 예를 들어, 도플러 편이 방법은 하루, 한 달, 1년 동안 별에서 오는 빛의 파장에서 변화를 측정한다. 파장의 변화는 그 별이 상대 행성과 공통된 질량 중심 둘레를 회전함으로써 나타난다. 우리 태양계에서의 한 예로 가스 자이언트 목성을 들 수 있다. 목성의 거대한 중력으로 인해 태양은 초당 39.4ft(12m)의 속력으로 원의 둘레를 뒤뚱거리며 돈다.

또 다른 탐색 방법은 측성학이다. 밤하늘의 별들은 대체로 멈춰 있는 것처럼 보인다. 하지만 행성계의 행성은 일정 주기를 갖고 궤도를 그리면서 움직인다. 따라서 행성이라고 의심되는 천체가 있다면 그 주변의 고정되어 있는 별을 기준으로 둘 사이의 거리를 측정하여 그 거리에 일정한 주기로 변화가 있는 경우 이 천체는 움직이는 행성계가 된다. 이 경우, 탐색 가능한 최소의 행성 질량은 별에서 행성까지의 거리와 반비례하면서 점점 작아진다. 이와 같은 방법으로 계속 관찰한 결과 2005년까지 150개 이상의 별들을 발견했다.

자연과학 속 수학

지질학과 수학

지질학이란?

지질학을 뜻하는 'geology'는 '땅'을 의미하는 그리스어 geo와 '학문, 이론'을 의미하는 logos에서 유래한 접미사 ology에서 나온 것이다. 일반적으로 지질학은 지구를 연구하는 자연과학의 한 분야다. 오늘날에는 태양계에 도달하는 우주 탐사로켓으로 인해 다른 행성과 위성에 대한 지표면의 특징까지 포함하여 다루고 있다.

지구를 처음으로 정확하게 측정한 사람들은 누구인가?

헬레니즘 시대의 지리학자이자 도서관 사서, 천문학자인 시레네의 에라토스테네스^{기원전 276~194}는 지구에 대한 몇 가지 정확한 측정을 함으로써 '측지학의 아버지'로 불린다. 지구 둘레의 길이를 처음으로 추론하지는 않았더라도 대부분의 역사학자들은 에라토스테네스가 최초로 정확하게 측정한 사람이라고 인정하고 있다.

에라토스테네스는 태양이 머리 바로 위에 있는 하지의 정오가 되면 태양빛이 시레네(오늘날 이집트의 나일 강변에 있는 아스완 지역에 해당한다)에 있는 어느 우물의 바닥에 닿는다는 것을 알게 되었다. 그는 같은 시간에 알렉산드리아에 있는 우물의 그림자와 이것을 비교했다. 시레네에서는 천정에서 태양까지의 거리를 천정에서 정오에 태양이 있는 점까지의 각도로 나타낸 천정거리가 0이라는 것, 이것은 알렉산드리아에서 7°라는 것을 뜻했다. 에라토스테네스는 이들 각도와 두 도시 간의 거리를 측정함으로써 기하학을 이용하여 지구 둘레의 길이가 250,000스타디아라는 것을 추론했다. 나중에 이 수는 252,000스타디아 또는 25,054마일(40,320km)로 수정되었다.

실제로 행성의 둘레 길이는 양극을 지나도록 측정하면 24,857마일(40,009km)이고, 적도를 지나도록 측정하면 24,900마일(40,079km)이다. 그것은 지구가 완전하게 둥글지 않기 때문이다. 이러한 자료를 토대로 에라토스테네스는 지구 지름을 정확하게 구하기도 했다. 그가 측정한 지구의 지름을 7,850마일(12,631km)로 오늘날의 평균값인 7,918마일(12,740km)에 매우 가깝게 추론했다.

과학자들은 지구의 자전속도를 어떻게 측정할까?

지구의 자전속도는 지구의 자전주기에 기초하지만, 관측자가 서 있는 곳에 따라 다르다. 지구의 자전속도는 지구가 자전할 때 각 위도에 서 있는 사람이 회전한 거리를 한 바퀴 도는 데 걸리는 시간으로 나누어 구한다.

예를 들어, 지구의 적도 상에 서 있는 사람은 하루 동안 지구의 둘레 길이[24,900마일(40,079km)]를 한 번 돌게 되므로 자전속도는 마일수를 같은 장소로 되돌아오는 데 걸리는 시간(약 24시간)으로 나눈다. 하지만 두 극 중의 한 곳에 있는 사람은 임의의 속도로 움직이지 못한다. 이것은 하루 동안 이동하는 거리가 거의 없기 때문이다. 정확히 남극 또는 북극에 있는 얼음에 수직으로 박아놓은 막대는 매일 약 0.394인치(1cm)를 이동할 것이다.

지구상의 다른 지역에서는 어떨까? 어떤 사람이 적도에서 두 극을 향해 북쪽 또는

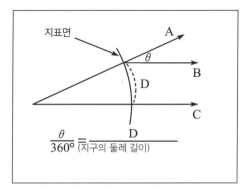

에라토스테네스는 각과 수학에 대한 지식을 이용해 처음으로 지구의 둘레 길이를 정확하게 구했다.

남쪽으로 이동하면 접선 회전속도는 감소된다. 따라서 지구상의 임의의 한 점에서의 회전속도는 그 점의 위도의 코사인만큼 적도에서의 속도를 곱하여 계산한다.

그러나 지구의 자전이 해마다 또는 계절에 따라 항상 같지 않다는 것을 기억해야 한다. 과학자들은 광범위한 기후 조건들에 의한 차이를 포함하여 자전방정식$^{rotational\ equation}$에 다른 요인들이 작용한다는 것을 알고 있다. 예를 들어, 열대 동태평양 적도 부근 해수면 온도가 평년보다 높은 상태가 지속되는 엘니뇨현상이 나타나는 몇 년 동안은 자전속도가 느려질 수 있다. 이것은 1982년과 1983년 사이에 일어났다. 이때 지구의 자전은 1초에 $\frac{1}{5000}$만큼 느려졌다.

지구의 항성일과 태양일의 차이점은?

항성일과 태양일의 차이는 각도 및 지구의 자전과 관계가 있다. 항성일은 별이 남중했다가 다음번에 남중할 때까지의 시간으로 23시간 56분 4.09053초이고, 태양일은 태양이 남중했다가 다음번에 남중할 때까지의 시간이다. 별이 밤에 남중하는 시간은 그 전날 밤보다 조금 빠르다. 그 이유는 지구가 자전하는 동안 태양 주위의 공전궤도를 따라 조금씩 움직이기 때문이다. 이 때문에 평균 태양일은 별에 의한 하루, 즉 항성일보다 4분가량 길다. 태양일과 달리 항성일은 길이가 변하지 않는다. 그 이유는 별이 워낙 멀리 떨어져 있어 지구의 축이 기울어진 것과 타원 궤도에 의한 효과가 무시될 수 있기 때문이다.

지질연대란?

지구 표면에 지각이 형성된 이후부터 현세까지의 기간을 '지질시대'라 부른다. 지질시대를 연수로 나타낸 것이 지질연대다. 지질연대표는 긴 지질시대를 표로 간단히 나타낸 것이다. 지질시대는 지층 내 표준화석의 급격한 변화와 부정합 같은 큰 지각변동을 기준으로 구분한다. 지질시대는 가장 큰 단위인 누대$^{累代, eon}$에서부터 차례로 대$^{代, era}$, 기$^{紀, period}$, 세$^{世, epoch}$, 절$^{節, age}$, 크론^{chron}이라는 작은 단위로 세분된다.

지질연대는 임의적이거나 균일한 연수로 구분되어 있지 않다. 보다 큰 단위의 분류는 지구의 오랜 역사를 통해 산발적으로 발생한 대규모 지각변동을 기준으로 이뤄진다. 이를테면 페름기 말기인 약 2억 4천만 년 전에 지구상에 대재앙이 있었다. 일부 과학자들에 따르면 그 당시 거대한 화산이 폭발했거나 우주 물체가 지구와 충돌함으로써 지구상에 있는 모든 종의 90%에 가까운 수가 죽은 대멸종 사건이 일어났다. 보다 작은 단위의 분류는 특정지역의 암석체나 지층, 암석에서 발견된 것을 토대로 한다. 흔히 지역 이름이나 사람 등의 이름을 따서 붙인다.

지질연대에서 가장 긴 시간대는?

지질연대표에서 가장 긴 시간대는 선캄브리아대다. 이는 45억 5천만 년에서 5억 4천4백만 년까지의 시기를 나타낸 것으로, 지구 역사의 $\frac{7}{8}$에 해당한다. 이 시기에 지구가 형성된 후 지구 표면이 식어 지각이 형성되었으며, 이 시기의 마지막 10억 년 기간에 최초의 단세포 생물이 다세포 생물로 진화했다. 5억 4천4백만 년의 경계시기에는 최초의 식물과 여러 동물 종들을 포함하여 많은 다세포 생물이 진화했다.

지질학자들은 암석층을 파악하기 위해 각도를 어떻게 이용할까?

수학, 특히 기하학은 암석층을 이해하는 데 매우 유용하다. 지질학의 한 분야인 층위학^{stratigraphy}에서는 과학자들이 암석층의 위치 및 시기에 따라 암석층에 영향을 끼친 지질학적 사건들을 파악하기 위해 암석에서의 각도와 지층면을 계량한다. 특히 지

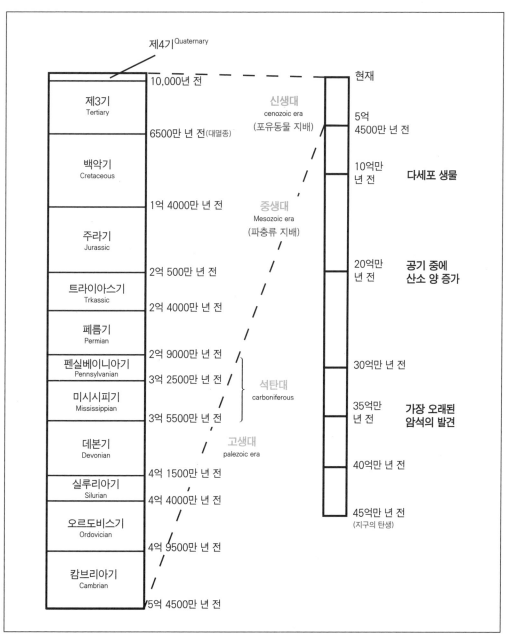

지질연대는 과거 지구상에서 암석의 생성, 지각변동, 생물의 출현 및 멸종 같은 중요한 역사적 사건들을 토대로 하여 절, 세, 기 등으로 구분한다.

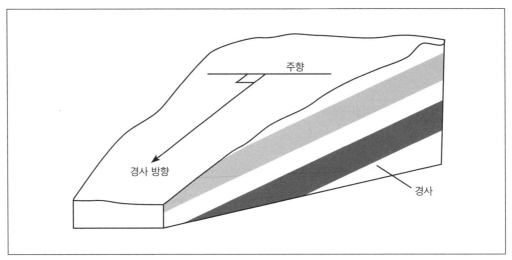

'경사'는 암석층 또는 암맥이 기울어진 각을 말하며, '주향'은 단층이나 사면을 이루는 지층의 구조면과 수평면이 이루는 교선의 방향이다.

질학자들은 주향과 암석의 경사를 계량한다. 주향은 단층(보통 지진에 의해 발생)이나 사면(화산 폭발 시 뜨거운 용암의 융기에 의해 발생) 등 지층면에 포함된 수평선과 진북眞北이 이루는 방향, 즉 지층의 구조면과 수평면이 이루는 교선의 방향을 말한다. 경사는 지층면 또는 암맥이 수평선과 기울어진 각, 즉 지층의 구조면과 수평면이 이루는 각을 말한다.

결정의 모양은 어떻게 분류될까?

광물 연구에서 기하학은 매우 중요한 역할을 한다. 광물의 종류에 따라 특징적인 결정형이 나타나기 때문이다. 광물 원자가 특별한 패턴 및 내부 구조로 결합되어 있을 때 특정한 결정형을 띤다. 결정형은 화학과 광물 원자의 구조 또는 심지어 결정이 성장하는 환경 등 여러 가지 요인에 의해 결정된다.

일반적으로 모든 결정의 각 면 사이에는 특별한 각이 있다. 광물학자들은 광물의 결정 형태를 32가지 대칭족으로 구분하며, 이 정보를 이용하여 광물을 알아내고 분류한다. 결정은 결정 중심(또는 축)을 통과하는 가상의 직선을 토대로 다시 7개의 체계, 즉 입방정계(또는 등축), 사각형 모양, 사방정계, 단사정계, 삼사정계, 육각형 격자, 삼방정계(또는 능면체)로 세분되기도 한다. 예를 들어, 입방정계에 속하는 결정에서는 3개의 축이 직각을 이뤄 교차하며 축의 길이는 모두 같다. 따라서 이 결정은 모든 변의 길이가 같은 상자 모양 또는 정육면체로 생각할 수 있다.

광물 내 분자의 기하학적 배열을 보면 광물의 결정 형태를 알 수 있다.

캐럿이란?

보석, 진주, 금 등 몇몇 광물의 무게를 나타내는 측정 단위다. 캐럿은 원래 저울이 없던 시대에 중동지역의 고대 상인들이 캐럽나무의 열매를 이용하여 보석의 중량을 잰 질량 단위였다. 무게 측정에서 1캐럿은 $3\left(\frac{1}{5}\right)$트로이 그레인과 같고, 4그레인(종종 '캐럿 그레인'이라고도 함)으로 나눠지기도 한다. 다이아몬드와 기타 보석은 캐럿과 캐럿의 분수로 나타내며, 진주는 캐럿 그레인으로 계량한다.

금의 캐럿은 금의 순도를 나타내는 단위로, 순금은 24캐럿으로 잰다. 예를 들어, 24캐럿 금은 순금(금세공인들의 기준에 따르면, 실제로 24캐럿 순금은 잘 변하여 그 모양을 고정시키기가 어려워 $\frac{22}{24}$는 금, $\frac{1}{24}$은 구리, 또 다른 $\frac{1}{24}$은 은을 혼합한 합금을 말한다)이고, 18캐럿 금은 75% 순도이며, 14캐럿 금은 58.33% 순도이고, 10캐럿 금은 41.67%가 순금이다.

모스경도계 ^{Mohs hardness scale}란?

독일의 광물학자 프리드리히 모스^{Friedrich Mohs, 1773~1839}가 고안한 것으로, 광물의 경도를 측정하는 10가지 종류의 표준 광물을 말한다. 이 광물들을 통해 광물의 단단함 또는 내스크래치성을 판단하며, 종종 광산이나 실험실에서 가장 빠른 방법으로 광물을 확인할 때 사용한다. 하지만 이 척도는 어디까지나 상대적인 단단함을 나타내므로 각 광물에 부여된 수들이 실제 내스크래치성과 비례하는 것은 아니다. 이를테면 4도의 형석이 3도의 방해석보다 정확히 몇 배 단단한지는 알 수 없다. 이 척도를 통해 높은 수의 광물로 낮은 수의 광물을 긁으면 흠집이 난다는 것을 알 수 있다. 실제로 활석으로 석고를 긁으면 석고에 흠집이 나지 않지만, 석고로 활석을 긁으면 흠집이 생긴다.

광물	굵기
활석	1
석고	2
방해석	3
형석	4
인회석	5
정장석	6
석영	7
황옥	8
강옥	9
금강석	10

지질학에서 모델링과 시뮬레이션은 어떻게 사용될까?

다른 많은 과학 분야에서와 마찬가지로 지질학에서도 수학적 모델링과 모의실험을 이용하여 과거, 현재, 미래에서 일어나는 물리적 사건들의 복잡성을 이해한다. 예를 들어, 지상과 지하에 흐르는 물의 근원, 분배, 소멸 과정을 연구하는 수문학자들은 모형을 이용하여 우물에서 퍼 올리는 지하수의 증가가 미치는 영향에 대해 모의실험을 한다. 그들은 모의실험을 이용하여 한 우물에서 어느 정도의 지하수를 퍼 올릴 수 있는지, 또는 앞으로 환경에 해가 되지 않는 범위 내에서 어느 정도의 지하수를 퍼 올릴 수 있는지를 결정할 수도 있다. 또 다른 수문학자들은 물이 해안선이나 물가를 어떻게 침식시키는지를 알아보기 위해 강이나 만, 간만의 차가 있는 큰 강의 어귀에서 물의 흐름을 파악하기 위한 모델링을 사용하기도 한다. 또 다른 연구가들은 화산이 폭발하는 동안 화산 위의 눈이 얼마나 녹는지, 녹은 눈이 흙이나 돌 등을 모아 거주 지역으로 얼마나 흘러 보내는지 등에 대한 모형을 만들기도 한다.

지질학자들은 지진의 진도를 어떻게 측정할까?

지질학자들은 잠재적인 피해를 비교·판단하기 위해 지진의 강도를 측정한다. 초기 강도 측정 표준방법 중의 하나는 1902년 이탈리아의 지진학자 주세페 메르칼리 Giuseppe Mercalli가 고안한 것으로 '메르칼리 진도 Mercalli Intensity Scale'라 하며, 그 뒤 이 척도는 각 나라의 사정에 맞게 수정하여 '수정 메르칼리 진도 modified Mercalli intensity'라는 이름을 붙여 사용하고 있다. 로마 숫자 I 에서 XII 까지의 수를 사용하며, 사람이 감응하는 정도 및 건물의 피해 정도에 따라 지진의 강도를 나타낸다. 예를 들어, 진도 V는 거의 모든 사람이 느낄 수 있으며, 그릇이나 창문이 깨지고, 불안정한 물체는 넘어지며, 나무나 전신주 등 높은 물체의 흔들림이 감지된다.

그러나 과학자들은 진도가 지역에 따라 느껴지는 진동의 세기 및 피해 정도를 나타내는 주관적·상대적 개념이 아닌 절대적 척도이기를 바랐다. 지진의 강도를 절대적 수치로 나타내기 위해 개발한 최초의 척도는 미국의 지진학자 찰스 리히터 Charles Francis Richter, 1900~1985와 독일 출신의 지진학자 베노 구텐베르크 Beno Gutenberg, 1889~1960가 고안했다. 1935년, 이들 과학자는 별의 밝기를 등급으로 나타낸 천문학자들의 연구에서 등급에 대한 아이디어를 얻어 진앙으로부터 특정 거리까지 얼마나 빨리 이동하는지를 지진계로 측정한 것으로 지진 등급을 정의했다.

리히터 규모는 자 등의 물리적 눈금이 아닌 로그를 이용한 수학적 개념이다. 리히터 지진계 상의 각 수에 대하여 1이 증가하면 지진의 세기가 10배 강해진다는 것을 나타낸다. 그 수들은 진앙으로부터 100km 정도 떨어진 지점에서 지진계에 기록된 지진파의 최대 진폭을 나타낸다. 일반적으로 지진계를 정확한 간격으로 설치하기는 불가능하므로 강도는 지진이 발생할 때 방출된 에너지에 의해 특별한 지진파들의 도착시간 차이를 적용하여 계산한다.

종종 지진이 발생할 때 방송매체에서 리히터 규모를 언급하지만, 오늘날은 지진에 의한 운동수학을 바탕으로 한 보다 정밀한 척도인 '모멘트 규모 Moment magnitude scale'를 사용한다. 모멘트 규모는 지진이 발생할 때 방출되는 에너지의 크기, 즉 모멘트를 측정한다. 과학자들은 때때로 대중에게 지진에 의한 사건들을 설명할 때 모멘트 규모를 사용하지만, 개념을 설명하기가 너무 어려워 리히터 규모로 전환하기도 한다.

해수면sea level이란?

일반적으로 해수면은 바닷물의 표면을 말하지만, 측지학적으로는 어떤 한 지점에서의 바닷물의 표면 높이를 말한다. 바다에는 밀물과 썰물이 존재하여 해수면의 높이가 항상 바뀐다. 해수면은 지구의 표면적 측정을 위한 토대가 되기도 한다. 그 이유는 해수면이 해발고도와 대양의 깊이를 알고자 할 때 기준점으로 사용되기 때문이다.

과학자들은 여러 장소에서의 고도 및 가장 높은 지점과 가장 낮은 지점에서의 고도의 평균적인 높이로 해수면을 나타낸다. 지구상에서 가장 고도가 높은 곳은 네팔과 티베트에 걸쳐 있는 에베레스트 산으로 해수면 위로 29,022피트 7인치(8,846m)만큼 솟아 있고, 육지에서 가장 고도가 낮은 곳은 이스라엘과 요르단에 걸쳐 있는 사해로 해수면보다 1,299ft(396m)나 낮다. 해수면 아래에서 가장 깊은 곳은 태평양에 있는 마리아나 해구로 해수면 아래로 36,201ft(11,033m)나 깊은 곳에 있으며, 계곡처럼 좁고 길게 움푹 들어가 있다.

높이가 29,022ft인 네팔의 에베레스트 산은 해수면을 기준으로 높이를 잴 때 지구상에서 가장 높은 산이다.

평균해수면이란?

평균해수면^{MSL}은 조석에 의해 생기는 다양한 모든 변화에 대한 해수면의 평균을 의미한다. 국소적으로 평균해수면은 제시된 시간 동안 한 지점 또는 여러 지점에서 조석의 변화를 기록하는 '검조의'라는 기계로 측정한다. 결과 값은 해수면에서의 풍파와 기타 주기적인 변화로 나타난 값들의 평균을 계산한 것이다. 평균해수면의 일반적인 값들$^{overall\ values}$은 기준 수준면에서의 높이를 정확히 구한 다수의 수준점^{benchmark}에 대하여 측정된다. 따라서 과학자들은 실제로 평균해수면이 달라지는 것은 지구 온난화 영향 등의 요인으로 해수면의 변화 또는 지반의 융기와 같이 육지에 있는 게이지에 나타나는 높이 변화 때문임을 알고 있다.

수학적으로 평균해수면을 알아보기 위한 훨씬 완벽한 방법이 있다. 지구의 모양에 대해 연구하는 측지학자들은 평균해수면을 평균해수표면$^{mean\ sea\ surface,\ MSS}$과 지오이드^{geoid}의 높이 차로 구한다. 지오이드는 지구의 평균해수면에 근접한 타원 모양의 수학적 모형이다. 이 차는 지구가 기하학적으로 완전한 구형이 아니기 때문에 발생한다. 이를테면 멕시코 만류의 대서양 북부는 남부에 비해 3.3ft(1m)만큼 낮다. 따라서 평균해수표면^{MSS}은 '수준면'이 아니다. 지구를 둘러싸는 해수면의 높이는 중력 이외에 조석^{潮汐}·조류·기압·해수밀도·해수온도 등의 영향에 따라 변하기 때문이다. 하지만 장기간에 걸친 평균을 계산하면 주기적인 영향을 미치는 것이 상쇄되어 거의 하나의 수준면에 따른다고 볼 수 있다. 흥미롭게도 평균해수면과 지오이드의 차이는 전 세계적으로 6.56ft(2m) 이상 나지 않는다.

과학자들은 지구 기후가 변하고 있다는 것을 판단하기 위해 평균해수면을 어떻게 이용할까?

과학자들은 특히 지구 기후변화와 관련하여 장기 평균해수면 변화에 관심이 많다. 이러한 장기 측정을 통해 과학자들은 지구 온난화가 인간이나 천연자원이 배출하는 '온실' 가스에 의한 결과라는 생각과 관련지어 여러 기후모형을 예측하려고 한다.

평균해수면의 변화는 두 가지 방법으로 판단할 수 있다. 첫 번째 방법은 검조의로 측정한 다음 그 수들의 수학적 평균을 계산하여 해수면의 변화를 판단한다. 가장 최근에 이런 방법을 활용하여 계산결과를 나타낸 그래프를 살펴보면 매년 해수면이 0.669인치(1.7mm)~0.960인치(2.44mm)만큼 상승했다는 것을 알 수 있다. 두 번째 방법은 위성위치확인시스템^{GPS} 장치와 인공위성 고도계 측정을 사용하는 것으로, 이 두 장치는 보다 효율적이고도 빠르게 전 지구 해양의 고도를 정확히 나타낸다. 예를 들어,

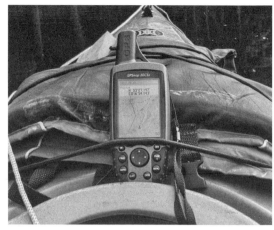

산림 분야 전문가들은 미개발림에서 자신의 위치를 정확히 나타내기 위해 위성위치확인시스템(GPS, Global Positioning System)을 사용한다. GPS는 인공위성 기술을 사용하여 위도와 경도를 알아낼 수 있을 뿐만 아니라 해수면 위 고도까지 알아낼 수 있다.

1994~2004년 사이에 과학자들은 수학적으로 인공위성 고도계 측정을 통해 그래프를 그림으로써 전 지구의 평균해수면이 1.10인치(2.8mm)~1.18인치(3.0mm) 사이의 어디쯤까지 상승했음을 알아냈다.

어떤 방법을 활용하든지 과학자들은 전 지구의 평균해수면이 서서히 상승하고 있다는 것을 알아냈다. 과학자들에 따르면 평균해수면 상승의 약 $\frac{1}{4}$은 바닷물의 수온 상승에 따른 열팽창에 기인하며, 또 다른 $\frac{1}{4}$은 전 세계의 작은 빙하들이 녹아내리면서 상승한다는 것이다. 나무를 태우고 지하수를 퍼 올리며 간척지를 조성하는 것 또한 일부 해수면 상승의 원인이 되기도 한다. 현재 과학자들은 이러한 자료에 대해서만 집중적으로 연구함으로써 정확한 해수면 상승비율에 대해서는 확신하지 못하고 있다. 따라서 수십 년에 걸쳐 해양검조의를 이용하여 기록한 것들로 평균을 계산하고, 변화무쌍한 해양 동역학과 지각의 비틀림에 대해 교정해야 한다.

기상학 속 수학

기상학이란?

기상학은 대기 및 대기 중의 여러 가지 현상을 연구하는 학문을 말한다. 종종 기상학은 지구과학의 일부로 여기거나 날씨 또는 기상예보를 연상시키기도 한다.

공기는 무엇으로 구성되어 있을까?

기상학자들은 공기의 갖가지 구성성분들을 분석함으로써 공기의 혼합성분을 판단한다. 이들 구성성분은 주로 대기의 백분율로 나타낸다. 지상에서부터 처음 40마일(64km)~50마일(80km)까지는 지구 대기 전체 질량의 99%가 분포되어 있다. 이 구간은 고도 12마일(19km)~30마일(50km) 사이의 오존이 집중적으로 분포되어 있는 오존층을 제외하고는 보통 혼합물의 형태로 균일하게 분포되어 있다.

인간이나 기타 동물, 식물들이 사는 대기의 가장 낮은 부분에서 가장 흔하게 발견되는 기체는 질소(78.09%)와 산소(20.95%), 아르곤(0.93%), 이산화탄소(0.03%)이고, 네온, 헬륨, 메탄, 크립톤, 수소, 크세논, 오존 같은 미량의 기체도 발견된다. 대기의 낮은 곳에 존재하는 수증기는 그 양이 매우 적고 변동성이 크다. 높이 올라갈수록 공기가 희박해지면서 구성성분과 각 성분의 양이 달라진다.

온도는 어떻게 잴까?

미시적으로 온도는 공기 분자의 운동에너지 평균을 정하는 척도이며, 거시적으로는 공기기체의 열운동 정도를 나타내는 지표다. 물리학에서는 주로 여러 물체의 온도 및 온도 차이가 있는 물체들의 열전달 측면에서 온도를 생각한다. 열역학은 수학적으로 많은 지식을 필요로 하는 연구 분야다.

어떤 유형의 온도를 논의하든지 간에 많은 사람이 온도를 측정할 때 사용하는 기구는 온도계다. 우리에게 친숙한 온도계는 가늘고 긴 유리관 안에 알코올이나 수은 등의 액체가 담겨 있다. 온도가 올라갈 때나 유리관 주변의 공기가 데워지면 액체가 팽창하여 유리관 위로 움직이도록 되어 있다. 온도를 나타내는 단위는 섭씨온도($\degree$C), 화씨온도($\degree$F), 절대온도(K)의 세 가지가 있다.

종종 비나 눈이 내리지 않을 때 일기예보에서 말하는 습도 100%는 어떤 상태를 말할까?

일기예보에서 현재 습도가 100%라고 하는 것은 모든 공간이 물로 가득 차 있다는 뜻이 아니라 현재 공기 중에 있는 수증기량이 온도의 포화 수증기량과 같다는 뜻으로 비가 올 확률이 높다는 것을 의미한다. 구름이 만들어지고 있어 상대습도 100%가 되기도 한다. 지상 가까이에서의 상대습도가 훨씬 낮으면 지상에는 비가 오지 않을 것이다. 이것은 지상에 아무것도 내리지 않는 지역임에도 종종 도플러 레이더에 비나 눈이 오는 것으로 나타나는 이유이기도 하다.

절대습도와 상대습도는 어떻게 잴까?

기상학의 다른 다양한 측면들과 마찬가지로 절대습도[AH]와 상대습도[RH]를 구할 때 수학을 사용하면 편리하다. 절대습도는 수증기의 양을 특정 기온에서 특정 양의 공기에 포함된 건조공기의 양으로 나눈 것이다. 이 경우 공기가 따뜻할수록 수증기가 더 많이 포함된다.

한편 상대습도는 최대 절대습도에 대한 절대습도의 비로, 이것은 현재 공기 기온에 따라 다르다. 수학적으로 RH는 흔히 포화수증기 밀도에 대한 수증기 밀도의 비로 정의되며, 퍼센트(%)로 나타낸다. 상대습도의 방정식은 다음과 같다.

$$RH = \frac{\text{절대 수증기 밀도}}{\text{포화 수증기 밀도}} \times 100$$

흔히 RH는 어떤 기온에서 공기가 포함할 수 있는 양에 대하여 그 기온의 공기에 포함된 수증기의 양으로 생각한다. 예를 들어, 상대습도가 100%라는 것은 그 지역의 공기가 수증기로 포화되어 있다는 것을 뜻한다.

열파지수 heat index (체감온도)란?

인체는 혈액순환 비율을 조절하여 열을 발산한다. 혈관에 열이 발생해 평균체온인 98.6℉(37℃) 이상이 되면 피부와 땀샘을 통해 땀을 분비시키며, 그래도 안 되면 숨을 헐떡거리기도 한다. 발한은 발산을 통해 몸을 식힌다. 알코올을 피부에 바르면 같은 느낌을 받는 이유는 피부의 수분을 증발시켜 피부가 시원해지기 때문이다.

열파지수HI란 몸이 얼마나 덥게 느끼는지를 측정하기 위해 기온과 상대습도를 결합한 지수를 말한다. 이 지수는 열파지수방정식이라는 수학적 개념을 토대로 한다. 열파지수방정식은 건조한 공기의 기온과 상대습도(%), 여기서는 너무 길어 일일이 나열할 수 없는 여러 생물기상학적 요인들을 적용하여 만든 기다란 방정식이다. 이 방정식을 통해 만들어진 열파지수표는 사람이 '실제로 느끼는' 기온을 나타낸다. 이를테면 상대습도가 60%인 상태에서 기압이 90℉일 때 인체가 느끼는 기온은 100℉ 정도일 것이다.

기상학자들은 사람들이 열파지수에 관심을 갖기를 원하는데, 왜 그럴까? 가장 큰 이유는 신체가 높은 열지수 값에 어떻게 반응하는지와 관계가 있다. 상대습도가 높으면 신체는 피부에서 수분을 증발시키는 것을 줄이기 때문에 자체적으로 몸을 식힐 수 없다. 공기가 덥다고 느끼는 사람도 있을 것이다. 열파지수 값이 점점 올라갈수록 주변의 여러 조건들은 몸이 열을 식힐 수 있는 한도를 넘게 되며, 체온이 올라가게 된다. 이는 일사병이나 열피로 같은 열병의 원인이 된다. 예를 들어, 미국 국립기상청 National Weather Service ; NWS에 따르면 햇빛에 직접 노출될 경우 체감온도가 15℉(9.4℃) 이상 높아질 수 있다. 체감온도가 90℉(32.2℃)~105℉(40.6℃) 사이로 상승하여 일사병 및 열피폐, 열경련을 일으킬 때, 기상학자들의 중요성을 절감할 수 있다.

다음 표는 기온과 습도가 바뀔 때 우리 몸이 어느 정도의 열을 느끼게 되는지를 보여준다. 이때 습도는 백분율(%)로 나타내며, 기온은 화씨온도(℉)로 표시한다.

체감온도

실제 ℉	90%	80%	70%	60%	50%	40%
80°F	85°F	84°F	82°F	81°F	80°F	79°F
85°F	101°F	96°F	92°F	90°F	86°F	84°F
90°F	121°F	113°F	105°F	99°F	94°F	90°F
95°F		133°F	122°F	113°F	105°F	98°F
100°F			142°F	129°F	118°F	109°F
105°F				148°F	133°F	121°F
110°F						135°F

미국 국립기상청에 따르면, 90℉ 이상이 되면 일사병, 열경련, 열피폐가 나타날 수 있다. 105℉ 이상의 기온에서는 열사병에 걸릴 수도 있으며, 130℉의 기온에 오랫동안 노출되면 열사병에 걸릴 확률이 매우 높다.

대기압(또는 기압)은 어떻게 측정할까?

대기압barometric pressure(또는 기압)은 아래쪽 힘을 일으키는 중력과 더불어 땅, 대양 등 아랫부분을 누르고 있는 공기의 무게에 의해 생기는 대기의 압력으로, 이러한 압력을 측정하기 위해 사용된 실험도구의 이름에서 따온 것이다. 어떤 지점에서의 기압은 윗부분의 공기 양에 따라 달라지므로 지표면에서는 고도가 높을수록 낮아진다. 대체로 해수면에서 대기의 압력은 지구 표면의 제곱인치당 14.7파운드다.

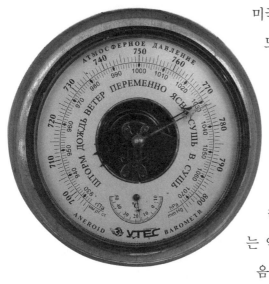

미국 국립기상청은 기압을 제곱인치당 파운드로 측정하지 않고 수은주의 높이로 측정한다. 지상의 기압은 장소와 시각에 따라 변하지만, 평균값은 높이 29.92인치의 수은주가 밑면에 미치는 압력과 같다.

기압은 1643년에 이탈리아의 토리첼리가 발견했는데, 그는 한쪽 끝이 막혀 있는 약 1m의 유리관에 수은을 가득 채운 다음 이것을 수은이 담긴 그릇 안에 거꾸로 세웠을 때, 유리관 내의 수은주가 그릇의 수은 면에서 약 29.92인치 높이까지 내려와 정지하게 된다는 것을 실험으로 처음 확

기압계는 대기의 압력을 측정하는 장치로, 날씨 변화를 예측할 수 있는 고기압과 저기압을 알아내는 데 유용하다.

인했다. 기압을 나타내는 단위는 밀리바^{Millibar} 또는 헥토파스칼^{hPa: Hecto - pascal}을 사용하는데 과학자들은 기압을 측정할 때 주로 헥토파스칼이라는 용어를 사용한다.

우리는 대부분 날씨에 따라 변하는 기압에 친숙하다. 예를 들어, '고기압'과 '저기압'이라는 용어는 종종 어떤 지역을 통과하는 전선^{weather fronts}의 유형을 알려준다. 보통, 기압이 떨어지는 것은 구름이 많아지고 비가 올 확률이 높아지는 것을 의미하며, 기압이 오르는 것은 쾌청한 날씨가 될 확률이 높다는 것을 의미한다. 게다가 사람마다 기압에 대한 느낌이 다르다. 예를 들어, 비행기나 높은 언덕, 심지어 엘리베이터를 타고 오르내릴 때 귀가 불편하거나 통증을 느끼는 것은 기압이 변하고 있다는 증거다.

밀리바를 수은주의 높이로 어떻게 환산할까?

수학적으로 변환하는 것은 간단하다. 해수면에서의 기압은 수은주의 높이가 29.92인치이거나 1013.2밀리바^{mb}다. 예를 들어, 만일 일기도에서 기압이 1,016밀리바라는 것을 보게 되면 1,016에 29.92를 곱하여 수은주 높이(인치)로 환산한 다음 1013.2로

나누면 그 값이 바로 수은주의 높이 30.00이 된다.

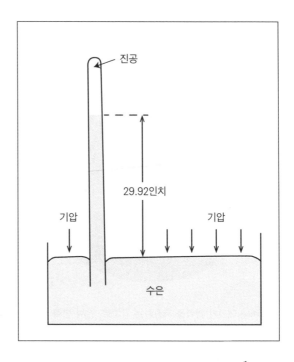

고도에 따라 기압은 얼마나 감소할까?

수학을 이용하여 고도가 낮아질수록 기압이 얼마나 되는지를 계산할 수 있다. 지상에 가까워지면 중력으로 인해 공기 분자에 가해지는 기압은 최대(해수면에서 약 1,000밀리바)가 된다. 약 18,000ft(5,500m) 높이에서 기압은 500밀리바까지 낮아진다. 40마일(64.37km) 지점에서는 지상 기압의 $\frac{1}{10000}$이 된다.

다른 방법으로도 확인할 수 있다. 3,000ft(914.4m)보다 낮은 고도에서는 10ft(3m)씩 올라갈 때마다 대기압이 약 0.01인치씩 낮아진다. 밀리바를 사용할 경우에는 26.25ft(8m)씩 올라갈 때마다 1밀리바씩 낮아진다. 이는 주머니에 기압계를 넣은 채 엘리베이터를 타고 50층 버튼을 누르면 엘리베이터가 올라가는 동안 기압이 약 0.5인치(1.27cm)씩 떨어진다는 것을 의미한다. 또한 이것은 고도가 높은 곳에 위치한 도시의 기압을 기록할 때 큰 차이가 있다는 것을 의미하기도 한다. 예를 들어, 고도가 높은 곳에 위치한 덴버와 콜로라도에서의 기압은 해수면 높이에 있는 도시 기압의 85%에 불과하다.

공기 밀도는 기압과 어떤 관련이 있을까?

'희박한 공기'라는 표현은 실제로 대기의 밀도와 관련이 있다. 즉 지구 표면 가까이에 있는 공기 분자들이 얼마나 '두터운'지와 관련이 있다. 화학에서 밀도는 공기를 포함한 물질의 질량을 부피로 나눈 값을 말한다. 예를 들어, 중력의 끌어당기는 힘으로 인해 해수면에서의 건조공기 밀도는 높다. 미터법에서 해수면 밀도는 약 $1.2929kg/m^3$ 또는 물 밀도의 약 $\frac{1}{800}$ 이다. 그러나 고도가 높을수록 공기 밀도는 감소한다. 수학적으로 말하면, 공기 밀도는 기압에 정비례하고 기온에 반비례한다. 그러나 대기권에서 높이 올라갈수록 기압과 공기 밀도는 낮아진다.

축구선수나 야구선수는 고도가 높은 곳에서 경기를 하면 약간의 이점이 있다. 왜냐하면 공기 밀도가 낮아 덴버, 콜로라도와 같이 해발고도가 높은 곳에서 던진 공은 마이애미, 플로리다 같은 해수면에 가까운 높이에 위치한 도시에서 던진 공에 비해 멀리 날아가기 때문이다. 실제로 덴버 구장에서의 공이 거의 10% 정도 멀리 날아간다.

바람은 어떻게 잴까?

풍속은 지표면에서의 공기 흐름의 속도를 말한다. 즉 단위시간 동안 이동하는 공기의 속도다. 풍향은 바람이 불어오는 방향을 말한다. 예를 들어, 남풍은 남쪽에서 불어와 북쪽을 향해 부는 바람을 뜻한다.

체감추위온도지수 wind chill index 를 계산할 때 사용되는 새로운 식은?

특정 속도로 바람이 불 때 몸으로 느끼는 온도를 '체감추위온도'라고 한다. 풍속이 강할수록 체감추위온도는 점점 '낮아지며', 인체의 노출 부위는 더욱 빠르게 열을 잃게 된다. 수분이 증발될 때, 수분이 증발하는 부위는 약간의 열을 빼앗긴다.

체감추위온도지수라 불리는 새로운 체감추위온도표는 1945년에 만든 표를 2001~2002년 겨울에 다시 만든 것이다. 기존의 체감추위온도지수는 풍속이 4마일

(2km)/h일 때 집 밖에서 빼앗기는 열손실을 중심으로 하여 작성된 것이다.

체감추위온도표는 순수하게 기온과 바람만을 토대로 하여 1939년 미국의 탐험가 폴 사이플^{Paul Allman Siple}과 동료 탐험가인 찰스 패셀^{Charles F. Passel}이 남극대륙에서 만든 것이다. 사이플과 패셀은 남극에서 플라스틱 실린더에 물을 채워 건물 위에 매달고 실험을 했다. 바람과 기온에 따라 실린더의 물이 어는 시간을 5분 간격으로 측정한 다음, 단위 면적당 피부의 열이 손실되는 양을 계산해 체감추위온도를 구하는 식을 만들었다. 이 식은 제2차 세계대전에서 군 작전 계획에 사용되기도 했다.

그러나 이렇듯 극단적으로 단순화시키고, 두 가지 요인에 의해서만 판단하는 것에 대해 신뢰하는 사람은 아무도 없었다. 그래서 패셀과 사이플은 지상에서 10m 정도 되는 높이에서 풍속을 측정하여 좀 더 유효한 표를 만들었다. 그럼에도 여전히 가장 큰 문제는 이렇게 만든 체감추위온도표로는 인체가 기온을 얼마나 감지하는지를 정확히 예측할 수 없다는 것이었다.

그래서 새로운 체감추위온도지수를 만들게 되었다. 이 표는 사람 머리의 평균높이[지상에서 약 5피트(1.52m) 높이]에서 풍속을 계산하는 등 여러 가지 조건을 바꾸는가 하면, 사람의 얼굴 및 기타 여러 가지 '현대적인' 항목들을 토대로 하고 있다. 현재 체감추위온도지수를 구하기 위한 현실적이고도 일반적인 식은 다음과 같다.

$$체감추위온도(°F) = 35.74 + 0.6215 \times T - 35.75 \times V^{0.16} + 0.4275 \times V^{0.16}$$
$$단, \ T: 기온(°F), \quad V: 풍속(mile/h)$$

가장 큰 차이는 최신 온도지수가 초기 온도지수에 비해 좀 더 따뜻한 기온을 나타내기도 한다는 것이다. 하지만 식이나 표가 어찌됐든 결국 기온이 내려가고 바람이 강하게 불면 옷을 따뜻하게 입고 외출해야 한다.

체감추위온도 계산하기

(풍속^{mph})

	0	5	10	15	20	25	30	35	40	45	50	55	60
40°F	36°F	34°F	32°F	30°F	29°F	28°F	28°F	27°F	26°F	26°F	25°F	25°F	
35°F	31°F	27°F	25°F	24°F	23°F	22°F	21°F	20°F	19°F	19°F	18°F	17°F	
30°F	25°F	21°F	19°F	17°F	16°F	15°F	14°F	13°F	12°F	12°F	11°F	10°F	
25°F	19°F	15°F	13°F	11°F	9°F	8°F	7°F	6°F	5°F	4°F	4°F	3°F	
20°F	13°F	9°F	6°F	4°F	3°F	1°F	0°F	−1°F	−2°F	−3°F	−3°F	−4°F	
15°F	7°F	3°F	0°F	−2°F	−4°F	−5°F	−7°F	−8°F	−9°F	−10°F	−11°F	−11°F	
10°F	1°F	−4°F	−7°F	−9°F	−11°F	−12°F	−14°F	−15°F	−16°F	−17°F	−18°F	−19°F	
5°F	−5°F	−10°F	−13°F	−15°F	−17°F	−19°F	−21°F	−22°F	−23°F	−24°F	−25°F	−26°F	
0°F	−11°F	−16°F	−19°F	−22°F	−24°F	−26°F	−27°F	−29°F	−30°F	−31°F	−32°F	−33°F	
−5°F	−16°F	−22°F	−26°F	−29°F	−31°F	−33°F	−34°F	−36°F	−37°F	−38°F	−39°F	−40°F	
−10°F	−22°F	−28°F	−32°F	−35°F	−37°F	−39°F	−41°F	−43°F	−44°F	−45°F	−46°F	−48°F	
−15°F	−28°F	−35°F	−39°F	−42°F	−44°F	−46°F	−48°F	−50°F	−51°F	−52°F	−54°F	−55°F	
−20°F	−34°F	−41°F	−45°F	−48°F	−51°F	−53°F	−55	−57°F	−58°F	−60°F	−61°F	−62°F	
−25°F	−40°F	−47°F	−51°F	−55°F	−58°F	−60°F	−62°F	−64°F	−65°F	−67°F	−68°F	−69°F	
−30°F	−46°F	−53°F	−58°F	−61°F	−64°F	−67°F	−69°F	−71°F	−72°F	−74°F	−75°F	−76°F	
−35°F	−52°F	−59°F	−64°F	−68°F	−71°F	−73°F	−76°F	−78°F	−79°F	−81°F	−82°F	−84°F	
−40°F	−57°F	−66°F	−71°F	−74°F	−78°F	−80°F	−82°F	−84°F	−86°F	−88°F	−89°F	−91°F	
−45°F	−63°F	−72°F	−77°F	−81°F	−84°F	−87°F	−89°F	−91°F	−93°F	−95°F	−97°F	−98°F	

허리케인과 토네이도를 판단할 때 사용되는 주요 척도는?

허리케인과 토네이도의 강도 및 잠재적 피해를 판단할 때 이용되는 두 가지 중요한 척도가 있다. 사피어 – 심슨 허리케인 등급은 허리케인의 강도를 1~5의 수로 나타낸 분류체계다. 이 등급은 토목공학자 허버트 사피어[1917~2007]와 미국의 국립 허리케인센터 관장인 로버트 심슨이 함께 고안했다.

등급을 나타내는 수는 허리케인의 최대풍속에 따라 정해지며, 허리케인이 상륙한 해안을 따라 예측되는 잠재적 피해와 홍수 양을 추정하는 데 사용된다.

사피어 - 심슨 허리케인 등급

등급	평균풍속	중심기압	효력
1	74~95mph (119~153kph; 65-83knots)	>980mb	파도 높이는 4~5ft. 최소의 피해. 수풀과 관목이 약간의 피해를 입음. 고정시키지 않은 이동주택이 날아갈 수도 있음. 태풍해일로 침수되고 방파제가 파손되는 피해를 입을 수 있음
2	96~110mph (154~177kph; 84~95노트)	980~ 965mb	파도의 높이는 6~8ft. 농작물이 상당한 피해를 입음. 일반 주택의 지붕과 유리창, 문이 파손될 정도. 이동식 주택과 약하게 지어진 부두나 방파제가 심각하게 파손됨. 해안가나 지대가 낮은 지역은 허리케인의 중심이 해안가에 도착하기 2~4시간 전에 침수됨
3	111~ 130mph (178~209kph; 96~113노트)	964~ 945mb	파도의 높이는 9~12ft. 소형주택과 공공건물이 구조적으로 손상을 입음. 나무에서 몸이 떨어지고 커다란 나무들이 쓰러지기도 함. 이동주택이 파손됨. 해안가나 지대가 낮은 지역은 허리케인의 중심이 해안가에 도착하기 3~5시간 전에 침수됨. 저지대에 사는 사람들은 안전지대로 대피해야 함
4	131~ 155mph (210~249kph; 114~134노트)	944~ 920mb	파도의 높이는 13~18ft. 소형주택의 지붕이 완전히 날아가기도 함. 나무와 간판이 바람에 날아가고, 이동식 주택이 파괴되며, 문과 창문이 파괴됨. 해안가나 지대가 낮은 지역은 허리케인의 중심이 해안가에 도착하기 3~5시간 전에 침수됨. 해수면보다 10ft 낮은 지역에 사는 사람들은 침수되기 전에 모두 안전지대로 대피해야 함. 해안에서 6마일 떨어진 내륙에 있는 주택들도 영향을 받을 수 있음
5	>155mph (>249kph; >135노트)	< 920mb	파도의 높이는 18ft 이상. 많은 주택과 상가들의 지붕이 손실됨. 소형 건물이나 설비들이 완전히 파괴되고, 모든 농작물이 심각한 피해를 입음. 저지대에 있는 주택이나 해수면보다 15ft 아래에 있는 기타 건물들, 해안에서 500야드 내에 있는 건물들은 심각한 피해를 입음. 이재민이 발생함

후지다 피어슨 토네이도 등급 또는 'F - 등급'은 토네이도의 풍속을 나타낼 때 사용된다. 일본 출신의 미국 시카고 대학 기상학 교수인 데쓰야 후지타[Tetsuya Theodore Fujita, 1920~1998]가 1971년에 친구 앨런 피어슨[Allen Pearson, 1925~]과 함께 풍속과 피해액을 토대로 하여 토네이도의 강도를 분류하는 6단계 관측 기준표를 개발했다.

후지타는 음속으로 부는 바람의 강도에 따라 12등급으로 나타낸 보퍼트 풍력등급을 자신의 분류와 연결시켜 개발했다. 그는 예상되는 피해를 입기 위해서는 바람이 어느 정도로 불어야 하는지를 산정하여 각 등급을 정했다. 후지타 등급은 나중에 토네이도 경로의 길이와 폭을 나타내는 피어슨의 등급과 통합되었다.

후지타 토네이도 등급

F-등급	강도	바람의 세기	빈도	피해 내용
F0	약한 gale 토네이도	40~72mph (64~116kph; 35~62노트)	29%	나뭇가지가 부러지고 지붕이나 창문 등이 파손되며, 간판이 파손되는 등의 피해를 입음
F1	보통급 moderate 토네이도	73~112mph (117~180kph; 63~97노트)	40%	나무가 뿌리째 뽑히고, 자동차가 전복되거나 도로 밖으로 밀려나감. 이동식 건물이 무너지거나 뒤집히고 지붕 겉부분이 파손됨
F2	상당한 significant 토네이도	113~157mph (181~253kph; 98~136노트)	24%	이동식 주택 및 헛간, 기타 작은 건물들이 파괴되고, 집의 지붕이 떨어져 나감. 큰 나무가 부러지고 뿌리가 뽑히며, 기차가 철로에서 탈선됨. 가벼운 물체들이 미사일처럼 날아다님
F3	심한 severe 토네이도	158~206mph (254~332kph; 137~179노트)	6%	집의 지붕과 담이 허물어지고, 금속 구조 건물이 심각한 피해를 입거나 붕괴됨. 숲과 경작지가 파괴되고, 자동차는 뒤집히며, 기차는 뒤집어짐
F4	파괴적인 devastatin 토네이도	207~260mph (333~419kph; 180~226노트)	2%	잘 지어진 집이 완전히 파괴되며, 자동차가 멀리 날아가고, 기초가 약한 구조물들이 뽑혀 날아감. 규모가 큰 철근 콘크리트까지 내동댕이쳐짐
F5	믿어지지 않는 incredible 토네이도	261~318mph (420~512kph; 227~276노트)	<1%	주택이 파괴되고, 심지어 기초가 탄탄한 주택들마저 뽑혀 멀리 날아감. 큰 사무실 및 기타 건물들도 큰 피해를 입음. 나무껍질이 벗겨지며 자동차 및 자동차만 한 물체가 멀리 날아감
F6	상상할 수 없는 inconceivable 토네이도	319~379mph (513~610kph; 277~329노트)	>1%	나타날 확률이 매우 희박함. 피해를 입은 지역을 알아볼 수 없으며, 여러 가지 공학적 연구를 통해서만 그 지역임을 밝힐 수 있음. 추가 피해의 원인이 되는 자동차, 대형 설비, 기타 큰 물체들과 함께 주변이 F5등급 강도의 토네이도로 피해를 입은 지역으로 둘러싸여 있음

기상예보에서 처음으로 수학이 사용된 것은 언제일까?

영국의 기상학자 루이스 프라이 리처드슨[1881~1953]은 날씨를 예측하기 위해 수학을 처음으로 사용한 사람 중 한 명이다. 1922년, 리처드슨은 날씨를 예언하기 위해 미분방정식 사용을 제안했고, 자신의 아이디어를 《수치적 수단에 의한 기상예보*Weather Prediction by Numerical Process*》라는 책으로 엮어 출판했다. 그는 기상관측소의 관측자가 제공하는 초기 조건에 대한 데이터를 이용하여 며칠 뒤의 날씨를 예측할 수 있다고 주장했다.

그러나 리처드슨의 방법은 당시에 컴퓨터가 없어 손으로 직접 계산한 탓에 매우 지루하고 오랜 시간이 걸리는 소모적인 작업이었다. 또 계산이 너무 느린 나머지 대부분은 예보를 위한 값으로 활용되지 못했다. 그는 관측 지점을 3,200개로 나누고, 6만 4천 명의 인원을 동원해서 관측 데이터를 계산하도록 하는 일기예보센터를 제안했다. 결과는 참담한 실패로 끝나고 말았음에도 그의 아이디어는 오늘날 기상예보의 토대가 되었다.

수치예보란?

수치모델을 이용하여 날씨를 예측하는 것을 말한다. 날씨 예측에 필요한 변인들의 수는 말할 것도 없고, 관련 수학이 매우 복잡한 탓에 모든 수치적 모델 연구는 고속 컴퓨터를 사용한다. 컴퓨터는 일련의 방정식을 해결하여 컴퓨터 기상모델에 의해 날씨

토네이도의 강도는 회오리바람으로 인한 피해 정도와 풍속을 고려한 후지타 피어슨 토네이도 강도등급에 따라 판단한다.

조건이 시간의 흐름에 따라 어떻게 변할 것인지를 보여준다.

컴퓨터 모델은 어떻게 기상예보를 할까?

일반적으로 날씨를 예측하기 위해 사용하는 컴퓨터 모델은 기온, 압력 등의 기본 변인들이 시간이 경과하는 동안 대기에서 어떻게 변하는지를 나타내는 약 7개의 방정식을 사용한다. 과학자들은 대기역학에서의 모든 절차를 물리적·수학적으로 어떻게 나타낼 수 있는지에 대해 연구했다.

사실, 컴퓨터 모델을 사용한다고 해서 날씨를 완벽하게 예측할 수 있는 것은 아니다. 그것은 초기조건(또는 모델이 날씨 예측을 하기 위해 관측한 값)의 오차 및 모델 자체의 고유값 오차(컴퓨터 모델은 날씨를 제어하는 모든 요인을 고려할 수 없다) 등 여러 가지 요인에 기인한다. 장기예보는 이들 두 가지 오차가 시간이 경과하는 동안 수학적으로 결합되므로 훨씬 부정확하다.

기상예보 모델의 예로는 어떤 것들이 있는가?

많은 곳에서 기상 예보가 이뤄지고 있는 까닭에 전 세계 기상학자들은 다양한 컴퓨터 모델을 사용하고 있다. 예를 들어, 미국 기상청의 기상예보는 국립환경예보센터 National Centers for Environmental Prediction; NCEP에서 수행한다. NCEP는 정확한 기상예보를 하기 위해 매일 여러 가지 서로 다른 컴퓨터 모델을 가동한다. 그중에는 단기예보 또는 장기예보를 위한 것들도 있고, 전 지구나 반구 예보를 하는 것들이 있는가 하면, 지역예보를 하는 것들도 있다. 그들 모델 중에는 수학의 비중이 매우 높은 컴퓨터 모델들도 있다.

NGM NGM(또는 중첩격자모델)은 관측치들을 같은 간격으로 놓인 여러 점에서의 값으로 변환시켜 컴퓨터 프로그램이 보다 쉽게 그 값들을 방정식에 적용하도록 한다. 이 모델은 현재 사용되지 않고 있다.

ETA ETA 모델은 산 등의 지형적 특성을 고려하는 수학 좌표계인 ETA 좌표계의 이름을 따서 붙인 것이다. NGM 모델과 유사하며, 같은 대기 변수들을 예보하지만, 격자 간격을 더욱 좁혀 보다 자세하게 예보할 수 있다.

AVN, MRF, GSM AVN, MRF[Medium range Forecast](중기예보), GSM[Global Spectral Model](전 지구 분광모델)은 데이터를 수많은 수학적 파동곡선[waves]으로 전환시킨다. 그런 다음 이들 모델은 파동곡선을 기상도를 만드는 방법으로 변환시킨다.

ECMWF ECMWF[European Centre for Medium-Range Weather Forecast](유럽중기예보센터)는 전 세계에서 가장 발전된 기상예보 모델 중 하나로 여겨지고 있다. 대부분 북반구를 대상으로 사용된다.

UKMET UKMET[United Kingdom meteorology offices](영국 기상청) 모델은 전 북반구에 대하여 예보한다.

MM5(5세대 메소스케일 모델) 사실 MM5[Mesoscale Model #5]와 WRF[Weather Research Forecast model]는 같은 모델이다. MM5는 남극대륙 같은 보다 좁은 지역에서의 예보를 위해 오랫동안 연구해온 컴퓨터 모델이고, WRF(기후예측모델)는 연구용만이 아닌 MM5의 운영 모델 명칭이다.

생물학 속 수학

생물학이란?

생물학은 생물 및 그것이 나타내는 생명현상을 연구하는 학문 분야다. 생물의 특성 및 행동을 연구하며, 개체군, 종, 개체가 어떻게 발생하고 진화하는지, 그리고 환경 및 생물 사이의 상호작용에 관하여 연구한다.

수리생물학이란?

여러 수학적 기법을 사용하여 자연생물학적 과정을 모형화한 다음 여러 측면으로 해석하는 학제적 분야인 생물수학의 또 다른 명칭이다. 수리생물학은 수학자, 물리학자, 생물학자 등이 자신들의 전문분야 내의 여러 학문에 따라 연구를 수행한다. 이들 과학자들은 혈관 형성 모델과 약물요법에 대한 적용, 심장의 전기생리학 모델링, 신체 내의 효소반응 탐구, 질병의 확산을 추적하는 모델 개발 등의 문제를 연구한다.

개체군역학이란?

수리생물학에서 흥미로운 분야 중 하나는 개체군역학이다. 개체 수는 어떤 구역 내에 있는 특정 종들의 각 개체군에 속하는 각각의 수를 말하는 것으로, 개체군역학은 한 개체군 또는 여러 개체군의 생물학적 변인들의 장·단기 변화에 대하여 연구하는 학문이다.

사실 개체군역학은 여러 세기에 걸쳐 존재했다. 예를 들어, 오랫동안 인간이나 기타 동물 개체군의 몸무게나 나이를 비교하는 연구 또는 시간이 흐르는 동안 그 개체군이 얼마나 증가하고 감소하는지에 대한 연구가 진행되었다. 인간과 관련하여 인구수 연구에서의 두 가지 단순 유입 변인은 탄생률과 이주해오는 비율이고, 두 가지 기본 유출 변인은 사망률과 타지로의 이주율이다. 이때 유입량이 유출량보다 크면 인구수는 증가하고, 유출량이 유입량보다 많으면 인구수는 감소한다.

개체군역학은 수학을 어떻게 사용할까?

개체군역학은 관측과 수학, 특히 미분방정식을 결합한 것이다. 이를테면 과학자들은 어떤 지역의 인구수가 10년 후에 얼마가 될 것인지를 알아보기 위해 지수모델이라는 수학적 모델을 사용한다.

그레고르 멘델

오스트리아의 수도사 그레고르 요한 멘델[1822~1884]은 1857~1865년에 수도원 뒤뜰에서 유전법칙의 발견을 이끈 완두콩 실험을 수행했다. 멘델은 서로 다른 34가지 완두콩을 타가수분시켜 새로운 변종이 나타나는지를 관찰했으며, 형질의 변화 없이 반복적으로 자자손손 전달되도록 식물을 자가수분 시킴으로써 순수계통의 키, 색 등과 같은 구체적인 형질을 분석했다.

	암 A	암 a
수 A	AA	Aa
수 a	Aa	aa

멘델의 유전법칙을 간단히 나타낸 행렬(matrix)

멘델 이전의 과학자들은 어떤 종의 유전형질은 혼합과정에 따른 결과이며, 시간이 흐르는 동안 부모로부터 받은 다양한 형질이 희미해져간다고 생각했다. 멘델은 실험을 통해 형질이 일련의 특별한 유전법칙을 따른다는 것을 보여주었다. 또한 연구를 통해 형질을 수학적 행렬로 설명할 수 있었으며, 그 식물에서 어떤 형질이 우성이 되고 어떤 형질이 열성이 되는지를 알아냈다.

그러나 당시 크게 대두된 혼합유전 때문에 다윈을 비롯한 자연주의자들은 멘델의 이론을 그릇된 것이라고 믿었다. 멘델은 자연과학사협회지에 논문을 게재했지만, 아무도 관심을 갖는 사람이 없었다. 결국 멘델은 수도원장으로 승진했을 즈음 원예와 과학을 포기했다. 1900년경, 연구를 진행하던 세 명의 생물학자들(네덜란드의 식물학자 휘호 더프리스[Hugo De Vries], 오스트리아의 에리히 폰 체르마크[Erich von Tschermark], 독일의 식물학자이자 유전학자인 카를 코렌스[Carl Correns])이 각각 독자적인 연구를 통해 놀랍게도 거의 동시에 멘델이 발견한 것과 같은 규칙을 재발견했다. 그러나 그들은 자신들의 결과물을 발표하기 전에 멘델의 연구에 대하여 알게 되자 순순히 멘델의 공을 인정했다. 그래서 오늘날 멘델은 정당하게 '유전학의 아버지'로 인정받고 있다.

피셔의 자연선택의 기본정리란?

1930년, 진화생물학자이자 유전학자, 통계학자인 로널드 피셔[Ronald Aylmer Fisher]는 최초로 자연선택의 기본정리를 제안했다. 이 정리는 어떤 생물집단에서의 진화론적 변화율은 유전적 차이를 나타내는 양과 정비례한다는 수학적 개념이다. 이로 인해 피셔는 현대통계학의 토대를 형성한 것으로 인정받고 있다.

존 홀데인이 유전학에 기여한 업적은?

영국의 생리학자 존 스콧 홀데인[John Scott Haldane]은 로널드 에일러 피셔[1890~1962], 현대 집단 유전학의 창시자인 시월 그린 라이트[Sewall Green Wright, 1889~1988]와 함께 개체군 유전학을 고안했다. 또 기타 연구업적으로 《진화의 원인[The Causes of Evolution]》이라는 유명한 책을 펴냈는데, 이 책은 '현대판 진화론 종합설[Modern Evolutionary Synthesis]'로 유명해진 최초의 연구 성과였다. 홀데인은 생물학적 유전형질에 대한 토대를 형성하기 위해 찰스 다윈의 자연선택에 의한 진화론을 받아들여 그레고르 멘델이 주장한 유전이론의 수학적 중요성을 제시했다.

찰스 다윈은 유전학에 대한 멘델의 아이디어를 바탕으로 진화론을 만들었다.

컴퓨터 생명공학(계산생물학)이란?

컴퓨터 생명공학은 주로 컴퓨터로 하는 계산과 관련된 생물학 연구를 말한다. 많은 생물학자들은 생물학적 데이터를 조작하고 분석하기 위해 알고리즘과 소프트웨어를 개발하는 컴퓨터 생명공학을 연구한다. 또 분자생물학 과정을 분석하고 시뮬레이트하기 위한 몇몇 수학적 방법을 개발하고 적용하기 위해 컴퓨터를 사용하기도 한다.

이와 같이 생물학과 컴퓨터를 결합하는 또 다른 중요한 이유는 인간 및 기타 생물의 게놈(한 생물이 가지고 있는 모든 유전정보)과 관련이 있다. 과학자들은 게놈지도를 그리기 위한 위대한 과제를 수행하기 위해 컴퓨터를 사용하여 유전자 DNA의 염기배열을 결정하고, 컴퓨터로 게놈을 분석하며 단백질 구조를 분석하는 연구를 해오고 있다.

또한 수많은 기타 과제를 수행하는 데도 컴퓨터의 계산 수행능력이 필요하다. 예를 들어, 인간과 기타 유기체에서 새롭게 발견한 단백질의 구조와 기능 및 생체구조^{RNA}의 배열을 예측하기 위한 방법을 개발하고, 진화관계를 조사하기 위한 계통수를 만드는 데도 컴퓨터가 사용되고 있다.

생물정보학이란?

컴퓨터를 이용하여 생물학과 정보과학을 결합하여 발전한 분야다. 지난 몇십 년 동안 생물학자들은 분자생물의 발전 및 컴퓨터의 발달로 여러 종의 게놈의 대부분을 지도로 나타내는 등의 과제를 수행했다. 그중 사카로미세스 세레비시아^{Saccharomyces} ^{cerevisiae}라는 빵효모는 빠짐없이 정렬되어 있다.

인간도 예외가 아니다. 인간 게놈 프로젝트는 2003년에 완성되었다. 30억 개나 되는 소단위체^{DNA}의 완전한 서열을 밝혀냈고, 모든 인간 유전자를 확인한 다음 더욱 발전된 생물학적 연구를 위한 모든 관련 정보를 만들었다. 그 이후 전 세계적으로 여러 대학들과 기관들에서 유전자 번호, 정확한 위치와 기능을 결정하는 등의 결과를 분석하는 과제를 수행해오고 있다. 과학자들은 그 과정에서 수집한 헤아릴 수 없이 많은 정보를 저장하고 조직하며, 모든 정렬된 데이터에 색인을 붙일 필요를 느끼게 되었다. 그로 인해 정보과학 또는 많은 양의 데이터를 저장하고 연구하는 생물정보학이 형성되었다. 그런 정보를 다루는 컴퓨터 전문가들은 생물정보학 전문가로 알려져 있다.

수학과 환경

생태학이란?

bionomics라고도 알려져 있는 생태학^{ecology}은 자연계에 존재하는 수많은 생물의 분포는 물론, 생물과 그 생물이 살아가는 주변 환경과의 관계에 관하여 연구하는 생물학의 한 분야다. 본질적으로 생태학자들이 자연계에서의 패턴과 과정들을 설명하고 예측하기 위해 정교한 수학과 통계학을 사용하는 정량적 학문이다.

일반적으로 토끼에서 인간에 이르기까지 생물군은 억제시키지 않으면 기하급수적으로 증가할 것이다. 이는 '완벽한 세상'에서 어느 한 개체군의 증가율은 일정하다는 것을 뜻한다. 이것을 식으로 나타내면 다음과 같다.

$$1년 후: P_0(1+r)$$
$$2년 후: P_0(1+r)^2$$
$$3년 후: P_0(1+r)^3$$
$$\vdots$$
$$n년 후: P_0(1+r)^n$$

여기서 P_0는 현재의 개체 수이고, r은 증가율이다. 이들 식은 개체 수 증가 통계학에 의해 점점 더 개선되고 있지만, 그런 복잡한 계산은 이 책에서는 다루지 않는다.

존 그랜트와 윌리엄 페티 경

영국의 통계학자 존 그랜트[1620~1674]는 인구에 관한 종합적인 학문체계인 인구학의 선구자로 인정받고 있다. 1661년, 그랜트는 런던 인구에 대한 몇 가지 중요한 통계치들을 분석한 후 《사망표에 관한 자연적 및 정치적 제 관찰》이라는 책을 썼는데, 이것은 최초의 통계학 책으로 여겨지고 있다.

'사망표[Bills of Mortality]'는 각종 전염병 창궐로 많은 고통을 받고 있던 런던에서의 사망자 수를 수집하여 나타낸 것이다. 왕이 새롭게 발생한 전염병에 대한 초기 경고 시스템을 주문함에 따라 죽음의 원인과 함께 매주 사망자에 대한 기록이 이

윌리엄 페티 경은 영국의 통계청 설립을 제안한 실용수학자로, 전염병으로 인한 경제적 손실과 이익을 계산하는 연구를 하기도 했다.

뤄졌다. 이런 정보를 토대로 그랜트는 런던의 인구수를 추정했으며, 최초로 이러한 데이터를 해석한 사람으로 여겨지고 있다. 이를 인구통계학의 시초로 여기는 사람들도 있다.

그랜트의 연구는 그의 친구인 윌리엄 페티 경[1737~1805]에게 영향을 주었다(그는 핼리혜성을 발견한 천문학자 에드먼드 핼리에게도 영향을 미쳤다). 페티의 연구는 다소 실용적이고 정치적이었다. 그는 영국 전체 재산의 합계를 추정하기 위해 영국정부에 중앙통계청을 설치할 것을 제안했다. 또한 수입이 국가가 소비한 전체 액수와 같다고 추측했다. 페티는 전염병에 대해 소홀히 다루지 않고 전염병으로 인해 국가경제가 입을 손실을 추정하여 추가했다. 그리고 전염병으로 인한 죽음을 예방하기 위해 국가가 적당한 투자를 하게 되면 많은 경제적 이익을 얻게 될 것이라고 제안하기도 했다.

로지스틱 방정식이란?

어떤 종이 특정 환경에서의 수용능력에 도달할 때까지 그 종의 개체 수가 기하급수적으로 증가한다는 것을 나타낸다. K로 나타내는 환경수용력은 특정 환경에서 생존할 수 있는 개체 수의 상한을 나타낸다. 이를테면 환경과 K의 변화는 포식자가 증가하거나 경쟁자가 제거되고 기생동물이 증가하게 되는 상황에서 변한다. 다음 미분방정식은 종간잡종의 경쟁에 의해 제한되는 개체 수의 비율을 나타낸다.

$$\frac{dN}{dt} = rN\frac{(K-N)}{K}$$

이때 N은 개체 수, t는 시간, K는 수용능력, r은 증가율이다.

생존곡선 survivorship curves 이란?

청년기에 해당하는 유기체의 운명을 기록하고 계획하며, 주요 연령 범위에서의 생존변화를 나타낸다. 모든 개체 수에 영향을 미치는 주요 요인으로는 탄생률, 사망률, 수명이 있다. 연구자들은 어떤 기간 동안 탄생 개체 수와 사망 개체 수를 기록하여 연령대 별로 유기체의 평균 수명을 정할 수 있다.

세 가지 기본 생존곡선이 있다. 유형 Ⅰ 곡선은 높은 생존율을 가지고 있으며, 어떤 나이까지 대부분이 생존한 다음 죽음을 맞이하는 후예들이 있는 종을 나타낸다. 한 예로 인간을 들 수 있다. 유형 Ⅱ 곡선은 태어나거나 부화한 시기에서 죽을 때까지 꾸준한 사망률을 보이는 유기체를 나타낸다.

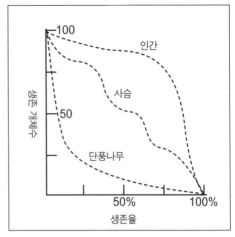

그림의 생존곡선 표본 그래프에서는 단풍나무, 사슴, 인간의 생존율이 시간이 경과하면서 얼마나 크게 달라지는지를 간단하게 보여준다.

이들 유기체의 생존은 변화하며 사슴, 큰 새, 물고기 같은 종들과 관련이 있다. 유형 Ⅲ 곡선은 태어난 후 낮은 생존율을 갖지만, 생존한 각 유기체는 높은 수명을 갖는 유기체들과 관련이 있다. 단풍나무, 오크나무 등이 이 범주에 속한다.

대기질지수란?

공기가 얼마나 오염되어 있는지를 측정하기 위해 미국 정부가 고안한 척도인 대기질지수[air quality index]에서 수학은 중요한 역할을 한다. 대기질지수는 다섯 가지 특정 오염원인 오존, 미세먼지, 일산화탄소, 이산화황, 이산화질소를 측정한다. 지수 등급은 0(질 좋은 공기)~500(위험한 공기)까지의 범위로 나타낸다. 지수가 높을수록 오염 수준이 높으며, 건강을 해칠 가능성이 점점 커진다.

사람들은 대기질지수를 옥외와 관련지어 생각하며, 대부분 기상예보는 특히 대도시에서의 공기 질 목록을 포함한다.

지수가 높을 때는 스포츠 같은 격렬한 활동이나 야외 작업을 하지 않도록 경고한다. 천식이나 기타 폐질환을 앓는 사람들에게는 집 밖으로 나가지 않도록 권유한다.

로트카 – 볼테라 종간경쟁 로지스틱 방정식이란?

환경에서 종 사이의 포식자 – 피식자 관계와 관련이 있으며, 미분방정식을 토대로 구성된다. 이러한 포식자 – 피식자 이론은 1925년 당시 오스트리아(현재 우크라이나)의 화학자이자 인구통계학자, 생태학자, 수학자인 알프레드 제임스 로트카[1880~1949]와 이탈리아의 수학자 비토 볼테라[1860~1940]에 의해 고안되었다. 이 이론들은 종간경쟁 또는 식량, 영양, 공간, 배우자, 주거지나 수요가 공급보다 더 많은 등 몇몇 제한적 요소에 대하여 두 가지 종 또는 그 이상의 종간경쟁을 나타낸다.

환경모델링이란?

다른 여러 분야의 과학과 마찬가지로 수학적 모델링과 컴퓨터 시뮬레이션도 국가 규모, 대륙 규모, 세계 규모에 대한 환경적 응용(적용)에 유용하다. 예를 들어, 과학자들은 환경 조경학적 변화, 세계 기후 변화와 생태계에 미치는 영향, 분수령과 저수지 간의 상호 영향(상호작용), 산림경영 및 파괴 없이 지속될 가능성 등을 모형화한다.

계산생태학이란?

계산생태학은 환경 모델링의 일부로 간주될 수 있다. 왜냐하면 수학을 이용하여 실제 환경문제로 제기된 문제를 다루기 때문이다. 이를테면 환경독성학 분야에서 다루는 여러 수학적 모델은 환경적 오염원이 개체 수에 미치는 영향을 예측하기 위하여 사용된다. 또한 천연자원 관리에서는 낚시와 사냥을 위한 할당량을 설정하기 위해 수학을 사용한다.

보전생태학자들도 멸종 우려 종에 대한 다양한 복원계획 효과를 정하기 위해 수학적 모델을 사용한다.

11장

공학과 수학

기초 공학

공학이란?

공학은 보통 상업 및 산업 분야에서 실질적인 문제를 해결하기 위해 자연과학적 지식을 응용하는 '기술'이나 학문을 다루는 분야다. 과학자들은 "왜?"라는 의문을 갖고 그에 대한 해답을 탐색하는 반면, 공학자들은 문제를 해결하는 방법을 알고 그 해결법을 이행하는 방법을 알고자 한다. 그러나 이 두 가지를 항상 쉽게 구분할 수 있는 것은 아니다. 종종 과학자들이 연구를 위해 특별한 장비를 만드는 등 공학적 기초를 활용하는가 하면, 공학자들이 과학적 연구를 해야 할 때도 있기 때문이다.

engineer라는 용어는 '숙련된'이라는 의미의 라틴어 형용사 ingeniosus에서 유래했다. 하지만 아라비아어를 포함한 몇몇 언어에서 engineering이라는 용어는 '기하'를 의미하기도 한다. 공학에는 항공우주과학, 농업, 건축, 생물의학, 컴퓨터, 토목, 화학, 전기, 환경, 기계학, 석유, 재료과학이 포함되어 있다.

공학에서 사용되는 수학은 어떤 것들이 있는가?

수학, 특히 대수학, 기하학, 해석학, 통계학은 공학에서 꼭 필요로 하는 분야다. 산술, 대수학, 기하학, 해석학, 미분방정식, 확률과 통계, 복소해석학 등을 서로 결합하는 수학의 변화 형태에 따라 공학을 분류하기도 한다. 예를 들어, 토목공학자들은 주로 선형대수학을 사용하며, 행렬을 이용해 작업한다. 기계공학자들은 로그와 지수, 해석학, 미분방정식, 확률과 통계를 이용하며, 화학공학자들은 대수학과 기하학, 로그와 지수, 적분학, 미분방정식 같은 수학을 활용한다.

보간법과 외삽법이란?

수학에서의 보간법(또는 내삽법^{interpolation}은 이미 알고 있는 몇 개의 함숫값을 기초로 그 점들 사이의 하나의 함숫값을 구하는 근사 계산법을 말하며, 외삽법^{extrapolation}은 함숫값이 알려져 있는 점을 포함하는 구간 밖에서의 문제 값을 추정하는 것을 말한다. 이 두 가지 방법은 공학에서 다양하게 활용되고 있다.

푸리에 급수란?

프랑스의 수학자이자 물리학자인 장 바티스트 조제프 푸리에 남작^{Jean Baptiste Joseph Fourier, 1768~1830}은 임의의 주기함수를 그 함수의 전개식으로 나타내는 방법인 푸리에 급수를 개발했다. 푸리에 급수는 주기함수를 삼각함수의 합으로 표현하는 특별한 무한급수다. 좀 더 간단히 말하면, 사인파를 무한히 더한 것이다.

푸리에 급수는 응용수학에서 활용되며, 공학과 물리학에서도 주기함수 또는 연속함수를 더욱 간단한 항들의 집합으로 나눌 때 사용한다. 전자공학에서는 통신신호의 파형처럼 보이는 주기함수를 나타낼 때 사용한다.

장 바티스트 푸리에의 생애는 어떠했는가?

프랑스의 수학자이자 물리학자인 장 바티스트 푸리에Jean Baptiste Fourier, 1768~1830의 업적은 모든 유명한 수학자들이 단지 수학만을 한 것은 아님을 보여준다. 교사였던 푸리에는 프랑스혁명에 가담했으며, 공포정치의 희생자들을 옹호하다가 감옥에 갇혔다가 1794년에 석방되었다. 한때 그는 단두대에서 목이 잘릴 뻔하기도 했지만, 정치적 변화로 인해 자유의 몸이 되었다. 1798년에는 과학분야의 조언자로 나폴레옹을 따라 이집트 원정을 떠나기도 했다. 나폴레옹 군대가 나일 강 전투에서 영국의 넬슨 제독에게 패하고 몰타로 내몰리자 푸리에는 이집트에서 자신의 연구를 계속 진행하면서 교육시설을 설립하고 고고학 탐사를 했다.

그는 1801년, 나폴레옹과 함께 프랑스로 돌아온 후 부르고앙 늪지대에 배수시설을 설치하는가 하면, 그르노블과 투린을 잇는 고속도로를 건설했다. 또 《이집트의 묘사》라는 책을 쓰느라 시간을

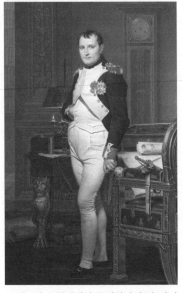

프랑스의 수학자이자 물리학자인 장 바티스트 조제프 푸리에 남작은 나폴레옹 보나파르트의 이집트 원정에 종군하여 과학분야 업무에 조언했다. 또한 나폴레옹을 위해 행정업무도 수행하며, 부르고앙 늪지대에 배수시설을 설치하고 새로운 고속도로를 건설하기도 했다.

보내기도 했다. 이 책은 나폴레옹이 출간했으며, 일부 역사를 다시 쓴 내용이 포함되어 있다. 재판再版에서는 나폴레옹이 원래의 글과 완전히 다른 내용으로 편집했다.

푸리에는 1807년, 〈고체에서의 열의 전도에 대하여〉라는 논문을 쓰기도 했다. 이 수학 논문에는 그의 주요 업적 중의 하나인 '푸리에 급수'를 제시한 열이론에 관한 내용이 들어 있다. 그러나 이 논문은 여러 수학자들에게 쉽게 인정을 받지 못했다. 1811년, 푸리에는 '무한 고체의 냉각과 지열 및 복사열'에 대한 연구 내용을 추가하여 1807년의 아이디어를 과학원에 제출한 공로를 인정받아 수학상을 수상했다. 1811년에 제출한 논문은 1822년에서야 출판되어 모든 사람이 이용할 수 있는 푸리에 해석법을 대중에게 공개했다. 지금까지도 그가 연구한 여러 함수는 공학, 과학, 수학에서 많이 활용되고 있다.

유한요소해석이란?

'유한요소법'으로도 알려져 있는 유한요소해석[FEA: Finite Element Analysis]은 공학, 특히 열전달, 기계 시스템 문제, 유체역학에서의 문제를 해결하기 위해 사용하는 컴퓨터 시뮬레이션 기술이다. 유한요소법은 연속체인 구조물을 1차원인 막대, 2차원인 삼각형이나 사각형, 3차원인 사면체나 육면체의 유한개 요소로 분할한 다음, 각 영역에 관하여 에너지 원리를 기초로 하는 근사해법을 토대로 계산하는 수치계산방법이다. 유한요소해석은 컴퓨터를 이용해 자재를 모델링하거나 강조하는 디자인으로 구성하며, 그것을 분석하여 특정 결과로 나타낸다. 실제로 컴퓨터는 수치해석방법으로 계산하여 미분방정식을 풀고 공학 문제에서 응력을 구한다.

이 방법은 1943년, 진동 시스템의 근사 해를 찾기 위해 FEA의 형식을 이용한 리하르트 쿠란트[Richard Courant, 1888~1972]가 처음 고안했다.

1970년 초만 해도 항공산업, 자동차산업, 방위산업, 원자력산업을 포함하여 값비싼 대형컴퓨터를 보유한 회사들만이 FEA를 이용했지만 1990년대 중반 이후, 용량이 큰 기억장치를 장착한 컴퓨터의 처리속도가 빨라지고 값도 저렴해짐에 따라 FEA는 점점 더 많이 활용되고 있다. 또 여러 산업체에서 새로운 제품 디자인을 분석하고 기존의 제품을 개선시키면서 그 결과치 또한 더욱 정확해지고 있다.

여러 산업체에서 유한요소해석이 중요한 이유는?

일반적으로 신제품을 개발하는 과정에서는 여러 차례의 실험을 통해 제품의 품질을 테스트하고 설계 변경을 반복하게 된다. 이를 통해 제품의 품질을 개선하게 되는데, 품질 기준을 만족하는 제품을 얻기까지 여러 차례 금형과 시제품을 만드는 등 시간과 비용이 엄청나게 소요된다. 이런 문제점을 개선하기 위해 컴퓨터를 응용한 유한요소해석기법을 많이 활용하고 있다.

유한요소해석^{FEA}은 여러 산업, 특히 미처 알아채지 못한 응력이 작용할 때 구조물이나 대상물, 부재의 파괴를 예측해야 하는 산업에서 중요하다. 유한요소해석은 실제 실험에 들어가는 막대한 비용과 시간을 줄이기 위해 컴퓨터상에서 제품과 동일한 가상 모델을 만들고, 실험 조건을 컴퓨터에 부여한 후 가상 시험을 하며, 이를 통해 제품의 안전성과 결함 유무를 검증한다. 컴퓨터는 해석 프로그램을 통해 모든 이론적 응력을 구하여 결과를 유추해낸다. 이와 같이 컴퓨터상의 시뮬레이션을 통해 제품의 문제점을 찾아 개선하므로 시제품 제작과 실험 횟수를 최소화할 수 있고, 많은 시간과 비용을 절감할 수 있다.

유한요소해석에서는 구조물을 아주 작지만 셀 수 있는 만큼의 조각들이 연결되어 있는 것으로 생각한다. 이때 각 조각을 '요소'라 하고, 요소가 연결된 점을 '절점^{node}'이라 하며, 절점을 연결할 때 생기는 격자를 '메시^{mesh}'라 한다. 메시에는 구조물을 구성하고 열이나 중력, 압력, 점하중 등의 하중 조건에 어떻게 반응하는지를 알아보는 모든 부재 및 특성, 기타 다른 요소들이 포함되도록 프로그램 되어 있다. 일반적으로 빌딩의 모서리나 자동차의 접합점과 같이 응력을 많이 받는 절점들은 응력이 거의 없거나 전혀 없는 절점들보다는 높은 절점밀도를 갖게 된다. 연구가들은 FEA의 결과를 점검하면서 구조물이 여러 응력에 어떻게 반응하는지를 알게 된다. 이런 방법으로 구조물의 원형은 그 체계에 대하여 대부분의 이론적 '뒤틀림^{kinks}'이 연구된 다음에 설계되어야 한다.

엔지니어들은 어떤 종류의 해석에 관심을 가질까?

엔지니어들이 관심을 갖는 여러 종류의 해석이 있다. 이들 해석에는 수학적 모델링이 포함되어 있다.

구조해석$^{structural\ analysis}$은 선형 및 비선형 모형과 구조계의 각 부에 생기는 응력을 살핀다. 선형 모형은 구조물의 각 부분이 탄력적으로 변형되지 않는 것을 가정하는 반면, 비선형 모형은 구조물의 탄성적 성질을 강조한다. 이때 구조물의 응력에 따라 변형된 양이 달라진다.

진동해석$^{vibrational\ analysis}$은 공진과 그에 따른 파괴에 대해 다룬다. 이는 언제든지 진동이나 충돌, 충격이 가해질 수 있는 구조물을 점검할 때 사용된다.

피로해석$^{fatigue\ analysis}$은 자재나 구조물의 수명을 정할 때 이용된다. 흔히 갈라지거나 골절이 일어날 수 있는 곳을 알려주며, 구조물이나 대상물에 대한 주기적 또는 반복 하중의 효과를 보여준다. 엔지니어들은 자재나 구조물의 전도율이나 열유체역학을 알아내기 위해 열전달을 측정한다. 이런 방법으로 연구가들은 자재가 시간이 경과하면서 여러 고온 및 저온 조건에서 어떻게 반응할 것인지 또는 자재가 온열을 어떻게 확산시키는지를 이해한다.

차원해석이란?

차원해석을 간단히 말하면, 어떤 물리량을 몇 개의 독립된 기본 물리량을 사용하여 표현하는 관계식을 구하기 위해 등식의 양변 및 각 항의 차원이 같은 것을 이용하여 해석하는 방법이다. 예를 들어, $\frac{길이}{시간}$는 ft/sec를 단위로 하는 속도를 나타내며, 가속도는 $\frac{속도}{시간}$로 나타낸다. 이때 가속도의 단위는 ft/sec/sec 또는 ft/sec^{2}이다.

최소제곱법이란?

'최소자승법'이라고도 하는 이 수학적 절차는 주어진 점들에 대하여 추세선$^{fitting\ curve}$으로부터 모든 편차의 제곱의 합을 최소화시키는 최적의 추세선을 찾는 것이다. 흔히 유체 흐름에 대한 공학 및 탄력성 문제, 재료의 확산과 대류에서 이용된다.

공학에서 라플라스 변환이 중요한 이유는?

프랑스의 수학자이자 이론가인 마르키스 피에르 시몽 드 라플라스$^{Marquis\ Pierre\ Simon}$

$de\ Laplace,\ 1749{\sim}1827$가 개발한 라플라스 변환은 선형미분방정식을 풀고 이들 미분방정식을 더욱 쉽게 풀기 위해 간단한 대수 문제로 바꾸는 방법이다. 라플라스의 이름이 붙긴 했지만, 라플라스 변환은 1815년 드니 포아송$^{Denis\ Poisson,\ 1781{\sim}1849}$이 처음 사용한 것으로 여겨지고 있으며, 오늘날 전자공학 분야에서 광범위하게 사용되고 있다.

공학에서 모델링과 시뮬레이션은 어떻게 사용되는가?

모델링과 시뮬레이션은 규모와 상관없이 공학에서 필수요소가 되었다. 크기가 어떻든 건축물을 지을 때는 시간과 돈이 들기 때문에 엔지니어들은 종종 수학적 모형을 개발한다. 이때 수학적 모형은 일련의 방정식으로 만들어지며, 이 모형에 따라 건축을 할 경우 건축물에서 일어날 수 있는 모든 것을 나타낸다. 엔지니어들은 컴퓨터그래픽을 이용하여 3차원으로 가상의 모습을 확인한다.

예를 들어, 우주왕복선을 만들기 전에 수학적 모델링을 사용하여 3차원에서 우주선의 모양을 구현한다. 이런 방법을 통해 엔지니어들은 우주선이 어떻게 날아가는지, 지구 대기권에 진입하기 위해 내열타일이 얼마나 강해야 하는지, 여러 조건 하에서 우주선을 착륙시킬 때 어떻게 조작할 것인지에 대해 알게 된다. 컴퓨터는 실제로 만든 것을 검증하지 않고도 그런 문제들을

1998년, 세계에서 가장 높은 건물은 높이가 약 452m인 말레이시아의 페트로나스 타워였다. 하지만 2008년 완공된 828m의 부르즈 칼리파가 가장 높은 건물이 되었다. 이와 같은 규모가 큰 빌딩을 건설하기 위해서는 엔지니어들은 자체의 무게로 건축물이 붕괴되지 않도록 응력과 압력에 대해 많은 것을 이해해야 한다.

해결하는 유일한 방법이다. 컴퓨터를 이용하여 우주선의 이륙, 운행, 착륙법을 나타내는 많은 방정식들(특히 미분방정식)을 쉽고 빠르게 해결한다.

올리버 헤비사이드

영국의 전기공학자 올리버 헤비사이드^{Oliver Heaviside, 1850~1925}는 독학으로 전기 분야 및 대기 관련 연구에서 여러 가지 공헌을 한 천재였다. 1902년, 헤비사이드는 대기에 전파를 반사하는 전리층이 존재한다는 것을 예언했다. 이 전리층은 현재 그의 이름을 붙여 '케넬리 – 헤비사이드층'이라 불린다.

전기공학에서 헤비사이드는 상수계수를 갖는 선형미분방정식을 푸는 '헤비사이드 연산자법'을 제창한 것으로 유명하다. 그는 이 계산법을 이용하여 회로망에서의 과도전류를 연구했는데, 연산자법은 라플라스 변환과 매우 유사했다. 라플라스는 거의 100년 전에 자신의 아이디어를 개발했지만, 당시에는 잘 알려져 있지 않았기 때문에 헤비사이드는 그것을 전혀 알지 못한 상태였다.

그러나 헤비사이드의 연산자법은 문제점을 가지고 있었으며, 비판을 받기도 했다. 무엇보다 수학이론이 부족하여 한계가 있었다. 응용하기가 어려웠으며, 방정식과 해에서 불확실하고 모호한 점들이 발생했다. 때문에 오늘날 연산자법은 특히 전기공학 등 여러 분야에서는 라플라스 변환이 대신하고 있다.

유체역학이란?

유체^{fluids}는 기체와 액체를 합쳐 부르는 용어로, 흐르는 성질을 가지고 있는 물질을 말한다. 유체역학이나 수력학은 유체 운동에 관한 역학적 성질을 다루고, 공학상의 응용을 연구하는 학문이다. 이것은 물체에 미치는 힘과 운동에 대한 수학, 교류, 파동전파 등과 관련이 있다.

공학에서 대부분의 유체역학 문제들은 미분방정식을 사용하여 수학적으로 설계된 것이다. 또한 이들 모형은 전자기학, 고체역학 같은 다른 공학 분야에 응용될 수도 있다. 느리지만 고체 역시 끊임없이 '움직이기' 때문이다. 물질의 압축률과 관련이 있는 유체역학 연구들도 있다. 대부분의 경우 액체는 압축할 수 없는 것으로 여겨지는 반면, 기체는 압축할 수 있는 것으로 여긴다. 그러나 몇몇 일상적인 공

수학자들은 화산에서 분출한 용암이 흐르는 경로를 이해하기 위해 유체역학을 이용한다.

학상의 응용에서 예외가 있으며, 수학적 모델링을 이용하여 그것들을 쉽게 탐구할 수 있다.

공학자들은 유체 흐름이 느리고 층류 또는 난류 같은 특성들을 알아보는 특별한 방정식들을 사용한다. 예를 들어, 어떤 유체 내에서 점성력에 대한 관성력의 비는 레이놀즈수로 나타낼 수 있으며, 층류는 나비어 - 스톡스 방정식으로 설명할 수 있다. 레이놀즈수는 영국의 유체역학자 레이놀즈가 발견한 것으로, 움직이는 유체 내에 물체를 놓거나 유체가 관 속을 흐를 때 난류와 층류의 경계가 되는 값을 말한다. 또 베르누이 방정식은 비점성 흐름에서 사용할 수 있다. 마지막으로, 정지하고 있는 유체는 유체정역학의 법칙 및 방정식을 따른다.

유체역학은 얼마나 오랫동안 연구되어왔는가?

많은 역사가들에 따르면, 유체역학은 물리학과 공학의 가장 오래된 하위 분야일지도 모른다. 특히 고대 문명들에서는 농업 발전 및 식수 공급, 수송 등에서 유수량을 조절하기 위해 유체역학이 필요했다. 이후 유체의 움직임과 운동에 대해 연구하는 유체역학은 더욱 복합적으로 발전하게 되었다. 예를 들어, 농업에서의 필요로 인해 관개수로와 댐, 둑, 양수기 그리고 초기 '스프링클러 시스템'이 만들어졌으며, 마실 물을 공급하기 위해 더욱 좋은 우물, 분수, 물 저장 시스템이 필요했다. 또한 수상운송의 도입

은 선박 및 장비를 개선하는 것은 물론, 범선을 만들고 방수 처리하는 방법도 향상시켰다.

그러나 유체역학에 대한 연구는 거기서 끝나지 않고 시간이 흐르면서 과학과 공학의 거의 모든 영역으로 확장되었다. 예를 들어, 기계공학에서는 선박이나 자동차의 연소, 바퀴의 보다 작은 내부 작용에서 운하의 수문 같은 대형 기계장치에 이르기까지 윤활, 수력발전의 에너지체계에 이용되는 유체에 대해 알아야 하기 때문에 유체역학을 이용한다. 토목공학 또한 유체시스템이 (식수나 폐수 도관) 구조물을 어떻게 이동하는지에 대해 설명한 유체역학 연구결과를 활용한다. 전기기술자들은 기체나 물로 전기기구를 어떻게 냉각시키는지를 분석하기 위해 유체 흐름을 이용한다. 심지어 초기 (그리고 현대) 항공기술자들은 공기가 비행기 날개 상부에서 어떻게 흘러 비행기가 하늘에서 떨어지지 않도록 부력을 만드는지를 알아야 했다.

유체역학 연구는 오늘날 어떻게 활용되고 있는가?

오늘날 유체역학을 공학적으로 사용한 것을 표로 나타내면 끝이 없을 것이다. 그도 그럴 것이 유체역학은 수학과 공학을 가장 폭넓게 응용한 분야 중 하나이기 때문이다.

다음은 오늘날 여러 분야에서 유체역학을 활용하는 몇 가지 경우를 정리한 것이다. 화산의 분출에서 용암의 움직임에 대한 이해, 비행기와 우주왕복선, 다른 여러 행성의 대기를 통과해 날아가는 우주선을 설계하는 데 도움이 되는 물체를 통한 공기 흐름 연구, 공기역학적인 구조를 가진 자동차를 설계하기 위한 자동차산업에서의 공기 흐름 연구, 증권시장의 변동 분석, 눈사태를 일으키는 눈의 조건 같은 자연재해 조사, 하수관과 배수관 그리고 강에서의 난류 판단, 대기에서 기상 패턴의 복합적인 흐름 연구, 우주에서 중력파와 다른 파동의 효과 연구, 파동과 해류를 포함하여 깊은 대양 및 해변을 연구하기 위한 유체역학 응용의 활용 등.

토목공학과 수학

토목기사들은 수학을 어떻게 이용할까?

대부분의 토목기사들이 실제로 계산하는 시간은 짧지만, 토목 분야에서 수학은 매우 중요하다. 예를 들어 건축기사들은 수학을 이용하여 건축 설계도를 그리기 위해 전문적인 계산을 하며, 실제로 건축물을 짓기 전에 건축물에서 나타날 수 있는 반응을 모델링하여 구현한다. 또 건축 설계를 할 때 수학을 이용하여 자재의 화학적(재료의 강도) · 물리적 성질(각 부분을 얼마나 강하게 해야 하는지)을 이해한다.

측량사는 수학을 어떻게 활용할까?

측량사는 땅에서 각과 거리를 측량하기 위해 수학, 특히 기하학과 삼각법을 이용한다. 그런 다음 측량 결과를 해석하여 지도 위에 경계 및 구조물 위치 등의 정보를 정확하게 표시한다. 이러한 지도는 담보대출을 하기 위해 개인이 소유한 땅이 얼마나 되는지를 보여주는 개인적 또는 합법적 수단으로 사용된다. 전통적인 측량법을 '평면측량'이라고 하며, 이는 곡면인 지표면을 평면으로 간주하여 측량한다. 거의 대부분 좁은 구역을 측량하므로 지구의 곡률은 별 문제가 되지 않기 때문이다. 지구의 곡률을 고려하여 넓은 지역을 높은 정밀도로 측량할 경우, 이러한 방법을 '대지측량'이라고 한다.

측량사는 어떻게 측정할까?

대부분의 측량사는 망원경, 자, 각도기처럼 작동하는 도구인 세오돌라이트(경위의)를 이용하여 측정한다. 어떤 부지에서 이전에 측량한 한쪽 구석에 세오돌라이트를 설치한 다음, 망원경으로 다른 쪽 구석 등의 특정 장소를 조망한다. 거리는 수평면과 수직면에서 측정한 각과 함께 측정한다. 오늘날의 세오돌라이트는 레이저를 사용하여

기하학과 삼각법은 측량사들이 땅의 경계를 정확히 측정할 때 알아야 하는 필수 수학 분야이다.

거리를 측정한다. 그런 다음 측량사는 삼각법을 이용하여 측정한 데이터를 분석한다. 이때 각 데이터를 좀 더 유용한 형태인 x, y, z로 전환한다. 예를 들어 나타내기를 원하는 결과에 맞추어 높이와 수평거리의 차를 구하기 위해 극좌표로 나타낸 측정량을 수직각과 경사 거리로 전환할 수 있다. 수평거리와 각 또한 극좌표로 나타낸 측정량을 직교좌표로 전환할 수 있다.

구조물의 안정성을 판단하기 위해 선형대수가 어떻게 이용될까?

구조공학자들은 선형대수학을 많이 이용한다. 왜냐하면 평형을 이루는 구조물을 분석할 때는 여러 개의 미지수를 포함한 방정식이 많이 필요하기 때문이다. 이들 대부분은 일차방정식이며, 심지어 자재가 변형되어 휘어진 것에 관련된 방정식도 일차방정식이다. 선형대수학은 벡터, 벡터공간, 일차변환과 일차연립방정식에 대한 연구를 다루는 까닭에 다른 구조적 사항에 대해서도 활용된다. 그런데 선형대수학이 구조물을 이해하는 경우에만 이용되는 것은 아니다. 공학의 거의 모든 하위 분야에서 이런 유형의 수학적 계산을 활용한다.

댐에 미치는 압력을 계산하기 위해 수학을 어떻게 이용할까?

댐을 지을 때는 많은 기술적인 고려사항과 계산이 요구된다. 그중에서 가장 중요한 것은 댐에 가해지는 물의 압력이다. 기술자들은 댐의 물 높이가 올라갈 때, 물 높이와 밀도가 댐의 바닥에서 가해지는 압력을 높이는 것을 알고 있다. 수학적으로 생각하면, 댐에 작용하는 수평적인 힘은 물과 접촉하는 댐의 면적에 미치는 전체 물의 압력이다. 물에 의해 가해진 힘이 수평적으로 댐 구조물을 밀어내며, 이는 댐과 댐 구조물 밑면 기반 사이의 정지마찰력에 의해 저항을 받는다.

예를 들어, 애리조나와 네바다를 잇는 콜로라도 강 유역에 건설한 후버댐에서의 물의 압력을 생각해보자. 기술자들은 댐을 건설하기 전에 전체 댐에서의 압력뿐만 아니라 특히 기저부에서의 압력을 파악해야 했다. 일반적으로 물에 의한 압력은 밀도와 깊이를 곱한 값이며, 여기서 물의 밀도는 62.4lbs/ft^{3}이다. 후버댐의 경우, 압력은 37.440lbs/ft^2 또는 18.72t/ft^{2}이고, 댐 높이의 $\frac{1}{2}$ 지점에서 계산한 압력은 39.36t/ft^{2}이다. 이런 계산이 나오는 것은 댐의 기저부 너비를 1,660ft(201.2m)로 하고, 댐 상류 부분의 너비를 45ft(13.7m)로 만들었기 때문이다. 댐 기저부의 너비가 길수록 댐 바닥에서의 압력이 증가한다.

콜로라도 강에 건설한 후버댐은 기술자들이 엄청난 물의 압력을 견딜 수 있도록 댐의 두께를 두껍게 설계하여 만들어졌다.

건물이 지진에 견딜 수 있도록 하기 위해 수학을 어떻게 사용할까?

여기서 말하는 지진은 일반적으로 사람을 죽이는 정도의 피해가 아니라 건축물을 붕괴시키는 정도를 말한다. 특히 지진이 일어나는 동안 발생하는 수평적 진동은 건물이나 도로에 손상을 주거나 붕괴의 주된 원인이 된다. 대부분의 구조물들은 무거운 하중을 견디도록 설계되어 있어 수직 방향으로는 강하다. 따라서 구조물을 지진의 수평적 진동으로부터 견뎌내도록 설계하면 건물은 물론 인간의 생명도 구할 수 있다.

지진이 일어나는 동안 구조물이 붕괴되는 양을 줄이는 또 다른 방법이 있다. 이들 방법은 매우 단순하면서도 복잡한 수학과 관련이 있다. 비용이 들기는 하지만, 모든 건물을 예상되는 땅의 흔들림에 견딜 수 있도록 설계하는 것이다. 그렇게 하기 위해서는 설계사와 기술자들이 흔히 사용하는 수학을 활용해야 한다. 얼마나 큰 지진파가 땅을 통과해 이동하는지를 분석할 때 수학을 이용한다. 이보다 좀 더 실용적인 또 다른 해결책은 어느 지역에서 예상되는 특수한 유형의 진동을 견딜 수 있도록 건물을 설계하는 것이다. 이 경우, 지역을 통과하는 지진에 대하여 각 빌딩이 흔들리는 지점에서의 주파수를 알아내기 위해 수학을 사용한다.

수학과 건축

건축이란?

간단히 건축가가 구조물(주로 건물)을 설계하는 것을 말한다. 하지만 정의는 이것만이 아니다. 건축가는 구조물의 건설은 물론, 건물의 외형 및 대칭, 공간, 아름다움을 고려한다. 이것을 위해서는 수학을 이용하여 각과 거리, 모양, 크기 같은 건물의 각 요소들을 계산해야 한다.

건축에서 수학은 역사적으로 어떻게 활용되어왔는가?

건축과 수학은 역사적으로 서로 긴밀하게 연결되었다. 고대 수학자들은 건축가였으며, 역으로 건축가는 수학자였다.

고대 그리스와 로마의 건축가들은 수학자가 되어야 했다. 그들은 자신들이 가진 기술력을 발휘하여 피라미드와 사원, 대성당, 도수관 및 오늘날까지 남아 있는 멋지고 아름다운 건축 구조물들을 건설했다.

중세에 지어진 대부분의 건물과 구조물들은 교회에 대해 얼마간의 상징적 연관성을 염두에 두고 건축되었으며, 이 시대에는 건축에서 수학적인 면이 거의 보이지 않았다.

1400년경, 르네상스 시대에는 회화와 조각에서 발견되는 것과 같은 심미적으로 기분 좋은 '미관'을 갖추기 위해 크기와 내부공간을 강조하는 새로운 형태의 건축술이 개발되었다. 이는 건축을 고찰하는 새로운 방법을 유도했으며, 수학과의 관계도 바뀌었다.

세계에서 가장 긴 현수교는?

건축이 시작된 지 10년이 지난 1998년 4월 5일, 일본의 아카시 해협 대교가 개통되었다. '펄 브리지'라고도 일컬어지는 이 다리는 아카시 해협을 가로질러 효고현 고베시 다루미구와 효고현 아와지시를 연결하는 다리로, 세계에서 가장 긴 현수교다. 전체 길이는 12,828ft(3,910m)다. 주탑과 주탑 사이의 주경간의 길이는 6,532ft(1,991m)이고, 경간 길이는 1998년에 개통된 덴마크의 스토레밸트 대교(그레이트벨트 이스트교)보다 $\frac{1}{4}$ 마일 정도가 더 길다.

그러나 이 다리는 언젠간 세계 최장이라는 타이틀을 잃게 될 것이다. 이탈리아 정부가 이탈리아 본토와 시실리 섬을 잇는 세계 최장 현수교의 건설 계획을 승인했기 때문이다. 이 다리는 주경간의 길이가 무려 10,827ft(3,300m)로 공학적 걸작이 될 것이다. 흥미롭게도 일본과 이탈리아는 화산 분출과 지진뿐만 아니라 쓰나미에 대해서도 공유하면서 구조적으로 활동하는 것으로 유명하다.

황금비란?

황금비는 여러 흥미로운 성질을 가진 수로, '외중비', '황금분할', '황금평균' 또는 '신성한 비율'로도 알려져 있다. 또한 미술과 디자인에서 이용되는 대칭과 비대칭 사이의 균형과도 관련이 있다. 두 양에 대하여 "작은 부분에 대한 큰 부분의 비比가 큰 부분에 대한 전체의 비와 같을 때" 이 비를 '황금비'라고 한다. 고대 그리스의 수학자

유클리드는 황금비 혹은 외중비를 다음과 같이 정의했다. "직선 전체와 긴 선분의 비가 긴 선분과 짧은 선분의 비와 같을 때, 이 직선은 외중비에 따라 분할됐다고 한다." 이때 두 선분을 각각 a, b라 할 때, 이것을 그림으로 나타내면 다음과 같다.

$$\frac{a+b}{a} = \frac{a}{b}$$

황금비는 고대 그리스 문자 'φ(파이)'를 기호로 사용하며, 그 값은 무리수로 약 1.6103398과 같다. 황금비의 값은 다음의 식을 정리하여 계산한다.

$$\frac{\varphi}{1} = \frac{1+\varphi}{\varphi}$$

$$\varphi^2 = 1^2 + 1\varphi$$

이 식을 이차방정식으로 나타낸 다음, φ의 값을 구하면 다음과 같다.

$$\varphi^2 = \varphi - 1 = 0$$

$$\varphi = \frac{1}{2} + \frac{\sqrt{5}}{2} \approx 1.6103398$$

황금비가 역사적으로 중요한 이유는?

여러 세기에 걸쳐 많은 건축가들과 화가들이 자신들의 작품에 황금비를 사용한 것으로 보인다. 일부 역사가들은 쿠푸 왕의 대피라미드에 황금비가 들어 있다고 생각한다. 기하학 연구 결과 고대 그리스인들은 황금비를 알고 있었지만, 실제로 파이(π)

앵무조개 껍질을 절반으로 자르면 황금비율의 규칙을 따르는 방들을 볼 수 있다. 이것은 우리 주변의 자연에서 수학이 어떻게 발견될 수 있는지를 보여주는 아름다운 예다.

같은 수들이 중요하다고는 전혀 생각하지 않았다. 르네상스 시대의 많은 미술작품들도 회화와 조각들에 잠재의식적으로 황금비를 포함시킨 것으로 여겨진다. 또 1509년, 이탈리아의 수학자 루카 파치올리는 건축 디자인에서 황금비를 사용했고, 황금비에 관한 수학을 탐구한 《신성한 비례》라는 책을 출판했다.

물론 인간만 황금비를 '경험'할 수 있는 것은 아니다. 자연에서 보여지는 황금비는 역학의 결과로 보이기도 한다. 예를 들어, 해바라기 씨앗의 간격과 앵무조개 껍질 모양은 황금비와 관련이 있는 것으로 여겨진다.

일부 역사가들은 어떤 방법으로 수학과 피라미드를 연결할까?

이집트의 피라미드는 파라오들을 위한 왕실무덤으로 건설되었다. 초기에는 절벽을 따라 직사각형의 평평한 지붕이 있는 '마스타바^mastaba'라는 낮은 구조물이었다가 세월이 흐르면서 4개의 이등변삼각형 면을 가진 높은 피라미드로 바뀌었다.

기원전 2500년경, 카이로 근처의 기자에 3개의 피라미드 구조물이 세워졌다. 가장 큰 것은 쿠푸 왕의 대피라미드로, 그 높이는 481ft(147m)에 이른다. 이 피라미드에는 복잡하게 뒤얽힌 통로가 없으며, 3~15톤 정도의 석회암 돌덩어리를 쌓아놓았을 뿐이다.

이집트인들이 이러한 피라미드 형태를 선택한 이유는 무엇일까? 역사학자들은 이집트의 태양신이 처음에 피라미드 모양의 '벤벤'이라는 돌에 구현했으며, 이집트인들이 태양신을 숭배한 까닭에 이 벤벤에서 영감을 얻어 피라미드 형태가 만들어진 것으로 추측한다. 피라미드는 파라오가 죽은 후 태양신과 만나기 위해 태양광선을 타고 올라가는 것을 상징한다.

한편 피라미드에 몇몇 중요한 수치가 포함되어 있다고 생각하는 역사학자들도 있다. 이를테면 피라미드 둘레의 총 길이를 높이의 두 배로 나누면(P/2H) 원주율(π)과 매우 근사한 값이 된다. 또 피라미드 옆면의 기울기를 π의 식으로 나타낼 수 있다고 주장하기도 한다.

르네상스 시대의 건축은 어떻게 발전했을까?

르네상스 시대에는 수학과 건축이 큰 진전을 보였다. 특히 교회 건물은 십자가 모양이 아니라 원 모양을 토대로 지어졌다. 르네상스 시대의 건축가들도 고대 수학자들처럼 원을 기하학적으로 완전한 것이라고 생각했으며, 원이 신의 완전함을 나타내야 한다고 믿었다.

스톤헨지는 초기에 어떤 용도로 사용되었을까?

오늘날까지 남아 있는 가장 유명한 고대의 거석유적지 중 하나는 공학적 · 수학적으로 매우 인상적인 성과라고 할 수 있는 영국의 스톤헨지다. 스톤헨지는 기원전 2950~1600년 사이에 여러 집단의 지역 주민들이 4개의 동심원을 따라 배치한 크고 작은 돌들로 만들었다. 이들 중 2개의 동심원은 수직으로 우뚝 서 있는 2개의 돌 위에 1개의 돌이 수평으로 얹혀 있는 말발굽 형태로 세워져 있다. 역사학자들은 여러 천문학 현상에 따라 돌들을 배치한 듯 보이는 것을 바탕으로, 전체 구조물이 일종의 거

영국의 유명한 고대 구조물인 스톤헨지는 현재 종교적 전통의 일부로 천문학적 현상을 측정하기 위해 설계된 것으로 간주되고 있다.

대한 달력을 나타내고 있다고 주장하기도 한다. 예를 들어, 스톤헨지의 돌 중 일부는 하지와 동지 때 태양과 달의 위치와 일치하도록 놓여 있다. 또 1년 중 중요한 날에 제사나 의례행위를 한 것으로 보는 학설이 제기되기도 한다.

비트루비우스

마르쿠스 비트루비우스 폴리오(기원전 1세기)는 고대 로마의 작가이자 건축가, 기술자였다. 그는 오늘날 '건축 10서'로 알려져 있는 《De Architectura libri decem》의 저자다. 기원전 27년, 라틴어로 쓰인 이 논문은 율리우스 카이사르의 양자이자 후계자인 옥타비아누스Octavian에게 헌정되었다.

어쩌면 건축에 관한 첫 번째 출판물이라고도 할 수 있는 이 책은 비트루비우스 시대의 건축학적 개념들을 편집한 것으로, 다음과 같은 열 가지 주제들을 다루었다.

(1) 도시계획과 건축의 원리   (2) 건축의 역사와 건축 재료

(3) 이오니아식 신전   (4) 도리아식과 코린트식 신전

(5) 공공건물, 극장, 음악당, 공중목욕탕, 항구

(6) 도시와 시골의 개인 주택   (7) 실내 장식

(8) 식수 공급   (9) 시계, 눈금판

(10) 토목 도구 및 군사용 도구

특히 이 주제들은 건축 자재와 염료 제조(재료과학), 공중목욕탕의 온수기계(화학공학), 원형극장의 확대(음향공학), 도로와 다리 설계(토목공학) 같은 앞서나가는 개념을 포함하고 있었다.

《건축 10서》는 매우 성공적이었으며, 비트루비우스의 권고는 여러 세기에 걸쳐 건축에 큰 영향을 미쳤다. 비트루비우스의 책은 대대로 전해지면서 중세시대 내내 여러 사람에 의해 복사되었다. 중세의 많은 기술자들이 이 책을 보존해야 할 문헌이라기보다는 정보를 추가하여 안내서처럼 다뤄 후일 역사학자들은 순수하게 비트루비우스가 쓴 글을 가려내기 위해 추가된 내용을 찾아 삭제해야 했다.

오늘날 건축과 수학 사이에는 어떤 연관성이 있을까?

현대 건축의 토대는 수학과 함께 시작되었다. 수학적 계획을 통해 작은 기념비부터 높은 건물 및 교량에 이르기까지 독립된 구조물을 만드는 거의 모든 작업을 고안한다. 예를 들어, 어떤 구조물을 건설하기 위해서는 먼저 측량을 통해 건물을 지을 땅이 적절한지 알아보고(측정과 측량), 건축 계획을 실제 건축물 크기와 비례하도록 작게 그린 축척 그림으로 나타낸 다음, 필요한 자재의 양을 계산한다(예산을 산출하는 수학). 마지막으로, 건축한 실제 건물이 붕괴되지 않도록 설계 명세서에 맞게 건축하면 된다(기하와 측정).

수학을 활용하여 건축한 유명한 구조물로는 어떤 것들이 있는가?

세계의 유명한 구조물들은 특히 설계와 건축의 초기단계에서 수학을 필요로 했다. 그런 건물들 중 유명한 것으로는 뉴욕의 크라이슬러 빌딩(1930년에 세워진 철골조 구조 고층건물로, 엠파이어스테이트 빌딩이 지어지기 전에 세상에서 가장 높은 빌딩이었다), 뉴욕의 엠파이어스테이트 빌딩[강철골조에 석재를 사용하여 지은 업무용 초고층 빌딩으로 1931년에 완공되었으며, 높이는 1,252ft(381m)다], 프랑스 파리의 에펠탑[1887~1889년에 건설된 이 구조물은 건축가 구스타브 에펠이 설계했다. 파리의 만국박람회장에 세워진 높은 철탑으로, 높이는 985ft(300m)다], 시카고의 시어스 타워[1974~1976년에 세워진 것으로, 철골구조에 외형은 청동색 유리

구스타브 에펠은 수학적 개념을 사용하여 1889년, 프랑스의 유명한 에펠탑을 설계했다.

와 스테인리스 알루미늄으로 뒤덮여 있다. 높이는 1,450ft(442m)이고, 현재까지 미국 내 최고층 건축물이다] 등이 있다. 몬터레이 수족관 같은 구조물 또한 건축을 위해 수학이 요구되었다. 1980년에 세운 몬터레이 수족관은 철근콘크리트를 사용하여 지었으며, 바다에 접해 있다. 이밖에도 좀더 자세히 확인해보면 모든 유형의 건축물, 심지어 가구 제작에서도 얼마간의 수학 지식이 요구된다는 것을 알 수 있다.

축도 ^{scale drawing}란?

건축물이 나타내는 실제 크기를 일정한 축척에 비례하도록 그린 그림이나 도해를 말한다. 새로운 건축물을 설계하기 위해 건축가는 먼저 자신이 고안한 것을 도면으로 나타내야 한다. 그러나 도면을 실제 건축물과 같은 크기로 그릴 수 없으므로 건축가는 건축물을 설명하기 위해 축도을 사용한다. 이와 같은 실제 구조물의 축소판 그림은 구조물의 각 부분, 창문, 문, 벽장 등 다른 중요한 건축물의 세부 묘사와 함께 치수 및 모양, 각 방의 배치 상태 등을 나타낸다. 이들 구조물에 적용하는 축도는 목적에 따라 실제 구조물의 크기에 정확하게 비례하도록 여러 가지 축척으로 나타낼 수 있다. 예를 들어, 1푸트를 나타내기 위해 $\frac{1}{8}$인치를 사용할 경우에 8ft 길이의 실제 빌딩 크기를 1인치 길이로 그릴 수 있다. 건축가들이 가장 많이 사용하는 눈금은 $\frac{1}{4}$인치＝1푸트다. 이들 측정값은 미터단위로 전환할 수도 있다.

축도는 측량 같은 공학 분야에서도 이용된다. 예를 들어, 현장에서 측정한 거리는 측정된 것을 정확하게 설명하기 위해 도면에 작은 축척으로 전환하여 나타낼 수 있어야 한다. 실제 거리와 도면에 그려진 거리 사이의 비를 '도면 축척^{drawing scale}'이라고 한다. 만일 현장에서 잰 측정치가 200ft이고, 도면에서 그 거리를 8인치 길이로 나타내려고 할 때, 도면에서의 8인치는 현장에서의 200ft에 해당하고, 1인치는 25ft에 해당한다. 이것을 1″＝25′ (1″는 1인치, 25′는 25피트를 나타낸 것이다) 또는 1 : 25의 축척이 있는 도면으로 나타내야 한다. 이것을 설명하기 위한 또 다른 방법이 있다. 만일 현장에서 측정한 최장거리가 300ft이고 이것을 도면에서 1인치＝25ft의 도면축척으로 나타내려고 할 때, 필요한 종이의 최소 길이는 12인치 또는 $\frac{300}{25}$ 이 된다.

비, 비율, 대칭의 원리는 건축에 어떻게 적용될까?

비^{ratio}는 같은 측정단위로 표현되는 두 양의 나눗셈으로 두 양을 비교하는 것을 말한다. 가령, 어떤 건물의 폭이 200ft이고 높이가 100ft일 때, 폭과 높이의 비는 2 : 1 (200 : 100)이고, 분수 $\frac{1}{2}$로 나타내기도 한다. 이는 고대 그리스와 로마 시대에도 이미 충분히 이해한 가운데 건물의 구조를 만들고, 아름다움을 표현할 때 이용했다. 특히 건축에서 중요하게 이용되며, 복잡한 수학적 비를 토대로 건물을 설계한다.

비례식^{proportion}은 2개의 비가 같다는 것을 나타내는 식을 말한다. 모든 비례식에는 4개의 항이 있으며, 첫 번째 항과 네 번째 항을 '외항'이라 하고, 두 번째 항과 세 번째 항을 '내항'이라 한다. 각 비례식에서 내항의 곱은 외항의 곱과 항상 같다. 그리스인들과 로마인들은 종종 건물이나 다른 구조물을 설계할 때 비례식을 사용했다. 그중에서도 고대 로마의 건축가인 비트루비우스는 건축물에서 규칙적인 비례와 대칭구조를 강조했다. 르네상스 시대의 건축가들은 심미적으로 호감이 가는 건물을 짓기 위해 비례식과 다른 수학식을 적용했는데 이들 건물은 오늘날에도 여전히 아름다움을 자랑하고 있다.

여러 종류의 대칭에서 가장 많이 활용되는 것은 선대칭이다. 선대칭은 하나의 직선이 어떤 대상이나 선, 다른 구조물을 모양이 같게 정확히 절반으로 나눈 것을 말한다. 자연에서 찾아볼 수 있는 선대칭의 예로는 나비의 날개를 들 수 있다. 대칭축에 대하여 한쪽 면에 있는 각 점은 반대쪽 면에 대응하는 점이 있으며, 이 두 점을 이은 선분은 대칭축과 수직을 이룬다. 대칭은 수학적으로 다음과 같이 정의할 수도 있다. "어떤 직선이 두 점을 연결한 선분의 수직이등분선일 때 두 점을 그 직선에 대하여 대칭"이라고 한다. 고대 건축가들은 건물이나 구조물의 시각적이고 구조적인 균형을 유지하기 위해 대칭을 이용했다.

나비의 날개 패턴은 자연에서의 대칭의 개념을 보여준다

전기공학과 재료과학

전기공학에서는 수학이 얼마나 중요할까?

전기공학에서 중요시하는 수학 분야가 많다. 예를 들어, 추상수학은 통신과 신호처리에 이용되며, 도함수를 포함한 방정식을 푸는 복소미분방정식은 회로이론과 시스템 설계에서 이용된다. 또 회로이론을 다루는 기사들은 대수학과 삼각법을 알아야 하며, 전자기를 다루는 기사들은 해석학, 특히 맥스웰의 방정식을 알아야 한다.

전기 네트워크에서 저항값을 정할 때 수학이 어떻게 사용될까?

시스템과 회로이론을 다루는 전기 기사들은 기본 회로소자의 용어와 기능을 이행하려면 임피던스에 의해 정해진 전류전압 관계를 알아야 한다. 회로소자는 회로의 구성 요소를 말하며, 저항, 콘덴서, 코일, 트랜스, 반도체, 기타의 것을 총칭한다. 복소수, 미적분, 라플라스 변환 등은 회로이론을 이해할 때 사용되는 수학적 개념들이다.

기본 회로소자를 이해하는 가장 좋은 방법은 다음과 같은 간단한 방정식을 통해서다.

- 레지스터: $V = IR$(V는 전압, I는 전류, R은 저항을 나타낸다)

- 축전지: $V = (iwC)I$(i는 $\sqrt{-1}$, w는 주파수, C는 도체의 용량, I는 전류를 나타낸다)

- 유도자: $V = \dfrac{I}{iwL}$(I는 전류, i는 $\sqrt{-1}$, w는 주파수, L은 인덕턴스를 나타낸다)

전기공학에서 허수는 어떻게 이용될까?

복소수가 전기 문제의 일부를 이루고 있기 때문에 전기공학에서는 허수가 사용되었다. 실제로 여러 전기공학 문제에는 실수보다 허수가 더 많다. 왜냐하면 복소수는 실수와 허수의 합으로 이뤄진 수이기 때문이다.

예를 들어, 누구나 백열전구 같은 전기 회로부품을 통해 전기가 흐른다는 것을 알고 있다. 실제로 전구는 빛을 발함으로써 어느 정도 전기가 흐르는 것을 막는다. 이때 전류는 실수이며 유속계로 측정한다. 그러나 전류가 어떤 장치를 통과하여 흐를 수 없을 때 전류는 허수가 된다. 예를 들어, 축전기는 금속관을 서로 마주보게 하고 서로 절연해서 전하를 모을 수 있도록 한 것으로, 한쪽에 전압이 가해지면 어떤 실수의 전류라도 그것을 통해 흐르지 못한다.

자재의 강도를 설명할 때도 수학이 활용될까?

재료과학 또한 공학의 중요한 일부이며, 수학과 관련이 있다. 예를 들어, 기술자들은 구조물이나 과도한 양의 자재를 사용하여 발생한 압력에 의한 응력과 피로감을 자재가 어떻게 버텨내는지를 알아야 한다. 즉 구조물들이 힘의 작용에 어떻게 반응하는지, 그리고 기본적으로 이들 힘이 나무나 강철, 콘크리트 같은 여러 가지 건축 자재의 사용에 어떤 영향을 미치는지에 대하여 이해하는 것이 매우 중요하다.

자재를 이해하는 데 공업기술의 향상이 중요한가?

공업기술의 향상은 분명히 자재를 이해하는 데 매우 중요하며, 자재에 대한 이해 또한 공업기술의 향상에 중요하다. 예를 들어, 트랜지스터와 초전도체는 이들 대상물을 이루는 자재들이 가진 수학을 이해함으로써 개발되었다. 수학과 재료과학은 고속도로나 교차로 같은 사회의 기간시설, 인공위성이나 우주왕복선 같은 항공우주과학, 자동차에서 발견되는 초소형 전자공학에 이용하는 공업기술 등을 향상시켰다. 오늘날에도 과학자들은 물리적 상호작용에 의한 재료의 작용을 설명하기 위해 새로운 수학을 개발하고 있다. 사실 재료과학은 물리 및 공학, 응용수학 분야의 연구가들이 공통된 문제를 함께 연구하면서 발전해오고 있다.

서로 얽힌 나비넥타이 같은 입체교차로형 고속도로는 수학과 재료과학의 지식을 바탕으로 건설되었다.

화학공학

화학공학에서의 수학의 활용은?

수학은 화학공학 분야에서 매우 활발하게 이용되고 있다. 화학공학자들은 화학제품의 제조공정 등에서 발생하는 여러 가지 화학 문제들을 해결하기 위해 여러 분야의 수학을 활용하고 있으며, 그중에서도 편미분방정식을 포함한 미적분학은 특히 중요하다. 또한 화학식과 화학방정식을 푸는 등의 간단한 계산을 하는 데도 수학이 필요하다.

전통적으로 화학공학자들은 주로 석유산업 및 대규모의 화학산업에 종사해왔지만, 최근에는 제약 및 식품, 고분자 소재, 초소형 전자공학, 생물공학산업 등에도 진출하고 있다. 이들은 수학을 활용하여 열역학, 화학반응 과정, 공정의 독특성, 설계, 통제집단 연구 등을 진행한다. 이러한 연구는 새로운 화학제품과 공정을 개발하고, 공정설비 및 기기장치를 검사하며, 데이터를 수집하고 품질을 모니터하는 데 도움이 된다.

또한 화학공학자들은 제조공정 과정을 쉽게 이해하기 위해 수학적 모형을 설계하여 결과를 분석한다. 실제로 종종 어떤 수학문제의 '해'는 특별한 수를 나타내는 것이 아니라 수학으로 설명한 공정과정을 이해시키는 역할을 하기도 한다.

화학공학자들이 사용한 수학적 모델의 예로는 어떤 것들이 있는가?

화학공학자들이 수학적 모델을 어떻게 이용하는지를 보여주는 예들은 여기에서 모두 언급하지 못할 정도로 많다. 한 가지 좋은 예로는 결정 성장 모델링을 들 수 있다. 물이나 쇳물 등의 액체는 냉각시키면 결정성 고체가 된다. 공학자들은 특히 전자공학과 다른 여러 산업에서 우수한 결정 성장 제조에 유용한 소프트웨어를 수학적으로 설계할 수 있다. 이러한 개량 결정 형태는 컴퓨터를 포함하여 전자 하드웨어의 품질을 끌어올리며, 여러 응용 분야에서 엔지니어들이 더 좋은 합금을 만드는 데 유용하다.

화학반응을 이해할 때 수학은 어떻게 활용될까?

화학 반응의 이해에 이용되는 수학 중 가장 간단한 예는 두 화학약품 A와 B(분자 또는 이온)를 토대로 한다. A와 B를 서로 혼합하면 2개의 다른 물질 C, D(이 예의 경우)의 분자나 이온으로 배열을 바꿀 수 있다. 반응을 일으킬 때 에너지를 잃거나 흡수할 수 있으며, 분자는 더 빠르거나 느리게 움직일 수도 있다. 이것이 화학반응에서 일어날 수 있는 간단한 모습이지만, 수학적 모델링을 이용하여 분석할 수도 있다. 예를 들어, $t=0$일 때 초기 분자의 양 A, B, C, D는 시간 t_1(또는 특정 시간이 흐른 후)에 어떻게 될까? 이와 같은 문제뿐만 아니라 좀 더 복잡한 화학공학 문제도 수학적 모델링을 이용하여 해결할 수 있다.

산업공학과 항공공학

산업공학자들은 공장이나 창고, 정비공장, 사무실의 인력 및 자재, 설비의 효율적인 활용에 대해 연구한다. 그들은 기계 및 설비를 배치하고, 작업의 흐름을 계획하며, 통계적 연구를 하고, 생산비용을 분석한다. 특히 통계학과 확률 분야를 가장 많이 활용한다.

통계적 공정관리에서는 한 제조공정 내의 변동사항을 파악하고 분석하기 위해 통계기법을 활용한다. 산업공학자들은 통계적 분석을 통해 제조공정을 모니터하고 관리하며, 공정능력을 향상시킨다. 또한 제조공정 평가, 생산제품의 품질이 균일하도록 하기 위한 공정 내의 변동 원인 제거, 공정 관리, 제품의 완성도를 높이기 위한 공정능력의 향상이라는 네 가지 기본 방법을 포함한다. 그러나 이것이 모든 제조공정에 해당하는 것은 아니다. 모든 SPC는 제품이 계획한 대로 제조되고 설계되는 것을 보장한다. 따라서 SPC는 디자인이 좋은지 또는 나쁜지를 의미하는 것이 아니라 단지 계획한 대로 만들어졌는지를 의미한다.

고객이 요구하는 제품과 서비스를 가장 경제적으로 생산하기 위해 생산시스템의 모든 과정에 추리통계학과 확률이론을 도입하는 품질관리기법을 말한다. 품질관리를 위해 많은 자료를 모아 측정·해석하고 판단할 수 있도록 통계학을 응용함으로써 올바른 규준이나 표준을 결정하며, 이를 통해 제품의 품질 유지와 향상을 꾀할 수 있다. 초기 품질관리에서는 수학의 활용을 중요시하지 않다가 1920년대가 되어서야 표본추출이론의 발전으로 통계학이 산업과 품질관리에 응용되었다.

현대의 통계적 품질관리는 여러 제조공정의 질을 평가하고 향상시키기 위한 통계기법을 활용한다. 이것은 종종 SPC와 SQC로 분류된다. SQC의 하나인 SPC는 제품생산과 관련하여 제조공정에서 변동 원인을 줄이면서 관리하는 통계기법을 적용하는 반면, SQC는 SPC뿐만 아니라 품질을 관리하고 샘플링 검사를 포함하는 통계기법을 적용한다. 때문에 SPC는 그 폭은 SQC보다 좁지만, 이 두 가지는 용어를 서로 바꿔가며 사용한다.

신뢰도 reliability란?

산업공학자들은 '신뢰도'라는 또 다른 유형의 통계기법을 활용한다. 신뢰도란 시스템이나 장치, 부품 등이 어떤 일정 기간 동안 고장 없이 정확하게 동작을 수행할 확률을 말한다. 산업공학자들은 신뢰도 함수를 사용하여 제품을 분석한다. 어떤 시스템 내의 장치나 부품이 고장 나면 장치나 부품이 요구된 기능을 수행할 수 없다는 것을 뜻한다. 시스템의 신뢰성 평가는 고장 분포 함수나 어떤 아이템이 주어진 기간에 고장날 확률에 따라 정해진다.

욕조곡선 bathtub curve이란?

산업공학자들은 작동기기 또는 고장기기에 관한 욕조곡선을 알고 있다. 전체 기기에 대하여 시간이 흐르는 동안 작동기기와 고장기기를 관찰함으로써 비교적 쉽게 고장률의 견적을 계산할 수 있으며, 시간의 경과에 따라 계산한 기기 고장률의 결과를 하나의 곡선으로 나타낼 수 있다. 이러한 고장률 곡선이 '욕조곡선'으로 널리 알려진 이유

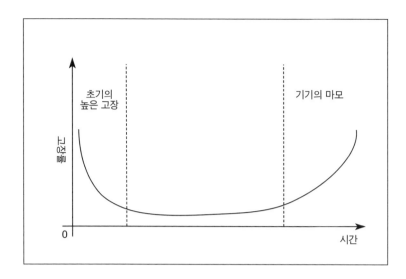

초기의
높은 고장

기기의 마모

고장률

0

시간

공통으로 나타나는 여러 기계장치의 고장률은 시간 경과에 따라 욕조 모양인 곡선 그래프로 나타난다.

는 곡선 모양이 고대 양식의 욕조 모양을 하고 있기 때문이다. 이런 유형의 분석은 보통 산업현장에서 많이 활용된다. 욕조곡선은 시간에 따라 많은 부품으로 구성된 시스템 또는 설비의 예상 고장률을 보이는 초기의 높은 고장기간, 시스템이 사용되는 대부분의 기간으로 고장률을 0으로 떨어뜨리는 기간, 시스템이 '마모'되어 '욕조'의 끝에서 다시 고장률이 증가하는 기간으로 나누어 설명할 수 있다.

항공우주공학 기술자

항공우주공학자는 공기 중을 비행하는 물체, 즉 여객기, 전투기, 우주선 등 각종 비행물체를 설계하고 개발하는 일을 한다. 또 다양한 수학적 모델 및 기법을 이용하여 항공기 및 우주선을 날리고, 문제 원인을 규명하며, 추적하는 데 사용되는 시스템을 설치하고 구성하며 관리하고 검사한다. 또한 시험용 장비를 검사하여 장비 고장의 원인을 알아내기도 한다. 항공우주공학 기술자들은 종종 컴퓨터와 통신시스템을 이용하여 테스트 데이터를 기록하고 해석하기도 한다.

궤도역학^{Orbital Mechanics}이란?

'비행역학^{Flight Mechanics}'이라고도 하며 중력, 대기의 저항, 추력 등 힘의 영향 하에 이동하는 인공위성과 우주선의 움직임에 대해 연구한다. 천체역학의 현대 응용 학문으로, 행성과 천체의 움직임에 대해서도 연구한다. 궤도역학의 기틀을 세운 주요 과학자는 수학자 아이작 뉴턴^{Isaac Newton, 1642~1727}으로, 그는 우리가 살고 있는 물리세계를 물체와 물체 사이의 힘으로 기술하기 위해 '뉴턴의 운동법칙'을 정했으며, 만유인력의 법칙을 세상에 공표했다. 오늘날의 항공우주산업공학자들은 궤도역학을 적용하여 로켓 및 우주선의 궤도, 우주선의 대기권 돌입 및 착륙, 우주선의 궤도 회합 계산, 유인 우주선과 무인 우주선의 달 및 행성 간 궤도 같은 문제를 다루고 있다.

궤도공학과 관련된 수학을 알지 못하면 국제우주정거장은 안정된 궤도로 회전하지 못하고 지구로 추락하게 될 것이다.(NASA)

공중으로 던진 공은 올라가다가 지구의 중력에 의해 되돌아온다. 이때 공을 던진 초기속도가 빠르면 공은 훨씬 높이 올라가다가 되돌아오게 된다. 속도가 더 높아지면 공은 탈출속도에 도달하여 지구의 중력을 벗어난다. 물체가 천체 표면에서 탈출할 수 있는 최소한의 속도를 '탈출속도'라고 한다. 그러나 공을 탈출속도보다 큰 초기속도로 던지면 위로 계속 올라가 되돌아오지 않는다. 물리학자들은 이것을 "음인 모든 중력위치에너지보다 큰 운동에너지가 공에 주어졌다."고 하거나 "공이 우주로 날아간다."고 말한다. 이때 m은 공의 질량, M은 지구의 질량, G는 중력상수, v는 속도, R은 지구의 반지름이며, 위치에너지는 $\frac{GmM}{R}$과 같다. 또 날아간 공의 운동에너지는 $\frac{mv^2}{2}$과 같다. 이것은 탈출속도가 다음과 같다는 것을 의미한다.

$$\sqrt{\frac{2GM}{R}}$$

이는 공의 질량과는 관계없다. 이것이 우주선 엔지니어에게 어떻게 적용되는지를 알아보기 위해서는 '공'을 '우주선'으로 대체하기만 하면 된다.

12장

셈과 수학

고대의 셈 도구와 계산기

셈 도구가 발달하게 된 이유는 무엇일까?

초기 셈 도구는 거래를 하기 위해 물건의 개수를 세거나 소떼 같은 가축의 수를 추적하기 위한 필요에 의해 발달했다. 또한 씨앗을 뿌리는 적절한 시기 등을 추적하기 위해, 또 몇몇 축제일을 표시하는 등의 종교적인 이유로 셈 도구가 사용되기도 했다.

초기 셈 도구에는 어떤 것들이 있는가?

최초의 셈 도구는 사람의 손이다. 그러나 양손의 손가락 개수가 각각 5개인 까닭에 한계가 있었다. 몇몇 문명에서는 보다 많은 물건의 개수를 세고 큰 수의 셈을 하기 위해 신체의 또 다른 부분을 사용했다. 하지만 그러한 셈 방법들도 문제가 생기자 상인들과 일반 사람들은 막대기와 돌멩이, 뼛조각 등을 사용하는 등 자연적인 것으로 대체하여 셈을 했다.

그러다가 점차 셈판이 개발되었다. 셈판은 모래나 흙 위에 손가락이나 첨필로 선을 그어 나타내는 것으로 그 방식이 단순했다. 시장 상인들은 물건을 세거나 가격을 계산할 때 바로 쓸 수 있도록 항상 모래나 흙을 준비해가지고 다녔다.

이어서 나무나 바위, 금속으로 만든 휴대하기 간편한 셈판이 널리 보급되었으며, 여기에 단위를 나타내는 홈이나 선을 새겨 넣었다. 이들 셈판은 더욱 정교해지기 시작했으며, 새긴 홈이나 선 사이에 구슬이나 조약돌, 금속 원반을 놓고 옮기는 등의 방법으로 단위가 훨씬 더 큰 물건의 개수를 셀 수 있었다. 이후 오랜 시간이 흐르면서 셈판은 고정된 여러 개의 막대에 꿴 구슬을 자유자재로 옮길 수 있도록 한 주판 형태가 되었다.

주판

주판은 고대에 사용한 셈 도구 중 하나다. 단어 abacus는 'tablet'이나 'table'을 뜻하는 그리스어 abax나 abakon에 기원을 둔 라틴어에서 유래했다. 아마도 이들 단어는 '모래'를 뜻하는 셈족의 단어 abq에서 유래했을 수도 있다. 처음에는 나무로 만들었지만 지금은 플라스틱으로 만드는 이 도구는 막대나 철사에 꿴 구슬이나 동글납작한 판을 손으로 옮겨 셈을 한다.

오늘날 주판의 의미에 대한 우리의 일반적인 생각과는 달리, 그 당시의 주판은 순수한 계산기가 아니었다. 단지 셈을 위한 보조 도구로만 사용되었다. 주판은 덧셈과 뺄셈을 하기 위해 수를 가져오거나 버리는 도구에 불과했으며, 정작 계산은 암산으로 이뤄졌다.

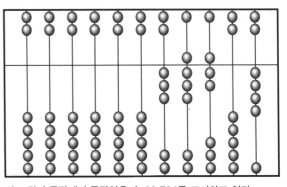

위 그림의 주판에서 주판알은 수 38,704를 표시하고 있다.

현존하는 가장 오래된 셈판은?

지금까지 전해지는 가장 오래된 셈판은 1846년, 살라미스 섬에서 발견된 살라미스판^{Salamis tablet}이다. 한때는 게임 판이라 여겨지기도 했지만, 이후 역사학자들은 이 하얀 대리석 판이 실제로는 물건을 세는 데 사용되었다는 결론을 내렸다. 세로의 길이가 59인치(149㎝)이고, 가로의 길이가 30인치(75㎝), 두께가 1.8인치(4.5㎝)인 이 석판은 기원전 300년경에 바빌로니아인들이 사용한 것이다. 석판에는 가운데 있는 하나의 수직선에서 같은 간격으로 5개의 평행선이 그어져 있어 다섯 가지 표시를 할 수 있도록 되어 있으며, 아래에는 하나의 수직선에 같은 간격으로 11개의 평행선이 그어져 있다.

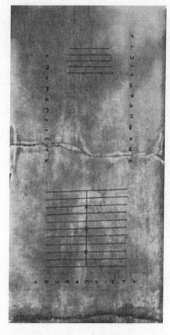

그 당시에 이런 형태의 셈판만 있었던 것은 아니다. 살라미스 판이 개발된 후, 로마인들은 기원전 300~기원후 500년에 걸쳐 '캘쿨리^{Calculi}'라는 주판알과 손 주판^{hand-abacus}을 고안해냈다. 이들 셈판은 돌이나 금속으로 만들어졌다. 로마인이 만든 주판 중에는 1개의 가로줄에 8개의 긴 홈과 8개의 짧은 홈이 나열되어 있으며, 주판알이 홈으로 미끄러져 들어가 센 물건의 개수를 나타내는 것도 있었다. 1의 자리를 나타내기 위해 긴 홈을 사용하여 Ⅰ로 표시하고, 10의 자리는 Ⅹ로 표시하는 등의 방법으로 백만 자리까지 표시했으며, 5, 50, …과 같은 5의 배수는 짧은 홈을 사용하여 표시했다. 또 주판의 오른쪽에 짧은 홈을 표시하기도 했는데, 아마도 이것은 로마의 '온스^{ounces}'와 관련하여 어떤 일정한 무게를 나타낸 것으로 여겨진다.

수십 세기 동안 만들어진 주판의 종류는 각기 달랐을까?

그렇다. 위에서 언급한 로마의 주판을 포함하여 수십 세기 동안 서로 다른 종류의 많은 주판이 만들어졌다. 가장 최초의 주판 유형은 1300년경 중국에서 사용한 것으로

'수안판suanpan'이라 불렀다. 그러나 역사학자들 사이에서는 이 주판을 중국인들이 발명한 것인지에 대해서는 의견이 일치하지 않고 있다. 우리나라(한국)를 거쳐 일본에서 만들어진 것이라고 주장하는 역사학자들도 있다. 상인들이 표준 덧셈과 뺄셈을 하기 위해 이런 유형의 주판을 사용했다고는 하지만, 수들의 제곱근과 세제곱근을 구하는 데 사용되기도 했다.

일본의 주판인 '소로반算盤'은 중국의 주판과 비슷하지만, 각 세로줄의 상부와 하부에 있는 각각 1개의 주판알을 제거했다. 소로반은 로마의 주판과 비슷하다. 한편 러시아인들은 고유의 주판을 가지고 있었다. 주판의 각 줄에는 10개의 주판알을 사용하며, 상·하부의 구분이 없다. 그 대신 각 줄의 구분은 주판알이 가장 적은 줄에 의해 정해진다.

현대의 주판은 어떻게 사용되고 있을까?

오늘날의 표준 주판은 보통 나무나 플라스틱으로 만들며 크기가 다양하다. 대부분 작은 휴대용 컴퓨터 크기 정도다. 수직인 나무막대나 줄에 꿰인 나무 주판알이 자유롭게 미끄러지도록 되어 있으며, 수평으로 놓인 가름대는 상부와 하부의 두 영역을 구분하는 역할을 한다.

예를 들어, 중국의 주판에는 상부와 하부에 각각 13개의 세로줄이 있다. 하부는 각 세로줄에 5개의 주판알이 꿰어 있고, 상부는 2개의 주판알이 꿰어 있다. 상부에 있는 2개의 주판알은 각각 5를 나타내며, 하부의 각 구슬은 1을 나타낸다. 그러한 구조로 되어 있어 '$\frac{1}{5}$ 주판'이라고 부르기도 한다.

주판을 사용할 때, 사용자는 평평한 테이블이나 무릎에 놓고 상부와 하부에 있는 모든 주판알을 가름대에서 멀리 밀어 보낸다. 그리고 나서 셈을 하기 위해 한쪽 손의 집게손가락과 엄지손가락으로 주판알을 옮긴다. 예를 들어, 수 7을 나타낼 때는 하부에서 2개의 주판알을 옮기고 상부에서 1개의 주판알을 옮긴다.

$$(1+1)+5=7$$

오늘날에도 주판은 아시아의 소매상인들을 중심으로 여전히 많이 사용되고 있으며, 북아메리카에서는 주판을 '차이나타운chinatowns'이라고 부르기도 한다. 아시아 지역 학생들은 지금도 주판 사용법을 계속 익히고 있으며, 주판으로 간단한 수학이나 곱셈을 가르치기도 한다. 사실, 주판 사용은 곱셈표를 기억할 수 있는 훌륭한 방법이며, 어떤 수 체계에도 적용할 수 있어 다른 수 체계를 가르치는 데도 매우 유용하다.

전 세계에서 가장 작은 주판은?

1996년, 스위스 취리히에서 과학자들은 주판알이 10억분의 1이나 밀리미터의 백만분의 1보다 작은 지름을 가진 분자들로 이뤄진 주판을 만들었다. 세계에서 가장 작은 주판의 주판알은 손가락이 아니라 주사형 터널 현미경scanning tunneling microscope의 매우 세밀한 원뿔 모양 탐침으로 옮긴다. 과학자들은 구리면 위에 원자로 둑을 쌓고 그 사이의 홈에 10개의 분자를 놓아 움직이도록 하는 데 성공했다. 홈에 놓인 분자주판알은 막대에 꿰인 주판알과 마찬가지로 앞뒤로 움직이도록 되어 있다. 과학자들이 0~10까지 세면서 분자를 조작하면 주사형 터널 현미경의 탐침이 분자주판알을 앞뒤로 움직여 계산한다.

키푸

키푸Khipus(스페인어로는 quipu)는 남아메리카의 잉카인들이 사용했다. 키푸는 어떤 정보를 나타내는 매듭을 지은 끈을 모아놓은 것이다. 현존하는 약 600개의 키푸는 가로로 놓인 끈에 일련의 매듭을 지은 끈들을 매달아 사용한다. 그런데 이들 매듭은 다른 문명에서 만든 매듭과 같은 것이 없다. 이들 매듭은 네 번 돌려 만든 긴 매듭과 단일 매듭, 8자 모양 매듭, 다양한 여러 다른 매듭들을 포함하고 있다. 역사학자들은 수를 나타내는 이러한 끈과 매듭이 한때는 회계, 재고목록, 인구조사를 목적으로 사용했다고 믿고 있다.

남아메리카의 고대 잉카문명 사람들은 수학적 계산을 하기 위해 '키푸'라는 매듭 끈을 사용했다.

연구자들 또한 키푸가 끈과 매듭, 심지어는 키푸를 만드는 끈의 재질(보통 알파카 털이나 무명실)이나 각기 다른 색의 몇 가지 부호에 따라 어떤 특별한 메시지를 담고 있다고 믿기도 한다. 그러나 결국 역사학자들은 키푸에 숨겨진 실제 이야기를 제대로 이해하지 못한 것으로 밝혀졌다. 스페인은 1532년 잉카제국을 정복할 때, 끈이 잉카의 역사와 종교를 설명하는 미신의 대상이라고 믿고 대부분 없애버렸다.

네이피어의 막대^{Napier's Bones}란?

스코틀랜드의 수학자 존 네이피어^{John Napier, 1550~1617}가 고안한 도구를 말한다. 이 막대는 동물의 뼈나 상아, 나무로 된 막대에 새겨진 곱셈표다. 네이피어는 자신의 책 《*Rabdologia*》에서 처음으로 이러한 아이디어를 발표했으며, 책에는 곱셈, 나눗셈, 제곱근의 풀이에 도움이 되는 막대에 대한 설명이 들어 있다.

각각의 막대는 막대의 꼭대기에 있는 한 자리 숫자에 대한 곱셈표다. 위의 그림과 같이 각 막대에는 꼭대기에 있는 숫자에 0이 아닌 한 자리 수를 각각 곱한 곱셈값이 연속적으로 새겨져 있으며, 각 곱셈값은 한 칸에 쓴다. 예를 들어, 63에 6을 곱할 때

스코틀랜드의 수학자 존 네이피어는 곱셈표를 나타
내는 방법인 '네이피어의 막대'를 고안했다.

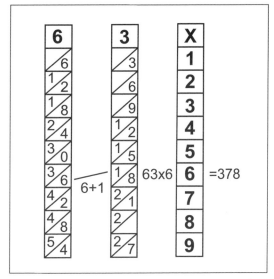

위의 그림은 네이피어의 막대를 사용하여 63×6=378의 계
산 방법을 나타낸 것이다.

는 먼저 아래 그림과 같이 6과 3에 해당하는 2개의 막대를 나란히 놓는다. 곱셈값의 첫 번째 수는 위에서 여섯 번째 칸에 있는 대각선 위쪽에 있는 수(3)가 되며, 그다음 수는 나란히 놓은 두 막대에서 위에서 여섯 번째 칸에 있는 가운데 두 수를 더한 것 (6+1=7)과 같다. 그다음 수는 두 번째 막대의 여섯 번째 칸에 있는 나머지 수(8)가 된다. 따라서 63×6=378이다.

처음에 곱셈표는 빠른 계산을 위해 주로 상인들이 사용했다. 1623년, 독일의 천문학자이자 수학자인 빌헬름 시카드[Wilhelm Schickard, 1592~1635]는 네이피어의 막대를 토대로 하여 최초로 계산기를 만들었다. 이 계산기는 덧셈과 뺄셈을 할 수 있으며, 도움을 받아 곱셈과 나눗셈도 할 수 있다. 이 발명에 대한 공적을 인정받아 그를 '컴퓨터 시대의 아버지'라고 부르기도 한다.

기계식 계산기와 전자계산기

최초로 알려진 계산기는 누가 만들었을까?

많은 역사학자들이 네이피어의 막대를 토대로 1623년에 독일의 수학자 빌헬름 시카드$^{Whilhelm\ Schickard,\ 1592~1635}$가 기계식 계산기를 처음으로 고안했다고 추측하고 있지만, 최초의 계산기를 누가 만들었는지는 아무도 모른다. 시카드와 그의 가족은 가래톳 흑사병에 걸려 모두 사망했고 그가 남긴 메모들과 편지가 발견된 것은 20세기 중반이 되어서였다. 거기에는 계산기를 만드는 방법이 그림으로 그려져 있었다. 시카드는 분명히 2개의 계산기를 만들었다. 그중 1개는 화재로 소실되었고, 다른 하나는 어딘가 남아 있다 해도 행방이 묘연하다. '계산시계'라고도 불리는 그가 만든 계산기는 톱니바퀴와 기계 등의 부품을 사용하여 여섯 자리의 수를 더하고 빼는 계산을 할 수 있었다.

너무나도 유명한 르네상스 발명가이자 화가인 레오나르도 다빈치가 기계식 컴퓨터의 초기 유형의 고안자라고 생각하는 사람들도 있다.

하지만 모든 역사학자들이 시카드를 인정한 것은 아니다. 또 실제로 계산기를 설계한 레오나르도 다빈치가 훨씬 더 빨리 기계를 사용하여 계산을 하려고 했다고 믿는 역사학자들도 있다. 1967년에 스페인의 국립박물관에서 그가 남긴 기록 중 몇 가지가 발견되었는데, 거기에는 파스칼의 계산기와 닮은 기계가 묘사되어 있다.

고트프리트 빌헬름 폰 라이프니츠는 계산기를 어떻게 발전시켰는가?

독일의 수학자이자 철학자인 고트프리트 빌헬름 폰 라이프니츠$^{Gottfried\ Wilhelm\ von\ Leibniz,\ 1646~1716}$는 오늘날 모든 컴퓨터의 핵심 개념인 이진법의 수 체계를 기술했을 뿐만 아니라 미분학을 공동 개발했다. 또한 네 가지 기본계산 기능을 수행하는 기계를 설계해 1674년에 완성하고 라이프니츠 자신이 직접 이름을 붙인 '계단형 계산기 Stepped Drum 또는 Stepped Reckoner'를 제조하여 작동시켰다.

이 계산기는 '라이프니츠 바퀴(또는 계단형 계산기)'라는 이름을 가진 특별한 유형의 기어와 실린더의 축에 평행하게 놓인 9개의 막대 모양 톱니를 가진 실린더를 사용했다. 실린더가 크랭크와 맞물려 회전할 때, 10개의 톱니바퀴는 실린더의 0~9까지의 위치를 돌게 된다. 이때 여러 장치의 운동은 계단형 드럼이 어떤 방향으로 회전되느냐에 따라 곱셈이나 나눗셈으로 전환된다.

계산기에는 두 가지 원형이 있었는데(두 가지 모두 지금도 여전히 존재함), 파스칼의 디자인과 마찬가지로 라이프니츠의 디자인은 18세기에 만들어진 대부분의 기계식 계산기의 토대가 되었다. 하지만 대량생산되지 못한 대부분의 기계들은 대중이 전혀 이해하지 못했을 뿐만 아니라 실제로 사용하기 위한 기계라기보다는 전시를 위한 진기한 물품에 불과했다.

조셉 마리 자카드의 발명품은 계산기에 어떻게 도움이 되었는가?

18세기 말, 프랑스의 직공이자 발명가였던 조제프 마리 자카르Joseph-Marie Jacquard, 1752~1834는 천에 문양을 넣을 수 있는 실용적인 자동 베틀을 개발했다. 이 기계는 일련의 천공카드와 연결하여 제어하는 방식이었다. 이로 인해 직물 생산이 크게 발전했을 뿐만 아니라 계산기 발달에도 큰 도움이 되었다.

찰스 배비지와 허먼 홀러리스는 자카르의 아이디어를 빌려 자신들이 만든 계산기에 천공카드를 사용했다. 홀러리스가 설립한 회사는 30년 동안 기계식 천공카드 처리로 크게 성장하여 많은 수익을 남겼으며, 훗날 세계적인 컴퓨터 기업인 IBMInternational Business Machines으로 발전했다.

블레즈 파스칼이 수학에 대한 흥미를 잃게 만든 그의 발명품은?

프랑스의 수학자이자 철학자인 블레즈 파스칼[1623~1662]은 1642년, 불과 18세의 나이에 파스칼리느(계산기)를 고안해 1643년 완성했다. 이 기계는 실용적인 목적으로 사용된 최초의 기계식 계산기였다. 파스칼은 날마다 많은 수들을 더하거나 빼는 지루한 일을 하는 세무관리인 아버지를 도울 마음으로 아버지와 함께 이 기계를 만들었지만 이 기계는 여러 가지 이유—특히 십진법을 사용하고, 프랑스 화폐 단위와 맞지 않아—로 큰 도움이 되지 못했다. 또한 사용법과 제조가 어렵고 너무 비싼 비용에 신뢰성도 떨어졌다. 이로 인해 파스칼은 과학과 수학에 대한 흥미가 시들해지고 말았다. 1655년, 결국 그는 얀세니스트 수도회에 들어가 죽기 전까지 철학 공부에 몰두했다.

차분기관difference engine이란?

대부분의 수학 역사학자들은 자동화된 순차적 해결법으로 인해 차분기관을 현대 컴퓨터의 선구로 여기고 있다. 1786년, 차분기관이라는 개념을 처음으로 개발한 사람은 헤센군의 기술자였던 요한 뮐러Johann H. Muller였다. 그의 목표는 특수한 다항식 값들 사이의 차를 순차적으로 더하여 수학적인 표를 계산하고 출력하는 특별한 기계를 만드는 것이었다. 하지만 그는 끝내 정부로부터 기계를 만들기 위한 지원을 얻어내지 못했다.

1822년, 찰스 배비지는 정부의 지원을 받아 뮐러가 제안한 기계를 프로그램화하여 증기를 동력으로 하는 기계를 재발명했다. 배비지는 뮐러가 설계한 디자인보다 향상시킨 기계를 만들어내기 위해 노력했으나, 기술적 한계와 자금 부족으로 뮐러의 차분기관은 일부분만 완성되었다. 그 뒤 마침내 1853년, 스웨덴의 발명가인 게오르그 슈츠George Scheutz, 1785~1873와 그의 아들 에드바르트Edvard, 1821~1881는 배비지의 영향을 받아 인쇄가 가능한 최초의 계산기인 차분기관을 만들어내는 데 성공했다.

몇몇 역사학자들은 영국의 발명가이자 수학자인 찰스 배비지$^{Charles\ Babbage,\ 1792\sim 1871}$를 '컴퓨터 계산의 아버지'라고 여기고 있다. 그의 업적을 높이 평가하는 이유는 현대 컴퓨터의 실제 원형으로 여겨지는 그의 해석기관 때문이다.

초기에 그가 만든 여러 개의 원형 중 하나는 차분기관으로, 요한 뮐러$^{Johann\ Muller}$가 설계한 것과 샤를 드 콜마르$^{Charles\ de\ Colmar}$가 만든 몇몇 아리스모미터의 모양을 토대로 만들었다. 그의 아이디어에는 별다른 흠이 없었지만, 기계의 부품을 만든 기술공과 불필요한 논쟁을 벌이는가 하면 정부의 재정 부족으로 결국 제작되지 못했다. 또한 지나친 욕심도 차분기관을 제작하지 못한 요인이 되었다. 그는 이 기계가 소수점 아래 6자리 수와 2차 미분을 처리해주기 바라면서 소수점 아래 20자리 수와 6차 미분을 하기 위한 계획을 세우기 시작했지만 그의 생각은 당시로서는 다소 무리였다.

그러나 차분기관 제작을 포기했다고 해서 배비지의 연구가 끝난 것은 아니었다. 또다시 그는 해석기관을 제작하기 위해 계속해서 정부에게 자금 지원을 요청했다. 해석기관은 어떤 산술계산이라도 할 수 있는 더욱 향상된 기계로, 그리고 출력을 위해 천공카드 시스템을 사용해 다목적이고도 프로그램이 가능한 컴퓨터가 되도록 했다. 이 새로운 기계는 증기엔진을 동력으로 사용했으며, 기어는 주판의 주판알처럼 수학적 표를 계산하고 인쇄하는 기능을 했다.

이 해석기관 제작을 위해 8년 동안 그는 정부로부터 더 많은 자금을 얻어내려고 했지만 수포로 돌아가 결국 해석기관을 만들지 못하고 눈을 감았다.

배비지가 살아 있는 동안에는 해석기관이 완성되지 못했지만, 그의 아들 헨리 프로보스트 배비지$^{Henry\ Provost\ Babbage}$는 아버지가 그려놓은 도면에서 기계의 중앙처리장치에 해당하는 '제조소^{mill}' 부분을 만들었으며, 1888년에는 그 디자인을 받아들이기 위해 원주율 π의 배수를 계산했다. 이는 최초로 '현대' 컴퓨터의 부품을 성공적으로 검증한 것으로 여겨진다.

가산기 troncet

1889년, 프랑스의 트롱세 J. L. Troncet가 발명한 것으로 여겨지고 있다. 트롱세는 이 계산기에 '아리스코그라프 Arithmographe'라는 이름을 붙였다. 사실 그의 연구는 클로드 페로 Claude Perrot, 1613~1688가 먼저 시작한 초창기 디자인을 기반으로 이뤄졌다. 이것은 주로 덧셈과 뺄셈을 할 때 사용되었다.

평평하고 손바닥 크기만 한 이 기계식 계산기에는 세 가지 주요 부품인 계산을 위한 부품, 첨필, 가산기를 재가동시키는 핸들이 있다. 첨필의 끝을 금속판에 새긴 금에 삽입함으로써 표시된 수들이 있는 금속조각을 위나 아래로 밀면 수들이 더해진다. 기어나 서로 연결된 부품은 없으며, 두 수의 합이 10보다 클 때 '1을 올리기' 위해 첨필은 가산기의 끝 또는 그 주변까지 이동하게 된다.

계산자

사용자가 수학 계산을 할 때 사용하는 로그눈금을 가진 자와 유사한 장치다. 가장 널리 사용되는 계산자는 서로 맞물려 있는 3개의 눈금자를 사용하는 것으로, 휴대가 가능하다. 중앙의 미끄럼자는 다른 2개의 고정자 사이를 앞뒤로 이동할 수 있도록 되어 있다. 고정자의 눈금에 중앙의 미끄럼자의 눈금을 맞추고 그 눈금들을 읽어 계산한다. 사용자가 어떤 수의 로그값에 비례하는 위치에 그 수를 표시함으로써 눈금을 일렬로 나타내고, 매우 가는 선이 그어져 있는 '투명한' 커서를 움직여 눈금 위에 오도록 한다.

유명한 차분기관과 관련하여, 영국의 수학자 찰스 베비지는 단지 많은 자금이 필요하다는 이유로 기계식 컴퓨터의 정교한 설계 계획을 포기해야 했다.

전통 수학자들에게는 애석한 일이지만, 1970년대 중반이 되자 계산자는 휴대용 계산기에 그 자리를 내주어야 했다. 하지만 다른 방식으로의 발전은 기꺼이 받아들여졌다.

계산자는 수학, 기술공학, 과학 분야의 계산에서 중요한 두 가지 결점을 갖고 있었다. 이 장치로는 덧셈을 하기 어려웠으며, 3자리 숫자까지만 정확히 계산해낸다.

'최초의 프로그래머'라 불리는 사람은 누구인가?

에이다 아우구스터 바이런Ada Augusta Byron, 1815~1852(에이다 킹 Ada King 또는 러브레이스Lovelace 백작부인으로도 알려져 있음)은 **최초의 '프로그래머**(여기서는 계산기)' 중 한 사람으로, 영국의 시인 조지 고든 노엘 바이런George Gordon Noel Byron, 1788~1824 경의 딸이다. 1833년경, 발명가이자 수학자인 찰스 배비지Charles Babbage는 차분기관에 대해 연구하던 중 에이다 바이런을 만났다. 소문에 따르면 그녀는 차분기관보다는 그의 수학적 천재성에 더 관심을 보였다고 한다.

에이다 바이런은 그에게 매료되어 배비지의 이름을 기기 사용 도표에 써 넣는가 하면 그의 연구에 대한 대부분의 정보를 글로 정리했다. 한 예로, 에이다 바이런은 프랑스 출신인 이탈리아의 공학자이자 수학자 루이기 메나브레아Luigi Federico Menabrea, 1809~1896가 1842년에 프랑스어로 쓴 배비지의 해석기관에 대한 설명을 영어로 번역했다.

배비지는 이에 감동받아 에이다 바이런에게 기계에 대한 그녀 자신의 메모 및 해석을 추가해줄 것을 제안했다. 그의 격려에 힘입어 그녀는 해석기관이 어떻게 프로그램되었는지를 자세하게 기록했으며, 많은 사람들이 무엇을 최초의 컴퓨터 프로그램이라고 여기는지에 대해 썼다.

그녀의 설명은 1843년에 책으로 출간되었다. 그녀는 컴퓨터 언어인 'do loop(그녀가 '꼬리를 물고 있는 뱀'이라 일컬은 일부 프로그램)'라는 용어를 만들었으며, 어셈블러 명령어를 간단히 나타내는 데 유용한 '니모닉MNEMONIC' 기호를 정해 좀 더 쉽게 컴퓨터를 제어할 수 있도록 했다.

하지만 에이다 바이런의 삶은 가족이 처한 곤경과 도박 빚(그녀에 의한 것은 아니지만), 연구할 과학 프로젝트의 결여 그리고 자신만큼 수학과 과학에 조예가 깊은 친구가 아무도 없다는 사실로 인해 점차 피폐해졌다. 배비지는 해석기관 제작을 위한 정부자금을 얻으려는 노력을 포함해, 그 자신이 처한 곤경 가운데 어떤 것도 해결하지 못했다.

1852년, 에이다 바이런은 37세의 젊은 나이에 암으로 죽었지만, 1980년, 과학자들은 ADA 프로그래밍 언어에 그녀의 이름을 붙여 경의를 표했다.

계산자는 어떻게 발달해왔을까?

1620년, 영국의 천문학자 에드먼드 건터[Edmund Gunter, 1581~1626]는 곱셈에 사용하는 계산자를 처음으로 고안했다. 그는 네이피어가 발견한 로그의 원리에 맞추어 눈금을 나타냈다. 그의 로그 눈금은 이웃하는 숫자들의 왼쪽에서는 간격이 넓지만, 오른쪽으로 갈수록 좁아지도록 되어 있다. 두 수를 곱하려면 두 수에 해당하는 길이를 더한 길이에 표시된 숫자를 읽으면 된다.

그러나 처음 발명한 사람이 누구인지에 대해 논란이 일었다. 많은 역사학자들은 건터의 아이디어를 향상시킨 영국의 성직자 윌리엄 오트레드[William Oughtred, 1574~1660]가 실제 발명가라고 여기고 있다. 시기에 대해서는 논란이 많지만, 1630년경 오트레드는 나무로 만든 건터의 계산자 2개를 마주 대어놓고 2개를 서로 앞뒤로 밀어 계산할 수 있다는 것을 보여주었다. 하지만 과학자나 수학자, 일반 사람들이 그의 계산자를 곧바로 받아들인 것은 아니었다.

프랑스의 포병장교인 빅토르 메이어 아메디 만하임[Victor Mayer Amedee Mannheim, 1831~1906]이 계산자에 움직이는 양면 커서를 추가하여 현대식으로 표준화한 것은 1850년 무렵이 되어서였다. 계산자는 수십 년 동안 과학과 수학 분야에서 주요 계산기로 사용되었으며, 그 모양도 직선자에서 곡선자까지 다양해졌다.

밀리어네어 계산기란?

1892년, 오토 슈타이거[Otto Steiger]가 고안한 밀리어네어 계산기는 다른 계산기들이 해결하지 못한 곱셈에 관한 많은 문제들을 해결했다. 앞서 개발된 계산기들은 곱셈을 할 때 계산기 핸들을 여러 번 돌려야 했지만, 밀리어네어 계산기는 어떤 수를 한 자리 수로 곱할 때 한 번만 돌려도 되었다. 밀리어네어 계산기에는 길이가 다른 여러 개의 놋쇠로 된 막대가 들어 있었다. 이들 막대는 네이피어의 막대와 같은 개념을 토대로 한 기능을 갖고 있었다. 점차 이 계산기는 많은 사람들이 선호하고 즐겨 사용하게 되었으며, 1899년~1935년 사이에 약 4,700개가 만들어졌다.

1890년, 미국의 공무원들은 6,200만이 넘는 인구를 조사해야 하는 것으로 예측되자, 몹시 당황스러워 했다. 왜냐하면 두루마리 종이에 그려져 있는 정사각형 내에 계수 표시를 한 다음 손으로 일일이 모두 더해야 하는 당시의 계산방식은 속도가 느린 것은 물론 비용도 많이 들었기 때문이다. 이 방법으로 조사를 완료하기까지는 대략 10년이 걸릴 것이라고 예측되었다. 이것은 곧 인구조사 완료시기가 1900년의 인구조사를 위해 이 과정을 다시 시작하는 시기가 된다는 것을 의미했다. 이에 따라 인구조사를 용이하게 할 수 있는 장치를 발명하려는 시도가 경쟁적으로 이뤄지기 시작했다.

그중 1880년대에 '현대 자동계산의 아버지'로도 알려진 미국의 발명가 허먼 홀러리스Herman Hollerith, 1860~1929가 그 누구보다 기발한 아이디어를 선보였다. 그는 자카드Jacquard의 천공카드를 사용하여 인구 관련 자료를 나타냈으며, 자동 기계로 천공카드를 읽고 그 정보를 통계로 처리했다. 또한 천공카드와 함께 '태뷸레이터'라는 자동 전자기계를 만들었다. 태뷸레이터는 구멍을 뚫어 표시한 천공카드를 읽어 통계를 낼 수 있는 장치였다. 이 기계는 스위치를 사용하여 배우자의 유무, 자녀 수, 직업 등 각 개인의 자료를 한 장의 카드에 나타낼 수 있었는데, 이를 이용해 홀러리스는 각종 자료들의 통계를 낼 수 있었다. 이는 정보를 읽고 처리하고 저장하는 최초의 기계가 되었다.

그런데 이 기계의 유용성은 그것만이 아니었다. 홀러리스가 만든 기계는 통계에서 매우 다양하게 활용되었고 자동 태뷸레이터에 사용된 몇 가지 특정 기술은 궁극적으로 디지털 컴퓨터를 개발하는 데 매우 중요한 역할을 했다.

1924년, 홀러리스가 설립한 회사는 세계 굴지의 기업 IBMInternational Business Machines으로 발전하게 되었다.

계산기와 주판이 경쟁한 적이 있을까?

한때는 계산기를 사용하는 사람들이면 누구나 주판을 사용하는 사람들과 경쟁했다. 흔히 주판을 간단한 계산만 하는 '소박한' 도구로 생각하지만, 숙달된 전문가는 계산기 이상으로 빠르게 계산할 수 있다.

1946년 11월 12일, 일본 도쿄에서는 일본 재래의 주판과 전자계산기가 경쟁을 벌였다. 이 행사는 미국 국방부가 인가한 해외 주둔 미군 신문인 〈Stars and Stipes〉에서 후원했다. 계산기를 조작한 미국인은 계산기 사용 전문가인 맥아더 장군 본부 20기 재정회계부의 토머스 나단 우드Thomas Nathan Wood 이등병이었다. 일본에서는 자신을 주판 사용 전문가라고 주장하는 우편행정부 저축국에 근무하는 기요시 마쓰자키淸松崎가 선발되었다. 이 두 사람이 경쟁을 벌인 결과 덧셈, 뺄셈, 나눗셈 및 3개의 수를 곱하는 곱셈에서는 2000년의 역사를 가진 주판이 전자계산기보다 빨랐다. 하지만 곱셈을 할 때는 전자계산기가 주판보다 앞섰다.

모터로 작동하는 초기 계산기기에는 어떤 것들이 있을까?

많은 역사학자들은 최초의 모터 작동 계산기기를 1902년, 체코슬로바키아의 발명가 알렉산더 레흐니처Alexander Rechnitzer가 구상한 Autarigh라고 믿고 있다. 1907년에는 사무엘 야콥 헤르츠슈타크Samuel Jacob Herzstark, 1867~1937가 비엔나에서 토마스가 만든 것을 토대로 하여 모터 작동 계산기를 만들어냈다.

1920년에는 여러 가지 도구를 발명한 스페인의 발명가 레오나르도 토레스 퀘베도Leonardo Torres Quevedo, 1852~1936가 파리 계산기기 박람회에서 타자기와 연결된 전기기계를 소개했다. 이 기계는 입출력 장치로 타자기를 사용했으며 덧셈, 뺄셈, 곱셈, 나눗셈 계산을 했다. 이 기계는 박람회에서는 큰 주목을 받았지만, 상업적으로는 생산되지 못했다.

이후 전기모터를 장착한 계산기기들이 점점 더 많이 발명되었다. 1940년대까지 전기모터로 작동되는 기계식 계산기는 상업이나 과학, 공학에서 가장 많이 사용하는 탁

상용 도구가 되었다.

현대인들은 간단한 산술계산을 할 수 있고, (숫자 데이터를 다룰 때 제한이 따르기는 하지만) 크기가 작고 배터리로 충전하는 디지털 전자기기인 전자계산기에 익숙해져 있다. 데이터는 계산기 앞면의 작은 키패드를 사용하여 입력하며, 계산결과는 LCD나 다른 화면에 1개의 수로 나타난다.

전기모터로 작동되는 기계식 계산기를 거쳐 전자계산기를 사용하게 되기까지는 오랜 시간이 걸렸다. 1961년, 영국의 섬록 컴프토모터$^{\text{Sumlock Comptometer}}$ 사가 최초의 전자계산기 ANITA$^{\text{A New Inspiration To Arithmetic}}$를 공개했다.

현대 컴퓨터와 수학

오늘날의 의미에서 '현대 컴퓨터'의 정의는?

일반적으로 간단히 말해서, 컴퓨터는 '일련의 수학 계산이나 논리 연산을 자동으로 수행하는 기계'라고 할 수 있다. 컴퓨터 전문가는 흔히 컴퓨터를 아날로그 컴퓨터와 디지털 컴퓨터 두 종류로 나눈다. 아날로그 컴퓨터는 연속적으로 바뀌는 자료를 다루는 반면, 디지털 컴퓨터는 이산적 자료를 다룬다.

오늘날 대부분의 컴퓨터는 인간을 능가하여 훨씬 빠른 속도로 정보를 처리한다. 컴퓨터는 사용자의 자료(입력)에 따라 반응(출력)이 달라지며, 보통 컴퓨터 프로그램에 의해 제어된다. 또한 방대한 양의 복잡한 연산을 수행하며, 사람의 도움 없이도 데이터를 처리하고 저장하며 정정할 수도 있다.

'컴퓨터'라는 단어는 많은 뜻을 내포하고 있다. 고전적인 의미에서의 컴퓨터는 '전자 컴퓨터 또는 계산하는 기계나 장치'이고, 흔하게는 '데이터 프로세서나 정보 처리 시스템'이라는 의미가 포함되어 있다. 그러나 컴퓨터와 계산하는 기계 사이에는 명백한 차이가 있다는 것을 명심해야 한다. 컴퓨터는 연산을 반복하고 논리적인 결정을 내리도록 하는 컴퓨터 프로그램을 저장할 수 있기 때문이다.

컴퓨터는 어떤 문제를 해결하기 위해 발명되었을까?

컴퓨터는 수와 관련된 문제를 해결하기 위해 발명되었다. 현재 컴퓨터가 없는 세상을 상상하는 사람들은 극소수의 수학자와 과학자, 컴퓨터과학자 및 공학자들에 불과하다. 기술의 발달로 현대의 컴퓨터는 초기 컴퓨터와는 상대가 되지 않을 정도로 정확성 및 해결되는 문제의 수, 문제를 해결하는 속도가 크게 증가했다.

현대 컴퓨터가 사용하는 수 체계는?

오늘날의 컴퓨터는 0과 1로 된 수열을 사용하여 정보를 나타내는 이진법을 사용한다. 이진법은 10의 거듭제곱을 토대로 한 십진법과는 달리 2의 거듭제곱을 기본으로 한다. 이진법에서는 2의 또 다른 거듭제곱인 2, 4, 8, …에 이르게 될 때마다 또 다른 자릿수가 추가되는 반면, 십진법에서는 10의 거듭제곱인 10, 100, 1000, …에 이르게 될 때마다 또 다른 자릿수가 추가된다.

컴퓨터는 이진법으로 된 정보가 저장하기 쉽기 때문에 주로 이진법을 사용한다. 컴퓨터의 CPU(중앙처리장치)와 저장장치는 끄기와 켜기 기능을 가진 수백만 개의 on-off 스위치로 구성되어 있다. on-off 스위치는 각각 기호 0과 1로 나타내

십진법	이진법
00	0000
01	0001
02	0010
03	0011
04	0100
05	0101
06	0110
07	0111
08	1000
09	1001
10	1010
11	1011
12	1100
13	1101
14	1110
15	1111
16	00010000
17	00010001
18	00010010
19	00010011

며, 계산과 프로그램에서 사용된다. 이 2개의 수는 컴퓨터에서 간단하게 수학적으로 작동한다. 십진법의 형태로 어떤 계산을 입력하면 컴퓨터는 그것을 이진법으로 바꾸어서 풀고, 다시 십진법의 형태로 답을 전환시킨다. 앞의 표는 서로 전환할 수 있는 십진법의 수와 이에 해당하는 이진법의 수를 나타낸 것이다.

튜링 기계

1937년, 영국의 수학자 앨런 매티슨 튜링$^{Alan\ Mathison\ Turing,\ 1912\sim1954}$은 캠브리지 대학에서 특별연구원으로 근무하는 동안 수학적 연산을 수행하고 방정식을 풀 수 있는 만능기계에 대한 아이디어를 제안했다. 이 기계는 기호논리 및 수치해석, 전자공학, 인간 사고과정의 기계식 버전의 조합으로 구성되어 있다.

그의 아이디어는 점차 한 번에 단지 몇 개 안 되는 결정적인 단계를 수행하는 간단한 컴퓨터, 즉 '튜링 기계'로 알려지게 되었다. 튜링은 오늘날 전자 디지털 컴퓨터의 선구자로 여겨지며, 이 기계의 원리는 인공지능 및 언어의 구조, 패턴 인식에 대한 연구에 활용되었다.

앨런 튜링이 컴퓨터 발달에서 중요한 이유는?

앨런 튜링은 제2차 세계대전 당시, 고향인 영국에 머무는 동안 에니그마 기계로 암호화시킨 독일의 메시지를 해독하는 데 일조했다. 전쟁이 끝난 후 그는 1945~1948년까지 영국 정부를 위해 컴퓨터를 설계했으며, 1948~1954년까지는 맨체스터 대학의 컴퓨터 연구소에서 일했다. 또한 당시 연구에서 초기단계였던 인공지능 분야에 관한 몇 개의 논문을 썼으며, 컴퓨터가 인간처럼 생각할 수 있는지를 알아보기 위한 '튜링테스트'라는 이론을 제안했다. 오늘날 '컴퓨터 과학의 창시자'로 인정받고 있는 튜링은 1954년 스스로 목숨을 끊어 생을 마감했다.

기계식 이진법 컴퓨터를 최초로 만든 사람은?

1938년, 독일의 토목기사인 콘라드 추제^{Konrad Zuse}는 인류 최초의 기계식 이진법 컴퓨터로 여겨지는 'Z1'을 만들었다. 그의 목표는 건축물 구조를 설계할 때 필요한 길고 지루한 계산을 수행하는 기계를 만드는 것이었다. 그의 컴퓨터는 메모리에 중간결과물을 저장하고, 천공 종이테이프(처음에는 오래된 영화필름을 사용했다)에 프로그램을 작성한 일련의 산술연산을 수행하도록 만들어졌다. 1941년, 이 컴퓨터는 Z3로 이어졌다. 몇몇 사람들에 의해 만들어진 최초의 완전자동 대형 디지털 컴퓨터도 이진법을 사용했다.

현대 컴퓨터 발달에서 주요 사건은 어떤 것들이 있는가?

최초의 다목적 아날로그 컴퓨터는 1930년, 기계로 작동하는 '미분해석기^{differential analyzer}'를 만든 미국의 과학자 바네바 부시^{Vannevar Bush, 1890~1974}가 설계했다. 또 최초의 반전자 디지털 계산장치는 1937~1942년 사이에 수학자이자 물리학자인 존 빈센트 아타나소프^{John Vincent Atanassoff, 1903~1995}와 그의 제자인 클리퍼드 베리^{Clifford E. Berry, 1918~1963}가 만들었다. 이 장치는 다원 일차 연립방정식을 풀기 위해 만든 것이다.

아타나소프의 컴퓨터가 한때 최초의 컴퓨터로 인정된 ENIAC(Electronic Numerical Integrator And Computer의 약어)으로 인해 빛을 잃었다는 사실은 흥미롭다. 그러나 1973년, 미국 연방법원은 아타나소프의 연구를 인정하고 에니악이 아타나소프의 발명품에서 유래된 것이라고 판결하면서 에니악에 대한 스페리랜드Sperry Rand의 특허권을 취소했다. 이로써 아타나소프와 베

바네바 부시는 최초의 다목적 아날로그 컴퓨터인 미분해석기를 발명한 미국의 과학자다.(Library of Congress)

리는 자신들의 명성을 되찾았다.

세계 최초의 자동 기계식 계산기인 하버드 마크 1$^{\text{Harvard Mark 1}}$은 1939~1944년 사이에 미국의 컴퓨터과학자인 하워드 에이킨$^{\text{Howard H. Aiken, 1900~1973}}$과 그의 연구팀이 만들었다. 이것은 최초의 대형 자동 디지털 컴퓨터로 인정되고 있다. 그러나 이에 동의하지 않는 역사학자들도 있다. 그들은 독일의 공학자 콘라드 추제$^{\text{Konrad Zuse}}$가 만든 Z3가 최초의 디지털 컴퓨터라고 주장한다.

또 다른 초기 컴퓨터로는 ENIAC 1과 UNIVAC이 있다. ENIAC$^{\text{Electronic Numerical Integrator And Calculator}}$은 1946년 펜실베이니아 대학에서 수천 개의 진공관을 사용하여 완성되었으며, 1973년까지 최초의 반전자 디지털 컴퓨터로 인정되었으며 그 공로는 아타나소프와 베리에게 주어졌다. UNIVAC$^{\text{UNIVersal Automatic Computer}}$은 1951년에 만들어졌으며, 수와 알파벳 데이터를 다룬 최초의 컴퓨터였다. 또한 최초의 상업용 컴퓨터이기도 했다.

1960년대 중반과 1970년대에는 주로 제3세대 집적회로 장치를 사용함으로써 컴퓨터의 크기가 작아지고, 초당 백만 회에 가깝게 작동할 정도로 데이터 처리 속도가 빨라져 훨씬 신뢰할 수 있게 되었다.

최초의 상업용 마이크로프로세서는 1971년에 출시된 인텔 4004다. 이것은 덧셈과 뺄셈만 할 수 있었으며, 휴대가 가능한 최초의 전자계산기 중의 하나에 사용되었다. 마이크로프로세서가 컴퓨터를 점점 더 소형화시키고 보다 강력하게 하는 데 실제로 많이 사용되기 시작한 것은 1970년대 후반에서 1990년대 사이였다. 예를 들어, 1974년에 개발된 인텔 8080 프로세서는 2MHz의 클록 속도를 가지고 있었으며, 2004년에 개발된 펜티엄4('프레스캇')는 3.6GHz의 클록 속도를 가지고 있었다.

마이크로프로세서를 사용하는 컴퓨터는 개인용 컴퓨터와 개인휴대정보 단말기^{PDA}와 관련이 있다. 컴퓨터산업은 고급 마이크로프로세서의 향상된 수행능력으로 인해 지금도 매우 빠르게 성장하고 있다.

마이크로프로세서란 컴퓨터에서 주요 회로판에 위치한 중앙처리장치가 들어 있는 실리콘 칩을 말한다. 개인용 컴퓨터에서는 흔히 마이크로프로세서와 CPU를 서로 바꿔 쓰기도 한다. 이들 칩이나 집적회로는 작고 얇은 실리콘 기판 위에 마이크로프로세서를 구성하는 트랜지스터를 모아놓은 것이다. 마이크로프로세서는 데스크탑 또는 랩탑 기기에서 대형 서버에 이르기까지 일반 컴퓨터의 핵심을 이루며, 많은 부분에서 활용되고 있다. 또한 마이크로파와 시계가 달린 라디오에서 자동차의 연료주입기에 이르기까지 우리에게 친숙한 거의 모든 디지털 장치의 논리^{logic}를 조절한다.

미니컴퓨터와 마이크로컴퓨터는 어떤 차이가 있을까?

미니컴퓨터$^{mini\ computer}$(소형 컴퓨터)는 현재 많이 사용되지 않고 있다. 주로 1963 ~1987년 사이에 만들어진 컴퓨터의 종류로 여겨진다. 대형 컴퓨터라고 하기에는 그리 크지 않지만, 좁은 사무실 공간에 놓기에는 그 크기가 커서 '미니' 메인프레임 컴퓨터(대형 컴퓨터)라고 하기도 한다. 이들 컴퓨터는 한때 대형 컴퓨터를 살 돈이 없거나 놓을 공간이 부족한 중소기업체에서 많이 사용되었다.

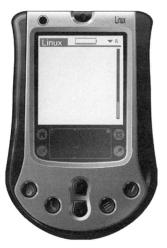

개인 휴대정보 단말기(PDA)는 마이크로프로세서가 발전하면서 만들어진 작고 다루기 쉬운 많은 컴퓨터 장치들 중 하나이다.

미니컴퓨터는 대형 컴퓨터에 비해 용량이 적고, 하드웨어와 소프트웨어의 사용에 한계가 있었으며, 저집적 지원 회로를 사용하여 설계했다. 결국 미니컴퓨터는 마이크로프로세서를 중심으로 만든 마이크로컴퓨터에 의해 설 자리를 빼앗기게 되었다.

마이크로컴퓨터는 컴퓨터를 사용하는 과정에서 나중에 개발된 것으로, 한 번에 한 사람이 다루도록 설계된 다목적 컴퓨터다. 중앙처리장치가 1개의 집적회로로 되어 있는 마이크로컴퓨터는 많은 점에서 컴퓨터 기술의 획기적인 개발품으로, 크기가 점점 작아지고 가격이 낮아지는가 하면 고장 시 부품도 쉽게 교체할 수 있도록 설계됨으로써 개인용 컴퓨터를 상품화하는 결과를 낳았다.

오늘날 사용하는 컴퓨터의 주요 부품과 종류로는 어떤 것들이 있는가?

기본적으로 컴퓨터는 중앙처리장치CPU, 메모리, 키보드 및 기타 선택 입력장치(스캐너 등), 출력장치(스크린, 프린터, 오디오 스피커 등)로 이뤄져 있다. 여러 종류의 컴퓨터에서 가장 큰 차이를 보이는 것은 바로 메모리의 양과 기기의 속도다.

'computer'라는 단어는 여러 가지 의미를 가지고 있다. 컴퓨터의 종류도 매우 다양하지만, 크기와 함께 컴퓨터를 사용할 수 있는 사람의 수를 바탕으로 다음과 같이 기본적으로 분류한다. 대형 컴퓨터mainframe는 대용량의 메모리와 고속 처리 기능을 가진, 다수의 사용자가 함께 쓸 수 있는 대규모 다목적 컴퓨터를 말한다. 보통 정부기관이나 회사, 은행, 병원 등에서 동시에 수백 대의 단말기를 연결하여 활용한다.

슈퍼컴퓨터supercomputer는 가장 빠른 속도로 복잡한 계산을 세밀하고 정확하게 수행하기 위해 설계된 정밀한 컴퓨터다. 슈퍼컴퓨터는 엄청나게 빠른 속도와 처리할 수 있는 거대한 양의 데이터로 인해 날씨 패턴과 지하수 흐름 등 변수가 많은 거대 동력계를 모형화할 때 주로 사용된다.

마이크로컴퓨터는 보통 개인용 컴퓨터(데스크탑 컴퓨터)와 워크스테이션으로 분류한다. 종종 마이크로컴퓨터는 근거리 통신망LAN이나 병렬처리방식으로 마이크로프로세서들을 접합시켜 서로 연결시킨다. 이것으로 같은 전원과 계산능력을 가진 보다 작은 컴퓨터를 병렬시켜 작업을 할 수도 있다.

현재 많은 사람들에게 사랑받고 있는 컴퓨터는 크기가 매우 작은 노트북과 랩탑이다. 랩탑은 무릎 위에 올려놓을 수 있을 만큼 작으며, 노트북은 랩탑보다 좀 더 작고 가볍다. 가장 최근에 만들어진 것은 데스크탑 컴퓨터와 같은 용량을 가지고 있기도 하다.

그림과 같은 대형 컴퓨터는 사무실 하나를 가득 채울 만큼 클 수도 있지만 한때 컴퓨터 중앙처리장치의 비용이나 배치 공간을 마련하지 못했던 소형 업체들은 미니컴퓨터라고 부르는 소형 중앙처리장치를 사용했다. 1980년 말에는 마이크로컴퓨터가 미니컴퓨터를 대신하면서 크게 유행했다.

컴퓨터 과학이란?

컴퓨터 과학은 컴퓨터를 연구하는 학문으로, 하드웨어 및 소프트웨어, 나아가 수학과 관련된 계산과 정보처리를 연구한다. 좀 더 특별하게는 컴퓨터 기능조작을 점검하는 컴퓨터 시스템과 계산을 체계적으로 연구한다. 컴퓨터 과학자는 컴퓨터 시스템에 대해 알아야 하며, 알고리즘의 사용, 프로그래밍 언어, 기타 툴을 포함하여 컴퓨터 프로그램을 설계하는 방법 및 소프트웨어와 하드웨어가 동시에 어떻게 작동하는지도 알아야 한다. 또 입력과 출력에 대한 분석 및 검증을 이해해야 한다.

컴퓨터 코드 및 프로그램이란?

수학은 컴퓨터의 중요한 일부분이다. 그 이유는 수학이 컴퓨터 코드와 프로그램을 작성하는 데 사용되기 때문이다. 컴퓨터 코드는 종종 '소프트웨어'로 바꾸어 사용되기도 하는 용어인 컴퓨터 프로그램에서 데이터나 명령어들에 대한 부호를 나열해놓은 것을 말한다. '소스코드$^{source\ code}$' 또는 '소스^{source}'라고도 하는 코드는 사용자가 이해할 수 있는 몇몇 프로그래밍 언어로 기술된 글을 말한다. 하나의 소프트웨어 프로그램 내의 이러한 소스코드는 보통 여러 개의 텍스트 파일에 포함되어 있다.

프로그램은 컴퓨터가 기계언어로 해석하고 어떤 기능을 수행할 수 있도록 지시하는 명령어들의 집합이다. 즉 대부분의 프로그램은 프로그램이 실행될 때 사용자가 입력한 것에 대하여 컴퓨터가 어떻게 반응하는지를 결정할 실행 가능한 명령어들의 집합으로 이뤄진다.

응 용

큰 합성수를 소인수분해 할 때도 컴퓨터가 사용될까?

컴퓨터는 종종 큰 수를 소인수분해 하기 위해 사용되곤 한다. 이는 단지 수론가들이 얼마간의 재미를 위해서 하는 일이 아니다. 사실 큰 수의 소인수분해는 전 세계적으로 가장 강력한 컴퓨터 시스템을 검증하고, 새로운 알고리즘의 설계를 증진시키며, 컴퓨터에 저장된 민감한 정보를 보호해야 하는 사람들이 사용하는 암호학에서 유용하다. 예를 들어, 1978년에 몇몇 컴퓨터 전문가들은 하나의 암호화 기법으로서 2개의 큰 소수의 곱으로 소수들을 재구성할 것을 제안했다. 특히 방위산업체와 금융업계의 필요로 인해 민감한 정보를 암호화하는 방법이 발달했다. 이것은 결국 인터넷에서 개인 홈페이지와 인터넷뱅킹에 대한 공개키 암호 같은 암호화 방법을 활용하기에 이르렀다.

수학적 증명을 하는 데도 컴퓨터가 사용될까?

컴퓨터를 사용하여 증명한 수학문제가 많다. 한 예로 서로 인접하는 두 나라를 다른 색으로 칠한다고 할 때 모든 지도는 네 가지 색만으로 칠할 수 있다는 '4색정리' 문제가 있다. 이 문제는 "평면상의 지도에서 서로 인접하는 두 나라를 항상 다른 색으로 색칠하려고 할 때 필요한 최소한의 색은 몇 개인가"를 묻는 문제로 생각할 수 있다.

1852년 프란시스 구드리$^{Francis\ Guthrie}$는 단지 네 가지 색으로만 영국 지도를 칠할 수 있다는 것을 발견했다. 그가 발견한 이 문제는 오직 네 가지 색만 사용한다는 개념이 결국 수학적으로 증명해야 할 하나의 정리가 되었다. 그리고 1976년이 되어서야 마침내 현대 컴퓨터의 도움을 받아 4색 추측이 참임을 증명했다. 그러나 이러한 컴퓨터의 증명에 대해 반론을 제기하며, 손으로 증명했다면 이해하기가 더 쉬웠을 것이라고 주장하는 수학자들도 있었다. 따라서 컴퓨터를 사용하지 않고 4색정리를 증명할 수 있는 사람이라면 누구나 수학 분야에서의 노벨상인 필즈상을 받을 수도 있다.

컴퓨터로 증명한 또 다른 예는 더블버블 문제다. 더블버블은 2개의 비눗방울이 만나는 것과 관련이 있다. 서로 들러붙은 2개의 비눗방울은 얇은 경계면으로 분리된다. 고대 그리스 이후 수학자들은 1개의 막으로 된 비눗방울의 효율, 즉 최소 넓이의 곡면이 존재한다는 것을 수학적으로 증명할 수 있는지에 대한 문제를 계속 연구해왔다. 이 문제는 2개의 크기가 같은 비눗방울이 만나 평면 원판을 경계로 공유하면서 두 공간으로 나누어질 때 더욱 분명해졌다. 이 문제는 1995년, 수학자 해스[Joel Hass], 허

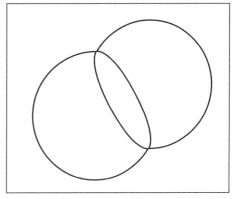

2개의 비눗방울 문제에서 고대 그리스 수학자들은 서로 들러붙은 2개의 비눗방울에 의해 만들어진 공간을 효율적으로 사용하는 것을 보여주는 증명에 대해 연구했다.

칭스[Hutchings]와 슐라플라이[Roger Schlafly]에 의해 증명되었다. 그들은 비누 막의 표면적을 계산하기 위해 컴퓨터로 수백 개의 적분을 수행한 결과, 가운데의 같은 원판을 경계로 서로 만나는 2개의 비눗방울의 부피가 각각 같을 때 표면적이 다른 경계를 사용할 때보다 더욱 작아진다는 것을 알아냈다. 그러나 이것이 끝은 아니다. 과학자들은 현재 트리플버블에 대해서도 계속 연구를 진행하고 있다.

알고리즘은 컴퓨터와 어떤 관련이 있을까?

알고리즘이란 본래 컴퓨터가 정보를 처리하는 방법을 말한다. 특히 컴퓨터 프로그램은 어떤 특정 단계를 어떤 순서로 수행할 것인지를 컴퓨터에게 알려줌으로써 특정 과제가 이행되는 일종의 알고리즘이다. 이는 어떤 회사 직원의 총 급료를 계산하는 것에

서 수업을 듣는 학생들의 학년을 정하기까지 많은 정보를 처리할 수 있다.

π 값을 구할 때도 컴퓨터가 사용되었을까?

π 값을 구하기 위해 컴퓨터까지 동원되었지만, 어떤 컴퓨터도 아직까지 소수점 아래로 많은 수들이 길게 나열된 π 값의 '마지막' 수를 발견해내지 못했다. 아마 앞으로도 결코 발견해내지 못할 것이다. 왜냐하면 π는 무한 소수$^{infinite\ number}$이기 때문이다. 하지만 단지 π 값을 구하기 위한 시도로 더욱 크고 빠른 컴퓨터들이 이 과제를 위해 사용되고 있다. 지금까지 π 값은 소수점 아래 60억 이상의 자릿수까지 밝혀졌다.

암호학이란?

인터넷을 통해 광범위하게 연결된 컴퓨터들로 인해 불법으로 다른 컴퓨터에 접속하여 정보를 변경하거나 훔치는 해킹으로부터 데이터나 메시지를 보호하기 위한 방법을 찾을 필요가 꾸준히 제기되었다. 이는 인터넷을 통해 물건을 구입할 때 개인 정보를 보호하는 것과 은행 데이터의 보안을 유지해야 하는 사람들과 관련이 있다. 파일과 통신의 보안을 확보하는 중요한 방법 중 하나를 '암호'라고 한다.

암호학은 사용자가 인터넷을 통해 어떤 사이트로 전송한 정보가 원하지 않는 다른 누군가에게 노출되지 않도록 보호하기 위해 사용되는 수리과학이다. 데이터는 그 형태를 변형시켜 보안을 유지한다. 이때 변형된 데이터는 정확한 암호 알고리즘과 키를 가진 사람에 의해서만 원래의 데이터를 볼 수 있도록 다시 전환시킬 수 있다. 이런 이유로 인터넷에서 물건을 주문할 때 스크린의 아랫부분에 있는 '자물쇠' 아이콘을 확인하는 것이 중요하다. 그것으로 우리는 데이터에 암호가 걸려 있으며, 보안이 확보되어 데이터가 불법으로 사용되는 것을 방지하고 있음을 알 수 있다.

컴퓨터는 확실히 통계 분야에 큰 영향을 주었다. 특히 개인용 컴퓨터, 스프레드시트 및 통계 패키지 같은 소프트웨어, 기타 정보통신 기술은 현재 통계데이터 분석의 필수요소다. 통계학자들은 이들 도구를 활용하여 이전보다 빠르고 저렴하게 많은 양의 데이터에 대해 실제적인 통계 데이터분석을 수행할 수 있게 되었다.

통계 소프트웨어는 흔히 표본을 정하고, 통계학의 여러 개념을 이해하며, 통계 데이터가 나타내는 새로운 경향을 찾는 데 사용된다. 대부분의 패키지는 컴퓨터 프로그램에 데이터를 입력하도록 되어 있지만, 중요한 것은 데이터를 해석하는 통계학자의 능력이다.

통계에서 흔히 사용하는 2개의 프로그램은 상업용 통계 패키지 SAS[Statistical Analysis System], 통계분석시스템 SPSS[Statistical Package for Social Science]다. SAS에는 보고서 작성을 위한 여러 가지 그래프와 통계자료를 얻는 기능이 들어 있으며, 한두 줄 정도의 프로그램으로 처리할 수 있으므로 복잡한 통계적 기법이 필요하지 않은 일상 업무에서 매우 유용하다. SPSS도 통계분석을 위해 많이 사용되는 소프트웨어 패키지로 데이터를 요약하고, 각 그룹 사이에 유의미한 차이가 있는지를 판단하며, 모든 변수 사이의 관계를 조사하고, 나아가 분석결과를 그래프로 나타내기도 한다.

월드와이드웹[www]에서 검색엔진은 수학을 어떻게 사용할까?

검색엔진은 특정 키워드를 사용하여 인터넷상에서 자료를 쉽게 찾을 수 있게 도와주는 프로그램으로, 해당 키워드가 포함된 결과의 목록을 추출하여 보여준다. 구글, 알타비스타, 익사이트 같은 검색엔진은 개별 회사가 소유하는 검색 알고리즘을 사용하는 대표적인 프로그램이다. 이들 검색엔진은 확률 및 선형대수 그리고 가장 연관성이 높은 결과를 우선순위로 나타내는 그래프 이론을 활용한다.

정보처리 속도를 기준으로 매년 초여름에 발표하는 슈퍼컴퓨터의 순위를 나타낸 2004 Top 500 목록에 오른 3위까지의 슈퍼컴퓨터는 다음과 같다.

- IBM사의 블루진^{BlueGene}/ L: 70.72테라플롭스^{teraflops}

- NASA의 컬럼비아^{Columbia}: 51.87테라플롭스

- 일본 NEC의 어스 시뮬레이터$^{Earth\ Simulator}$: 35.86테라플롭스

여기서 테라플롭스^{teraflops}는 컴퓨터의 성능을 나타내는 기본단위로, 1테라플롭스는 초당 1012의 연산처리 능력을 말한다. 목록에 포함된 또 다른 슈퍼컴퓨터로는 미국 샌디아 연구소의 레드스톰$^{Red\ Storm}$으로, 41.5테라플롭스의 처리능력을 갖추고 있다. 이 목록은 기술이 빠른 속도로 향상되고 있으므로 매년 바뀔 것이다.

실제로 이 세상에서 가장 빠른 컴퓨터는 가장 훌륭한 프로세서를 가진 놀라운 처리장치인 인간의 뇌다. 비교하자면, 가장 빠른 컴퓨터는 초당 1018의 처리 속도를 갖추고 있는데, 과학자들은 뇌가 10^{25}의 연산을 처리할 수 있다고 추측하고 있다. 실제로는 이보다 훨씬 더 빠를 수도 있다.

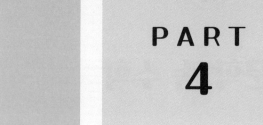

PART
4

우리 주변의
수학

13장

인문학 속 수학

수학과 미술

인문학이란?

인문학은 인간의 사상 및 문화를 대상으로 하는 학문 영역으로, 미술(회화, 소묘 등), 문학, 철학, 인문과학 등 광범위한 학문 영역이 포함된다. 이들 분야는 인간의 사고를 확대한 사상, 지적 기능 그리고 이들 분야의 연구 업적에 초점을 맞춘다. 인문학은 수학과 거리가 있어 보이지만, 실제로 많은 관련이 있다.

미술에서도 수학이 이용되었을까?

미술에서는 의식적으로나 무의식적으로 몇 세기에 걸쳐 수학을 사용해왔다. 미술의 많은 분야에서는 우리 주변의 현실을 이해하기 위한 시도를 한다. 또 수학과 미술 은 일부 구체적 요소나 추상적 요소를 이용하여 현실을 설명하려고 하는 까닭에 두 분야

사이의 연관성을 쉽게 발견할 수 있다.

예를 들어, 미술(특히 회화)과 수학 사이에는 몇 가지 눈에 띄는 관계가 있다. 관람객은 기하학을 이용하여 선이나 점, 원, 다른 기하 도형 등으로 그림을 분석할 수 있으며, 원근법을 '2차원에서 현실을 보도록 하는 사실적 그림의 수학적 속성'으로 여길 수도 있다. 또 캔버스 위에 페인트를 흘리거나 뿌리는 잭슨 폴락^{Jackson Pollock}의 방법은 프랙털 기하학으로 설명할 수도 있다.

수학자들은 양을 나타내거나 셈을 할 수도 있지만, 대부분 수학이 문제를 푸는 기술을 연습하거나 자유자재로 수를 다루는 것 이상이라고 말할 것이다. 창의성은 어떤 복잡한 문제를 해결할 때 기존의 지식과 경험 등을 바탕으로 정형화된 틀을 벗어나 다양한 방식으로 분석하고, 문제의 요소들이나 수학적 아이디어 등을 새로운 방식으로 결합하여 가치 있는 산출물이나 아이디어를 만들어내는 것과 관련이 있다. 한 점의 그림을 그리는 것처럼 수학적 개념이 고안되고, 발명되며, 발견되어야 한다.

고대의 화가들은 수학과 그림을 어떻게 통합했을까?

고대의 화가들은 3차원 세상을 2차원 캔버스 위에 어떻게 표현해야 할지, 혹은 그림에 깊이와 원근법을 적용할 것인지에 대해 고민했다. 원근법은 수학적 규칙을 따르지만, 고대의 많은 화가들은 직관적으로 원근법(혹은 깊이 인지)을 통합할 수 있었다.

고대 그리스 시대에는 원근법에 대한 개념이 활발하게 도입되었다. 그리스인들은 건축물 및 연극무대를 설계하기 위해 원근법의 형식을 사용했다. 그러나 그들이 원근법에 적용된 수학을 실제로 이해했는지는 확실치 않다. 최초로 몇 가지 규칙을 적용하여 깊이를 표현한 사람 중 하나는

조토 디본도네는 자신의 작품에서 선원근법의 개념을 나타냄으로써 2차원 그림에서 3차원 공간을 사실적으로 묘사했다.(Library of Congress)

이탈리아 화가이자 조각가, 건축가인 조토 디본도네[Giotto di Bondone, 1267~1337]다. 그러나 그 규칙들은 그가 직접 고안한 것으로, 수학에 기초한 것은 아니었다. 어쨌든 그는 공간의 깊이를 표현하는 방법을 분명하게 연구했으며, 선의 원근법을 거의 이해하게 되었다.

나아가 르네상스 이전의 화가들은 원근법 이면에 있는 과학을 탐구했다. 1400년대 초, 조각가 필리포 브루넬레스키[Filippo Brunelleschi, 1377~1446]는 거울을 사용하여 최초로 선원근법의 올바른 형식을 만들었다. 그는 어떤 평면(또는 캔버스) 내의 모든 평행선이 수렴하는 하나의 소실점이 있다는 것을 이해했으며, 그림에서 길이에 따라 변하는 축척을 이해하고 어떤 대상의 실제 길이와 그림에서의 길이 사이의 관계를 계산했다. 1435년, 작가이자 수학자인 레오네 바티스타 알베르티[Leone Battista Alberti, 1404~1472]는 기하학과 광학의 원리를 이용하여 최초로 원근법에 대한 규칙을 저술했다.

1450년, 예술가이자 수학자인 피에로 델라 프란체스카[Piero Della Francesca, 1412~ 1492]는 더 나아가 미술, 산술, 대수학, 기하학의 개념을 포함하여 원근법에 더욱 보다 광범위한 수학책을 썼다. '회계학의 아버지'로도 잘 알려져 있는 수학자 루카 파치올리[Luca Pacioli, 1447~1517]는 프란체스카의 책에서 많은 영향을 받아 쓴 책《신성한 비율[De Devina proportione]》에서 원근법을 다루는 등 보다 많은 탐구를 했다. 파치올리의 책에 실린 〈비트루비우스의 인체비례〉는 다름 아닌 르네상스 시대의 과학자이자 화가인 레오나르도 다빈치[1452~1519]가 그린 것으로, 다빈치는 원근법의 연구에 크게 공헌했다. 파치올리는 나중에 거장이 된 다빈치의 스승이었으며, 비율과 원근법에 대해 많은 것을 알려주었다.

원근법이란?

회화와 사진에서의 원근법은 이미지에 깊이감을 표현하여 2차원 그림에서 3차원 세상을 인지하도록 한다. 미술에서의 원근법은 '착각'을 이용하는 것이라 할 수 있다. 예를 들어 수평선을 화가(그리고 관람객)의 눈높이에 오도록 하고, 수평선보다 높거나 낮은 곳에 시점을 둠으로써 관람객은 관람객과 수평선 사이에 있는 수평면을 더 많이 혹은 더 적게 볼 수 있다. 소실점은 여러 평행선이 만나는 것처럼 보이는 수평선 위의 점으로, 철로가 먼 곳에서 만나는 것처럼 보이는 것이 그 대표적인 예다. 수평선의 기준선은 수평선과 평행한 캔버스의 밑변이다. 소실점은 수평선 위에 위치하며, 관람객의 맞은편(또는 정면)에 있다. 그림에 깊이감을 부여하는 이들 모든 점과 선, 면, 각은 모두 수학에서의 개념을 토대로 한다.

네덜란드의 튤립 농원은 선들이 어떻게 소실점을 만들어내는지를 보여주는 좋은 예다.

기하학이 이슬람 무늬를 만드는 데 어떻게 이용되었을까?

이슬람 건축물과 구조물, 보도, 직물 등에 나타난 다양하고 복잡한 여러 가지 무늬는 디자인을 구성할 때 기하학을 통합시킨 것이다. 이슬람의 디자인은 간단한 모양에서 고도의 수학적 대칭을 포함한 복잡한 기하학적 모양으로 발전했다. 그런 디자인 작품을 볼 수 있는 장소 중 하나는 스페인 그라나다에 있는, 15세기에 무어인들이 지은 알함브라 궁전이다.

이슬람 디자인 중에는 미적 만족도를 충족시키기 위해 그려진 것도 있

위 그림은 무어인들이 세운 스페인 코르도바에 있는 대모스크의 내부 전경으로, 기하학적 도형과 대칭을 강조하는 아름다운 디자인이 돋보인다.

지만, 수학자와 화가의 공동작업으로 이뤄진 것도 있었다. 예를 들어, 10세기에 수학자이자 천문학자인 아블 와파$^{Abul'l-Wafa, 940~998}$(오늘날의 이란에서 탄생)는 나무와 타일, 옷감, 기타 재료들로 장식적 무늬를 디자인하는 데 도움을 주면서 화가들과 함께 작업했다. 그는 선분의 끝점에서 직각 만들기, 정다각형 그리기, 선분 등분하기, 각 이등분하기 등의 수학적 개념에 대해 논의했다. 화가들은 아블 와파 등의 가르침을 통해 오늘날 이슬람 미술에서 볼 수 있는 많은 복잡한 무늬를 디자인하게 되었다.

베다의 정사각표란?

역사적으로 이슬람 화가들은 다양한 기하학적 무늬를 만들기 위해 종종 베다의 정사각표를 이용했다. 베다는 인도의 고대 종교로, 정사각표를 이용하여 수들의 배열과 각 선택에 따라 다양한 무늬를 만들 수 있다. 각 정사각표는 곱셈표로 만든 다음 각 칸의 모든 수를 각각 한 자리의 숫자로 나타내어 만든다. 이때 모든 수는 각각 한 자리의 수가 될 때까지 각 자리의 수를 더하면 된다. 예를 들어, 곱셈표에서 한 칸의 수가 81이면 그 칸의 수는 8+1=9가 된다. 이러한 정사각표에서 어떤 디자인을 얻기 위해서는 숫자 5를 모두 선으로 연결하는 식으로 수들을 연결한 선을 선택할 수도 있고, 그 선을 일정한 각도로 회전시켜 다양한 무늬를 그릴 수도 있다. 수들로 만든 무늬는 이슬람 고유의 무늬로 정착했으며, 오늘날 볼 수 있는 많은 전통 이슬람 기하학 무늬를 만드는 데 도움이 되었다.

1	2	3	4
2	4	6	8
3	6	9	3
4	8	3	7

1	2	3	4
2	4	6	8
3	6	9	3
4	8	3	7

이슬람 화가들은 베다 정사각표를 이용하여 수들을 배열하여 만든 기하학적 모양을 토대로 무늬를 만들었다.

모리츠 코르넬리스 에셔^{Maurits Cornelis Escher, 1898~1972}는 미술과 수학 개념을 결합한 것으로 유명한 네덜란드 화가다. 그는 중등학교에서 공식적으로 수학공부를 하지는 않았지만, 수학적 원리를 시각적으로 표상화시키는 놀라운 능력으로 그 당시 그리고 오늘날까지도 수학자들의 존경을 받고 있다.

에셔는 1936년에 알함브라 궁전의 이슬람 미술작품을 보고 수학적 패턴에 관심을 갖기 시작했다. 그는 공간의 기하학뿐만 아니라 공간의 논리를 이용하여 평면에 표현된 구조(유클리드 기하) 및 사영기하학(비유클리드 기하)에 매료되었다. 에셔는 반복되는 기하학적 패턴을 이용하여 대칭의 미를 느낄 수 있는 테셀레이션^{tessellation} 작품을 많이 남겼다. 테셀레이션이란

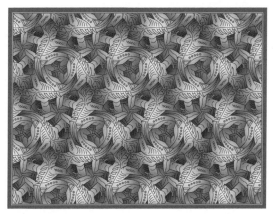

에셔의 작품에서 영향을 받은 패턴 이미지. 미술 교재에서도 에셔의 작품을 찾아볼 수 있다.

동일한 모양을 이용하여 평면이나 공간을 빈틈이나 겹치는 부분 없이 채우는 것을 말한다.

그는 한 가지 모양의 정다각형으로 바닥을 채우는 정테셀레이션^{regulaar tesselation}은 물론, 2개 이상의 정다각형을 이용하여 2개 이상의 배열이 있도록 다각형을 채우는 반정테셀레이션^{demiregular tesselation}을 이용했다. 또한 기본도형으로 놀라운 패턴을 만드는가 하면 반사, 평행이동, 회전이동 등을 이용하여 여러 가지 유형을 연구했다. 더 나아가 정다면체, 플라톤 입체, 위상기하학의 시각적 측면 등을 이용해 다양한 수학적 패턴을 선보이기도 했다.

수학적 조각이란?

몇몇 수학적 디자인을 나타내는 조각들을 말한다. 보통 기하학적 도형으로, 금속이

나 나무, 콘크리트, 돌을 사용하여 정사각형, 삼각형, 원통형, 특수한 곡선, 직사각형, 나선 등의 모양을 만든 것이다. 이들 조각은 대부분 다면체 기하학 및 위상적인 매듭에서 프랙털 디자인에 이르기까지 여러 가지 수학적 개념을 표현한다.

'모차르트 효과'란?

1950년대에 내과 의사이자 연구원인 알프레드 토마티스Alfred A. Tomatis, 1920~ 2001가 만들어낸 용어다. 이것은 3세 이하의 어린아이가 볼프강 아마데우스 모차르트Wolfgang Amadeus Mozart, 1756~1791의 음악을 들으면 뇌 발달이 증가한다는 이론이다. 모차르트 효과에 대한 아이디어는 1993년 물리학자인 고든 쇼Gordon Shaw와 프랜시스 라우셔Frances Rauscher라는 전직 콘서트 연주가이자 인지발달 전문가에 의해 시작되었다. 그들은 몇십 명의 대학생들에게 모차르트의 〈두 대의 피아노를 위한 소나타 D장조〉를 10분간 들려준 다음 그 효과를 조사했다. 그리고 스탠퍼드-비넷 IQ 검사로 측정한 결과 공간-추론 테스트 능력이 단기간 증가한다는 것을 발견했다. 그러나 다른 많은 연구가들은 어느 누구도 그들이 실험결과를 재현하지 못했다고 주장했다.

수년간 모차르트 효과는 건강 증진, 기억력 향상, 음악 치료 등에 이용되었으며, 특히 고전음악에 대한 격렬한 논쟁과 더불어 대중의 '마음속'으로 한 발 더 다가서게 되었다. 이 이론의 지지자들은 모차르트 효과가 수학 과목 같은 학습에도 적용시킬 수 있다고 주장하기도 한다. 또한 그들은 어떤 유형의 음악(특히 어린 나이에 듣는 고전음악)을 듣는 것이 공간적 시각화, 추상적 사고 및 여러 가지 수학적 개념의 습득과 향상에 효과적이라고 생각한다. 그러나 이들의 모든 주장은 여전히 논쟁거리로 남아 있다.

어린아이가 규칙적으로 천재 작곡가 볼프강 아마데우스 모차르트의 음악을 들으면 사고력이 향상된다고 주장하는 사람들이 있다. 이를 '모차르트의 효과'라고 한다.

수학은 어떤 방법으로 음악에 적용될까?

화성학에서는 옥타브, 음계 등에 수학을 적용시키는 방법들이 많이 있다. 음악과 수학은 순수하게 두뇌활동을 통해 체험할 수 있다는 면에서 가장 흥미로운 연관성을 가지고 있다고 할 수 있다.

예를 들어, 대부분 사람들이 어떤 음표의 조합으로 만든 음악을 조화롭다고 느끼는 '수학적' 이유가 있다. 한 가지 좋은 예로 바이올린의 현을 들 수 있다. 현을 잡아당기면 앞뒤로 흔들리며 파형으로 공기를 통과하는 역학적 에너지를 만든다. 진동이 사람의 귀에 도달하는 시간수(또는 초당 진동하는 횟수)를 '주파수'라 하며, 독일의 과학자 헤르츠^{H. R. Hertz}의 이름을 따서 'Hz'라는 단위로 나타낸다. 만일 어떤 시간 동안에 진동이 더 많아지면 음표의 음 높이가 더 높게 들린다.

현의 소리는 진동과 비율로 인해 조화롭게 들린다. 가령 다장조C major 코드에서 중심이 되는 중앙 다middle C, 도의 주파수는 261.6Hz이고, 마 음표E, 미의 주파수는 329.6Hz, 사 음표G, 솔의 주파수는 392.0Hz다. 이때 C에 대한 E의 비율은 대략 $\frac{5}{4}$로 C가 4회 진동할 때마다 E는 5회 진동한다. 또 E에 대한 G의 비율은 대략 $\frac{5}{4}$이고, C에 대한 G의 비율은 대략 $\frac{3}{2}$이다. 이와 같이 각 음표의 진동수를 다른 음표의 진동수와 맞추기 때문에 각 음표는 사람들의 귀에 조화롭게 들린다.

우리에게 친숙한 '서양' 음계의 비율 중에서 어떤 것도 정확한 것이 없고 근삿값으로 나타낸다는 것은 흥미로운 일이다. 그것은 작곡가가 서양 음계의 음표들을 결합할 때 각 음표의 음이 동일한 음정으로 들리도록 하여 그 비율이 일치하도록 하려고 했기 때문이다. 이것을 가능하게 하기 위한 유일한 방법은 절충하여 '정확하지 않은' 비율을 사용하는 것이다.

'천구의 음악'^{music of the spheres}이란?

그리스의 수학자이자 철학자인 사모스의 피타고라스는 최초로 피타고라스의 정리를 증명했을 뿐만 아니라 '천구의 음악'을 발견한 사람으로 여겨진다. 그는 음표의 음 높이가 음을 내는 현의 길이에 따라 달라진다는 것을 알아내고, 간단한 비율을 갖는 음정을 개발할 수 있게 했다. 현악기를 연주할 때, 연주자가 현 길이의 중간 부분에 압력을 가하면 그 현의 음표보다 한 옥타브 높은 음표의 음이 된다. 즉 음질은 같지만 음높이가 더 높다. 어떤 현이 매번 한 옥타브씩 올라가면 이전 음표의 2배 진동수로 진동하며, 이것은 1 : 2(현 : 옥타브)라는 수학적 진동수 비로 표현된다. 피타고라스는 완전5도(2 : 3)와 완전4도(3 : 4) 같은 또 다른 비율도 알아내어 음악적 조화에 대한 수학적 원리를 개발했다.

피타고라스는 음악과 수학을 진전시켰으며, 음악의 옥타브가 정신과 물질 사이의 관계를 가장 간단하고 심오하게 표현한 것이라고 생각했다. 또한 각 행성들이 움직일 때 지구와 행성 사이의 거리에 따라 고유의 음을 내는데, 이것을 '무지카 문다나^{Musica} ^{mundana}(천체의 음악)' 또는 '천구의 음악'이라 하고 실제로는 어느 누구도 들을 수 없는 음악이라고 주장했다. '피타고라스학파'라고 일컫는 피타고라스와 그의 제자들은 몸을 치유하고 영혼을 정화시키기 위해 음악을 사용했는데, 여전히 세속의 음악은 우주 음악의 약한 울림이라고 생각했다. 오늘날에는 자연과학이나 수학과 비교하여 '마법'처럼 보일 수도 있지만, 피타고라스의 주장은 옳았다. 어쨌든 많은 연구가들은 음악이 어떤 상황에서는 사람을 치유할 수 있다고 믿는다.

특정 문화권에서 더욱 빈번하게 사용된 수로는 어떤 것들이 있는가?

다른 문화권에 비해 일부 문화권에서 더욱 빈번하게 사용된 것처럼 보이는 수들이 있다. 예를 들어 2002년, 골란 레빈$^{Golan\ Levin}$이 동료와 함께 출간한 《*The Secret Lives of Numbers*》에는 212, 911, 1040, 1492, 1776, 90210 같은 수들이 자주 나타난다. 이 수들은 전화번호나 우편번호, 세금 용지, 컴퓨터 칩, 역사적으로 유명한 연호, 텔레비전 프로그램 등에 많이 사용되고 있다. 10의 거듭제곱은 서양에서 사용된 표준 진법인 십진법을 반영한 것이라고 할 수 있으며, 12345나 456, 9999 같은 숫자들은 기억하기가 쉬워 자주 사용한다.

수학과 사회과학

사회학이란?

사회학은 인간의 사회적 공동생활을 연구하는 사회과학이다. 사회학은 주로 각 문화권 내의 사람들 사이의 관계를 탐구하지만, 문화권 밖의 관계를 탐구하기도 한다. 사회학적 연구는 사람들의 행동이 사회, 정치, 직업 및 여러 지적 그룹에 영향을 받는다는 생각을 토대로 하며, 각 개인이 살고 있는 인접 환경 및 특정 환경을 토대로 하기도 한다.

전산사회학이란?

전산사회학은 컴퓨터를 이용하여 사회 현상을 분석하는 사회학의 한 분야다. 이것은 통계를 이용하여 데이터 내의 경향을 파악하며, 컴퓨터 시뮬레이션을 통해 사회이론을 구성한다. 또 전산사회학을 '사회의 복잡성에 관한 연구'라고 말하기도 한다.

인구통계학에 사용되는 수학적 개념에는 어떤 것들이 있는가?

인구통계학은 인구의 특성을 나타내는 인구의 통계적 연구다. 인구통계학의 주된 관심요소는 인구수, 인구밀도, 성장과 분포, 인구동태통계 등이다. 많이 이용되는 몇몇 인구통계는 출생률과 사망률, 기대수명, 유아 사망률이다.

출생률('조출생률'이라고도 함)은 어떤 인구집단을 대상으로 연간 출생자 수가 그 인구집단 전체 인구에서 차지하는 비율로 보통 인구통계학으로 표현되며, 대개 한 해 동안 인구 1,000명당 출생아의 수로 나타내기도 한다. 이것은 유아 사망률과 연관이 있으며, 한 해 동안 태어난 유아당 생후 1년 이내에 사망한 유아 수를 말한다.

사망률 또는 조사망률은 어떤 인구집단을 대상으로 한 연간 사망자 수가 그해의 그

인구집단 전체 인구에 대하여 차지하는 비율을 말하며, 보통 인구 1,000명에 대한 사망자 수로 나타낸다. 기대수명은 사망률과 연관이 있으며, 어떤 인구집단에 속하는 사람들이 출생 직후부터 생존할 것으로 기대되는 평균 생존 연수를 나타낸다. 이것은 연령별·성별 사망률이 현재 수준으로 유지된다고 가정했을 때, 출생자가 향후 몇 년을 더 생존할 것인가를 통계적으로 추정한 기대치를 말한다.

인구 피라미드란?

인구 피라미드는 연령과 성별에 따른 인구분포를 보여주는 그림으로, 서로 등을 맞대고 있는 2개의 막대그래프로 되어 있다. 하나는 남자의 수를 나타내고 다른 하나는 여자의 수를 나타내며, 5년 단위로 계층을 나눈다. 이 피라미드는 다양한 모양으로 나타난다. 예를 들어 삼각형 인구분포('피라미드형 분포' 또는 '지수 분포'라고도 함)는 출생률과 사망률이 높고 기대수명이 짧은 미개발 국가에서 주로 나타나며, 방추형 인구분포 피라미드는 각 연령 계층들 사이에 크기 변화가 거의 없으며 사망률이 낮아 노령인구가 많아진다. 이는 경제 선진국에서 주로 나타나는 유형이다.

인구 피라미드는 모양에 따라 사망률뿐만 아니라 출생률도 명확히 보여준다.

인구 피라미드는 다양하게 활용된다. 기대수명의 계산은 물론, 특정 인구집단에서 지원을 받는 대상자의 수를 알아내는 데 사용되기도 한다. 이것이 일반적인 정의이고, 모든 나라에서 모든 경우에 적용시킬 수는 없다고 하더라도 이 경우에 지원 대상자는 15세 이하의 어린이나 전일제 학교의 학생들과 일을 '할 수 없는' 사람들, 65세 이상 이거나 은퇴한 사람들로 간주한다. 이에 따라 정부는 그래프를 사용하여 얼마나 많은 노동인구가 지원 대상자를 지원할 수 있는지를 판단할 수 있다. 또한 그래프는 인구집 단의 나이 구조에 대한 미래의 변화(10년 단위)를 예측하는 데 유용하게 사용되기도 한 다. 역사학자들은 이러한 그래프를 이용하여 과거의 인구 피라미드를 토대로 의미 있 는 정보를 알아내기도 한다.

미국의 정기 인구조사 기간에 수집하는 통계 데이터로는 어떤 것들이 있는가?

미국 정부는 10년마다 전체 인구에 대한 중요한 통계 자료를 수집하는 인구조사를 시행 한다. 2000년에 실시한 인구조사에서는 거주지와 연령, 성별, 인종, 가계, 결혼 상태, 교 육, 생년월일, 출생지, 장애, 직업정보, 병역, 모국어, 주택 정보, 학교 입학 등의 데이터 를 수집했다.

매 인구조사에서 모든 질문을 반복하지는 않는다. 이를테면 1990년에 실시한 인구조사 에서는 전체 인구를 대상으로 결혼 상태에 대해 질문했으며, 2000년에는 표본집단에만 질문이 주어졌다. 2000년에 수집한 정보를 분석한 결과, 2000년 4월 1일 현재 미국의 인구는 281,421,906명이었다.

생명표란?

각 연령별 사람의 사망과 생존에 대한 통계표를 말한다. 표에는 보통 연령별 기대수 명과 사망확률 및 남은 수명 등이 산출되어 있다.

생명표에는 기초 생명표와 기대수명 도표가 있다. 시간별(수평적) 생명표는 단기간(1년 또는 여러 해) 내 특정 연령층의 사망률을 토대로 한다. 이것은 연령별로 매년 변하지 않는 특정 연령층의 사망률에 대한 패턴들을 가정하지만, 연령별 실제 사망률이 아닌 사망률에 대한 가설모형을 토대로 한다.

연령별(수직적 또는 세대별) 생명표에서는 그 범위가 명확하고 나이가 같으며(2000년에 태어난 모든 사람들처럼), 공통의 경험이나 환경에 노출된 사람들을 대상으로 한다. 따라서 이 생명표는 이미 계산되었거나 예정 사망률 변화를 고려하는 특정 연령층의 사망률을 토대로 한다. 골다공증이나 심장병 같은 질병이 발생할 가능성이 있는 집단을 계속 추적해 가면서 그런 위험요소가 그 후에 과연 그 결과를 일으키는지를 관찰하는 연구를 '코호트 연구' 또는 '전향적 연구'라 한다.

두 생명표를 비교해보면, 2000년 65세 사람들의 기대수명 항목에 대해 시간별 생명표는 2000년 65세, 66세, 67세 등의 사망률을 이용하여 산출하는 반면, 연령별 생명표는 2000년의 65세, 2001년의 66세, 2002년의 67세 등 사망률을 이용하여 산출한다. 그러나 모든 연령대가 사망률 연구에 사용되는 것이 아니라는 점에 유의해야 한다. 학위수여 프로그램 기간 동안 함께 공부하는 같은 나이의 학생들을 가르치는 교수들과 같이 다른 이유로 사용하는 사람들도 있다.

수학과 종교, 신비주의

고대에는 수학과 종교가 어떤 관련이 있었을까?

수학과 종교를 최초로 언급한 것 중 하나는 기원전 4000년경(이 연대에 대해서는 논쟁이 되고 있지만) 인도-아리안 민족이 숭배한 베다종교를 통해서다. 또 다른 고대인도 언어인 베다 산스크리트어^{Vedic Sanskrit}로 쓰인 두 경전은 《베다》와 베다의 부록과도 같은 《베단가^{Vedanga}》다. 이 두 경전은 종교에 대해서뿐만 아니라 경전 곳곳에서 천문학적 지식과 수학적 지식들을 다루고 있다.

종교와 수학 사이의 또 다른 연관성은 기원전 4세기경 바빌로니아인이 시작한 것으로 간주되는 점성술을 통해 커져갔다. 점성술은 천체가 개인이나 왕 그리고 국가의 일이나 운명을 관할한다고 믿는 일종의 고대 종교이며, 달이나 행성, 별자리의 위치를 토대로 했다. 점성가들은 몇몇 점성술에 필요한 예측치를 계산하기 위해 알고리즘을 사용하는 것은 물론, 천문학뿐만 아니라 특별한 수학적 지식을 필요로 했다.

기독교와 수학도 관계가 깊다. 수학이 기독교에 더 많은 영향을 끼쳤는지 아니면 그 반대인지에 대해 종종 논란이 되고 있지만 과거에 수학과 과학을 연구한 사람들이 종종 기독교에 매우 심취해 있었다는 것은 이미 알려져 있는 내용이다. 예를 들어, 16세기와 17세기에 걸쳐 갈릴레오 갈릴레이[1564~1642], 요하네스 케플러[1571~1630], 아이작 뉴턴[1643~1727], 니콜라우스 코페르니쿠스[1473~1543] 같은 위대한 과학자들은 모두 자신들의 과학적 연구를 종교적 활동으로 본 매우 독실한 기독교신자였다.

이 책에서 종교와 과학, 수학 사이의 모든 연관성을 정리하는 것은 한계가 있다. 그러나 일찍이 영국의 물리학자 프리먼 다이슨[Freeman Dyson, 1923~]은 "기본적인 연관성 중 한 가지는 신학적 토론을 통해 생기며, 이런 논법이 자연현상의 분석에 적용될 수 있는 분석적 사고를 양성시킨다."고 말한 적이 있다.

피타고라스학파

그리스의 철학자이자 수학자인 사모스의 피타고라스[기원전 582~507]는 피타고라스의 정리의 증명이라는 수학적 업적을 남겼을 뿐만 아니라, 피타고라스학파라는 단체를 만들기도 했다. 피타고라스가 설립한 학교에서는 균형 잡힌 완벽한 사람이 되어야 한다고 강조하고, 환생과 신비주의를 가르쳤으며, 고대의 오르페우스교와 유사한 단체로 만들어갔다. 피타고라스는 기본적으로 모든 것을 '수'라고 생각하거나 만물을 수로 설명할 수 있다고 믿었다. 하물며 정의 같은 추상윤리 개념도 수로 설명할 수 있다고 주장했다. 사실 피타고라스는 수 개념에 매혹된 나머지, 우주 전체가 수학적 알고리즘에 기초한다는 전제를 신념으로 삼기도 했다.

그러나 이 학파는 몇몇 흥미로운 비수학적 신념을 갖고 있기도 했다. 학파 내의 핵심적인 사람들을 '마테마티코이Mathematikoi'라 불렀다. 그들은 피타고라스의 비밀스러운 가르침을 들을 수 있었고, 수학도 배울 수 있었다. 또 사유재산을 소유하지 않았고, 채식주의자들이었다. 이들 이외의 사람들은 '아쿠스마틱스akousmatics'로 자기 집에 살면서 낮 동안에는 수학이나 철학을 배우지 않고 영적인 가르침만 주고받았다. 심지어 여성들에게도 학파에 들어갈 수 있는 기회가 주어졌으며, 그들 중 몇몇은 유명한 철학자가 되기도 했다. 피타고라스는 많은 책을 쓴 것으로 여겨지고 있지만, 피타고라스학파의 비밀주의와 공동체의식으로 인해 피타고라스가 쓴 책과 그의 제자들이 쓴 책을 구분할 수 없도록 했다.

산가쿠算額란?

산가쿠는 '수학 서판'으로, 일본 전통의 사원 기하학의 한 형식을 나타내는 이름이다. 1639~1854년까지 일본은 서양과 전혀 교류가 없었다. 이로 인해 사무라이나 상인, 농부들은 일종의 토착 수학을 개발하여 사용했다. 그들은 기하학적인 문제를 해결한 다음, 사당이나 사원 지붕 아래에 걸려 있는 색이 칠해진 나무판에 자신들이 해결한 내용을 세밀하게 기입했다. 일반적으로 산가쿠 문제들은 유클리드 기하학을 다루었지만, 서양의 기하학 연구들과는 많은 차이가 있었다. 대부분 산가쿠는 서양의 기준에 의해 쉽게 해결될 수도 있지만, 그 외에 다른 것들은 해석학이나 다른 복잡한 방법을 사용해야 했다.

인도의 자이나교는 수학에 어떤 영향을 미쳤을까?

자이나교는 기원전 5세기경 인도에서 베다 종교가 쇠퇴하면서 만들어진 종교이자 철학이었다. 불교와 더불어 자이나교는 그 지역의 주요 종교 중 하나가 되었다.

몇 세기가 지난 후, 자이나교는 인도의 과학과 수학에 큰 영향을 미쳤다. 자이나교에서는 시간을 영원하며 형체가 없는 것으로 보는 우주론적 사고를 가지고 있었다. 세계는 무한하며 항상 존재해온 것으로 여겼다. 실제로 그들의 우주론에서는 우주의 나이를 오늘날 추측하는 것보다 큰 수로 생각했다. 그들이 계산한 천문학적 측정치들은 오늘날의 일부 값들과 매우 근사하다. 예를 들어, 자이나교에서는 달의 위상이 반복되는 기간인 삭망월을 $29\left(\dfrac{16}{31}\right)$(29.516129032)일이라 여겼다. 실제로 정확한 삭망월은 29.5305888일이다.

자이나교는 수학적 개념을 많이 만들어냈는데, 일부는 그 당시에 생각해낸 것이라고는 믿을 수 없을 정도로 진전된 것이었다. 그들은 정수론, 산술연산, 수열, 집합론, 제곱근, 지수법칙, 기하학, π의 근삿값(그들은 π가 10의 제곱근 혹은 3.162278과 같다고 생각했다. 실제로 이 값은 3.141593과 매우 근사하다), 분수 계산, 3차방정식과 4차방정식을 간단히 나타내는 등의 개념들을 이해하고 있었다.

수비학이란?

수비학은 수가 사람과 관련된 일에 미치는 영향을 연구한다. 이것은 수가 사람의 정신적 특성을 나타내는 데 이용된다는 일종의 비술^{秘術}로 간주한다. 일반적으로 수비학자들은 생년월일의 수와 이름의 문자를 조응하여 사람의 운명, 재능 분야, 행동 패턴 등을 '예견'한다. 고대의 알파벳은 음가만이 아니라 수치를 가지고 있었기 때문에 문자로 나타내는 말이나 관념 또한 일정한 수치를 갖게 된다. 이 수치를 나타내는 것들은 '조응관계'로 잠재적인 관계를 맺고 있다고 여겼으며, 점술에도 응용해왔다.

수비학 도표는 1~9까지의 수와 11, 22라는 수를 이용한다. 생년월일과 이름을 치환하여 나타낸 값은 각 자리의 숫자를 더하여 이들 수 중의 하나와 일치하도록 만들며, 각각의 숫자는 삶의 진로 수, 표현 수처럼 그 사람에 대해 나타낸다.

많은 사람들이 생활 계획을 세우거나 삶에 대한 어떤 결정을 내릴 때 수비학을 이용하지만, 수비학적 주장에 대한 수학적·과학적 근거는 존재하지 않는다.

세계 여러 문화권에서는 행운의 수와 불행의 수 개념을 많이 생각해왔다. 많은 사람들이 생각하는 것처럼 이 개념은 사실 행운의 수나 불행의 수를 결정짓는 '추첨 운'과 같다. 몇몇 문화권에서는 행운과 불운을 수와 관련시키려고 했다. 가령 많은 문화권에서는 주로 수 7이 행운을 나타낸다고 여겼다. 또한 7은 많은 사람들에게 신성한 수, 모든 형태의 신을 상징하는 수로 여겨졌다. 일본의 초기 설화 중에는 행운의 일곱 신에 관한 이야기가 있는데, 그 때문에 일본 사람들도 7을 행운의 숫자로 생각한다. 고대 이집트의 여신 하토르는 한 번에 일곱 마리의 소가 될 수 있었으며, 성경에서는 하나님이 세상을 7일 만에 창조했다고 되어 있다(사실 7일째는 안식했다고 되어 있다).

한편 7은 '나쁜' 것을 나타낼 수도 있다. 이를테면 신화에 등장하는 많은 괴물 중에는 7개의 머리를 가진 것들이 많다. 미국 원주민들 사이에 전해 내려오는 이야기에 따르면, 원주민의 한 부족인 수족의 바다뱀 운케길라는 일곱 번째 반점에 일격을 가할 때만 죽일 수 있다고 한다. 또 서양에서 말하는 '7대 죄악'은 성욕, 식욕, 나태, 분노, 탐욕, 질투, 오만이다.

가장 많이 알려진 불행의 수는 13이다. 대부분의 서양 사람들은 예수와 그 제자들이 최후의 만찬을 나누던 방에서 열세 번째 사람이었던 가룟 유다가 예수를 배신했기 때문에 13을 불행의 수로 여긴다. 그러나 이탈리아, 중국 등의 다른 문화권에서는 13을 행운의 수로 여긴다. 심지어 고대 문명에서도 13을 불행의 수로 여기지 않았다. 켈트족과 미국 원주민들의 점성술에서는 1년을 열세 달로 나타내는가 하면, 13개의 별자리로 나타내기도 했다.

여러 문화권에서 특히 중요하게 여긴 수들은 매우 많다. 너무 많아서 여기에서 일일이 언급할 수도 없다. 그중에서도 전 세계에서 공통적으로 중요하게 여긴 수들을 살펴보자. 가령 인도의 점성술에서는 모든 사람이 인간의 행동을 예견하고 설명하는 3개의 의미 있는 수, 즉 영혼의 수, 운명의 수, 이름의 수를 가지고 있는 것으로 여긴다.

이 세 가지 수는 각자에게 서로 다른 어떤 것을 의미한다. 북유럽의 점성술에서 3, 9, 3과 9의 배수는 마법적인 힘을 가지고 있는 것으로 생각한다. 예를 들어 9는 북유럽의 마법의식에서 매우 중요하게 여기며, 오딘을 나타내기도 한다. 독일과 북유럽 신화에서 최고신으로 여겨지는 오딘은 아홉 낮밤 동안 이그드라실 나무에 매달려 있었으며, 그때 아홉 가지 마법의 노래와 18개의 마법적인 룬 문자를 배웠다. 게다가 불의 신인 로키가 오딘의 아들 발데르를 죽였을 때 9개의 세상, 40명의 발키리, 13명의 신들이 나타난다.

중국인들은 3을 행운의 수로 여기며, 8은 훨씬 더 큰 행운을 가져다주는 수로 여긴다. 6과 9도 두 수에 못지않다. 중국인들이 숫자 6, 8, 9를 좋아하는 이유는 이 숫자의 발음과 유사한 발음에 좋은 뜻이 담겨 있어서다. 6은 '모든 일이 순조롭게 잘 풀린다'는 뜻의 단어와 발음이 비슷하며, 8은 광둥어로 '가까운 미래에 큰돈을 벌게 된다'는 뜻의 단어와 비슷해서 처음에 광둥 사람들이 선호했으며, 오랜 세월이 흐른 뒤에는 전체 중국인들이 좋아하게 되었다. 9는 '오래오래 지속된다'는 뜻의 단어와 발음이 비슷하며, 결혼할 사이나 오랜 친구 사이에서 많이 쓰인다.

오늘날 중국 사람들은 전화번호, 방 번호, 자동차 면허번호 등을 선택할 때 끝자리에 이들 숫자가 있는 수를 선호한다. 불행의 수로 손꼽히는 두 수는 4(일본에서도 불행의 수로 여긴다)와 7이다. 4는 '죽음'이라는 뜻의 단어와 발음이 비슷하고, 7은 '화내다'라는 뜻의 단어와 발음이 비슷하기 때문이다. 14는 '나쁜 소식'이라는 의미를 담고 있다. 사실 중국의 몇몇 도시에서는 자동차 면허번호에 14를 넣지 않으며, 대부분 건축물에서는 4층과 14층을 만들지 않는다.

'짐승의 숫자'란?

666은 흔히 '짐승의 숫자'라고 불리며, 요한계시록 13장 18절에서 다음과 같이 언급되어 있다. "지혜가 여기 있으니 총명한 자는 그 짐승의 수를 세어보라. 그 수는 사람의 수니 육백육십육이니라." 또 666은 적그리스도의 수로 여기기도 한다.

'숭배'와 관련된 다른 수들도 있다. 예를 들어 정확히 숫자 666이 들어 있는 수를 '종말의 수$^{apocalypse\ number}$'라고 한다. 숫자 666을 포함하는 2^n 꼴의 수를 'apocalyptic number'라고 한다. 2^{157}($=182,687,704,666,362,864,775,460,604,089,535,377,456,991,567,872$)이 여기에 해당한다. 이와 같은 거듭제곱의 수 중 처음 몇 개의 수로는 2^{157}, 2^{192}, 2^{218}, 2^{220}이 있다.

수학자들이 수를 다룰 때 알아낸 짐승의 숫자에 관한 몇 가지 흥미로운 수학적 특성이 있다.

- 짐승의 숫자는 처음 7개 소수의 제곱의 합과 같다.
$$2^2+3^2+5^2+7^2+11^2+13^2+17^2=666$$

- 처음 세 수의 6제곱수를 더하고 빼면 짐승의 숫자가 된다.
$$1^6-2^6+3^6=666$$

- 123456789의 숫자 사이에 '+' 기호를 적절히 삽입하여 두 가지 방법으로 666을 만들 수 있다. 또 987654321의 숫자 사이에도 '+' 기호를 적절히 삽입하여 666을 만들 수 있다.
$$1+2+3+4+567+89=666$$
$$123+456+78+9=666$$
$$9+87+6+543+21=666$$

- 더욱 놀라운 것은 도서관에서 '점성술'에 사용한 듀이의 십진법 분류번호가 133.335라고 한다. 이 번호에 이 번호를 거꾸로 쓴 번호를 더하면 666.666이 된다.
$$133.335+533.331=666.666$$

- 또 기이하게도 6개의 로마숫자 I(1), V(5), X(10), L(50), C(100), D(500)를 큰 수에서 작은 수의 순서로 쓰면 666이 된다.
$$DCLXVI=666$$

인간의 행동과 앞으로 일어날 사건들에 어떤 영향을 미칠 것인지를 바탕으로 우주를 고찰하는 점성가들은 0~9까지의 각 수가 우리 태양계 내에 있는 어떤 한 천체의 수호를 받는다고 생각한다. 그런 다음 여러 요소를 바탕으로 사람에게 수를 부여하여 그 사람의 성격, 심지어 그 사람의 미래를 판단하는 데 사용하기도 한다. 예를 들어, 수 2의 수호성은 달이며, 수 2를 부여받은 사람은 협조적이고 감정적이며 매우 섬세한 감수성을 가지고 있다고 한다. 수 7의 수호성은 해왕성이며, 수 7을 부여받은 사람은 정신적인 색채가 강하고 신비적인 분위기를 느끼며 매우 날카로운 통찰력과 비판력을 가지고 있다. 이에 따라 7은 신비주의자, 공상가, 예언가의 수이기도 하다.

모든 사람이 '우리 자신을 파악하는' 이런 방법에 동의하는 것은 아니지만, 예언자들은 수세기 동안 우리 주변에 존재하며 점성술을 믿는 사람들을 위한 수와 여러 가지 다른 우주적인 수를 탐색해오고 있다.

상업과 경제학 속 수학

화폐란?

사실, 화폐란 수학적 개념이다. 각 문화권에서 화폐(혹은 돈)는 가장 흔한 교환 매개체로, 지역사회의 '동의' 아래 재화나 서비스, 계약에 대하여 거래를 하거나 교환할 수 있다. 각 통화는 달러 지폐, 25센트 경화와 같이 세분되어 특정 단위를 나타낸다. 재화나 서비스의 가치는 다른 재화 및 서비스와의 비교를 통해 정해지며, 일반적으로 이것을 '가격'이라 한다. 따라서 화폐를 사용하는 사람들은 덧셈과 뺄셈 같은 매우 기초적인 몇몇 수학적 개념을 알아야 한다.

화폐는 추상 개념이며, 본질적으로는 상징물에 해당한다. 이것이 바로 화폐가 금이나 은 등의 희귀한 자연산 귀금속, 소라 껍데기, 값싼 보석, 반지 따위의 장신구 및 오늘날 만들어낸 화폐의 대용품인 지폐용지 같은 물건을 대표하는 이유다.

화폐는 어떻게 발달했을까?

돈이 나타나기 이전의 상품교환은 그저 물물교환에 불과했다. 어떤 하나의 물건을 다른 물건과 맞바꾸면서 가축이나 곡물이 물물교환의 수단으로 자주 사용되었다. 그러나 여기에는 분명히 한계가 있었다. 예를 들어, 만일 어떤 농부가 겨울에 밀을 말과 교환하려고 한다면, 그는 먼저 말을 얻기 위해 밀을 저장하는 방법을 알아야 한다. 따라서 좋은 시기를 선택하는 것이 매우 중요해졌고, 종종 생존과 죽음을 구별하는 요인이 된다는 것을 의미했다.

그러다 석회석 경화(가치에 따라 크기를 정함) 및 담배, 조개껍질, 고래 이빨을 화폐 대용으로 사용했는데 심지어 중세 이라크에서는 빵도 화폐로 사용했다. 금화와 은화는 기원전 650년경 지중해와 흑해 중간 지역에 살았던 리디아인이 처음 사용한 것으로 여겨지고 있다. 그 이전에는 금괴나 반지, 팔찌 등 다른 형태로 된 금속이 화폐처럼 거래되었다. 지폐는 약 300년 전에 처음으로 사용하기 시작했으며, 금과 같이 수요가 있을 때 교환될 수 있는 몇몇 '표준' 자연 귀금속과 함께 사용되었다.

지폐는 물물교환 체계에서 가장 큰 발전을 이룩했다. 많은 나라, 특히 어떤 지역사회에서는 지금도 여전히 물물교환이 이뤄지고 있다. 예를 들어 금이 거래기준이 되었을 때, 농부는 거래를 하기 위해 애써 밀을 저장하지 않아도 겨울에 금화를 사용하여 보다 쉽게 말을 구입할 수 있었다. 서양에서 점점 더 많은 사람들이 금본위제도에 참여하게 됨에 따라 은행산업은 무역 및 산업의 성장과 평행선을 이루며 성장했다.

오늘날에는 통화 시스템이 자리를 잡아 수많은 국가에서 여러 종류의 통화를 사용하고 있다. 화폐의 종류 또한 계속 변화하고 있다. 가령 1988년, 오스트레일리아는 세계 최초로 내구성 있는 플라스틱 통화를 도입했는데 플라스틱으로 만든 지폐는 화폐 위조를 예방하기 위한 방법으로 여겨진다. 또 2000년, 유럽경제공동체는 유럽의 여러 나라에서 공동으로 사용할 수 있는 화폐단위인 '유로'를 도입했다. 물론, 이런 모든 교환과 통화의 변화는 수학과 관련이 있다.

경제학에서 이자는 금전 또는 기타의 대체물을 사용한 대가로 원금액과 사용기간에 비례하여 지급되는 금전이나 기타 대체물을 말하며, 의뢰 액수의 백분율에 따라 지급한다. 이자는 계산방법에 따라 단리와 복리로 나누어 계산한다.

예금계좌의 경우, 이자는 주로 복리로 계산한다. 복리는 중간에 발생한 이자를 재투자하고 재투자한 이자가 또 이자를 낳게 됨으로써 점점 더 이자가 늘어난다. 예를 들어 어떤 사람이 분기별로 이자를 지급하는 연이율 5%(분기마다 1.25%)의 단기 금융자산투자신탁에 1,000달러를 넣었다고 하자.

2000년, 유럽경제공동체 회원국들은 주 통화로 유로를 도입했다. 이것은 각 회원국 사이의 무역을 크게 간소화시켰으며, 더 이상 일일 환율에 따라 통화를 교환할 걱정을 하지 않아도 되었다.(Photographer's Choice)

이때 1년 후 1,000달러는 1,050.95달러로 늘어나며, 복리로 인한 이율은 5%가 아니라 실제로는 5.095%가 된다. 그것은 각 분기에 지급한 이자를 누적하여 이자를 계산하기 때문이다. 정확히 5%의 이율은 단리에 따른 이율이다. 그러나 대부분의 금융기관에서는 저축에 대해서는 이자를 복리로 지급한다.

단리와 복리 두 가지 모두 대출과 대부에서 사용된다. 단리는 원금(처음에 대출 또는 대부한 액수)에 대해서만 이자를 붙인다. 보통 단리는 다음 공식에 따라 계산한다.

$$a(t) = a(0)(1+rt)$$

[단, $a(t)$는 원금과 고정이율 r에 대한 시간 t의 이자를 합한 것이다.]

복리는 보다 복잡한 식으로 나타내며, 원금뿐만 아니라 시간이 지나면서 누적된 이자도 함께 계산된다. 예를 들어 어떤 사람이 250,000달러의 주택을 구입하고 먼저 50,000달러를 지급했다. 남은 200,000달러는 매월 같은 금액으로 30년 동안 월이율 8%의 복리로 갚기로 했다. 이때 매월 갚아야 할 액수(M)는 다음과 같이 계산한다. 여기서 P는 원금, i는 이율, n은 연수, q는 매년 지불기간 수를 나타낸다.

$$M = \frac{Pi}{q\left\{1-\left(1+\dfrac{i}{q}\right)^{-nq}\right\}}$$

$$= \frac{200000 \times 0.08}{12\left\{1-\left(1+\dfrac{0.08}{12}\right)^{-30 \times 12}\right\}}$$

$$= \frac{13,333.3333333\cdots}{1-1.006666666\cdots^{-360}}$$

$$= 1,467.53 \text{(달러: 월 이자)}$$

따라서 매달 1,467.53달러를 지급해야 한다.

수요와 공급이란?

경제학에서는 어떤 제품의 이용도 및 수요를 통제하는 요소들이 있다. 특히 공급은 생산자가 서로 다른 가격에 따라 제공하는 제품의 양을 변화시키는 것과 관련이 있다. 간단히 말해서 가격이 높으면 공급이 많아진다. 수요는 임의의 알려진 가격에 따라 소비자가 요구하는 제품의 양과 관련이 있다. 일반적으로, 수요의 법칙은 가격이 올라가면 수요가 감소한다. 때문에 이상적인 사회에서는 수요와 공급이 균형을 이룬다.

수요와 공급의 법칙에 따르면, 가격은 공급량과 수요량이 같아지는 지점으로 이동한다. 경제학자들은 도표와 그래프를 사용하여 가격과 제품의 양을 나타내고, 수요곡선과 공급곡선을 나타내는가 하면, 과부족이 발생하는 지점을 표현한다. 그래프에 따르면 수요곡선과 공급곡선이 교차하는 점에서 균형이 이뤄진다. 수요와 공급의 변화를 통해 새로운 공급－수요 균형점이 만들어지는 것을 보여주는 도표도 있다.

그런데 실제로 수요와 공급에서 균형이 이뤄질 수 있을까? 대부분 사람들은 가스나 식품 및 기타 기본 상품의 변동가격을 알고 있으나, 전쟁과 자연재해 같은 변화무쌍한 변인들이 추가됨에 따라 공급과 수요 사이에는 적절한 균형이 거의 이뤄지지 않는다.

증권시장 혹은 증권거래소란?

증권시장(혹은 증권거래소)은 기업들이 여러 기업에 투자하기를 원하는 사람들에게 증권을 발행하는 수단을 제공하는 과정으로, 증권을 사고파는 수단을 제공한다. 주식이나 주식회사의 지분투자는 증권으로 나타내며, 증권은 기업의 자산과 수입에 대하여 주장할 수 있는 근거가 된다. 보통주는 투자자가 기업에 투표권을 가지고 있어 주주의 권리를 행사할 수 있는 의결권주인 반면, 우선주는 투표권이 없는 무의결권주다. 그러나 우선주는 보통주에 우선하여 회사의 자산 및 수입에 대한 권리를 주장할 수 있을 뿐만 아니라 이익 배당 시 우선주를 소유한 사람에게 먼저 지급해야 한다.

증권시장의 금융 지표들은 어떻게 계산할까?

증권시장과 관련된 금융지표들은 매우 다양하며, 모두 수학적 계산과 관련이 있다. 배당금은 회사의 이사회에서 이익의 일부를 지급하는 돈으로, 회사에 투자한 주주들에게 분배한다. 이 돈은 기업이 이익을 발생시켜 회사에서 누적해온 이익잉여금의 일부로, 보통 분기마다 지급된다. 배당금은 보통 현금으로 지급되지만, 주식이나 어음 등 여러 가지 형태로 지급하는 경우도 있다.

배당수익률은 배당금의 형식으로 회사에서 주주들에게 지급된 수익률로, 1년 동안 지급한 1주당 배당금을 현재 주가로 나누어 계산한다. 예를 들어, 한 해에 발생한 1주의 배당금으로 2달러가 지급되고 40달러에 거래되었다고 하면 배당수익률은 5%가 된다.

주가이익비율[Price/Earnings Ratio 또는 P/E ratio]은 주식시장에서 현재의 주당이익에 대하여 주가가 얼마나 높게 형성되어 있는가를 측정하는 지표로, 최근 12개월간의 주당이익으로 나누어 계산한다. P/E 비율이 높을수록 수익성에 비해 그 주식이 높게 평가되어 있으므로 증권시장에서는 그 주식을 기꺼이 구입하려고 하는 경향을 보이게 된다. 물론 적자기업이나 이익을 내지 못하는 기업은 P/E 비율이 전혀 없다.

시장지수란?

증권시장 전체 상태 및 유가증권 명세표에서의 동향에 관한 모든 통계 지표를 말한다. 예를 들어, 미국의 경우 '다우지수'라고 불리는 증권시장지수에서 12개의 대형 공기업을 표본으로 시장가격을 더한 다음, 그 값을 12로 나누어(가격의 평균산출) 계산한다. 오늘날 미국 주식시장의 움직임을 대표하는 '다우존스산업평균지수'는 30개의 대형 공기업을 표본으로 하며, 컴퓨터를 사용해야 할 만큼 매우 복잡한 방법으로 지수를 결정한다.

수학이 회계에도 사용될까?

수학은 회계에서 매우 효과적으로 이용된다. 회계는 대부분 덧셈과 뺄셈의 수학으로, 기관이나 회사 및 다른 기업의 출납기록을 분류·분석하거나 판단을 내리는 것과 관련이 있다. 부기기록은 기업이나 정부 등 어떤 특정 경제조직체의 이익과 손실에 관한 재정 건전성을 알려줄 뿐만 아니라, 회계감사를 하거나 일정 기간의 회사 원장의 대차를 차감할 때 사용되기도 한다.

부기의 역사는 매우 오래되었고, 부기에 대한 개념은 1495년, 수학자 루카 파치올리가 부기에 대한 논문을 출간하기 훨씬 전부터 알려져 있었다. 복식부기는 기업의 자산, 자본의 증감 및 변화하는 과정 그리고 그 결과를 계정과목을 통하여 대변과 차변으로 구분하여 기록하고 계산되도록 하는 부기형식이다. 오늘날에도 흔히 쓰이며, 중세유럽에서 처음 사용되었다.

경제학과 계량경제학이란?

경제학은 경영을 포함하여 재화와 서비스의 생산, 소비, 분배를 다루는 일종의 사회과학이다. 금융 자료 및 경제학에 수학이나 통계학의 방법론을 응용하는 경제학을 '계량경제학'이라 한다. 계량경제학은 문제 검토 및 경제자료 분석, 경제이론을 실증적으로 검정하거나 논박하기 위한 방법론을 사용한다.

주로 국가의 재정 건전성을 판단하기 위해 수학적으로 많은 경제지표들을 계산한다. 국내총생산^{GDP}은 어떤 한 나라의 순전한 국내 경제활동 지표다. 한 나라의 모든 경제주체가 분기 또는 1년이라는 일정 기간 동안 생산한 재화와 서비스의 부가가치를 시장가격으로 평가하여 합계한 것이다. 국내총생산은 총 소비지출, 기업투자, 정부지출과 투자 그리고 수출액에서 수입액을 뺀 순수출로 계산한다.

소비자물가지수^{CPI}는 일정 기간에 걸쳐 소비자가 '구매하는' 재화와 서비스 물가의 변동을 측정한 지표다. 물가변동 측정은 표본으로 추출된 소비의 지출 습관에 대한 정보를 토대로 한다.

또 통화지표 M1과 M2라는 것도 있다. 통화지표는 시중에서 유통되는 돈의 흐름을 파악하는 기준으로, 정부는 이것을 통화관리 정책에 활용한다. 대표적인 통화지표에는 협의통화(M1)와 광의통화(M2), M3 등이 있다. 협의통화(M1)는 여행자수표 같은 민간 보유 현금, 은행 요구불 예금, 수시 입출식 예금 등을 합친 것으로 지급수단으로서의 화폐 기능을 중시한 통화지표다. 광의통화(M2)는 협의통화(M1)에 예금취급기관의 정저축성 예금, 100,000달러 미만의 정기예금, 환매조건부채권, 단기금융투자신탁 등 단기 저축성 예금을 포함한다. M3는 은행뿐만 아니라 비은행금융기관도 포함하는 전 금융기관의 유동성 수준을 파악할 목적으로 개발된 지표다.

의학 및 법 속의 수학

수리의학(수학적 의학)이란?

수리의학은 수학을 사용하여 의학적 문제를 판단하는 학문이다. 예를 들어 몇몇 의학 분야 연구가들은 진단도구로 환자의 허파에서 나오는 소리를 이용한다. 폐질환을 진단하는 비침습적 진단검사법은 귀로 측정하거나 주파수 스펙트럼을 수학적으로 분석한 음질을 토대로 한다는 것이 밝혀졌다. 또 다른 예로는 질병을 치료하기 위해 약이 신체를 통해 어떻게 운반되는지를 보여주는 수학적 모델링과 노인황반변성 진행에 대한 수학적 모델링이 있다.

일반적으로 수학적 모델링과 시뮬레이션 기법은 수리의학 분야에서 매우 중요한 부분으로, 앞으로 신체 관련 문제를 해결하는 데 유용하게 사용될 것이다.

역학(전염병학)이란?

역학은 전염병이나 질병 혹은 어떤 집단에서 발생하는 여러 가지 건강 관련 현상의 빈도, 분포, 원인에 대해 통계학적으로 연구하는 것을 말한다. 통계학을 사용함에 따라 다음과 같은 질문이 주어진다. "전염병 혹은 질병을 가지고 있는 사람은 누구인가?", "그들은 지리적으로 어디에 있으며, 서로 연관이 있는가?", "전염병 혹은 질병이 언제 발생했는가?", "감염 원인은 무엇인가?", "발생한 이유는 무엇인가?"

심리학에서 수학은 어떻게 사용될까?

다른 많은 사회과학 분야와 마찬가지로 심리학에서도 많은 수학적 통계를 사용한다. 많은 심리학자들, 특히 연구를 진행하는 심리학자들은 과학적인 방법으로 자료를 수집하고 분석한 다음 표나 도표, 기술통계를 사용하여 데이터를 요약한다. 통계학과 일반적 수학은 측정의 본성에서부터 심리학적인 현상을 판단하는 데 사용되는 서로 다른 유형의 변인 및 척도 형태(비율척도, 등간척도, 서

통계는 상업 및 공학 분야를 제외한 여러 전문 직업분야에서 중요한 역할을 하고 있다. 가령 사회학자들과 정신과의사들은 통계를 이용하여 문제의 원인을 진단한다.

열척도, 명목척도)에 이르기까지 어디나 적용된다.

실제로 미국정신의학회^{American Psychiatric Association}에서 출간한 《정신장애 진단 통계편람^{DSM}》이라는 정신질환 진단을 위한 안내 책자에서도 통계학은 중요한 역할을 하고 있다. 《DSM》에서는 정신질환 및 발달장애 그리고 몇몇 다른 신경 조건뿐만 아니라 이들 장애와 관련된 많은 통계와 관련지어 심리장애에 대한 표준 정의를 제시한다.

변호집단이 사용하는 수학으로는 어떤 것들이 있는가?

민사소송에서 형사소송에 이르기까지 변호사는 여러 가지 이유에서 수학에 대해 알 필요가 있다. 예를 들어 법률 대리인이 소송사건 적요서를 작성할 때, 기하학적 증명에서처럼 자신의 논거를 조직화한다. 이때 정리를 증명하는 것과 유사하게 모든 관련 사실 및 법을 제시한다. 부동산 소송이나 또 다른 소송에서는 거액의 돈과 관련된 경우가 많아 통계와 회계가 매우 중요하다. 뿐만 아니라 관련된 모든 소송 당사자에 대한 공평한 분쟁해결을 위해 수수료, 이자 등에 대한 지식을 알아야 한다. 심지어 변호사들은 논리 분야, 특히 법정에서 불충분한 논거와 잘못된 추론을 판단해내는 데 도움이 되는 기호논리에 대해서도 알아야 한다.

형사사법에 관한 통계는 어떻게 찾는가?

형사사법에 대한 통계를 찾아볼 수 있는 가장 적절한 곳 중 하나는 미 법무부 산하 사법통계국^{Bureau of Justice Statistics}이다. 사법통계국에서는 범죄 피해 및 범죄 특성, 피해자 특성, 통계 기반 사건을 포함하여 많은 유용한 범죄 관련 통계를 제공하고 있다. 이것들은 모두 경찰이나 범죄와 싸우고 있는 다른 대리인들이 범죄 및 범죄가 어떻게 일어나는지에 대해 잘 이해할 수 있도록 한다. 그러나 통계가 이런 부분에만 응용되는 것은 아니다. 법집행관 및 대학 법집행 대리인 그리고 과학수사연구소에 대한 통계와 법률 집행 훈련학교의 통계조사, 심지어 공판과 양형에 관한 통계들도 있다.

이와 같은 통계를 찾아볼 수 있는 또 다른 곳이 있다. 예를 들어 미 연방수사국^{Federal}

Bureau of investigation, FBI은 경찰에 신고된 범죄 관련 정보를 수집한 통일범죄보고서 Uniform Crime Reports, UCR 같은 통계 기록을 제공한다. 이 프로그램은 1929년부터 시작되었지만, 1980년대 후반에 보다 유연하고 철저한 데이터를 위한 법 시행의 필요성에 부응하여 UCR 프로그램이 National Incident Based Reporting SystemNIBRS으로 발전했다. 더욱 완벽해진 NIBRS 시스템은 신고된 각 범죄사건에 대하여 정밀한 통계 데이터를 수집하며, 법집행관 및 연구가, 정부의 정책입안자, 사법을 공부하는 학생 그리고 일반 대중에 의해 사용되고 있다.

임상시험에서는 수학을 어떻게 사용할까?

임상시험은 신약이나 새로운 시술법이 일반 대중에게 안전하고 효과적인지를 판단하기 위해 실시한다. 이때 다음의 몇몇 단계를 거쳐 신약이나 새 시술법에 대한 긍정적 또는 부정적 결론을 내린다. 1단계에서는 20~80명 사이의 환자들에게 적용하여 안전성, 투약 범위 혹은 부작용에 대하여 판단한다. 2단계에서는 100~300명 사이의 보다 많은 사람들에게 신약이나 새 시술법을 적용하며, 3단계에서는 1,000~3,000명 사이의 훨씬 더 많은 사람들에게 적용하여 약물의 유효성과 안전성을 최종적으로 검증한다. 4단계에서는 약물 시판 후 부작용을 추적하여 안전성을 제고하고, 추가적 연구를 시행한다. 일반적으로, 임상시험의 각 단계에는 수학적 주제가 있으며, 각각 통계를 사용하여 신약이나 새 시술법에 대한 긍정적·부정적 효과를 판단한다.

범죄사건을 해결하기 위해서도 수학이 사용될까?

범죄사건을 해결하기 위해 여러 종류의 수학이 사용되고 있다. 예를 들어, 경찰관 및 사건현장 수사 전문가들은 기하학을 사용하여 범죄사건 이면의 상황들을 파악해낸다. 피가 분출된 방향 또는 어떤 자동차가 다른 자동차와 부딪혔을 때 진행 방향을 알아내거나 사건현장을 재구성할 때 등의 상황에서는 각이 유용하며, 사람의 발자국으로 강도의 보폭이나 신발 사이즈를 알아낼 때는 길이 측정을 이용한다. 또 급하게 브레이크를 밟았을 때의 자동차 속력은 스키드 마크를 측정한 다음 더욱 고차원적인 수학을 적용하여 알아낼 수 있다. 살인현장에서 범죄과학수사 연구원은 벽면에 흩뿌려진 혈흔 패턴을 조사하여 피해자가 서 있던 지점을 알아내기도 한다. 심지어 총상의 각도와 크기를 측정하여 피해자와 살인자의 위치 및 거리도 알아낼 수 있다.

아마도 수학과 범죄사건 해결의 가장 큰 연관성은 "사람들의 사고습관을 증진시키기 위해 수학을 어떻게 가르칠 것인가?"일 것이다. 수학은 문제해결 기술을 향상시키는 좋은 수단이며, 언제라도 해결해야 할 다른 문제가 산적해 있는 경찰의 일상적인 업무에도 활용되고 있다.

14장

일상생활 속 수학

일상생활 속의 수와 수학

이 장에서 언급하는 의학 정보를 그대로 받아들여서는 안 된다. 여러분이 하고자 하는 운동 프로그램이나 의학 문제에 대해서는 각자 의사의 조언을 구해야 한다.

시간을 기록할 수 있는 다양한 방법으로는 어떤 것들이 있는가?

오늘날 전 세계에서 공통으로 사용되는 시간을 기록하는 방법은 기본적으로 세 가지가 있다. 12시간 간격에 따른 시간(a.m.과 p.m.)과 24시간제 시계, 협정세계시(UTC 또는 Zulu time이라고도 한다)인데, 그중 줄루 타임$^{Zulu\ time}$은 널리 알려진 GMT$^{Greenwich\ Mean\ Time}$(그리니치 표준시)를 일컫는 말이다. 이들 세 가지는 모두 덧셈과 뺄셈이라는 간단한 수학을 기본으로 한다.

12시간 간격 개념을 이용한 12시간 시계는 우리 모두에게 친숙하다. 이 시계는 하루의 절반을 나타낸다. 천구의 북극과 남극을 연결한 자오선을 사용하게 되면서 등장한 용어로 약어 'a.m.'과 'p.m.'은 오전 시간과 오후 시간을 구분하는 데 사용된다. 단어 meridian은 medius의 변형이자 '중간^{middle}'을 뜻하는 라틴어 meri와 '하루^{day}'를 뜻하는 diem의 라틴어 합성어인 meridiem에서 유래했다. meridian은 한때 '정오'를 의미하기도 했다. 이에 따라 정오 이전 시간을 'ante meridiem'이라 하고, 정오 이후 시간을 'post meridiem'이라고 했다가 나중에 각각 'a.m.'과 'p.m.'으로 축약되었다. 이 용어를 대문자로 나타내든, 그렇지 않든 아무런 문제가 되지 않는다. 두 가지 모두 교과서에서도 사용된다. 24시간제 시계는 당연히 24개의 시간 간격으로 나누어져 있다. 이것은 미군과 여러 나라의 다른 정부관계기관에서 공통으로 사용하고 있다.

협정세계시 UTC$^{Coordinated\ Universal\ Time}$는 사실 축약어가 아닌 세계시$^{Universal\ Time}$를 변형한 것이다. UTC는 그 이전에 GMT$^{Greenwich\ Mean\ Time}$(그리니치 표준시)로 나타내던 본초자오선을 기준으로 한 평균태양시와 같다. GMT를 UTC로 바꾼 것은 국제표준에서 특정 지명을 사용하지 않기로 했기 때문이다. UTC는 세계시, 줄루 타임, Z 타임이라고도 한다. 단, UTC를 UT$^{Universal\ Time}$와 혼동해서는 안 된다. UTC는 0000 또는 자정부터 시작하며, 방송에서 시보를 알릴 때 사용한다.

a.m.과 p.m.으로 나타낸 시간과 24시간제 시간은 서로 어떻게 전환시키는가?

12:00 a.m.과 12:59 a.m. 사이의 시간에 대하여 a.m./p.m.을 24시간제로 전환시킬 때는 그 시간에서 12를 빼면 된다. 가령 12:45 a.m.에서 12를 빼서 0045로 나타내고, 12:59 a.m.에서 12를 빼서 0059와 같이 나타낸다. 1 a.m.과 12:59 p.m. 사이의 시간인 경우에는 9:00 a.m.은 0900로 나타내고, 11:00 a.m.은 1100과 같이 바로 전환된다. 1 p.m.과 11:59 p.m. 사이 시간은 12를 더하여 전환시킨다. 이를테면 8:34 p.m.에는 12를 더하여 2034로 나타내고, 11:59 p.m.에는 12를 더하여 2359로 나타낸다. 또 20:34, 23:59로 나타내기도 한다.

위에서 반대방향으로 전환하기 위해서는 0000$^{(자정)}$과 0059 사이의 시간에 대해서는 12를 더한다. 가령 0034에 12를 더하여 12:34 a.m.으로 나타내고, 0059에 12

영국 그리니치 천문대의 황동선은 경도 0°(본초자오선)를 나타낸다.

를 더하여 12:59로 나타낸다. 0100에서 11:59까지의 시간은 뒤에 a.m.을 붙여 그대로 나타내면 되고, 1200에서 12:59까지의 시간은 뒤에 p.m.을 붙여 그대로 나타내면 된다. 예를 들어 0100은 1 a.m.으로 나타내고, 0345는 3:45 a.m.으로 나타내며, 1235는 12:35 p.m.으로 나타내고, 1259는 12:59 p.m.으로 나타낸다. 1300과 2359 사이의 시간을 전환시키기 위해서는 12를 빼면 된다. 즉 1424에서 12를 빼서 2:24 p.m.으로 나타내고, 2359에서 12를 빼서 11:59 p.m.으로 나타낸다.

현지의 a.m./p.m.과 24시간제는 협정세계시로 어떻게 변환시키는가?

시간을 전환할 때, 협정세계시^{UTC}가 '표준'이 된다. 이는 기상예보 및 천문학 자료 같은 몇몇 과학 연구들에서 사용되고 있다. 다음은 현지 표준시(a.m./p.m. 그리고 24시간제)를 UTC로, 또 현지 서머타임(a.m./p.m. 그리고 24시간제)을 UTC로 변환시킨 예다.

24시간제 시간을 UTC로 전환하기

현지 날짜	a.m./p.m.	24시간제 시계	UTC
4월 10일	9:59 a.m. EST	0959	1459
4월 10일	5:00 p.m. EST	1700	2200
4월 10일	9:30 p.m. EST	2130	4월 11일 0200
5월 10일	9:59 a.m. EDT	0959	1359
5월 10일	5:00 p.m. EDT	1700	2100
5월 10일	9:30 p.m. EDT	2130	5월 11일 0100

참고: 미국에서는 동부표준시[EST]에는 5시간, 중앙표준시[CST]에는 6시간, 산악표준시[MST]에는 7시간, 태평양표준시에는 8시간을 더하여 UTC로 변환시킨다. 서머타임의 경우에는 동부하절기 시간[EDT]에 4시간, 중앙하절기 시간[CDT]에 5시간, 산악하절기 시간[MDT]에 6시간, 태평양하절기 시간[PDT]에 7시간을 더하여 UTC로 변환시킨다.

듀이의 십진분류법이란?

도서관에서 숫자를 사용하여 주제별로 책을 분류하는 방법을 말한다. 미국의 도서관 사서인 멜빌 듀이[Melvill Louis Kossuth Dewey, 1851~1931]가 규모가 작은 도서관의 도서분류법으로 고안한 것이다. 어떤 책이든 주제에 따라 000~999까지의 세 자리 숫자로 분류된다. 이때 100의 자릿수는 다음과 같이 10개 분야로 나누고, 그 아래 자릿수는 그에 포함되는 하위 분야를 표시한다.

000	서지정보학, 총서, 전집(분류가 모호한 미분류 주제 포함)
100	심리학, 철학
200	종교
300	사회과학
400	언어학
500	자연과학 및 수학
600	기술공학(의학, 공학, 농학, 가정학 등)
700	예술
800	문학
900	역사, 지리, 인물

듀이의 십진분류법에 따르면 이 책은 자연과학 및 수학의 500번 대에서 찾을 수 있다.

듀이 십진분류법의 각 숫자는 커터의 저자기호법에 따른다. 이 방법은 찰스 커터 Charles Ammi Cutter, 1837~1903가 고안한 것으로, 저자의 성에서 따온 1개 이상의 철자 뒤에 1개 이상의 숫자를 써서 단어나 이름을 나타내는 알파벳 - 십진법 숫자 기호방식이다. 듀이의 십진분류법과 커터의 저자기호법은 둘 다 도서관에 있는 모든 책의 위치를 나타내는 방법인 '도서정리번호call numbers'다.

자

보통 플라스틱이나 금속, 나무로 만들어진 것으로 길이를 측정하는 막대다. 자는 대부분 곧은 모서리를 가지고 있어 직선을 그리거나 길이를 측정할 때 사용한다. 가장 간단한 자는 작은 눈금을 가진 것으로, 인치나 센티미터로 길이를 잰다.

자로 측정한 길이를 읽기 위해서는 먼저 기본눈금을 알아야 한다. 예를 들어 1피트 자는 1~12까지의 인치 눈금이 적혀 있으며, 자의 왼쪽 끝에서 재기 시작한다. 그런데 이런 형태로 만들어진 자의 왼쪽 끝에 '0'이 적혀 있거나 적혀 있지 않은 것도 있다. 또 1인치는 2등분, 4등분, 8등분, 16등분하여 각 눈금이 표시되어 있다.

방을 새롭게 꾸미는 데 필요한 카펫의 크기는 어떻게 계산하면 될까?

텔레비전에서 방영하는 리모델링 프로그램을 보거나 다른 사람의 집을 방문했을 때, 겨울철에 거실의 열을 보존해야 할 때 등 종종 바닥부터 천장까지 새롭게 꾸미고 싶다는 생각을 하게 된다. 그러려면 새 카펫이 얼마나 필요할까? 간단한 기하학을 활용하면 바닥에 카펫을 까는 방법을 알아낼 수 있다. 기하학은 넓이, 거리, 부피, 도형의 성질과 선을 다루는 수학분야다.

가령 침실에 깔 새 카펫을 사야 한다면 먼저 가로의 길이와 세로의 길이를 곱하여 나타내는 넓이 공식 $A = L \times W$를 이용한다. 침실의 세로 길이가 10ft이고 가로 길이가 12ft일 때, 침실의 넓이는 120ft²이 된다. 따라서 필요한 새 카펫은 120ft²이다.

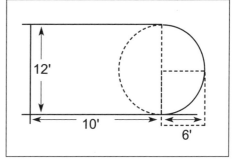

또 거실에 원형의 절반에 해당하는 공간이 있을 때, 그 공간의 넓이를 알기 위해서는 원주율과 반지름의 제곱을 곱하여 나타내는 원의 넓이 공식 $A = \pi \times r^2$을 활용하면 된다. 원형 공간의 지름이 12ft일 때 그 반지름은 6ft가 되며, 넓이는

동그란 모양의 양탄자를 깔기 위해 방의 크기를 재는 것은 몇몇 기본적인 수학지식과 관련이 있다.

$A = 3.14159 \times 6^2$ 혹은 113ft²이 된다. 따라서 거실 원형공간의 넓이는 전체 원의 절반 크기로, 113ft²의 절반 또는 56.5ft²이 된다. 또 거실의 남은 공간에서 세로 길이가 10ft이고 가로 길이가 12ft일 때, 이 부분의 넓이는 $10 \times 12 = 120$ft²이다. 따라서 이 거실에 새로운 카펫을 깔기 위해서는 모두 합쳐서 $120 + 56.5 = 176.5$ft²가 필요하다.

요리할 때 비와 비율이 중요할까?

주요 수학적 개념인 비와 비율은 덧셈, 뺄셈, 곱셈, 나눗셈과 마찬가지로 요리할 때 매우 중요하다. 가령 요리법이 밀가루 1컵과 달걀 2개를 필요로 할 때, 이들 두 양 사이의 관계를 '비'라 한다. 이 경우, 밀가루의 컵 수 대 달걀 개수의 비는 1 : 2 또는 $\frac{1}{2}$

이다. 이 비를 바꾸게 되면 요리 결과는 달라질 것이며, 그 음식을 먹을 수 없게 될 수도 있다.

요리와 수학을 관찰하는 또 다른 방법은 요리법에서 재료의 양을 바꿔보는 것이다. 이를테면 어떤 요리법이 각 재료에 대하여 일정한 양을 필요로 하고 요리사가 요리법에 따라 음식을 절반 정도 만

요리사들은 재료의 양을 잴 때 항상 수학적 비를 활용한다.

들고자 할 때, 각 재료의 양을 모두 절반으로 나누면 된다. 설탕 두 컵은 한 컵으로 하고, 바닐라 $\frac{1}{2}$ 티스푼은 $\frac{1}{4}$ 티스푼 등으로 하면 된다. 요리 양을 두 배로 만들 때도 같은 논리를 적용하여 모든 재료의 양을 두 배로 하면 된다. 설탕 두 컵은 네 컵으로 하고, 바닐라 $1\frac{1}{2}$ 티스푼은 1티스푼 등으로 하면 된다.

시험점수가 '곡선'으로 표시된다는 것은 무엇을 의미할까?

시험점수가 '곡선'으로 표시된다는 것은 점수들이 가우스 확률분포 또는 종 모양 곡선을 따른다는 것을 의미한다. 좌우대칭을 이루는 이 곡선은 시험점수를 토대로 한다. 완전한 세상에서는 곡선의 각 끝부분에 시험점수의 $\frac{1}{6}$ 이 위치하고, 가운데는 $\frac{2}{3}$ 이상이 위치하며, 정규분포를 이룬다.

그러나 대부분의 시험 결과가 모두 이상적인 분포를 보이는 것은 아니다. 점수 표시에 따른 학생 수로 시험의 상대적인 난이도를 알 수 있다. 교사는 각 학생의 점수와 분포곡선을 비교하여 등급을 어떻게 분포시킬 것인지를 결정한다. 또 어디를 기준으로 합격과 불합격 구분 표시를 할 것인지를 결정한다.

가스계량기와 전기계량기의 수들은 무엇을 측정한 것일까?

가스계량기와 전기계량기는 보통 가정집이나 업무용 건물 등의 일일 가스 사용량이나 전력 사용량을 계량한다. 표준 전기계량기는 사용량을 기록하는 정확한 장치다. 가정집이나 사무실에 전류가 들어오면 계량기 안의 여러 개의 작은 톱니바퀴장치들이 움직인다. 계량기 안의 지침반이 회전수 및 소모된 전력량에 의한 회전속도를 기록한다. 좀 더 새로워진 디지털 계량기 모델들은 디지털방식으로 전기 사용량을 기록한다.

가스계량기는 가정집 혹은 사무실에서 사용한 가스양을 계량한다. 이 경우, 가스계량기는 가스관에서 가스가 이동하는 힘을 측정한다. 계량기에 부착된 지침반은 가스 유입량이 늘어나면 빨리 돌고, 가스 유입량이 작으면 느리게 회전한다. 이때, 가스회사와 전력회사가 요금을 어떻게 부과하는지를 이해하기 위해 고객은 단지 간단한 수학만 이해하면 된다. 두 경우 모두 어느 달의 기록과 다음 달의 기록의 차에 따라 요금을 부과한다. 가령 이번 달의 전기 계량이 3,240kW이고 전월의 계량이 3,201kW일 때, 이번 달에 사용한 전기의 양은 39kW다. 이에 따라 회사는 kW 수에 kWh의 양을 곱하여 소비자에게 요금을 부과한다.

정치적 여론조사 political polling 는 어떤 방법으로 할까?

여론조사가 선거 결과나 제품광고에 대한 성공을 기막히게 예측하는 것처럼 보이지만, 사실 여론조사는 정보를 얻어 몇 가지 간단한 통계를 적용하는 것에 불과하다. 여론조사는 일부 주민의 태도나 의견을 밝히는 한 가지 기법이며, 정치, 경제 등 여러 가지 사회적 상황에 대한 몇 가지 현안문제를 토대로 한다. 표본집단은 무작위 또는 다른 몇 가지 방법으로 선택한다. 사람들은 투표기간 동안 실시하는 출구조사와 같이 전화 인터뷰나 메일로 보낸 설문지, 개별 인터뷰 등을 통해 여론조사에 참여할 수 있다. 평균이나 백분율 같은 통계는 대중의 전체적인 '경향'을 알아내는 데 활용된다. 많은 상업 여론조사원들은 그 결과가 시장조사 및 광고에 도움이 되는 것은 물론, 공개된 장소에서 사람들의 관심을 끌 수도 있다고 주장한다.

물론, 통계가 사용된다고 해서 여론조사가 확실하다거나 신뢰할 만한 것은 아니다. 이를테면 몇몇 질문들은 사람들의 판단을 그르치게 할 수도 있다. 매체는 여론조사 시 마치 대다수의 사람들이 "아니오."라고 대답할 것을 예상이라도 하는 것처럼 "주변 환경을 깨끗하게 유지하는 것이 중요하다는 것에 동의하십니까?"와 같은 질문을 하는 것으로 유명하다. 그런 질문은 종종 그 결과가 처음 질문과 함께 제시되지 않을 경우 여론조사 결과 자체가 문제가 될 수 있다. 또한 사람들의 거짓말과 부적절한 인터뷰 기법, 심지어 인터뷰한 사람들의 표본에 따라 잘못된 판단을 하거나 미심쩍은 결과가 나타날 수도 있다. 때문에 흔히 여론조사 결과는 여론을 흔들고, '시류에 편승하는' 또 다른 결과를 낳기도 한다.

타이어 압력에 관련된 수들은?

타이어 공기압은 타이어 공기압 계량기를 사용하여 측정하며, 가장 많이 사용하는 측정 장치는 그 크기가 대략 펜 정도다. 지구 표면에서 대기압은 1평방인치당 14.7파운드(6.67kg)의 무게가 작용한다는 것을 의미한다. 이것은 고도에 따라 달라진다. 이를테면 고도 10,000ft(3,048m)에서 대기압은 평방인치당 10.2파운드(4.63kg)로 감소한다.

하지만 자동차나 트럭, SUV 자동차, 오토바이 등의 타이어를 부풀리는 데는 더 많은 기압이 필요하다. 타이어 안의 원자 수를 증가시키게 되면 원자들 사이에 더 많은 충돌을 일으켜 더욱 많은 압력이 타이어 면에 가해지게 된다. 달리 말해서, 압출기는 보다 많은 공기를 타이어 안의 일정한 공간에 채워 넣음으로써 타이어 안의 기압이 상승한다. 자동차의 타이어 압력은 보통 평방인치당 약 30파운드(13.61kg)이고, 오토바이의 타이어 압력은 평방인치당 90파운드(40.82kg)다.

우편번호의 숫자는 무엇을 나타낼까?

우편번호는 각 지역을 나타내는 것으로, 우체국이 할당한 번호로 우편물을 분류하고 신속하게 배달하기 위해 필요하다. 우편번호는 흔히 도로구간, 도로그룹, 건축물이나 빌딩, 우체국의 사서함을 나타내지만, 여러 도시나 군, 주, 기타 여러 곳의 경계를 엄밀하게 구분하지는 못한다.

지역에 따라 우편번호는 5자리나 7자리, 9자리, 11자리의 숫자로 나타낸다. 가장 많이 쓰이는 우편번호는 5자리로 되어 있으며, 첫 번째 숫자는 북동부의 0부터 멀리 서부의 9까지로 미국을 크게 나눈 10개의 주 그룹을 나타내며, 두 번째 숫자와 세 번째 숫자는 각 주를 지리적 지역으로 구분하여 부과한다. 가령 뉴욕과 펜실베이니아의 우편번호는 090~199 사이의 숫자로 시작되며, 인디애나와 켄터키, 미시간, 오하이오는 400~499 사이의 숫자로 시작된다. 네 번째 숫자와 다섯 번째 숫자는 그 지방의 배달 지역을 나타낸다.

야외 수학

강우량은 어떻게 측정할까?

지표면에 떨어지는 비의 양을 나타내는 강우량은 우량계로 측정한다. 가장 흔하게 사용되는 독자적인 유량계는 외부에 눈금(인치)이 새겨진 원통 모양이다. 유량계는 빗물을 모으는 데 방해가 될 수 있는 빌딩이나 나무, 기타 다른 구조물을 피해 설치한다.

우량계는 눈도 측정할 수 있는데, 양을 계산하는 데는 몇 가지 단계가 더 필요하다. 이 경우에 우량계는 눈에 상응하는 액체로 잰다. 기상학자들은 흔히 눈보라로 인해 10인치(25.4cm)의 눈이 날릴 때, 그 양은 1인치(2.54cm) 또는 10:1의 비에 해당하는 빗물과 같다고 간주한다. 그러나 이와 같은 일반화는 문제가 될 수 있다. 캐나다와 북미 상공의 북극기단과 같이 날씨가 매우 추울 때는 영하의 기온으로 1인치의 빗물에 대하여 10인치 이상의 눈이 내릴 수도 있기 때문이다. 기상학자들은 몹시 낮은 기온에서는 눈 결정들 사이에 공기가 많이 들어 있어 눈이 '솜털'처럼 보이는 까닭에 이와 같은 현상을 종종 'fluff factor'라고도 한다. 사실 매우 차가운 공기 중에서 눈과 그 눈에 상응하는 빗물의 비는 15:1 또는 20:1, 30:1이 될 수도 있다.

풍속은 어떻게 측정할까?

풍속은 흔히 풍속계를 사용하여 측정한다. 가장 간단한 풍속계는 컵 모양의 장치로, 회전하면서 바람을 낚아채 회전수를 풍속에 대한 근사치로 해석한다. 좀 더 정밀한 전자 풍속계는 장치의 중간에 자유롭게 움직이는 터빈이 걸려 있는 것으로, 터빈이 바르게 놓일 때의 풍속을 잰다. 터빈의 속도는 적외선에 의해 감지하며, 신호를 전기회로로 전달하고, 거기에서 숫자로 풍속을 나타낸다.

아네로이드 기압계에 나타나는 수들은 무엇을 의미할까?

비액체 아네로이드 기압계는 기압을 측정한다. 폭풍전선으로 인해 대기압이 변함에 따라 기압계는 그 변화를 기록한다. 기압이 해수면 위나 아래의 거리를 변화시키므로 기압계는 고도를 측정하는 데 사용될 수도 있다. 아네로이드 기압계에는 풀무^{bellows}처럼 작동하는 작은 접시 모양의 동판이 들어 있으며, 공기를 빼내어 진공상태를 만든다. 기압이 증가하면 동판이 수축하여 연결된 바늘을 시계방향으로 움직이게 하며, 기압이 감소하거나 떨어지면 동판이 팽창하여 연결된 바늘을 반시계방향으로 움직이도록 한다.

보통 기압계는 대략 26~31까지의 숫자눈금이 있으며, 각 눈금 사이는 10개 또는 그 이상의 작은 눈금으로 나누어져 있다. 시계바늘과 유사한 바늘은 기압계의 숫자를 가리키며, 기압의 변화에 따라 움직인다. 이들 숫자는 기압이 한쪽 끝이 막힌 관 내부의 액체수은 높이가 30인치(76.2cm)가 되도록 하는 원리를 토대로 하고 있으며, 이 정보는 최초로 만들어진 수은기압계를 토대로 한다.

아네로이드 기압계는 어떻게 읽을까? 기압계에서 바늘이 떨어지는 것은 눈이나 비를 동반한 폭풍 등의 궂은 날씨가 나타나는 저기압을 가리킨다. 바늘이 흔들리지 않으면 기압에 변화가 없다는 것을 뜻하며, 바늘이 올라가는 것은 고기압과 쾌청한 날씨를 나타낸다. 바늘이 31 근처를 가리키면 대기는 매우 건조한 상태다. 바늘이 단시간에 아래 또는 위로 1도가 변하면 날씨가 굉장히 빠른 속도로 변하고 있음을 뜻하며, 0.3도의 변화나 약 하루 동안의 변화는 날씨가 12~24시간 사이에 변할 것이라는 것을 의미한다. 기압계에서의 빠른 상승은 흔히 바람이 많이 불고 변덕스러운 날씨를 나타내기도 한다.

기압은 기온차로 인해 달라지기 때문에 모든 기압계는 날씨 체계에 따라 작동한다. 또 이것을 이용하여 지구의 낮은 대기 주변에 있는 고기압과 저기압 체계를 만드는 바람과 날씨 패턴을 측정하기도 한다.

식물 내한성 구역 번호는 무엇을 의미할까?

식물 내한성 지역은 수를 다른 방법으로 사용한다. 이 경우, 각 지역에서는 전 세계 여러 대륙에 대한 연평균 최저기온을 나타낸다. 이를테면, 미국 식물 내한성 구역도는 연평균 최저기온을 바탕으로 하여 20개의 구역으로 구분한다. 5a 구역의 경우 연평균 최저기온은 −26.2~−28.8℃ 정도 된다. 미국 아이오와 주 워렌 카운티에 있는 디모인이 이 구역에 속한다. 11구역의 연평균 최저기온은 4.5℃가 넘으며, 미국 하와이 주 호놀룰루가 이 구역에 속한다. 1구역에서는 연평균 최저기온이 −45.6℃보다 낮으며, 알래스카 주의 페어뱅크스가 이 구역에 속한다. 내한성 구역을 훨씬 더 세밀하게 구분한 다른 지도도 있다.

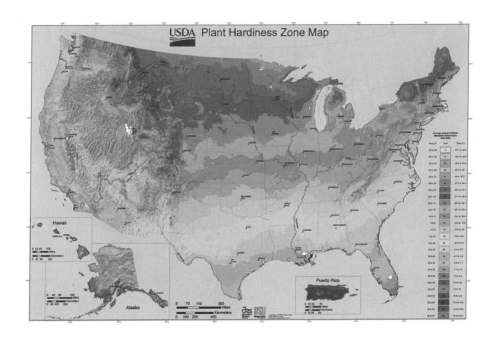

신체와 수학

사람의 정상 체온은 실제로 36.5℃일까?

일반적으로 사람의 체온을 36.5℃로 알고 있는데, 사실 '정상 체온'은 어떤 범위를 갖는다. 어떤 사람의 체온을 측정한 온도가 정확히 36.5℃인 경우는 드물다. 그 이유

중 하나는 구강 수은체온계를 사용하고 소집단 표본에 대한 결과를 바탕으로 한 옛날식 방법과 관련이 있다.

5~10분 정도 혀 밑에 체온계를 넣어 체온을 재는 시대는 지나갔다. 오늘날의 체온계는 더욱 정밀해졌고, 체온을 재는 속도도 빨라졌다. 연구가들은 좀 더 세밀한 자료를 바탕으로 많은 사람들의 체온을 측정함으로써 입을 통해 측정한 정상체온이 35.5~37.5℃ 사이의 범위를 나타내며, 20명 중 1명은 정상체온보다 약간 높거나 낮다고 믿고 있다. 체온은 하루 동안에도 1~2℃ 정도 변한다. 대체로 새벽 2~4시 사이에는 체온이 낮아지고, 12시간 후에는 높아진다. 훨씬 더 정확하게는 직장이나 귀 내부에서 재는 체온계를 사용하여 신체 내부의 실제 체온이나 심부 체온을 측정하면 된다.

혈압 숫자들이 의미하는 것은 무엇일까?

혈압은 혈액이 혈관 속을 흐르고 있을 때 혈관 벽에 미치는 압력을 말한다. 혈압은 심장이 혈액을 동맥으로 밀어 보낼 때 혈액이 흐르는 것에 저항하는 동맥에 의해 발생한다. 혈압은 두 수의 비율로 나타낸다. 두 수 중 큰 수는 심실이 수축하여 혈액이 동맥 속으로 밀려나갔을 때의 혈압을 나타내며, 이를 '수축기혈압'이라 한다. 작은 수는 심실이 확장하여 혈액이 밀려나가지 않을 때에도 동맥벽에 탄력이 있어 혈액을 압박할 때의 혈압을 나타내며, 이를 '확장기혈압'이라고 한다. 어떤 사람의 혈압이 120/76일 때 수축기혈압은 120이고, 확장기혈압은 76임을 나타낸다.

사실 두 수는 혈압으로 인해 올라간 튜브 안 수은주의 높이를 나타낸다. 예를 들어 수축기혈압 120은 튜브 안의 수은주가 120㎖

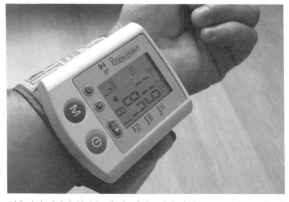

간호사나 의사가 혈압을 잴 때, 여러분에게 알려주는 두 수는 동맥에서 확장기 혈압과 수축기 혈압을 가리킨다.

높이로 올라가는 것을 의미하며, 120mmHg로 나타낸다. 가장 최근에 알려진 바로는 120/80 이하의 혈압을 성인에게 최적의 상태로 여기며, 120~139/80~89는 '고혈압 전 단계'로 여긴다. 또 140/90을 초과하면 고혈압으로 여기며, 179/109 이상이 되면 가장 높은 고혈압 단계에 해당한다.

안정 시 심박수는 어떻게 계산할까?

안정 시 심박수^{RHR} 계산은 간단한 수학과 관련이 있다. 안정 시 심박수란 평상시 몸이 운동하고 있지 않는 안정 상태에서 심장의 수축 횟수를 나타내는 분당 심장박동수를 말한다. RHR은 15초 동안 맥박을 통해 심박수를 센 다음, 4를 곱하여(15×4=60초) 분당 심박수를 측정한다. 보통 손목 안쪽이나 목에서 맥박을 잰다. 또는 10초 동안 센 뒤 이 수에 6을 곱하여(10×6=60초) 분당 심박수를 측정할 수도 있다. 가령 10초 동안 심박수가 12회였다면 12에 6을 곱한 값인 72가 안정 시 심박수가 된다.

운동 중 심박수는 어떻게 계산할까?

운동 중 심박수를 계산하는 한 가지 이유는 심장과 신체가 건강을 유지하도록 하는 유익한 운동을 하고 있는지 알아보기 위함이다. 심혈관계에 도움이 되는 안전하고 효과적인 운동 범위를 정하기 위해 흔히 두 가지 측정을 한다. 첫 번째로 나이와 관련이 있는 최대 심박수다. 나이가 많을수록 심박수는 느려진다. 예상 최대심박수는 220에서 나이를 빼서 계산한다. 이를테면 40세인 사람의 경우 최대심박수는 220−40=180이 된다.

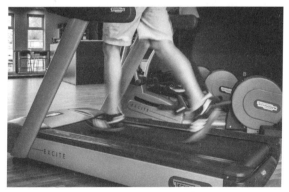

운동을 하면 심박수가 증가한다. 건강을 위한 운동이란 나이를 고려하여 목표 심박수 범위와 최소 심박수를 넘지 않는 경우를 말한다.

두 번째로 목표심박수 범위다. 이 수는 최대심박수를 사용하며, 유산소 운동을 하는 동안의 분당 심박수를 나타낸다. 대부분 건강한 사람들의 경우, 최대심박수의 50~80%(몇몇 표에서는 75%)가 적당하다. 어떤 사람의 심박수가 운동하는 동안 이 범위 내의 수에 도달하면 그 사람의 심혈관계 건강에 도움이 되는 일정 수준의 활동을 했다는 것을 의미한다. 예를 들어 최대심박수가 180인 경우, 분당 최소심박수는 180의 50%(×0.5), 즉 분당 90이며, 분당 최대심박수는 180의 80%(×0.8), 즉 144이면 된다.

만일 운동을 하고 나서도 심박수가 50%보다 낮거나 80%보다 높으면 운동으로 인한 효과는 매우 미미하다고 할 수 있다. 50%보다 낮은 경우에 심장은 심혈관계에 도움이 될 만큼 작동하지 않게 되며, 80%보다 높은 경우에 심장은 도움이 되고자 빨리 뛰지만 신체는 그렇게 빨리 산소를 공급하지 못한다.

콜레스테롤 수치가 의미하는 것은?

콜레스테롤 수치는 혈액 내 콜레스테롤 양을 가리킨다. 콜레스테롤은 간에서 만들어지는 납빛의 지방유사물질로, 모든 조직에서 발견된다. 총 콜레스테롤 수치가 200 이상이 되면 심장병의 위험률이 증가한다. 콜레스테롤 수치가 200~239 사이일 때를 '경계성 고콜레스테롤'로 여기며, 200보다 수치가 낮으면 심장병의 위험률이 낮아진다.

총 콜레스테롤 수치 외에도 저밀도지질단백질[LDL] 또는 '나쁜' 콜레스테롤 수치도 알아야 한다. 이는 저밀도리포단백질[LDL] 혹은 '나쁜' 콜레스테롤이기도 하다. LDL은 혈관 벽에 붙어 혈관을 좁히거나 막는 요인이 된다. LDL 수치가 130mg/㎗ 이상이면 위험 수준이다.

한편 고밀도지질단백질[HDL]은 혈관 벽에 붙어 있는 LDL을 분해시키고 혈중 콜레스테롤 수치를 감소시키는 '좋은' 콜레스테롤로, 40mg/㎗ 미만이면 위험 수준이 된다.

혈액에 많은 콜레스테롤이 있으면 혈관이 막힐 수 있다. 이는 시간이 지날수록 '동맥경화'를 유발하며, 혈관을 좁혀 심장으로 가는 혈액의 흐름을 막아 흐를 수 없게 한다. 혈액은 심장으로 산소를 운반한다. 따라서 심장에 혈액이 적게 도달하면 산소가 적어지면서 흉통이 발생할 수도 있다. 만일 혈관이 완전히 막히게 되면 심장 일부에 혈액 공급이 중단되고 심장마비(심근경색)가 유발된다. 이런 이유로 대부분 의사들은 총 콜레스테롤 수치 및 HDL과 LDL 수치를 관찰하여 변화의 신호가 있는지를 살핀다.

개와 고양이, 사람 나이의 비교

모든 동물은 나이가 드는 비율이 각기 다르다. 반려견이나 반려묘 또한 예외가 아니다. 인간과 달리 이들 반려동물은 인간이 나이를 먹는 것에 비해 훨씬 빠르게 나이를 먹는 것처럼 보인다. 동물의 한 살은 인간의 나이로 열다섯 살에 해당한다. 하지만 반려견의 경우 몇 가지 차이점이 있다. 동물의 크기에 따라 나이 범위를 결정하는 사람들도 있다. 가령 90파운드(약 41㎏)가 넘는 개의 한 살은 인간의 나이로 열두 살에 해당하는 것으로 보고, 51~90파운드(약 23~41㎏)의 개의 한 살은 인간의 나이로 열네 살, 50파운드(약 22.7㎏) 미만인 개의 한 살은 인간의 나이로 열다섯 살에 해당하는 것으로 본다. 이러한 나이 차는 개의 전 생애에 반영된다. 다음 표는 개, 고양이의 나이와 그에 상응하는 인간의 나이를 정리하여 나타낸 것이다.

인간의 나이에 상응하는 개/고양이의 나이

상응하는 인간의 나이	고양이 나이	개 나이	상응하는 인간의 나이	고양이 나이	개 나이
10		5개월	64	12	12
13		8개월	68	13	13
14		10개월	72	14	14
15	1	1	76	15	15
24	2	2	80	16	16
28		3	84	17	17
32	3	4	88	18	18
36	5	5	89		19
40	6	6	92		20
44	7	7	93		21
48	8	8	96	20	22
52	9	9	99		23
56	10	10	103		24
60	11	11	106		25

수학과 소비자의 돈

거스름돈은 어떻게 계산할까?

'거스름돈'은 어디를 여행하든, 어디에 살든 장소와 상관없이 이뤄지는 중요한 화폐 교환이다. 거스름돈(동전 또는 지폐)은 고객이 물건을 구입한 후 물건 값보다 더 많은 돈을 냈을 때 상인에게 받는 돈을 말한다. 예를 들어 어떤 사람이 미국의 농산물시장을 방문하여 가격이 2.60달러인 반 파운드어치 마늘을 사고 상인에게 20달러를 냈다고 하자. 잔돈을 거슬러 받으려면 상인은 먼저 20달러에서 2.60달러를 빼야 하며 (20.00−2.60=17.40), 고객은 거스름돈으로 17.40달러를 받는다.

상인은 건네줄 거스름돈으로 액수가 높은 돈에서 시작하여 점점 낮춰가며 준비한다. 가령 10달러 지폐, 5달러 지폐, 두 장의 1달러 지폐, 쿼터(0.25달러) 1개, 다임(0.10달러) 1개, 니켈(0.05달러) 1개. 상인은 정반대 방법으로 각 액수를 큰소리로 말하며 고객에게 거스름돈을 지불한다.

"20달러 중 물건 값은 2.60달러이고, 거스름돈은 (5센트 니켈 동전을 주며) 2.65달러, (10센트 다임 동전을 주며) 2.75달러, (25센트 쿼터 동전을 주며) 3달러, (1달러 지폐 한 장을 주며) 4달러, (또 다른 1달러 지폐를 주며) 5달러, (5달러 지폐 한 장을 주며) 10달러, 그리고 (10달러 지폐 한 장을 주며) 20달러예요."

할인가격이란?

의류 가게 및 서점 등 많은 가게들은 소매가에 대하여 할인을 하거나 적게는 판매가에 대하여 할인을 한다. 예를 들어, 백화점에서 가격이 50달러인 스웨터를 가격할인 기간에 25%를 할인한다고 하자. 이때 고객은 50달러의 75%($\frac{75}{100}$ 또는 0.75)를 지불하면 된다. 할인가격은 50달러에 25%를 곱하여 계산한다. 즉 $50 \times 0.25 = 12.50$. 그러므로 실제 판매가는 처음 판매가에서 할인가격을 뺀 $50.00 = 12.50 = 37.50$ 달러다.

물건을 구매할 때 판매세는 어떻게 계산할까?

미국의 대부분 주와 도시에서는 고객이 구매한 상품에 대해 판매세를 부과한다. 판매세는 구매 가격의 백분율을 토대로 하며, 판매세가 나타내는 백분율을 '세율'이라고 한다. 또 각 주의 세율은 매우 다양하며, 주별 세금에 각 도시에서 정하는 세금을 추가하여 청구하기도 한다. 예를 들어 버몬트 주에서는 주 및 도시 부과 세율이 5%이며, 플로리다 주에서는 주에서 부과하는 세율이 6%다. 또 뉴욕 주에 속한 여러 도시에서 부과하는 세율은 낮게는 7.25%부터 높게는 8.75%까지다.

계산대에서는 판매세를 어떻게 계산할까? 예를 들면, 판매세율이 8.265%인 뉴욕 시에서 100.00달러짜리 반지를 샀다고 하자. 이때 100달러에 8.265%를 곱한 (100×0.08265＝8.265) 다음 반올림한 8.27달러가 판매세가 된다. 따라서 상인은 고객에게 총 100＋8.27＝108.27달러를 청구하면 된다. 만일 같은 100달러짜리 반지를 플로리다에서 사게 되면 판매세는 100×6% 혹은 100×0.06＝6달러가 되므로 총 구매 가격은 106달러가 된다. 물론 지금과 같이 상품을 구매하는 것이 간단하지만은 않다. 몇몇 도시에서는 계산서에 도시별 부과 세금 또는 추가요금, 수수료를 추가하여 계산하는 경우도 있기 때문이다.

총 가격을 알아내기 위해 단가는 어떻게 사용될까?

단가는 물건의 한 단위 가격을 말한다. 이 용어는 물건의 크기는 다르지만 같은 양의 물건 가격을 비교할 때 사용하거나 받은 서비스에 대한 총 가격을 구할 때 사용된다. 예를 들어 어떤 사람이 지역 식당에서 100명의 손님을 초대하여 생일파티를 연다고 가정해보자. 1인분의 식사비용이 7.50달러일 경우 파티의 총 비용은 7.50×100＝750달러이며, 여기에 팁을 추가하면 된다. 이것으로 미루어보아 대부분 사람들이 생일파티를 집에서 하거나 몇 명의 지인들만 초대하는 이유를 쉽게 알 수 있다.

팁은 어떻게 계산할까?

팁이란 음식점 등에서 고객에게 서비스하는 종업원에게 주는 돈을 말한다. 서비스에 따라 미국에서는 보통 10~20% 정도의 팁을 주며, 흔하게 주는 팁 액수는 15%다. 서비스가 좋지 않을 때는 팁을 전혀 주지 않는 사람들도 많다. 팁을 단지 식비를 기준으로 하여 주는 사람들도 있지만, 보통 식비와 세금을 합친 총 청구 액수를 기준으로 하여 준다. 가령 어떤 음식점에서 식비와 세금을 합쳐 총 10달러가 청구되었을 때, 15%를 줄 경우에 팁은 10×0.15=1.50달러다. 보통 팁은 테이블에 남겨두거나 종업원에게 직접 주기도 하며, 모든 직원들을 위한 '팁 용기'에 넣는 경우도 있다.

음식점에서나 미용사, 도어맨 및 또 다른 상황에서 팁을 남길 때 기억하면 도움이 되는 몇 가지 수학적 기법이 있다. 팁을 계산하는 한 가지 좋은 방법은 총 가격을 가장 유의미한 자릿값까지 반올림하는 것이다. 예를 들어 식사비가 18.50달러일 때는 20달러로 반올림한 다음, 2.00달러와 같이 반올림한 액수의 소수점을 한 자리 왼쪽으로 이동한 액수만큼을 남긴다. 이것은 총 액수의 10%에 해당한다. 그런 다음 남긴 액수를 절반으로 나누어 5%에 해당하는 액수를 계산한다. 즉 $\frac{2.00}{2}=1.00$달러. 두 액수 2.00달러와 1.00달러를 더한 값(2.00+1.00=3.00)이 15%에 해당하는 팁이 된다. 실제로 18.5달러의 15%는 2.78달러로, 거의 3달러에 가까운 돈이다.

하지만 명심할 것은 모든 국가에서 팁의 액수가 같은 것을 아니라는 점이다. 이집트에서는 팁을 주는 것이 관례이지만, 택시 운전기사에게는 팁을 주지 않는다. 프랑스의 식당에서는 법적으로 계산서에 15%의 팁을 추가하게 되어 있다. 호주에서는 거의 팁을 주지 않으며, 중국 본토에서는 어떠한 팁도 주지 않는다. 그 이유는 중국 정부가 여행자에게 충분한 비용을 부과하기 때문이다. 뉴질랜드에서도 가격에 서비스요금을 포함시키기 때문에 팁을 주지 않는다. 일본에서도 팁을 주는 것에 대해서는 신경 쓰지 않아도 된다.

수표장 대차잔액 맞추기란?

수표장의 대차잔액을 맞추는 일은 매우 어려운 일 중의 하나다. 은행에 개설한 당좌예금 계좌에서 수표를 발행한 것이나 예금액을 기록해두는 것을 잊어버리는 바람에 수표장의 잔고를 맞추느라 큰 곤란을 겪는가 하면, 발행된 수표의 지불금을 충분히 예치하지 못한 경우도 있다. 사실 수표장을 다루는 데 특별한 '기술'이 있는 것은 아니다. 이것은 단지 차변과 대변의 문제이며, 다소 간단한 수학이 필요할 뿐이다.

두꺼운 수표장을 관리하기 위해서는 몇 가지 할 일이 있다. 먼저, 발행된 수표에 대하여 수표 거래내역 기록부에 계좌의 현재 잔액을 적어놓는다. 수표를 발행할 때마다 대부분 은행에서 수표와 함께 주는 기록부에 그 액수를 기록한다. 기록부에는 수표번호, 수표를 받은 사람, 날짜, 차변(출금)액 등을 기록하며 잔액을 적는 칸에는 이전의 마지막 잔액에서 발행한 수표 액수를 뺀 것을 적는다.

발행된 수표와 함께 수표장 기록부에 예금을 기록한다. 예금은 보통 대변(입금) 기입 칸에 쓴다. 예금이 적으면 안 되며, 기록된 계좌 잔액이 음수가 되면 그 계좌는 수표를 사용할 수 있는 돈이 없다는 것을 의미한다. 따라서 수표 계좌에 많은 돈이 들어 있지 않으면 그 수표는 '부도'가 나거나 자금을 결제하지 못할 것이다. 대부분 은행은 부도 수표의 경우, 부도 수표를 받은 사람이 아닌 계좌 소유자에게 많은 수수료를 부과한다.

매달 은행에서 보내오는 입출금 내역서를 받을 때마다 계좌 잔액이 수표장에 기록된 것과 일치하는지를 확인해보라. 이것을 '수표장의 대차잔액 맞추기'라고 한다. 기록부에 등록된 수표들을 비교하여 각 수표에 'X' 표시나 체크 표시를 한다. 또 ATM(현금 자동 입출금기) 수수료 등과 같은 은행이 부과하는 요금을 뺀다. 모든 수표가 등록되어 있고 모든 요금이 계산되어 있을 때, (은행이 수표 계좌에 이자를 지급하지 않는 한) 수표장 기록부에 기록된 잔액과 입출금 내역서는 일치할 것이다. 만일 이자가 입금되면 수표장 기록부의 대변 칸에 이자를 추가한다. 만일 모든 항목이 등록되어 있지 않으면 수표의 입출금 내역서를 조사하여 체크 표시가 없는 것들을 기록하고 미결제된 내역들을 모두 더한다. 그런 다음 입출금 내역서 상의 최종 잔액에서 미결제 총액을 감액하고, 입출금 내역서에 기록되어 있지 않는 예금액에 이 새로운 잔액을 추가한다. 그러면 그 액수가 수표 기록부 상의 잔액과 일치할 것이다. 만일 그렇지 않으면 틀린 부분을 바로잡기 위해 수표장 기록부에서 덧셈과 뺄셈을 검산한다. 이것이 바로 수표장에 잔액이 없는 이유다.

연이율APR이란?

신용카드를 포함하여 대출금에 대해 지불하게 될 연간 이자 비율을 말한다. 이것은 대출기관에서 광고한 이율과는 약간의 차이가 있다. 왜냐하면 돈을 대출하는 '총 경비'를 계산할 때는 수수료를 포함하기 때문이다. 따라서 어떻게든 낮은 연이율을 찾는 것이 현명하다. 각 대출기관은 대출이나 신용 신청을 마무리 짓기 전에 연이율을 밝히도록 되어 있기 때문에 대출기관을 편리하게 비교할 수 있다. 가령, 어떤 사람이 연이율 5%의 단리로 1년 동안 100달러를 대출받고 대출 수수료가 5.00달러일 때, 실제로 대출받는 데 드는 총 비용은 10달러가 되며, 이것은 연이율이 10%라는 것을 의미한다.

바코드 스캐너는 물건 가격을 자동으로 어떻게 알아낼까?

바코드 스캐너는 폭이 다른 여러 개의 수직막대들로 구성되어 있으며, 코드를 읽을 수 있는 자동화된 계산기다. 이러한 코드를 '바코드'라 하고, 수나 다른 기호로 나타낸다. 바코드에 레이저 빔을 쏘아 굵기가 서로 다른 선들에서 반사되는 빛에 의해 바코드를 판독한다. 판독기는 반사된 빛을 숫자 데이터로 전환하여 즉각적으로 작용하거나 저장하기 위해 컴퓨터로 전송된다.

그런데 바코드가 마트 등에서만 사용하는 것은 아니다. 도서관에서 책을 대출하거나 병원에서 환자를 확인하기도 하고, 제조나 운송을 추적하는 데 사용되기도 한다. 꿀벌에 표지를 부착하여 꿀벌을 추적하는 등 과학적인 연구에서 사용되는 매우 작은 바코드도 있다.

ISBN 978-89-5979-271-9

오늘날에는 상점에 있는 모든 제품에 바코드를 붙여 레이저 스캐너로 가격을 읽는다.

신용카드를 만들 때 알아야 할 항목들은 어떤 것이 있는가?

신용카드를 만들 때 알아야 할 몇 가지 항목들이 있다. 이들 중 많은 것은 수학과 관련된 것들이다. 한 가지 중요한 항목으로 연회비를 들 수 있다. 연회비는 신용카드 회사에서 부과하며, 회비와 유사하게 1년에 한 번씩 내는 일정액의 돈을 말한다. 금융 수수료는 신용카드를 사용할 때 지불하는 액수로, 신용카드 사용 내역서에 표시된다. 금융 수수료에는 대출받은 돈에 대한 이자와 현금서비스 수수료, 외국에서 물건 값을 지불할 때의 환율계산 수수료 등 거래에 따른 기타 수수료가 포함된다.

위의 질문에서처럼 연이율은 1년을 단위로 하는 신용카드 비용이다. 신용카드에 대하여 연이율은 보통 이자 및 기타 요금을 포함한다. 신용카드를 이용한 대출에는 보통 두 종류의 이율을 적용한다. 변동금리방식은 이름 그대로 이자가 변한다. 이것은 주로 미 재무성이 발행하는 할인식 단기증권인 재무성증권이나 우대금리 같은 이자율에 적용한다. 반대로 고정금리방식은 이율이 변하지 않는다. 신용카드 회사에서 모든 사람에게 금리를 높이거나 낮추지 않는 한 이율은 변하지 않는다.

신용카드 회사는 어떤 방법으로 이자비용을 부과할까?

신용카드 발급기관에서는 잔액에 대한 기간이자율을 적용하여 카드의 금융 수수료를 계산한다. 회사에서는 잔액을 계산할 때 여러 가지 방법을 사용한다. 가장 많이 쓰이는 방법은 일일평잔법^{average daily balance method}으로, 매일의 대출 잔액과 상환금액 차감액의 한 달 평균을 잔액으로 하여 이자비용을 부과한다. 전기잔액법^{previous balance method}은 한 달 동안 상환한 금액에 상관없이 대출금액을 잔액으로 하여 이자비용을 부과한다. 조정잔액법^{adjusted balance method}은 한 달간 소비자가 사용한 대출금액에서 한 달간 상환한 금액을 차감하여 조정된 잔액에 대하여 이자비용을 부과한다.

담보(모기지)란?

채무자가 채무를 이행하지 않을 경우에 대비하여 채무자가 소유자산을 채권자에게 제공하는 수단을 말한다. 영어 단어 mortgage는 'mort(dead)'와 'gage(pledge = 저당, 약속)'의 합성어로 '죽음과의 약속'이라는 어원을 가지고 있으며, 14세기 화폐제도에서 시작되었다. 이것은 채무자가 채무를 이행하지 못할 때 채권자에게 재산권을 빼앗기게 되는 것을 의미하며, 대출을 갚게 되면 담보는 채권자에게 무효가 된다. 수세기 동안 사람들은 수학을 사용하여 이것을 계산해왔다.

부동산 거래에서 포인트points는 어떻게 정할까?

부동산 그룹이나 은행을 통해 주택을 구입하기 위해 대출받을 때 포인트points를 사는 경우도 있다. 이때 대출업체는 대출받은 사람이 주택을 소유한 후 저축을 하는 데 도움이 될 만한 금리와 포인트 조합을 제안한다. 따라서 포인트를 사게 되면 이율이 낮아진다. 사실 포인트는 흔히 대출전문인인 모기지 중개인이 부과한 수수료 또는 대출업체가 대출해줄 때 부과하는 대출수수료라고도 한다. 대출업체나 대출자는 포인트 대신 '할인rebates'이라고 부르며, 대출자가 다른 주거비용을 지불할 때 이용하기도 한다.

보통 1포인트는 대출액의 1%로서, 3포인트이면 총 대출액의 3%에 해당한다. 대출업체가 제안하는 포인트의 수는 정해져 있지 않으며, 법적으로 제한을 받지도 않는다. 예를 들어 100,000달러의 대출을 받을 때 1포인트는 1,000달러이고, 10포인트는 10,000달러에 해당한다. 따라서 대출받고자 하는 주택 소유자는 보다 적은 포인트를 제안하는 모기지 중개인이나 대출업체를 찾는 것이 좋다. 일부 금융기관에서는 포인트를 더 낮추기 위해 협상하기도 한다. 하지만 포인트를 전혀 제안하지 않는 대출업체는 조심해야 한다. 그들은 보통 포인트를 사는 대출 이자율에 비해 훨씬 높은 이자율을 부과하기 때문이다.

모기지 대출을 선택할 때 몇 가지 일반적인 지침이 있다. 현금으로 계약금을 지불할 수 있으면서 장기간 주택을 소유할 생각이거나, 매달 내는 융자금을 줄이고자 하는 사람은 보통 저금리, 높은 포인트 대출을 이용하는 것이 좋으며, 장기간 주택을 소유할 생각이 없거나 현금을 적게 가지고 있는 사람은 고금리, 낮은 포인트의 대출을 이용하는 것이 유리하다.

대부분 담보대출은 할부상환을 토대로 한다. 할부상환은 담보대출 등의 채무나 금융 채무에 대하여 특정 기간 동안 정기적·순차적으로 고정 상환액(매월 평균 고정)을 갚는 것을 말한다. 이들 상환액에는 대출 원금과 이자가 함께 포함되어야 한다. 흔히 복잡한 수학적 계산이 쓰이기는 하지만, 할부상환액의 일부는 이자비용이고 나머지는 원금이다. 이때 이자는 상환하고 남은 원금에 대해 다시 계산하며, 이에 따라 이자는 점점 더 작아지고 대출 잔액도 점점 줄어들어 대출 예금의 막바지에는 매우 작아지게 된다. 이것이 바로 주택 소유자가 주택담보 대출을 받은 지 처음 몇 년 동안 많은 이자를 내고 원금을 상환하지 않는 이유다.

예를 들어 30년 동안 6.5%의 이율로 100,000달러를 대출할 경우, 매달 원금과 이자를 합쳐 632.07달러를 지불하면 된다. 첫 달에 내는 상환액 중 541.67달러는 100,000달러에 대한 이자이고, 나머지 90.40달러는 원금의 일부다. 따라서 원금이 90.40달러만큼 줄어들게 된다. 다음 달에 내는 상환액은 100,000달러가 아닌 이 액수보다 조금 적은 99,909.60(=100,000−90.40)에 대한 이자 541.18달러와 원금의 일부인 90.89달러를 합친 것이다. 상환은 매달 이뤄지며, 이자는 감소하고, 환원하는 원금은 증가한다. 그러다가 360번째(또는 30년 후)에 지불하는 상환액은 이자 3.41달러와 원금 628.66달러를 더한 액수가 된다.

수학과 여행

지구상에서 어떤 지점의 위치는 위도와 경도를 나타내는 두 수를 사용하여 정한다. 이들 수는 사실 도(°), 분(′), 초(″)로 나타내는 두 각의 크기를 표시한 것이다. 위선은 적도와 평행하게 지구를 둘러싸고 있는 것으로, 위치에 따라 그 길이가 다르다. 그

중에서 가장 긴 선은 적도(위도 0°)에 있으며, 가장 짧은 선(실제로는 점)은 양 극점에 있다. 북극점은 북위 90°이고, 남극점은 남위 90°에 해당한다. 북반구에서 위도는 적도에서 북쪽으로 올라갈수록 증가하며, 남반구에서는 적도에서 남쪽으로 내려갈수록 위도가 증가한다.

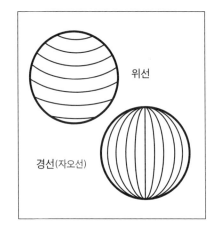

경선 또는 자오선(한때는 'meridian lines'라고 하다가 나중에는 짧게 줄여서 'meridians'라 부르게 됨)은 극과 극을 연결한 선으로 마치 오렌지 조각들처럼 지구를 가르며, 각 경선은 적도를 가로지른다. 서반구에서는 영국의 그리니치에서 서쪽으로 갈수록 경도가 증가(0~180°)하는 반면, 동반구에서는 그리니치에서 동쪽으로 갈수록 경도가 증가한다(0~180°). 같은 경선 위에 있는 모든 지점에서 같은 시각에 정오 및 다른 시간을 함께 맞는다. 그러나 경선을 표준시간대와 혼동하지 않아야 하며, 대부분의 표준시간대는 경계선이 일정하지 않다.

영국의 그리니치를 '본초자오선'이라고 하는 이유는?

영국의 그리니치를 '본초자오선'이라고 하는 데는 역사적인 이유가 있다. 구 그리니치 왕립 천문대를 통과하는 가상의 선은 그 당시의 천문학자들에 의해 경도의 원점으로 채택되었다. 천문대는 런던의 동쪽 가장자리에 위치해 있으며, 현재는 공공박물관으로 사용되고 있다. 이곳은 '본초자오선'을 표시하기 위해 천문대의 마당을 가로질러 길게 뻗어 있는 황동으로 된 선을 볼 수 있는 곳으로, 여행자에게는 더없이 근사한 장소다. 이 자오선을 중심으로 다리를 벌려 한쪽 발은 지구의 동반구에, 다른 쪽 발은 서반구에 걸쳐놓을 수 있다.

도, 분, 초로 나타낸 위도와 경도를 도로 어떻게 전환시킬까?

도, 분, 초로 나타낸 위도와 경도를 도($°$)만으로 전환시키는 간단한 수학이 필요하다. 1분은 60초, 1도는 60분과 같으므로 남위 $65°45'36''$(65 : 45 : 36과 같이 쓰기도 함)를 다음과 같이 도($°$)로 전환할 수 있다.

$$-65°\text{(남쪽은 '음수'로 나타냄)} + 45' \times \frac{1°}{60'} + 36'' + \frac{1'}{60'} \times \frac{1°}{60'} = -65.76°$$

세계 표준시간대란?

세계 표준시간대는 대략 경도를 기준으로 지구를 하루의 시간수인 24개 구역으로 나눈 것으로, 그 경계는 일정하지 않다. 표준시간대에는 날짜변경선이 포함되어 있다. 날짜변경선은 영국 그리니치 천문대의 반대쪽에 있는 동경 또는 서경 $180°$인 태평양 부근으로, 사람이 살고 있는 육지를 피해 설정한 남극과 북극을 잇는 가상의 선이다. 일반적으로 자오선의 동쪽과 서쪽 $180°$인 적도의 가상선을 포함한다. 이 선을 기준으로 하여 서에서 동으로 넘어올 때는 날짜를 하루 늦추고, 동에서 서로 넘어올 때는 하루를 더한다.

사실 표준시간대는 수학의 산물이다. 처음에 사람들은 관측지점에서의 지방 태양시를 사용했는데, 그 결과 각 도시에서의 시간이 약간씩 달랐다. 하지만 기차, 원거리 통신 등 과학기술과 더불어 점차 더욱 정확한 시간 기록이 필요하게 되었다. 이에 따라 표준시간대는 어느 한 지역의 시계를 동일한 평균 태양시로 설정함으로써 많은 문제점을 해결했다. 표준시간대는 서로 이웃하는 표준시간대끼리 '1시간씩의 차이'가 나도록 시간을 기록하게 되어 있다. 그러나 이 체계도 완벽한 것은 아니다. 시간 구분은 일반적이지 않으며, 종종 국경에 따르므로 시간대의 모양이 매우 불규칙하다.

여행 거리 및 시간은 어떻게 알아낼까?

여행 거리 및 시간을 정하는 데는 몇 가지 방법이 있다. 가령 여행자가 자신의 자동차 연료통 안의 가스에 대하여 갤런당 20마일을 가는 것으로 알고 있으면, 연료통 안

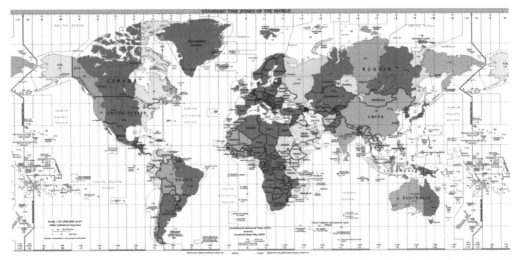

지구에서는 북극과 남극을 잇는 불규칙한 선을 그어 24개의 시간대로 구분하고 있다. 대부분의 사람들은 이 시간대를 기준으로 시간을 맞추고 일정을 조정한다.

에 들어 있는 가스양을 토대로 자동차를 몰아 이동할 수 있는 총 마일 수를 나타낼 수 있다. 이것은 20g과 같이 표시하며, 이때 g은 연료통의 갤런 수를 나타낸다. 예를 들어 어떤 여행자가 목적지에 도달하기 위해 10갤런의 가스를 구입했다면 그는 대략 200마일을 갈 수 있다.

$$10\text{gallons} \times 20\frac{\text{miles}}{\text{gallon}} = 20\text{miles}$$

또 다른 예로 자동차와 마일 수를 주행거리와 관련시킬 수 있다. 만약 여행자가 고속도로를 시속 65마일의 속력으로 일정하게 달리면서 목적지까지의 거리를 알고 있으면, 목적지까지 가는 데 어느 정도의 시간이 걸릴지를 알아낼 수 있다. 이때 시간은 마일 수를 시속 65마일로 나누어 구한다(m/65). 예를 들어 여행자가 650마일을 간다고 할 때, 목적지까지 가는 데는 $\frac{650\text{miles}}{65\text{miles/hour}} = 10$시간이 걸린다.

지도에서 사용하는 축척이란?

대부분 여행지도 및 거리지도, 고속도로 지도에서는 마일^{miles}과 킬로미터^{km}로 측정 축척을 나타낸다. 지도 위에서 직선거리를 마일이나 킬로미터로 나타내기 위해 한 장의 종이 위에 출발점과 목적지를 표시한 다음, 지도에 제시한 축척을 토대로 하여 표시눈금 사이의 '거리'를 구한다.

위상지도 또한 축척을 나타내지만, 이 경우에 축척은 지도에서의 측정값과 지구 표면에서 측정한 실제 단위에 따른 측정값의 비를 말한다. 예를 들어 어떤 지도의 축척이 1 : 25,000이라는 것은 지도에서의 1인치가 땅 위에서는 25,000인치에 해당한다는 것을 뜻한다. 두 수를 같은 단위로 나타내므로 이것은 다른 측정단위로도 생각할 수 있다. 가령 같은 지도인 경우, 지도에서의 1cm는 지상에서 25,000cm, 또는 지도에서의 1m는 지상에서 25,000m를 나타낼 수도 있다. 마일 또는 킬로미터로 측정하고자 하는 경우, 대부분 지형도에서는 범례에 막대식 축척$^{graphic\ scale}$을 제시한다.

환율

다른 나라를 여행할 때, 환율을 아는 것은 매우 중요하다. 환율은 여행자가 방문할 국가의 통화와 여행자가 사는 나라와의 통화 교환비율을 말한다. 예를 들어 다른 모든 통화와 마찬가지로 미국달러는 다른 다라의 통화와 비교할 때 매일 달라진다. 만일 캐나다로 여행을 가기 위해 미국달러로 1.40캐나다달러를 산다고 할 때 환율은 1.40 대 1이 되며, 뉴질랜드로 여행을 갈 때 미국달러 환율이 0.5477이면 1뉴질랜드달러는 미국의 54.77센트 가치에 해당한다.

우리 주변에서 접할 수 있는 비인도 - 아라비아 숫자는 어떤 것들이 있는가?

현재 전 세계적으로 인도 - 아라비아 숫자가 가장 많이 사용되고 있지만, 중국, 일본, 그리스, 태국, 이스라엘 등지에서는 다른 수 기호를 사용하기도 한다. 다음 표는 세계 곳곳을 여행하는 여행자들이 접하는 몇 가지 숫자를 정리한 것이다.

인도-아라비아 숫자	그리스 숫자	히브리어 숫자	한자 숫자
1	α′	א	一
2	β′	ב	二
3	γ′	ג	三
4	δ′	ד	四
5	ε′	ה	五
6	ς′	ו	六
7	ζ′	ז	七
8	η′	ח	八
9	θ′	ט	九
10	ι′	י	十

인도-아라비아 수체계 뿐만 아니라, 수들은 그리스어, 히브리어, 한자어와 같은 언어에서의 서로 다른 문자들을 사용하여 나타낸다.

15 장

레크리에이션 수학

수학 퍼즐

퍼즐이란?

흔히 기하학적 조각을 재배치하거나 십자말 퍼즐 같이 빈칸을 채우는 식으로 해결하는 수학문제를 말한다. 퍼즐은 보통 높은 수학적 지식을 필요로 하지는 않지만, 고급 수학 문제나 논리 문제에서 유래된 것들이 많다. 또 체스 같은 보드게임과 두뇌교란형 문제^{brain teasers} 등도 퍼즐에 포함된다.

퍼즐의 종류로는 어떤 것들이 있는가?

퍼즐의 종류는 수없이 많다. 다음은 흔히 볼 수 있는 퍼즐을 정리한 것이다.

• '체스와 8퀸 문제' 같은 체스 형태의 문제를 포함하여 보드게임에서 파생된

퍼즐

- (수로 나타내는) 논리 퍼즐
- 도구 퍼즐(루빅큐브)
- 컴퓨터 퍼즐게임
- 큐브게임
- 혼자서 하는 퍼즐
- 난제
- 수수께끼
- 조각 퍼즐(조각 그림, 폴리스퀘어^{polysquare}, 탱그램 퍼즐 포함)
- 추리
- 낱말 퍼즐(문자 수수께끼, 암호 해독, 십자말 퍼즐, 낱말 찾기, 언어 연산 퍼즐 등)

암호산술 퍼즐 $^{cryptarithmetic\ puzzle}$이란?

문자로 된 산술 퍼즐 중 가장 도전해볼 만한 것으로 암호산술 퍼즐이 있다. 이 퍼즐은 문자나 기호를 이용하여 나타낸 수식에서 각 문자가 나타내는 숫자를 알아내는 것이다. '복면산'이라고도 하는 이 퍼즐은 숫자를 문자로 숨겨서 나타내므로 숫자가 '복면'을 쓰고 있는 연산이라는 뜻에서 이런 이름을 붙였다. 이 퍼즐에서는 같은 문자는 같은 숫자를 나타내며, 서로 다른 문자는 서로 다른 숫자를 나타낸다. 첫 번째 자리의 숫자는 '0'을 쓰지 않으며, 대개의 경우 이 퍼즐의 답은 유일해야 한다.

암호산술 퍼즐은 흔히 두 가지 유형으로 나눈다. 문자 복면산은 서로 다른 문자가 서로 다른 수를 나타내는 퍼즐로, 그 퍼즐과 관련된 여러 단어나 의미 있는 문구를 사용하여 만든다. 숫자복면산은 수식에 나타낸 숫자가 서로 다른 숫자를 나타내는 퍼즐이다.

유명한 암호산술 퍼즐에는 어떤 것이 있는가?

가장 유명한 암호산술 퍼즐 중 한 가지는 20세기 최고의 퍼즐 발명가 가운데 한 사람인 영국의 헨리 어니스트 듀드니$^{Henry\ Ernest\ Dudeney,\ 1857~1930}$가 고안한 것으로, 〈스트랜드 매거진$^{Strand\ Magazine}$〉 1924년 7월호에 실렸다.

$$
\begin{array}{r}
S\ E\ N\ D \\
+\ M\ O\ R\ E \\
\hline
M\ O\ N\ E\ Y
\end{array}
$$

이 퍼즐에서 각 문자는 서로 다른 숫자를 나타내며, 덧셈이 성립하도록 각 문자에 해당하는 숫자를 찾으면 다음과 같다.

O=0, M=1, Y=2, E=5, D=7, R=8, S=9

또는

SEND+MORE=MONEY
9567+1085=10652

타일 붙이기와 분할퍼즐이란?

타일 붙이기 퍼즐은 2차원 도형을 겹치지 않게 재배열하여 제시된 큰 도형을 만드는 것을 말한다. 타일 붙이기의 가장 좋은 예로는 분할퍼즐이 있다. 사람들이 가장 많이 하는 분할퍼즐은 어떤 도형을 유한개의 조각으로 분할하여 다른 모양으로 바꾼 다음, 그 조각들을 재배열하는 것이다. 조각을 분할할 때는 대부분 곧게 자르지만, 항상 그럴 필요는 없다. 또 분할된 조각들을 종종 2개 이상의 도형으로 재배열할 수도 있다.

퍼즐 중에는 분할퍼즐로 유명한 탱그램과 같이 수천 년 전에 만들어진 것도 있다. 탱그램은 중국에서 전래된 것으로 '칠교놀이'라고도 한다. 단어 tangram의 어원은 명확하지 않으나, 광둥어 방언에서 chinese와 동의어로 여겨지는 단어 'tang'에서 유래한 것으로 추측되고 있다. 피타고라스의 정리는 피타고라스 시대 이전에 아시아에서 탱그램 조각에 의해 발견된 것으로 여겨지기도 한다.

탱그램은 정사각형을 '탠^{tans}'이라는 7개의 조각으로 분할한 것으로, 이 조각들을 모두 사용하여 사람이나 동물, 여러 가지 사물의 모양이나 정사각형 같은 기하도형을 맞추기 위해 재배열한다. 일곱 조각은 크기가 다른 5개의 직각이등변과 1개의 정사각형, 1개의 평행사변형으로 되어 있다. 하나의 모양을 맞출 때는 조각들이 겹쳐서는 안 되며, 모든 조각을 다 사용해야 한다.

스토마키온 stomachion 이란?

스토마키온도 탱그램과 유사한 분할퍼즐이다. '소화불량을 일으킬 정도의 난제'라는 뜻을 가진 스토마키온은 12×12 크기의 정사각형을 14개의 다양한 다각형 조각으로 분할한 것으로, 크기가 다른 각 조각의 넓이는 각각 3, 6, 9, 12, 21, 24이며 14개 조각의 넓이를 모두 더하면 144가 된다. 스토마키온은 14개의 조각을 모두 사용하여 사람이나 동물 등 재미있으면서 그 형태를 알 수 있는 다양한 모양을 맞추기 위해 재배열한다.

이 퍼즐은 그리스의 수학자 아르키메데스 기원전 287~212에 의해 알려진 고대의 게임으로, '아르키메데스의 상자 Loculus of Archimedes'라고도 한다. 아르키메데스가 이 퍼즐을 고

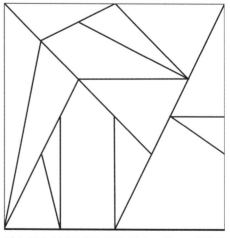

이 그림은 기하도형을 여러 개의 조각으로 분할한 다음 다시 재배열할 수 있는 퍼즐의 한 종류인 스토마키온의 예를 든 것이다.

안했는지는 확실치 않지만, 기하학적 측면에 대해 탐색한 것은 사실이다. 이 퍼즐에서 "14개의 조각으로 정사각형을 만드는 방법은 몇 가지가 있는가?"에 대한 다른 문제를 해결하는 과정에서 아르키메데스는 오늘날의 '조합론'에 해당하는 수학 분야를 다뤘던 것 같다.

분할퍼즐에 대한 몇 가지 다른 예

분할퍼즐에 대한 몇 가지 다른 예를 들면 다음과 같다.

- 방물장수 퍼즐the haberdasher's puzzle
- 피타고라스의 정리의 정사각형 퍼즐
- T퍼즐

전 세계적으로 가장 유명한 퍼즐 발명가인 헨리 듀드니Henry Dudeny는 앞에서 설명한 암호산술 퍼즐 외에도 많은 퍼즐을 개발했다. 그가 개발한 퍼즐 중 가장 유명한 기하학적 퍼즐은 '방물장수 퍼즐'로, 정삼각형을 4개의 조각으로 분할한 뒤 다시 정사각형으로 재배열하는 퍼즐이다.

피타고라스의 정리의 정사각형 퍼즐은 2개의 정사각형을 각각 여러 개의 조각으로 분할한 뒤 이 조각들로 1개의 큰 정사각형을 만드는 퍼즐을 말한다.

T퍼즐은 T자형 도형을 4개의 조각으로 분할한 뒤 여러 가지 모양을 만들거나 다시 T 문자 모양을 만드는 퍼즐이다.

15퍼즐이란?

1878년, 미국의 아마추어 수학자인 새뮤얼 로이드Samuel Loyd가 소개한 것으로, 그는 처음에 이 퍼즐을 '보스퍼즐Boss Puzzle'이라 했다가 나중에 '15 - 16퍼즐'이라고 했다. 1914년, 샘 로이드의 아들은 아버지의 퍼즐 문제들을 모아 《샘 로이드의 퍼즐백과사전Sam Loyd's Cyclopedio of 5000 Puzzles, Tricks, and Conundrums》을 출간했는데, 15퍼즐은 이 책에서 가장 유명한 퍼즐이었다. 이 퍼즐은 4×4 크기의 정사각형 상자 속에 1~15까지 네모꼴 숫자판을 넣은 것으로, 나머지 1개분의 정사각형 빈자리로 숫자판을 움직여 숫자들을 1, 2, 3, …의 바른 순서로 배열하면 된다. 처음 시작하는 숫자판의 순서에 따라 다시 배열할 수 있는 경우와 없는 경우가 있다.

그런데 로이드는 15퍼즐에서 14번과 15번 조각의 위치를 바꾸어놓는 방법으로 퍼즐을 비튼 다음, 이 퍼즐을 풀면 상금으로 1,000달러를 주겠다고 공언했다. 이로 인해 15퍼즐은 미국에서 크게 유행하게 되었으며, 급기야 여러 회사에서는 사원들에게 근무시간에 퍼즐을 하지 못하도록 금지명령을 내리기도 했다. 이것은 오늘날 컴퓨터에서 혼자 하는 게임으로 많은 인기를 끌게 되었고 유럽에서도 큰 인기를 얻게 되었다. 심지어 독일 의회의 의원들도 이 퍼즐에 매달렸으며, 프랑스에서는 술이나 담배보다 더한 골칫덩어리로 여겨졌다. 하지만 로이드는 어느 누구도 이 퍼즐을 풀지 못할 것이라는 것을 알고 있었다. 현재는 14번과 15번을 바꾸어놓은 15퍼즐은 풀 수 없다는 것이 수학적으로 검증되었다.

(Sam Loyd, scanned by Ed Pegg Jr, 2005)

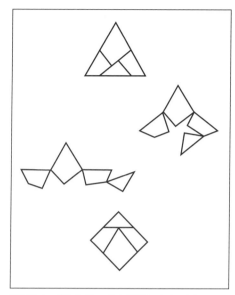

방물장수 퍼즐에서는 정삼각형을 여러 조각으로 분할한 다음 재배열하여 정사각형을 만든다.

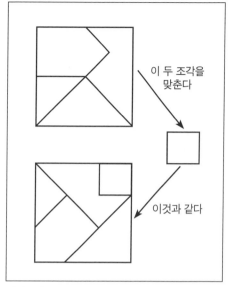

피타고라스의 정리의 정사각형 퍼즐은 2개의 정사각형을 배열하여 한 개의 큰 정사각형을 만들도록 하여 기하학적 역량을 테스트하기도 한다.

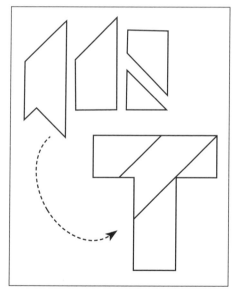

T-퍼즐에서는 여러 조각을 배열하여 T자 모양을 만든다.

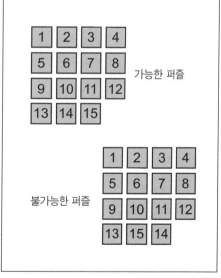

15퍼즐의 경우, 처음 시작할 때 각 숫자들이 정확한 순서로 배열된 것이 아니면 정정당당하게 자신의 기량을 확인해볼 수 없다.

논리퍼즐(로직퍼즐)이란?

일반적으로 논리퍼즐은 어떠한 사건이나 시합에 대한 설명을 포함한다. 수학적 추론 분야에서 유도된 것으로, 퍼즐 참가자들은 제공된 단서와 명확하고 논리적인 사고를 통해 실제로 무슨 일이 일어났는지를 종합해야 한다.

논리퍼즐의 선구자 중 가장 유명한 사람은 《이상한 나라의 앨리스》의 저자 루이스 캐럴로 알려진 영국의 동화작가이자 사진가, 수학자, 화가인 찰스 루트위지 도즈슨 Charles Lutwidge Dodgson, 1832~1898이다. 그는 자신의 책《기호논리 게임The Game of Symbolic Logic》에서 몇 개의 퍼즐을 소개하면서 독자들로 하여금 다음과 같은 퍼즐을 풀어보도록 했다. "몇몇 게임은 재미있다.", "모든 퍼즐은 게임이다." 따라서 "모든 퍼즐이 재미있을까?" 삼단논법으로 알려진 이와 같은 퍼즐은 독자들에게 전제들이 주어지고, 이 전제들을 이용하여 추론하도록 한다.

루빅큐브의 작은 정육면체를 회전시킬 때 생기는 조합의 수는 얼마나 될까?

루빅큐브는 1974년 헝가리의 건축가이자 발명가, 수학자인 에르노 루빅Erno Rubik, 1944~ 이 발명했다. 그는 루빅스 클락 퍼즐 등 다른 퍼즐도 많이 고안했다. 3×3×3 크기의 루빅큐브는 겉면이 모두 26개인 작은 정육면체로 되어 있다. 26개의 작은 정육면체는 서로 이어져 있으며, 큐브의 어떤 면이든지 쉽게 회전시킬 수 있도록 되어 있다. 큐브의 6개 면은 각각 일정한 색으로 칠해져 있다. 이 퍼즐은 큐브를 무작위로 회전시킨 다음, 6개의 면이 각각 같은 색이 되도록 다시 맞추면 된다.

루빅큐브의 작은 정육면체를 회전시킬 때 생기는 조합의 수는 얼마나 될까? 수학자들은 반복 횟수를 알아내기 위해 계승(팩토리얼)을 사용했으며, 다음과 같이 조합의 수를 나타냈다.

널리 보급되어 있는 루빅큐브는 큐브의 분할된 일부를 회전시켜 6개의 각 면의 색깔을 맞추는 퍼즐이다.

$$\frac{8! \times 3^8 \times 12! \times 2^{12}}{2 \times 2 \times 3}$$

이것을 계산하면 조합의 수는 43,252,003, 274,489,856,000가지가 된다.

논리퍼즐의 예

누구나 고등학교 수학시험에서 논리퍼즐을 접해본 적이 있을 것이다. 논리퍼즐에는 독자가 결론을 내릴 수 있도록 수학과 연결된 수와 매우 난해해 보이는 일련의 사건들이 포함되어 있다.

예를 들어, 어느 주말에 세 명의 남자가 방 1개와 아침식사를 주문하고 각자 10달러씩 내서 총 30달러를 주인에게 지불하고 방으로 들어갔다. 한참 후 주인은 주말에 특별할인을 하여 방 1개와 아침식사가 25달러라는 것을 생각해내고 종업원에게 5달러를 주면서 손님들에게 돌려주라고 했다. 방으로 가는 도중에 종업원은 5달러를 세 명에게 나누어주는 것이 어렵다는 것을 깨달았다. $\frac{5}{3} = 1.666\cdots$으로 돈을 똑같이 나눌 수 없으므로 그는 2달러를 자신의 호주머니에 넣고는 세 명의 손님에게 각각 1달러씩 나누어주었다. 그런데 세 명의 손님은 각자 10달러의 요금을 냈고 1달러씩 되돌려 받았다. 이것은 세 명이 각각 9달러씩을 지불하여 총 27달러를 지불했다는 말과 같다. 종업원이 2달러를 가져갔으므로 모두 합하면 29달러다. 그렇다면 나머지 1달러는 어디로 갔을까?

해답은? 여기에서 추론이 유용하게 쓰인다. 주의해야 할 중요한 사람은 종업원이 아니라 주인이다. 세 명의 손님이 각각 9달러씩 지불했고, 주인은 현재 25달러, 종업원은 2달러를 가지고 있다. 이때 주인이 가지고 있는 돈 25달러와 종업원이 가지고 있는 돈 2달러, 세 명의 손님에게 돌려준 3달러를 더하면 30달러다. 이것은 종업원이 부정을 저질렀다는 것을 보여주는 것은 물론, 논리퍼즐 해결법을 이용하지 않으면 엉뚱한 사람이 얼마나 쉽게 돈을 챙길 수 있는지를 보여준다.

세인트 아이브스 문제란?

세인트 아이브스 문제는 추리 및 추론문제다. 다음은 수세기 전에 기술된 원래의 시구다.

> 세인트 아이브스로 가는 도중,
>
> 나는 일곱 명의 부인을 거느린 남자를 만났다네.
>
> 부인들은 모두 7개의 자루를 가지고 있었고,
>
> 각 자루에는 일곱 마리의 고양이가 들어 있었지.
>
> 고양이들도 각각 일곱 마리의 새끼고양이를 데리고 있었지.
>
> 새끼고양이, 고양이, 자루, 부인들.
>
> 세인트 아이브스로 가고 있는 것은 모두 몇일까?

이 문제를 해결하기 위해 대부분 사람들은 덧셈과 곱셈으로 답을 구하려고 할 것이다. 그러나 사실 이 문제는 속임수다. 이 이야기를 한 화자는 세인트 아이브스를 향해 가는 사람이고, 길을 가다가 만난 사람들은 세인트 아이브스로 가는 것이 아니라 세인트 아이브스를 떠나온 사람이었다. 따라서 세인트 아이브스로 가고 있는 것은 단 한 명으로, 이 이야기를 한 화자다.

물론 수학자 중에는 지수를 사용하여 고양이, 새끼고양이, 자루, 부인들의 수를 계산하는 사람들도 있다. 일곱 명의 부인을 거느린 남자, 부인들, 자루, 고양이, 새끼고양이들이 되돌아가지 않을 경우, 세인트 아이브스로 가는 것은 모두 2,801이다.

$$1(남자) + 7(부인\ 수) + 7 \times 7(자루\ 수) + 7 \times 7 \times 7(고양이\ 수) + 7 \times 7 \times 7 \times 7(새끼고양이\ 수)$$
$$= 1 + 7 + 49 + 343 + 2401$$
$$= 2801$$

수학 게임

게임이란?

두 명 이상의 사람이 승부를 겨루는 오락 활동을 말한다. 게임 중에는 혼자서 하는 것도 있다. 일반적으로 모든 게임은 플레이어들이 이루고자 하는 목표를 가지고 있어야 하며, 상대 플레이어들은 게임을 하는 동안 플레이어들이 할 수 있거나 할 수 없는 행동을 규정한 공식적인 규칙을 따라야 한다. 만일 게임을 하는 도중 어떤 규칙이라도 어기게 되면 반칙이라고 말하거나 최악의 경우에는 속임수라고 말하기도 한다.

게임에 대해 연구하는 게임이론은 수학과 논리학의 한 분야이기도 한다. 게임이론에서는 게임들을 단순화시키고 수학을 이용하여 해결함으로써 완벽한 '해'를 구할 수도 있다. 또 카드, 체스, 바둑 같은 더욱 복잡한 게임을 분석하는가 하면, 경제, 정치, 전쟁 등의 실제 상황에 적용할 수도 있다.

도박이란?

갬블링(도박)이란 금품을 걸고 승부를 겨루는 것으로, 종종 '내기'라고도 한다. 판돈은 도박판에서 그 판에 걸린 돈의 총액 또는 다른 귀중품을 말한다. 대부분 사람들은 내기에서 이길 것이라는 희망으로 도박을 하며, 보통 현금을 내놓는다. 그러나 판돈을 분배받기 위해 먼저 도박꾼은 게임이나 경연, 다른 행사의 결과에 돈이나 귀중품을 걸어야 한다. 이런 모든 것은 부분적 혹은 전적으로 운에 좌우되는 활동 결과에 따라 달라진다. 확률^{chance}이란 무엇인가? 수학적으로 확률은 어떤 사건이 얼마나 발생할 것인지를 나타낸다.

복권에 당첨되기 어려운 이유는?

미국 어느 주의 복권사이트에 따르면, 복권이란 "당첨될 가능성을 염두에 둔 일부 사람이나 모든 사람 중에서 우연히 당첨된 사람들에게 돈이나 재산 혹은 다른 사례금이나 이익을 나누어주는 방식"을 말한다. 다시 말해, 어떤 사람이 일정액의 돈을 얻을 기회를 획득하는 것이다. 하지만 사실 운에 좌우되는 다른 많은 게임과 마찬가지로 복권도 참가자에게 유리한 것은 아니다. '로또' 복권을 비롯한 대부분의 복권의 경우, 어떤 사람이 당첨될 확률은 그 사람이 자동차 사고나 비행기 사고를 당할 확률, 심지어 번개에 맞을 확률보다 더 낮다. 그러나 많은 사람들은 복권 사는 것을 그만두지 않는다. 최근의 한 통계에 따르면, 미국에서 복권을 구입하는 데 매일 평균 9천 6백만 달러 이상 또는 매년 350억 달러 이상의 돈이 쓰이고 있다.

이렇게 '당첨의 꿈'을 꾸는 이유는 간단하다. 그것은 사람들이 운에 좌우되는 이 게임을 어떻게 인식하고 있는가이다. 많은 사람들은 자신들이 같은 번호를 계속 고수하면 결국 당첨될 것이라고 생각한다. 52장의 카드가 복권을 나타내며, '당첨' 카드인 하트 퀸을 뽑기 위해 한 장의 카드를 선택한다. 처음에 한 장의 카드를 꺼내 다이아몬드 킹을 뽑으면 그 카드는 원래의 카드 더미 속에 넣지 않는다. 이후 계속하여 한 장의 카드를 뽑을 때마다 뽑은 카드를 카드 더미 속에 다시 넣지 않으면 참가자가 하트 퀸을 뽑을 확률은 훨씬 더 높아진다. 카드 더미에서 뽑을 카드가 점점 줄어 단 한 장의 카드만 남게 되면 참가자는 자신이 당첨되리라는 것을 알고 있다.

그러나 보통의 복권은 수가 적힌 공들을 '섞는' 것이 아니라, 매주 같은 수들이 적힌 새로운 공들을 모아놓은 것에서 뽑는다. 이로 인해 당첨되기가 훨씬 더 어려워진다. 당첨되는 수들이 반복하여 나타날 수도 있지만, 당첨 상금은 복권 추첨을 할 때마다 같다. 예를 들어 최근의 캘리포니아 슈퍼 로또 게임의 당첨 승산^{odds}은 1,800만 분의 1이다. 따라서 만일 어떤 사람이 한 주에 50장의 복권을 구입했다면, 그 사람은 6,923년마다 한 번씩 당첨될 것이라는 계산이 나온다.

배팅 승산 비는 어떻게 나타낼까?

베팅 승산은 보통 $r : s$의 형태로 나타낸다. 이때 r은 '이기거나 성공할 확률'이고, s는 '지거나 실패할 확률'이다. 이때 $1 : 1$의 승산은 '1대 1'이라고 읽으며, '1분의 1'로 읽지 않는다. 보통 승산은 다음과 같이 계산한다.

(전체 확률)＝(이기거나 성공할 확률)＋(지거나 실패할 확률)
또는 (지거나 실패할 확률)＝(전체 확률)－(이기거나 성공할 확률)

예를 들어, 52장의 카드 더미에서 한 장의 카드를 뽑을 때, 킹을 뽑을 승산은 $\dfrac{1}{12}$ 또는 $4 : (52-4) = 4 : 48 = 1 : 12$다.

확률과 승산의 차이점은?

일반적으로 확률은 분수로 표현하며, 종종 퍼센트로 나타내기도 한다. 이를테면, 10개의 과일(3개의 사과와 7개의 오렌지)이 들어 있는 항아리에서 1개의 과일을 꺼낼 때, 오렌지를 꺼낼 확률은 $\dfrac{7}{10}$이다. 한편 승산은 (이기거나 성공할 확률) : (지거나 실패할 확률) 또는 (지거나 실패할 확률) : (이기거나 성공할 확률)로 나타낸다. 따라서 사과를 뽑을 수 있는 경우는 3가지이고, 오렌지를 뽑을 수 있는 경우는 7가지이므로 사과를 뽑지 못할 승산은 7 : 3이다. 반대로 사과를 뽑을 승산은 3 : 7이 된다.

승산을 확률로 전환하기 위해서는 먼저 각 확률을 더한다. 따라서 만일 세계 최대의 말 경주대회인 '켄터키 더비'에서 어떤 말이 우승하지 못할 승산이 4 : 1이라면, 이것은 그 말이 5회(4+1) 중에서 1회 우승한다는 것을 의미한다. 다시 말해 그 말이 우승할 확률은 $\dfrac{1}{5}$ 또는 20%라는 것을 의미한다.

파워볼 복권에서 당첨될 승산이란?

이것은 실제로 있었던 일이다. 복권을 발급하는 많은 주에서 거액의 당첨금이 걸린 복권을 발급했다. 그 결과 파워볼 복권을 구입한 사람들이 아니라 판매한 주가 많은 돈을 벌게 되었다. 몇몇 사람은 거액의 복권판매액을 노리고 자신들의 승산을 높이기 위해 수백 장의 복권을 구입했다.

과연 이것이 효과가 있을까? 실제로는 그렇지 않다. 당첨번호를 나타내기 위해 숫자가 적혀 있는 여러 개의 구슬을 무작위로 선택하는 '로또'에서 승산을 구할 수 있는 방법이 있다. 이것은 식 $\dfrac{n!}{(n-r)! \times r!}$을 이용하여 구할 수 있다. n은 공에 쓰인 숫자 중 가장 큰 수를 나타내고, r은 선택한 공의 개수를 나타낸다.

이 식은 수학에서 조합의 수를 나타낸다. 조합은 서로 다른 n개의 원소 중에서 r개를 택하여 그 배열 순서를 생각하지 않고 나열하는 방법을 말한다. 예를 들어 50개의 공 중에서 5개의 공을 선택할 때 처음에는 50개의 수 중에서 1개를 뽑고, 두 번째는 먼저 뽑힌 1개의 수를 제외한 49개의 수 중에서 1개를 뽑는 과정을 계속 반복한다. 50개의 수 중에서 5개의 수를 선택하는 경우의 수는 다음과 같다.

$$\frac{50!}{(50-5)! \times 5!} = 2,118,760$$

이것은 당첨될 가능성이 약 2백만 대 1이라는 것을 의미한다.

그러나 파워볼 복권이 어떤 한 사람에게만 유리하다고 생각하면 절대 안 된다. 예를 들어 파워볼 복권은 50개의 공 중에서 1개의 공을 뽑을 때 다른 수의 공 중에서 1개의 특정 파워볼을 뽑는다. 이것은 50개의 공 중에서 6개를 뽑는 추첨에서 당첨될 승산을 계산하는 것이 아닌, 실제로 50개 중에서 5개의 수를 뽑는 것과 파워볼을 모아 놓은 곳에서 1개를 뽑는 두 가지 다른 복권 추첨을 하는 것이나 마찬가지다.

먼저 5개의 수가 일치할 확률은 위의 식과 같다. 그러나 파워볼은 별도다. 예를 들어 파워볼은 36개의 공 중에서 1개의 공을 뽑으며, 이때 파워볼에서 당첨될 승산은 36 : 1이다. 전체 잭팟에 당첨될 확률은 여기에 5개의 공을 뽑는 결과를 추가하여 구할 수 있다. 이제 승산은 훨씬 더 높아진다. (50개의 공 중에서 5개의 공 뽑기) + (35개의 파워볼 중에서 1개의 공 뽑기) = (2,118,760×36) : 1 = 76,275,360 : 1이다. 만일 파워볼을 모아놓은 곳에 더 많은 공이 들어 있으면 승산은 매우 낮아진다.

카드게임과 주사위게임

카드게임이란?

한 벌의 카드는 두꺼운 코팅용지나 판지로 만든 n개의 직사각형 종이를 모아놓은 것을 말한다. 각 카드의 한쪽 면에는 특별한 여러 가지 무늬가 그려져 있고, 다른 쪽 면에는 같은 모양의 패턴이 그려져 있다. 특별한 무늬는 각각의 카드를 특별하게 만들며, 각각의 무늬는 카드게임을 할 수 있는 어떤 것을 나타낸다.

가장 많이 사용되는 게임 카드는 한 벌이 네 가지 색(스페이드와 클로버는 검정색, 다이아몬드와 하트는 빨간색)의 카드 52장으로 되어 있으며, 각각의 무늬마다 1~10까지의 숫자카드와 왕자, 여왕, 왕의 얼굴이 그려져 있는 잭(J), 퀸(Q), 킹(K) 카드의 13장으로 되어 있다. 숫자카드 '1'은 보통 '에이스' 카드라고 하며, 카드 11은 '잭', 12는 '퀸', 13은 '킹'을 나타낸다. 에이스의 가치는 게임에 따라 다르다. 예를 들어 1이나 11(블랙잭에서), 14(브리지에서)의 가치로 사용될 수 있다. 이들 카드는 포커와 바카라 등 많은 도박게임에서 사용되기도 한다. 흥미로운 점은 카드게임에서 나타날 수 있는 여러 가지 결과에 대한 확률을 조사하게 된 것이 오늘날 확률이론이 발전하게 된 계기가 되었다는 사실이다.

한 벌의 카드에서 특정 카드를 뽑을 확률과 승산은?

어떤 사건이 일어날 확률은 보통 전체 사건이 일어날 수 있는 경우의 수를 그 사건이 일어날 수 있는 경우의 수로 나눠서 구한다[(어떤 사건이 일어나는 경우의 수)/(모든 경우의 수)]. 52장으로 구성된 한 벌의 카드에서 킹을 뽑을 확률은 $\frac{4}{52}=\frac{1}{13}=0.077$ 또는 7.7%다. 위에서 살펴본 대로 승산은 (성공하는 경우의 수):(실패하는 경우의 수)로 나타내며, 모든 경우의 수가 성공하는 경우의 수와 실패하는 경우의 수를 더한 것과 같다는 사실을 이용하여 구할 수 있다. 즉 (모든 경우의 수)=(성공하는 경우의 수)+(실패하는 경우의 수) 또는 (실패하는 경우의 수)=(모든 경우의 수)-(성공하는 경우의 수)다. 따라서 52장의 카드에서 킹을 뽑는 승산은 4 : (52-4)=4 : 48=1 : 12다.

5포커게임과 브리지게임에서 특정 카드를 갖게 될 확률과 승산은?

한 벌의 게임 카드는 일정한 수의 여러 장의 카드로 이뤄져 있으므로 수학자들은 어떤 게임에서의 승부에 대한 확률과 승산에 대해 연구해왔다. 다음은 (실패하는 경우의 수) : (성공하는 경우의 수)에 대한 승산을 설명한 것이다.

5포커게임에서 로열 스트레이트 플러시(무늬가 같은 A, K, Q, J, 10의 카드를 받을 때)가 될 확률은 1.54×10^{-6}이며, 승산은 649,739 : 1이다. 스트레이트 플러시(무늬가 같으면서 수가 연달아 있는 카드를 받을 때. 예를 들어 스페이드 10~6. 그러나 로열 스트레이트 플러시는 아닌 경우)가 될 확률은 1.39×10^{-5}이며, 승산은 72,192.3 : 1이다. 트리플(5장 중에서 숫자가 같은 3장의 카드를 받을 때. 예를 들어 클로버 5, 하트 5, 다이아몬드 5)이 될 확률은 0.0211이며, 승산은 46.3 : 1이다. 원 페어(5장 중에서 숫자가 같은 2장의 카드를 받을 때. 예를 들어 클로버 3, 다이아몬드 3)가 될 확률은 0.423이고, 승산은 1.344 : 1이다.

브리지게임에서 13장의 top honors를 가질 확률은 6.3×10^{-12}이고, 승산은 158,753,389,899 : 1이다. A 12 Card suit, ace high를 가질 확률은 2.72×10^{-9}이고, 승률은 367,484,697.8 : 1이다. 4장의 에이스카드를 가질 확률은 2.64×10^{-3}이며, 승률은 377.6 : 1이다.

5포커게임에서 서로 다른 5장의 카드를 받는 경우의 수와 브리지에서 서로 다른 13장을 받는 경우의 수는 각각 얼마인가?

포커에서 서로 다른 다섯 장의 카드를 받는 경우의 수 또는 52장으로 구성된 한 벌의 카드에서 5장을 뽑는 여러 조합의 수는 다음과 같이 수학적으로 구할 수 있다.

$$N = \begin{bmatrix} 52 \\ 5 \end{bmatrix} = 2,598,760 \text{(가지)}$$

마찬가지로 브리지게임에서의 조합의 수도 구할 수 있다.

$$N = \begin{bmatrix} 52 \\ 13 \end{bmatrix} = 635,013,559,600 \text{(가지)}$$

위의 두 식에서 N은 조합의 수를 나타낸 것이고, $\begin{bmatrix} 52 \\ 5 \end{bmatrix}$ 와 $\begin{bmatrix} 52 \\ 13 \end{bmatrix}$ 는 이항계수다.

카지노 에지 또는 하우스 에지란?

카지노는 보통 슬롯머신, 비디오게임, 카드게임 및 키노, 크랩, 빙고 같은 기타 여러 게임을 할 수 있는 도박장을 말한다. 도박꾼이 아니라 카지노가 큰돈을 벌기 위해서는 카지노 에지 등 '하우스 에지'라고도 하는 카지노의 몇몇 '규칙'이 있다.

하우스 에지는 초반 내기에 건 돈에 대하여 플레이어가 잃은 돈에 대한 기대비율로, 보통 퍼센트로 나타내며, 어떤 게임에서 카지노가 수익으로 보존하려는 기대치의 값을 말한다. 카지노는 '하우스 오즈^{house odds}'에 따라 게임에서 이긴 사람에

통계에 따르면 여자가 슬롯머신에서 큰 돈을 딴다 해도 이 여자가 게임을 계속할 경우에는 결국 "하우스 에지"를 가지고 있는 카지노에 돈을 잃게 된다.

게 돈을 줌으로써 수익을 얻는다. 이때 하우스 오즈는 그 게임에서 승리하는 실제 승산보다 약간 낮은 값^{amount}이다.

이러한 규칙에도 예외사항이 있다. 이것이 바로 전문 도박꾼들이 존재하는 이유이기도 하지만, 항상 카지노가 이득을 얻게 되는 이유이기도 하다. 예를 들어, 블랙 잭혹은 슬롯에 대한 하우스 에지가 5%라고 할 때 처음에 게임 참가자는 자신이 건 돈 100달러마다 5달러를 잃을 것으로 예측된다. 이것은 카지노에 도움이 되는 것은 물론, 심지어 그들이 얼마를 잃을지를 산정하기도 한다.

물론 이것이 항상 그렇게 간단한 것만은 아니다. 단기간에 돈을 따는 사람도 있지만, 기간이 길어지면 항상 카지노가 이득을 본다. 크랩에서와 같이 게임방법에 따라서는 예외도 있다. 가장 좋은 각본은 하우스 에지 또는 하우스에 반하는 에지가 없어지는 것이다.

주사위

흔히 확률게임에서 사용되는, 크기가 작은 육면체를 말한다. 주사위는 6개의 각 면에 점을 찍어 1~6까지의 수를 나타낸다. 각 면에 점을 나타낼 때는 서로 마주보는 면에 찍힌 점들의 수의 합이 7이 되도록 한다. 따라서 각 면에 찍힌 점들의 총 개수는 21개가 된다. 한 명 또는 여러 명의 플레이어가 주사위를 던지거나 굴려서 나온 점들의 합이 가장 큰 경우에 이기는 매우 간단한 게임방법과 관계가 있다.

주사위는 고대 이집트의 무덤과 중국 무덤의 묘실, 바빌로니아의 옛터에서 발견되는 것으로 보아 약 3000년 전에 만들어졌다는 것을 알 수 있다. 고대 그리스와 로마에서는 탐욕스러운 사람들이 주사위를 사용했고, 중세시대에는 더욱 많이 사용되었다. 주사위는 주로 상아, 뼈, 나무, 금속으로 만들어졌으며, 최근에는 플라스틱 등의 재료를 사용하기도 한다.

모든 주사위가 정육면체인 것은 아니다. 다섯 가지의 플라톤 입체도형에 속하는 정육면체는 모든 면이 합동인 다각형으로 되어 있는 것도 있다. 따라서 정사면체, 정팔면체, 정십이면체를 비롯한 또 다른 플라톤 입체도형이 주사위로 만들어져 게임에 사용되었다.

크랩게임을 할 때 승산은 어떻게 되는가?

크랩게임은 전 세계적으로 가장 많이 하는 확률게임일 것이다. 그러나 많은 곳에서 게임이 불법적으로 이뤄지고 있기도 하다. 크랩게임은 오랜 역사를 가지고 있다. 고대 그리스와 로마에서도 이 게임을 했으며, 1930년대와 1940년대에 만들어진 영화 몇 편에서 이게임을 다루기도 했다. 크랩게임은 벽면과 2개의 주사위를 사용하는데, 라스베이거스에 있는 유명한 카지노 등지에서 가장 인기 있는 게임이기도 한다. 이 게임은 심지어 인터넷에서도 이뤄지고 있으며, 내기와 관련하여 복잡한 식으로 나타낼 수도 있다.

이 게임이 인기 있는 이유 중 하나는 게임이 매우 간단하다는 것이다. 크랩게임에서는 플레이어가 2개의 주사위를 던져 나온 두 눈의 합에 따라 승부가 결정된다. 7 또는 11이 나오면 플레이어가 이기고, 2 또는 3, 12(이 3개를 크랩^{Craps}이라고 함)가 나오면 플레이어가 지게 된다. 그 밖의 숫자 4, 5, 6, 8, 9, 10이 나오면 바로 그 숫자가 플레이어에게는 이기는 숫자$^{Point\ Number}$가 된다. 플레이어가 처음에 주사위를 던져 포인트 번호를 얻었다면 플레이어는 그 포인트 번호나 7이 나올 때까지 계속 주사위를 던져야 한다. 이때 포인트 번호가 먼저 나오면 이기고, 7이 먼저 나오면 지게 된다. 포인트 번호가 나와 이기게 되면 내기에 건 돈만큼의 돈을 받고, 게임은 처음부터 다시 시작한다. 그러나 7이 먼저 나오면 그 판은 끝나고 다시 게임을 시작하게 되는데, 이때 주사위는 다음 플레이어에게 넘긴다.

크랩게임은 매우 간단한 확률수학으로 나타낼 수 있는 확률게임이다. 예를 들어 연이어 두 번 굴려서 나타나는 눈을 토대로 이길 확률을 구한다. $P(p=n)$가 점수가 포인트 번호 n이 될 확률을 나타낼 때, 이길 확률은 $\frac{244}{495}$이거나 그 판에서 승리할 확률은 약 49.2929%다.

스포츠 속 숫자들

세이버메트릭스^{sabermetrics}란?

세이버메트릭스는 야구 통계학에서처럼 객관적인 근거를 통해 야구를 분석하고 연구한다. 과학적인 기초 자료와 여러 가지 분석방법을 사용하여 팀이 승리하고 패배한 이유를 설명한다. 세이버메트릭스는 미국 야구연구협회^{The Society for American Baseball Research}의 머리글자 SABR에서 따온 이름으로, 미국의 야구 저술가이자 통계학자인 빌 제임스^{Bill James, 1949~}가 만든 말이다.

야구에서 사용되는 통계치에는 어떤 것들이 있는가?

타자 관련 통계지표와 투수 관련 통계지표를 비롯하여 야구에서 활용되는 통계지표들이 많다. 타자 관련 통계지표 중 타율^{AVG}은 타수를 안타수로 나누어서 나타낸다. 이때 사사구로 진출하거나 희생타는 포함하지 않는다. 타점^{RBI}은 선수가 안타 및 희생타, 타석에서 몸에 공을 맞아 출루함으로써 득점을 만들어낸 점수를 말한다. 출루율과 장타율의 합^{OPS}으로 타자들의 종합적인 능력을 판단하기도 한다. 한편 대부분 전문가들은 장타율보다는 출루율에 좀 더 비중을 둔다. 따라서 출루율과 장타율의 합산인 OPS에서 장타율이 과대 포장될 여지를 고려해 수정 OPS 개념으로 출루율에 약 1.2배의 가중치를 두어 계산(1.2×출루율+장타율)하기도 한다.

투수 관련 통계지표에는 방어율^{ERA}과 이닝당 출루허용률^{WHIP} 등이 있다. 방어율은 투수가 기록한 총 자책점에 한 경기의 평균 이닝 수인 9를 곱한 후 선수가 등판해서 던진 총 이닝 수를 나누어 계산[(방어율)={(총 자책점)×9}÷(등판 이닝 수)]한다. 이닝당 출루허용률은 투수가 1이닝을 막는 동안 평균적으로 몇 명의 주자를 내보내는지를 말하는 것으로, (피안타 개수)+(사사구 수)를 투구이닝으로 나누어 계산한다. 이것은 투수가 투구를 하는 매 이닝에서 허용하는 피안타 및 사사구의 대략적인 수를

미국 사람들의 야구게임에 대한 수학적 연구를 '세이버매트릭스'라 한다.

나타내는 좋은 방법이다.

미식축구에서 사용되는 통계치에는 어떤 것들이 있는가?

북미프로미식축구리그^{NFL}에서 사용되는 몇몇 수학적 통계치가 있다. 터치다운 패스율은 터치다운 패스 횟수를 패스 시도 횟수로 나누어 계산한다. 쿼터백의 능력(플레이 평점)은 '패서 지수$^{passer\ rating}$' 또는 '쿼터백 지수'라는 통계치로 판단하며, 이 통계치는 패스 성공률, 패스당 평균 전진거리, 터치다운에 성공한 패스 비율, 인터셉트 당한 패스 비율이라는 네 가지 지표를 가지고 매우 복잡한 수식을 통해 계산한다. 이 통계치의 평균은 1.0이며, 가장 낮은 점수는 0점이다. 또 각각의 지표에서 패서가 받을 수 있는 최고의 점수는 2.375다. 이 점수를 받기는 매우 어려운데, 2.375를 받기 위해 패서는 시도한 패스 중 77.5%를 성공시켜야 하기 때문이다. 2.0이 되거나 더 좋은 점수를 얻는 패서는 매우 드물다. 패서는 가령 70%의 성공률, 10%의 터치다운, 1.5%의 낮은 인터셉트, 그리고 패스 시도 시 평균 11야드를 획득해야 각각의 지표에서 최고의 점수인 2.375를 받을 수 있다.

자동차 앞유리에서 볼 수 있는 숫자들의 의미는?

이 숫자들은 자동차들과 관련이 있기도 한다. 가령 자동차의 앞유리에 붙어 있는 스티커에서 차량 등록번호, 차대번호 혹은 검사표 장번호와 같은 수들을 찾아볼 수 있다. 또 F1(포뮬러 1), 카트[CART]와 더불어 세계 3대 자동차경주대회로 꼽히는 나스카[NASCAR] 드라이버들은 자신의 참가번호를 경주 차에 붙이기도 한다. 관람객 중에는 자신이 좋아하는 드라이버를 경

차대번호로 자동차를 확인하거나 나스카 자동차경주에서 자신들이 선호하는 드라이버가 탄 차를 알아볼 수 있도록 하기 위해 수를 사용한다.

주 참가번호로 기억하는 사람들이 많다. 이를테면 2번 러스티 월러스[Rusty Wallace], 고인이 된 3번 데일 언하트[Dale Earnhardt], 8번 데일 언하트 주니어[Dale Earnhardt Jr.], 24번 제프 고든[Jeff Gordon], 88번 데일 자렛[Dale Jarrett] 등이 있다.

농구에서 사용되는 통계치에는 어떤 것들이 있는가?

미국프로농구협회[NBA]는 선수의 능력과 효율성을 판단할 수 있는 통계수치인 효율지수[efficiency]를 활용한다. 효율지수는 NBA에서 눈에 보이지 않는 팀 공헌도를 측정하기 위해 산정하는 통계수치로, 선수의 기록에 나타나지 않는 종합적인 효율성을 수치화한 것이다.

(효율지수) = [득점 + 리바운드 개수 + 어시스트 개수 + 스틸(가로채기) 개수
+ 블락(슛 개수) − (야투 시도 개수 − 야투 성공 개수)
+ (자유투 시도 개수 − 자유투 성공 개수)] + 턴오버(실책) 개수

$$\text{야투성공률(FG, \%)은} \quad \frac{\text{야투 성공 개수(FGM)}}{\text{야투 시도 개수(FGA)}} \text{로 계산하며,}$$

$$\text{자유투율(FT, \%)은} \quad \frac{\text{자유투 성공 개수(FTM)}}{\text{자유투 시도 개수(FTA)}} \text{로 계산한다.}$$

포인트 스프레드란?

포인트 스프레드는 게임에서 두 팀의 점수 차에 대한 기대치를 말한다. 이는 북메이커(돈을 걸어 승자에게 주는 도박 물주)가 양쪽 팀에 거의 비슷한 금액으로 베팅하도록 조절할 때 사용한다. 예를 들어, 만일 어떤 사람이 승산이 높은 팀에 돈을 걸었을 때 돈을 따기 위해서는 선택한 팀이 포인트 스프레드 이상의 점수 차로 이겨야 한다. 반면 승산이 낮은 팀에 돈을 걸었을 때 돈을 따기 위해서는 선택한 팀이 포인트 스프레드보다 낮은 점수 차로 져야 한다. 만일 포인트 스프레드가 제시되지 않으면 그 게임에 대한 공식적인 포인트 스프레드가 없다는 것을 의미한다.

예를 들어 만일 육군이 해군을 5점 차(스프레드를 5점이라고 한다)로 이길 것으로 예상한다면, 베팅한 사람이 돈을 따도록 하려면 육군은 6점 또는 그 이상의 점수 차로 이겨야 한다. 육군이 정확히 5점 차로 이길 경우에는 그 게임을 '무효게임[push]'이라고 하며, 이긴 사람은 아무도 없게 된다.

경마에서는 승산을 어떻게 계산할까?

경마장은 수학적인 방법으로 돈을 번다. 경마의 승산을 확률로 전환할 때, 각 수의 합이 1보다 크면 경마장에 이득을 안겨준다. 예를 들어 어떤 경마에서 4마리의 말이 12번의 경주를 하고, 각 경주에서 이길 승산이 다음과 같다고 가정하자. 또 각 경주에서는 같은 말을 사용하지 않는다고 가정하자.

말	승산	확률
1번 말	1 : 1	$\dfrac{\text{성공하는 경우의 수}(1)}{\text{전체 경우의 수}(1+1)} = \dfrac{1}{2}$ 또는 $\dfrac{6}{12}$
2번 말	2 : 1	$\dfrac{1}{1+2} = \dfrac{1}{3}$ 또는 $\dfrac{4}{12}$
3번 말	3 : 1	$\dfrac{1}{3+1} = \dfrac{1}{4}$ 또는 $\dfrac{3}{12}$
4번 말	5 : 1	$\dfrac{1}{5+1} = \dfrac{1}{6}$ 또는 $\dfrac{2}{12}$

어떤 사람이 2번 말에 1달러를 걸 경우, 그는 12번의 경주에서 4번을 이기면 본전 치기를 할 수 있다. 하지만 이 모든 수를 더하면 1보다 큰 수인 $\dfrac{15}{12}$ 또는 1.25가 된다. 따라서 어떤 말도 그 확률 이상으로 이기지 못하면 2번 말이 승리한다.

이런 유형의 베팅을 살펴볼 수 있는 또 다른 방법이있다. 겜블러가 경마장보다 '더 많은 돈을 따기' 위해서는 12번의 경주에서 15번을 이겨야 한다. 물리적·수학적으로 불가능한 이런 상황은 경마장이 항상 돈을 벌게 된다는 것을 보여준다. 물론 겜블러가 많은 경주에서 승리한 확률이 낮은 말에 베팅하여 약간의 돈을 벌 수도 있지만, 그것을 믿어서는 안 된다.

재미로 하는 수학

숫자 추측게임이란?

숫자를 추측하는 것도 일종의 게임이다. 하지만 속임수라고 말하는 사람들도 있다. 추측하는 수들이 작을 경우, 암산으로 수를 추측할 수 있는 사람들이 있다. 임의의 양의 정수 n을 생각하고 다음 단계를 적용해보자.

1. 예를 들어 어떤 사람이 25를 선택하고 계속 기억하고 있다고 하자. 그 수에 3을 곱하도록 한다.(3×25=75)

2. 3을 곱한 값이 홀수인지, 짝수인지를 묻는다(홀수다).

3. 그 수가 짝수이면 2로 나누고, 홀수이면 그 수에 1을 더한 다음 2로 나누도록 한다.

$$\left(\frac{75+1}{2} = \frac{76}{2} = 38\right)$$

4. 3에서 계산한 값에 3을 곱한 다음 9로 나누도록 한다.

$$\left(\frac{38 \times 3}{9} = \frac{114}{9} = 12.666\cdots\right)$$

5. 4에서 계산한 값에 2를 곱하도록 한다. (12.6666…×2≒25)

이때 그 값은 처음 수와 같거나 근사한 값일 것이다.

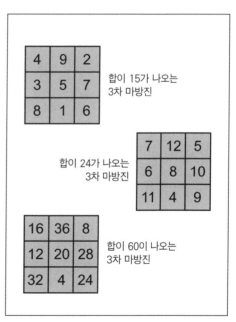

마방진

마방진은 크기가 $n \times n$인 정사각형에 1부터 n^2까지의 양의 정수를 중복되거나 빠짐없이 하나씩 일정한 순서로 배열하여 가로, 세로, 대각선상에 있는 수들의 합이 모두 같아지도록 한 것을 말한다. 이때 그 합은 $\frac{n(n^2+1)}{2}$이 된다.

마방진은 흔히 차수로 분류한다. 가령 3차 마방진은 가로, 세로 세 칸씩으로 이뤄진 정사각형에 1~9까지의 수를 겹치지 않게 채워 넣은 것이다. 이를 '마방진'행렬

위의 3×3 중국 마방진은 가로, 세로, 대각선상에 있는 수들을 모두 더할 때 항상 3×(가운데 수)와 같도록 배열한 것이다.

이라고 한다. 마방진은 크게 3×3행렬, 5×5행렬 같은 홀수 차 마방진과 4×4행렬, 6×6행렬 같은 짝수 차 마방진으로 분류한다. 어쩌면 가장 단순한 마방진은 오직 1만 넣어 만들 수 있는 1×1 크기의 정사각형으로 만들어진 것일 것이다.

마방진은 수십 세기에 걸쳐 전해내려 왔다. 중국인들은 세 가지 독특한 3차 마방진을 알고 있었다. 중국 문헌에 따르면 기원전 2800년경까지 거슬러 올라가며, '로슈Loh-Shu'라고도 알려진 마방진은 중국문명의 신화적 창시자로 생각되는 하나라 우왕에 의해 고안된 것이다.

파스칼의 삼각형이란?

이름 그대로 파스칼의 삼각형은 수를 삼각형 모양으로 배열해놓은 것이다. 1을 먼저 쓰고 점점 아래로 내려갈수록 바로 위의 두 수의 합을 그 밑에 써내려가는 방법으로 만든다. 이를테면 그림에서 다섯 번째 줄의 수 6은 바로 위 2개의 3을 더한 것이며, 11번째 줄은 1, 10(1+9), 45(9+36), 120(36+84), … 가 된다. 파스칼의 삼각형은 수백여 년 전부터 중국 및 아랍문화에 알려져 있었지만, 수학의 선구자인 프랑스 수학자 블레즈 파스칼1623~1662의 이름에서 따온 것이다.

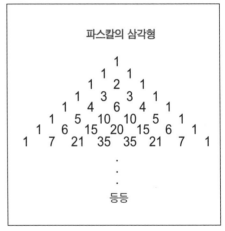

파스칼의 삼각형에서 각 수는 바로 위 두 수의 합과 같다.

파스칼의 삼각형을 대수학적으로는 어떻게 나타낼 수 있을까?

파스칼의 삼각형을 대수학과 관련시켜 살펴볼 수도 있다. 예를 들어, 식 $(1+x)^2$을 전개하면 $(1+x)^2=(1+x)(1+x)=1+2x+x^2$이 되고, 식 $(1+x)^3$을 전개하면 $(1+x)^3=(1+x)(1+x)(1+x)=(1+x)(1+2x+x^2)=1+3x+3x^2+x^3$이 된

다. 또 $(1+x)^4$를 전개하면 $(1+x)^4=1+4x+6x^2+4x^3+x^4$이 된다. 이때 $(1+x)^2$의 전개식의 계수 $1, 2, 1$과 $(1+x)^3$의 전개식의 계수 $1, 3, 3, 1, (1+x)^4$의 전개식의 계수 $1, 4, 6, 4, 1$이 파스칼의 삼각형에서 세 번째, 네 번째 그리고 다섯 번째 줄의 수들과 같음을 알 수 있다.

수학을 이용하여 계산할 수 있는 '생활문제'에는 어떤 것들이 있는가?

수학을 통해 여러분 자신의 신체와 나이에 대하여 조사할 수 있는 문제들이 많다. 가령, 100살이 될 때까지 일요일 밤에 잠들 수 있는 날이 얼마나 될까? 이 질문에 답하기 위해서는 단지 100년에서 여러분의 현재 나이를 뺀 다음, 한 해에 일요일이 들어 있는 52주를 곱하면 된다. 만일 여러분의 나이가 25세라면 아마도 $(100-25) \times 52 = 3,900$번 정도 일요일 밤에 잠을 잘 수 있을 것이다.

여러분이 태어난 이후의 심장박동수를 계산하기 위해서는 손목시계나 시계가 필요하다. 먼저 분당 심장박동수를 잰 다음, 그 수에 60분(1시간)×24시간(하루)×365.25(1년)×나이를 곱하면 된다. 예를 들어 나이가 30세인 어떤 사람의 심장박동수가 72회일 때, $72 \times 60 \times 24 \times 365.25 \times 30 = 1,136,073,600$이 바로 여러분이 태어난 이후의 심장박동수다. 물론 이 값은 근삿값이다. 보통 밤에는 심장이 느리게 박동하고, 자동차 수리비 청구서 등을 볼 때는 심장박동이 빨라지기 때문이다.

일생 동안 숨을 쉴 때 얼마나 많은 공기를 들이마시는지를 계산해보는 것도 또 다른 흥미로운 수학적 계산문제일 것이다. 만일 여러분이 100살까지 살고, 평균적으로 숨을 한 번 쉴 때마다 대략 1파인트(또는 0.47l)만큼의 공기를 흡입한다고 할 때, 이것을 이용하여 계산할 수 있다. 우선 여러분이 휴식을 취하는 동안 분당 호흡수(대략 매분 21회 정도 숨을 쉰다고 함)를 센 다음, 이 수에 0.47(l)×60(분)×24(시간)×365.25(일)×100(살)을 곱하여 계산하면 519,122,520l가 된다. 이 값 역시 단지 근삿값에 불과하다.

몬티 홀 문제

몬티 홀 문제는 1963년부터 40년가량 계속된 미국 TV 쇼인 ⟨Let's make a deal⟩에서 유래한 퍼즐로, 퍼즐의 이름은 1963~1986년까지 쇼를 진행했던 진행자 몬티 홀의 이름에서 따온 것이다. 이것과 비슷한 종류의 문제는 세상에서 가장 유명한 길거리 속임수인 '스리카드 몬테'라는 카드게임에서도 찾아볼 수 있다.

몬티 홀 문제는 쇼와 유사하다. 진행자가 출연자에게 3개의 문 중 하나를 선택하도록 한다. 3개의 문 중 1개의 문 뒤에는 자동차가 있고, 다른 2개의 문 뒤에는 아무것도 없다. 출연자가 1개의 문을 선택한 후, 진행자는 출연자가 선택하지 않은 2개의 문 중에서 1개를 연다. 이때 진행자는 그 문 뒤에 아무것도 없다는 것을 이미 알고 있다. 게임쇼 진행자는 출연자에게 선택한 문을 바꾸지 않겠느냐고 질문한다. 이때 원래 선택했던 문을 바꾸는 것이 유리할까?

몬티 홀 문제에서 출연자는 수학적·통계적으로 선택을 바꾸는 것이 유리하다. 그 이유는 무엇일까? 처음 선택한 문을 바꾸지 않을 때 자동차가 있는 문을 선택할 확률은 $\frac{1}{3}$이지만, 처음 선택한 문을 바꾸면 확률은 $\frac{2}{3}$로 높아지기 때문이다. 대부분 사람들은 3개의 문 중 1개가 없어지면 남은 2개의 문에 자동차가 있을 확률이 50 대 50이라고 생각하지만, 실제로는 그렇지 않다.

다른 행성에서 사람의 나이와 몸무게는 어떻게 계산할까?

실제로 그곳에 가보지 않고서도 다른 행성에서 사람의 나이와 몸무게를 확실하게 알아낼 수 있다. 몸무게를 계산하기 위해서는 다른 행성이나 달, 기타 우주물체를 끌어당기는 중력을 알아야 한다. 이를테면 다음 표를

달에 도착한 우주비행사의 몸무게는 지구에서 잰 몸무게의 17%에 불과하다.

토대로 지구에 사는 어떤 사람의 몸무게가 100파운드일 때 수성에서는 $38(100 \times 0.38)$파운드가 된다.

지구에 사는 사람의 나이는 그의 일생 동안 그 행성이 태양을 몇 번이나 공전했는지에 달려 있다. 가령 나이가 30세인 사람의 경우, 그동안 그는 태양 주변을 30바퀴 회전한 셈이다. 다른 행성에서 어떤 사람의 나이를 계산하기 위해서는 그 사람의 나이를 공전주기로 나누어야 한다. 만일 지구 나이로 30세인 사람이 토성에서 살 경우, 그는 토성의 나이로 단지 한 살이 조금 넘는$\left(\frac{30}{29.5} = 1.02\right)$ 반면, 수성에서 살 경우에는 수성의 나이로 124.5세$\left(\frac{30}{0.241} = 124.5\right)$가 된다.

다른 행성에서의 나이 및 몸무게 계산하기

행성	공전주기	지구의 중력에 대한 다른 행성의 중력 백분율(%)
수성	87.9일	38
금성	224.7일	91
지구	1년	100
달	1*	17
화성	1.88년	38
목성	11.9년	254
토성	29.5년	93
천왕성	84년	80
해왕성	164.8년	120
명왕성	248.5년	알려지지 않음
태양	N/A	2,800

* 달은 태양 주변을 도는 지구와 함께 이동하므로 1년에 한 번 태양 주변을 돈다. 그러나 달은 매년 13.37번이나 지구 주변을 돈다.

1 = 0임을 어떻게 증명할 수 있을까?

다음은 흥미로운 '증명'을 통해 $1 = 0$임을 보여주는 한 예다.

0이 아닌 두 x, y에 대하여 $x = y$라고 가정하자. $x = y$의 양변에 x를 곱한 다음($x^2 = xy$), 다시 양변에서 y^2을 빼면 $x^2 - y^2 = xy - y^2$이 된다. 이때 양변을 $(x - y)$로 나누면 $x + y = y$가 되고, $x = y$이므로 $2x = y$가 된다. y는 0이 아니므로 $2 = 1$이 되고, 양변에서 1을 빼면 $1 = 0$이 된다.

이 증명에서 문제점은 무엇일까? $x = y$이면 $x - y = 0$이다. 그런데 위의 증명에서는 도중에 0이 되는 $(x - y)$로 식을 나누었으므로 증명이 잘못된 것이다.

16장

수학 자료

메모 작가들이 수학 관련 정보를 알아내기 위해 웹사이트 주소 및 메일 주소, 전화 번호를 열심히 탐색하고 조사해왔다. 하지만 이들 몇몇 사이트와 주소, 전화번호는 시간이 지나면서 바뀌거나 없어졌다. 폐쇄되거나 바뀐 웹사이트나 메일 주소, 전화번호에 대해서는 독자들의 양해를 바란다.

교육자료

수학자가 가질 수 있는 직업들은 어떤 것들이 있는가?

수학자가 가질 수 있는 직업 수는 너무 많아 이 책에 일일이 나열할 수도 없다. 그중에서 몇몇 전통적인 직업들로는 건축가, 통계학자, 부기계원, 시스템 엔지니어, 지질학, 물리학, 천문학, 화학, 생물학 같은 많은 분야의 연구과학자, 기술공학, 로켓과학 등이 있고, 수학과 관련된 보다 현대적인 몇몇 직업으로는 재료과학, 컴퓨터 애니메이션, '생물의학 수학'이라는 하위분야에서의 신경과학, 나노기술 분야가 있다.

수학과 관련된 직업에 대해 더 많이 알아보기 위해서는 다음의 웹사이트를 검색하면 된다.

미국수학회American Mathematical Society

http://www.ams.org/careers/

이 사이트는 다양한 직업군의 수학자들에 대하여 읽을 수 있도록 '파일저장소'와 연결되어 있다.

산업응용수학회Society for Industrial and Applied Mathematics

http://www.siam.org/students/career.htm

이 사이트는 직업뿐만 아니라 많은 수학자들과의 인터뷰들이 정리되어 있다. 여러분이 수학과 관련된 직업을 생각할 때 고려해야 할 질문들도 정리되어 있다.

미국수학협회Mathematical Association of America

http://www.maa.org/students/undergrad/career.html

이 사이트는 수학 분야에서 알아두어야 할 몇몇 직무 특성들을 자세히 살펴볼 수 있으며, 직업을 가지고 있는 많은 수학자들의 프로필을 제공하고, 수학 분야의 직업에 관한 몇몇 책들의 목록을 제공하고 있다.

수학 학사학위를 획득할 수 있는 곳은 어디인가?

수학 학사학위를 주는 대학을 찾는 것은 어렵지 않다. 미국의 거의 모든 대학, 심지어 교양과목을 중심으로 하는 기관에서도 수학 학사학위를 준다. 하지만 학사학위를 받기 위해 어느 대학을 선택할 것인지가 중요한 딜레마가 될 것이다.

그 선택은 개인적인 문제이긴 하지만, 수많은 학교 중에서 잘 선택하는 몇 가지 방법이 있다. 한 가지 방법은 해당 대학 수학과의 교육과정을 검토하는 것이다. 가령 학생이 통계학과에 입학하기를 원한다면 그 과에 대한 정보를 검색하고, 그 분야의 다른 수학자들이나 학생들과의 상담을 통해 통계학과에 대하여 좋은 평판을 가지고 있는 대학을 탐색한다. 또 미국의 전문 입시기관인 '프린스턴리뷰The Princeton Review'를 검색하는 것도 추천한다. 프린스턴리뷰는 수학을 가르치는 대학들을 목록으로 정리한 웹사이트를 제공하고 있다. 보다 많은 정보를 얻고자 한다면 다음 사이트를 검색해보라.

http://www.princetonreview.com/college/research/majors/Schools.asp?majorID=168

수학의 달은 언제인가?

미국에서 수학의 달은 4월로, 공동수학정책위원회Joint Policy Board for Mathematics, JPBM의 후원 아래 다양한 행사를 진행한다. 이 기구는 미국수학회와 미국수학협회, 산업응용수학회, 미국통계학회로 구성되어 있다. 수학의 달 지정은 1986년 로널드 레이건 대통령이 수학 주간을 만든 이래 수학의 중요성이 제기된 뒤, 1999년부터 4월을 수학의 달로 정하였다. 최근에는 활동이 지역, 지방으로 더욱 확산되어가고 있으며, 수학의 중요성, 가치, 심지어는 아름다움까지 강조하고 있다. 수학의 달 관련 웹사이트를 탐색하기 위해서는 http://www.mathaware.org에 접속하면 된다.

전 세계적으로 유명한 수학 단체로는 어떤 것들이 있는가?

현재 전 세계적으로 흔히 수학의 '두뇌 집단'으로 여겨지는 많은 수학학회가 있다. 예를 들어 수리과학 연구에 대한 필드 연구소the Field Institute for Research in Mathematical Sciences는 캐나다 토론토의 워털루 대학에 있다. 이 연구소는 수학연구 활동의 중심지로, 연구소에 따르면 "이곳에서는 캐나다 국내 및 해외의 수학자들과 상업, 공업, 금융

수학자는 수학과 관련된 많은 직업 중의 하나일 뿐이다. 수학관련 진로선택을 알아보기 위해 탐색할 수 있는 자료들이 많이 있다.

기관의 수학자들이 함께 연구를 수행하고, 상호이익 문제를 공식적으로 나타낼 수 있다."고 한다.

또 다른 유명한 수학단체로는 독일의 본에 있는 막스플랑크 수학연구소MPIM다. 이 연구소는 막스플랑크협회 일부인 80개 연구시설 중 하나다. 80개 연구시설은 모두 국제적으로 과학, 수학, 인간의 속성에 대한 기초연구에 대해 인정받고 있다. 전 세계의 수학자들이 MPIM을 방문한다. 이 연구소는 방문자들에게 수학문제에 대해 토론하거나 동료들과 아이디어를 교환할 기회를 제공한다. 그와 유사한 많은 수학단체들의 목록을 보려면 http://www.ams.org/mathweb/mi‐inst.html을 방문해보라.

수학에 관심이 많은 학생들을 위한 동호회 및 명예단체들로는 어떤 것들이 있는가?

다음을 포함하여 학생들이 참여하는 많은 수학 조직이 있다.

뮤 알파 세타^{Mu Alpha Theta}

이 동호회는 미국수학협회, 미국수학교사협의회, 산업응용수학회가 후원하고 있으며, 수학문제, 기사, 퍼즐을 즐기는 고등학생과 2년제 대학 학생들을 위한 수학 동호회다. 뮤 알파 세타는 저널 〈The Mathematical Log〉를 발행하며, 지역 회의 및 전국적 회의를 개최하기도 한다. 웹사이트 주소는 http://www.mualphatheta.org/이다.

파이 뮤 엡실론^{pi Mu Epsilon}

이 단체는 명예 전국수학학회로, 학술단체 회원인 학생 자격으로 수학에 대한 학술활동을 증진시키는 것을 목적으로 하고 있으며, 미 전역의 대학에 300개 이상의 지회가 있다. 웹사이트 주소는 http://www.pme-math.org이다.

카파 뮤 엡실론^{Kappa Mu Epsilon}

이 단체 역시 명예 전국수학학회이지만, 좀 더 전문적이다. 대학 재학생들의 수학에 대한 흥미를 증진시키기 위해 1931년에 창단되었으며, 미 전역에 약 118개의 지회가 있다. 웹사이트 주소는 http://www.kme.eku.edu/이다.

단체와 학회

미국에는 어떤 수학학회와 단체가 있을까?

이들 단체들의 이름과 연락처는 다음과 같다.

미국수학회^{American Mathematical Society}

201 Charles St.
Providence, 우편 02904-2294
전화번호: 401-455-4000 worldwide; 미국과 캐나다의 800-321-4AMS
팩스: 401-331-3842
이메일: ams@mas.org
웹사이트: http://www.ams.org

미국통계협회American statistical Association

1429 Duke St.

Alexanderia, 우편 22314 - 3415

전화번호: 703 - 684 - 1221; 888 - 231 - 3478

이메일: asainfo@amstat.org

웹사이트: http://www.amstat.org

기호논리학협회Association for symbolic Logic

Box 742, Vassar College

124 Raymond St.

Poughkeepsie, 우편 12604

전화번호: 845 - 437 - 7080

팩스: 845 - 437 - 7830

이메일: asl@vassar.edu

웹사이트: http://www.aslonline.org

미국수학협회Mathematical Association of America

1529 Eighteenth St, NW

Washington, DC 20036 - 1358

전화번호: 202 - 387 - 5200; 1 - 800 - 741 - 9415

팩스: 202 - 265 - 2384

이메일: maahq@maa.org

웹사이트: http://www.maa.org

산업응용수학회Society for Industrial and Applied Mathematics, SIAM

3600 University City Science Society

Philadelphia, 우편 19104

전화번호: 215 - 382 - 9800; 1 - 800 - 447 - SIAM(캐나다와 미국 내)

팩스: 215 - 386 - 7999

메일: service@siam.org

웹사이트: http://www.siam.org

수학에 기여한 국제협회로는 어떤 것들이 있는가?

과학의 주요 분야에 걸맞게 많은 국제 수리과학학회가 있다. 그중 몇 가지를 정리하면 다음과 같다.

캐나다수학학회 Canadian Mathematical Society

577 King Edward, Suite 109
Ottawa, ON
Canada K1N 6N5
전화번호: 613 – 562 – 5702
팩스: 613 – 565 – 1539
이메일: office@cms.math.ca
웹사이트: http://www.cms.math.ca

유럽수학학회 European Mathematical Society, EMS

EMS Secretariat
Department of Mathematics & Statistics
P. O. Box 68(Gustaf Hällströmink, 2b)
00014 University Helsinki
Finland
전화번호: (+358) 9 – 1915 – 1426
팩스: (+358) 0 – 1915 – 1400
이메일: tuulikki.makelainen@helsinki.fi
웹사이트: http://www.emis.de

런던수학학회 London Mathematical Society

De Morgan House
57058 Russell Square
London WC1B 4HS
England
전화번호: 020 – 7637 – 3686
팩스: 020 – 7323 – 3655
웹사이트: http://www.lms.ac.uk

뉴질랜드수학학회^{New Zealand Mathematical Society}

c/o Dr. Winston Sweatman(NZMS 사무국)

Institute of Information and Mathematical Sciences

Massey University

Private Bag 102 904

North Shore Mail Centre

Auckland

New Zealand

이메일: w.weatman@massey.ac.nz

웹사이트: http://www.math.waikato.ac.nz/NZMS/NZMS.html

상트페테르부르크수학학회^{St.petersburg Mathematcal Society}

Fontanka 27,

St. Petersburg, 191023, Russia

전화번호: 7 (812)-312-8829, 312-4058

팩스: 7 (812) 310-5377

메일: matob@pdmi.ras.ru

웹사이트: http://www.mathsoc.spb.ru/index-e.html

스위스수학학회^{Swiss Mathematical Society}

P. O. Box 300

CH-1723 Marly

Switzerland

전화번호: ++41/ 26/ 436-13-13

이메일: louise.wolf@bluewin.ch

웹사이트: http://math.ch

박물관

수학 전문 박물관은?

　뉴욕 뉴하이드파크 내에 있는 미술 및 과학 관련 구드로 수학박물관은 수학으로만
채워져 있다. 1980년, 수학교사이자 기술자인 버나드 구드로Bernard Goudreau가
설립하였다. 이후 이 박물관은 전시회, 워크숍, 프로그램, 가족을 위한 특별행사 등을
제공하는 유일한 학습 및 지원센터로 자리잡아가고 있다. 박물관의 방문객들은 게임
과 퍼즐을 할 수 있으며, 과학과 미술 부문에서 수학과 관련된 것에 대한 전시회를 관
람하는가 하면 수학모형을 만들고, 수학 워크숍 및 프로그램에 참여하며, 수학 자료실
을 이용할 수 있다. 박물관 상점에서는 수학 게임 및 퍼즐, 비축 도서들을 구입할 수
있다. 좀 더 많은 것을 알아보기 위해서는 다음 사이트에 접속하면 된다.

미술 및 과학 관련 구드로 수학박물관 The Goudreau Museum of mathematics in Art and Science

Herricks Community Center
999 Herricks Rd., Room 202
New Hyde Pard, NY 11040-1353
전화번호: 516-747-0777
이메일: info@mathmuseum.org
웹사이트: http://www.mathmuseum.org

수학과 관련하여 온라인 전시를 하는 전 세계 주요 박물관은?

　전 세계 몇몇 박물관에서는 수학 관련 온라인 전시를 하고 있다. 박물관 중 몇 곳을
소개하면 다음과 같다.

과학사 연구소 및 박물관 The Institute and Museum of the History of Science
　　이탈리아의 플로렌스에 있으며, 웹사이트에서는 갈릴레오 갈릴레이 사후의 수

도서관에 수학전시실을 만든 바티칸 의회 도서관의 웹사이트에는 그리스어 및 라틴어로 된 매력적인 수학자료들이 들어 있다.

학을 살펴볼 수 있다. 예를 들어 웹사이트에서 각과 비율 학습과 관련이 있는 갈릴레오의 컴퍼스를 고찰할 수 있다. 웹사이트 주소는 http://www.imss. fi.it/museo/index.html이다.

바티칸 의회도서관 수학전시실 Library of Congress Vatican Exhibit Mathematics Room

이 박물관의 웹사이트에서는 주석을 단 수학 및 천문학에 대한 그리스어와 라틴어 사본들을 볼 수 있다. 또 유클리드 《원론》의 9세기 판, 아르키메데스 저작의 13세기, 15세기 판을 포함하여 특별한 이미지들을 포함하고 있다. 웹사이트 주소는 http://sunsite.unc.edu/expo/vatican.exhibit/exhibit/d‑mathematics/mathematics.html이다.

과학사박물관 The museum of the History of Science

수학사와 역사상 수학의 응용에 대한 정보는 다음 2개의 온라인 전시 〈The Measurers: A Flemish Image of Mathematics in the Sixteenth Century and The Geometry of War, 1500~1750〉에서 살펴볼 수 있다. 영국의 옥스퍼드에 있으며, 웹사이트 주소는 http://www.mhs.ox.ac.uk/exhibits/index.htm이다.

대중 자료

수학을 주로 다루는 잡지들에는 어떤 것이 있는가?

다음은 수학을 다루는 몇 가지 인쇄물 잡지를 정리한 것이다.

⟨Function⟩

Business Manager

Function

Department of Mathematics & Statistics

Monash University

Victoria 3800

Australia

메일: c.varsavsky@monash.edu.au

웹사이트: http://www.maths.monash.edu.au/function/index.shtml

이 잡지는 중등학교의 상급 학년 학생들이나 수학에 대해 흥미가 있는 학생들을 주 구독 대상으로 하는 정기간행물이다.

⟨Mathematical Gazette⟩

The Mathematical Association

259 London Rd.

Leicester LE2 3BE

England

전화번호: 0116 - 221 - 0013

팩스번호: 0116 - 212 - 2835

메일:office@m - a.org.uk

웹사이트: http://www.m - a.org.uk

이 학보는 주로 수학의 교수 - 학습을 다룬다. 협회 회원들의 경우에는 무료로 볼 수 있으며, 예약구독제로 학보를 받아볼 수 있다.

⟨Mathematical Spectrum⟩

The Applied Probability Trust

School of Mathematics and Statistics

University of Sheffield, Sheffield S3 7RH

England

전화번호: +44 - 144 - 222 - 3922

팩스번호: +44 - 144 - 272 - 9782

이메일: s.c.boyles@sheffield.ac.uk

웹사이트: http://www.shef.ac.uk/uni/companies/apt/ms.html

이 잡지는 교사 및 학생, 수학에 취미가 있는 사람들을 주 독자로 하여 만든다.

〈Mathematics Magazine〉

The MAA Service Center

P. O. Box 91112

Washington, DC 20090 - 1112

전화번호: 800 - 311 - 1622 301 - 617 - 7800

팩스번호: 301 - 206 - 9789

이메일: rchapman@maa.org

웹사이트: http://www.maa.org/pubs/mathmag.html

이 잡지는 미국 수학협회 회원들을 위해 출간한 것으로, 광범위한 수학 주제에 대해 읽기 쉽게 상세한 해설을 제공한다.

〈Math Horizons〉

Math Horizons Subscriptions

Mathematical Association of America

1529 18th St. NW

Washington, DC 20036 - 1385

이메일: maaservice@maa.org

웹사이트: http://www.maa.org/mathhorizons/

이 잡지는 주로 수학에 흥미를 느끼는 대학 재학생들을 주 구독 대상으로 한다.

수학적 내용을 포함하는 또 다른 잡지로는 어떤 것들이 있는가?

종종 수학이나 수학적 내용들에 대한 뉴스를 다루는 잡지들이 많다. 다음은 그중에서 몇 가지만 정리한 것으로, 이들 잡지는 대부분 과학잡지다.

〈Astronomy〉

21027 Crossroads Circle

P. O. Box 1612

Waukesha, Wi 53187

전화번호: 800 - 533 - 6644

웹사이트: http://www.astronomy.com

〈Discover〉

114 Fifth Ave.

New York, NY 10011

전화번호: 212 - 633 - 4400

웹사이트: http://www.discover.com

〈New Scientist〉

Lacon House

84 Theobald's Rd.

London WC1X 8NS

England

웹사이트: http://www.newscientist.com/home.ns

〈Popular Science〉

2 Park Ave., 9th Floor

New York, NY 10016

전화번호: 212 - 779 - 5000

팩스: 212 - 779 - 5108

웹사이트: http://www.popsci.com/popsci

〈Science News〉

1719 N Street NW

Washington, DC 20036

전화번호: 202 - 785 - 2255

웹사이트: http://www.sciencenews.org

〈Scientific American〉

Scientific American, Ins.

415 Madison Ave.

New York, NY 10017

전화번호: 212 - 754 - 0550

웹사이트: http:www.sciam.com

마틴 가드너

마틴 가드너Martin Gardner, 1914~2010)는 미국의 과학저술가이자 유희수학 분야에서 명성이 높은 수학자다. 수십 년 동안 미국의 대중 과학 잡지 〈사이언티픽 아메리칸Scientific American〉지에 수학 게임Mathematical Games 칼럼을 연재하였으며, 65권 이상의 책을 저술하는가 하면, 셀 수 없을 정도로 많은 기사를 썼다. 마틴 가드너가 저술한 몇 권의 책을 소개하면 다음과 같다. 《내가 뽑은 최고의 수학적·논리적 퍼즐 문제들My Best Mathematical and Logic Puzzles》(1994), 《거대한 수학책: 전통적인 퍼즐, 패러독스 그리고 문제들The colossal book of mathematics: classic puzzles, paradoxes, and problems》(2001), 《재미있는 수학퍼즐Entertaining mathematical puzzles》(1986), 《수학과 마술, 미스터리Mathematics, Magic and Mystery》(1977).

훌륭한 수학자들의 전기 책으로는 어떤 것들이 있는가?

수학자들의 생애를 다룬 몇 권의 전기 책을 소개하면 다음과 같다.

《뷰티플 마인드*A Beautiful Mind: The Life Mathematical Genius and Nobel Laureate John Nash*》(2001)

실비아 네이사Sylvia Nasar가 쓴 책으로, 수학 천재이자 노벨상 수상자인 존 내시John Nash의 생애를 다뤘다. 존 내시의 일대기에 따르면, 그는 수학 천재임에도 수십 년 동안 정신분열증에 시달렸으며, 정신적으로 무너져 가는 과정에서 직업을 잃기도 하였다. 그러나 그는 모든 것을 극복하고 결국 노벨상을 수상하였다. 이 책을 원작으로 하여 영화가 제작되기도 하였다.

《우리 수학자 모두는 약간 미친 겁니다*The Man Who Loved Only Numbers: The Story of Paul Erdos and the Search for Mathematical Truth*》(1999)

폴 호프만Paul Hoffman이 쓴 책으로, 집도 아내도 없이 모든 삶이 오직 수 하나로만 이뤄진 수학자 폴 에어디시에 대한 이야기로 전개된다. 60년 이상 2개의 여행 가방에 옷가지 몇 개와 수학노트만 넣고 수학문제를 찾아 여러 국가를 떠돌아다니던 에어디시는 하루에 19시간을 생각과 연구에 몰두하는가 하면, 당시의 유능한 과학자들과 함께 공동연구를 하기도 하였다.

《**불완전성**_Incompleteness: The Proof and Paradox of Kurt Godel_》(2005)

레베카 골드스타인_Rebecca Goldstein_이 쓴 책으로, 불완전성 정리와 놀라운 발견을 한 천재 쿠르트 괴델의 괴팍하고도 처절한 삶을 그렸다.

특정 수를 다룬 책으로는 어떤 것들이 있는가?

어떤 특정한 수를 다룬 책이 재미있을 것이라고 생각하지 않는 대부분의 사람들에게 항상 그렇지만은 않다는 것을 보여주는 책들이 있다. 다음은 그런 책 중 몇 권을 소개한 것이다.

《**황금비율의 진실**_The Golden Ratio: the story of phi, the world's astonishing number_》(2003)

마리오 리비오Mario Livio가 쓴 책으로, 황금비 또는 신성비율로 알려진 파이(phi = 1.6180339887)의 역사를 다루고 있다. 리비오는 인류역사를 통해 건축과 미술에서 파이가 사용되어왔으며, 자연에서도 파이를 찾아볼 수 있다고 한다.

《**파이: 세상에서 가장 신비로운 숫자**_Pi: A Biography of the World's Most Mysterious Number_》(2004)

알프레드 포사멘티어_Alfred S. Posamentier_와 잉그마 레만_Ingmar Lehmann_이 쓴 책으로, 구약성서에서부터 현대정치에 이르기까지 모든 역사에 등장하는 파이(π)에 대한 이야기를 다룬다. 책의 끝부분에는 파이의 소수점 아래 100,000자리까지 숫자들이 나열되어 있다.

《**e: 숫자 이야기**_e: the story of a number_》(1998)

엘리 마오_Eli Maor_가 쓴 책으로, 'e'에 대한 명쾌하고 정확한 해설과 여러 가지 여담, 역사적 사실이 흥미롭게 서술되어 있다.

《**0을 알면 수학이 보인다**《*Zero: the biography of a dangerous idea*》(2000)

찰스 세이프^{Charles Seife}와 매트 지멧^{Matt Zimet}이 쓴 책으로, 글자 그대로 '아무것
도 없음^{無, nothing}'에 대한 흥미로운 이야기들로 기술되어 있다. 고대에서 현대
에 이르기까지 0의 발전과 그 활용에 대하여 매우 자세하게 다루고 있다.

수학 문제를 다룬 책으로는 어떤 것들이 있는가?

지금까지의 많은 수학 문제 중 몇몇 가장 어려운 난제에 대한 이야기들을 다룬 몇
권의 책을 소개하면 다음과 같다.

《**페르마의 마지막 정리**《*Fermat's Enigma: the epic quest to solve the world's greatest mathematical problem*》(1998)

사이먼 싱^{Simon Singh} 지음. 페르마의 마지막 정리를 증명하기까지의 역사적인
이야기가 흥미롭게 서술되어 있다.

《**리만가설**《*Prime Obsession: bernhard liemann and the greatest unsolved problem in mathematics*》(2004)

존 더비셔^{John Derbyshire} 지음. 미해결 문제로 남아 있는 수학적 미스터리에 얽
힌 이야기로 수학적 가설과 역사적 배경, 리만의 일대기를 서술하고 있다.

《**4색 문제**《*Four Colors Suffice: how the map problem was solved*》(2004)

로빈 윌슨^{Robin Wilson} 지음. 언뜻 보기에는 간단해 보이지만, 100년 넘게 아
마추어 수학자와 전문 수학자들을 당황하게 만든 문제를 흥미롭게 서술하고
있다.

수학을 주된 내용으로 한 또 다른 책들로는 어떤 것들이 있는가?

수학을 주된 내용으로 다루면서도 수학이 재미있고 흥미로울 수 있다는 것을 보여
주는 수백, 아니 수천 권의 책들이 있다.

《괴델, 에셔, 바흐*Godel, Escher, Bach: An Eternal Golden Braid*》(1999)

더글러스 호프스태터*Douglas R. Hofstadter* 지음. 괴델의 수학 정리와 에셔의 미술, 바흐의 음악이 어우러져 인간의 창의성과 사고에 영향을 미친다는 내용을 담고 있다.

《천재들의 주사위*The Lady Tasting Tea: How Statistics Revolutionized Science in the Twentieth Ceutury*》(2002)

데이비드 살스버그*David Salsburg* 지음. 책 제목에서도 알 수 있듯이 이 책은 20세기에 통계학이 과학을 어떻게 변화시켰는지에 대한 이야기로 전개되어 있다. 통계적 방법들을 이해하기 쉬운 용어로 설명하고 있으며, 통계학자들의 일대기에 대해 짧게 다루고 있다.

《세상에서 가장 재미있는 통계학*The Cartoon Guide to Statistics*》(1993)

래리 고닉*larry Gonick*, 울콧 스미스*Woollcott Smith* 공저. 만화로 통계학을 쉽고 재미있게 소개하고 있다.

《현대수학의 여행자*The Mathematical Tourist: New and Updated Snapshots of Modern Mathematics*》(1998)

이바스 피터슨*Ivars Peterson* 지음. 1998년에 저술된 이 책의 제2판은 결정구조, 끈이론, 수학자들의 컴퓨터 활용, 카오스이론, 페르마의 마지막 정리 같은 수학 관련 이야기들을 다루고 있다. 이 책은 매우 재미있고 매력적인 수학 관련 도서로, 피터슨이 쓴 유일한 책이다.

소설에서는 수학이 어떻게 이용되었을까?

수학을 주제로 하거나 수학자를 주인공으로 삼고, 수학으로 문제를 해결한 내용을 포함하는 소설만도 수백 권에 이른다. 최근에는 그런 소설들 대부분이 공상과학을 다루고 있다. 다음은 오래전부터 현재에 이르기까지 수학을 다룬 몇몇 소설을 소개한 것이다.

《1 to 999》

이 책은 한때 화학자로 생계를 꾸리기도 했던 유명한 공상과학소설가 아이작 아시모프Isaac Asimov가 쓴 것으로, 이 책에서 암호학자들은 암호문에 쓰인 문자들이 나타나는 빈도수를 여러 해 중 하나로 이용하여 간단한 암호를 해독하려고 시도한다.

《*Sixty Million Trillion Combinations*》

아시모프의 또 다른 책으로, 그의 《검은 독거미*Black Widower*》 미스터리 시리즈에서 조연 캐릭터 톰 트럼불은 괴짜 수학자에게 그의 비밀번호가 안전하지 않다는 것을 납득시키려고 한다. 아시모프는 보다 많은 수학 관련도서를 출간했으며, 500권이 넘는 출간도서들과 많은 단편소설집에서도 수학적 관련성을 강조하였다.

《케플러*Kepler: A Novel*》

존 밴빌*John Banville*이 지은 책으로, 르네상스 수학자이자 천문학자인 케플러에 관한 이야기를 다소 정확하게 소설화한 것이다. 행성의 궤도를 알아내기 위한 연구논문에서 플라톤의 입체에 이르기까지 태양계에 6개의 행성만이 존재하는 이유 등 케플러가 생각한 몇 가지 색다른 아이디어를 다루고 있다.

《차분기관*The Difference Engine*》

공상과학소설로, 윌리엄 깁슨*William Gibson*과 브루스 스털링*Bruce Sterling*이 쓴 대체현실 이야기로 전개된다. 이 소설은 수학자인 찰스 배비지*Charles Babbage*와 시인 바이런의 딸 에이다 러브레이스*Ada Lovelace*가 실제로 차분기관을 성공적으로 만들었다는 내용을 다루고 있다.

《9조 개의 신의 이름*The Nine Billion Names of God*》

아서 클라크*Arthur C. Clarke*가 쓴 고전소설로, 한 불교종파에서 고용한 두 명의 프로그래머가 종합 도서관을 샅샅이 뒤져 신의 실제 이름을 모두 찾는 내용으로 전개되며, 수학과 컴퓨터, 종교를 결합한 이야기다.

《달나라 일주^{Round the Moon}》

1870년, 쥘 베른^{Jules Verne}이 우주여행에 대해 쓴 소설로 제4장 'A Little Algebra'와 제15장 'Hyperbola or Parabola'에서 승무원들이 토론을 벌일 때 구체적인 수학을 포함시켜 완성하였다.

《마지막 사건^{Adventure of the Final Problem}》

추리소설에 관심이 있는 사람이라면 누구나 아서 코난 도일 경이 쓴 소설 주인공 셜록 홈스와 그의 조수 왓슨 박사, 홈스의 숙적인 모리아티 교수를 기억할 것이다. 이 책은 젊은 나이에 이항정리에 관한 논문으로 명성을 떨쳐 수학교수가 된 모리아티 교수를 소개한 최초의 소설이다.

쥘 베른은 《달나라 일주》라는 고전 공상과학소설을 썼다. 이 소설은 흥미로운 우주여행 이야기를 다루고 있으며 대수, 포물선, 쌍곡선에 대한 수학적 내용이 포함되어 있다.

수학을 활용하여 범죄사건을 해결한 TV 프로그램은?

2005년에 방영을 시작한 TV 프로그램 〈넘버스^{NUMV3RS}〉에서는 FBI 요원이 천재 수학자인 동생 찰리의 도움을 받아 로스앤젤레스에서 일어난 여러 범죄사건을 해결한다. 실제로 발생한 사건에서 영감을 받아 제작한 이 프로그램은 당황스럽고 이해할 수 없는 상황을 풀어가기 위해 수학과 경찰 수사가 어떻게 결합하는지를 보여준다. 이 프로그램은 수학학회에서 개최한 시사회에서 최초로 방송되었다.

어린아이와 청소년을 주 독자 대상으로 한 수학책에는 어떤 것들이 있는가?

어린아이와 청소년을 주 독자 대상으로 한 수학책은 매우 많다. 다음은 소설이나 수수께끼, 수학을 설명하는 기타 여러 가지 방법을 활용하여 전개한 몇 권의 책을 소개한 것이다.

《천재고양이 펜로즈의 수학원리 대탐험 *The Adventures of Penrose the Mathematical Cat*》

테오니 파파스 *Theoni Pappas* (1997)가 쓴 이 책은 고양이 펜로즈와 함께 풀어보는 교양수학 이야기로, 무한대와 황금 사각형, 불가능한 도형 등 다양한 수학적 개념을 탐색하고 경험하는 이야기로 구성되어 있다. 9~12세 아동들을 위한 책이다.

《수학귀신 *The Number Devil*》(2000)

한스 마그누스 엔첸스베르거 *Hans Magnus Enzensberger*, 로트라우트 수잔네 베르너 *Rotraut Susanne Berner* 그리고 마이클 헨리 하임 *Michael Henry Heim*이 아이들을 위해 매우 흥미롭게 구성한 이 책은 수학 모험을 다루고 있다. 이야기는 어린 로베르트의 꿈에서 기묘한 일들이 일어나기 시작하면서 시작된다. 많은 아이들이 꿈속에서 구멍에 떨어져 전형적인 모험을 하는 이야기 대신, 로베르트가 수학 귀신을 만나는 12번의 꿈을 통해 수학의 원리를 깨우치게 되는 내용의 책이다. 9~12세 아동을 위한 책이다.

《수학의 포도 *The Grapes of Math*》(2001)

그레고리 탕 *Gregory Tang*이 지은 책으로, 개수 세기와 관련 있는 수수께끼 시리즈가 들어 있다. 또한 독자들에게 패턴과 대칭, 친숙한 숫자 조합을 찾아 수학적인 답을 구하기 위한 보다 쉬운 방법을 발견하도록 권장한다. 9~12세 아동을 위한 책이다.

《수학의 저주 *Math Curse*》(1995)

존 셰스카 *Jon Scieszka*와 레인 스미스 *Lane Smith*가 구성한 책으로 칼데콧상을 수상하였으며, 일상생활 속 수에 관해 다룬 매우 재미있는 그림책이다. 4~8세 아이들을 위한 책이다.

《1푸트는 얼마나 클까? *How Big Is a Foot?*》 (1991)

롤프 마일러 $^{Rolf\ Myller}$ 가 쓴 재미있는 그림책으로, "아주 오랜 옛날, 왕과 그의 부인 왕비가 살았습니다."로 시작된다. 이 책은 4~8세의 어린 독자들에게 측정에서 푸트 ^{foot} 의 개념과 측정기준이 필요한 이유에 대해 설명한다.

공룡과 수학자가 대립관계로 등장한 유명한 영화는?

두 편의 영화 〈주라기 공원〉(1993)과 〈잃어버린 세계: 주라기 공원 2〉(1997)에서는 수학자가 (사람) 주인공 중의 하나로 등장한다. 제프 골드브럼은 카오스이론 수학자 이안 말콤 박사 역을 맡았다. 영화 속에서 그는 공원에서 실시하는 공룡 대상 실험의 내재적 불안정성에 대하여 계속 경고하려 하였다. 그러나 불행하게도 어느 누구도 그의 말을 듣지 않았으며, 공룡들은 인간의 관리 통제구역을 탈출하고 말았다. 〈주라기 공원 2〉에서 말콤 박사는 동료이자 연인인 사라와 자신의 딸을 두 번째 섬에서 구해낸다.

수학을 주요 내용으로 다룬 영화에는 어떤 것들이 있는가?

다음에 소개하는 세 편의 영화는 수학자와 주요 수학적 주제를 다루고 있다.

〈뷰티플 마인드 $^{A\ Beautiful\ Mind}$〉 (2001)

실비아 네이사 $^{Sylvia\ Nasar}$ 가 쓴 책을 원작으로 한 이 영화는 실존인물인 존 내시의 학문적 성장 및 정신분열증을 극복하는 과정을 그린 할리우드 영화다. 론 하워드가 감독을 맡았고, 러셀 크로와 에드 해리스가 출연했다.

〈파이^{Pi}〉(1998)

저예산 흑백영화로, 만물에 숨겨진 패턴을 찾는 일에 사로잡힌 수학자 맥스 코엔에 대한 이야기를 그렸다. 그는 "수학이야말로 자연의 언어이고, 만물은 숫자를 통해서 표현되고 이해될 수 있으며, 숫자화된 시스템에는 모두 패턴이 존재한다."는 자연스러우면서도 도전적인 명제를 전제로 하여 주식시장의 수학적 패턴을 분석하는 일에 심취한다. 그러던 어느 날, 컴퓨터가 에러처럼 216자리 숫자를 출력하고는 다운이 되어버리는데, 사실은 이것이 문제의 실마리였다. 그는 주식시장을 통제하려는 증권회사와 유대교 신비주의 경전 카발라의 수수께끼를 풀려는 유대교 사제들에게 쫓기게 된다. 이 영화는 대런 아로노프스키^{Darren Aronofsky} 감독의 데뷔작이며, 숀 질레트와 마크 마골리스가 출연했다.

〈인피니티^{Infinity}〉(1996)

이 영화는 노벨 물리학상 수상자인 별난 천재 리처드 파인만^{Richard Feynman, 1918~1988}의 젊은 시절과 가족, 결핵으로 사별한 아내 알린 그린바움과의 사랑을 그렸다. 매튜 브로데릭이 감독을 맡았고, 매튜 브로데릭과 패트리시아 아퀘트가 출연했다.

영화 〈안드로메다의 위기〉(1971)에서 다룬 수학적 개념은?

기하급수적 성장으로 알려진 지수적 성장 개념은 이 영화와 원작에서 팽팽한 긴장감을 제공한다. 영화는 어느 날, 밤하늘에서 떨어진 인공위성의 잔해에서 나온 외계 미생물에 의해 주민들이 몰살당하면서 이야기가 시작된다. 이 미생물은 지구에서 20분마다 그 숫자가 두 배로 복제되면서 기하급수적으로 증가한다. 이들 미생물은 매우 빠르게 지구 전체로 퍼져가고, 수많은 사람들을 죽음으로 몰아간다.

인터넷 검색

메모 여기에서 언급한 웹사이트는 이 글을 쓰는 당시에는 있었지만, 인터넷상에서의 콘텐츠가 빠르게 변하고 있으므로 지금은 사라진 곳이 있을 수도 있다. 이런 경우로 인해 불편을 끼치게 된 점에 대해서는 독자들의 양해를 바란다.

수학을 다루는 온라인 잡지에는 어떤 것들이 있는가?

다음은 수학을 다루는 수많은 온라인 잡지 중 몇 가지만 소개한 것이다.

* **Convergence** http://convergence.mathdl.org/jsp/index.jsp

  미국수학회와 전미교사협의회의 후원을 받으며, 수학사를 이용한 수학 교수를 강조한다.

* **Journal of Online Mathematics and Its Application**[JOMA]

  http://www.joma.org/jsp/index/jsp

  미국수학회가 발행하는 잡지로, 기사는 동료의 검증을 거치고, 콘텐츠는 지속적으로 게재한다. 또 오디오 및 비디오 클립과 함께 그래픽, 하이퍼링크, 애플릿 등이 있다.

* **Pi in the Sky** http://www.pims.math.ca/pi/

  태평양수리과학회가 캐나다 고등학생들을 위해 연 2회 정기적으로 발행한다.

* **Plus** http://plus.maths.org/index.html

  이 온라인 잡지는 영국 케임브리지대학 밀레니엄 수학 프로젝트의 일부분으로, 독자에게 수학의 응용과 아름다움을 소개하는 것을 목적으로 한다.

수학적 내용을 싣는 또 다른 웹 기반 잡지에는 어떤 것들이 있는가?

인쇄물 잡지들과 마찬가지로 수학 뉴스나 수학적 콘텐츠를 싣는 웹 기반 잡지들이 많다. 다음은 그것들 중 몇 가지를 정리한 것이다. 이들 사이트는 대부분 과학전문 잡지다.

- **Discovery.com** http://www.discovery.com/

  텔레비전 디스커버리 채널 사이트로, 수학자들에 대한 이야기나 과학에서의 수학의 응용에 대한 내용으로 구성되어 있다.

- **Eureka Alert** http://www.eurekalert.org

  미국과학진흥협회(AAAS)에서 제공하는 웹사이트로, 전 세계의 뉴스를 알려준다. 수학 관련 뉴스는 'News by Subject' 부분에 들어 있다.

- **Science Daily** http://www.sciencedaily.com/

  이 잡지는 과학(종종 수학)에서의 최신 내용들을 다루는 일간 과학잡지로, 수학은 'Topic' 부분의 하위목록에 들어 있다.

'핵심적인' 수학 웹사이트에는 어떤 것들이 있는가?

수학에 관심이 있어 반복 활용하는 사이트는 북마크하여 편리하게 사용하는 경우가 있다. 다음은 명료하고 정확한 설명과 더불어 훌륭하고 매우 광범위한 자료가 실려 있는 몇몇 사이트를 소개한 것이다.

- **The Math Forum** http://mathforum.org

  이 사이트는 드렉셀 대학의 교육대학에서 운영하며, 수학 관련 재료 및 자료, 활동, 교구 등을 소개하고 있다. 또 'Dr. Math' 코너에서는 개인적으로 올린 질문에 대한 답을 찾아볼 수 있도록 되어 있다.

- **MathWorld** http://mathworld.wolfram.com

  10년 넘게 수학자들이 입력한 내용을 활용하여 개발한, 매우 포괄적이며 상호 작용이 가능한 수학 백과사전이다. 이 사이트는 계속하여 업데이트되고 있으므로 평범한 학생부터 노련한 교수에 이르기까지 누구라도 이 사이트에서 관심 있는 내용을 찾을 수 있다.

- **SOS Mathematics** http://www.sosmath.com

  2,500페이지가 넘는 수학 학습 사이트로, 대수학에서 미분방정식에 이르는 내용이 포함되어 있다. 고등학생과 대학생들을 위해 개발한 것이지만, 성인들에게도 유용한 사이트다.

온라인 수학 자료를 검색하기 위한 가장 좋은 방법은?

온라인 수학 자료를 검색하기 위한 가장 좋은 방법은 구글이나 라이코스 등 적당한 검색엔진이나 웹 디렉토리를 이용하는 것이다. 관심 있는 주제를 구체적으로 생각한 다음, 검색창에 'math'라고 입력하기만 하면 약간이라도 관련이 있는 웹페이지가 천문학적인 숫자만큼 검색될 것이다.

가령 피라미드의 건축에 숨겨져 있는 수학에 관하여 호기심이 생길 경우, '이집트의 피라미드 건축 수학'이라는 키워드를 입력하면 수없이 많은 웹사이트가 검색되며 그것들 중 많은 웹사이트가 자신의 관심거리와 관련이 있을 것이다. 또 다른 방법은 단과대학이나 대학의 수학과에서 운영하는 웹사이트를 검색하는 것이다. 보통 이들 사이트에는 학부의 연구 분야에 대한 정보가 들어 있으며, 수학 관련 사이트와 링크되어 있다. 이따금 즉흥적으로 검색한 사이트를 살펴보는 것도 매우 흥미로울 것이다.

캐나다의 브리티시컬럼비아 공과대학은 "Exactly How Is Math Used in Technology?"라는 훌륭한 웹사이트를 보유하고 있다. 이 사이트에는 전자공학, 핵의학, 로봇공학, 생물공학 등의 광범위한 공학 분야에서 여러 수학 분야가 활용되는 다수의 사례들이 제시되어 있다. 웹사이트 주소는 http://www.math.bcit.ca/examples/index.shtml이다.

engineering fundamentals를 줄여 쓴 'eFunda'라는 사이트는 공학수학의 기본원리를 모두 다룬 온라인 자료 사이트로, 주소는 http://www.efunda.com/math/math_home/math.cfm이다. 이 사이트에는 수학공식이 제시되어 있으며, 적절한 상황에서 수학공식을 활용하는 방법도 들어 있다.

같은 종류의 단위(피트에서 인치)나 표준미터 단위(마일에서 킬로미터) 등의 측정 단위들은 서로 전환할 수 있어야 한다. 인터넷상에는 단위를 전환시키는 사이트들이 무수히 많다. 대부분 전환시키려고 하는 수를 입력한 다음 리턴 키를 누르면 전환된 수가 나타난다. 다음은 단위전환을 위한 몇 개의 사이트를 정리한 것이다.

http://www.onlineconversion.com

http://www.convert‐me.com/en/

http://www.sciencemadesimple.com/conversions.html

http://www.convertit.com/Go/ConvertIt/

수학의 역사와 링크되어 있는 웹사이트는?

수학의 역사는 너무도 광범위한 주제여서 이 책에서 다루기에는 한계가 있다. 다음은 수학의 역사를 탐색할 수 있는 몇몇 사이트를 정리한 것이다.

- **British Society for the History of Mathematics**

  http://www.dcs.warwick.ac.uk/bshm/

  수학의 역사를 검색할 때 '원스톱 쇼핑^{one stop shopping}'을 원할 경우에는 이 포괄적인 링크 사이트에 접속하면 된다. 이 사이트는 전문가 및 아마추어 수준에서 수학의 역사에 대한 연구는 물론 교육에서 역사의 활용을 촉진시킨다.

- **Clark University's Department of Mathematics and Computer Science**

  http://aleph0.clarku.edu/~djoyce/mathhist/mathhist.html

- **Math archives—History of Mahtematics**

  http://archives.math.utk.edu/topics/history.html -

  또 다른 수학적 주제를 포함한 수학의 역사에 대한 기록 저장소다.

- **MacTutor History of Mathematics**

  http://www - groups.dcs.st - and.ac.uk/~history/

  세인트앤드루 대학의 수학과 및 통계학과에서 관리하는 기록저장소로, 고대부터 현대까지 광범위한 수학의 역사 자료가 들어 있다.

오락수학을 제공하는 웹사이트는?

그야말로 수백 혹은 수천 개의 오락수학 웹사이트가 존재한다. 다음은 맛보기로 그것들 중 몇 가지를 정리한 것이다.

- **Interactive Mathematics Miscellany and puzzles**

  http://www.cut - the - knot.org/content.shtml

게임 및 퍼즐에서부터 착시 및 환상에 이르기까지 모든 것에 대하여 약간씩 다루고 있다.

- **Mathpuzzle.com** http://www.mathpuzzle.com
  오락수학과 퍼즐을 다룬 또 다른 훌륭한 웹사이트다.

- **Puzzles.com** http://www.puzzles.com
  환상이나 퍼즐, 속임수와 장난감들을 찾아볼 수 있다. 또 선물을 구입할 수 있는 코너 및 퍼즐 링크 코너, 온라인 도움말 코너가 있다.

주판에 대하여 알아야 할 모든 정보가 들어 있는 사이트는?

루이스 페르난데스Luis Fernandes가 운영하는 'Abacus: The Art of Calculating with Beads(주산법)'는 우수 사이트로 수상 경력이 있으며, 주판 사용에 대한 지침서를 제공하고 있다. 또 주판의 역사, 주판을 사용하여 기초수학을 하는 방법, 인터랙티브 튜터, 기사 및 이야기, 참고 내용 및 다른 사이트와의 링크 페이지가 포함되어 있다. 웹사이트 주소는 http://www.ee.ryerson.ca/~elf/abacus/이다.

수학에 대한 흥미로운 사실을 전하는 웹사이트는?

수학에 관한 재미있는 사실들에 관심이 있다면 웹사이트 Mudd Math Fun Facts에 접속하면 된다. 이 사이트의 주소는 http://www.math.hmc.edu/funfacts/이다. 하비머드 대학의 수학과 프랜시스 에드워드 교수가 해석학 과정의 '사전' 활동을 위해 만든 이 사이트는 수학의 모든 분야에 대한 재미있는 이야기들이 들어 있다. 이 사이트는 정말 재미있고 흥미로우며, 중독성이 있다.

측정체계 및 단위

다음은 각 측정요소에 대하여 사용되는 단위를 약어로 나타낸 것이다.

atm＝atmosphere(기압),

Btu_{IT}＝british thermal unit(International table, 영국열량단위)

cal_{IT}＝calorie(International table, 칼로리),

cm＝centimeter(센티미터)

$cut\ ft$＝cubic feet(세제곱 피트)

ft−lbf＝foot−pound force(토크 단위)

g＝gram(그램)

hp hr＝horsepower−hour(마력시)

in＝inch(인치)

int J＝International Joules(국제 에너지, 일의 단위)

kg＝kilogram(킬로그램)

kgf＝kilogram−force(킬로그램힘)

kWh＝kilowatt−hour(킬로와트시)

lb＝pound(파운드)

lbf＝pound−force(피트 · 파운드법에 의한 힘의 단위)

m＝meter(미터)

mmHG＝millimeters of mercury(또는 Torr) (수은주의 밀리미터, 압력단위)

m ton＝metric ton(메트릭 톤)

N＝Newton(뉴톤),

oz＝ounce(온스)

Pa＝Pascal(파스칼)

qt＝quart(쿼트)

yd＝yard(야드)

Units	cm	mi	nf	ty	d	mile
1 in	2.54	0.0254	1	0.08333...	0.02777...	1.578283×10^{-5}
1 ft	30.48	0.3048	12	1	0.333...	$1.89393939... \times 10^{-4}$
1 yd	91.44	0.9144	36	3	1	$5.68181818... \times 10^{-4}$
1 mile	1.609344×10^{5}	1.609344×10^{3}	6.336×10^{4}	5280	1760	1
1 cm	1	0.01	0.3937008	0.03280840	0.01093631	6.213712×10^{-6}
1 m	100	1	39.37008	3.280840	1.093613	6.213712×10^{-4}

넓이 단위

Units	cm²	m²	in²	ft²	yd²	mile²
1 in²	6.4516	6.4516×10^{-4}	1	$6.9444... \times 10^{-3}$	7.716049×10^{-4}	2.490977×10^{-10}
1 ft²	929.0304	0.09290304	144	1	0.111...	3.587007×10^{-8}
1 yd²	8,361.273	0.8361273	1296	9	1	3.228306×10^{-7}
1 mile²	2.589988×10^{10}	2.589988×10^{6}	4.014490×10^{9}	2.78784×10^{7}	3.0976×10^{6}	1
1 cm²	1	10^{-4}	0.1550003	1.076391×10^{-3}	1.195990×10^{-4}	3.861022×10^{-11}
1 m²	10^{4}	1	1550.003	10.76391	1.195990	3.861022×10^{-7}

부피 단위

Units	m³	cm³	Li	n'	ft'	qt	gal
1 in³	1.638706×10^{-5}	16.38706	0.01638706	1	5.787037×10^{-4}	0.01731602	4.329004×10^{-3}
1 ft³	2.831685×10^{-2}	28,316.85	28.31685	1,728	1	2.992208	7.480520
1 qt	9.46353×10^{-4}	946.353	0.946353	57.75	0.0342014	1	0.25
1 U.S. gal	3.785412×10^{-3}	3,785.412	3.785412	231	0.1336806	4	1
1 m³	1	10^{6}	10^{3}	6.102374×10^{4}	35.31467	1.056688×10^{3}	264.1721
1 cm³	10^{-6}	1	10^{-3}	0.06102374	3.531467×10^{-5}	1.056688×10^{-3}	2.641721×10^{-4}
1 L	10^{-3}	1,000	1	61.02374	0.03531467	1.056688	0.2641721

질량 단위

Units	gk	go	zl	bm	ton	ton
1 oz	28.34952	0.02834952	1	0.0625	2.834952×10^{-5}	3.125×10^{-5}
1 lb	453.5924	0.4535924	16	1	4.535924×10^{-4}	0.0005
1 m ton	10^{6}	1,000	35,273.96	2,204.623	1	1.102311
1 ton	907,184.7	907.1847	32,000	2,000	0.9071847	1
1 g	1	10^{-3}	0.03527396	2.204623×10^{-3}	10^{-6}	1.102311×10^{-6}
1 kg	1,000	1	35.27396	2.204623	10^{-3}	1.102311×10^{-3}

밀도 단위

Units	$g \times cm^{-3}$	$g \times L^{-1}, kg \times m^{-3}$	$oz \times in^{-3}$	$lb \times in^{-3}$	$lb \times ft^{-3}$	$lb \times gal^{-1}$
$1\ oz \times in^{-3}$	1.729994	1,729.994	1	0.0625	108	14.4375
$1\ lb \times in^{-3}$	27.67991	27,679.91	16	1	1,728	231
$1\ lb \times ft^{-3}$	0.01601847	16.01847	9.259259×10^{-3}	5.7870370×10^{-4}	1	0.1336806
$1\ lb \times gal^{-1}$	0.1198264	119.8264	4.749536×10^{-3}	4.3290043×10^{-3}	7.480519	1
$1\ g \times cm^{-3}$	1	1,000	0.5780365	0.03612728	62.42795	8.345403
$1\ g \times L^{-1}, kg \times m^{-3}$	10^{-3}	1	5.780365×10^{-4}	3.612728×10^{-5}	0.06242795	8.345403×10^{-3}

에너지 단위

Units	g mass kWh	J hp hr	cal ft-lbf	cal_{IT} cu ft-lbf in^{-2}	Btu_{IT} L-atm
1 g mass	1	8.987552×10^{13}	2.148076×10^{13}	2.146640×10^{13}	8.518555×10^{10}
	2.496542×10^{7}	3.347918×10^{7}	6.628878×10^{13}	4.603388×10^{11}	8.870024×10^{11}
1 J	1.112650×10^{-14}	1	0.2390057	0.2388459	9.478172×10^{-4}
	$2.777... \times 10^{-7}$	3.725062	0.7375622	5.121960×10^{-3}	9.869233×10^{-3}
1 cal	4.655328×10^{-14}	4.184	1	0.9993312	3.965667×10^{-3}
	$1.16222... \times 10^{-6}$	1.558562×10^{-6}	3.085960	2.143028×10^{-2}	0.04129287

Units	g mass / kWh	J / hp hr	cal / ft-lbf	cal$_{IT}$ / cu ft-lbf in^{-2}	Btu$_{IT}$ / L-atm
1 cal$_{IT}$	4.658443×10^{-14}	4.1868	1.000669	1	3.968321×10^{-3}
	1.163000×10^{-6}	1.559609×10^{-6}	3.088025	2.144462×10^{-2}	0.04132050
1 Btu$_{IT}$	1.173908×10^{-11}	1,055.056	252.1644	251.9958	1
	2.930711×10^{-4}	3.930148×10^{-4}	778.1693	5.403953	10.41259
1 kWh	4.005540×10^{-8}	3,600,000	860,420.7	859,845.2	3,412.142
	1	1.341022	2,655,224	18,439.06	35,529.24
1 hp hr	2.986931×10^{-8}	2,684,519	641,615.6	641,186.5	2,544.33
	0.7456998	1	1,980,000	13,750	26,494.15
1 ft-lbf	1.508551×10^{-14}	1.355818	0.3240483	0.3238315	1.285067×10^{-3}
	3.766161×10^{-7}	$5.050505\ldots \times 10^{-7}$	1	$6.9444\ldots \times 10^{-3}$	0.01338088
1 cu ft-lbf in^{-2}	2.172313×10^{-12}	195.2378	46.66295	46.63174	0.1850497
	5.423272×10^{-5}	$7.272727\ldots \times 10^{-5}$	144	1	1.926847
1 L-atm	1.127393×10^{-12}	101.3250	24.21726	24.20106	0.09603757
	2.814583×10^{-5}	3.774419×10^{-5}	74.73349	0.5189825	1

Units	Pa,N $\times$ m^{-2} / kgf $\times$ cm^{-2}	dyne $\times$ cm^{-2} / mmHg	bar / in HG	atm / lbf $\times$ in^{-2}
1 Pa, 1 N $\times$ m^{-2}	1	10	10^{-5}	9.869233×10^{-6}
	1.019716×10^{-5}	7.500617×10^{-3}	2.952999×10^{-4}	1.450377×10^{-4}
1 dyne $\times$ cm^{-2}	0.1	1	10^{-6}	9.869233×10^{-7}
	1.019716×10^{-6}	7.500617×10^{-4}	2.952999×10^{-5}	1.450377×10^{-5}
1 bar	10^5	10^6	1	0.9869233
	1.019716	750.0617	29.52999	14.50377
1 atm	101,325	1,013,250	1.013250	1
	1.033227	760	29.92126	14.69595
1 kgf $\times$ cm^{-2}	98,066.5	980,665	0.980665	0.9678411
	1	735.5592	28.95903	14.22334
1 mmHg	133.3224	1,333.224	1.333224×10^{-3}	1.3157895×10^{-3}
	1	0.03937008	0.01933678	
1 in Hg	3,386.388	33,863.88	0.03386388	0.03342105
	0.03453155	25.4	1	0.4911541
1 lbf $\times$ in^{-2}	6,894.757	68,947.57	0.06894757	0.06804596
	0.07030696	51.71493	2.036021	1

로그표

Number	Log	Number	Log	Number	Log
1.000	0.00000000	1.026	0.01114736	1.052	0.02201574
1.001	0.00043408	1.027	0.01157044	1.053	0.02242837
1.002	0.00086772	1.028	0.01199311	1.054	0.02284061
1.003	0.00130093	1.029	0.01241537	1.055	0.02325246
1.004	0.00173371	1.030	0.01283722	1.056	0.02366392
1.005	0.00216606	1.031	0.01325867	1.057	0.02407499
1.006	0.00259798	1.032	0.01367970	1.058	0.02448567
1.007	0.00302947	1.033	0.01410032	1.059	0.02489596
1.008	0.00346053	1.034	0.01452054	1.060	0.02530587
1.009	0.00389117	1.035	0.01494035	1.061	0.02571538
1.010	0.00432137	1.036	0.01535976	1.062	0.02612452
1.011	0.00475116	1.037	0.01577876	1.063	0.02653326
1.012	0.00518051	1.038	0.01619735	1.064	0.02694163
1.013	0.00560945	1.039	0.01661555	1.065	0.02734961
1.014	0.00603795	1.040	0.01703334	1.066	0.02775720
1.015	0.00646604	1.041	0.01745073	1.067	0.02816442
1.016	0.00689371	1.042	0.01786772	1.068	0.02857125
1.017	0.00732095	1.043	0.01828431	1.069	0.02897771
1.018	0.00774778	1.044	0.01870050	1.070	0.02938378
1.019	0.00817418	1.045	0.01911629	1.071	0.02978947
1.020	0.00860017	1.046	0.01953168	1.072	0.03019479
1.021	0.00902574	1.047	0.01994668	1.073	0.03059972
1.022	0.00945090	1.048	0.02036128	1.074	0.03100428
1.023	0.00987563	1.049	0.02077549	1.075	0.03140846
1.024	0.01029996	1.050	0.02118930	1.076	0.03181227
1.025	0.01072387	1.051	0.02160272	1.077	0.03221570

Number	Log	Number	Log	Number	Log
1.078	0.03261876	1.26	0.1003705	1.64	0.2148438
1.079	0.03302144	1.27	0.1038037	1.65	0.2174839
1.080	0.03342376	1.28	0.1072100	1.66	0.2201081
1.081	0.03382569	1.29	0.1105897	1.67	0.2227165
1.082	0.03422726	1.30	0.1139434	1.68	0.2253093
1.083	0.03462846	1.31	0.1172713	1.69	0.2278867
1.084	0.03502928	1.32	0.1205739	1.70	0.2304489
1.085	0.03542974	1.33	0.1238516	1.71	0.2329961
1.086	0.03582983	1.34	0.1271048	1.72	0.2355284
1.087	0.03622954	1.35	0.1303338	1.73	0.2380461
1.088	0.03662890	1.36	0.1335389	1.74	0.2405492
1.089	0.03702788	1.37	0.1367206	1.75	0.2430380
1.090	0.03742650	1.38	0.1398791	1.76	0.2455127
1.091	0.03782475	1.39	0.1430148	1.77	0.2479733
1.092	0.03822264	1.40	0.1461280	1.78	0.2504200
1.093	0.03862016	1.41	0.1492191	1.79	0.2528530
1.094	0.03901732	1.42	0.1522883	1.80	0.2552725
1.095	0.03941412	1.43	0.1553360	1.81	0.2576786
1.096	0.03981055	1.44	0.1583625	1.82	0.2600714
1.097	0.04020663	1.45	0.1613680	1.83	0.2624511
1.098	0.04060234	1.46	0.1643529	1.84	0.2648178
1.099	0.04099769	1.47	0.1673173	1.85	0.2671717
1.10	0.0413927	1.48	0.1702617	1.86	0.2695129
1.11	0.0453230	1.49	0.1731863	1.87	0.2718416
1.12	0.0492180	1.50	0.1760913	1.88	0.2741578
1.13	0.0530784	1.51	0.1789769	1.89	0.2764618
1.14	0.0569049	1.52	0.1818436	1.90	0.2787536
1.15	0.0606978	1.53	0.1846914	1.91	0.2810334
1.16	0.0644580	1.54	0.1875207	1.92	0.2833012
1.17	0.0681859	1.55	0.1903317	1.93	0.2855573
1.18	0.0718820	1.56	0.1931246	1.94	0.2878017
1.19	0.0755470	1.57	0.1958997	1.95	0.2900346
1.20	0.0791812	1.58	0.1986571	1.96	0.2922561
1.21	0.0827854	1.59	0.2013971	1.97	0.2944662
1.22	0.0863598	1.60	0.2041200	1.98	0.2966652
1.23	0.0899051	1.61	0.2068259	1.99	0.2988531
1.24	0.0934217	1.62	0.2095150	2.00	0.3010300
1.25	0.0969100	1.63	0.2121876	2.01	0.3031961

Number	Log	Number	Log	Number	Log
2.02	0.3053514	2.40	0.3802112	2.78	0.4440448
2.03	0.3074960	2.41	0.3820170	2.79	0.4456042
2.04	0.3096302	2.42	0.3838154	2.80	0.4471580
2.05	0.3117539	2.43	0.3856063	2.81	0.4487063
2.06	0.3138672	2.44	0.3873898	2.82	0.4502491
2.07	0.3159703	2.45	0.3891661	2.83	0.4517864
2.08	0.3180633	2.46	0.3909351	2.84	0.4533183
2.09	0.3201463	2.47	0.3926970	2.85	0.4548449
2.10	0.3222193	2.48	0.3944517	2.86	0.4563660
2.11	0.3242825	2.49	0.3961993	2.87	0.4578819
2.12	0.3263359	2.50	0.3979400	2.88	0.4593925
2.13	0.3283796	2.51	0.3996737	2.89	0.4608978
2.14	0.3304138	2.52	0.4014005	2.90	0.4623980
2.15	0.3324385	2.53	0.4031205	2.91	0.4638930
2.16	0.3344538	2.54	0.4048337	2.92	0.4653829
2.17	0.3364597	2.55	0.4065402	2.93	0.4668676
2.18	0.3384565	2.56	0.4082400	2.94	0.4683473
2.19	0.3404441	2.57	0.4099331	2.95	0.4698220
2.20	0.3424227	2.58	0.4116197	2.96	0.4712917
2.21	0.3443923	2.59	0.4132998	2.97	0.4727564
2.22	0.3463530	2.60	0.4149733	2.98	0.4742163
2.23	0.3483049	2.61	0.4166405	2.99	0.4756712
2.24	0.3502480	2.62	0.4183013	3.00	0.4771213
2.25	0.3521825	2.63	0.4199557	3.01	0.4785665
2.26	0.3541084	2.64	0.4216039	3.02	0.4800069
2.27	0.3560259	2.65	0.4232459	3.03	0.4814426
2.28	0.3579348	2.66	0.4248816	3.04	0.4828736
2.29	0.3598355	2.67	0.4265113	3.05	0.4842998
2.30	0.3617278	2.68	0.4281348	3.06	0.4857214
2.31	0.3636120	2.69	0.4297523	3.07	0.4871384
2.32	0.3654880	2.70	0.4313638	3.08	0.4885507
2.33	0.3673559	2.71	0.4329693	3.09	0.4899585
2.34	0.3692159	2.72	0.4345689	3.10	0.4913617
2.35	0.3710679	2.73	0.4361626	3.11	0.4927604
2.36	0.3729120	2.74	0.4377506	3.12	0.4941546
2.37	0.3747483	2.75	0.4393327	3.13	0.4955443
2.38	0.3765770	2.76	0.4409091	3.14	0.4969296
2.39	0.3783979	2.77	0.4424798	3.15	0.4983106

Number	Log	Number	Log	Number	Log
3.16	0.4996871	3.54	0.5490033	3.92	0.5932861
3.17	0.5010593	3.55	0.5502284	3.93	0.5943926
3.18	0.5024271	3.56	0.5514500	3.94	0.5954962
3.19	0.5037907	3.57	0.5526682	3.95	0.5965971
3.20	0.5051500	3.58	0.5538830	3.96	0.5976952
3.21	0.5065050	3.59	0.5550944	3.97	0.5987905
3.22	0.5078559	3.60	0.5563025	3.98	0.5998831
3.23	0.5092025	3.61	0.5575072	3.99	0.6009729
3.24	0.5105450	3.62	0.5587086	4.00	0.6020600
3.25	0.5118834	3.63	0.5599066	4.01	0.6031444
3.26	0.5132176	3.64	0.5611014	4.02	0.6042261
3.27	0.5145478	3.65	0.5622929	4.03	0.6053050
3.28	0.5158738	3.66	0.5634811	4.04	0.6063814
3.29	0.5171959	3.67	0.5646661	4.05	0.6074550
3.30	0.5185139	3.68	0.5658478	4.06	0.6085260
3.31	0.5198280	3.69	0.5670264	4.07	0.6095944
3.32	0.5211381	3.70	0.5682017	4.08	0.6106602
3.33	0.5224442	3.71	0.5693739	4.09	0.6117233
3.34	0.5237465	3.72	0.5705429	4.10	0.6127839
3.35	0.5250448	3.73	0.5717088	4.11	0.6138418
3.36	0.5263393	3.74	0.5728716	4.12	0.6148972
3.37	0.5276299	3.75	0.5740313	4.13	0.6159501
3.38	0.5289167	3.76	0.5751878	4.14	0.6170003
3.39	0.5301997	3.77	0.5763414	4.15	0.6180481
3.40	0.5314789	3.78	0.5774918	4.16	0.6190933
3.41	0.5327544	3.79	0.5786392	4.17	0.6201361
3.42	0.5340261	3.80	0.5797836	4.18	0.6211763
3.43	0.5352941	3.81	0.5809250	4.19	0.6222140
3.44	0.5365584	3.82	0.5820634	4.20	0.6232493
3.45	0.5378191	3.83	0.5831988	4.21	0.6242821
3.46	0.5390761	3.84	0.5843312	4.22	0.6253125
3.47	0.5403295	3.85	0.5854607	4.23	0.6263404
3.48	0.5415792	3.86	0.5865873	4.24	0.6273659
3.49	0.5428254	3.87	0.5877110	4.25	0.6283889
3.50	0.5440680	3.88	0.5888317	4.26	0.6294096
3.51	0.5453071	3.89	0.5899496	4.27	0.6304279
3.52	0.5465427	3.90	0.5910646	4.28	0.6314438
3.53	0.5477747	3.91	0.5921768	4.29	0.6324573

Number	Log	Number	Log	Number	Log
4.30	0.6334685	4.68	0.6702459	5.06	0.7041505
4.31	0.6344773	4.69	0.6711728	5.07	0.7050080
4.32	0.6354837	4.70	0.6720979	5.08	0.7058637
4.33	0.6364879	4.71	0.6730209	5.09	0.7067178
4.34	0.6374897	4.72	0.6739420	5.10	0.7075702
4.35	0.6384893	4.73	0.6748611	5.11	0.7084209
4.36	0.6394865	4.74	0.6757783	5.12	0.7092700
4.37	0.6404814	4.75	0.6766936	5.13	0.7101174
4.38	0.6414741	4.76	0.6776070	5.14	0.7109631
4.39	0.6424645	4.77	0.6785184	5.15	0.7118072
4.40	0.6434527	4.78	0.6794279	5.16	0.7126497
4.41	0.6444386	4.79	0.6803355	5.17	0.7134905
4.42	0.6454223	4.80	0.6812412	5.18	0.7143298
4.43	0.6464037	4.81	0.6821451	5.19	0.7151674
4.44	0.6473830	4.82	0.6830470	5.20	0.7160033
4.45	0.6483600	4.83	0.6839471	5.21	0.7168377
4.46	0.6493349	4.84	0.6848454	5.22	0.7176705
4.47	0.6503075	4.85	0.6857417	5.23	0.7185017
4.48	0.6512780	4.86	0.6866363	5.24	0.7193313
4.49	0.6522463	4.87	0.6875290	5.25	0.7201593
4.50	0.6532125	4.88	0.6884198	5.26	0.7209857
4.51	0.6541765	4.89	0.6893089	5.27	0.7218106
4.52	0.6551384	4.90	0.6901961	5.28	0.7226339
4.53	0.6560982	4.91	0.6910815	5.29	0.7234557
4.54	0.6570559	4.92	0.6919651	5.30	0.7242759
4.55	0.6580114	4.93	0.6928469	5.31	0.7250945
4.56	0.6589648	4.94	0.6937269	5.32	0.7259116
4.57	0.6599162	4.95	0.6946052	5.33	0.7267272
4.58	0.6608655	4.96	0.6954817	5.34	0.7275413
4.59	0.6618127	4.97	0.6963564	5.35	0.7283538
4.60	0.6627578	4.98	0.6972293	5.36	0.7291648
4.61	0.6637009	4.99	0.6981005	5.37	0.7299743
4.62	0.6646420	5.00	0.6989700	5.38	0.7307823
4.63	0.6655810	5.01	0.6998377	5.39	0.7315888
4.64	0.6665180	5.02	0.7007037	5.40	0.7323938
4.65	0.6674530	5.03	0.7015680	5.41	0.7331973
4.66	0.6683859	5.04	0.7024305	5.42	0.7339993
4.67	0.6693169	5.05	0.7032914	5.43	0.7347998

Number	Log	Number	Log	Number	Log
5.44	0.7355989	5.82	0.7649230	6.20	0.7923917
5.45	0.7363965	5.83	0.7656686	6.21	0.7930916
5.46	0.7371926	5.84	0.7664128	6.22	0.7937904
5.47	0.7379873	5.85	0.7671559	6.23	0.7944880
5.48	0.7387806	5.86	0.7678976	6.24	0.7951846
5.49	0.7395723	5.87	0.7686381	6.25	0.7958800
5.50	0.7403627	5.88	0.7693773	6.26	0.7965743
5.51	0.7411516	5.89	0.7701153	6.27	0.7972675
5.52	0.7419391	5.90	0.7708520	6.28	0.7979596
5.53	0.7427251	5.91	0.7715875	6.29	0.7986506
5.54	0.7435098	5.92	0.7723217	6.30	0.7993405
5.55	0.7442930	5.93	0.7730547	6.31	0.8000294
5.56	0.7450748	5.94	0.7737864	6.32	0.8007171
5.57	0.7458552	5.95	0.7745170	6.33	0.8014037
5.58	0.7466342	5.96	0.7752463	6.34	0.8020893
5.59	0.7474118	5.97	0.7759743	6.35	0.8027737
5.60	0.7481880	5.98	0.7767012	6.36	0.8034571
5.61	0.7489629	5.99	0.7774268	6.37	0.8041394
5.62	0.7497363	6.00	0.7781513	6.38	0.8048207
5.63	0.7505084	6.01	0.7788745	6.39	0.8055009
5.64	0.7512791	6.02	0.7795965	6.40	0.8061800
5.65	0.7520484	6.03	0.7803173	6.41	0.8068580
5.66	0.7528164	6.04	0.7810369	6.42	0.8075350
5.67	0.7535831	6.05	0.7817554	6.43	0.8082110
5.68	0.7543483	6.06	0.7824726	6.44	0.8088859
5.69	0.7551123	6.07	0.7831887	6.45	0.8095597
5.70	0.7558749	6.08	0.7839036	6.46	0.8102325
5.71	0.7566361	6.09	0.7846173	6.47	0.8109043
5.72	0.7573960	6.10	0.7853298	6.48	0.8115750
5.73	0.7581546	6.11	0.7860412	6.49	0.8122447
5.74	0.7589119	6.12	0.7867514	6.50	0.8129134
5.75	0.7596678	6.13	0.7874605	6.51	0.8135810
5.76	0.7604225	6.14	0.7881684	6.52	0.8142476
5.77	0.7611758	6.15	0.7888751	6.53	0.8149132
5.78	0.7619278	6.16	0.7895807	6.54	0.8155777
5.79	0.7626786	6.17	0.7902852	6.55	0.8162413
5.80	0.7634280	6.18	0.7909885	6.56	0.8169038
5.81	0.7641761	6.19	0.7916906	6.57	0.8175654

Number	Log	Number	Log	Number	Log
6.58	0.8182259	6.96	0.8426092	7.34	0.8656961
6.59	0.8188854	6.97	0.8432328	7.35	0.8662873
6.60	0.8195439	6.98	0.8438554	7.36	0.8668778
6.61	0.8202015	6.99	0.8444772	7.37	0.8674675
6.62	0.8208580	7.00	0.8450980	7.38	0.8680564
6.63	0.8215135	7.01	0.8457180	7.39	0.8686444
6.64	0.8221681	7.02	0.8463371	7.40	0.8692317
6.65	0.8228216	7.03	0.8469553	7.41	0.8698182
6.66	0.8234742	7.04	0.8475727	7.42	0.8704039
6.67	0.8241258	7.05	0.8481891	7.43	0.8709888
6.68	0.8247765	7.06	0.8488047	7.44	0.8715729
6.69	0.8254261	7.07	0.8494194	7.45	0.8721563
6.70	0.8260748	7.08	0.8500333	7.46	0.8727388
6.71	0.8267225	7.09	0.8506462	7.47	0.8733206
6.72	0.8273693	7.10	0.8512583	7.48	0.8739016
6.73	0.8280151	7.11	0.8518696	7.49	0.8744818
6.74	0.8286599	7.12	0.8524800	7.50	0.8750613
6.75	0.8293038	7.13	0.8530895	7.51	0.8756399
6.76	0.8299467	7.14	0.8536982	7.52	0.8762178
6.77	0.8305887	7.15	0.8543060	7.53	0.8767950
6.78	0.8312297	7.16	0.8549130	7.54	0.8773713
6.79	0.8318698	7.17	0.8555192	7.55	0.8779470
6.80	0.8325089	7.18	0.8561244	7.56	0.8785218
6.81	0.8331471	7.19	0.8567289	7.57	0.8790959
6.82	0.8337844	7.20	0.8573325	7.58	0.8796692
6.83	0.8344207	7.21	0.8579353	7.59	0.8802418
6.84	0.8350561	7.22	0.8585372	7.60	0.8808136
6.85	0.8356906	7.23	0.8591383	7.61	0.8813847
6.86	0.8363241	7.24	0.8597386	7.62	0.8819550
6.87	0.8369567	7.25	0.8603380	7.63	0.8825245
6.88	0.8375884	7.26	0.8609366	7.64	0.8830934
6.89	0.8382192	7.27	0.8615344	7.65	0.8836614
6.90	0.8388491	7.28	0.8621314	7.66	0.8842288
6.91	0.8394780	7.29	0.8627275	7.67	0.8847954
6.92	0.8401061	7.30	0.8633229	7.68	0.8853612
6.93	0.8407332	7.31	0.8639174	7.69	0.8859263
6.94	0.8413595	7.32	0.8645111	7.70	0.8864907
6.95	0.8419848	7.33	0.8651040	7.71	0.8870544

Number	Log	Number	Log	Number	Log
7.72	0.8876173	8.10	0.9084850	8.48	0.9283959
7.73	0.8881795	8.11	0.9090209	8.49	0.9289077
7.74	0.8887410	8.12	0.9095560	8.50	0.9294189
7.75	0.8893017	8.13	0.9100905	8.51	0.9299296
7.76	0.8898617	8.14	0.9106244	8.52	0.9304396
7.77	0.8904210	8.15	0.9111576	8.53	0.9309490
7.78	0.8909796	8.16	0.9116902	8.54	0.9314579
7.79	0.8915375	8.17	0.9122221	8.55	0.9319661
7.80	0.8920946	8.18	0.9127533	8.56	0.9324738
7.81	0.8926510	8.19	0.9132839	8.57	0.9329808
7.82	0.8932068	8.20	0.9138139	8.58	0.9334873
7.83	0.8937618	8.21	0.9143432	8.59	0.9339932
7.84	0.8943161	8.22	0.9148718	8.60	0.9344985
7.85	0.8948697	8.23	0.9153998	8.61	0.9350032
7.86	0.8954225	8.24	0.9159272	8.62	0.9355073
7.87	0.8959747	8.25	0.9164539	8.63	0.9360108
7.88	0.8965262	8.26	0.9169800	8.64	0.9365137
7.89	0.8970770	8.27	0.9175055	8.65	0.9370161
7.90	0.8976271	8.28	0.9180303	8.66	0.9375179
7.91	0.8981765	8.29	0.9185545	8.67	0.9380191
7.92	0.8987252	8.30	0.9190781	8.68	0.9385197
7.93	0.8992732	8.31	0.9196010	8.69	0.9390198
7.94	0.8998205	8.32	0.9201233	8.70	0.9395193
7.95	0.9003671	8.33	0.9206450	8.71	0.9400182
7.96	0.9009131	8.34	0.9211661	8.72	0.9405165
7.97	0.9014583	8.35	0.9216865	8.73	0.9410142
7.98	0.9020029	8.36	0.9222063	8.74	0.9415114
7.99	0.9025468	8.37	0.9227255	8.75	0.9420081
8.00	0.9030900	8.38	0.9232440	8.76	0.9425041
8.01	0.9036325	8.39	0.9237620	8.77	0.9429996
8.02	0.9041744	8.40	0.9242793	8.78	0.9434945
8.03	0.9047155	8.41	0.9247960	8.79	0.9439889
8.04	0.9052560	8.42	0.9253121	8.80	0.9444827
8.05	0.9057959	8.43	0.9258276	8.81	0.9449759
8.06	0.9063350	8.44	0.9263424	8.82	0.9454686
8.07	0.9068735	8.45	0.9268567	8.83	0.9459607
8.08	0.9074114	8.46	0.9273704	8.84	0.9464523
8.09	0.9079485	8.47	0.9278834	8.85	0.9469433

Number	Log	Number	Log	Number	Log
8.86	0.9474337	9.24	0.9656720	9.62	0.9831751
8.87	0.9479236	9.25	0.9661417	9.63	0.9836263
8.88	0.9484130	9.26	0.9666110	9.64	0.9840770
8.89	0.9489018	9.27	0.9670797	9.65	0.9845273
8.90	0.9493900	9.28	0.9675480	9.66	0.9849771
8.91	0.9498777	9.29	0.9680157	9.67	0.9854265
8.92	0.9503649	9.30	0.9684829	9.68	0.9858754
8.93	0.9508515	9.31	0.9689497	9.69	0.9863238
8.94	0.9513375	9.32	0.9694159	9.70	0.9867717
8.95	0.9518230	9.33	0.9698816	9.71	0.9872192
8.96	0.9523080	9.34	0.9703469	9.72	0.9876663
8.97	0.9527924	9.35	0.9708116	9.73	0.9881128
8.98	0.9532763	9.36	0.9712758	9.74	0.9885590
8.99	0.9537597	9.37	0.9717396	9.75	0.9890046
9.00	0.9542425	9.38	0.9722028	9.76	0.9894498
9.01	0.9547248	9.39	0.9726656	9.77	0.9898946
9.02	0.9552065	9.40	0.9731279	9.78	0.9903890
9.03	0.9556878	9.41	0.9735896	9.79	0.9907827
9.04	0.9561684	9.42	0.9740509	9.80	0.9912261
9.05	0.9566486	9.43	0.9745117	9.81	0.9916690
9.06	0.9571282	9.44	0.9749720	9.82	0.9921115
9.07	0.9576073	9.45	0.9754318	9.83	0.9925535
9.08	0.9580858	9.46	0.9758911	9.84	0.9929951
9.09	0.9585639	9.47	0.9763500	9.85	0.9934362
9.10	0.9590414	9.48	0.9768083	9.86	0.9938769
9.11	0.9595184	9.49	0.9772662	9.87	0.9943172
9.12	0.9599948	9.50	0.9777236	9.88	0.9947569
9.13	0.9604708	9.51	0.9781805	9.89	0.9951963
9.14	0.9609462	9.52	0.9786369	9.90	0.9956352
9.15	0.9614211	9.53	0.9790929	9.91	0.9960737
9.16	0.9618955	9.54	0.9795484	9.92	0.9965117
9.17	0.9623693	9.55	0.9800034	9.93	0.9969492
9.18	0.9628427	9.56	0.9804579	9.94	0.9973864
9.19	0.9633155	9.57	0.9809119	9.95	0.9978231
9.20	0.9637878	9.58	0.9813655	9.96	0.9982593
9.21	0.9642596	9.59	0.9818186	9.97	0.9986952
9.22	0.9647309	9.60	0.9822712	9.98	0.9991305
9.23	0.9652017	9.61	0.9827234	9.99	0.9995655

도형의 넓이와 부피 계산 공식

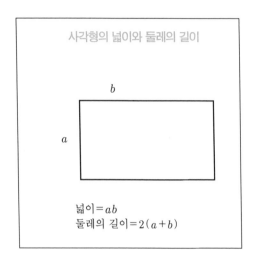

사각형의 넓이와 둘레의 길이

넓이 $= ab$
둘레의 길이 $= 2(a+b)$

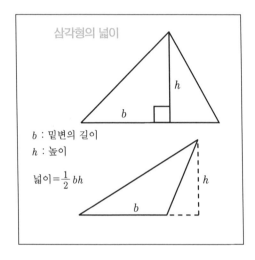

삼각형의 넓이

b : 밑변의 길이
h : 높이

넓이 $= \dfrac{1}{2} bh$

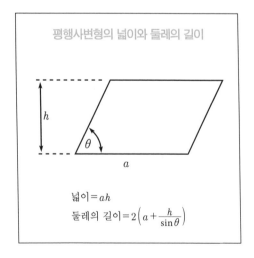

평행사변형의 넓이와 둘레의 길이

넓이 $= ah$
둘레의 길이 $= 2\left(a + \dfrac{h}{\sin\theta}\right)$

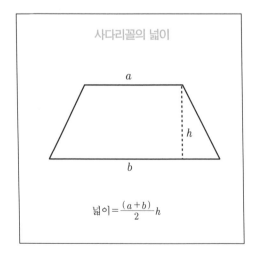

사다리꼴의 넓이

넓이 $= \dfrac{(a+b)}{2} h$

원의 넓이와 둘레의 길이

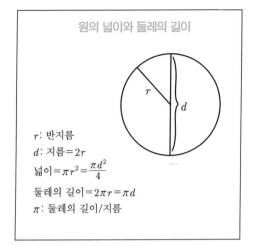

r: 반지름

d: 지름 $= 2r$

넓이 $= \pi r^2 = \dfrac{\pi d^2}{4}$

둘레의 길이 $= 2\pi r = \pi d$

π: 둘레의 길이/지름

타원의 넓이

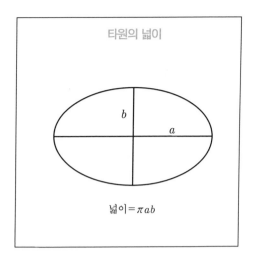

넓이 $= \pi a b$

정육면체의 겉넓이와 부피

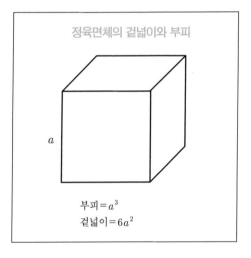

부피 $= a^3$

겉넓이 $= 6a^2$

원뿔의 겉넓이와 부피

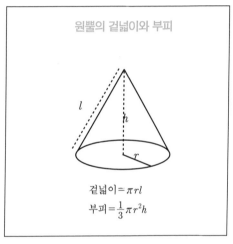

겉넓이 $= \pi r l$

부피 $= \dfrac{1}{3}\pi r^2 h$

각뿔과 빗원뿔의 부피

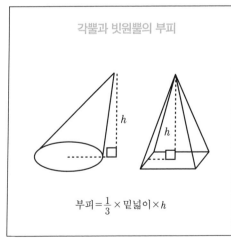

부피 $= \dfrac{1}{3} \times$ 밑넓이 $\times h$

평행육면체의 부피

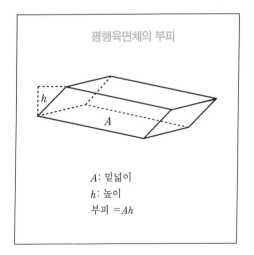

A: 밑넓이

h: 높이

부피 $= Ah$

원기둥의 부피와 겉넓이

겉넓이 $= \pi r^2 h$

부피 $= 2\pi r h$

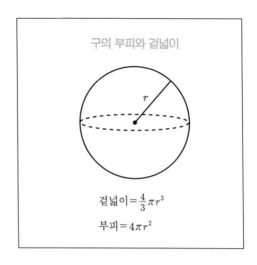

구의 부피와 겉넓이

겉넓이 $= \dfrac{4}{3}\pi r^3$

부피 $= 4\pi r^2$

찾아보기